Mikroskopie und Chemie am Krankenbett

von

Hermann Lenhartz

fortgeführt von

Erich Meyer

Elfte Auflage

bearbeitet von

A. v. Domarus
Berlin

und

R. Seyderhelm
Frankfurt a. M.

Mit 180 zum Teil farbigen Abbildungen
und 2 farbigen Tafeln

Berlin

Verlag von Julius Springer

1934

ISBN-13: 978-3-642-98449-5   e-ISBN-13: 978-3-642-99263-6
DOI: 10.1007/978-3-642-99263-6

Vorwort zur elften Auflage.

Seit dem Erscheinen der letzten Auflage ist mehr als ein Dezennium vergangen, währenddessen der bewährte bisherige Bearbeiter des LENHARTZschen Buches, ERICH MEYER dahinging. Als daher der Verlag an uns mit der Aufforderung einer Neubearbeitung des Werkes herantrat, waren wir uns darüber im klaren, daß eine neue Auflage nur dann auf den gleichen Erfolg wie ihre Vorgängerinnen werde rechnen können, wenn sie einerseits den Gesamtaufbau und den traditionellen Charakter des Werkes unangetastet lasse, andererseits aber den Fortschritten der Laboratoriumsmethodik, wie sie gerade im Laufe der vergangenen 10 Jahre zu verzeichnen waren, ausgiebig Rechnung trage, wenigstens soweit es sich um erprobte und für den Kliniker notwendige Methoden handelt. Ein Vergleich zwischen der vorliegenden und der 10. Auflage läßt erkennen, daß insbesondere die Kapitel Blut, Harn und Punktionsflüssigkeiten die weitestgehende Umarbeitung erfahren haben, wobei vor allem die überall angewendeten Mikromethoden ausgiebig zu ihrem Rechte kamen. Aber auch die Abschnitte über Infektionserreger sowie über die Untersuchung der Magen- und Darmentleerungen wurden an vielen Stellen ergänzt und verbessert. Jahrzehntelange eigene Erfahrung als Leiter klinischer Abteilungen und im Unterricht vor Studenten und jungen Ärzten konnten dabei nutzbringend verwertet werden. Trotz reichlichen Zuwachses an Inhalt ist es gelungen, sowohl durch Streichung nicht unbedingt notwendiger Dinge als auch durch möglichst straffe Darstellung des Stoffes den Umfang des Werkes gegenüber den früheren Auflagen nicht unerheblich zu verringern. Möge dem Werk auch in seiner neuen Form als Berater des Arztes am Krankenbett wie im Laboratorium Erfolg beschieden sein.

Berlin und Frankfurt a. M.,
im Dezember 1933.

A. v. DOMARUS. R. SEYDERHELM.

Inhaltsverzeichnis.

B. Tierische Parasiten.

Zweiter Abschnitt.

Die Untersuchung des Blutes.

Dritter Abschnitt.

Die Untersuchung des Auswurfs.

Vierter Abschnitt.

Die Untersuchung des Mundhöhlensekretes, des Magen- und Duodenalsaftes und der Faeces.

Fünfter Abschnitt.

Die Untersuchungen des Harns.

Sechster Abschnitt.

Untersuchung von Konkrementen und Punktionsflüssigkeiten.

Einleitende Bemerkungen.

Jeder chemischen oder mikroskopischen Untersuchung klinischen Materials muß eine genaue unmittelbare Betrachtung ohne wesentliche instrumentelle Hilfsmittel vorausgehen. Die unbewaffneten Sinne des Untersuchers entdecken oft Eigenschaften, die durch noch so sorgfältige mikroskopische und chemische Untersuchung nicht erkannt werden können. So selbstverständlich diese Forderung erscheint, so oft wird sie doch namentlich von übereifrigen Anfängern der Laboratoriumstechnik außer acht gelassen. Die Verfeinerung der Technik bringt besonders dem Ungeübten Gefahren und oft sind die Urteile erfahrener Praktiker, gestützt auf die direkte Beobachtung, wertvoller, als die subtilen Untersuchungsresultate eines Neulings. Wer „mikroskopisch" sehen will, soll vorher seine Augen „makroskopisch" geschult haben. Wenn es auch begreiflich ist, daß wir heute, dank der ständigen Verbesserung der bakteriologischen und chemischen Untersuchungsmethoden, kein so großes Gewicht mehr auf eine allzu peinliche makroskopische Beschreibung und Benennung der Eigenschaften von Secreten und Excreten der Kranken legen, so wäre es dennoch vollkommen falsch, diese wichtige Seite der Diagnostik zu vernachlässigen.

Einige Beispiele mögen das Gesagte verdeutlichen: der Geübte sieht einem Sputum die charakteristischen Partien an, er entdeckt Spiralen sieht die kleinen braunen Pünktchen, in denen beim Asthma-Sputum die CHARCOT-LEYDENschen Krystalle liegen, er fischt die Stellen heraus, in denen vermutlich Tuberkelbacillen zu finden sein werden. Der Ungeübte sucht mit dem Mikroskop oft stundenlang an falschen Stellen, er verschwendet seine Zeit an einem untauglichen Objekt. Bei der Untersuchung des Magensaftes erkennt das geübte Auge an der Art der Verkleinerung der Speisereste die Aciditätsverhältnisse, beobachtet den Schleimgehalt, und der Geruchsinn nimmt die Anwesenheit flüchtiger Säuren wahr; bei der Untersuchung des Blutes verrät sich die Farbe, die Gerinnbarkeit, die Viscosität dem bloßen Auge und dieses ist oft das sicherste Kontrollorgan, wenn die Präzision der Apparatur Not leidet. Bei der Untersuchung der Faeces auf Blut, die sehr häufig zu falschen Resultaten führt, weil nicht mit der notwendigen Kritik verfahren wird, ist die erste Bedingung direkte Betrachtung und Feststellung, ob nicht äußerlich der Entleerung Blut beigemengt ist. Die Beispiele ließen sich für jedes einzelne Untersuchungsobjekt in Menge angeben, sie sollen hier nicht weiter ausgeführt werden, weil bei der Besprechung der einzelnen

Kapitel auf diese Momente zurückgekommen werden muß. Sie wurden nur
gebracht, um vor einer kritiklosen Überbewertung der mikroskopischen und
chemischen Diagnostik zu warnen.

Die notwendigen Reagentien und Hilfsgeräte.

Auf das für besondere Untersuchungen notwendige chemische, bakteriologische oder mikroskopische Inventarium wird in den einzelnen Kapiteln
des Buches hingewiesen werden; hier seien nur diejenigen Reagentien in
Kürze mitgeteilt, die dem Arzt *die vorläufige Orientierung in der Sprechstunde*
erleichtern.

Von chemischen Reagentien sind unbedingt erforderlich:

Acid. muriatic. concentr. (für den Indicannachweis),

Acid. acet. concentr. (zur Acetonprobe und zum Blutnachweis in Excreten),

Acid. acet. 3% (zum Eiweißnachweis im Harn),

Liquor kalii (oder natrii) caustici (zum Zuckernachweis, Acetonnachweis
u. a. m.),

Liquor ammonii caustici (zum Urobilin- und Acetonnachweis, zur Diazoreaktion usw.),

Solut. cupri sulfuric. (5% zum Zuckernachweis),

Solut. calcar. chlorat. (zum Indicannachweis, $^1/_2$ gesättigte Lösung),

Solut. zinci sulfuric. (zum Urobilinnachweis [1 : 10]),

Liquor ferri sesquichlorati (zum Nachweis von Acetessigsäure und von
Phenolen im Harn),

EHRLICHs Aldehydreagens, p-Dimethylaminobenzaldehyd (zum Nachweis
des Urobilinogens im Harn), s. S. 262,

EHRLICHs Diazoreagens 1 und 2, zur Anstellung der Diazoreaktion im
Harn (Zusammensetzung der Reagentien s. S. 287),

Nitroprussidnatrium zum Nachweis des Acetons im Harn,

Kal. permanganat ($1^0/_{00}$ige Lösung zum Urochromogennachweis nach
WEISS),

ferner blaues und rotes Lackmuspapier, Alkohol (96%), Äther, Chloroform.

Für die quantitative Zuckerbestimmung im Harn, die Hämoglobinbestimmung im Blut, die Färbung auf Tuberkelbacillen usw., benötigt man
besondere Reagentien und Apparaturen, die bei den einzelnen Kapiteln des
Buches angegeben sind.

Zum Sprechstundeninventar gehört ferner Kongopapier zum Nachweis
der freien Salzsäure im Magensaft, ferner zwei Büretten mit $\frac{n}{10}$ NaOH und
HCl-Lösung zur Titration mit den dazu gehörigen Indicatoren (siehe Magen-
saftuntersuchung), sowie evtl. das Gerät für die Bestimmung der Blutsenkungs-
geschwindigkeit.

Wenn die praktisch tätigen Ärzte auch nicht in der Lage sein werden,
alle spezielleren Untersuchungsmethoden selbst durchzuführen (Diphtherie-
untersuchung, Agglutination, Wa. R., histologische Untersuchung excidierter
Gewebspartikelchen), so müssen sie doch derart eingerichtet sein, daß sie
das zu untersuchende Material in *geeigneter* Form an die Untersuchungsämter
weitergeben. Hierzu sind erforderlich:

Einige sterile Reagensgläser (in jeder Apotheke oder bakteriologischen
Anstalt erhältlich), Röhrchen zur Blutentnahme zum Zwecke der Agglutination, Venülen sowie einige sterile Röhrchen mit sterilem Tupfer zur Entnahme von Rachen- und Tonsillarabstrichen.

Ferner empfiehlt es sich, immer einige weithalsige Präparatengläser mit Kork von 100—200 ccm Inhalt bereit zu haben, in denen Gewebspartikelchen in einer 10fachen Verdünnung der käuflichen Formalinlösung längere Zeit bis zur Untersuchung konserviert werden können. Dieselben Fläschchen dienen auch als Sputumgläser.

Bezüglich der Herstellung und Färbung von *Schnittpräparaten* sei auf Spezialliteratur hingewiesen, z. B. SCHMORL, Pathologisch-histologische Untersuchungsmethoden. Berlin 1928.

Von *weiteren Hilfsgeräten* müssen zur Hand sein:

Anatomische *Pinzetten* (1—2) mit zarten Branchen, eine CORNETsche *Pinzette*, die für die Färbung von Deckglastrockenpräparaten hervorragend geeignet ist, eine kleine *Schere*, ein kleines *Messer*, 2 Präpariernadeln und eine Platinöse.

Ferner: Objektträger, Deckgläschen, Spiritusflamme, einige kleine Glasstäbe, Pipetten, Reagensgläser, Uhrschälchen, Glastrichter, Spitzgläser; endlich Porzellanschälchen, ein zur Hälfte mit Asphaltlack geschwärzter Porzellanteller, sowie Fließpapier und Etiketten.

Besonders wichtig ist endlich ein geeignetes *Mikroskop*. Bezüglich der verschiedenen Modelle und ihrer Verwendung sei auf spezielle Darstellungen hingewiesen, z. B. HAGER-TOBLER, Das Mikroskop und seine Anwendung. Berlin 1932, bzw. A. KÖHLER, ABDERHALDENS Handbuch der biologischen Arbeitsmethoden, Abt. 2, Heft 2. Berlin-Wien 1926.

Pflanzliche und tierische Parasiten.

Die *pathogenen Mikroorganismen*, d. h. die nur mikroskopisch sichtbaren kleinsten Lebewesen, deren Rolle als Krankheitserreger gesichert ist, gehören zum Teil dem Pflanzen-, zum Teil dem Tierreich an. Während die bei weitem zahlreichsten pflanzlichen und tierischen Mikroorganismen als harmlose Schmarotzer, *Saprophyten*, in der Natur vorkommen, haben sich die *Parasiten* ganz oder nur zeitenweise an den Menschen bzw. höhere Lebewesen angepaßt. Die Hauptvertreter dieser pflanzlichen *Parasiten* (Protophyten) sind die *Bakterien* oder *Spaltpilze* (Schizomyceten), die *Haarpilze (Streptotricheen)*, ferner die *Sproßpilze* oder *Hefepilze* (Blastomyceten) und die *Fadenpilze (Hyphomyceten)*. Zu den tierischen Mikroorganismen gehören die pathogenen *Protozoen*. Die *Spirochäten* nehmen in ihren Eigenschaften eine Sonderstellung zwischen den pflanzlichen und tierischen Parasiten ein. Auch die *filtrierbaren* sog. *ultravisiblen* Infektionserreger stehen außerhalb dieser Einteilung.

A. Pflanzliche Parasiten.

I. Bakterien.

1. Allgemeine Vorbemerkungen.

Die *Bakterien (Schizomyceten)* umfassen nach der Einteilung von FERDINAND COHN (1872) drei Hauptgruppen:

1. Die *Kokken*, Kugelbakterien, 2. die *Bacillen*, Stäbchenbakterien und 3. die *Spirillen*, Schraubenbakterien.

1. Die *Kokken* sind kleine rundliche Gebilde, die als Einzelindividuen, in Paaren *(Diplokokken)*, in traubenförmigen Haufen von zahlreichen Einzelkokken *(Staphylokokken)* vorkommen. Als *Streptokokken* (Schnurkokken) bezeichnet man Kokken, deren typische Grundform die Anordnung einer kürzeren oder längeren Kette von perlschnurartig aneinandergereihten Kokken darstellt.

Als *Sarcine* bezeichnet man Kokkenarten, bei denen es infolge der regelmäßig nach drei Richtungen erfolgenden Teilung zur Bildung von viergliedrigen „Warenballen" kommt.

2. Die *Bacillen* haben Walzen- oder Stäbchenform. Der Längsdurchmesser ist erheblich größer als der Querdurchmesser. Es gibt kurze, plumpe und lange, schmale Bacillen. Manche Bacillen bilden endogene Sporen (Dauerzustände). Kokken bilden niemals Sporen. Manche Arten von Bacillen besitzen Geißeln, die eine *Eigenbewegung* ermöglichen.

3. Die *Spirillen* sind schraubenförmig gewundene Stäbchen mit Geißeln.

2. Die bakteriologische Diagnostik.

Es gehört zu den wichtigsten Aufgaben des Arztes, so rasch als möglich am Krankenbett des Fieberkranken festzustellen, ob eine Infektionskrankheit vorliegt und *welcher Art der Infektionserreger ist*. Das zu untersuchende Material ist verschieden je nach dem allgemeinen Krankheitsbild und den differentialdiagnostischen Erwägungen. In Betracht kommen das Blut, der Urin, die Faeces, das Sputum, der Liquor, der Nasen-Rachenabstrich, das Conjunctivalsecret, das Punktat von Abscessen, Gelenken, Pleura, Pericard und Ascites. Die Untersuchung auf Bakterien erfolgt — das Blut ausgenommen — einerseits durch direkte *Färbung* und mikroskopische Betrachtung des nativen, evtl. zentrifugierten Materials im *Ausstrichpräparat*, andererseits durch *Anlegung der Kultur*. Außerdem kommt bei Verdacht auf eine bestimmte Gruppe von Infektionserregern die *serologische Diagnostik* in Betracht (s. S. 21 und 45).

a) **Nachweis der Bakterien durch das Kulturverfahren.**

Im allgemeinen bleibt die Herstellung und diagnostische Beurteilung der Bakterienkulturen Spezial-Instituten vorbehalten. Im folgenden sollen Einzelheiten daher nur insoweit angeführt werden, als sie für die Beurteilung der von den Instituten erteilten Auskünfte notwendig sind. Betreffs der Technik der Herstellung von geeigneten Nährböden und speziellen Farblösungen sei auf die Spezialbücher[1] verwiesen. Wichtig ist die Beachtung der Kautelen

---

[1] Besonders empfehlenswert: HEIM, Lehrbuch der Bakteriologie. Stuttgart 1922; BOECKER und KAUFFMANN, Bakteriologische Diagnostik. Berlin: Julius Springer 1931; W. KRUSE, Einführung in die Bakteriologie. Berlin u. Leipzig: de Gruyter & Co. 1931; H. HETSCH, Bakteriologie. Leipzig: Johann Ambrosius Barth 1923; OLSEN-PRAUSNITZ, Bakteriologisches Taschenbuch. Leipzig: Curt Kabitzsch 1931; SCHOTTMÜLLER, Leitfaden für die klinisch-bakteriologischen Kulturmethoden, Berlin-Wien: Urban und Schwarzenberg 1923.

bei der Entnahme des Materials (steriles Arbeiten!) und möglichst rascher Transport an das Untersuchungsinstitut in geeigneten Gefäßen, die evtl. bereits mit Nährboden versehen sind, unter Vermeidung stärkerer Abkühlung. Der Begleitzettel ist sorgfältig auszufüllen.

Es sei hier kurz darauf hingewiesen, daß man *feste* und *flüssige Nährböden* unterscheidet.

Von den *festen Nährböden* ist die *Nährgelatine* heute nur noch für seltene Fälle im Gebrauch. Da die Gelatine über etwa 24⁰ flüssig wird, eignet sie sich nicht für Kulturen bei höheren Temperaturen. Als geeigneter fester Nährboden wird *Nähragar* verwendet, d. h. die Abkochung einer japanischen Alge, die als Gallerte in der Küche und zu gewerblichen Zwecken schon längst benutzt wurde. Agar wird beim Kochen flüssig und erstarrt bei etwa 40⁰. Den in Reagensröhren eingefüllten Agar läßt man in schräger Stellung erstarren (Schrägagar-Röhrchen).

Den Nähragar versetzt man evtl. zur besseren Anregung des Bakterienwachstums mit Fleischbrühe, Witte-Pepton und Kochsalz. Für die Züchtung von Diphtherie-, Influenzabacillen, Gono- und Meningokokken eignet sich am besten ein fester Nährboden aus Agar und Blut bzw. Blutserum, für Tuberkelbacillen Glycerinagar u. a. m.

Flüssige Nährböden erhält man durch Abkochungen von Muskelfleisch (Bouillon), von Organen, Peptonlösung, Milch, Galle u. a.

Einzelne Bakterienarten prüft man auf *biochemische Fähigkeiten*, indem man sie auf Milch, Kartoffeln oder Agar, dem man bestimmte Zuckerarten oder Zuckeralkohole zugesetzt hat, verimpft. In Milch wird u. a. durch Säuerung oder Labfermentbildung Gerinnung hervorgerufen, auf Kartoffelscheiben treten Farbstoffe hervor, in Zuckeragar kann Gas gebildet werden.

Die Verimpfung des zu untersuchenden nativen Materials geschieht in der Weise, daß Eiter u. ä. mit der Öse direkt auf Platten ausgestrichen wird. Zunächst wird der Inhalt der Öse an einer Stelle der Platte durch Hin- und Herstreifen verrieben, worauf von hier aus mehrere parallel verlaufende Striche ausgezogen werden, um Einzelkolonien zu erzeugen. Dünnflüssiges Material wird zunächst zentrifugiert (Urin, Punktionsflüssigkeiten u. ä.). Wenn das Ausgangsmaterial massenhaft Keime enthält (z. B. Faeces), stellt man zunächst eine Aufschwemmung in Bouillon oder physiologischer NaCl-Lösung her, von der dann ausgestrichen wird. Rachenabstriche auf Wattetupfern werden zunächst auf einem kleinen Teil der Platte abgestrichen und von hier aus wird das Material mit der Öse weitergestrichen.

Die Reinzüchtung der *anaeroben* Bakterien gelingt nur bei Abschluß des Sauerstoffs.

Eine besondere Besprechung verdient die sog. *Blutkultur.*

Zum Nachweis der pathogenen Keime im *lebenden* Blut entnimmt man mit einer (trocken) sterilisierten Spritze, der eine entsprechende Hohlnadel angepaßt ist, etwa 10—20 ccm Blut aus der Vena mediana cubitalis. Der kleine Eingriff ist in wenigen Minuten ausgeführt, indem man nach Umschnürung des Armes (die den Radialpuls nicht ganz zum Verschwinden bringen darf) oberhalb der Ellbeuge mit einer elastischen Binde und kräftigem Abreiben mit Äther die Nadel direkt in die Vene einführt und durch den Binnendruck den Glasstempel vortreiben, bzw. die Venüle voll laufen läßt; ist die gewünschte Blutmenge eingeströmt, so wird die Gummibinde sofort entfernt.

Das geronnene Blut wird entweder sogleich — im Krankenhaus — mit den verschiedenen Nährböden versetzt, oder aber — was die Regel ist — zwecks

Einschickung in eine Untersuchungsanstalt durch Zusatz von $^1/_{10}$ Volumen 5%iger Natriumcitratlösung ungerinnbar gemacht, wodurch gleichzeitig die Bactericidie des Blutes weitgehend gehemmt wird. Sehr praktisch, zumal außerhalb des Krankenhauses, ist die Verwendung von Citratvenülen. Geronnenes Blut ist für die Anlegung von Kulturen wenig geeignet. Soll gleichzeitig eine serologische Prüfung vorgenommen werden (z. B. Agglutination), füllt man außerdem ein steriles Reagensglas zu $^1/_3$—$^1/_2$ mit Blut, das man gerinnen läßt.

Besteht auf Grund des klinischen Befundes der Verdacht auf Milzbrand, pathogene anaerobe Sporenbildner, Rotz, Pest usw., läßt man neben der kulturellen Untersuchung sofort einen *Tierversuch* anstellen.

Zur *Züchtung von Bakterien der Typhus-Coli-Gruppe* aus dem Blut läßt man einige Kubikzentimeter Blut (auf der Höhe des Fiebers aus der Armvene entnommen) in ein Galleröhrchen fließen, das eine Woche lang bebrütet werden muß. Fügt man die Galle zu einem Röhrchen mit Schräg-Drigalski-Agar, so beobachtet man auf den die Galleoberfläche überragenden Agarstückchen ohne weiteres ein Wachstum von Keimen.

Vereinfacht wird das Verfahren der bakteriologischen Blutuntersuchung durch die Benutzung der Venülen. Das Blut fließt — ohne Benutzung einer Spritze — in das Vakuum der Venüle. Auf den Untersuchungsämtern und in den Apotheken sind Venülen mit Citratlösung (s. o.) sowie mit Nährböden erhältlich, so z. B. mit Rindergalle, Bouillon, Traubenzuckerbouillon u. a. Sehr empfehlenswert sind ferner die neuerdings von SCHOTTMÜLLER angegebenen großen *Zuckeragar-Venülen* (Behringwerke, Marburg), die sofort am Krankenbett verwendbar sind und den Vorteil bieten, daß hier auch anaerobe Keime wachsen.

b) Die mikroskopische Untersuchung der Bakterien.

Das der bakteriologischen Untersuchung zu unterziehende Material wird — abgesehen von der oben beschriebenen, im speziellen Untersuchungslaboratorium auszuführenden kulturellen Prüfung — einerseits in nativem Zustand ungefärbt im Mikroskop betrachtet, andererseits nach Ausstreichen auf einem Objektträger fixiert und *gefärbt* („Trockenpräparate").

Die *ungefärbten Präparate* untersucht man am besten „*im hängenden Tropfen*". Über Einzelheiten siehe Spezialbücher (vgl. Fußnote S. 5).

Herstellung der Trockenpräparate. 1. Man entnimmt der zu untersuchenden Materie mit einer vorher ausgeglühten Platinöse (oder Nadel) ein möglichst kleines Tröpfchen oder Flöckchen und breitet es auf einem frisch gereinigten, fettfreien Objektträger (besser als Deckglas) durch leichtes Ausstreichen auf der Glasfläche aus. Bei Flüssigkeiten empfiehlt es sich, ein Tröpfchen an das eine Ende des *Objektträgers* zu bringen und den Tropfen rasch und sanft mit der Kante eines geschliffenen Objektträgers, größeren Deckgläschens oder anderer Gegenstände über die Fläche auszuziehen.

2. Die Präparate bleiben sodann mit der bestrichenen Seite nach oben liegen, *um an der Luft vollkommen zu trocknen.*

3. Ferner ist es notwendig, *die eiweißhaltigen Stoffe des Präparates in einen unlöslichen Zustand überzuführen.* Dies geschieht durch *Erhitzen.* Am einfachsten verfährt man dabei so, *daß man das völlig lufttrocken gewordene Präparat mit der beschickten Seite nach oben 3mal durch die Flamme zieht.*

Anfänger machen meist den Fehler, die Fixierung in der Flamme vor dem völligen Lufttrocknen vorzunehmen — ein unklares Bild ist die Folge. Ferner darf nicht zu stark erhitzt werden.

Die Färbung der Trockenpräparate. Die in der beschriebenen Weise hergestellten Trockenpräparate werden zum Nachweis von Bakterien mit Lösungen der Anilinfarbstoffe behandelt, die durch ihre hohe Affinität zu den Bakterien ausgezeichnet sind.

Man unterscheidet (mit EHRLICH) *basische* und *saure Anilinfarbstoffe*. Während die ersteren vorwiegend als Kern- und Bakterienfarben anzusehen sind, kommt letzteren mehr die Eigenschaft zu, das Zellprotoplasma und hervorragend schön den Leib der hämoglobinhaltigen roten Blutzellen zu färben. Hier haben uns nur die basischen — kernfärbenden — Farbstoffe zu beschäftigen. Dieselben werden in wässeriger und alkoholischer Lösung verwandt. Am meisten werden das *Gentianaviolett*, das *Fuchsin* und *das Methylenblau* benutzt.

Es empfiehlt sich, von den drei Farbstoffen eine konzentrierte *alkoholische* Stammlösung vorrätig zu halten. Etwa 10 g des Farbstoffes fügt man zu 100 ccm 96%igem Alkohol. Die Mischung läßt man, bei wiederholtem Umschütteln, 2 Tage stehen und entnimmt dann die klare, überstehende Flüssigkeit.

Auf das lufttrockene Objektträgerpräparat wird nach der Fixation (s. o.) die filtrierte Farblösung auf die abgekühlte Schichtseite des Objektträgers gebracht. Hat man Deckglaspräparate zu färben, so faßt man diese vorher mit einer CORNETschen Pinzette und verfährt im übrigen wie bei der Färbung der Objektträger. Bei einfachen Färbungen färbt man 5 Min. in der Kälte oder 10—60 Sek. unter leichtem Erwärmen (über der Sparflamme, nicht kochen).

Die Färbungsmethoden sind *einfach* (*ein* Farbstoff) oder *isoliert* = *Kontrastfärbung* (mehrere Farbstoffe) bzw. *spezifisch* (z. B. Tuberkelbacillenfärbung).

Die *üblichen Färbungsmethoden* sind folgende:

1. Die Färbung mit LÖFFLERs *Methylenblau*, gesättigte alkoholische Methylenblaulösung (Methylenblau med. Höchst):

30 ccm ges. alkohol. Methylenblaulösung (s. o.)
+ 1 ccm Kalilauge 1%ig
+ 100 ccm Aq. dest.

2. Die Färbung mit *Anilinwasserfuchsin* bzw. *Anilinwasser-Gentianaviolett* (nach EHRLICH).

Vorschrift. Man setzt zu einem mit Aq. dest. nahezu gefüllten Reagensröhrchen eine etwa 1—1,5 cm hohe Schicht von Anilinum purum, einer öligen, bei der Darstellung der Anilinfarben gewonnenen, stark riechenden Flüssigkeit und schüttelt etwa 1—2 Min. lang kräftig durch. Die Mischung (schlecht haltbar!) wird filtriert, das völlig wasserklare Filtrat darf keine Spur freien Öls auf der Oberfläche mehr darbieten. Zu einem Uhrschälchen mit diesem Filtrat gibt man sodann 2—4 Tropfen der gesamten alkoholischen Fuchsin- oder Gentianaviolettlösung (s. o.).

Wird die alkalische Anilinwasser-Gentianaviolettlösung häufig benutzt, so empfiehlt sich die Herstellung in folgender Art:

5 ccm Anilinum purissim. werden mit

95 ccm Aq. dest. kräftig geschüttelt, alsdann durch ein angefeuchtetes Filter gelassen. Zu dem wasserklaren Filtrat, auf dem keine Fettaugen sichtbar sein dürfen, werden

11 ccm konz. alkohol. Gentianaviolett- oder Fuchsinlösung zugesetzt (s. o.).

Die gut gemischte Farblösung wird aufs neue durch ein angefeuchtetes Filter gegeben und zum Filtrat
10 ccm absol. Alkohols — der größeren Haltbarkeit wegen — zugesetzt.

Diese Gentianaviolett- oder Fuchsin-Anilinwasserlösung behält etwa 2—3 Wochen eine ausgezeichnete Färbekraft und ist in kaltem und erhitztem Zustande zur Färbung fast aller pathogenen Bakterien zu gebrauchen. Auch widersteht sie den Entfärbungsmitteln mehr als die meisten anderen Lösungen.

3. Die Färbung mit *Carbolfuchsin*, nach ZIEHL-NEELSEN.

Vorschrift:　10 ccm ges. alkohol. Fuchsinlösung (s. o.)
　　　　　　　5 ccm Acid. carbol. liquefact.
　　　　　　　100 ccm Aq. dest.

4. Die Färbung mit *Carbolgentianaviolett*.

Vorschrift:　10 ccm ges. alkohol. Gentianaviolettlösung (s. o.)
　　　　　　　1 ccm Acid. carbol. liquefact.
　　　　　　　100 ccm Aq. dest.

Die „*Carbolfuchsin*- und *Gentianaviolettlösung*" bietet außer dem Vorzug *hoher Färbekraft* den einer *fast unbeschränkten Haltbarkeit*.

5. Die *Giemsafärbung*, besonders geeignet für die Malaria-, Spirochäten- und Trypanosomenfärbung.

Die Zusammensetzung der gut haltbaren Giemsalösung[1] ist folgende:

Azur II Eosin	3,0
Azur II	0,8
Glycerin (chem. rein von MERCK)	250,0
Methylalkohol (KAHLBAUM I)	250,0

Die Tropfflasche muß, bevor die Lösung hineingefüllt wird, mit Alcohol. absol. ausgespült werden. Nach dem Einfüllen ist sie stets gut verschlossen zu halten.

Ausführung der GIEMSA-*Färbung.*

1. Fixierung des lufttrockenen, *sehr dünnen* Ausstrichs in Alcohol. absol. oder absol. Methylalkohol (15—20 Min.), Abtupfen mit Fließpapier.

2. Verdünnung der Farblösung mit destilliertem Wasser in einem *weiten* graduierten Reagensglas *unter Umschütteln* (einen Tropfen der Farblösung auf 1—2 ccm Wasser), wobei man die Farblösung am besten direkt aus der Tropfflasche hinzufließen läßt.

3. Übergießen der Präparate *ohne jeden Verzug* mit der soeben verdünnten Lösung, Färbedauer 15 Min. bis 1 Stunde.

4. Abwaschen mit scharfem Wasserstrahl.

5. Abtupfen mit Fließpapier, trocken werden lassen und einhüllen in Canadabalsam.

Es erwies sich als vorteilhaft, zu dem Wasser, bevor man es mit dem Farbstoff mischt, etwas Kaliumcarbonat (1—10 Tropfen einer $1^0/_{00}$ Lösung) hinzuzufügen. Bei einstündiger Einwirkung des Farbgemisches ist das Optimum der Färbung erreicht.

6. Die GRAM-*Färbung*.

---

[1] Fertig käuflich bei Dr. K. HOLLBORN, vormals GRÜBLER. Leipzig S 3. Hardenbergstr. 3.

Die GRAM-Färbung stellt eine diagnostische Kontrastfärbung dar, indem sich nur bestimmte Bakterienarten nach ihr darstellen lassen.

Ein Teil der Bakterien, die „gramfesten" (grampositiven), färben sich tiefblau, schwärzlich, wenn die trockenen Präparate nach der Färbung mit Gentianaviolett mit Jodlösung und darauf mit Alkohol abgespült werden. Der durch das Jod innerhalb der Bakterien entstehende Farbniederschlag wird durch den Alkohol *nicht* gelöst. Im Gegensatz hierzu geht bei den „gramfreien" (gramnegativen) Bakterien der Niederschlag in Alkohol in Lösung.

GRAMs *Vorschrift:* Die Objekt- oder Deckgläser werden $^1/_2$—1 Min. in frisch bereiteter (oder nur wenige Tage alter) Gentianaviolett-Anilinwasserlösung gefärbt und, nachdem der überschüssige Farbstoff mit Fließpapier angesaugt worden ist (*nicht* abspülen und *nicht* trocknen!) 1 Minute in LUGOLsche Lösung [1] gebracht, worin sie ganz schwarz werden, alsdann in absolutem Alkohol etwa 1 Min. lang bis zur völligen Entfärbung abgespült. Das eben noch mattgrau erscheinende Präparat wird nach völligem Verdunsten des Alkohols oder, was vorzuziehen ist, nach sorgfältigem Auswaschen in Wasser und nachherigem Trocknen in Xylolcanadabalsam eingelegt. Nur die Bakterien sind gefärbt, alle anderen Elemente entfärbt.

Um die Bakterien noch lebhafter im Bild hervorzuheben, ist es ratsam, die zelligen Elemente mit einer Kontrastfarbe, etwa Bismarckbraun oder mit ganz dünner Fuchsinlösung (z. B. 20mal verdünnter Carbolfuchsinlösung) nachzufärben; zu diesem Zweck läßt man diese in wässeriger Lösung $^1/_2$ Min. einwirken.

Nach der GRAMschen Methode, die eine Kontrastfärbung darstellt, werden manche Bakterien gefärbt, manche entfärbt. Sie hat deshalb für die Differenzierung ähnlicher Bakterienarten große Bedeutung. Man spricht von grampositiven und gramnegativen Bakterien.

Grampositiv sind: Milzbrandbacillen, Tuberkel- und Leprabacillen, Diphtheriebacillen, Streptokokken, Staphylokokken, Pneumokokken, Schweinerotlaufbacillen, Gasbrandbacillen, Micrococcus tetragenus, Aktinomyces, Hefe, Soor.

Gramnegativ sind: Typhusbacillen, B. Coli, Ruhrbacillen, Rotzbacillen, Cholera- und ähnliche Vibrionen, Influenzabacillen, FRIEDLÄNDERs Pneumoniebacillen, Meningokokken, Gonokokken, Pestbacillen, Rekurrens- und Syphilisspirochäten, B. alkaligenes, Proteus, B. pyocyaneus, MALTA-, BANG-, KOCHsche Bacillen.

3. Spezifische Bakterienfärbung.

Eine spezifische Bakterienfärbung ist bisher nur für die Färbung der *Tuberkelbacillengruppe* bekannt. Nur diese leisten der Ent-

---

[1] LUGOLsche Lösung: Jod 1,0, Jodkalium 2,0 in Aq. dest. 5,0 lösen, nach Lösung Zusatz von Aq. dest. ad 300,0.

färbung mit Säuren einen solchen Widerstand, daß die völlige
Entfärbung aller übrigen Teile des Präparates zu erzielen ist,
während der Farbstoff von den Bacillen zäh zurückgehalten wird
(s. S. 17).

Alle gefärbten Bakterienpräparate sind möglichst mit Abbe und Immersion,
aber ohne Blende zu besichtigen. Gerade die durch den ABBEschen Kondensor
gewährte Lichtfülle kommt dem „Farbenbild" (KOCH) zustatten. Im Notfall
kann die Untersuchung auf Tuberkelbacillen oder Gonokokken auch mit
einem starken Trockensystem statt mit der Ölimmersion vorgenommen
werden.

4. Die pathogenen Bakterien.

Bei der Beschreibung der pathogenen Bakterien und ihres
mikroskopischen Verhaltens werden nur diejenigen Formen berücksichtigt, deren Rolle als bestimmte Krankheitserreger gesichert
oder wahrscheinlich gemacht ist. Die große Zahl der in der Mundhöhle, im Mageninhalt, im Harn und Stuhl vorkommenden Bakterien wird später gelegentlich mit berührt werden.

a) Kokken.

1. Pyogene Staphylo- und Streptokokken. Der *Staphylococcus pyogenes*
(Abb. 1) ist der Erreger mehr umschriebener Eiterung (Furunkel, Panaritium,
Tonsillar-Pharyngealabsceß, eitrige Parotitis), andererseits auch von Sepsis
und Pyämie. Er verdankt seinen
Namen dem Umstand, daß die
kleinen rundlichen Kokken in
traubenförmigen Verbänden ($\sigma\tau\alpha$-
$\varphi\nu\lambda\eta$, die Weintraube) wachsen.
Auf der Blutagarplatte (herge-
stellt mit gewaschenen Kaninchen-
erythrocyten) zeigen die von
menschlichen Infektionen gezüch-
teten Stämme häufig deutliche
Hämolyse. Gelatine wird verflüssigt.

Am häufigsten findet sich der
Staphylococcus pyogenes aureus,
der sich durch die Bildung eines
gelben Farbstoffs (nach 24stündiger
Bebrütung bei 37⁰ auf Traubenzuckeragar) von dem ohne Farb-
stoffbildung wachsenden *Staphy-*
lococcus pyogenes albus unterscheidet. Letzterer findet sich vorwiegend bei Sekundärinfektionen
sowie weitverbreitet z. B. auf der

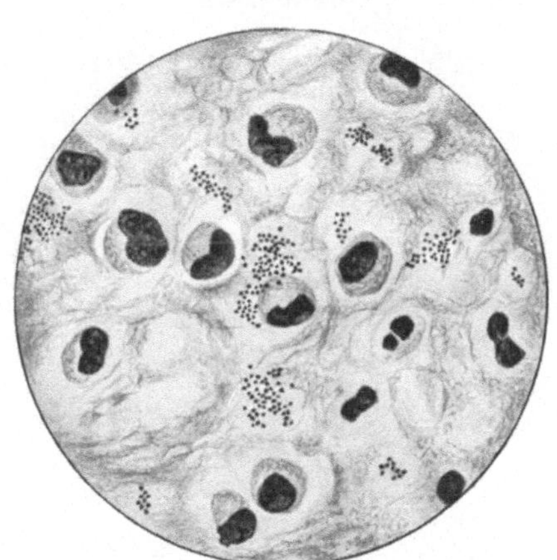

Abb. 1. Staphylokokken im Eiter.
(Nach einem Präparat von ERICH MEYER.)

Haut als harmloser Saprophyt. Als eine Abart des Staphyloccocus pyogenes
aureus ist der Staphylococcus pyogenes citreus anzusehen, der sich kulturell
nahezu wie der Staphylococcus aureus verhält.

Der Staphylococcus besitzt eine sehr große Widerstandsfähigkeit; er ist in der Luft, im Spülwasser, auch im Boden nachgewiesen, gehört also zu den fakultativen Parasiten. Durch subcutane Injektion und Einreibungen des Staphylococcus in die gesunde Haut werden umschriebene Abscesse bzw. furunkulöse Eiterungen hervorgerufen. Er wird bei manchen Eiterungen regelmäßig und ausschließlich gefunden, so besonders bei der *akuten Osteomyelitis* und führt nicht selten von *Furunkeln* der Oberlippe, der Nase und des Nackens, sowie von *Karbunkeln* aus zur *Allgemeininfektion.* Er ist dann aus dem lebenden Blut zu züchten, wodurch erst die Deutung solcher Fälle, wie mancher Endokarditisformen, mit einem Schlage gesichert wird.

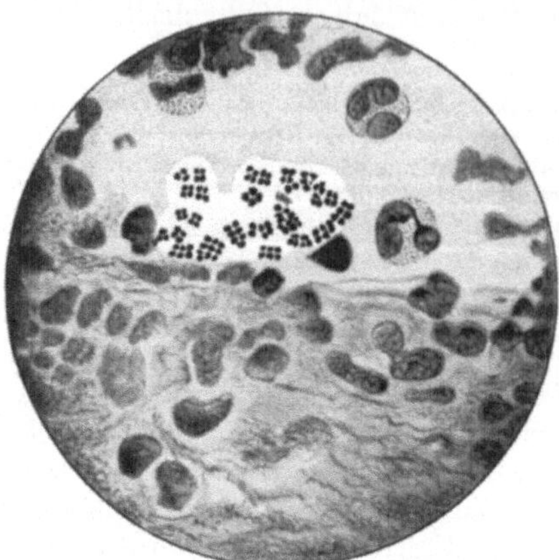

Abb. 2. Tetragenus im Sputum.
(Nach einem Präparat von ERICH MEYER.)

Sämtliche Arten des Staphylococcus pyogenes färben sich mit allen gebräuchlichen Farblösungen und sind *grampositiv.*

Den Staphylokokken verwandt ist eine Gruppe von Mikroorganismen, die wegen ihres Auftretens in Verbänden, von denen man je vier Exemplare in einer Ebene liegend sieht, als *Micrococcus tetragenus* bzw. als *Sarcina tetragena* bezeichnet wird.

Diese Kokken sind ebenfalls *grampositiv.* Sie wachsen auf den üblichen Nährböden schleimig. Gelatine wird nicht verflüssigt. Eine Hämolyse bleibt aus.

Der *Micrococcus tetragenus* findet sich als Erreger, wenn auch selten, bei Sepsis, Meningitis, Pneumonie sowie als Mischinfektionscoccus (z. B. in tuberkulösen Kavernen).

Die Abb. 2 stammt von einem Fall, bei dem sich reichliche Tetragenuskokken im Sputum und im Absceßeiter einer Halslymphdrüse fanden. Bei der Sektion bestand ein kleines vereitertes Lungencarcinom.

Der *Streptococcus pyogenes* (Abb. 3) ruft das *Erysipel* und die mehr flächenhaften, *phlegmonösen Eiterungen* hervor und führt häu-

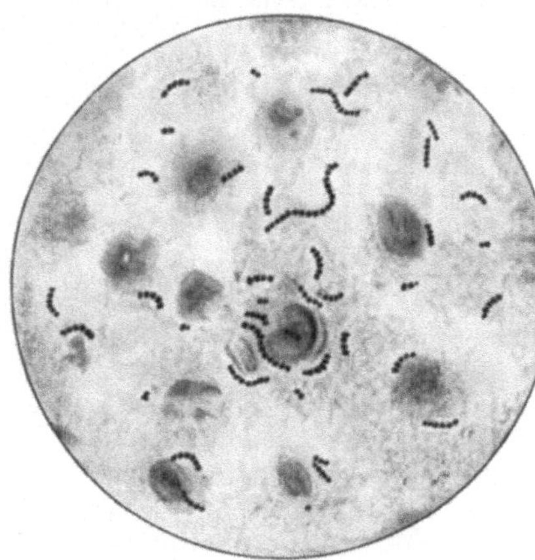

Abb. 3. Streptokokken im Eiter.
(Nach GOTSCHLICH-SCHÜRMANN).

figer zur *Allgemeininfektion* wie der Staphylococcus. Er findet sich ferner bei *Angina, Otitis, Empyem* und *Puerperalfieber.*

Die Einzelkokken bilden durch reihenartige Anlagerung mehr oder weniger lange Ketten. Die meist ovalen oder abgeplatteten Kokken sind oft schwer von Staphylokokken, Pneumokokken bzw. banalen Kokken zu unterscheiden. Die typische Kettenbildung findet sich regelmäßig nur in Präparaten, die aus Kulturen gewonnen sind. Auf *Agar* bzw. auf der *Blutplatte* entwickeln sich relativ langsam kleine, durchscheinende Kolonien. *Keine* Verflüssigung der Gelatine, im Gegensatz zum Staphylococcus. Auf der Blutplatte kommt es bei manchen Stämmen zur Hämolysebildung (Streptococcus *haemolyticus*), bei anderen nicht (Streptococcus *non haemolyticus*). Die Fähigkeit zur Hämolyse deutet in der Regel eine besonders ausgesprochene Pathogenität an. Die außerhalb des Körpers bzw. auf gesunden Schleimhäuten gefundenen Streptokokken sind in der Regel nicht hämolytisch.

Andererseits gibt es Übergänge aus der einen in die andere Form. Als Ausnahme der obigen Regel ist z. B. der SCHOTTMÜLLERsche sog. *Streptococcus viridans s. mitior* hervorzuheben, der auf Blutplatten erst farblos, dann grünlich wächst. Er ist für Versuchstiere wenig pathogen, dagegen der Haupterreger der *Endocarditis lenta*. Zum *Nachweis des Streptococcus viridans* impft man je 1—2 ccm Blut (auf der Fieberhöhe entnommen) in mehrere Kolben Serumbouillon (man verdünnt auf diese Weise das stark bactericide Blut) und läßt es bis zu 14 Tagen bebrüten. Von dieser Kultur werden wiederholt Blutplatten beimpft, die etwa 5 Tage zu beobachten sind.

Als *Streptococcus longissimus* bezeichnet man eine Streptokokkenart, die in Bouillonkulturen in besonders langen, gestreckten Ketten wächst. Dieser Typus, den man bei Erysipel, Phlegmonen, Sepsis und Scharlach findet, ist stark hämolytisch.

Der *Streptococcus mucosus* kommt selten vor. Er bildet auf Agar zarte, aufhellende Kolonien, die sich bei *Berühren* mit der Plantinöse als schleimig-fadenziehend erweisen. Auf *Blutagar* entwickelt sich nach 24 Stunden ein schleimiger, grüngrauer Belag, der nach 48 Stunden dunkler wird und die schleimige Beschaffenheit verliert. Der Streptococcus mucosus findet sich bei Otitis, Meningitis und Pneumonie.

Als *Streptococcus putridus* wird ein streng *anaerob* wachsender Streptococcus bezeichnet. Er bildet kürzere und längere, vielfach geschwungene Ketten, deren Einzelglieder meist abgeplattet erscheinen und paarweise nebeneinander liegen; er ist grampositiv. Die durch ihn erzeugten Erkrankungen haben *stets* einen *putriden* Charakter, was auf der Entwicklung von Schwefelwasserstoff beruht. Man findet ihn bei Otitis media, Meningitis, putrider Endometritis, Salpingitis, Sepsis mit Thrombophlebitis, Lungengangrän und anderen Erkrankungen.

Wenn auch die als Eiterkokken bezeichneten Staphylokokken und Streptokokken die hauptsächlichsten Eitererreger sind, so ist nicht jede Eiterung durch sie bedingt. Auch der Meningococcus, der Gonococcus sowie der Typhus- und Colibacillus gehören zu den Eiter hervorrufenden Mikroorganismen, doch sind bei diesen besondere Lokalisationen und besondere klinische Bedingungen notwendig, um sie in praxi als Eitererreger erscheinen zu lassen.

Gewisse hämolytische Streptokokkenstämme bilden übrigens ein Gift, das in spezifischem Verhältnis zum *Scharlach* steht, und dessen intracutane Injektion bei Individuen, die für Scharlach empfänglich sind, eine entzündliche Reaktion hervorruft, nicht hingegen bei solchen, die früher Scharlach durchgemacht haben (DICK-Test).

2. Die Erreger der Pneumonie. Wenn auch eine Pneumonie durch verschiedenartige Krankheitserreger hervorgerufen werden kann, so ist doch der typische Erreger der *echten croupösen Pneumonie* ein wohl charakterisierter Coccus, der deshalb den Namen *Pneumococcus* (A. FRÄNKEL-WEICHSEL-

BAUM) trägt. Außer ihm können in seltenen Fällen der *Diplobacillus* (FRIEDLÄNDER), sowie *Influenzabacillen* und *Streptokokken* Pneumonieerreger sein. Die letzteren Formen der Pneumonie pflegen sich aber auch klinisch von der gewöhnlichen croupösen Pneumonie zu unterscheiden.

Der *Pneumococcus* ist aber nicht nur der Erreger der Pneumonie, er findet sich auch bei den die Pneumonie komplizierenden Krankheiten, bei

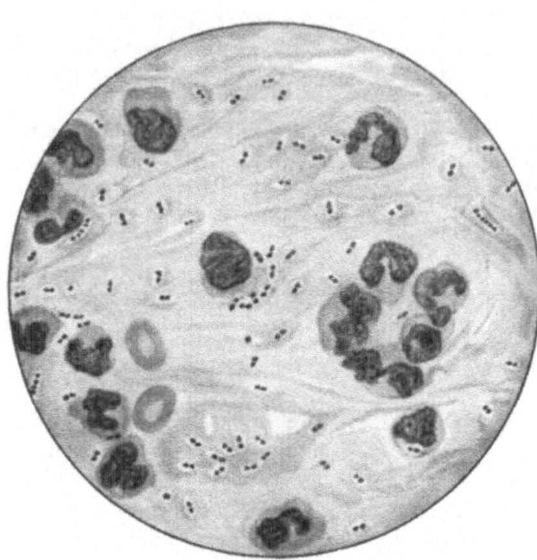

Pleuritis bzw. Empyem, Perikarditis, Meningitis, Otitis media, bei der manchen Lungenentzündungen folgenden Endokarditis, bei sekundären Gelenkeiterungen und als Erreger des Hirnabscesses usw. Der Pneumococcus kann auch in die Blutbahn gelangen und hier nachweisbar werden.

Im pneumonischen Sputum findet man den *Pneumococcus* fast regelmäßig; es ist ratsam, einzelne, in saubere Schalen ausgegebene Sputumflocken mehrmals mit steriler Flüssigkeit abzuwaschen (zur Entfernung der Mundbakterien) und sie dann erst zu Ausstrichpräparaten oder zur Kultur zu verwenden.

Die *Pneumokokken* (s. Abb. 4)
sind paarweise angeordnete, von
einer schleimigen Kapsel umgebene, an ihrem freien Ende
etwas spindelartig ausgezogene,

Abb. 4.   Pneumokokken im Sputum bei croupöser Pneumonie. (Nach einem Präparat von ERICH MEYER.)

an dem einander zugekehrten Ende eine etwas breitere Basis aufweisende Kokken. Im Ausstrichpräparat sieht man die Diplokokken meist in typischer Lagerung zu zweien; dann sind sie leicht als Pneumokokken zu erkennen, bisweilen aber liegen sie in Ketten von 6—10 Gliedern und gleichen

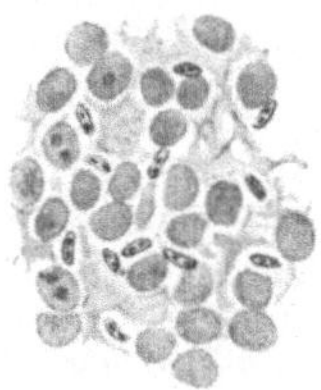

dadurch so den Streptokokken, daß sie von diesen nur durch Kultur oder Tierversuch unterschieden werden können.

Die *Pneumokokken sind grampositiv*, sie färben sich gut mit allen Anilinfarben.

Kultur. Während der Pneumococcus auf gewöhnlichem Agar in Bouillon schlecht wächst, entwickeln sich seine Kulturen am besten in Nährböden, die tierisches oder noch besser menschliches Eiweiß (Serum, Blut, Ascites usw.) enthalten. Auf der *Blutagarplatte* wachsen flache, meist etwas gedellte Kolonien unter grünlich-bräunlicher Verfärbung (Methämoglobin). In *Serumbouillon* bilden die Pneumokokken — im Gegensatz zu den Streptokokken — eine diffuse Trübung.

Abb. 5.
Diplobacillus
Friedländer
(Mausblut).
(Nach ROLLY.)

Im Zweifelsfalle kann der *Tierversuch* zur Sicherung der Diagnose herangezogen werden. Die Pneumokokken sind für Mäuse bei intraperitonealer Injektion *sehr* virulent. Die Tiere sterben meist nach 2 bis 3 Tagen und im Blut lassen sich durch ein einfaches gefärbtes Ausstrichpräparat massenhaft Diplokokken nachweisen.

Neuerdings unterscheidet man auf Grund spezifischer Agglutination durch Immunsera[1], die mit verschiedenen Stämmen gewonnen sind, *vier Typen*. Während der Typus IV kein praktisches Interesse bietet, wird der Typus I bei der croupösen Pneumonie am häufigsten angetroffen. Die Bestimmung der Typenart ermöglicht die therapeutische Anwendung eines *spezifischen Pneumokokken-Heilserums*. Der Typus III wird mit Rücksicht auf sein feuchtschleimiges Wachstum auf der Blutplatte auch als *Pneumococcus mucosus* bezeichnet.

Der *Bacillus pneumoniae* FRIEDLÄNDER. Bereits vor der Entdeckung des Pneumococcus ist der Diplobacillus von FRIEDLÄNDER in einigen Fällen von Pneumonie gefunden worden. Dieser Mikroorganismus gehört nicht eigentlich zu den Kokken, da es sich hier um kurze, zu zweien angeordnete Stäbchen von ovaler Form handelt, die, wie die Pneumokokken, eine ziemlich breite Kapsel besitzen. Er ist unbeweglich, *färbt sich leicht mit Anilinfarben*, ist aber *gramnegativ*.

Die durch FRIEDLÄNDER-Bacillen hervorgerufenen Pneumonien haben meist einen sehr schweren Verlauf; im Sputumpräparat findet man die Diplobacillen manchmal fast in Reinkultur.

Die *Kulturen* sind nicht charakteristisch, die meisten Stämme haben die Fähigkeit der Hämolyse; für Mäuse ist der FRIEDLÄNDERsche Bacillus in der Regel hochpathogen.

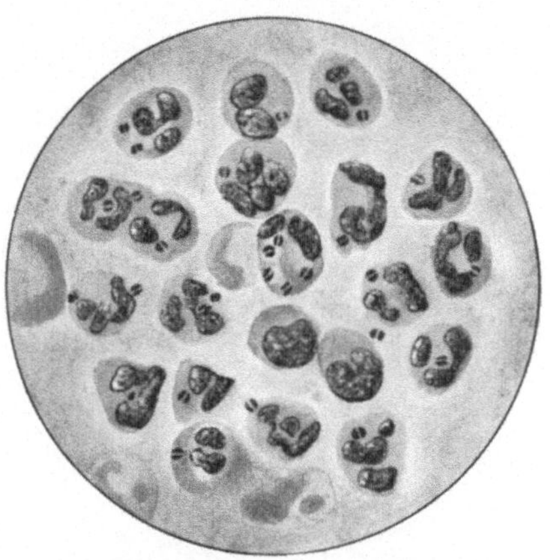

Abb. 6. Meningokokken (Lumbalpunktat). (Nach einem Präparat von ERICH MEYER.)

3. Der Meningococcus (WEICHSELBAUM). Von WEICHSELBAUM ist als Erreger der epidemischen *Genickstarre* der meist kurz als *Meningococcus* bezeichnete Diplococcus intracellularis gefunden worden. Es ist aber zu beachten, daß sowohl *sporadische* wie *endemisch* gehäufte Fälle von Meningitis vorkommen, bei denen ausschließlich der FRÄNKELsche Pneumococcus, seltener der Streptococcus mucosus, anzutreffen ist.

Außer in der Lumbalflüssigkeit (wegen Auflösungsgefahr rasch zu verarbeiten!) findet man die Meningokokken auch gelegentlich *im strömenden Blut* und in *metastatischen Eiterungen*, besonders der Gelenke (s. Abschnitt Lumbalpunktion). Andererseits können sie völlig symptomlos auf der Schleimhaut des Nasenrachenraumes vegetieren.

Die Kokken liegen semmelartig nebeneinander, mit deutlicher Abplattung der einander zugekehrten Flächen. Eine Kapsel ist nicht zu sehen. Ihre Größe und Form entspricht der von Gonokokken (s. d.), doch kommen meist erhebliche Größenunterschiede vor; diese Größenvariabilität ist ein besonders charakteristisches Merkmal. Ebenso wie die Gonokokken liegen sie meist *intracellulär*, d. h. in Leukocytenleibern.

Zu ihrer Färbung eignen sich alle Anilinfarben. Durchaus notwendig für die Diagnose ist stets die sorgfältige Anfertigung eines *Gram*-Präparates, *wobei sich die Meningokokken ebenso wie die Gonokokken entfärben* und so von

---

[1] Testsera sind vom Institut Robert Koch zu beziehen.

anderen Diplokokken, Streptokokken oder Staphylokokken unterscheiden lassen.

Die *Züchtung* des Meningococcus, die um so nötiger ist, als die Kokken nicht selten nur spärlich in der Ausstrichflüssigkeit (s. Lumbalpunktion) vorhanden sind, erfolgt am besten auf 2% Traubenzucker-Agar mit 20% Ascites oder Blut. Es ist *durchaus nötig*, die punktierte Flüssigkeit *nicht abkühlen zu lassen* und möglichst frisch zur Kultur zu verwenden. (Bei Transport evtl. Verschicken in Thermosflaschen.)

Die *Tierpathogenität* ist sehr gering und für diagnostische Zwecke nicht verwertbar. Zu differentialdiagnostischen Untersuchungen verwendet man den Agglutinationsversuch mittels Genickstarreserum.

Die Meningokokken kommen im *Nasen- und im Nasen-Rachen-*Secret Erkrankter und Rekonvaleszenten vor; es gibt auch gesunde „Bacillenträger", doch findet man gerade in Rachenmandelabstrichen bzw. im Nasensecret eine ganze Reihe von Kokken, wie den *Mikrococcus catarrhalis*, den Diplococcus flavus, Diplococcus mucosus, den Diplococcus crassus u. a., die insgesamt mit dem Meningococcus verwechselt werden können und vom Bakteriologen differenziert werden müssen.

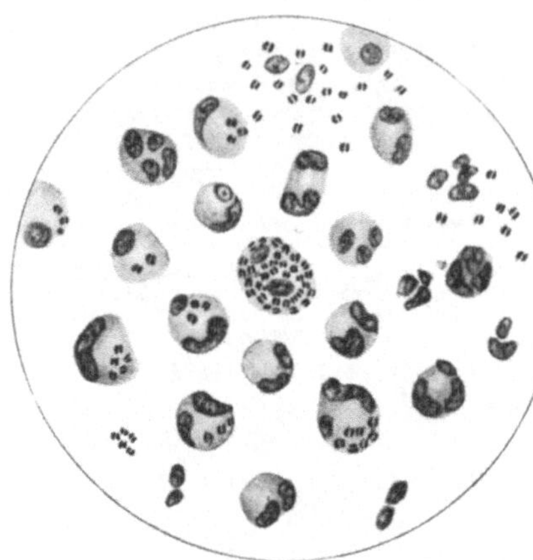

Abb. 7. Gonokokken (Urethraleiter). (Nach einem Präparat von ERICH MEYER.)

4. **Der Gonococcus** (A. NEISSER). Der Gonococcus ist als spezifischer Erreger der Gonorrhöe anzusehen. Von der Infektionsstelle aus (Urogenitalschleimhaut, insbesondere Urethra) kann es zu einem Übertritt der Gonokokken in die Blutbahn und somit sekundär zur Bildung metastatischer Prozesse (Endokarditis, Arthritis, Pleuritis u. ä.) kommen. Weitere Lokalisationen sind die Rektalgonorrhöe, die Pyosalpinx, sowie die Blennorrhoea neonatorum.

Die Kokken (s. Abb. 7) erscheinen fast stets in kleineren oder größeren Häufchen, *meist zu zweien vereint, die Kaffebohnen oder Semmeln ähnlich mit den ebenen Flächen einander zugekehrt liegen*. Ab und zu erblickt man auch je vier in naher Berührung, was auf eine nach zwei Richtungen des Raumes stattgehabte Teilung hinweist. Der Grenzspalt zwischen je zwei Einzelkokken ist ziemlich breit und stets erkennbar. Im Eiter liegen die meisten Kokken intracellulär; in späteren Stadien der Gonorrhöe finden sie sich auch frei, sowie in den sog. „*Tripperfäden*" (s. S. 329, Abb. 164).

Färbung. Empfehlenswert ist die Färbung mit LÖFFLERS Methylenblaulösung (s. S. 8), die man ½ Min. lang auf das Präparat einwirken läßt. Abspülen in Wasser. Sonst sind auch alle übrigen basischen Anilinfarben zu benutzen.

Die Gonokokken sind *gramnegativ.*

Eine Reihe von *Kontrastfärbungen* vermitteln besonders anschauliche Bilder, ohne daß ihnen eine differentialdiagnostische Bedeutung zukommt, so die Färbung der Ausstrichpräparate mit der MAY-GRÜNWALDschen

Farblösung, sowie nach der Methylgrün-Pyronin-Methode (UNNA-PAPPEN-HEIM). Vielfach angewendet wird auch die Methode von PICK-JACOBSOHN: Man färbt 8—10 Sek. lang mit einer Mischung von 15 Tropfen ZIEHLschen Carbolfuchsins, 8 Tropfen gesättigter alkalischer Methylenblaulösung und 20 ccm Aq. dest.

Kultur. Während der Gonococcus auf den gewöhnlichen Nährboden, wie Agar, Bouillon, Gelatine usw. nicht oder nur langsam wächst, eignen sich für die Anlegung von Kulturen der WERTHEIMsche Menschenblut-Serumagar, bzw. ein Ascitesagar, bzw. ein 20%iger Blutagar oder Traubenzuckerblutagar.

b) Bacillen.

1. Der Tuberkelbacillus. Der Tuberkelbacillus wurde im Jahre 1882 von ROBERT KOCH entdeckt und als alleiniger Erreger der Tuberkulose erkannt. KOCH führte auch die Züchtung und Übertragung auf Tiere mit Erfolg aus. Charakteristisch ist die von P. EHRLICH stammende, von ZIEHL und NEELSEN modifizierte *Färbungsmethode, die dadurch charakterisiert ist, daß die Bacillen den einmal aufgenommenen Farbstoff bei der Behandlung der Präparate mit Säure und Alkohol nicht verlieren.*

Die *Tuberkelbacillen* erscheinen bei der ZIEHL-Färbung als schlanke, häufiger leicht gebogene als gerade Stäbchen von 1,5—3,5 μ Länge (also etwa $^1/_4$—$^4/_5$ so lang wie der Durchmesser einer roten Blutzelle). Sie treten meist einzeln, seltener zu zweien, hin und wieder aber in Nestern zu 5—12 und mehr auf (sowohl im Sputum wie auch im Harn), oft in zopfartiger Anordnung).

Zur *Färbung* des Tuberkelbacillus in Ausstrichpräparaten eignet sich am besten die Methode nach ZIEHL und NEELSEN.

Das zu untersuchende Material (Sputum usw.) wird auf Objektträger ausgestrichen, an der Luft getrocknet und kurz in der Flamme fixiert. Sodann gibt man tropfenweise die Carbolfuchsinlösung (s. S. 9) darauf und erwärmt vorsichtig über einer kleinen Flamme, bis Blasen aufsteigen. Man läßt das Präparat 2 Min. mit der Farblösung bedeckt. Nun entfärbt man alles bis auf die Tuberkelbacillen, indem man die Objektträger für 2—3 Min. in Salzsäure-Alkohol (Acid. hydrochl. fumans 3,0, Alkohol [96%ig] 97,0) taucht. Nach sofortigem Abspülen in Wasser folgt kurzes Nachfärben mit wässeriger Methylenblaulösung und Abspülen in Wasser. Die *Tuberkelbacillen* erscheinen als *rote* Stäbchen, alle anderen Bakterien, Schleim, Zellen usw. blau.

Bei der Untersuchung von Sputum ist auf die Auswahl der richtigen Stellen (s. S. 156f.) großer Wert zu legen.

Sind nur sehr wenige Tuberkelbacillen in dem zu untersuchenden Material zu erwarten (Blut, Harn usw.), so empfiehlt sich eines der *Anreicherungsverfahren.* Diese Verfahren gehen darauf aus, das ganze Untersuchungsmaterial mit Ausnahme der Tuberkelbacillen zu verflüssigen und die resistenten Bacillen durch Sedimentieren oder Zentrifugieren zu gewinnen. Am besten erfolgt die Anreicherung mittels der UHLENHUTHschen *Antiforminmethode.* Diese eignet sich auch zum Nachweis der Tuberkelbacillen in den Faeces, in pleuritischem Exsudat und in excidierten Drüsen- und Organstücken.

Das *Antiformin* (UHLENHUTH) stellt ein Gemisch von Liquor Natrii hypochlorosi (NaOCl) und Alkalihydrat (NaOH) dar. Es hat eine ungemeine Lösungskraft und vermag fast alle organische Substanz mit Ausnahme der Tuberkelbacillen vollkommen aufzulösen, so daß ganz klare Lösungen entstehen.

Man gibt (Modifikation von HUNDESHAGEN) zu 10 ccm Sputum 20 ccm 50%iger Antiforminlösung, schüttelt gut durch und läßt die Mischung eine halbe Stunde stehen; dann gibt man 30 ccm destillierten Wassers oder Brennspiritus hinzu, schüttelt nochmals und zentrifugiert 1 Stunde lang. Man vermeide es, statt des destillierten Wassers Leitungswasser zu benutzen, da dies oft säurefeste Saprophyten enthält. Der Bodensatz wird in nicht zu dünner Schicht ausgestrichen, mit Eiweißglycerin festgeklebt und mit Carbolfuchsin in der üblichen Weise gefärbt.

Zum *Nachweis der Tuberkelbacillen im Blut* übermittelt man dieses einem bakteriologischen Institut zur Anstellung des *Tierversuches*. Im allgemeinen werden 3—6 ccm Blut einem Meerschweinchen subcutan injiziert.

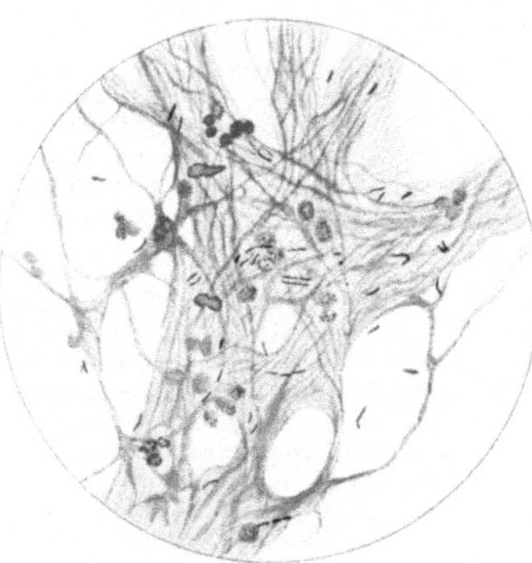

Abb. 8. Tuberkelbacillen im Sputum.
(Nach einem Präparat von ERICH MEYER.)

Verimpft man Meerschweinchen tuberkulöses Material in eine Hauttasche, so bilden sich nach 14 Tagen Schwellungen der regionären Lymphdrüsen, es kommt zur Vereiterung und evtl. zur Geschwürsbildung. Die Tiere magern ab und gehen meist nach 4—6 Wochen an allgemeiner Tuberkulose zugrunde. Bei intraperitonealer Injektion kommt es hauptsächlich zur Schwellung der portalen Lymphdrüsen der Leber und Milz.

Auch das *Züchtungsverfahren* kann zum Nachweis der Tuberkelbacillen herangezogen werden. Hierfür hat sich namentlich der von HOHN angegebene *Hämatin-Einährboden* mit Malachitgrünzusatz bewährt, auf welchem die Züchtung etwa 14 Tage bis 3 Wochen dauert.

Abgesehen von den Fällen, in denen es gelingt, im scharf zentrifugierten Sediment typische „Zöpfe" von Tuberkelbacillen (vgl. Abb. 163) mikroskopisch nachzuweisen, ist die Anstellung des Tierversuches der sicherste Nachweis. Speziell im Urin finden sich unter Umständen *apathogene* „*säurefeste Stäbchen*", die sog. *Smegma-Bacillen,* die zu Täuschung Veranlassung geben können.

Pseudotuberkulose- oder Smegma-Bacillen. Nicht nur der wiederholte *negative* Bacillenbefund kann gelegentlich zu diagnostischen Täuschungen führen, sondern auch der *positive* Nachweis von „säurefesten", aber apathogenen Bacillen. Unter den Pseudotuberkelbacillen sind differentialdiagnostisch die *Smegmabacillen* hervorzuheben. Diese gleichen bei der gewöhnlichen Färbung durchaus den echten Tuberkelbacillen und geben den Farbstoff bei kurzer Entfärbung nicht ab, immerhin verlieren sie ihn gewöhnlich eher als die Tuberkelbacillen, so bei längerer, einstündiger Behandlung mit Alkohol. Sie finden sich fast regelmäßig in der Nähe der männlichen (und auch weiblichen) Harnröhrenmündung. Der Tierversuch ist daher ausschließlich mit katheterisiertem Urin anzustellen.

Im Sputum finden sich unter Umständen säurefeste Bacillen harmloser Art bei Lungengangrän, bzw. die sog. „Trompeterbacillen" bei Musikern, die Metallinstrumente blasen. Im Gegensatz zu echten Tuberkelbacillen wachsen sie sehr rasch auf künstlichen Nährböden. Evtl. entscheidet der Tierversuch.

2. Der Bacillus leprae, Lepra-Bacillus. Der von dem norwegischen Arzte HANSEN 1873 in den Lepraknoten als regelmäßiger Begleiter entdeckte Erreger der Lepra weist morphologisch große Ähnlichkeit mit dem Tuberkelbacillus auf.

Die *Leprabacillen* stellen ebenfalls schlanke, an den Enden leicht abgerundete Stäbchen dar, die vielleicht nicht ganz so lang sind wie die Tuberkelbacillen, aber gleich diesen den einmal aufgenommenen Anilinfarbstoff auch bei Säure- und Alkoholentfärbung nicht abgeben. Die „Säurefestigkeit" ist im ganzen etwas geringer als die des Tuberkelbacillus.

Die Bacillen finden sich *stets* und *ausschließlich* bei allen Lepraformen, mögen diese in der Haut, Schleimhaut und in den peripheren Nerven oder in den inneren Organen, besonders in den Hoden und großen drüsigen Organen des Unterleibs ihren Sitz haben. Im Blut kommen sie nur bei vorgeschrittenen Fällen vor, besonders häufig dagegen im Nasenschleim. Sie liegen häufig intracellulär angeordnet, in den sog. „Leprazellen". Zum Nachweis geringer Bacillenmengen kann das UHLEN-HUTHsche Antiforminverfahren (S. 17) benutzt werden.

Obwohl ihre Züchtung *noch nicht* gelungen, erscheint ein Zweifel an ihrer spezifischen Pathogenität nicht berechtigt, zumal ihr Vorkommen, wie schon gesagt, ein ganz regelmäßiges ist, und durch die geglückte Übertragung von Lepragewebe auf Tiere der kaum angezweifelte Infektionscharakter

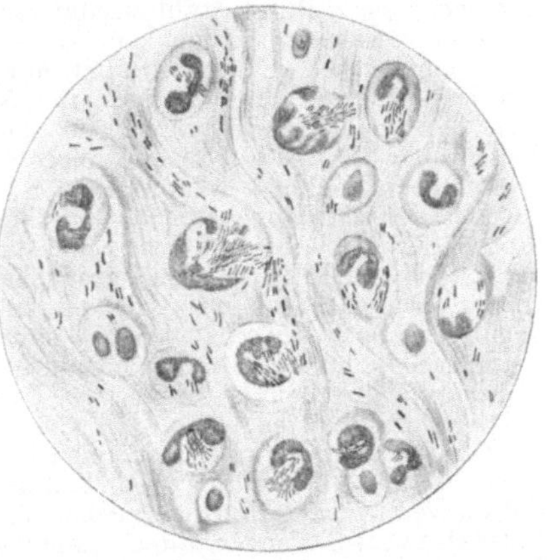

Abb. 9. Leprabacillen (aus der Haut). (Nach einem Präparat von LENHARTZ.)

der Krankheit unmittelbar erwiesen ist. *Von den Tuberkelbacillen sind sie bis zu einem gewissen Grade nur dadurch unterschieden, daß sie die Anilinfarbstoffe entschieden begieriger annehmen, aber auch leichter abgeben, daß sie auch in wässerigen Lösungen ziemlich leicht und kräftig zu färben sind, während die Tuberkelbacillen sich viel spröder verhalten.*

3. Der Bacillus typhi, Typhus-Bacillus. Seit GAFFKYs eingehenden Untersuchungen ist es zweifellos, daß der von ihm genauer studierte, aber schon von EBERTH in Milz und Mesenterialdrüsen typhöser Leichen beobachtete Bacillus der ursächliche Erreger des Unterleibstyphus ist. Die Stäbchen kommen konstant und ausschließlich bei Abdominaltyphus vor und sind schon im Beginn und auf der Höhe der Krankheit fast regelmäßig aus dem strömenden *Blute* (und den *Roseolen*) zu züchten, desgleichen aus dem *Stuhl* und *Harn* der Kranken. Für die Übertragung ist wichtig, daß sog. „Bacillenträger" wochen- bis jahrelang, ohne Krankheitszeichen darzubieten, virulente Keime im Stuhl (seltener im Harn) beherbergen können. Wichtig ist ferner, daß die Bacillen als einzige Erreger mancher gegen Ende des Typhus abdominalis am *Knochensystem* und in *serösen Säcken* auftretenden Eiterungen nachgewiesen worden sind. Besonders gefährlich für die Umgebung sind die „Dauerausscheider", d. h. Menschen, die nach überstandenem Typhus monate-, bzw. jahrelang Typhusbacillen ausscheiden.

2*

Die *Typhusbacillen* sind ziemlich plump, knapp drittel so groß wie eine rote Blutzelle; sie zeichnen sich durch *lebhafte Eigenbewegung* aus, die durch zahlreiche Geißelfäden vermittelt wird.

Bei der *Färbung*, die am besten mit Carbolfuchsin oder Löfflerscher Methylenblaulösung erfolgt, bleiben die Ausstrichpräparate etwa 5—10 Min. in der Farblösung und werden dann mit Wasser vorsichtig abgespült. Wegen der leichten *Entfärbungsmöglichkeit* ist Alkohol als Abspülungsmittel zu vermeiden.

Bei der Gramschen *Methode werden die Bacillen entfärbt.*

Kultur der Typhusbacillen. Die Typhusbacillen können auf allen gebräuchlichen Nährböden gezüchtet werden; ihr Verhalten auf diesen ist aber nicht besonders charakteristisch, so daß sie dadurch von verwandten Bacillen, mit denen sie z. B. im Stuhl zusammen vorkommen, z. B. den Colibacillen, nicht unterschieden werden können.

Die Typhusbacillen können nicht nur aus den Excreten, sondern auch aus dem Blut gezüchtet werden. Der Nachweis der Bacillen im Stuhl und Urin hat nicht nur diagnostische, sondern auch große *epidemiologische* Bedeutung, da man auf diesem Wege Gesunde als *Bacillenträger* und Verbreiter der Krankheit erkannt hat.

Nachweis der Typhusbacillen im Stuhl. Die Typhusbacillen finden sich in den Stuhlentleerungen vom Ende der ersten Woche an oft reichlich, in der vierten und fünften Woche meist spärlich, in der Rekonvaleszenz meistens wieder reichlich. Stuhl und Urin werden in geeigneten, vom Untersuchungsamt bzw. Apotheker erhältlichen Gefäßen eingesandt. Für den kulturellen Nachweis kommt es besonders darauf an, sichere Unterscheidungsmerkmale von den Bacillen der *Coli*gruppe, den Paratyphusbacillen und anderen Stuhlbakterien zu besitzen.

Dies wird durch zwei Prinzipien erreicht:

a) Durch Verwendung von Kulturen, denen Farbstoffe oder andere Substanzen (Zuckerarten) beigegeben sind, gegen die sich die verschiedenen Bakterien verschieden verhalten. Es entstehen hierbei Kulturen verschiedener Farbe, oder es zeigt sich, bzw. es fehlt Gasbildung usw. Die zugesetzten Farbstoffe verhalten sich hierbei wie Indicatoren. *Colibacillen bilden Säure, Typhusbacillen nicht.*

b) Durch Verwendung von Zusätzen, die die anderen Bakterienarten im Wachstum hemmen.

Die Untersuchung gründet sich auf das folgende biologische Verhalten der Typhusbacillen: Sie bringen Milch *nicht* zur Gerinnung (Coli +), sie vergären Traubenzuckeragar *nicht* (Coli +), sie wachsen auf Lackmus-Nutrose-Milchzucker-Agar (Drigalski-Conradi) mit rein *blauer Farbe* (Coli rotviolett durch Säurebildung); in Bouillonkulturen bilden sie *kein Indol* (Coli +), auf Milchzucker-Agar, dem Fuchsin (als Leukobase) zugesetzt ist *(Endo)*, wachsen sie in *farblosen* oder etwas bläulichen Kulturen (Coli in roten).

Setzt man zu Agar eine bestimmte Menge *Malachitgrün*, so werden die Colibacillen im Wachstum gehemmt, Typhusbacillen nicht.

Zur *Untersuchung des Stuhles* verwendet man daher am geeignetsten nebeneinander Platten von *Lackmus-Nutrose-Milchzucker-Agar* (Drigalski-Conradi), den sog. *Endo-Agar* (Fuchsin) und *Malachitgrün*-Agar.

Zum Nachweis der Typhusbacillen im Blut benutzt man die Eigenschaft der Typhusbacillen, in Galle rasch zu wachsen und lange nachweisbar zu bleiben (Beziehung des Typhus abdominalis zu Cholecystitis!). Man läßt 3—4 ccm Blut (auf der Höhe des Fiebers entnommen) in gebrauchsfertig erhältliche Röhrchen mit 5 ccm Galle oder Gallebouillon einlaufen. Besonders zweckmäßig und einfach ist die Benützung der „Venüle" mit steriler, unverdünnter Rindergalle (s. S. 7). Meist entwickeln sich nach 12—16 Stunden bereits zahlreiche Keime, doch ist es sicherer, die Kulturen nach längerer Zeit nochmals zu untersuchen. In der ersten Krankheitswoche fällt die Kultur in etwa 90% der Fälle positiv aus.

Ist mit einer der genannten Methoden die Anwesenheit der Typhusbacillen wahrscheinlich gemacht, so sind weitere Züchtungsverfahren und evtl. zur Sicherung der Diagnose das Agglutinationsverfahren anzuwenden.

Serodiagnostische Methode zum Nachweis der Typhusinfektion (GRUBER-WIDALsche Reaktion). Wie bereits erwähnt, besitzt normales Serum gegenüber pathogenen Bakterien bactericide Kraft; den Typhusbacillen gegenüber verhält es sich aber auch in anderer Weise charakteristisch. Die in frischer Bouillonkultur stark beweglichen Bacillen werden durch Zusatz normalen menschlichen Serums unbeweglich gemacht und zu Häufchen zusammengeballt *(Agglutination)*. Das Serum eines *Typhuskranken oder eines Menschen, der eine Typhusinfektion überstanden hat, besitzt diese Eigenschaft in viel stärkerem Maße, so daß sie noch in hohen Verdünnungen in Erscheinung tritt,* bei denen ein Normalserum keinerlei Wirkung entfaltet. Auf dieser Tatsache beruht die diagnostische Bedeutung des *Agglutinationsversuches.*

Zur Anstellung der GRUBER - WIDALschen Reaktion kann man auch abgetötete Bacillen-Zubereitungen, z. B. FICKERsches Ty-Diagnosticum, benutzen.

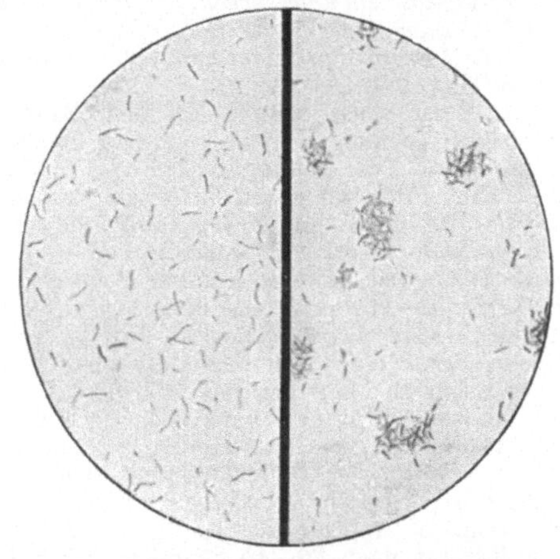

Abb. 10. Agglutination der Typhusbacillen. Links Kontrollpräparat, rechts Häufchenbildung. (Nach ROLLY.)

Welche Methode man aber auch anwendet, für die Sicherung der Diagnose ist es wichtig, den *Grad der Agglutination* des betreffenden Serums zu kennen und in zweifelhaften Fällen festzustellen, *ob dieser sog. Agglutinationstiter im Laufe der Erkrankung steigt.* Diese Forderung muß deshalb aufgestellt werden, weil eine positive Reaktion, wie auch andere biologische Reaktionen, nur anzeigt, daß Typhusimmunstoffe im Blute des Erkrankten überhaupt vorhanden sind, nicht aber, ob die momentane Krankheit wirklich Typhus ist. Es ist hierbei zu berücksichtigen, daß eine vor Jahren überstandene Typhusinfektion, wie auch frühere Schutzimpfung mit Typhusvaccine, ein gewisses erhöhtes Agglutinationsvermögen des Serums hinterlassen und daß der Titer im Gefolge mancher, nicht typhusartiger Erkrankungen ansteigen kann; ferner ist bei der Bewertung zu berücksichtigen, daß Typhusbacillen durch das Serum Kranker, die nicht eine Infektion mit den eigentlichen Typhusbacillen, sondern eine mit verwandten Bakterien (Bakterien der Typhus-Coli-Gruppe) erlitten haben, ebenfalls agglutiniert werden können (sog. *Gruppenagglutination*). Die Agglutination ist mitunter schon vom Ende der ersten Krankheitswoche ab positiv, mit einer größeren Regelmäßigkeit erst in der zweiten und dritten Woche. Seltener ist das Positivwerden in noch späteren Stadien der Krankheit.

Es ist unzweckmäßig, nur *eine* Verdünnung zu diagnostischen Zwecken anzustellen; man hat vielmehr zu untersuchen, *bis zu welchem* Grenzwert (Titer) die Agglutination erfolgt und ob sie im Verlaufe der Erkrankung ansteigt. Man kann im allgemeinen, unter den oben gegebenen Einschränkungen bei typhusverdächtigen Symptomen eine Agglutination von 1:50 bereits als wahrscheinlich auf Typhus beruhend, eine solche von 1:100 als fast sicheres Zeichen ansehen. 1:50 und 1:100 heißt, daß bei einer Verdünnung von einem Teil Serum auf 50 bzw. 100 Bouillonkultur noch Agglutination eintritt. Im Laufe der Erkrankung kann die Agglutination bis auf 1:2000 und weit höher steigen.

Der praktische Arzt wird im allgemeinen *nicht in der Lage sein, die Agglutination selbst zu untersuchen, wohl aber muß er das Material (Serum) zur Agglutination in geeigneter Weise gewinnen und zur Untersuchung einschicken können.* Man entnimmt mehrere Kubikzentimeter Blut, evtl. mittels „Venüle" (J. G. Marburg-Lahn).

4. Paratyphus-Bacillen. Mit dem Sammelnamen „Paratyphusbacillen" wird eine größere Gruppe von dem Typhusbacillus verwandten Bacillen bezeichnet. Die größte Ähnlichkeit mit dem Typhusbacillus, auch im klinischen Bilde der durch ihn relativ selten gewordenen Krankheit, besitzt der Paratyphus A. In der viel häufigeren Gruppe der Paratyphus B-Bacillen (Typus Schottmüller) —, fast immer durch den Genuß infizierter Nahrungsmittel bzw. des Fleisches kranker Tiere hervorgerufen — sind in weitestem Sinne weitere engverwandte Fleischvergifter-Bacillen hinzuzurechnen, die als Typus „Breslau", als Typus enteritidis „Gärtner" und als Bacillus suipestifer (Hogcholera- oder Salmonella-Gruppe) bezeichnet werden. Fast immer rufen sie beim Menschen das Bild der akuten Gastroenteritis hervor. Alle die genannten Erreger finden sich im Blut, in den Stuhlentleerungen und im Urin der Kranken, und alle ergeben eine spezifische Serum-Agglutination.

Die *Paratyphus B-Bacillen* sind kleine, sehr bewegliche Stäbchen, ohne Sporen und Kapseln. Ihr Wachstum auf den üblichen Nährböden wie Agar, Bouillon, ist üppiger als das der Typhusbacillen. Auf Blutagar erzeugt der Bacillus nach 36—40 Stunden graue, bis zu Linsengröße wachsende, oberflächliche und stecknadelkopfgroße, schwarzgrüne, tiefe Kolonien. Wichtig ist, daß der Paratyphusbacillus in Traubenzuckerbouillon Gasbildung erzeugt wie das Bact. coli, und daß in der Stichkultur in Zuckeragar ebenfalls Gasbildung auftritt. Dagegen läßt er die Milch unverändert, gleich dem echten Typhusbacillus, im Gegensatz zum Bact. coli. Die bei Colibacillen regelmäßig zu beobachtende Indolreaktion bleibt bei Typhus- und Paratyphusbacillen aus. Die Abtrennung der einzelnen Enteritis-Bacillen („Breslau", „Gärtner", B. suipestifer) vom Paratyphus B geschieht in Untersuchungsinstituten auf Grund gewisser kultureller Eigenschaften, vor allem aber mittels der serologischen Untersuchung (Receptorenanalyse). Erwähnt sei, daß der B. suipestifer (übrigens auch als Mischinfektionserreger bei der Schweinepest vorkommend), nicht nur zum Bild der akuten Gastroenteritis, sondern auch zum Bild einer septischen Allgemeininfektion führen kann.

5. Der Bacillus coli communis. Das *Bact. coli commune* (Escherich) hat in den letzten Jahren eine größere Bedeutung dadurch erlangt, daß es als Erreger eitriger (Perforations-) Peritonitis, Cholangitis und mancher Formen von Cystitis und besonders bei der *Pyelitis* angetroffen worden ist. Ferner fand man Bact. coli in dem entzündlichen Exsudat der Gallenblase und Gallenwege (bei Operation und Nekropsie), auch mehrmals im Blute bei Kranken mit Pyelitis, sowie bei solchen, die an schwerer Cholangitis litten, endlich bei manchen Fällen von Puerperalfieber, bei denen sich die Stäbchen, unter Umständen mit Streptokokken vereint, im Blute und in metastatischen Herden fanden.

Das Bact. coli comm. erscheint in Form zarter oder plumper Kurzstäbchen. Die Stäbchen liegen oft paarweise zusammen. Die *Färbung* gelingt in der gewöhnlichen Weise; bei dem GRAMschen Verfahren werden sie *entfärbt*.

Bei der *Reinzüchtung* auf der *Gelatine*platte wachsen die Stäbchen in einer den Typhusbacillen gleichenden Form, indem sie in der Gelatine kleine weißliche Flecke, auf derselben mit leicht zackigen Rändern versehene Häufchen bilden und *keine Verflüssigung* bewirken. Von differentialdiagnostischer Bedeutung ist die Tatsache, daß sie *Traubenzuckerlösungen unter reichlicher (CO_2-) Gasbildung vergären und die Milch* (besonders bei Brutwärme) *rasch unter starker Säurebildung zur Gerinnung bringen.* Die neutrale *Lackmusmolke* wird durch Bact. coli rot gefärbt.

Um den Bac. coli aus dem Blute zu züchten, ist Blutentnahme während eines Schüttelfrostes besonders aussichtsreich; wie bei Typhus finden auch hier gallehaltige Nährböden (Galleagar oder Rindergalle) vorteilhafte Verwendung.

Der gleichfalls von ESCHERICH zuerst beschriebene *Bacillus lactis aerogenes* hat mit dem Bact. coli comm. vielfache Ähnlichkeit. Er kommt regelmäßig im Säuglingsstuhl, nicht selten auch im Stuhl von Erwachsenen vor, kann gelegentlich aber pathogene Wirkungen entfalten (Gastroenteritis).

Er tritt in Form von unbeweglichen, mit Schleimkapseln versehenen Stäbchen auf. Gramfärbung negativ.

Der *Bacillus acidi lactici*, ein gewöhnlicher Darmbewohner, bildet auf der Platte einen sehr dichten, weißglänzenden Belag, in der Stichkultur eine Kette perlartig aneinandergereihter, weißer Kolonien, und besonders in letzterer sind, wenn die Impfstichöffnung sofort geschlossen wird, schon nach 24 Stunden linsengroße Gasblasen zu sehen, die sich rasch vermehren und vergrößern, so daß die Gelatine stark gedehnt wird.

6. Die Ruhr-Bacillen. Von verschiedenen Autoren, namentlich von SHIGA-KRUSE und FLEXNER sind in den Entleerungen Dysenteriekranker Bakterien gefunden worden, deren ätiologische Bedeutung durch zahlreiche Epidemien sichergestellt ist.

Es handelt sich um dem Typhusbacillus nahestehende plumpe, aber unbewegliche, *gramnegative* Stäbchen. Sie bilden auf Gelatine, die nicht verflüssigt wird, leicht gelbliche, fein granulierte Kolonien, auf Agar einen bläulichen, durchsichtigen Belag. In Traubenzuckerlösung Bildung von Säure, nie Gasbildung. Milch gerinnt nicht. Auf Endo- und DRIGALSKI-CONRADI-Agar typhusähnliches Wachstum. Nach der Giftbildung unterscheidet man zwei Gruppen von Bacillen: die *giftreichen* SHIGA-KRUSE- und die *giftarmen* FLEXNER- und *Y-Formen.* Die kulturelle Unterscheidung dieser Typen erfolgt nach ihrem Verhalten gegen Lackmus-gefärbte Zuckernährböden. Klinisch lassen sich die Fälle nicht unterscheiden, da sowohl bei der SHIGA-KRUSE- wie auch bei der durch FLEXNER- bzw. Y-Bacillen hervorgerufenen Ruhr gleichartig schwere Krankheitsbilder vorkommen können.

Zur Züchtung muß das Stuhlmaterial möglichst sofort verwendet werden, da die Bacillen gegen Abkühlung sehr empfindlich sind. (Evtl. Verschicken in Thermosflaschen!) Trotzdem gelingt es durchaus nicht in allen Fällen, die klinisch als Ruhr angesehen werden, die Bacillen nachzuweisen. Die Bacillen finden sich namentlich im Anfang und auf der Höhe der Krankheit in größerer Masse in den Stühlen; in späteren Stadien gelingt der Bacillennachweis viel seltener. Die Übertragung findet durch Kontaktinfektion, durch beschmutzte Wäsche, aber auch durch Fliegen statt.

In den späteren Stadien, von der zweiten Woche an, besonders aber in der Rekonvaleszenz und zur Diagnose der Nachkrankheiten (Conjunctivitis,

Rheumatismus, Urethritis, Achylie des Magens mit Durchfällen) kann die *Agglutination* des Serums gegenüber Ruhrbacillen unter *peinlicher Berücksichtigung* gewisser Voraussetzungen zur retrospektiven Diagnose der Ruhr herangezogen werden.

Bei Shiga-Kruse-Ruhr ist ein Titer von 1 : 100 beweisend, zumal wenn die Agglutination grob klumpig ist.

Die Diagnostik der Y- bzw. Flexner-Ruhr durch Agglutination stößt auf Schwierigkeiten, da manchmal auch normales Serum bzw. Serum von Kranken mit Darmcarcinom und ähnlichem sehr hoch (in einem von E. Meyer beobachteten Falle bis 1 : 800) agglutinieren kann. Auch das Serum von Shiga-Kruse-Ruhrkranken kann unter Umständen Flexner- bzw. Y-Ruhrstämme mitagglutinieren.

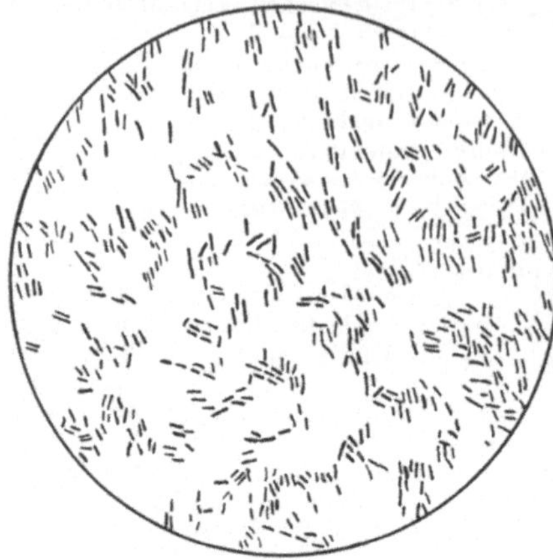

Abb. 11. Dysenteriebacillen. (Nach Jochmann.)

Neuerdings wurde von Kruse und Sonne ein Typus E als gesonderte Ruhrbacillengruppe erkannt, die sich vor den anderen Ruhrbacillen kulturell und serologisch auszeichnet. Der Verlauf der relativ häufigen Kruse-Sonne-Bacilleninfektion ist meistens leicht (Braun und Weil, Zbl. Bakter. Orig. Bd. 109).

Über die in den Tropen vorkommende *Amöbenruhr* s. S. 57.

7. Der Bacillus botulinus. Erreger des Botulismus. Von der durch Paratyphusbacillen bedingten Fleischvergiftung ist der Botulismus streng zu trennen. Hierbei handelt es sich um eine *reine Vergiftungskrankheit*, insofern der B. botulinus sich im Körper des Menschen nicht ansiedelt bzw. vermehrt. Das Gift wird durch den B. botulinus aus den an sich unschädlichen Nahrungsstoffen (meist Fleisch-, Wurstwaren, seltener Gemüse) gebildet. Das Gift läßt sich in den wässerigen Extrakten der betreffenden Nahrungsmittel nachweisen und ist für Meerschweinchen und weiße Mäuse hochgradig toxisch.

Der *B. botulinus* ist ein kleines, bewegliches Stäbchen, das Geißeln besitzt. Er färbt sich mit den gewöhnlichen Anilinfarben und ist *grampositiv*; er bildet Sporen, die ähnlich wie beim Tetanusbacillus endständig stehen. Er wächst *anaerob*, besonders gut auf Traubenzuckernährböden.

Abb. 12. Bacillus botulinus. Reinkultur mit Sporen. (Nach Gotschlich-Schürmann.)

Die fieberlos verlaufende Erkrankung äußert sich beim Menschen durch *Akkommodationslähmung, Mydriasis, Ptosis, Doppeltsehen*, Trockenheit im Halse und Aphonie. Meist besteht hartnäckige Urinverhaltung. Von Darmerscheinungen können Erbrechen, Durchfall oder auch Obstipation bestehen. Die Prognose ist meist schlecht. Tod unter dem Bilde der Bulbärparalyse.

In anderen Fällen wird als Ursache von Massenvergiftungen durch Nahrungsmittel der *Bacillus proteus vulgaris* nachgewiesen.

8. Der Rotzbacillus. Die Rotzerkrankung kommt vorwiegend bei Einhufern vor, lokalisiert sich zuerst in den Nasenhöhlen, ruft Katarrh, Knötchen und Geschwürsbildung hervor und führt zu mehr oder weniger starken Lymphdrüsenschwellungen und Lymphangitis, Hautknoten (Wurm) und in der Regel auch zu *Herden* in den *Lungen*.

Auf den Menschen wird die Krankheit wohl ausschließlich von den Pferden übertragen, und daher erklärt es sich, daß der menschliche Rotz mit seltenen Ausnahmen (Übertragung bei der Sektion!?) nur bei Kutschern, Pferdeknechten usw. beobachtet wird. Leichte Hautschrunden öffnen den Infektionserregern den Eingang in die Haut, wo es zu Knötchen und furunkulösen und phlegmonösen Eiterungen kommt, oder das Gift gelangt — dies ist der seltenere Fall — in die inneren Organe, von denen Lungen und Hoden hauptsächlich erkranken.

Die von LÖFFLER und SCHÜTZ als Krankheitserreger erkannten *Rotzbacillen* sind etwas dicker und kürzer als die Tuberkelbacillen und meist gerade, ihre Enden etwas abgerundet. Sie

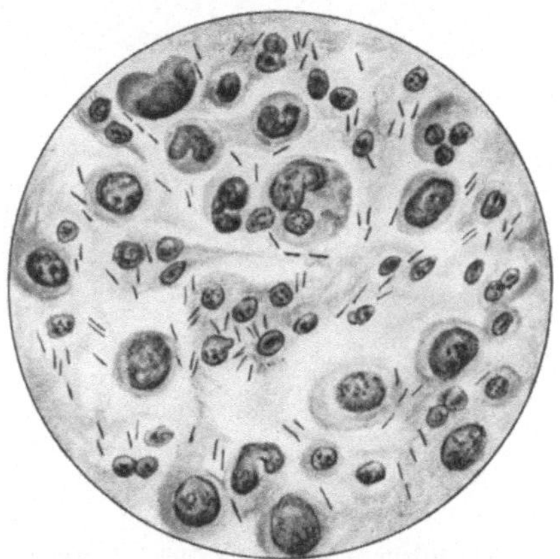

Abb. 13. Rotzbacillen. (Nach GOTSCHLICH-SCHÜRMANN.)

liegen meist einzeln, selten zu zweien oder gar in größeren Häufchen. Oft sind sie von einem zarten Hof umgeben, der als Kapsel gedeutet werden kann. Helle Lücken unterbrechen auch bei ihnen nicht selten den Verlauf des Stäbchens, ohne daß eine sichere Deutung dafür zu geben ist. Die Stäbchen kommen frei zwischen den Zellen, oft aber auch von solchen eingeschlossen zur Wahrnehmung.

Die *Züchtung* gelingt auf allen Nährböden, zumal bei Temperaturen von 37—38°. Die Kolonien zeigen ein charakteristisches Aussehen. Auf dem nicht verflüssigten Blutserum erscheinen sie als helldurchscheinende, tröpfchenförmige, auf Glycerinagar als weißglänzende Beläge.

Färbung. Die gebräuchlichen Farblösungen färben nur blaß. Ausstriche von Pustelinhalt werden in LÖFFLERS Methylenblau 5 Minuten gefärbt und dann in 1%iger Essigsäure kurz differenziert, der Tropáolin 00 in wässeriger Lösung bis zu rheinweingelber Färbung zugesetzt ist; kurzes Abspülen in Wasser. Während die Zellen nur blaß gefärbt werden, treten die Bacillen deutlich hervor.

Durch das GRAMsche Verfahren werden die Bacillen *entfärbt*.

In zweifelhaften Fällen erscheint die *Impfung von Meerschweinchen* mit dem verdächtigen Sekret für die Diagnose am aussichtsvollsten. Folgen der Impfung in die Peritonealhöhle Knoten und Geschwürsbildung und harte

Knoten in Milz, Leber und Lunge und findet man in diesen Herden gleichfalls die Bacillen, so ist damit der Rotz erwiesen.

9. Der Milzbrandbacillus, Bacillus anthracis. Der *Milzbrand* ist in erster
Linie eine Tierkrankheit. Am verbreitetsten beim Weidevieh ist der Darmmilzbrand. Bei Übertragung auf den Menschen ist die häufigste Lokalisation
die *Haut*. Der Primäraffekt gleicht einem Furunkel bzw. besteht aus einzelnen
Bläschen mit eitrig-blutigem Inhalt. Relativ selten entwickelt sich eine
Allgemeininfektion.

Die *Milzbrandbacillen* gehören nach ROBERT KOCH ursprünglich wohl zu
den echten Saprophyten, die nur gelegentlich als „fakultative Parasiten" in
den Tier- und Menschenkörper gelangen, ohne zu ihrer Entwicklung darauf

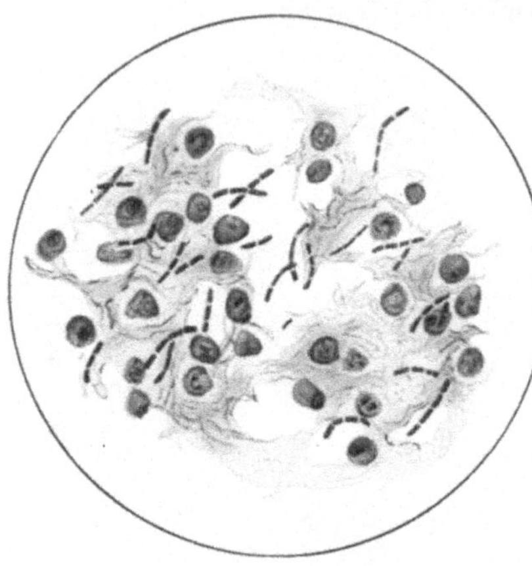

Abb. 14. Milzbrandbacillen. (Nach LOMMEL.)

angewiesen zu sein. Sie befallen
in erster Linie Schafe und Rinder, äußerst selten Pferde und
Schweine, nie Hunde.

Die bei Tieren im Blute und
in den blutigen Ausscheidungen
(aus Maul, Nase, Darm und
Blase), *beim Menschen* in dem
Sekrete der Pustula maligna (nicht
konstant), in den benachbarten
Drüsen, im Leichenblute und besonders in inneren Blutungsherden gefundenen *Bacillen* stellen
glashelle Stäbchen von charakteristischer Form dar, *denen jede
Eigenbewegung fehlt*. Sie sind
5—12 μ lang. Sie sind in der
Regel zu mehreren Gliedern aneinandergereiht und lassen oft
schon am ungefärbten Präparat,
infolge der eigentümlichen Bildung ihrer Enden, hellere Lücken
an der Verbindungsstelle zweier Glieder hervortreten. Weit besser ist dies
im gefärbten Bild wahrzunehmen. Die Enden sind an den lebenden
Bacillen verdickt und abgerundet, im gefärbten Präparate scharf abgesetzt
und deutlich dellenartig an der kreisrunden Berührungsfläche vertieft, so daß
der Vergleich mit dem oberen Ende des Radiusköpfchens viel für sich hat.

Die *Färbung* kann mit allen basischen Anilinfarben vorgenommen werden.
Wässerige *Lösungen von Bismarckbraun oder Methylenblau färben die Präparate
in 2 Min. sehr prägnant*. Ab und zu sieht man den protoplasmatischen Innenkörper und die Hülle deutlich hervortreten, in der Regel nur bei Bacillen,
die dem Tierkörper unmittelbar entnommen sind.

Die Milzbrandbacillen sind gram*positiv*.

Die *Kulturen* wachsen bei Blutwärme üppiger als bei Zimmertemperatur;
das Optimum liegt bei 37⁰.

Auf der *Platte* zeigen die größeren, bis zur Oberfläche der etwas verflüssigten Gelatine vorgedrungenen weißgelblichen Kulturen einen ziemlich
körnigen Bau und massenhaft verschlungene Fäden um den Rand herum
(„Spiralnebel", „Medusenhaupt"). Diese Fädennetze sind durch das üppige
Wachsen der Milzbrandglieder gebildet, die rascher wachsen als die Verflüssigung der Gelatine fortschreitet, und so, auf Widerstände stoßend,
abgelenkt werden.

Unter gewissen, noch nicht genügend geklärten Umständen kommt es
zur *Sporenbildung*. Unbehinderter Zutritt von Sauerstoff und bestimmte

— nicht unter 24—26⁰ C liegende — Temperaturgrade sind jedenfalls notwendige Vorbedingungen für das Zustandekommen dieses Vorgangs. Im Tierkörper werden Sporen nicht gebildet.

10. Der Tetanusbacillus. Die von NICOLAIER 1885 gefundenen Bacillen, deren Übertragung bei Tieren, besonders Meerschweinchen, typischen Tetanus und Trismus erzeugte, wurden von KITASATO in Reinkultur gewonnen. Um Reinkulturen zu erhalten, verimpft man das Ausgangsmaterial in Bouillonröhrchen, leitet Wasserstoff durch und hält dann die Kultur 24 bis 48 Stunden bei Bruttemperatur. Darauf wird die Bouillonkultur 1 Stunde auf 80⁰ erwärmt; evtl. werden nochmals Bouillonröhrchen in verschiedener Verdünnung beimpft und das Verfahren wiederholt. Reinzüchtung durch anaerobes Plattenverfahren.

Da im Ausgangsmaterial auch Sporen anderer Bakterien sein können, ist es ratsam, außer dem Plattenverfahren auch den *Tierversuch* heranzuziehen. Bringt man Meerschweinchen oder Mäusen von dem verdächtigen Wundsekret etwas unter die Haut, so zeigen sie schon in den ersten 24 Stunden tetanische Erscheinungen, wenn es sich wirklich um Wundtetanus handelt.

Die *Tetanusbacillen* sind zarte Stäbchen, die bald Fäden, bald Häufchen bilden, aber auch vereinzelt auftreten. Nur die sporenfreien Gebilde zeigen Eigenbewegung. Die Sporen sind kugelrund und treten meist am Ende eines Stäbchens auf. Ein sporenhaltiger Bacillus sieht daher stecknadel- oder trommelschlegelartig aus.

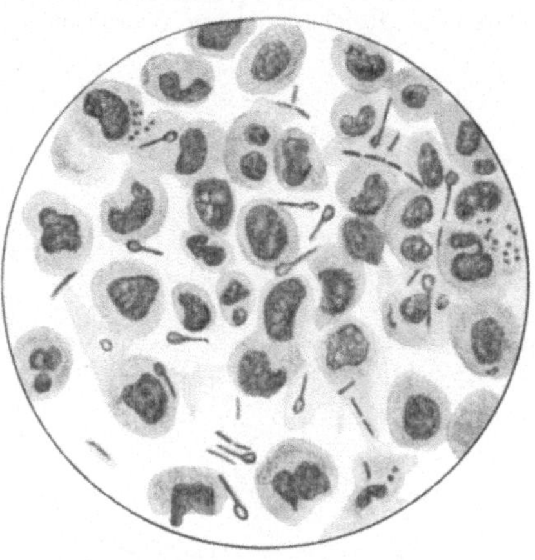

Abb. 15. Tetanusbacillen im Eiter.
(Nach GOTSCHLICH-SCHÜRMANN.)

Die *Übertragung der Reinkultur auf Tiere* gelingt am besten bei Mäusen, Meerschweinchen und Pferden; es wird ein „spezifisches Gift" *(Toxin)* gebildet, das die charakteristischen Erscheinungen des Tetanus hervorruft, während die Bacillen selbst spurlos verschwinden. Auch die von den Stäbchen befreite Tetanuskulturflüssigkeit wirkt in gleicher Weise. Das Blutserum künstlich immunisierter Tiere hebt die Wirkung der Tetanotoxine auf. Das Tetanusgift breitet sich in den Lymphbahnen der Nervenstämme nach dem Zentralnervensystem aus und ist unter Umständen auf diesem Wege bei frühzeitiger Behandlung aufhaltbar.

Die *Färbung* gelingt mit allen basischen Anilinfarben; LÖFFLERs alkalische Methylenblaulösung ist besonders empfehlenswert. *Die Bakterien sind* in jungem Zustande *grampositiv*, in älteren Kulturen zum Teil gramnegativ.

11. Die Gasödem-Bacillen (malignes Ödem, Gasbrand, Rauschbrand). Die als Gasödem, Gasphlegmone, Gasbrand oder Gasgangrän bezeichnete Wundinfektionskrankheit des Menschen wird durch verschiedene anaerobe Bacillen hervorgerufen. Die analoge Erkrankung der Tiere ist der Rauschbrand. Diese Bacillen verursachen ein meist von verunreinigten Wunden ausgehendes Ödem. Der am weitesten verbreitete Gasbranderreger ist der FRAENKELsche Gasbacillus. Er ruft eine fortschreitende Nekrose und Gasbildung in der Haut sowie in der Muskulatur hervor. Der FRAENKELsche

Bacillus ist ein geißelloses, plumpes Stäbchen mit abgerundeten Ecken, sporenbildend, grampositiv oder gramlabil. In der Kultur wächst der FRAENKELsche Bacillus streng anaerob, am besten in Traubenzucker-Blutagar.

Im Tierversuch erweisen sich Meerschweinchen und Tauben leicht empfänglich, Kaninchen, Ratten und Mäuse sind mehr oder minder resistent.

Neben dem FRAENKELschen Bacillus werden noch weitere Anaerobier als Gasödemerreger bakteriologisch abgezweigt, so der NOVYsche Bacillus des malignen Ödems, der Para-Rauschbrandbacillus und der Bacillus histolyticus, neben dem obengenannten, nur bei infizierten Tiere nanzutreffenden Rauschbrandbacillus.

12. Der Cholera-Vibrio. Der von ROBERT KOCH 1883 auf seiner von der deutschen Reichsregierung veranlaßten Forschungsreise in Indien als regelmäßiger und ausschließlicher Begleiter der echten Cholera entdeckte *Kommabacillus* ist allgemein als ihr spezifischer Erreger anerkannt.

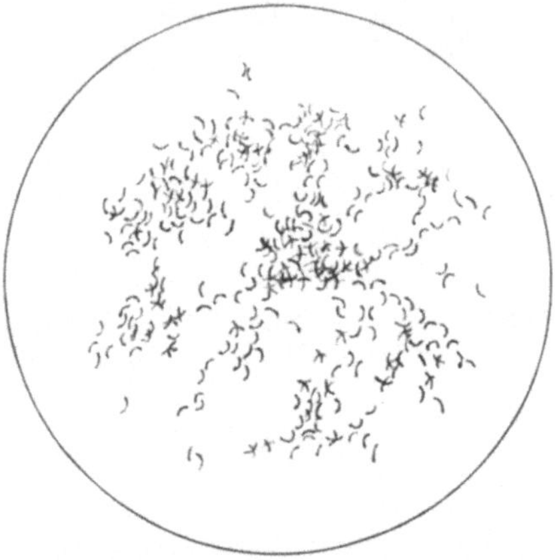

Die Choleravibrionen werden im Darm, in den Darmentleerungen und evtl. im Erbrochenen, *nie* im Blut und anderen Organen des Körpers gefunden. Sie zeigen sich *oft massenhaft, fast in Reinkultur,* in den bekannten reiswasser- oder mehlsuppenartigen Stuhlentleerungen (bzw. Darminhalt).

Die Choleravibrionen stellen sich dar als leicht gekrümmte, kommaförmige Stäbchen, die etwa halb so groß, aber deutlich dicker als die Tuberkelbacillen sind. Bisweilen sind sie stärker gekrümmt, fast halbkreisförmig, oder erscheinen durch ihre eigentümliche

Abb. 16. Cholerabacillen. (Nach SEIFERT-MÜLLER.)

Aneinanderlagerung wie ein großes lateinisches S. Die Kommabacillen zeichnen sich ferner durch sehr *lebhafte Beweglichkeit* aus. Sie bilden keine Sporen. *Austrocknen* hebt ihre Virulenz oft schon in wenigen Stunden, mit Sicherheit in 1—2 Tagen auf, während sie diese in feuchtem Zustande monatelang bewahren. *Von praktischem Interesse ist vor allem, daß der normale (saure) Magensaft sie rasch abtötet* und daß sie durch Fäulnis und in desinfizierenden Lösungen (selbst $^1/_2$%iger Carbolsäure) ebenfalls rasch zugrunde gehen.

Die Infektion erfolgt offenbar mit der Aufnahme der Nahrung, die entweder selbst schon Bacillen enthält (Trinkwasser, Milch, Obst u. dgl.) oder durch unreinliche Hände u. dgl. meist beim Essen mit Bacillen versetzt wird.

Da die Cholera asiatica bei Tieren nie vorkommt, schienen erfolgreiche Übertragungen aussichtslos zu sein; indes ist es KOCH gelungen, bei jungen Meerschweinchen eine schwere, tödliche Darmerkrankung zu erzielen, wenn die Säure des Magens neutralisiert und die Peristaltik durch Opium gehemmt war. Auch wenn man jungen Kaninchen frische Kulturen in die Ohrvene injiziert, entwickelt sich eine schwere Allgemeininfektion.

Die *Färbung* ist mit allen basischen Anilinfarben möglich und wird am besten mit einer 10fach verdünnten Carbolfuchsinlösung vorgenommen.

Die GRAMsche Methode entfärbt die Bacillen.

Eine sichere diagnostische Entscheidung ist bei dem Fehlen einer spezifischen Färbung aus dem mikroskopischen Verhalten der Bacillen in den aus den Stühlen angefertigten Präparaten nicht zu fällen, zumal die Ähnlichkeit mit manchen in den Faeces vorkommenden Stäbchen und Spirillen leicht zu Trugschlüssen verführt.

Zur bakteriologischen Diagnose einer Cholera-Erkrankung sind nur bestimmte Institute zugelassen, die über besonders eingerichtete Laboratorien verfügen. Der Versand von Cholera- und Pestverdächtigem Material ist nicht in den üblichen Entnahmegefäßen erlaubt, sondern nur in Kisten aus starkem Holz mit reichlich aufsaugendem Material. Die Sendung hat „per Eilboten" zu erfolgen, ist nicht an eine Person, sondern an das betreffende Institut zu richten und gleichzeitig telegraphisch anzukündigen (s. V.K.S.A. 1916. S. 210).

Obwohl auf den speziellen Nährböden (Dieudonnéplatten u. ä.) ein recht charakteristisches Verhalten zu erzielen ist, können die Züchtungsergebnisse bei der ungeheuren Wichtigkeit der Diagnose des *ersten verdächtigen Cholerafalles oft nicht genügen*. In diesem Fall müssen als sicherste Methoden die *spezifischen Immunitätsreaktionen* angestellt werden. Als solche werden angewendet 1. die Agglutination, 2. das Verhalten der choleraverdächtigen Vibrionen gegen bakteriolytisches Choleraserum (PFEIFFERscher Versuch).

1. In den betreffenden Untersuchungsanstalten werden Tiere gehalten, die durch Injektion steigender Dosen von Bakterienkulturen sehr hohe Immunitätsgrade erreicht haben und deren Seren einen hohen Agglutinations- oder bakteriolytischen Titer enthalten. Die hierbei gebildeten Agglutinine bzw. Bakteriolysine sind spezifisch, d. h. sie wirken nur auf diejenige Bakterienart, durch die sie erzeugt sind; Choleraagglutinine wirken nur auf Choleravibrionen, Cholerabakteriolysine ebenso. Sie lassen andere Bakterien unbeeinflußt. Das Prinzip des *Agglutinationsverfahrens* ist bereits beim Typhus besprochen worden; es müssen zur Sicherstellung der Diagnose Agglutinationsversuche in verschiedenen Verdünnungen mit hochwertigem Choleraserum angestellt werden.

2. Differentialdiagnostisch wichtig ist die Prüfung der verdächtigen Bakterien gegenüber cholera-bakteriolytischem Serum, und zwar am besten im Tierversuch (PFEIFFER). Das Prinzip dieses Versuches ist folgendes:

Wenn man einem Meerschweinchen eine bestimmte Aufschwemmung von Choleravibrionen zusammen mit Serum eines gegen Cholera hochimmunisierten Tieres (in bestimmter Verdünnung) in die Bauchhöhle spritzt, so werden die Choleravibrionen in sehr kurzer Zeit unter Körnchenbildung aufgelöst und die Tiere bleiben am Leben. Führt man denselben Versuch unter Anwendung normalen Serums durch, so bleiben die Choleravibrionen lebhaft beweglich und die Tiere gehen zugrunde.

Selbstverständlich muß dieser PFEIFFERsche *Versuch* unter bestimmten Kontrollen und bei Einhaltung gewisser quantitativer Vorschriften vorgenommen werden (vgl. darüber die Lehrbücher der Bakteriologie).

13. Bacillus diphtheriae, der Diphtheriebacillus. Der in den diphtherischen Membranen 1884 von LÖFFLER entdeckte und reingezüchtete Diphtheriebacillus ist als der spezifische Erreger erwiesen, nachdem ihn 1883 schon KLEBS in Schnitten durch Diphtheriemembranen gesehen hatte. Die Stäbchen kommen hauptsächlich in und auf den Membranen, in frischen Fällen oft in Reinkultur, in älteren mit anderen Bakterien gemischt vor; nicht selten findet man sie auch im Rachenschleim der Kranken. Das am gefärbten Präparat zu beobachtende „Bacillennester"-Bild kann oft schon den Ausschlag für die Diagnose geben; in anderen Fällen, wo viele andere Bakterien mit vorhanden sind, ist die Diagnose durch die Kultur zu sichern.

Die Diphtheriebacillen kommen in einer größeren und kleineren Form vor; mit ihnen können die „*Pseudodiphtheriebacillen*" verwechselt werden, da sie zu ähnlicher Aneinanderlagerung neigen und ebenfalls eine gewisse Fragmentierung zeigen. Sie sind aber meist *kleiner* und *dicker* als die echten Diphtheriebacillen und zeigen nicht die kolbenartige Endanschwellung. In alkalischer Bouillon gezüchtet, ruft der echte Diphtheriebacillus deutliche Säuerung hervor, die bei den unechten ausbleibt. Der positive Tierversuch (s. u.) ist in fraglichen Fällen von Bedeutung.

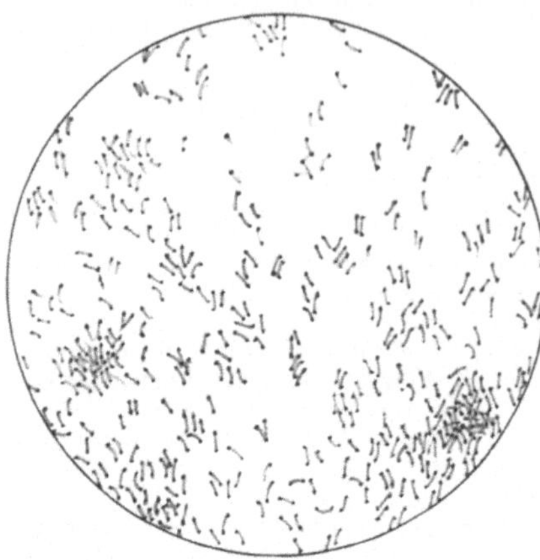

Abb. 17. Diphtheriebacillen aus Tonsillarmembran. (Nach ROLLY.)

Zum *Nachweis* der Bacillen schabt man am besten mit einer ausgeglühten und wieder erkalteten Platinöse etwas von der Membran ab und streicht zum *Trockenpräparat* aus, oder man fährt mit einem eben abgelösten Membranfetzen rasch über das Deckglas hin. Bei sehr schmierigen Belägen entfernt man zweckmäßig zuerst die oberflächliche Schicht, die Diphtheriebacillen-frei sein kann, während die tiefer gelegenen fibrinösen Partien reichlich Bacillen enthalten können. Zur *Anlegung der Kultur* bestreicht man mit der Platinöse in 1—2 Zügen die schräg erstarrte Oberfläche von LOEFFLERschem Blutserum, am besten auf PETRIschalen. Nach 12 (oft schon nach 8) Stunden haben sich im Brutschrank die charakteristischen Kulturen in stearinweißen, feinen und gröberen, zunächst isolierten Tröpfchen entwickelt.

Man *färbt* 1—2 Min. lang unter Erwärmen mit LÖFFLERS alkalischer Methylenblaulösung oder 3 Min. mit frischer konzentrierter alkoholischer Gentianaanilinwasserlösung. Letztere Färbung verdient den Vorzug, weil man gleich das GRAMsche Verfahren anschließen kann. Hierbei ist das Abspülen mit Alkohol nicht bis zur völligen Entfernung fortzusetzen. Statt des Alkohols spült man zweckmäßig mit Anilinöl ab.

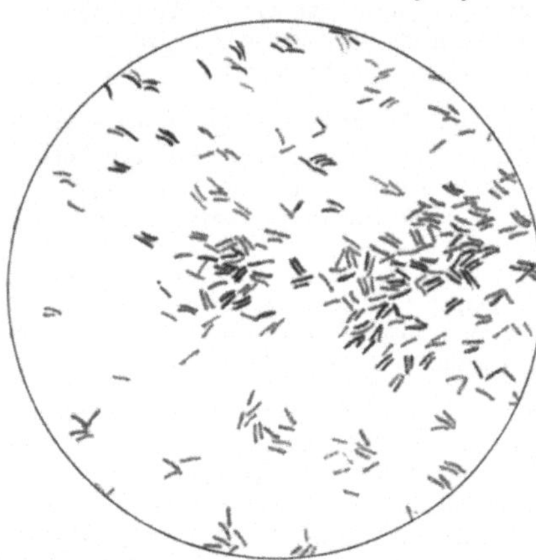

Abb. 18. Diphtheriebacillen, Reinkultur. (Nach GOTSCHLICH-SCHÜRMANN.)

Die Diphtheriebacillen sind grampositiv.

Die *ganz unbeweglichen Stäbchen* sind meist so lang wie die Tuberkelbacillen, aber doppelt so breit; ihre Enden erscheinen oft keulenartig verdickt. Die Färbung ist besonders an den mit LÖFFLERscher Lösung gefärbten Präparaten in der Regel nicht gleichmäßig, indem sie von mehr oder weniger großen Lücken unterbrochen ist. Dadurch entsteht oft ein *körniges Bild,* das neben der sog. „*Hantelform"* bis zu einem gewissen Grade für die Bacillen charakteristisch ist.

Zur sicheren Unterscheidung der Diphtherie- und Pseudodiphtheriebacillen bedient man sich mit Vorteil der M. NEISSERschen *Doppelfärbung.* Hier treten bei 8—24stündigen Kulturen die Körnchen der echten Diphtheriebacillen deutlich zutage, während sich die Pseudiphtheriebacillen gegen diese Doppelfärbung völlig negativ verhalten.

Lösung a): 1 g Methylenblaupulver (GRÜBLER, Leipzig) wird gelöst in 20 ccm absolutem Alkohol, dazu kommen 950 g Aq. dest. und 50 ccm Acid. acet. glac.

Lösung b): 1 g Krystallviolett (Höchst), 10,0 Alc. absol., 300,0 Aq. dest.

Das Präparat wird 10 Sek. mit einer Mischung von 2 Teilen der Lösung a) und 1 Teil der Lösung b) gefärbt. Ohne Abspülen wird etwa 10 Sek. nachgefärbt mit Chrysoidin 2,0 in Aq. dest. 300,0 (nach Lösung zu filtrieren!). Kurz mit Wasser abspülen. Mit Fließpapier trocknen.

Praktisch wichtig ist die Tatsache, daß die Bacillen tage- und wochenlang nach dem Verschwinden der Membranen noch in der Mundhöhle der Genesenden beobachtet worden sind (ESCHERICH). Sie haften, nach FLÜGGE, an Spielsachen, Geschirr und Wäsche 4—6 Wochen lang und bleiben dabei virulent; werden sie vor völligem Austrocknen, starker Belichtung und Fäulnisbakterien geschützt, so ist eine Lebensdauer bis zu 6—8 Monaten möglich. Feuchte Wäsche in schwach belichteten, kühlen Kellern soll besonders gut konservierend wirken. Die Ansteckung erfolgt vor allem von Mund zu Mund, durch Auswurf und beschmutzte Gegenstände. *Trocken verstäubt* wirken die Bacillen nicht infektiös. Von besonderer Wichtigkeit ist die Auffindung und Behandlung der auch bei dieser Krankheit vorkommenden Bacillenträger, von denen unter Umständen weitere Infektionen ausgehen können.

Die *Übertragung auf Tiere* (1—2 Ösen einer frischen Kultur subcutan an der Brust), besonders auf die sehr empfänglichen Meerschweinchen, ruft keine Diphtherie, jedoch starkes Ödem an der Injektionsstelle und eine ungewöhnlich schwere Intoxikation hervor, der die Tiere in 2—3 Tagen erliegen; bei längerer Krankheitsdauer werden Lähmungen beobachtet, die genau den postdiphtherischen gleichen. Es gibt übrigens auch avirulente Diphtheriebacillen.

14. Bacillus influenzae, der Influenza-Bacillus. Als ursächliche Erreger der Grippe hat RICHARD PFEIFFER 1892 zarte Stäbchen beschrieben, die durch ihr morphologisches Verhalten und ihr ausschließliches Vorkommen bei der Influenza, sowie durch die Möglichkeit der Reinkultur die Annahme ihrer spezifischen Pathogenität sichern. Bei der *Züchtung* stieß PFEIFFER anfangs auf große Schwierigkeiten, die erst behoben wurden, als er steril aufgefangenes Blut tropfenweise dem schräg erstarrten Agar (oberflächlich) zusetzte und eine Spur des Grippeauswurfs einrieb; es erfolgte ergiebiges Wachstum von Kolonien, die beliebig weiter fortgezüchtet werden konnten. Das Hämoglobin ist für das Wachstum der Kolonien unentbehrlich; deshalb eignen sich die *Blutagarplatten* am besten. Da die Influenzabacillen sehr empfindlich gegen Austrocknen sind, verimpft man verdächtiges Material (Sputum) am besten am Krankenbett auf geeigneten Nährboden. Am besten verreibt man eine verdächtige Sputumflocke in 1—2 ccm Bouillon, bis eine leichtgetrübte Emulsion entsteht und sät dieses Material mittels Platinöse auf Blutagar aus.

Die sehr kleinen Kolonien zeigen eine auffallende, glashelle Transparenz. Ihr Wachstum ist aerob; sie gedeihen zwischen 27—42° C und sind nach 24 Stunden entwickelt.

Die Stäbchen erscheinen im *Sputum* oft in Reinkultur; sie sind oft besonders klein und dick, so daß sie wie Kokken aussehen: Coccobacillen (Typus I). Im Gegensatz hierzu sind die Influenzabacillen aus Kulturen länger, stäbchenförmig (Typus II).

Zur *Färbung* eignet sich die Gramfärbung, Gegenfärbung mit verdünntem Carbolfuchsin. Die Influenzabacillen sind *gramnegativ*. Sie sind meist nur 2—3mal so lang als breit. Die Enden sind abgerundet; bisweilen liegen zwei kurze Bacillen so nahe aneinander, daß man sie für Diplokokken anspricht. Sie sind *unbeweglich* und besitzen keine Kapsel.

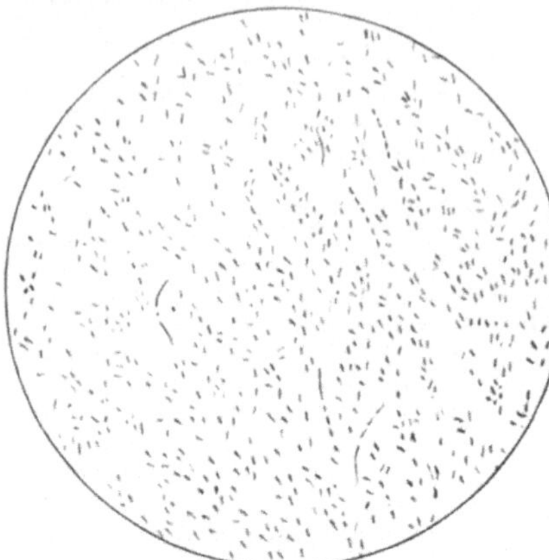

Abb. 19. Influenzabacillen, Reinkultur. (Nach GOTSCHLICH-SCHÜRMANN.)

Zuweilen ist der *Tierversuch* dem Kulturverfahren überlegen. Man impft intraperitoneal eine Maus mit einer Schleimflocke oder $^1/_2$ ccm Sputum-Emulsion. Das Tier stirbt meistens nach 24 Stunden. Verimpfung des Herzblutes auf Blutagar sowie mikroskopische Untersuchung des Peritonealexsudates (GRAM-Färbung s. o.).

Dem Influenzabacillus nahestehend ist vielleicht ein in den ersten Stadien des *Keuchhustens* gefundener Bacillus (BORDET-GENGOU), dessen Züchtung nur auf hämoglobinhaltigen Nährböden gelingt, der sich aber in serum- und asciteshaltigen Nährböden weiter züchten läßt. Die Bacillen sind sehr widerstandsfähig, rufen bei geeigneten Versuchstieren (Affen, Hunden und Katzen) keuchhustenartige Erkrankungen hervor.

15. Bacillus pestis, der Erreger der Pest. Der Bacillus der Bubonenpest wurde 1894 von KITASATO und gleichzeitig von YERSIN gefunden und sein regelmäßiges Vorkommen in den geschwollenen Lymphdrüsen und deren Eiter, sowie in Lunge, Leber, Milz und Blut sicher erwiesen. Bezüglich der Art des Versandes von pestverdächtigem Material (Bubonensaft, Blut, Sputum, Rachensekret) und anderer gesetzlicher diagnostischer Maßnahmen vgl. S. 29.

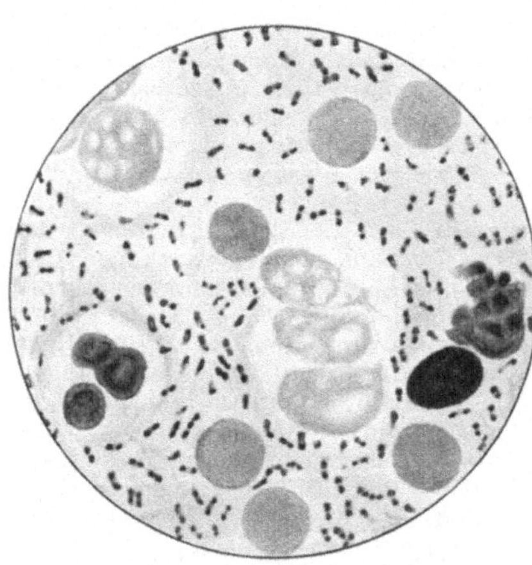

Abb. 20. Buboneneiter mit Pestbacillen. (Nach JOCHMANN.)

Von den Tieren sind vor allem Ratten und Meerschweinchen, weniger Mäuse und Kaninchen empfänglich; die Ratten spielen bei der Verbreitung der Pest eine wesentliche Rolle.

Die *Pestbacillen* sind kleine, plumpe, kaum bewegliche Stäbchen mit abgerundeten Enden, die sich bei der Behandlung mit basischen Anilinfarbstoffen besonders stark färben (Polfärbung).

Bei der GRAMschen Methode werden die Bacillen nicht gefärbt. Die *Züchtung* der Bacillen gelingt leicht auf den üblichen Nährböden (Agar, Blutserum, schwach alkalische Gelatine).

Die Pestbacillen sind pathogen für Ratten, Meerschweinchen u. a. Agglutination gegenüber spezifischem Serum ist diagnostisch verwertbar.

16. Als **Bacillus pyocyaneus** ist ein Stäbchen von 2—6 μ Länge beschrieben worden, das sich gelegentlich in eitrigen Sekreten zusammen mit Eiter erregenden Kokken findet und durch das der Eiter eine eigenartige *blaue* Verfärbung erfahren kann. Der Bacillus pyocyaneus besitzt eine Geißel und ist lebhaft beweglich; er kann mit den gewöhnlichen Anilinfarben gefärbt werden und ist *gramnegativ*. Auf Agar entwickelt er ein üppiges Wachstum in dicken grauen Rasen und bildet ein lebhaft fluorescierendes Pigment.

Dieses Pigment, *Pyocyanin*, ist eine anthracenartige aromatische Verbindung. Der Bacillus verflüssigt Gelatine und verleiht Bouillonkulturen eine *fermentartig* wirkende eiweiß- und fibrinlösende Kraft. EMMERICH hat aus Bouillonkulturen die *Pyocyanase* dargestellt, die therapeutische Verwendung namentlich bei der Bekämpfung von Rachen- und Tonsillenerkrankungen gefunden hat.

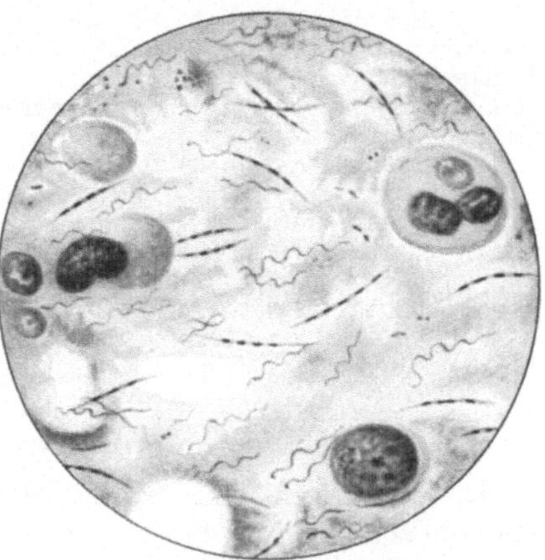

Abb. 21. Ausstrichpräparat des Tonsillarbelags bei Angina Plaut-Vincenti. Fusiforme Bacillen und Spirochäten.
(Nach GOTSCHLICH-SCHÜRMANN.)

Für Tiere ist der Bacillus pathogen; er soll auch gelegentlich bei heruntergekommenen Kindern Infektionen hervorgerufen haben.

17. Als **Bacillus fusiformis** wird ein häufig gemeinsam mit Spirochäten angetroffener gramnegativer Spindelbacillus bezeichnet, der sich bei der PLAUT-VINCENTISchen Angina in den Tonsillarbelägen findet. Im Giemsapräparat zeigt er rötlich gefärbte Innenkörper.

18. Als **Streptobacillus ulceris mollis Ducrey** bezeichnet man die beim *Ulcus molle* in Ketten zwischen den Zellen liegenden Stäbchen. Sie sind leicht färbbar, aber *gramnegativ*; auf Blutagar können sie kultiviert werden.

19. Maltafieber. Der *Bacillus melitensis* ist der Erreger des am Mittelmeer, aber auch in Afrika, Asien und Amerika vorkommenden Maltafiebers („undulierenden Fiebers"). Diese Krankheit verläuft mit hohem kontinuierlichem Fieber mit morgendlichen Remissionen. Beim Temperaturabfall findet stets ein charakteristischer profuser Schweißausbruch statt. Die erste Attacke verläuft in einer bis drei Wochen, dann stellt sich ein Rezidiv mit einem Fiebertypus ein, das der Malaria (Quotidiana oder Tropica) gleicht. Milz- und Leberschwellung und typhöser Verlauf bestehen bei schweren Fällen. Bei lang dauerndem Verlauf stellt sich Anämie und schließlich Verfall ein.

Der *Bacillus melitensis,* nach dem Entdecker BRUCE auch als *Brucella* bezeichnet, ist ein kurzes, den Staphylokokken ähnliches Stäbchen. Färbung mit den üblichen Anilinfarbstoffen gramnegativ. Auf Nährböden wächst es sehr langsam, so daß die Kulturen erst nach 5 oder 7 Tagen makroskopisch sichtbar werden.

Die Diagnose stützt sich auf die Agglutination durch spezifisches Immunserum bzw. Krankenserum und auf den Nachweis der Bakterien im Urin sowie im Milzpunktat.

Die Übertragung findet durch den Genuß der Milch erkrankter Ziegen statt.

20. Die BANG-Infektion. Die BANG-Infektion entsteht durch den Genuß roher Milch von Rindern, die an „infektiösem, seuchenhaftem Abort" erkrankt sind. Die BANG-Infektion des Menschen ist durch einen über Monate sich erstreckenden, in eigenartigen Intervallen auftretenden Fieberverlauf gekennzeichnet. Näheres s. Lehrbücher. Bei chronischen Infektionen unbekannter Genese vergesse man nicht, das Blut auf Bacillus BANG untersuchen zu lassen (Agglutination!).

Als Erreger ist der *Bacillus abortus* BANG, ein mit dem Bacillus melitensis nahe verwandter Mikroorganismus aufgefunden worden. Kulturen gehen im Gegensatz zum Bacillus melitensis nur in O_2-freier Atmosphäre an. Bei Verdacht auf Morbus BANG lasse man das Serum auf spezifische Agglutination untersuchen. Positiver Ausfall in 100—200facher Serumverdünnung ist beweisend. Kultureller Nachweis durch Überimpfen von Blut auf Meerschweinchen.

II. Trichomyceten (Haarpilze) [1].

Diese nehmen eine Mittelstellung zwischen Bakterien und Fadenpilzen ein, indem sie wie die Pilze ein Mycel bilden, das durch wahre Teilung — dichotomische Verästelung der einzelnen Fäden — entstanden ist, und indem andererseits der aus der Keimzelle gebildete Pilzfaden im Gegensatz zu dem doppelt konturierten Faden der Schimmelpilze homogen und zart erscheint.

Die Fortpflanzung der Haarpilze erfolgt durch Segmentierung der Lufthyphen (s. u.) und folgende Zerstreuung.

Bei manchen Trichomyceten bilden sich am Ende oder in der Mitte der Fäden kolbige Anschwellungen, die auf gallertiger Quellung der Membran beruhen und wohl auf regressive Veränderungen zurückzuführen sind. Die Kolben findet man in der Regel nur an dem Material, das dem Tierkörper entnommen ist. Man findet sie in derben *gelblichen* Körnern, während in grauen, leicht zerdrückbaren Körnchen nur kolbenlose, junge Fäden zu sehen sind.

Eine besonders wichtige Gruppe sind die Streptotricheen, unter ihnen der Hauptvertreter **der Actinomyces, Strahlenpilz.** Er führt bei Rindern häufig zu Geschwülsten der Kiefer, Zunge und Mundhöhle. Auch beim Menschen befällt er mit Vorliebe die Mundhöhle, besonders cariöse Zähne, und führt zu brettharten Infiltraten nahe den Kieferwinkeln; nicht selten aber gelangt er auch in die *Atmungswege,* leitet fötide

---

[1] Nähere Einzelheiten über die diagnostische Untersuchung der verschiedenen, im folgenden aufgeführten Pilzarten finden sich in dem „Grundriß der mykologischen Diagnostik" von C. BRUHNS und A. ALEXANDER. Berlin: Julius Springer 1932.

Bronchitis, peribronchitische und pneumonische Herde sowie eitrige, bisweilen auch nur seröse Pleuritis, Peripleuritis und mediastinale Prozesse ein. Manchmal erinnert das Krankheitsbild durchaus an phthisische Prozesse. Weit seltener tritt er rein lokal an der *äußeren Haut* oder in der Bauchhöhle auf; im letzteren Falle kann es zu Verschwärungen mit Durchbruch in den Darm kommen und *actinomyceshaltiger Eiter im Stuhl* gefunden werden. BOSTROEM, der das biologische Verhalten des Pilzes genauer studierte, beschuldigt die *Getreidegrannen, besonders der Gerste, an denen der Pilz häufig vorkommt, als Infektionsträger.* Dem entspricht der auffallend oft auf die Herbstmonate fallende Beginn des Leidens.

Bei der Aktinomykose finden sich in dem durch spontanen Aufbruch oder Incision entleerten Eiter oder im eitrigen Sputum bzw. auch in den eitrigen Beimengungen der Faeces *matt oder gesättigt gelbgefärbte, kleinste, eben sichtbare bis stecknadelkopfgroße Körnchen, Drusen,* von meist käsiger Konsistenz. Zerdrückt man ein solches Körnchen, so sieht man bei mäßiger Vergrößerung oft schon am ungefärbten Präparate zahlreiche Fäden mit mehr oder weniger glänzenden, birn- und keulenförmigen Enden in Form kleiner Fächer oder abgerundeter drusiger Gebilde angeordnet. Im Sputum sind daneben oft elastische Fasern und Fettkörnchen zu finden. Unter Umständen sind die Drusen verkalkt, so daß sie mittels verdünnter Salzsäure erst entkalkt werden müssen.

Die *Diagnose ist schon am ungefärbten Präparate meist sicher zu stellen.* Hin und wieder begegnet man täuschend ähnlich geformten Gebilden, die beim Vergleich mit wirklichen Actinomycespräparaten nur dadurch gewisse Unterschiede darbieten, daß die keulenförmigen Anschwellungen weniger stark sind. Die Behandlung solcher Präparate mit Alkohol oder Äther zeigt, daß es sich um eigentümlich drusig angeordnete *Fettkrystalle* handelt. Solche Gebilde können auch bei carcinomatöser Pleuritis und Lungenabsceß sowie bei fötider Bronchitis

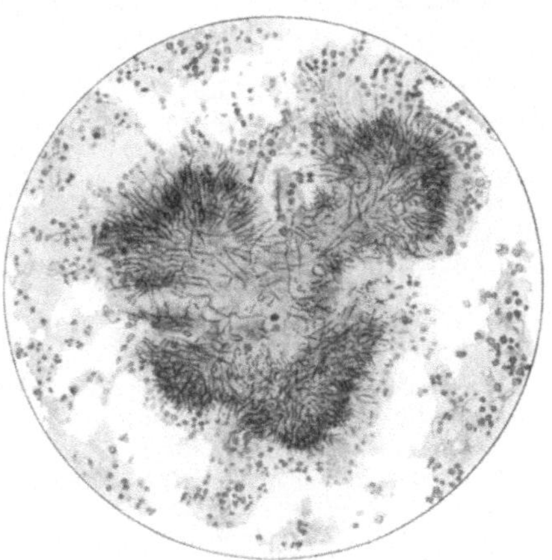

Abb. 22. Actinomycesdruse. (Nach einem Präparat von LENHARTZ.)

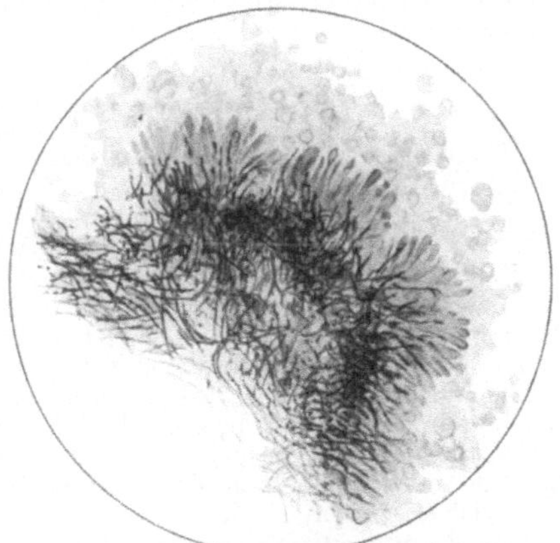

Abb. 23. Actinomycesdruse; stärkere Vergrößerung mit Sporen. (Nach einem Präparat von LENHARTZ.)

vorkommen. *Absolut* sichergestellt wird die Diagnose dann erst durch die *Färbung*.

Färbung. Man färbe das Trockenpräparat 30—40 Min. in erhitzter Carbolfuchsinlösung, dann 10—15 Min. in LUGOLscher Lösung, entfärbe mit Alkohol und spüle in Wasser ab.

Die Züchtung erfolgt auf den üblichen Nährböden, wie Bouillon, Traubenzucker- bzw. Glycerinagar.

Mit dem Actinomycespilz verwandt sind die *Streptothricheen.* Es handelt sich um pathogene Pilze, die wie die Actinomyceten haarfeine Fäden mit echten Verzweigungen bilden und sich ebenfalls durch Sporenbildung fortpflanzen. Man findet den Streptothrix gelegentlich im eitrigen Sputum von Lungenabscessen sowie im Empyemeiter.

III. Sproß- oder Hefepilze.

Im Gegensatz zu den im nächsten Abschnitt folgenden Schimmelpilzen besitzen die eigentlichen Sproßpilze weder Mycel noch Conidien.

Die Vermehrung findet durch einfache Sprossung in der Weise statt, daß an einer oder gleichzeitig an mehreren Stellen der Zelloberfläche runde oder eiförmige Ausstülpungen auftreten, die mehr oder weniger rasch die Größe der Mutterzelle erreichen und sich dann ablösen oder, untereinander im Zusammenhang bleibend, Sproßverbände bilden.

Die an der Oberfläche verdorbener alkoholischer Flüssigkeiten sich bildende *Kahmhaut* besteht aus Verbänden solcher Hefezellen, z. B. *Saccharomyces cerevisiae*, der häufigsten Form der Sproßpilze.

In seltenen Fällen kann es auch bei den Sproßpilzen zu Fadenwachstum und Mycelbildung kommen.

Beim Menschen findet man die *Hefepilze* am häufigsten in dem erbrochenen oder ausgeheberten *Mageninhalt* von Kranken mit Pylorusstenose (s. unter Abschnitt IV).

IV. Schimmel- oder Fadenpilze.

Diese stark verbreiteten Pilze bestehen aus einem Geflecht einreihiger Zellfäden, dem *Mycel.* Die Fäden (*Hyphen*) sind mehr oder weniger verzweigt und teils einzellig, d. h. ungegliedert (z. B. bei den *Mucorazeen*), teils durch Querwände *(Septen)* in meist langgestreckte Zellen gegliedert (z. B. bei den *Ascomyceten, Fungi imperfecti*).

Das wichtigste Merkmal zur Unterscheidung der Fadenpilze stellen die Fortpflanzungsorgane dar. Es werden Sporen gebildet, teils auf geschlechtlichem Wege in ausgeprägter oder reduzierter Form, teils auf ungeschlechtlichem Wege. Eine Pilzart kann beide Sporenbildungsweisen besitzen oder auf die eine der beiden beschränkt sein. *Klinische Bedeutung besitzt nur die ungeschlechtliche Sporenbildung.* Bei dieser werden die Sporen meist an besonderen Hyphen, den *Fruchthyphen* gebildet, was weiter unten näher beschrieben werden wird.

Die *Züchtung* der Fadenpilze erfolgt nach den Grundsätzen und Methoden der Bakteriologie besonders auf kohlehydrathaltigen Nährböden.

Zur *mikroskopischen Untersuchung* eignen sich am besten ungefärbte Präparate, die man durch Zerzupfen von Pilzflocken in schwach ammoniakhaltigem 50%igem Alkohol gewinnt und in Glycerin bei einer Vergrößerung von 150—250 besichtigt.

Zur *Färbung* eignet sich am besten LÖFFLERS alkalische Methylenblaulösung, die Mycel und Fruchthyphen, nicht aber die Sporen färbt.

Ob ein im Organismus aufgefundener Pilz *Pathogenität* besitzt, läßt sich nicht immer mit Sicherheit entscheiden, da sich häufig Pilze in Geweben, die aus anderen Ursachen destruiert sind, festsetzen und dort rein saprophytisch vegetieren.

Unter den eigentlichen „*Schimmelpilzen*" besitzen pathogene Eigenschaften die Gattungen: *Mucor* (*Mucorazeen*), *Aspergillus* und *Penicillium* (*Ascomyceten*).

Die *Mucorazeen* bilden ihre Sporen im Innern eines kugeligen Sporangiums (endogene Sporenbildung); die einzelligen Fruchthyphen gliedern an ihrem Ende eine Zelle ab; diese entwickelt sich zu einer kugeligen, derbwandigen Anschwellung, dem Sporangium; in dieses ragt das Ende des Fruchtträgers als Säule, *Columella*, hinein. In ihrem Innern wird durch simultane Protoplasmateilung eine große Zahl von Sporen gebildet. In feuchter Umgebung wird durch Quellung und teilweise Lösung der Wandsubstanz die Sporangienwand zum Reißen gebracht und dadurch der Sporangieninhalt entleert.

Abb. 24. Mucor mucedo.
(Nach GOTSCHLICH-SCHÜRMANN.)

Als menschenpathogene Arten sind unter anderem beschrieben: *Mucor corymbifer*, *Mucor pusillus*, *Mucor rhizopodiformis*. Sie können zu schweren Störungen (Ulcerationen, Prozessen in Lungen und Darm) Anlaß geben (LICHTHEIM).

Die Gattung *Aspergillus* bildet sog. Conidiosporen ; auf dem kolbenförmig verdickten Ende des *gegliederten* Fruchtträgers sitzt eine große Zahl kurzer Hyphen, *Sterigmen*, an deren Ende die Sporen, *Conidien*, in Ketten abgeschnürt werden.

Pathogen ist der *Aspergillus fumigatus*, der im Reifezustand einen graugrünen und der *Aspergillus flavus*, der einen grüngelben Rasen bildet. Er ist beobachtet bei manchen Formen von Pneumonomykose und gewissen Horn-

Abb. 25. Aspergillus niger.
(Nach GOTSCHLICH-SCHÜRMANN.)

hauterkrankungen, die durch Trauma und gleichzeitige Einschleppung von Aspergillusvegetationen hervorgerufen sind. Bei der Lungenmykose entwickeln sich die Pilze als Saprophyten auf alten tuberkulösen Herden, hämorrhagischen Infarkten, Krebsnestern u. dgl. Seine Sporen finden sich im Brot und in selbsterwärmten Heuhaufen ungemein häufig; läßt man *nicht* sterilisierten Brotbrei einige Tage im Brutschrank stehen, so kann man leicht eine üppige Aspergilluskultur-Entwicklung beobachten.

Abb. 26. Penicillium glaucum.
(Nach GOTSCHLICH-SCHÜRMANN.)

Die Gattung *Penicillium* besitzt oben pinselförmig *verzweigte,* gegliederte Fruchtträger. Am Ende der einzelnen Zweige befinden sich *Sterigmen,* die die Conidien in Reihen abschnüren. Über pathogene Arten der Gattung ist wenig bekannt. Im äußeren Gehörgang wurde *Penicillium minimum* gefunden. Das für Menschen nicht pathogene, aber für Tiere giftige Extraktivstoffe führende *Penicillium glaucum* (s. Abb. 26) trifft man überall an, wo man „*Schimmel*" wahrnimmt. Es bildet anfangs zarte, weiße Flocken, die meist rasch in einen grünen Rasen übergehen.

Die weiterhin zu besprechenden Pilze gehören den sog. *Fungi imperfecti* an, eine große Gruppe, die die Gesamtheit der infolge Mangels höherer Fruktifikationsformen nicht klassifizierbaren Pilze in sich begreift.

Der mit dem traditionellen Namen *Oidium albicans* (Monilia candida) bezeichnete *Soorpilz* wird bald zu den Sproßpilzen, bald zu den niederen Schimmelpilzen gerechnet. Man reiht ihn wohl mit größerem Recht den Schimmelpilzen an. Er tritt im Organismus sowohl in Hefe- als auch in Mycelform auf, wobei beide Formen ineinander übergehen können. Die Fortpflanzung erfolgt durch Zerfall der Mycelfäden in kleine Teilstücke.

Er findet sich regelmäßig in den weißen, ohne Verletzung der Schleimhaut abhebbaren, flockigen oder mehr häutigen Auflagerungen, denen man bei Kindern oder geschwächten Kranken, besonders bei Phthisikern und Diabetikern an der Schleimhaut der Mundhöhle begegnet. Weit seltener kommt er in der

Abb. 27. Soor. (Nach GOTSCHLICH-SCHÜRMANN.)

Vagina von Schwangeren und bei Cystitis vor.

Pathogene Eigenschaften kommen ihm fast nie zu. Eine große Seltenheit stellt der Übertritt in die Blutbahn und die Entwicklung einer allgemeinen Soormykose dar.

Zum *Nachweis* genügt das Zerdrücken eines kleinsten Flöckchens der fraglichen Schleimhautauflagerung zwischen Deckglas und Objektträger. Man sieht massenhafte, glasige, vielfach gegliederte und verzweigte Fäden mit zahlreichen *freien,* stark glänzenden Sporen, die aber auch in den miteinander verbundenen Fäden selbst auftreten. Durch Zusatz verdünnter Kalilauge wird das Bild meist deutlicher.

Ungleich größeres Interesse für den Arzt beanspruchen einige ebenfalls zu den Fadenpilzen gehörende Parasiten, die wohlcharakterisierte *Hauterkrankungen* hervorrufen; es sind das *Achorion Schoenleinii,* das den *Favus,* das *Trichophyton tonsurans,* das die gleichnamige *Herpesferm* bedingt, und das *Microsporon furfur, der Erreger der Pityriasis versicolor.*

Abb. 28. Pilze aus einem Favusscutulum (Achorion Schoenleinii). (Nach LESSER.)

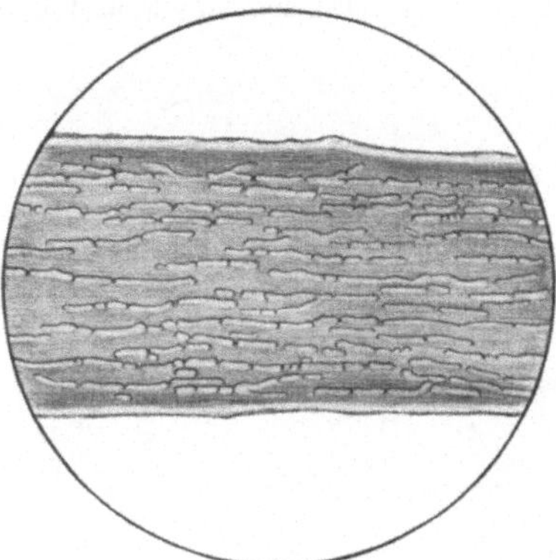

Abb. 29. Haar mit Favuspilzen. (Nach LESSER.)

Achorion Schoenleinii. Der Favus kommt fast ausschließlich in der *behaarten* Kopfhaut, weit seltener an den Nägeln (Onychomycosis favosa) oder anderen Körperteilen vor und zeigt im Beginn ein gelbes, von einem Haar durchbohrtes Bläschen oder das charakteristische, ebenfalls um ein zentral gelegenes Haar gebildete, rein gelbe Schüsselchen: *Scutulum.* Durch Zusammenfließen zahlreicher Scutula entsteht oft ausgedehnte Borkenbildung, an deren äußerer Zone meist noch die Scutulumbildung deutlich ist. Die Haare erscheinen stets glanzlos, werden brüchig, fallen aus oder sind durch leichten Zug zu entfernen, ihre Wurzelscheiden sind angeschwollen und undurchsichtig gelb. Die an den Fingernägeln vorkommende Pilzwucherung führt entweder nur zu umschriebenen gelblichen Auflagerungen oder zu einer tieferen Erkrankung des Nagels selbst, der seinen Glanz verliert und brüchig wird.

Die von SCHOENLEIN 1830 zuerst entdeckten und nach ihm benannten Pilze sind sowohl in den Wurzelscheiden und zwischen den Fasern des Haarschaftes als auch in den abgeschabten Bröckeln der Fingernägel, ganz besonders *massenhaft* — oft geradezu in Reinkultur — *in den* dellenförmigen *gelben Scutulis* zu finden. Zur *Untersuchung* genügt es, ein Flöckchen davon mit Wasser oder etwas ammoniakhaltigem Alkohol zu verreiben und in Glycerin anzusehen.

Die Pilze bilden ein *dichtes Mycel,* das aus geraden und wellig gebogenen, verzweigten, glasigen Fäden besteht, die hier und da deutliche Ausbuchtungen oder ganze Reihen von ziemlich großen, *stark lichtbrechenden Sporen*

zeigen, die mehr oder weniger reichlich auch frei, aber dann meist in Ketten
zu sehen sind.

Trichophyton tonsurans. Während die Auffindung der Pilze beim **Favus**
stets leicht und regelmäßig gelingt, bietet sie beim **Herpes tonsurans** meist
große Schwierigkeiten und erfordert stets viel Geduld. Dies rührt daher,
daß die Pilzelemente nie in der Massenhaftigkeit wie beim Favus vorhanden
und die entzündlichen Reizerscheinungen weit stärker sind.

Die Pilzwucherung befällt *sowohl die behaarte als auch die unbehaarte
Haut und die Haare und Nägel.* Die erkrankte Oberhaut wird nur in den
allerobersten Schichten betroffen. Die im Beginn kleinen, roten und oft
schuppenden Flecke, später durch Konfluenz selbst handgroßen Herde sind
meist von Bläschen- oder Pustelbildung begleitet. Ist — wie so häufig — die

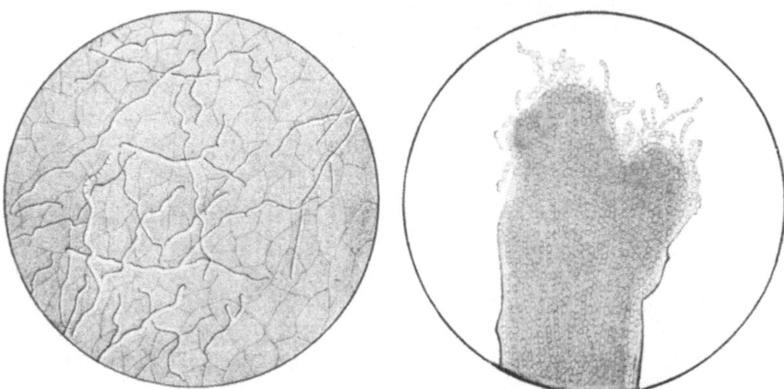

Abb. 30. Trichophyton tonsurans aus   Abb. 31. Haar mit Trichophytonpilzen.
  einer Schuppe. (Nach LESSER.)   (Nach LESSER.)

Bartgegend befallen, so sind in der Regel heftige Entzündungserscheinungen
vorhanden. Hier sowohl wie an der *Kopfhaut,* wo die entzündlichen Reizerscheinungen aber stets geringer sind, werden die Haare zunächst
glanzlos und brüchig, dann durch den Prozeß zum Abbrechen geführt
(daher H. tonsurans) oder beim Hineinwuchern der Pilze in die Wurzelscheiden und in die Haarsubstanz zum Ausfallen gebracht. Auch die
Fingernägel können durch die Pilzwucherung teilweise oder ganz brüchig
werden.

Die oft langen, wenig verzweigten Fäden bilden ein deutliches Mycel,
in dem in der Regel lange, sporenhaltige Fäden wahrzunehmen sind. Anhäufungen freier Sporen (wie bei Favus) sind selten; meist läßt die Lagerung
dann noch deutlich die Entstehung aus Sporenketten erkennen. Dagegen
findet man in den Wurzelscheiden und Haaren häufiger größere Sporen-
gruppen.

Nachweis. Zur Diagnose genügt selten die Untersuchung von ein oder
zwei kranken Haaren; meist muß man eine ganze Reihe, zehn, zwölf und mehr,
einer sorgfältigen Bearbeitung und Betrachtung unterwerfen. Am besten
untersucht man die zerzupften Haarstümpfe in Glycerin, dem etwas Essigsäure zugefügt ist, oder in 10%iger Kalilauge.

Bei der tiefen Form (Sycosis parasitaria) finden sich meist nur ganz vereinzelte Pilze. Zur genauen Diagnose sind spezielle Kulturverfahren notwendig.

Mikrosporon furfur. Bei der Pityriasis versicolor wurde als Erreger das *Mikrosporon furfur* festgestellt.

Die Pilze dringen ausschließlich in die obersten Schichten der Epidermis ein und führen zur Bildung kleiner, meist kreisrunder, selten etwas erhabener, mattgelber oder mehr bräunlicher Flecke. Die Eruptionen vergrößern sich in der Regel nur langsam, bleiben oft zerstreut, erreichen aber nicht so selten durch Zusammenfließen zahlreicher benachbarter Flecke eine solche Ausbreitung, daß der ganze Rumpf von ihnen gleichmäßig überzogen erscheint und nur kleinere oder größere Inseln gesunder Haut

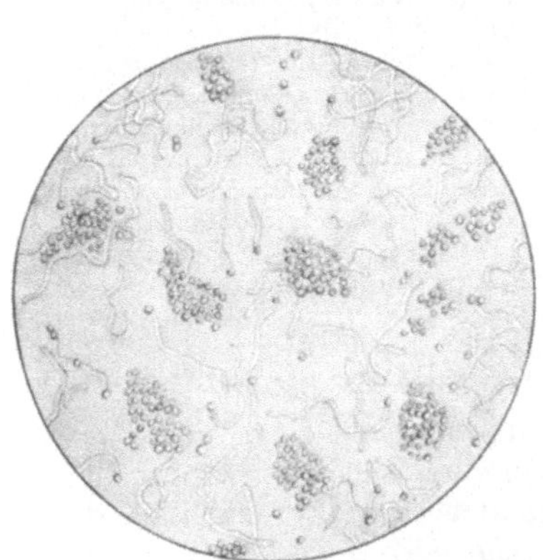

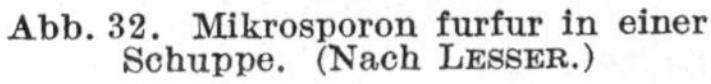

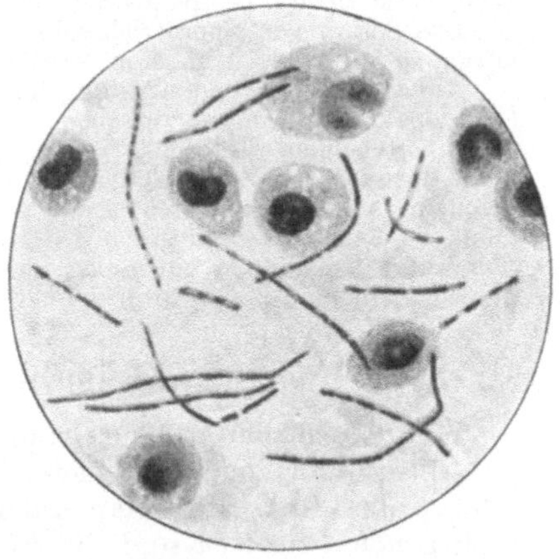

Abb. 32. Mikrosporon furfur in einer Schuppe. (Nach LESSER.)

Abb. 33. Leptothrix im Sputum. (Nach v. HOESSLIN.)

dazwischen sichtbar sind. Die Flecke bieten ab und zu eine schwache, kleienförmige Schuppung dar.

Nachweis. Betupft man einen kleinen Fleck mit 10%iger Kalilauge und schabt nach etwa ¼ Min. mit einer Blattsonde etwas von der erweichten, oberen Schicht ab, so sieht man bei etwa 350facher Vergrößerung massenhafte, meist kurze, gebogene, gegliederte und verästelte, helle Pilzfäden mit traubenförmig gruppierten, stark lichtbrechenden Sporen.

Sporotrichosepilze. Die Sporotricheen stellen eine Pilzgruppe vor, die zahlreiche saprophytische, auf Gramineen u. dgl. vorkommende Vertreter besitzt und daneben einige Arten aufweist, die in der freien Natur bis jetzt nur selten beobachtet, beim Menschen ein sehr eigenartiges, in Deutschland noch wenig bekanntes Krankheitsbild hervorrufen, die *Sporotrichose.* Man hat zwei Gruppen von Sporotricheen unterschieden: eine vom Typus BEURMANNI, eine zweite vom Typus SCHENCKI.

Beim *Sporotrichum Beurmanni* bilden die gegliederten Mycelfäden seitlich eine große Zahl einzelner auf kurzen *Stielen* sitzender, ovaler, bräunlicher Sporen aus, die am Ende der Fäden büschelförmig gehäuft auftreten. Der Pilz erzeugt tuberkulom- und syphilomartige Granulationswucherungen mit

Eiterung. Es kann aber auch eine Allgemeininfektion durch Verschleppung der Pilze auf dem Blutwege erfolgen und in den inneren Organen, Lungen, Knochenmark usw. granulomartige Neubildung mit Eiterung entstehen. In solchen Fällen kann auch ein der Septicämie ähnliches Krankheitsbild zustande kommen. Periostitis, Osteomyelitis, lungenabsceßartige Erkrankungen usw. konnten auf die Anwesenheit von Sporotricheen zurückgeführt werden. Das Krankheitsbild wird leicht mit Lues, Tuberkulose, wohl auch mit Aktinomykose und pyogener Kokkeninfektion verwechselt.

Die Infektion kann von der Haut aus durch Verletzungen oder auch vom Rachen und Magendarmtractus aus erfolgen.

Das *Sporotrichum Schencki* unterscheidet sich vom oben erwähnten Typus durch Varianten im morphologischen und kulturellen Verhalten. Es wächst bei Temperaturen von etwa 35° C, während das Sporotrichum Beurmanni tiefere Temperaturen (22—30° C) bevorzugt.

Das Serum von Sporotrichosekranken bewirkt eine spezifische Agglutination der Pilzsporen noch in Verdünnungen von 1 : 800 bis 1 : 1800.

Anhang. Eine Sonderstellung im System nehmen die *Trichobakterien* (Fadenbakterien) ein, die zwischen echten Bakterien und Algen einzuordnen sind. Unter ihnen wird die *Leptothrix* als Bewohner der menschlichen Mundhöhle (fast in jedem Zahnbelag) angetroffen. Bei Zusatz von Jodjodkalilösung nehmen sie — je nach dem Grad des Stärkegehaltes — eine gelbliche bis bläuliche Farbe an. Bei geschwächten, kachektischen Kranken entwickelt sich unter Umständen ein Belag auf den Tonsillen (Angina leptothrica). Zuweilen findet sich Leptothrix im Sputum von Lungengangrän.

B. Tierische Parasiten.

Von den beiden großen Gruppen, die man als *Ento-* und *Ekto-parasiten* bezeichnet hat, bieten besonders die ersteren für den Arzt großes Interesse. Man unterscheidet hier hauptsächlich die pathogenen *Protozoen* und die *Eingeweidewürmer*.

I. Entoparasiten.

a) Protozoen.

Die Lebensbedingungen der Protozoen sind wesentlich andere als die der Bakterien; sie sind im allgemeinen enger an den Organismus des Wirtes gebunden als die Bakterien, und ihre Kultur außerhalb des Tierkörpers ist daher bis jetzt nur in einzelnen Fällen gelungen. Ihr Entwicklungsgang ist häufig ein komplizierter, indem sie den Wirt wechseln und dabei andere Formen annehmen als die beim Menschen zur Beobachtung kommenden. Die Vermehrung geht in vielen Fällen teils geschlechtlich, teils ungeschlechtlich vor sich (Generationswechsel), und dadurch kann die Zahl der bei ein und demselben Parasiten beobachteten Erscheinungsformen eine sehr mannigfache werden.

Nach ihrem Vorkommen unterscheidet CL. SCHILLING:

1. Parasiten der Haut: Framboesiespirochäten (Spirochaeta pertenuis).

2. Parasiten des Verdauungskanales: Amöben: Entamoeba histolytica (*Ruhramöbe*), Entamoeba coli (harmloser Darmparasit).

Flagellaten: Trichomonas hominis bei dysenterieartigen Erkrankungen der Tropen (Trichomonas vaginalis, harmloser Parasit s. Urogenitaltractus).

Ciliaten: Balantidium coli (in den Tropen oft im Stuhl gefunden).

3. Parasiten der roten Blutkörperchen: Plasmodien (Malaria).

4. Parasiten des Blutplasmas: Trypanosoma gambiense (Schlafkrankheit). Spirochaeta Obermeieri (Recurrens). Spirochaeta Duttoni (afrikanisches Rückfallfieber).

5. Parasiten der weißen Blutkörperchen: Leishmania Donovani (Kala-Azar, tropische Splenomegalie).

6. Genereller Gewebsparasit: Spirochaeta pallida (Syphilis), Spirochaeta icterogenes (WEILsche Krankheit).

1. Spirochäten.

Die *Spirochäten,* die zwischen den Bakterien und den Protozoen eine Mittelstellung einnehmen, kommen als Saprophyten, als Blut- und Gewebsschmarotzer vor und finden sich bei zahlreichen Krankheiten von Tier und Mensch.

Mit den Bakterien teilen sie die Unmöglichkeit einer getrennten Darstellung von Chromatin und Plasma, mit den Protozoen die Art ihrer Verbreitung, die vielfach durch Zwischenwirte stattfindet. Eine sichere Kultivierung ist bisher nur bei einzelnen Arten gelungen.

Die Spirochäten werden auch Spirillen, die durch sie hervorgerufenen Krankheiten *Spirillosen* genannt.

α) Spirochaeta Obermeieri bei Febris recurrens. In *allen* Fällen von Rückfallfieber (Febris recurrens) findet sich im Blut *regelmäßig* und *nur* bei dieser Krankheit als Erreger ein schraubenartig gewundener, gleichmäßig zarter und heller Mikroorganismus, der 1873 von OBERMEIER entdeckt worden ist. Die Spirillen sind schon im frischen ungefärbten Blut bei etwa 350 bis 450facher Linearvergrößerung deutlich zu erkennen und verraten sich dem Auge am meisten durch ihre ungemein *lebhaften, spiralig fortschreitenden Bewegungen,* die mit großem Ungestüm ausgeführt werden und gerade im Wege befindliche Zellen oft lebhaft zur Seite stoßen. Während sie in der Regel nur einzeln im Gesichtsfeld erscheinen, sieht man sie gar nicht

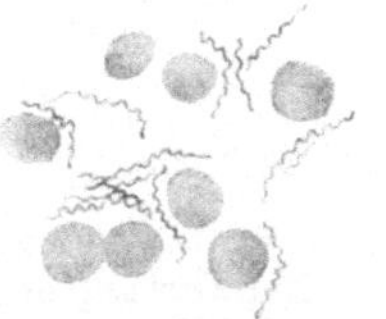

Abb. 34. Spirochaeta Obermeieri (Affenblut). (Nach ROLLY.)

selten auch in größeren Gruppen vereint, so daß rattenkönigähnliche Bilder zu Gesicht kommen. Die einzelnen Spirochaeten bieten eine sehr wechselnde Länge dar; sie variieren zwischen der doppelten bis 5fachen *Größe* des Durchmessers einer roten Blutzelle; ihre Enden sind meist etwas spitzer als der übrige Schraubenfaden. *Sie zeigen sich stets nur im Blut,* nie in den Se- oder Excreten, erscheinen kurz vor oder im Beginne des Fieberanfalles, vermehren sich sehr auffällig während desselben, um mit dem Abklingen des Fiebers völlig zu verschwinden und bei jedem neuen Relaps einen ähnlichen Zyklus zu wiederholen.

Ihr Nachweis im Blut ist für die Diagnose *entscheidend.*

Die Färbung ist unnötig; will man sie vornehmen, so kann man nach GÜNTHER die Bluttrockenpräparate 10 Sek. lang mit 5 % iger Essigsäure benetzen (zur Entfernung des Hämoglobins aus den roten Blutzellen) und 10 Min. mit Gentianaviolett-Anilinwasser färben. Sie nehmen aber auch alle anderen Anilinfarbstoffe in wässeriger Lösung rasch und begierig an. Bei Färbung nach GRAM negativ.

Ihre Züchtung ist noch nicht gelungen, wohl aber sind erfolgreiche Übertragungen mit dem spirillenhaltigen *Blute* auf Affen ausgeführt.

β) Spirochaeta der Febris africana recurrens. Bei der Febris recurrens africana ist durch R. KOCH und die Engländer DUTTON und TODD (unabhängig voneinander) festgestellt, daß die Übertragung der Krankheit durch einen Zwischenwirt, durch *Zecken* (Ornithodorus moubata) bewirkt wird, die sich in menschlichen Behausungen, so im Boden unter den Hütten aufhalten.

KOCH fand die Spirillen nicht nur im Magen und Ovarium der Zecken, sondern auch in den Eiern und den eben ausgekrochenen jungen Zecken.

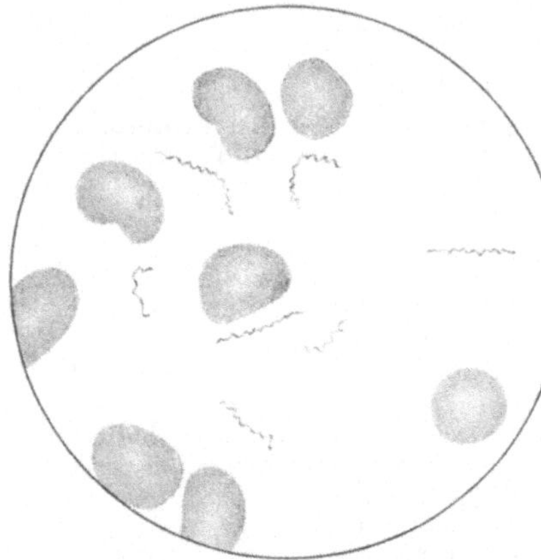

Abb. 35. Spirochaeta pallida.
(Nach einem Präparat von LENHARTZ.)

Außer den Menschen sind auch Mäuse und Ratten empfänglich und kommen vielleicht als „Wirte" mit in Frage.

γ) Spirochaeta pallida (Schaudinn), der Erreger der Syphilis. Der von SCHAUDINN im Jahre 1905 entdeckte Erreger der Syphilis ist eine Spirochäte, der wegen ihrer relativ schweren Färbbarkeit die Bezeichnung *Spirochaeta pallida* gegeben wurde. Die Länge der Spirochäte schwankt zwischen 4—14 μ, beträgt meist 7 μ. Die Zahl der Windungen schwankt zwischen 10 und 12. Die Pole enden spitz. In physiologischer Kochsalzlösung bleiben die Organismen bis zu 6 Stunden beweglich. Im Dunkelfeld beobachtet man am besten die aus Rotationen um die Längsachse und in Beugebewegungen des Körpers zusammengesetzte Eigenbewegung.

Zur *Färbung* der Syphilisspirochäte dient am zweckmäßigsten die GIEMSAlösung. Möglichst zarte Ausstriche des zu untersuchenden Gewebssaftes werden nach dem Trocknen 3 Min. in Alkohol fixiert, vorsichtig mit Filtrierpapier abgetupft und 20—30 Min. in einer frisch hergestellten Verdünnung (1 Tropfen Stammlösung [GRÜBLER] auf 1 ccm *reinstes* Aq. dest.) gefärbt, unter dem Leitungsstrahl abgespült und dann getrocknet. Die Spirochäten sind blaß rosa gefärbt. Die im gleichen Präparat gefärbten Erythrocyten erscheinen daneben hellrot bis dunkelrosa.

Bei genügend intensiver Färbung ist die Spirochaeta pallida für das *geübte Auge als feine gerade oder gekrümmte* Linie, allerdings ohne die einzelnen Windungen, schon mit *schwächerer* Vergrößerung sichtbar. Doch ist nach Möglichkeit eine *Bestätigung* des Befundes mit der *Ölimmersion* zu empfehlen.

Zum Aufsuchen der Spirochäte suche man sich namentlich bei nicht ganz gleichmäßig ausgestrichenem Präparate solche Stellen, wo die *roten Blutkörperchen wohlerhalten* auf möglichst *reinem Grunde* zu sehen sind. An diesen Stellen wird man die meisten, bestgefärbten und schönsten „Pallida" finden.

Die Präparate können *nicht* in Canadabalsam, sondern *nur* in *Cedernöl* dauernd aufbewahrt werden.

Wesentlich rascher färbt man mit dem „Tuscheverfahren" nach BURRI: Ein Tropfen des zu untersuchenden Materials wird in einem Tropfen flüssiger chinesischer Tusche (von Günther und Wagner) gleichmäßig auf dem Objektträger verrieben, darauf mit dem Rand eines Deckgläschens in dünner Schicht ausgestrichen. Nach $\frac{1}{2}$ Minute ist das Präparat trocken und wird mit Ölimmersion durchgemustert. Die Spirochäten heben sich als silberglänzende Gebilde außerordentlich deutlich von dem gleichmäßig braunen Grunde ab und sind deshalb rasch aufzufinden.

Die erfolgte syphilitische Allgemeininfektion läßt sich nur in den seltensten Fällen durch Auffinden von Spirochaeta pallida im Blut beweisen, am ehesten mittels der von Stäubli angegebenen Methode (s. Trichinen). Uhlenhuth und Mulzer haben zum Nachweis der Spirochäten im Blut die Verimpfung des Blutes auf Meerschweinchenhoden vorgenommen. Es bildet sich nach kurzer Zeit eine typische Orchitis mit Spirochäten. Die übliche Syphilisdiagnostik ist die serologische Untersuchung des Blutes (nach Wassermann u. a.).

Die Wassermannsche Reaktion. Durch Modifikation des von Bordet aufgefundenen Prinzips der *Komplementablenkung* ist es Wassermann gelungen, eine Reaktion zu finden, die mit ganz geringen Einschränkungen als charakteristisch für die luische Allgemeininfektion angesehen werden kann. Die Wassermannsche Reaktion nahm ihren Ausgangspunkt von der Beobachtung, daß eine Substanz, die im Organismus Antikörper erzeugt und deshalb *Antigen* genannt wird (z. B. Typhus- oder andere Bacillen), wenn sie mit *zugehörigem* Immunserum (etwa Typhusserum) und dem Komplement des normalen Serums im Reagensglas zusammengebracht wird, das Komplement bindet, daß diese Bindung aber *nicht* eintritt, wenn das Antigen und der Immunkörper nicht zueinander passen. Man kann also, wenn man einen Indicator dafür besitzt, ob das Komplement gebunden ist oder nicht, bei Bekanntsein des Antigens auf den Immunkörper, oder bei Bekanntsein des Immunkörpers auf das Antigen schließen. Bringt man z. B. ein zu prüfendes Serum mit Typhusbacillenextrakt und Komplement zusammen, so erfolgt nur *Komplementbindung*, wenn das zu prüfende Serum von einem Typhuskranken stammt. Dasselbe Prinzip wurde für die Luesdiagnose angewandt und gab den Grundgedanken der Wassermannschen Reaktion. Man verwandte deshalb anfangs als Antigen Extrakte spirochätenhaltiger Embryonleber.

Um zu untersuchen, ob das Komplement bei dem Zusammenbringen des zu prüfenden Serums und des Antigens (Leberextrakt syphilitischer Foeten) frei geblieben ist oder nicht, verwendet man ein sog. *hämolytisches System* als *Indicator*. Als solches dient Serum von einem Kaninchen, dem man Hammelblutkörperchen in bestimmter Konzentration injiziert hat. Durch diese Injektion erlangt das Kaninchenserum die spezifische Eigenschaft, Hammelblutkörperchen aufzulösen, es vermag aber diese Hämolyse nur auszuführen, wenn genügend Komplement vorhanden ist. Das Komplement des Kaninchenserums wird durch Erhitzen auf 56° unwirksam gemacht (das Serum wird „inaktiviert") und als Komplement das Serum eines Meerschweinchens benutzt. Gibt man nun Hammelblutkörperchen und Kaninchenserum bei Gegenwart von Meerschweinchenkomplement zusammen, so erfolgt Hämolyse. Verwendet man aber dasselbe Komplement bei dem oben geschilderten Komplementbindungsversuch und setzt dann erst Hammelblutkörperchen und Kaninchenserum hinzu, so wird die Hämolyse ausbleiben, wenn das Komplement gebunden, sie wird eintreten, wenn das Komplement frei geblieben ist.

Hemmung der Hämolyse ist daher gleichbedeutend mit *einer positiven* Wassermannschen Reaktion, eingetretene *Hämolyse mit einer negativen.* Die Wassermannsche Reaktion gibt nur zuverlässige Resultate, wenn eine große Anzahl von Kautelen eingehalten und wenn genügend Kontrollen vorgenommen werden. Es befinden sich jetzt in jeder größeren Stadt Institute, in denen die Wassermannsche Reaktion angestellt wird; der Arzt hat deshalb nur das Blut (bzw. die Lumbalflüssigkeit usw.) des zu untersuchenden Kranken zur „Wassermannschen Reaktion" einzuschicken. Man nimmt gewöhnlich mittels einer Kanüle 5—10 ccm aus der Armvene, am besten unter Verwendung einer Venüle.

Die Wassermannsche Reaktion hat im Laufe der Jahre Abänderungen gefunden. Es hat sich nämlich gezeigt, daß auch Extrakte aus *normalen*, *nicht* luischen Organen, z. B. aus dem Herzen, in gleicher Weise wie die luischen Leberextrakte verwendet werden können, daß die Reaktion also ein *spezifisches Antigen nicht* voraussetzt. Am brauchbarsten erwiesen sich alkoholische Extrakte aus menschlichen Herzen. Weitere Forschungen über die Grundlagen der Wassermannschen Reaktion ergaben, daß es sich bei ihr nicht um die ursprünglich angenommene spezifische Beziehung von Antigen und Immunkörper, wie bei der Bordet-Gengouschen Methode handelt, sondern daß physikalische Zustandsänderungen durch das Zusammenwirken von Organextrakt und Luikerserum eine Rolle spielen. Hierbei kommt es zu einer je nach der angewandten Methodik mehr oder weniger deutlichen *Ausflockung*, wobei unter Umständen bereits vor Sichtbarwerden der Ausflockung das Komplement verschwindet. Sachs und Georgi haben eine Methode ausgearbeitet, die auf ähnlichen Prinzipien beruht und bei der durch zugesetztes Cholesterin zu den verwandten Organextrakten beim Zusammenbringen mit Luikerserum Ausflockungen entstehen, die bei Lupenvergrößerung sichtbar gemacht werden können. Es wird also hierbei das zu untersuchende Serum unter bestimmten Kautelen mit verschiedenen Verdünnungen „cholesterinierter" alkoholischer Organextrakte zusammengebracht und untersucht, ob dabei Ausflockungen auftreten. Es handelt sich dabei um Zustandsänderungen, die offenbar an den Lipoidgehalt der Extrakte gebunden sind.

Auch die von Meinicke angegebene Flockungsreaktion hat durch die relative Einfachheit der Methode große Verbreitung gefunden. Ein nicht mit Cholesterin versetzter Rinderherzextrakt (0,8 cm) wird mit dem inaktivierten Blutserum (0,2 ccm) zusammengebracht. Nach einiger Zeit zeigt sich bei Brutschranktemperatur eine Ausflockung bei Verwendung von Syphiliskrankenblut, während eine solche gegenüber normalem Blutserum ausbleibt. Weitere Schnellmethoden sind die Flockungsreaktion nach Kahn, die *Citocholreaktion* nach Sachs und die sog. *Ballungsreaktion* nach Müller.

Zu beachten ist, daß die Wassermannsche Reaktion bei manchen Fällen der *tuberösen Lepra*, bei *Scharlach* und in der *Scharlachrekonvaleszenz*, sowie bei *chronischer Malaria* positiv ausfallen kann.

δ) **Spirochaeta icterogenes.** (Spirochäte der Weilschen Krankheit bzw. des infektiösen Ikterus.) Die von Weil (1886) abgegrenzte Krankheit wurde von ihm als akut fieberhaft, mit schweren nervösen Erscheinungen, außerdem mit Schwellung der Milz und Leber, Ikterus und Nephritis einhergehend bezeichnet. Uhlenhuth und Fromme, sowie Hübener und Reiter gelang 1914 gleichzeitig die Übertragung der Krankheit auf Tiere und bald darauf wurde von den genannten Autoren als Erreger eine besondere Spirochätenform erkannt, die *Spirochaeta icterogenes.* Etwas früher haben auch japanische Forscher die gleiche Feststellung gemacht.

Die *Spirochaeta icterogenes* zeigt nicht wie die Spirochaeta pallida typische feine Schlängelungen, sondern mehr bizarre Schlängelungen, Krümmungen, Ringformen und Schleifenbildungen; oft ist sie an den Enden „kleiderbügelartig" gekrümmt. An ihren Enden, bisweilen auch mehr nach der Mitte zu, finden sich häufig knopfartige Verdickungen. Sie ist meist länger als der Durchmesser eines roten Blutkörperchens, manchmal aber auch kurz und „kommaartig“. UHLENHUTH und FROMME fanden die Spirochäten zuerst in der Leberaufschwemmung infizierter Meerschweinchen (vgl. Abb. 36). Bei Beobachtung im Dunkelfeld sieht man die Spirochäten wurmartige Krümmungen und rollende Bewegungen mit mäßiger Lebhaftigkeit ausführen. Gefärbt werden sie im Ausstrich nach GIEMSA, indem man die Farblösung (1 Tropfen Stammlösung auf 1 ccm destillierten Wassers) 12—24 Stunden einwirken läßt. Im Organschnitt sind die Spirochäten am besten nach der LEVADITIschen Methode darstellbar.

Außer in der Leber wurden die Parasiten in den Nieren, der Gallenblase und in den Lungen der infizierten Tiere gefunden. Schließlich gelang auch der Nachweis im Blut schwerkranker Tiere. Die Übertragung der Krankheit auf Tiere durch Blut kranker Menschen gelingt meist nur in den ersten Krankheitstagen. Auch der Urin kranker Menschen kann infektiös sein. Als Versuchstier eignet sich am besten das Meerschweinchen; die Überimpfung geschieht intraperitoneal oder noch besser intrakardial.

Die Züchtung der Spirochäten gelang zuerst in reinem Serum unter anaeroben Bedingungen; nach UHLENHUTH lassen sich große Kulturmengen in einer starken Verdünnung von Serum mit Leitungswasser gewinnen. Hierzu hatte die epidemiologisch wichtige Beobachtung geführt, daß die Spirochäten *sich lange Zeit in gewöhnlichem Leitungswasser* halten.

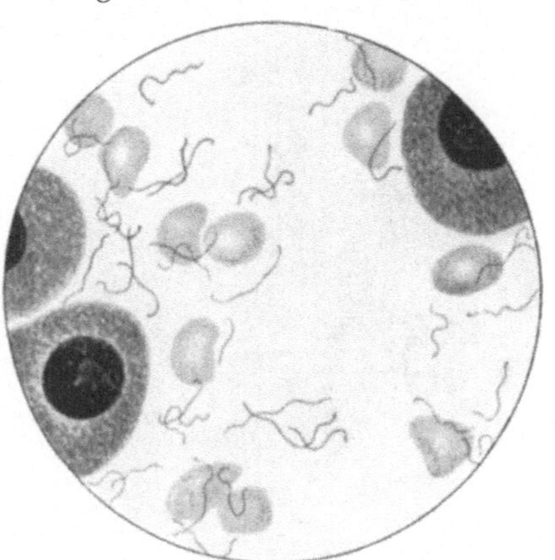

Abb. 36. Spirochaeta icterogenes (Leberabstrich). (Nach einem Präparat von UHLENHUTH.)

Blut von kranken Tieren, zu gleichen Teilen mit Leitungswasser verdünnt, erwies sich noch nach 16 Tagen als virulent.

Da die Spirochaeta icterogenes ein weitverbreiteter Rattenparasit ist, muß angenommen werden, daß die Infektionsquelle für den Menschen die von infizierten Ratten ausgeschiedenen Spirochäten sind, die durch die Haut (Schrunden) in den menschlichen Organismus eindringen.

Die Diagnose der überstandenen Krankheit läßt sich in vielen Fällen noch nach Monaten, ja nach Jahren stellen, da im Blut lange Zeit immunisatorische Eigenschaften nachweisbar bleiben.

2. Plasmodien (Malaria).

Die *Plasmodien* machen einen Teil ihrer Entwicklung im Menschen und einen weiteren außerhalb, in einem anderen Wirtsorganismus, durch. Als solcher ist eine bestimmte *Mückenart, Anopheles,* nachgewiesen worden. Wird ein Mensch von einem Mosquito (Anopheles) gestochen, der entwicklungsfähige Parasiten beherbergt, so gelangt der Malariaparasit ins menschliche Blut. Hier kann er eine *endogene* Entwicklung innerhalb eines bestimmten Zeitabschnittes durchlaufen, indem er in die roten Blutkörperchen eindringt, dort auswächst und durch Teilung neue jugendliche Malariaparasiten *(Schizonten)* erzeugt. Das Malariaplasmodium kann sich also *ungeschlechtlich innerhalb der menschlichen Blutbahn fortpflanzen* und dadurch pathogene Wirkungen hervorrufen. Damit ist aber die Entwicklungsmöglichkeit nicht erschöpft; denn außer den ungeschlechtlichen Nachkommen werden auch

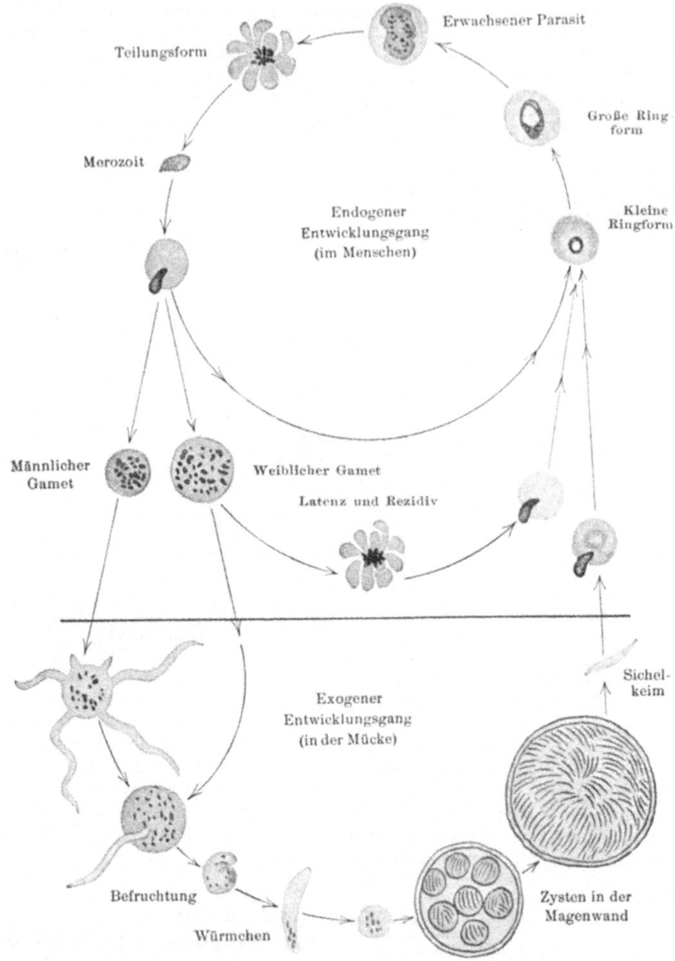

Abb. 37. Malaria. Schema des Entwicklungsganges der Malariaparasiten. (Nach KOLLE-HETSCH.)

geschlechtliche erzeugt, indem sog. männliche und weibliche *Gameten* gebildet werden. Zwischen diesen kann eine *echte Befruchtung* und weitere geschlechtliche Entwicklung eintreten, doch findet dieser Entwicklungsmodus *niemals im menschlichen Körper, sondern nur in dem des zweiten Wirtes, eben der*

Anophelesmücke, statt. Nimmt eine solche durch Stich von einem malariakranken Menschen die Gameten auf, so durchlaufen diese in der Mücke eine zweite *(exogene)* Entwicklungsreihe, es kommt zur Befruchtung und Entstehung neuer jugendlicher Parasiten. Diese wiederum können durch Stich auf einen malariafreien Menschen übertragen werden. Die Malariaplasmodien zeigen also einen *Generationswechsel*, bei dem die ungeschlechtliche Fortpflanzung im Menschen (Schizogonie) durch eine geschlechtliche im Innern der Anophelesmücke (Sporogonie) abgelöst wird.

Durch den *endogenen* Entwicklungsgang und die an ihn gebundenen zeitlichen Verhältnisse ist der *wechselfieberhafte Typus* aller Malariafieber erklärt, indem, wie unten gezeigt werden wird, bestimmten Entwicklungsstadien der Fieberanstieg, anderen die Zeit der Intermission entspricht; durch die *exogene Entwicklung* ist die *Neuinfektion* bedingt und durch ihre Erkenntnis der Prophylaxe der Weg gezeigt worden. Jede Anophelesmücke bedeutet in der Gegend, in der malariakranke Menschen vorhanden sind, eine Gefahr für die weitere Ausbreitung der Krankheit, und jeder Parasiten beherbergende Mensch ist für seine Umgebung gefährlich, falls Anophelesmücken in der betreffenden Gegend vorkommen[1]. Andere Stechmücken als Anopheles vermögen keine Malariaübertragung zu bewirken.

Außer der genannten geschlechtlichen und ungeschlechtlichen Entwicklung liegt aber noch eine dritte, für das klinische Verständnis der Malariaerkrankungen ungemein wichtige Möglichkeit vor. Die weiblichen Gameten, die im menschlichen Blut zur Entwicklung gelangt sind, vermögen sich eine Zeitlang auch ohne Befruchtung weiterzuentwickeln und schließlich zu teilen. Es findet also eine Rückbildung von geschlechtlichen Formen in geschlechtslose statt. Die daraus entstehenden jungen Parasiten dringen wiederum in rote Blutkörperchen ein und können so, auch nach Aufhören des ungeschlechtlichen Kreislaufes, ein Wiedererwachen der Krankheit hervorrufen, indem sie die Möglichkeit zur Entwicklung desselben Krankheitsablaufes geben, der durch die ungeschlechtlichen Schizonten hervorgerufen wird. Auf diese Weise kann auch nach Abtötung sämtlicher aus dem ersten ungeschlechtlichen Turnus entstandener Parasiten ein Rezidiv ohne Neuinfektion entstehen.

Die Kenntnis dieser Tatsache ist deshalb von größter Bedeutung, weil die Plasmodien nur in gewissen Reifestadien durch *Chinin* abgetötet werden, gerade die Formen aber, durch deren Persistenz das Rezidiv sich entwickelt, einer solchen Behandlung widerstehen können. Eine schematische Abbildung (Abb. 37) erläutert die verschiedenen Möglichkeiten der Entwicklung.

Der *exogene* Entwicklungsgang der Malariaplasmodien im Organismus der Anophelesmücke ist folgender: Die durch Ansaugen von Blut in den Magen der Mücke gelangten geschlechtlichen *(Gameten-)* Formen erfahren hier die Befruchtung, indem Geißeln der männlichen Gameten in die weiblichen Gameten eindringen; die befruchteten *(Makro-)* Gameten nehmen Würmchengestalt an, dringen durch die Magenwand der Mücke an deren äußere Seite, bilden hier Cysten, die rasch anwachsen und hier Tochtercysten bilden; in deren Innerem entstehen kleine, sichelförmige Gebilde *(Sichelkeime, Sporozoiten)*, die nach Platzen der Cyste in die freie Leibeshöhle der Anophelesmücke gelangen. Von hier aus dringen sie infolge ihrer Eigenbewegung in die Speicheldrüse der Mücke und können nun durch einen Stich dieser wieder in das Blut des Menschen übertragen werden. Dieser Entwicklungsgang in der Mücke dauert ungefähr 14 Tage.

Der *Grundtypus der Malariaparasiten ist die Ringform*, an der man oft einen deutlichen Kern wahrnehmen kann. Die Größe des Ringes ist bei den einzelnen Formen verschieden; bei allen ist sie anfangs gering und nimmt mit der Entwicklung der Parasiten zu; sie schwankt zwischen 1—10 μ. Die

---

[1] Gilt auch von der Impfmalaria.

Keime liegen an oder in der roten Blutzelle. Im *ungefärbten* Präparat sieht man deutlich *amöboide Bewegung*. In der Regel liegt nur *ein* Parasit in der Blutzelle, doch kommen auch zwei, drei und mehr auf einmal darin vor.

Beim fortschreitenden Wachstum erscheint staubförmiges Pigment an der Peripherie des Ringes, das von verdautem Hämoglobin herrührt; man sieht die Pigmentkörnchen oft in lebhaftester, tanzender Bewegung im Parasiten, was auf eine strömende Bewegung des Plasmas zurückzuführen ist.

Die Beurteilung der eben beschriebenen Bilder erfordert am *ungefärbten* Präparat große Übung; das *gefärbte* Bild erleichtert nicht nur die Auffindung der Parasiten, sondern lehrt auch eine

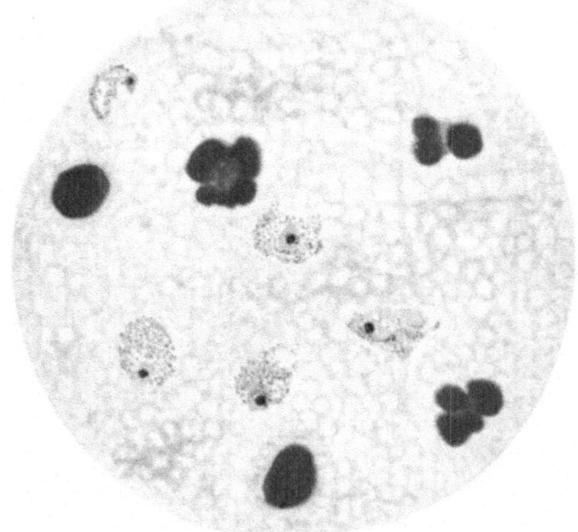

Abb. 38. Dicker Tropfen nach SCHILLING (ROMANOWSKY-Färbung). Protoplasma der fünf Tertianaparasiten blau. Chromatin und SCHÜFFNERsche Tüpfelung rot. Rote Blutkörperchen gelöst. Im Gesichtsfeld fünf Leukocyten. (Nach CL. SCHILLING.)

weitere Unterscheidung der Gebilde erkennen. Die Färbung geschieht entweder nach GIEMSA (s. Blut S. 130) oder auch nach MANSON mit Borax-Methylenblau.

2,0 g Methylenblau med. pur. Höchst werden in 100 ccm kochender 5%iger Boraxlösung gelöst (haltbare Stammlösung). Vor dem Gebrauch wird diese Lösung mit destilliertem Wasser so verdünnt, daß sie in 1 ccm dicker Schicht (Reagensglas) eben durchsichtig ist. Man färbt die möglichst dünn ausgestrichenen Präparate 10—15 Sek. lang (Erythrocyten grünlich, Parasiten intensiv blau).

Die ROMANOWSKY-*Färbung* nach CL. SCHILLING besteht in einer kombinierten Färbung mit MANSONS Borax-Methylenblau und Eosin.

Zum raschen Nachweis der Parasiten benützt man zweckmäßig die zuerst von R. Ross angegebene, von v. SCHILLING für die Praxis ausgearbeitete Methode des *„dicken Bluttropfens"*. Das Prinzip dieser Methode besteht darin, daß größere Quantitäten des Blutes auf einem kleinen Gesichtsraum auf Plasmodiengehalt untersucht werden können, wobei die roten Blutkörperchen selbst durch das destillierte Wasser der GIEMSA-Lösung aufgelöst werden. Dieselbe Methode ist für Spirochäten, Trypanosomen und Filarien anwendbar. Naturgemäß sehen die Parasiten im dicken Tropfen anders aus als im Ausstrichpräparat. Während sie in diesem ausgezogen sind und dadurch vergrößert erscheinen, sind sie im dicken Tropfen mehr kugelig, verkleinert.

Die Technik der Untersuchung ist nach v. SCHILLING folgende: Man entnimmt in der gewöhnlichen Weise einen Tropfen Blut aus dem Ohrläppchen und fängt ihn direkt mit einem peinlich reinen Objektträger (Entfetten der Gläser in Alkohol-Äther) auf. Den dicken Tropfen läßt man an der Luft

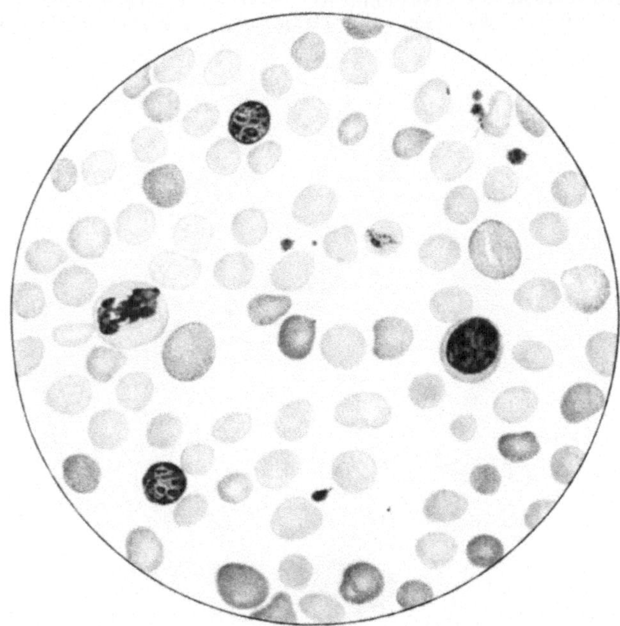

Abb. 39. Blut bei Malaria quartana (nach einem Präparat von MAURER). Die außerhalb der Blutzellen liegenden kleinen Gebilde sind Blutplättchen.

antrocknen, wobei er schrumpft. Nach vollständigem Trocknen (1—2 Stunden) wird das *unfixierte* Präparat mit einer frisch verdünnten GIEMSA-Lösung (1 Tropfen auf 1 ccm Aq. dest.) übergossen. Das Präparat muß hierbei horizontal liegen. Nach 2—3 Min. sieht man gelbe Hämoglobinwolken austreten (Hämolyse). Nun schwemmt man die alte Lösung durch Nachgießen von einer Seite her mit frisch bereiteter *dünner* GIEMSA-Lösung (1 Tropfen auf 2 ccm destilliertes Wasser) ab. Der Tropfen erscheint jetzt nach Entfernung des Hämoglobins grauweißlich. Man färbt mit dieser Lösung im ganzen etwa 1 Stunde lang. Dann werden die Präparate abgespült und zum Trocknen *angelehnt aufgestellt* (nicht zwischen Fließblättern trocknen!). Die Untersuchung erfolgt mit Immersion. Gut gefärbte Präparate sollen einen zarten rötlichvioletten Ton haben, zu kurz gefärbte erscheinen blau, überfärbte sehen schmutzig rotviolett aus. Besondere Beachtung verdienen

die Blutplättchen, da sie infolge ihrer basophilen Grundsubstanz und mit ihren
azurophilen blaßrötlichen Zerfallskörnchen für den Ungeübten Parasiten
vortäuschen können. Die Leukocytenformen sind leicht erkennbar. Es ist
unbedingt erforderlich, daß man sich, um nicht Täuschungen zu unterliegen,
an Kontrollpräparaten von normalem Blut diese Verhältnisse klar macht,
ehe man die Methode zur Diagnose der Malaria verwendet (s. auch S. 131).

Man unterscheidet drei verschiedene Arten menschlicher
Malariaplasmodien.

α) **Der Parasit des Quartanafiebers** (Abb. 39). (Plasmodium malariae,
LAVERAN.) Er vollendet seine Entwicklung in 72 Stunden und erscheint

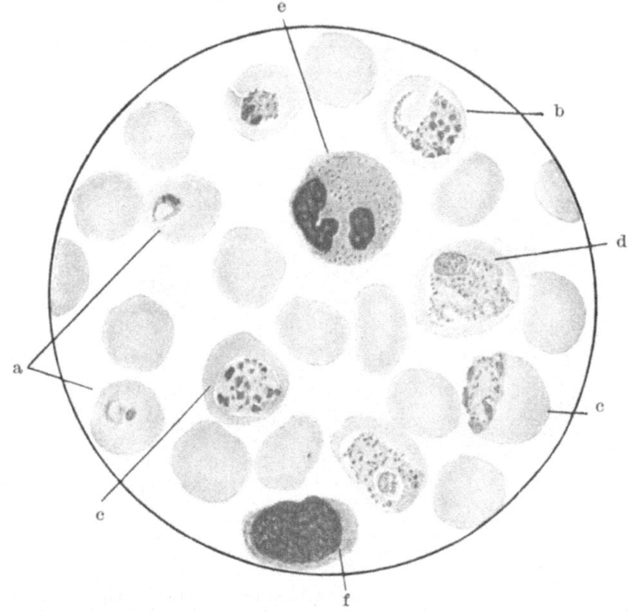

Abb. 40.   Blut bei Malaria tertiana. (Nach GOTSCHLICH-SCHÜRMANN.)

zunächst als kleines, pigmentfreies Körperchen an oder in einer roten Blutzelle (Ringform, „kleine Tertianaringe"). Nach 24 Stunden hat er sich
vergrößert und Pigment an der Peripherie abgesondert. Die Ausbreitung
des Parasiten im roten Blutkörperchen erfolgt besonders der Länge nach,
so daß er die Blutzelle wie ein schmales Band durchzieht; nach 60 Stunden
füllt der Parasit die rote Blutzelle fast ganz aus (Pigment und Chromatin oft
in Streifen angeordnet) und es beginnt der Teilungsvorgang, der unzweckmäßig auch als *Sporulation* bezeichnet wird, indem das Pigment sich in der
Mitte sammelt und eine radiäre Furchung in „Gänseblümchenform" sichtbar
wird. Dann zerfällt das Plasmodium in 10 Teile (Gameten), die durch
Berstung der Hülle frei werden und aufs neue den Kreislauf beginnen. Die
Sporulation findet vor und im Fieberanfall statt.

Die Gameten der Febris quartana werden im Gegensatz zu denen der Febris tertiana nie größer als ein rotes Blutkörperchen. Die Pigmentation ist meist gröber und stärker als die der Tertianagameten.

Infolge des langsamen Verlaufs der Entwicklung der Jugendformen (Ringformen) folgt der zweite Fieberanfall dem ersten erst nach 3×24 Stunden.

β) **Der Parasit des Tertianafiebers** (Abb. 38 und 40) (Plasmodium vivax, GRASSI und FELETTI). Er entwickelt sich in 48 Stunden und beginnt wie bei der Quartana als zartes, *lebhaft bewegliches* Körperchen in einer roten

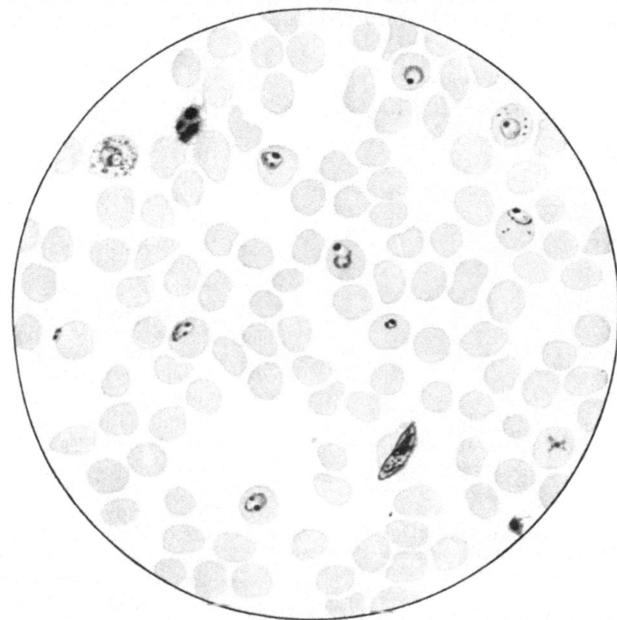

Abb. 41. Blut bei Malaria perniciosa (tropische Malaria) (nach einem Präparat von MAURER). (Man beachte die Blutplättchen, die nicht mit Parasiten zu verwechseln sind!)

Blutzelle. Bei weiterem Wachsen bildet der Parasit unregelmäßige Ringformen, die bald länglich oder oval, bald mit Fortsätzen erscheinen (letztere wahrscheinlich Kunstprodukte durch Zerrung beim Ausstreichen des Blutes). Auch hier wird in den Blutkörperchen Pigment sichtbar, meist in regelloser Anordnung, wobei im Gegensatz zu den mit Quartana befallenen Erythrocyten diese bei Tertiana durch Zerstörungen des Hämoglobins blasser werden. Weiterhin wird die Ringform undeutlicher und die blau gefärbte Randzone zeigt ganz unregelmäßige Umrisse, so daß kaum ein Plasmodium dem anderen gleicht. Man sieht dann einerseits große unregelmäßige Plasmodien, zum Teil noch Ringform zeigend („große Tertianaringe") und andererseits amöbenähnliche Gebilde (sog. halberwachsene Parasiten).

Die Parasiten füllen oft die ganze Blutzelle aus, wodurch diese vergrößert wird. Diese Erscheinung ist beim Quartana- sowie beim Tropicaparasiten niemals zu beobachten. Die befallenen roten Blutkörperchen zeigen oft eine feine, allmählich stärker werdende rote Tüpfelung, die für Tertiana charakteristisch ist (SCHÜFFNERsche Tüpfelung).

Die *Teilung* erfolgt in der Weise, daß das Pigment meist in der Mitte des Parasiten zu einem Haufen angesammelt wird und sein Körper sich in 15 bis 20 *Sporen* (Merozoiten) teilt. Dann zeigt das Plasmodium Ähnlichkeit mit einer Maulbeere (Morula). Diese Formen sind meist 1¹/₂mal so groß wie ein rotes Blutkörperchen. Gleichzeitig mit der Teilung und dem Ausschwärmen der jungen Merozoiten setzt der zweite Fieberanfall ein. Es wird aber wiederholt der Parasit zu *gleicher Zeit* in den verschiedenen Entwicklungsstadien angetroffen, ohne daß der Fieberverlauf eine Abweichung zu zeigen braucht.

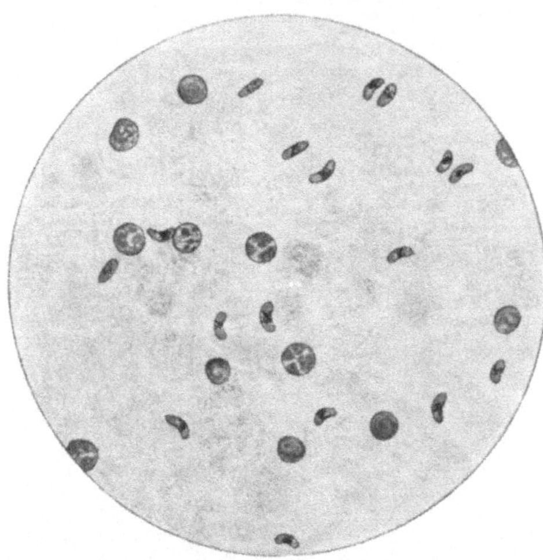

Durch die tägliche Reifung *zweier* Generationen der Tertianaparasiten oder *dreier* Generationen der Quartanaplasmodien kann das Auftreten der *Febris quotidiana* erklärt werden. Auffällig bleibt dann nur, daß man im einzelnen Fall bisweilen alle Entwicklungsstadien nebeneinander sehen kann, und trotzdem ein regelmäßiger Tertianatypus zustande kommt.

γ) **Der Parasit der tropischen Malaria** (Abb. 41 und 42) (Plasmodium immaculatum). Auch der Erreger der Febris tropica bietet zu Beginn seiner Entwicklung das Bild der Ringform mit knopfförmiger Verdickung des einen Ringteiles (Siegelring gleichend). Während anfangs der „kleine Tropicaring"

Abb. 42. Halbmonde aus dem Zentrifugat des mit Essigsäure versetzten Blutes; ein *Gesichtsfeld.* Vergr. 500fach. (Nach einem Präparat von HEGLER.)

— wesentlich kleiner als die Tertianaringe — nur den 6.—8. Teil eines Erythrocyten einnimmt, nehmen die sich am Ende des Fieberanfalles bzw. in der fieberfreien Periode entwickelnden „großen Tropicaringe" ¹/₃—¹/₂ der Erythrocytenfläche ein. Diese großen Tropicaringe weisen eine mondsichelartige Verbreiterung des dem Ringknopf gegenüberliegenden Ringabschnittes auf, die sich blau färbt, ab und zu etwas staubförmiges Pigment beherbergt und gelegentlich 2—3 farblose Punkte (Vakuolen?) zeigt. Bei der *Sporulation,* die sich nicht im peripheren Blute, sondern in Milz, Knochenmark und Gehirn abspielt, erfolgt eine Teilung in 12—16 Teile. Hat das Fieber einige Tage bestanden, so erscheinen im Blut die eigenartigen „*Halbmonde*", die als Gameten aufzufassen sind, also ihre geschlechtliche Weiterentwicklung im Anopheles durchmachen. Die Halbmonde, die 1¹/₂mal so lang wie der Durchmesser eines roten Blutkörperchens sind, zeigen sich im *frischen* Präparat, am besten im hängenden Tropfen mit der Ölimmersion, als wurstförmig gekrümmte Gebilde, in deren Mitte sich ein Kranz von Pigment gebildet hat, das ebenso wie das Protoplasma lebhafte Bewegung zeigt. Das Ausschlüpfen von Geißeln ist ebenfalls zu sehen. Bei der Färbung nehmen die Pole und die Randzone den Farbstoff begieriger an, die Chromatinfärbung ist weniger deutlich.

Die Halbmonde entwickeln sich ebenfalls in den roten Blutzellen, haben diese aber meist völlig zerstört, so daß oft nur ein schmaler Saum davon erhalten ist. Die Halbmonde verweilen unter Umständen lange Zeit im Blute

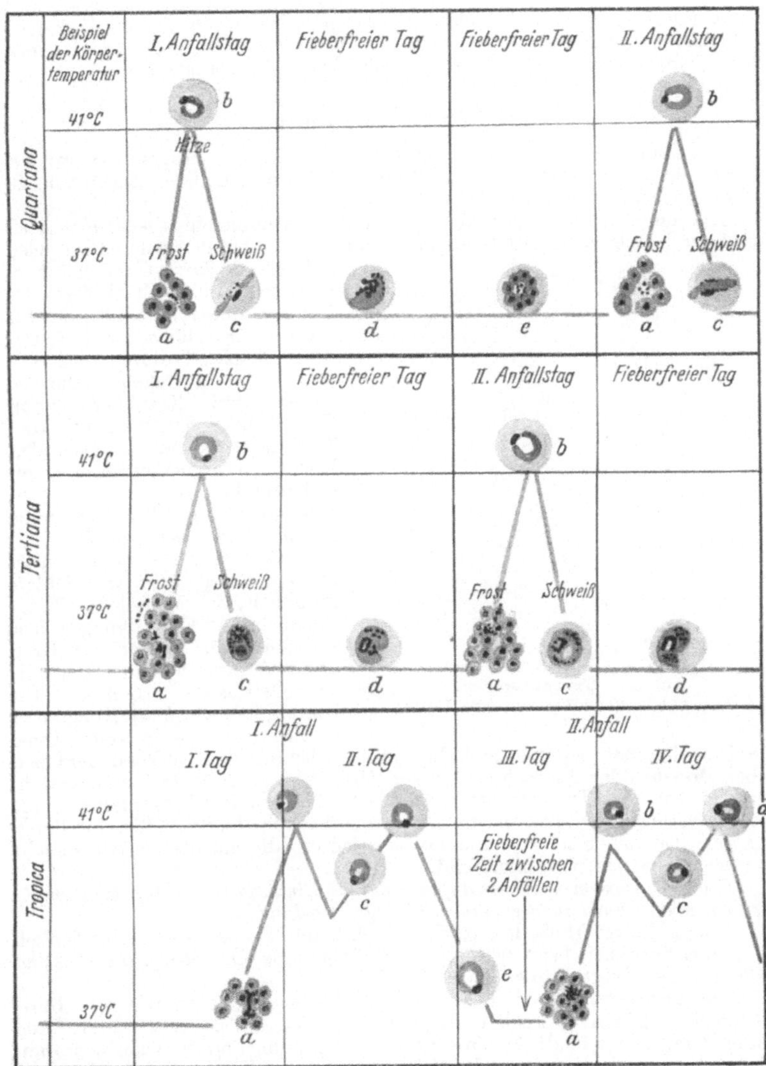

Abb. 43. Schematische Darstellung der verschiedenen Stadien der Malaria-Plasmodien, die in den Fieberperioden angetroffen werden. (Nach KOLLE-HETSCH.)

als *Dauerformen.* Man findet sie bei Fällen mit „chronischer Malaria", wie sie in verseuchten Gegenden häufig angetroffen werden. Sie bleiben dann auch *nach* dem Anfall, in der *fieberfreien* Zeit, noch nachweisbar und sind die Ursache weiterer Rezidive.

Der *Fiebertypus* ist bei den einzelnen Formen der Malaria durch den Entwicklungsgang der Parasiten erklärt; er wird durch das obenstehende Schema am einfachsten veranschaulicht. Man ersieht daraus, welche Formen dem Fieberanstieg und welche der fieberfreien Zeit entsprechen.

3. Trypanosomen.

Trypanosomen kommen am verbreitetsten in den Tropen vor, wo sie, durch die infizierten Menschen, Tiere und Zwischenwirte übertragen, zu verschiedenen Krankheitsbildern führen.

Die nur bei Pferden und Maultieren vorkommende *Tse-tse-Krankheit* wird durch eine Stechfliege (Glossina morsitans), die bei Pferden und Kamelen auftretende *Surra-Krankheit* ebenfalls durch eine Stechfliege des Genus Stomoxys, endlich das für Pferde verderbliche *Mal de Caderas* gleichfalls durch eine Stomoxysart übertragen. Die bei diesen drei Krankheiten von Bruce und Evans entdeckten Trypanosomen weisen nach den bisherigen Forschungen nur unbedeutende morphologische Unterschiede auf. *Der Mensch ist für alle drei unempfänglich.*

Das *Trypanosoma gambiensi* ist der Erreger der sog. **Schlafkrankheit,** des Menschen. Diese eigentümliche Erkrankung ist fast ausschließlich in den mittleren Zonen Afrikas von der West- bis zur Ostküste verbreitet. Ihr Hauptgebiet liegt am Kongo und in Uganda. Die in erster Linie die Eingeborenen, seltener auch die Europäer befallende Krankheit zieht sich über Monate oder Jahre hin; Drüsen, Milz, Blut und Zentralnervensystem werden von den Trypanosomen ergriffen. Fieberhafte Erkrankungen mit unregelmäßigen Temperaturen, allgemeine Lymphadenitis, Milzschwellung, Anämie, Ödeme, Kachexie und im Endstadium die eigentliche Schlafsucht kennzeichnen das Krankheitsbild.

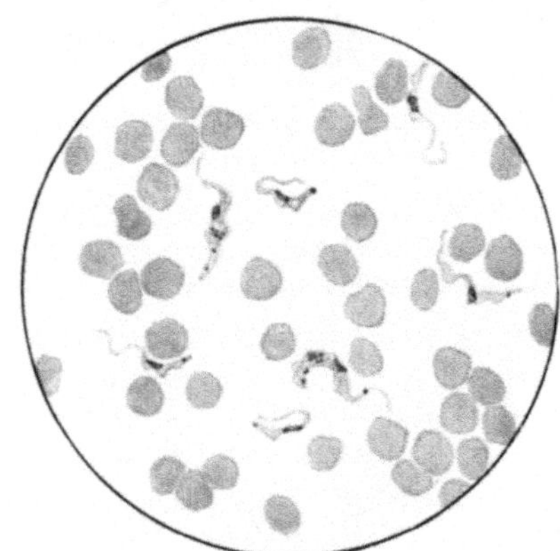

Abb. 44. Trypanosomen.
(Nach einem Präparat von Lenhartz.)

Die Trypanosomen werden anfangs nur im Blut und Gewebssaft der Lymphdrüsen, später auch in der Lumbalflüssigkeit gefunden.

Bruce führte 1903 den Nachweis, daß die Trypanosomen tatsächlich die Schlafkrankheit hervorrufen, und daß ebenfalls eine *Stechfliege, Glossina palpalis,* die Übertragung bewirkt.

Die Trypanosomen sind Flagellaten, 2—3mal so groß wie rote Blutkörperchen, lebhaft beweglich, länglich, fischartig, an ihrem vorderen Ende fadenförmig auslaufend. An einer Seite zeigen sie eine undulierende Membran. Durch Färbung kann man in der Mitte einen großen Kern, nahe dem hinteren Ende ein Centrosoma und auch das Protoplasma darstellen. *Färbung:* Am besten eignet sich die Giemsa-Färbung. Das wiedergegebene Bild (Abb. 44) ist bei einem Fall von Schlafkrankheit aus der Lumbalflüssigkeit gewonnen.

Die Trypanosomen bilden kein Pigment. Ihr Nachweis erfolgt bei Beginn der Erkrankung am sichersten durch Punktion aus dem Drüsensaft, später aus dem peripheren Blut (zweckmäßig im „dicken Tropfen") und im Endstadium aus der Lumbalflüssigkeit.

Zu den menschenpathogenen Flagellaten gehört weiterhin ein Parasit, der bei der *tropischen Splenomegalie*, der *Kala-azar*-Krankheit, gefunden wird. Diese Krankheit wird in China, Südasien, Afrika und, wenn auch selten, in südeuropäischen Ländern beobachtet und führt unter Fieber, Anämie, Ödembildung und Milzschwellung zu fortschreitender Kachexie.

Als Erreger wurde ein kleiner, in den weißen Blutkörperchen, in den Makrophagen der Milz und des Knochenmarks sowie in den KUPFFERschen Sternzellen der Leber sowie auch in den Endothelien, namentlich der Milz vorkommender Parasit von LEISHMAN und DONOVAN gefunden. Er wird daher als *Leishmaniana Donovani* bezeichnet. Man findet im Milzpunktat der Kranken einen 2—3 μ großen, nach GIEMSA färbbaren Parasiten (vgl. Abb. 45), der in Kaninchen- oder Pferdeblutagar gezüchtet werden kann.

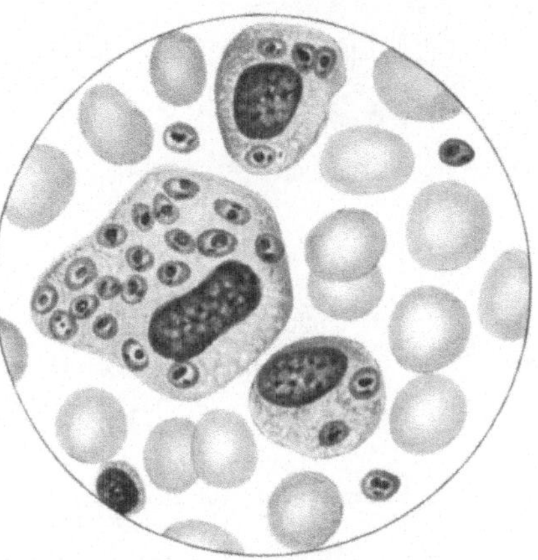

Abb. 45. Leishmania Donovani. (Nach GOTSCHLICH-SCHÜRMANN.)

Die Übertragungsweise ist nicht sicher geklärt. In den einzelnen Ländern wurden verschiedene Überträger, wie Flöhe, Wanzen und die kleine Sandfliege (Indien) aufgefunden. Eine experimentelle Infektion gelingt bei Affen, Hunden, Meerschweinchen, Ratten und Mäusen.

Der Erreger der *Orientbeule* ist gleichfalls eine *Leishmania*. Nicht nur im Orient, sondern auch in den Balkanländern, Italien und Nordafrika kommt diese zu Knotenbildungen und geschwürigem Zerfall in der Haut führende Krankheit vor. Blutsaugende Insekten übertragen den Erreger, die *Leishmania tropica*.

4. Amöben.

Amöben kommen als harmlose und als pathogene Parasiten im menschlichen Körper, und zwar im Darmkanal bzw. in den Ausscheidungen vor. In praxi kommen hauptsächlich zwei Arten, die *Entamoeba histolytica* und die *Entamoeba coli* in Betracht.

Die Amöben sind meist bewegliche einzellige, zu den Protozoen gehörige tierische Parasiten mit einem feinkörnigen *Entoplasma* und einer helleren Außenschicht, die als *Ektoplasma* unterschieden wird. Sie besitzen einen Kern, der aber meist nur im gefärbten Präparat deutlich zu sehen und der oft von übergelagerten *Vakuolen* verdeckt ist. Mit ihren Pseudopodien umfließen sie Bakterien, Zelltrümmer und rote Blutkörperchen.

Die Amöben werden in zwei verschiedenen Lebensformen angetroffen: als *vegetative* Formen und als *Cysten*.

α) **Die Ruhramöbe** *(Entamoeba histolytica).* Die Ruhramöbe, der Erreger der Amöben-Dysenterie, wurde von R. Koch und Kartulis entdeckt. Sie ist in ihrer vegetativen Form meist 20—30 μ groß, doch kommen auch Exemplare bis zu 50 μ vor (die roten Blutkörperchen haben einen Durchmesser von meist 7,5 μ, die größten Leukocytenformen von 12—20 μ).

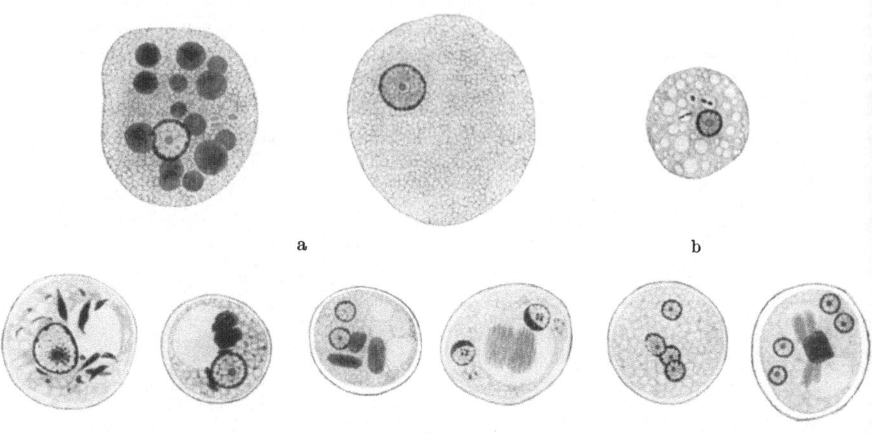

Abb. 46.   Entamoeba histolytica.   a Gewebsform, b Minutaform, c verschiedene Cysten.   (Nach Meyer, Exotische Krankheiten.)

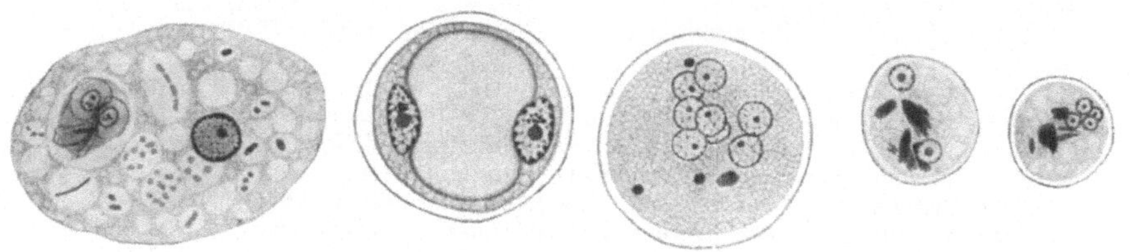

Abb. 47.   Entamoeba coli.   a vegetative Form, b 2 Cysten.   (Nach Meyer, Exotische Krankheiten.)

Abb. 48. Entamoeba tenuis. Cystenform. (Nach Meyer, Exotische Krankheiten.)

Die Amöbe zeigt, namentlich auf dem erwärmten Objektträger, Beweglichkeit unter Hervorbrechen breiter Pseudopodien; einige Zeit nach der Entleerung der Faeces tritt die Scheidung in körniges Ento- und homogenes, stark lichtbrechendes Ektoplasma deutlich hervor. Im Protoplasma sieht man oft *viele Vakuolen* und, was gegenüber der Entamoeba coli wichtig erscheint, meist ein oder *mehrere phagocytierte rote Blutkörperchen.*

Die eigentliche typische Form der Ruhramöbe ist die sog. *Minutaform,* die im Kot selbst längere Zeit vegetativ leben kann. Sie ist ein Vorstadium der Cystenform. Die Minutaform mißt 6—20 μ, ihre Bewegung gleicht der der Histolyticaform. Vor der Encystierung rundet sie sich ab und wird unbeweglich. Die Minutaform findet sich im subakuten sowie im Latenzstadium im Stuhl (zumal nach Abführmittel,. bzw. Einlauf).

Die *Cysten* zeigen eine homogene Wand mit scharfen Umrissen. Ihre Größe schwankt zwischen 8 und 10 μ. Die Zahl der Kerne beträgt bis zu vier. (Entamoeba coli 8—16.)

Die Cysten werden oft lange Zeit von Rekonvalszenten ausgeschieden, widerstehen der Einwirkung des Magensaftes, wenn sie per os aufgenommen werden und bewirken auf diese Weise die Infektion.

Bevorzugte Ansiedlungsstätten der Ruhramöbe sind das Coecum und die Flexura sigmoidea, zuweilen ist auch der ganze Dickdarm infiziert. Die durch die *Ruhramöbe* verursachte Darmkrankheit verläuft weniger akut als die Bacillenruhr, doch ist sie weitaus hartnäckiger. Unter Umständen gelangen die Erreger vom Darm aus auf dem Wege der Pfortader in die Leber und können Nekrosen erzeugen (oft faustgroße Leberabscesse). In diesen sind wiederholt Cysten der Entamoeba histolytica gefunden worden.

β) **Die Entamoeba coli.** Die *Entamoeba coli* findet sich nicht ganz selten als harmloser Schmarotzer im Dickdarm des gesunden Menschen. Sie ist in ihrer vegetativen Form etwa von der Größe der Amoeba histolytica. Das Ekto- und Entoplasma ist bei ihr nur bei Bewegung deutlich; ihre Bewegungen sind träger, sie phagocytiert meist viel Bakterien und Detritus, aber *so gut wie nie Erythrocyten* (s. o.); sie zeigt oft rundliche oder ovale Vakuolen.

Die Cysten haben eine doppelt konturierte, meist breitere Randschicht als die der Amoeba histolytica. Wichtig ist, daß sie *meist größer* als die der eben genannten sind (bis zu 35 μ). Die Cysten zeigen meist 8, selten 16 Kerne.

Aus der obigen Schilderung geht die Schwierigkeit der Differentialdiagnose hervor; es ist zu bemerken, daß es bisher nur mit der Entamoeba histolytica gelang, experimentell Ruhr zu erzeugen. Die Inkubationszeit soll bei der Amöbenruhr etwa 22—26 Tage betragen.

Bezüglich der *Untersuchungstechnik* sei nachdrücklich auf die Notwendigkeit häufiger Untersuchungen ganz frischen Materials, das man sich evtl. durch Einführen eines Glasstäbchens in das Rectum verschaffen kann, ferner auf die Anwendung des erwärmten Objektträgers und die Färbbarkeit der vegetativen und encystierten Formen hingewiesen. Die vegetativen Formen findet man besonders in den schleimig-blutigen Teilen, die encystierten mehr in den kotigen. Man verreibt einen Teil des Stuhles mit physiologischer Kochsalzlösung, bringt das *Deckglas unter Vermeidung* jeden Druckes darauf und sucht zunächst stets mit schwacher Vergrößerung, dann erst mit der Immersionslinse.

Zur Anfertigung von *Dauerpräparaten* fixiert man in heißem Sublimatalkohol (2 Teile konz. Sublimat-Kochsalzlösung, 1 Teil absoluter Alkohol) und färbt nach GIEMSA (vgl. S. 130). Dabei erscheinen die Amöben blau. Noch schärfere Bilder erhält man durch Jodierung und Färbung mit HEIDENHAINS Eisenhämatoxylin.

Als *Entamoeba tenuis* trennt man eine kleine, nur 6—8 μ große Form ab; sie enthält kleine Vakuolen, Bakterien, niemals Erythrocyten. Die Cysten sind 6—10 μ groß und werden vierkernig.

Anhang. Außer den bisher beschriebenen Krankheitserregern spielen in der Ätiologie des *Trachoms*, der *Variola* und *Lyssa* Mikroorganismen eine Rolle, die PROVAZEK als Chlamydozoen zusammengefaßt hat. Hierher gehört auch der von PROVAZEK beschriebene, durch Kleiderläuse übertragene Erreger des **Fleckfiebers,** der als **Rickettsia Provazeki** bezeichnet wird. Die praktische Diagnose beruht auf der von E. WEIL und A. FELIX gefundenen Reaktion.

Dieser sog. WEIL-FELIX*schen Reaktion* liegen folgende Tatsachen zugrunde:

WEIL und FELIX fanden, daß das Serum von Fleckfieberkranken in fast allen Fällen einen aus dem Urin eines Fleckfieberkranken isolierten proteusartigen Bacillus agglutiniert, ohne daß dieser Bacillus etwa als der Erreger der Krankheit angesehen werden darf. Später wurden von den Untersuchern aus anderen Fleckfieberfällen ähnliche Proteusstämme isoliert, von denen sich besonders einer, der Stamm X 19, als besonders hoch agglutinabel erwies. Die Beobachtung, daß das Serum Fleckfieberkranker diesen Proteusstamm hoch agglutiniert, ist von verschiedenen Seiten bestätigt worden, so daß die Anstellung der WEIL-FELIXschen Reaktion in verdächtigen Fällen die Diagnose ermöglicht. Der Arzt kann die Reaktion nicht selbst anstellen, er hat aber, wie beim Typhus das in gleicher Weise entnommene Serum an die nächste bakteriologische Untersuchungsanstalt einzuschicken, in der jetzt allgemein ein Stamm der WEIL-FELIXschen X 19-Bacillen gehalten werden muß. Es ist wichtig zu wissen, daß ein beweisender Agglutinationstiter bereits vom 4.—5. Tage ab vorhanden ist, und daß er im Verlaufe der Krankheit zunimmt. WEIL und FELIX sehen eine starke Agglutination von 1 : 50 als verdächtig, eine Agglutination von 1 : 100 als beweisend an. Es ist aber bei negativem Ausfall der Reaktion und weiterbestehendem Fleckfieberverdacht 2—3 Tage später wieder Serum zur Agglutination zu entnehmen. Der Höhepunkt der Agglutination ist in der Regel mit dem Zeitpunkt der Entfieberung erreicht; sie kann bis auf 1 : 20 000 bzw. 1 : 50 000 steigen. In manchen Fällen war die Agglutination noch 1—2 Jahre nach Ablauf der Infektion positiv.

Für die Diagnose frischer **Pockenfälle (Variola)** ist die Beobachtung von GUARNIERI wichtig, daß bei der Verimpfung von Pockenpustelinhalt in die Cornea des Kaninchenauges eigentümliche Körperchen in den Epithelzellen auftreten, die anfangs für die Pockenerreger gehalten worden sind. Auf Grund dieser Beobachtung hat PAUL eine Methode zur *Schnelldiagnose der Pocken* ausgearbeitet, die sich bewährt hat. Man braucht nur das auf dem Objektträger angetrocknete Pustelmaterial, das seine Virulenz selbst bei längerem Transport nicht verliert, an ein Untersuchungsinstitut einzuschicken, in dem es mit Kochsalzlösung verrieben und vorsichtig in die Kaninchencornea übertragen wird. Es bilden sich dann für Pocken (bei Varicellen nicht beobachtete) charakteristische helle Knötchen, die bei mikroskopischer Untersuchung die GUARNIERIschen Körperchen zeigen. Ob die von PASCHEN in der Kinderlymphe gefundenen kleinen, runden Körperchen (PASCHENsche Körperchen), die sich mit LÖFFLERscher Beize und Carbolfuchsin leuchtend rot färben, die eigentlichen Erreger der Variola sind, ist noch nicht endgültig geklärt.

Auch bei der **Lyssa** oder **Wutkrankheit,** die durch den Biß lyssakranker Hunde übertragen wird, finden sich Gebilde, die zuerst für die Erreger gehalten worden sind, die NEGRIschen Körperchen. Diese Auffassung scheint widerlegt, doch sind die im Zentralnervensystem zu erhebenden Befunde so charakteristisch, daß sie zur Diagnose Verwendung finden. Bei dem Verdacht der Erkrankung sind die Kadaver der Tiere an das Institut Robert Koch in Berlin N 65, Föhrerstr. 2, oder an das Hygienische Institut der Universität in Breslau einzusenden. Das verdächtige Material wird meist subdural oder direkt ins Gehirn an Kaninchen überimpft, die innerhalb relativ kurzer Zeit (die Inkubation ist verschieden je nach der Zahl der Passagen durch den Tierkörper) an „stiller Wut" erkranken.

5. Infusorien.

Außer den bisher genannten Parasiten sind noch einige geißeltragende Infusorien als Krankheitserreger aufgefunden worden. Es sind kugelige oder mehr eiförmige, einzellige Organismen, die außer einem kurzen, dünnen Schwanzfaden einen oder mehrere zarte Geißelfäden zeigen, die das Infusorium zu lebhafter Beweglichkeit befähigen. Die nur *eine* Geißel führenden Gebilde werden *Cercomonas*, die komplizierteren *Trichomonas* genannt. Sie gedeihen am besten in dem schleimigen Sekret von Scheide und Darm, kommen aber auch in der Nase vor, ohne hier Krankheitserscheinungen zu veranlassen.

Das Protoplasma ist entweder ganz homogen oder, häufiger noch, mit Körnchen und kleinen Vakuolen durchsetzt; eine Mundöffnung ist nicht wahrzunehmen. An der einen Längsseite des Tierchens ist bisweilen ein deutlich undulierender (gezähnelter) Saum zu beobachten. Die Peitsche wird entweder zu kreisförmigen Drehungen der Zelle oder zum Festhalten, scheinbar auch zum Einfangen benutzt. Hat sich das Infusorium mit der Peitsche fixiert, so führt der Zelleib oft die lebhaftesten Kreisbewegungen aus. Dabei erscheint die Zelle mehr kugelig und auf ihrer Oberfläche der konzentrisch geringelte, bewegliche Geißelfaden. Nach Untersuchungen, die NEUKIRCH in Anatolien und in Konstantinopel angestellt hat, kommt für gewisse Fälle fieberloser chronischer Darmkatarrhe die Anwesenheit von Flagellaten des Typus *Trichomonas* sehr wohl in Betracht. Die Fälle heilten nach Behandlung mit 1—2$^0/_{00}$igen Chinineinläufen meist aus. Auch Vaginitis und Kolpitis scheinen nicht selten durch Trichomonas hervorgerufen zu werden.

Die *Lamblia intestinalis* (Cercomonas intestinalis, Megastoma entericum) gehört zu den Flagellaten und ist ein häufiger Bewohner des Darms, speziell des Duodenums, wo er oft in großer Zahl auftritt und mitunter Beschwerden verursacht. Von der Größe etwa in der Mitte zwischen einem Erythrocyt und Leukocyt hat der Parasit die Gestalt einer abgeplatteten Birne mit saugnapfartiger Vertiefung am stumpfen Ende und zierlichen, oft erst mit Ölimmersion und nach Zusatz von 10%iger Sodalösung sichtbaren Geißeln. Im frischen Präparat sind die meisten Exemplare unbeweglich, nur einzelne zeigen eine zuckende Bewegung. Am geeignetsten ist der Nachweis mittels der Duodenalsonde im Darmsaft, der zum Teil durch bandförmige Flocken getrübt, in anderen Fällen auch völlig klar sein kann (Abb. 125, S. 206). Da durch die Einwirkung der Verdauungssäfte die Parasiten oft schon nach Stunden zerstört werden, empfiehlt sich der sofortige Zusatz von Formol zu den Saftproben. Oft ist der Parasit auch im Stuhl nachweisbar und findet sich unter anderem in diarrhoischen Stühlen, insbesondere in dem geleeartigen Schleim.

In einigen Fällen ist als Ursache schwerer Dickdarmerkrankung *Balantidium coli* nachgewiesen worden. In den dünnen, bisweilen blutigschleimigen Stühlen findet sich ein lebhaft bewegliches Infusorium, das elliptische Form hat und etwa 50—100 μ groß ist. Es zeigt an dem vorderen zugespitzten Pol eine trichterförmige Mundöffnung, im Innern zwei Kerne und zwei kontraktile Vakuolen und ist von Wimpern, besonders in der Nähe des Mundes, besetzt. Zur Auffindung ist Untersuchung des noch warmen Stuhles, evtl. auf dem erwärmbaren Objekttisch, erforderlich. Die Balantidien finden sich, wenn auch selten, auch im Stuhl von Gesunden. Vielleicht handelt es sich aber hierbei doch um eine andere, nicht pathogene Art (PALTAUF).

b) Die Eingeweidewürmer.

Man unterscheidet bei diesen, vorzugsweise im Darm und in seinen Entleerungen zu beobachtenden Parasiten:

a) die Rund- oder Fadenwürmer, *Nematoden* ($\nu\tilde{\eta}\mu\alpha$ Faden),

b) die Bandwürmer, *Zestoden* ($\varkappa\varepsilon\sigma\tau\acute{o}\varsigma$ Gürtel),

c) die Saugwürmer, *Trematoden* ($\tau\varrho\tilde{\eta}\mu\alpha$ Loch, Saugnapf).

Während die Jugendformen der bisher beschriebenen Parasiten an Ort und Stelle für den Wirt sofort schädlich wirken können, sind die Embryonen der Eingeweidewürmer nicht dazu imstande, *sondern müssen erst mehr oder weniger eigenartige Wanderungen*

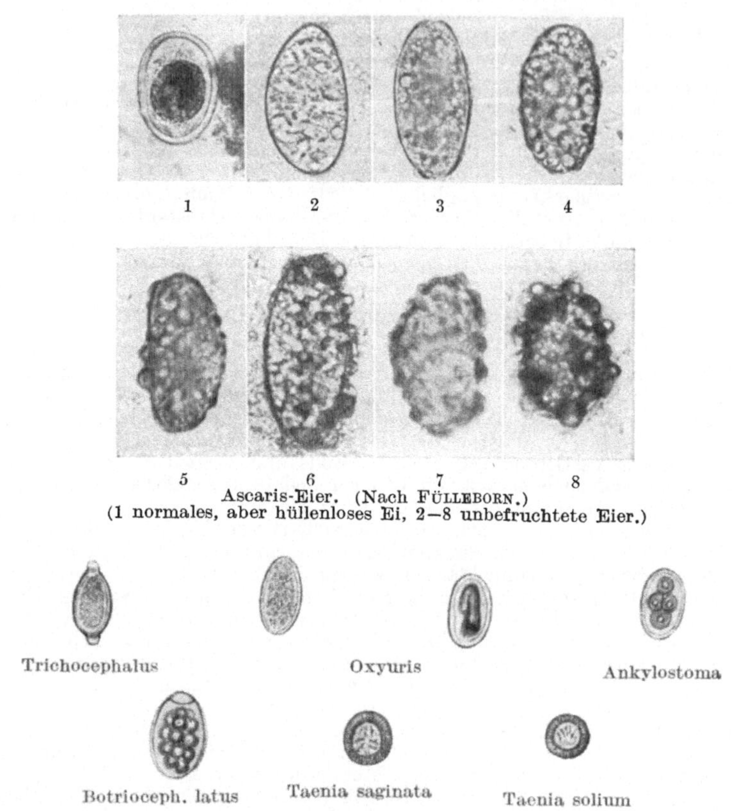

Ascaris-Eier. (Nach FÜLLEBORN.)
(1 normales, aber hüllenloses Ei, 2—8 unbefruchtete Eier.)

Abb. 49. Parasiteneier im Stuhl.

durchmachen. Ziemlich einfach sind diese bei den Trichinen, wo die Embryonen den Körper des Wirts gar nicht verlassen, sondern nur in andere Organe einwandern oder dahin fortgeführt werden; ebenso bei Oxyuris, deren Eier — aber stets per os wieder — in den Darm des Wirts gelangen müssen, um von neuem lebensfähige Embryonen zu liefern. Umständlicher ist schon das Verhalten bei Ascaris lumbricoides, dessen Eier erst eine Zeitlang in feuchter Erde bleiben müssen, ehe sie wieder in den Darm gelangen dürfen.

Ähnlich liegen die Verhältnisse bei Ankylostoma und Trichocephalus, viel komplizierter bei den Filarien.

Über den Nachweis der Parasiten-Eier im Stuhl s. S. 212.

1. Nematoden.

Die *Würmer* sind drehrund, schlank und ungegliedert; ihre stets endständige Mundöffnung ist mit weichen oder etwas festeren Lippen besetzt. Der gerade, in Pharynx und Chylusmagen zerfallende Darm mündet selten am hinteren Körperpole, meist etwas davor an der Bauchseite. Die an den großen Formen bemerkbaren 2—4 Längslinien leiten die Excretionsorgane und Nerven. Die gegenüber den Weibchen kleineren und schlankeren Männchen zeigen meist ein gerolltes Schwanzende und zusammenfallende After- und Genitalöffnung. Die meist zahlreicheren Weibchen haben etwa in der Mitte des Bauches die Geschlechtsöffnung. Ihre sehr resistenten Eier sind von einer durchsichtigen, aber festen Chitin- oder Kalkschale umgeben, die bisweilen von einer höckerigen, gefärbten, aus der epithelialen Wandung des Uterus stammenden Eiweißhülle bedeckt ist (Ascaris). Die Entwicklung ist eine direkte, die Embryonen sind gleich als Rundwürmer zu erkennen.

Von den Nematoden sind die wichtigsten Arten folgende:

Anguillula intestinalis (Strongyloides intestinalis) kommt im Dünndarm vor, lebt vom Chymus, nicht vom Blut. Sie wurde zuerst Ende des 19. Jahrhunderts als Ursache einer bei französischen, aus Cochinchina heimkehrenden Soldaten aufgetretenen Diarrhöe erkannt („Cochinchina-Diarrhöe"). Der Parasit findet sich auch in den gemäßigten Zonen, häufig bei Tunnelarbeitern und Bergleuten. Die Durchfälle sind oft bluthaltig. In den Stuhlentleerungen finden sich die lebhaft beweglichen Larven.

Oxyuris vermicularis (Abb. 50). *Das Männchen ist 3—5 mm lang* mit abgestutztem, *das Weibchen 9—12 mm lang* mit pfriemenartigem Schwanz. Am Kopfende 3 kleine Lippenpapillen; das Männchen besitzt ein stäbchenförmiges Spiculum (festes Kopulationsorgan). Die Eier sind *0,05 mm lang und etwa halb so breit* (Abb. 49 und 50). Der *Embryo* ist bei der Ablage des Eies schon völlig entwickelt. Die Würmer leben vom Kot im Dickdarm, *wandern abends und nachts aus dem After* und erzeugen hier heftigen Juckreiz. *Mit den beschmutzten Fingern gelangen ihre Eier in den Mund und werden später durch den Magensaft ihrer Hülle beraubt. Die freigewordenen Embryonen wandern wieder in den Dickdarm.*

Die Untersuchung auf Oxyuris ist bei Pruritus ani et vulvae, Reizzuständen der Geschlechtssphäre u. a. geboten. Eier werden nur äußerst selten gefunden, da die Weibchen im Darmkanal keine Eier ablegen; nur wenn Weibchen abgestorben sind, findet man außer deren Leibern auch Eier in den Faeces.

Ankylostoma duodenale s. Strongylus (s. Dochmius) duodenalis (Abb. 51).

Die Strongyliden zeigen am vorderen Körperende eine bauchige Mundkapsel, in derselben neben den inneren Hakenzähnen ein kleines Zähnchen. Der Schwanz der *Männchen* endigt in der den Strongyliden eigentümlichen Bursa copulatrix, einer dreilappigen, etwas breiten Tasche, in deren Grunde das von 2 langen, dünnen Spiculis begleitete Vas deferens und der Darm ausmünden. Die Vulva der Weibchen liegt hinter der Körpermitte.

Die Männchen sind bis zu 10 mm, die Weibchen bis zu 15 mm lang, die Eier (Abb. 49, 51) *0,035 mm breit, etwa 0,058 mm lang.* Sehr häufig finden sich zusammen mit den Parasiten bzw. deren Eiern in den Faeces CHARCOT-LEYDENsche Krystalle und *eosinophile Zellen.*

Die in den oberen Dünndarmabschnitten lebenden Parasiten sind *gefährliche, tödliche Anämien hervorrufende Blutsauger*, wozu sie die kräftige Mundbewaffnung befähigt. Sie wurden von GRIESINGER 1854 als Ursache der ägyptischen Anämie entdeckt, sind in den Tropen sehr verbreitet, ebenso in Italien; nach Deutschland sind sie seit dem Bau des Gotthardtunnels (1880) verschleppt. Noch heute wird die Krankheit im rheinisch-westfälischen Kohlengebiet bei Grubenarbeitern beobachtet.

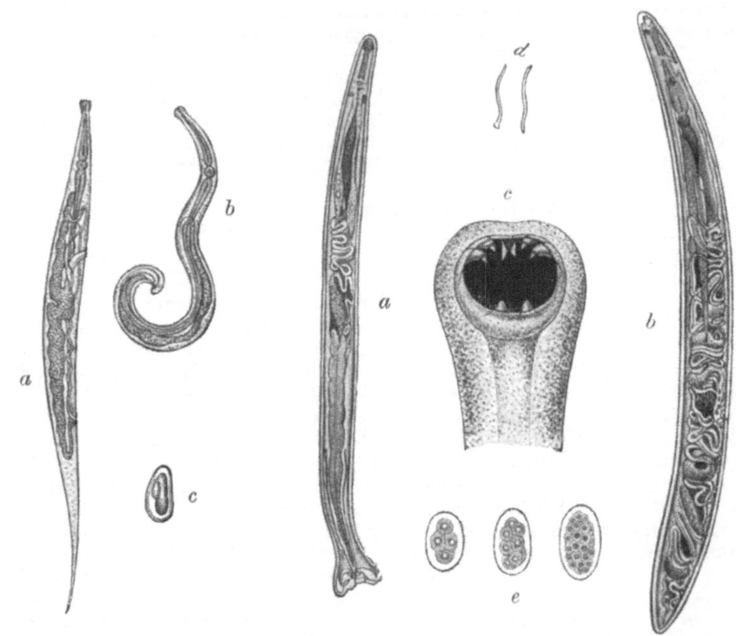

Abb. 50. Oxyuris vermicularis. *a* Weibchen, *b* Männchen. (Nach CLAUS.) *c* Ei. (Nach SCHÜRMANN.)

Abb. 51. Ankylostoma duodenale. *a* Männchen, *b* Weibchen. (Nach LOOSS.) *c* Mundkapsel. (Nach VERDUN.) *d* Natürliche Größe. (Nach LEUCKART.) *e* Verschiedene Stadien der Embryonalentwicklung im Ei vom Ankylostoma duodenale. (Nach SCHÜRMANN.)

Die im Kote der Kranken massenhaft vorhandenen Eier bedürfen zu ihrer Entwicklung des Wassers oder feuchter Erde. Die jungen Würmer verlassen die Eischale und kriechen überall umher, kommen an die Hände der Erd- (Ziegellehm) und Grubenarbeiter und von dort in den Mund oder werden mit dem Wasser getrunken. Wichtig erscheint auch die Tatsache, daß die jungen Embryonen von Ankylostomum durch die *unverletzte äußere Haut* durchdringen können.

Ob die durch Ankylostomen erzeugte Anämie durch die Blutentziehung oder durch resorbierte Parasitengifte hervorgerufen wird, ist noch nicht endgültig entschieden. Letztere Annahme ist wahrscheinlicher.

Trichocephalus dispar s. Trichocephalus trichiurus (Peitschenwurm (Abb. 52 und 53). *Das Männchen ist 40—45 mm, das Weibchen bis zu 50 mm lang.* Die *Eier* sind 0,05—0,054 mm lang, 0,023 mm breit (Abb. 49).

Der vordere Körperteil ist fadenförmig, der kürzere hintere angeschwollen.
Die weibliche Geschlechtsöffnung liegt an der Grenze zwischen beiden.
Die Männchen haben ein 2,5 mm langes Spiculum, das in einer mit Häkchen
besetzten Tasche gelegen ist.

Der Wurm findet sich meist im Coecum, evtl. im Blinddarm, ausnahmsweise auch im Dünndarm. Das peitschenartige Vorderende ist in die Schleimhaut eingebohrt. Bei massenhaftem Auftreten sollen schwere Hirnsymptome

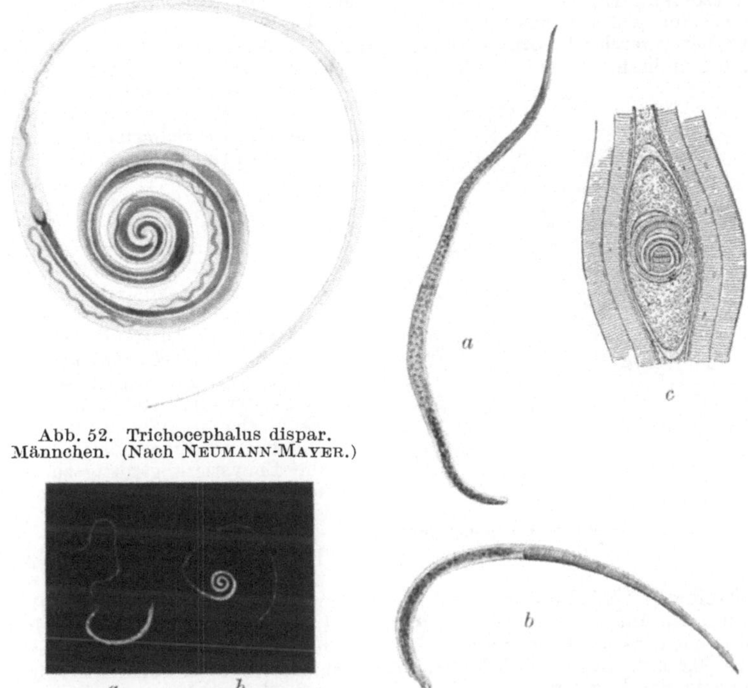

Abb. 52. Trichocephalus dispar.
Männchen. (Nach Neumann-Mayer.)

Abb. 53. Trichocephalus dispar.
a Weibchen. b Männchen.
(Nach Neumann-Mayer.)

Abb. 54. Trichinella spiralis. a Weibchen. b Männchen. (Nach Neumann-
Mayer.) c Muskeltrichine. (Nach Claus.)

bzw. Anämie auftreten. Der Nachweis der sehr charakteristischen gelb- oder
rotbraunen Eier in den Faeces sichert die Diagnose (s. auch Abb. 49 und 129).

Trichinella spiralis (Abb. 54). Die Infektion des Dünndarms des Menschen erfolgt durch den Genuß „trichinenhaltigen" Schweinefleisches, das roh
oder zu wenig gekocht gegessen wird. Durch den menschlichen Magensaft
werden die Kapseln der „*Muskeltrichine*" aufgelöst. Die befreiten Trichinen
entwickeln sich in 2—3 Tagen zu „geschlechtsreifen" Formen, die sich
begatten und während ihres etwa 5wöchentlichen Verweilens im Dünndarm
eine *ungeheure Menge* von Jugendformen hervorbringen. Die „*Geschlechts-
tiere*" sind haardünne Würmer mit etwas verdicktem und abgerundetem
Körperende. *Die Männchen sind 1,5 mm, die Weibchen bis 3 mm lang.* Der
Pharyngealteil des Darms ist stark ausgebildet und nimmt beim Männchen

²/₃ der Körperlänge ein. Der After befindet sich am hinteren Körperpol. Am männlichen Schwanzende sind 2 konische Anhänge und zwischen diesen 2 Paar kleinere Papillen sichtbar. Spiculum fehlt. Die weibliche Geschlechtsöffnung liegt im vorderen Körperdrittel.

Die Embryonen durchsetzen bald nach ihrer Geburt die Darmwand, gelangen zunächst auf dem Lymph-, dann auf dem Blutweg in die verschiedenen Körpergebiete und verursachen durch ihre Niederlassung in den Muskeln die Erscheinungen der oft tödlichen „Trichinose“, deren Allgemeinerscheinungen hier nicht berücksichtigt werden können. Von der Muskulatur werden Zwerchfell-, Brust-, Bauch-, Hals-, Kehlkopf-, Gesichts- und Augenmuskeln in der Regel besonders schwer betroffen und in ihrer Funktion mehr oder weniger behindert. Die stärkste Einwanderung findet in die Nähe der Sehnenansätze statt. In den Primitivbündeln der Muskeln entwickeln sich die Jugendformen in etwa 14 Tagen zu den ausgewachsenen „*Muskeltrichinen*“, die sich spiralig aufrollen. In dem umgebenden Muskelgewebe kommt es in den nächsten 2—3 Wochen zu degenerativen und entzündlichen Störungen, in deren Gefolge eine spindelförmige Kapsel um die Muskeltrichine gebildet wird. Am Ende der 5. Woche nach der begonnenen Einwanderung pflegt die Encystierung fertig zu sein; in den nächsten 15—16 Monaten tritt deutliche Verdickung und nach und nach eine von den Enden der spindelförmigen Auftreibung gegen die Mitte fort-

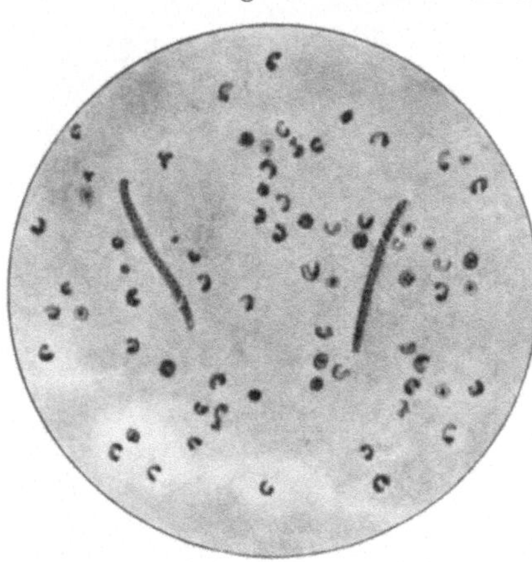

Abb. 55. Trichinenembryonen im Blut. (Nach STÄUBLI.)

schreitende *Verkalkung* ein, wobei die Längsachse der Cysten in der Richtung der Muskelfaser liegt. Die eingekapselten Trichinen bleiben beim Menschen bis 30, beim Schwein bis 11 Jahre entwicklungsfähig. In dieser 0,4—0,6 mm langen, mit bloßem Auge eben sichtbaren Kalkkapsel findet man in der Regel nur eine, bisweilen aber 3—4 Trichinen vor.

Der Nachweis der geschlechtsreifen Darmtrichinen und der kleinen freien Jugendformen in den Stuhlgängen ist nur ganz ausnahmsweise einmal möglich. Dagegen können zur Zeit der Einwanderung die Embryonen im Blute mit der von STÄUBLI hierfür angegebenen Essigsäuremethode (einige Kubikzentimeter Blut mit dem zwei- bis dreifachen Volumen 3%iger Essigsäure versetzt, zentrifugiert) nachgewiesen werden (Abb. 55). Sichergestellt wird die Diagnose natürlich durch Untersuchung entnommener Muskelstücke.

Für die in Deutschland *obligatorische Trichinenschau* ist die Entnahme mehrerer (6—8) Muskelproben von dem frisch geschlachteten Schwein vorgeschrieben. In jedem Fall ist es notwendig, daß mehrere Proben von *beiden* Körperhälften des Tieres genommen werden, so besonders aus dem muskulösen Teil des Zwerchfells, den Bauch- und Kaumuskeln (oder Augen- und Zungenmuskeln); je eine Probe ist dann noch aus den Kehlkopf- und Zwischenrippenmuskeln zu nehmen. Die mit einer gekrümmten Schere ausgeschnittenen Muskelstücke müssen etwa 5—6 cm lang und 2,5 cm breit sein; aus diesen werden dann etwa 0,5 cm breite und 1 cm lange, durchsichtige Präparate angefertigt, die bei Wasserzusatz vorsichtig zu zerzupfen und bei 80—100facher Vergrößerung sorgfältig, neuerdings mittels des Trichinoskopes, durchzumustern sind.

Über die für Trichinose wichtige Eosinophilie des Blutes, sowie über die Diazoreaktion vgl. Kapitel Blut und Harn.

Ascaris lumbricoides (Abb. 56). *Die Männchen sind 15—17 cm lang und etwa 3 mm dick, die Weibchen 20—25 cm lang und 5 mm dick.* Der zylindrische, vorn und hinten verjüngte Wurm zeigt am Kopfende 3 Lippen. Vulva im zweiten Körperdrittel. After am hinteren Körperpol. Das Männchen hat 2 keulenförmige Spicula. Die Würmer leben vorwiegend im *Dünndarm,*

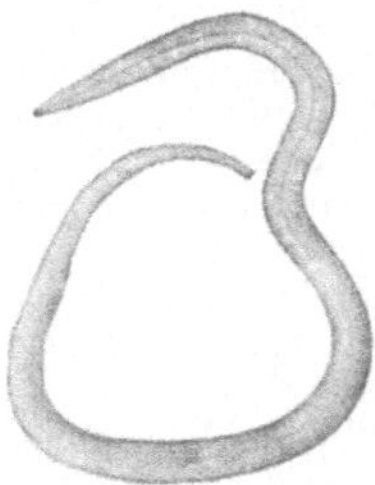

Abb. 56. Ascaris lumbricoides. Wurm aus menschlichem Darm (¹/₃ verkleinert). (Nach NEUMANN-MAYER.)

Abb. 57. Microfilaria nocturna aus Blut (mikroskopisches Präparat). (Nach NEUMANN-MAYER.)

gelangen gelegentlich in den Magen, von wo sie durch Erbrechen entleert werden können, gelegentlich auch in die Ausführungsgänge der Leber und des Pankreas. *Ihre Eier sind 0,05—0,07 mm dick* (Abb. 49, s. auch Abb. 129); sie befinden sich zunächst noch nicht in Furchung, gehen sehr zahlreich im Kot ab. *Die Infektion des Menschen* erfolgt, wenn die Eier etwa 4—6 Wochen in feuchter Umgebung zugebracht haben, wo der Embryo sich entwickelt und die gebuckelte, bräunliche Außenschale nicht verlorengeht (wie dies im Wasser möglich ist). Der Embryo entwickelt sich zwar auch im Ei, dessen äußere Schale zerstört ist; er wird aber dann im Magen durch den Saft vernichtet. Von der Außenschale geschützt, gelangt er (ohne Zwischenwirt!) im Ei durch den Magen hindurch und bohrt sich im Dünndarm vermöge eines Embryonalstachels durch die Schale. Ist der Embryo noch nicht entwickelt, so verlassen die in den Darmkanal per os gelangten Eier wieder unzerstört den Körper.

Filaria Bancrofti. Filaria sanguinis hominis. Der reife, bis zu 10 cm lange, fadenförmige Wurm sitzt im Unterhautzellgewebe des Scrotums oder der Beine und bewirkt starke Anschwellungen, besonders auch der Drüsen. *Für den Arzt sind fast ausschließlich die Embryonen* (Mikrofilarien) (Abb. 57) *von Interesse, weil sie im Blute kreisen und außer durch andere Secrete besonders mit dem Harn ausgeschieden werden* und die charakteristische *tropische Chylurie und Hämaturie* (s. diese) erzeugen. Es sind zarte, durchscheinende, zylindrische Gebilde mit abgerundetem Kopf und zugespitztem Schwanzende. Eine strukturlose Scheide überragt Kopf- und Schwanzende, bald geißel-, bald kappenartig. In derselben bewegen sich die Embryonen meist lebhaft. *Sie sind nach* SCHEUBE *0,2 mm lang, 0,004 mm dick. Im Blute* sollen sie nur *nachts* gefunden werden; bei Tage nur dann, wenn man die Menschen am Tage schlafen läßt. Eine stichhaltige Erklärung für diesen Turnus hat sich noch nicht finden lassen (nachts weitere Gefäße ?). Zur Auffindung benützt man regelmäßig die Methode des „dicken Tropfens" (s. S. 131).

Die Wanderung der Embryonen ist sehr eigenartig. Beim Blutsaugeakt der Moskitos gelangen sie mit dem Blut in deren Darm und bei dem Tode der Mücken, der bald nach der Eiablage erfolgt, ins Wasser. Ob sie dann noch ein Wassertier als Wirt benutzen oder unmittelbar durch das Trinken in den menschlichen Darm gelangen, ist noch nicht aufgeklärt.

2. Zestoden.

Gemeinsame Kennzeichen und Eigenschaften. Es sind mund- und darmlose Plattwürmer, die aus einer oft sehr langen Reihe von Einzeltieren gebildet sind. *Das vorderste Glied, der Kopf oder Scolex,* zeigt besonderen Bau; er trägt Saugnäpfe, die zum Festhalten dienen, und mitunter einen Hakenkranz. *Dieses erste Glied ist als die Mutter aller übrigen anzusehen,* da es durch Knospung und Teilungserscheinungen die ganze *Kette, Strobila,* hervorbringt, so daß also das älteste Glied am entferntesten, das jüngste unmittelbar dem Kopf benachbart ist. Darauf beruht auch der Unterschied in der geschlechtlichen Entwicklung der *Einzelglieder.* Die jüngsten zeigen keinerlei Geschlechtsdrüsen, die mittleren beherbergen vollentwickelte Sexualorgane, die an den Endgliedern wieder rückgebildet sind bis auf den ursprünglich viel kleineren Uterus, der hier zu einem mächtigen, oft stark verästelten Eibehälter ausgewachsen ist.

Die einzelnen Glieder sind stets zwitterig. Die Ausmündung der Geschlechtswege befindet sich entweder seitlich (Taenia saginata und Taenia solium) oder in der Mittellinie (Bothriocephalus); hie und da sieht man auch den ausgestülpten Penis.

Die reifen Glieder *(Proglottiden)* sind imstande, den Darm selbständig zu verlassen und zeigen dann auffallend starke Muskulatur (Taenia saginata) oder sie gelangen nur mit den Faeces nach außen (Taenia solium). *Sie enthalten viele tausend Eier, in denen der Embryo schon völlig entwickelt ist.* Sind die Eier in einen passenden Wirt (Rind, Schwein, Hecht) gelangt, so werden die Embryonen frei, durchbohren mit Hilfe ihrer 6 Häkchen die Darmwand des Wirtes und gelangen durch den Blutstrom in dessen übrige Organe. Sie entwickeln sich zu einem oft ansehnlich großen Bläschen, das sich durch Knospung fortpflanzt; es treibt meist nur eine, nicht selten auch viele Hundert Knospen in sein Inneres hinein, wovon jede die Organisation des Scolex darbietet. Gelangt eine solche Blase (Cysticercus, Echinococcus) in den Darm des ursprünglichen Bandwurmwirts, so wird die Blase verdaut und der Scolex beginnt durch Knospung wieder eine Gliederkette zu erzeugen, Die Zestoden ernähren sich vom Chymus durch Endosmose. Durch ihre Stoffwechselprodukte oder durch die bei ihrem Absterben und der folgenden Fäulnis entwickelten Toxine wirken sie wahrscheinlich schädlicher als durch die Säfteentziehung.

Taenia solium (Abb. 58, 59, 60, 61). *Der 2—3 m lange und bis zu 6 mm breite, im Dünndarm des Menschen lebende Wurm* zeigt 800 Glieder und mehr, wovon 80—100 reif sind. Er ist durch einen vor den nicht besonders stark entwickelten Saugnäpfen gelegenen *Hakenkranz* ausgezeichnet. *Im Vergleich mit der Taenia saginata* (s. u.) *ist der Uterus auffallend wenig verästelt.* Die Eier sind rundlich, in dicker Schale (Abb. 49).

Die mit dem Stuhl abgehenden Proglottiden gelangen schließlich in den Darmkanal des *Schweines.* Die aus den massenhaften Eiern freigewordenen Embryonen siedeln sich in dessen Muskelfleisch an und entwickeln sich zu 8—10 mm großen Bläschen, die *Cysticercus cellulosae,* Schweinefinne, genannt werden.

Aber auch der Mensch selbst ist für die Entwicklung des Cysticercus geeignet. Gelangen abgegangene reife Proglottiden (durch Selbstinfektion) per os wieder in den *menschlichen* Magen, so können die freiwerdenden Embryonen in die verschiedensten Körperteile einwandern. Außer den Cysticerken

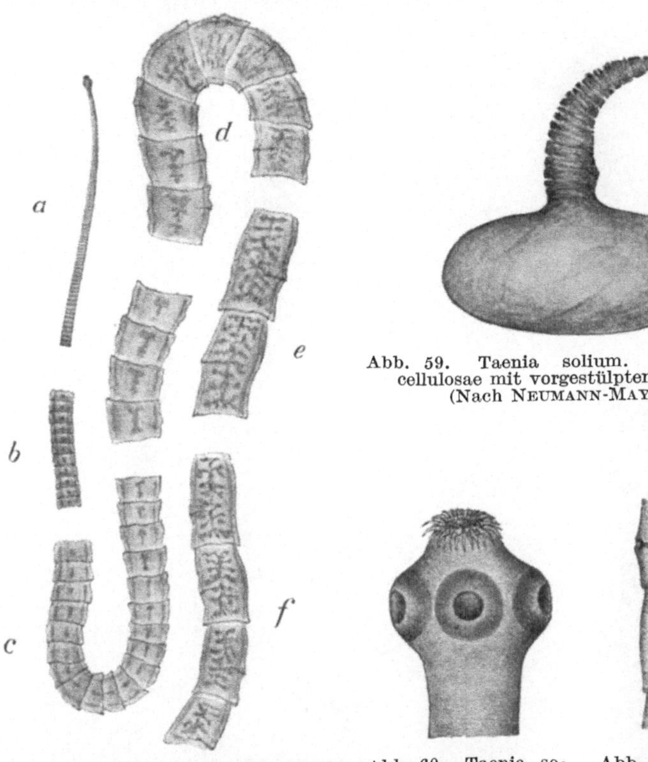

Abb. 59. Taenia solium. Cysticercus cellulosae mit vorgestülptem Scolex. (Nach NEUMANN-MAYER.)

Abb. 58. Taenia solium. *a* Kopf und Hals, *b* junge Proglottiden, *c* junge Proglottiden mit beginnender Entwicklung der Geschlechtsorgane, *d* quadratische, fast reife Glieder. Größte Breite. *e* reife Glieder. Größte Länge und größte Breite. *f* dünnere Endglieder. (Nach NEUMANN-MAYER.)

Abb. 60. Taenia solium. Kopf mit vier Saugnäpfen und doppeltem Hakenkranz. (Nach NEUMANN-MAYER.)

Abb. 61. Taenia solium. Glied mit reiferem Uterus. (Nach ZSCHOKKE.)

der Haut entwickeln sich die zu ernsten Störungen führenden Blasen in Herz, Gehirn, Augen, Leber und anderen Organen. An den (z. B. aus der Haut entfernten) Cysticercusblasen ist der Kopf stets eingestülpt. Durch sanftes oder stärkeres Drücken und Streichen mit einem in Wasser getauchten Pinsel erreicht man aber meist die Vorstülpung des Scolex (Abb. 59).

Die Taenia saginata oder mediocanellata (Abb. 63) ist 7—10 m lang und besitzt bisweilen 1200—1300 Glieder von 12—14 mm Breite, von denen 150—200 reif sind. Der Kopf zeigt in der Mitte eine grubenförmige Vertiefung *(keine*

Haken) und 4 auffallend stark muskulöse Saugnäpfe (Abb. 62). Gelegentlich ist an den Köpfen mehr oder weniger ausgebreitete und starke Pigmentierung zu beobachten. Auch die reifen Glieder, die *häufig spontan* oder mit dem Stuhl abgehen, sind sehr muskelstark; *ihr Uterus ist reich verästelt* (Abb. 64). Die ovalen Eier besitzen außer der kräftigen Schale meist noch eine helle

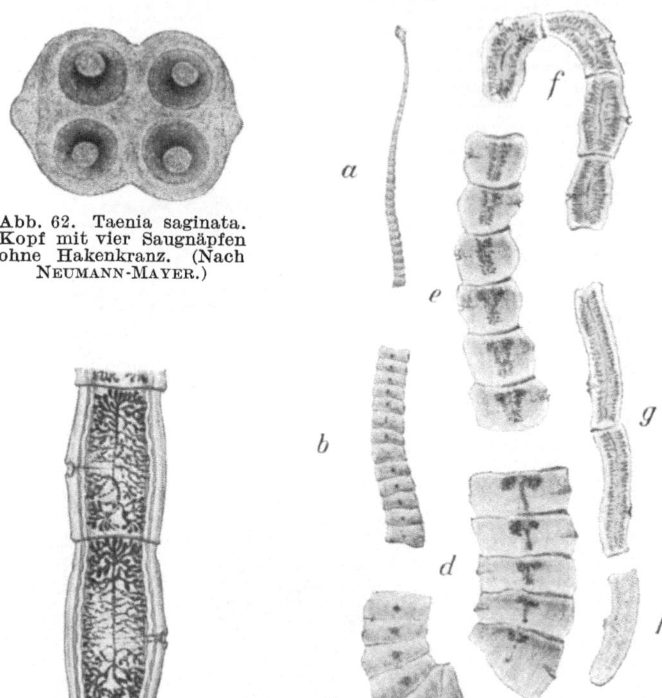

Abb. 62. Taenia saginata. Kopf mit vier Saugnäpfen ohne Hakenkranz. (Nach NEUMANN-MAYER.)

Abb. 64. Taenia saginata. Proglottiden mit reifem Uterus. (Nach ZSCHOKKE.)

Abb. 63. Taenia saginata. *a* Kopf und Hals, *b* junge Proglottiden, *c* junge Proglottiden mit beginnender Entwicklung der Geschlechtsorgane, *d* breiteste Glieder, *e* unreife Proglottiden mit fast fertig gebildeten Geschlechtsorganen, *f* reife Proglottiden mit fast ausgebildeten Geschlechtsorganen, *g* reife langgestreckte Proglottiden, *h* leere Proglottiden ohne Eier. (Nach NEUMANN-MAYER.)

(Dotter-) Haut. Die ausgeschiedenen Glieder gelangen mit dem Grünfutter in den Darmkanal des Rindes, wo sie sich zum *Cysticercus bovis* entwickeln, der äußerlich dem Cysticercus cellulosae gleicht, aber natürlich den Kopf der Taenia saginata besitzt. Eine Entwicklung desselben im Menschen ist bisher *nicht* beobachtet.

Die *Taenia nana* (s. *Hymenolepis nana*) (Abb. 65 und 66) stellt den kleinsten bisher bekannten menschlichen Bandwurm dar, *der bei 0,8 mm Breite höchstens 15 mm lang wird.* Man findet bis zu 200 Glieder, wovon 20—30 reif sind. Der Kopf zeigt 4 rundliche Saugnäpfe und einen einstülpbaren Rüssel, der einen Hakenkranz trägt.

Der Wurm kommt häufig in großen Mengen im Dünndarm vor und kann unter Umständen zu schweren nervösen Störungen führen. Lutz beobachtete bei kleinen Kindern anhaltende Durchfälle mit zeitweiligen Fieberanfällen,

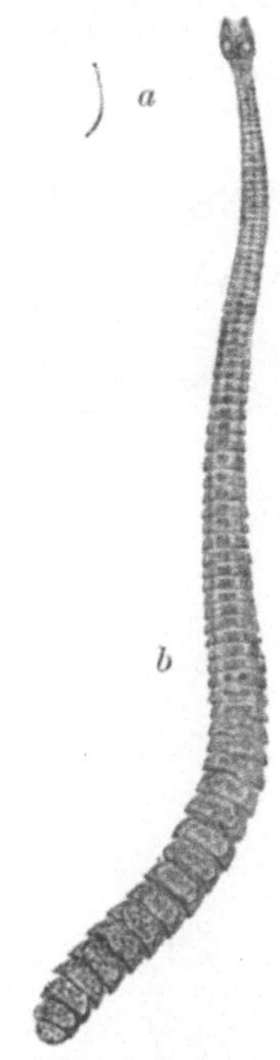

Abb. 65. Taenia nana. Ausgewachsener Bandwurm. *a* natürliche Größe, *b* 10fache Vergr. (Nach Neumann-Mayer.)

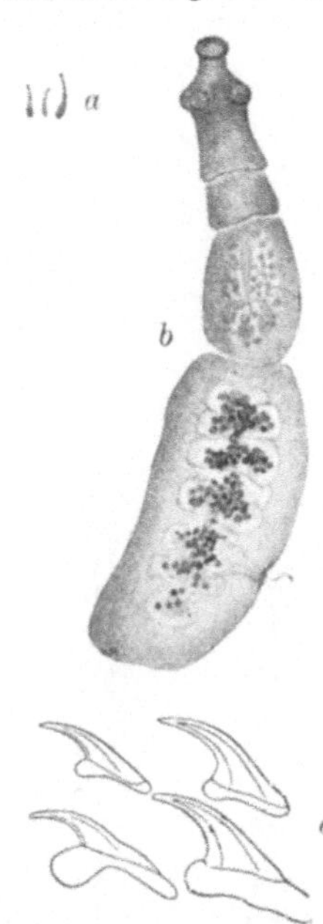

Abb. 67. Taenia echinococcus. *a* drei ausgewachsene, 3–4 mm lange Bandwürmer, *b* ausgewachsener Bandwurm mit vier Saugnäpfen und doppeltem Hakenkranz, vergrößert, *c* Haken. (Nach Neumann-Mayer.)

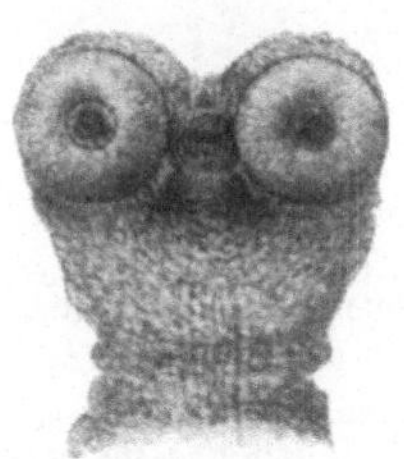

Abb. 66. Taenia nana. Kopf. (Nach Neumann-Mayer.)

Abb. 68. Echinococcus polymorphus. Stück einer Echinococcusblase mit Brutkapseln. (Nach Neumann-Mayer.)

die nach der Abtreibung der Würmer aufhörten. Bei der Abtreibung dieser Bandwürmer bleibt besonders häufig der Kopf zurück; die Untersuchung auf schwarzem Teller ist durchaus nötig. Der Bandwurm ist zuerst in Ägypten

und Serbien, dann vielfach in Italien, *auch 3mal in Deutschland von* LEICHTEN-
STERN *in Köln beobachtet.*

Von der *Taenia echinococcus* (Abb. 67 und 68), einem nur 3—5 mm langen
Bandwurm, leben oft viele Tausende im Darm des *Hundes*. Die Embryonen
entwickeln sich, wenn die Taenia*eier* durch „Anlecken" usf. vom Hunde in
den Magendarmkanal des *Menschen* gelangt sind, in Leber, Lungen und

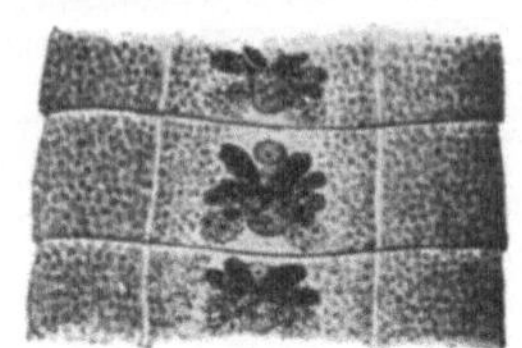

Abb. 70. Reife Proglottis von
Dibothriocephalus latus.
(Nach ZSCHOKKE.)

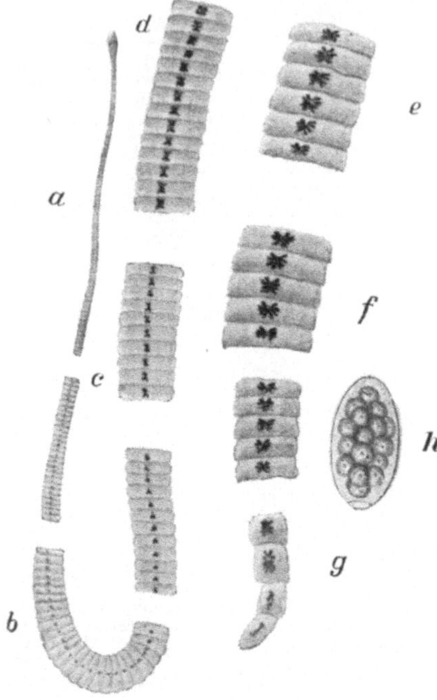

Abb. 69. Dibothriocephalus latus. *a* Kopf,
b jüngste Glieder, *c* Glieder, in denen sich
die ersten Eier im Uterus bilden, *d* Glieder,
in denen der Uterus die ersten Windungen
bildet, *e* Glieder, in denen alle Uterus-
schlingen entfaltet sind. Die älteren enthalten reife Eier. *f* die Glieder haben die
größte Breite erreicht. Alle Eier sind reif.
g Endglieder. (Nach NEUMANN - MAYER.)
h Ei. (Nach SCHÜRMANN.)

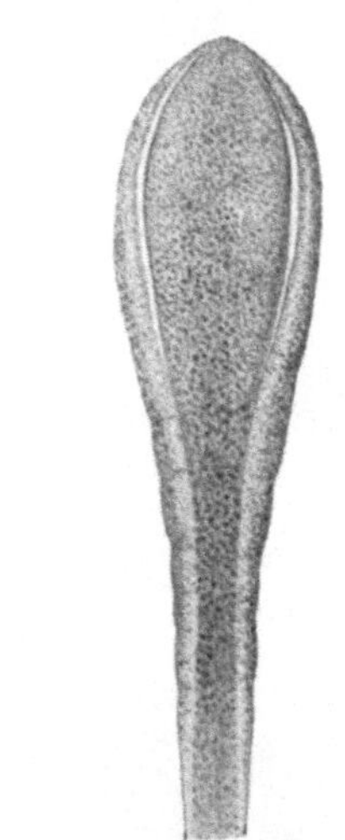

Abb. 71. Scolex von Dibothriocephalus latus. (Nach ZSCHOKKE.)

allen übrigen Organen desselben zu einer oft mächtigen *Wasserblase*, die
von einer *weißen*, elastischen, verschieden dicken und deutlich *geschichteten*
Wand umhüllt ist. An der Innenseite dieser Membran knospen ein oder
mehrere kleine Scolices hervor, die aber nicht immer so direkt, sondern häufig
erst in Tochterblasen gebildet werden. Untersucht man eine solche unter
dem Mikroskop, so sieht man zwischen den 4 Saugnapfanlagen einen ein-
gestülpten Hakenkranz, der aus 2 Reihen von Häkchen gebildet wird. Sonst
enthält die Blase eine wasserklare Flüssigkeit, die durch das *Fehlen jeden*
Eiweißgehaltes ausgezeichnet ist, aber Kochsalz enthält.

Für die Diagnose der Echinococcusblasen ist der Abgang ganzer Blasen absolut entscheidend; nächstdem ist auf Membranteile, Häkchen und die Flüssigkeit zu achten. (S. hierzu auch den letzten Abschnitt: Untersuchung der Punktionsflüssigkeiten, S. 343, Abb. 171 und 172, sowie S. 217, 218, Abb. 130 und 131).

Bei Echinokokken findet sich häufig Eosinophilie des Blutes, doch kann diese auch fehlen.

Der *Bothriocephalus latus*, s. Dibothriocephalus latus (Abb. 69, 70 und 71), kann eine Länge von 8—9 m erreichen, ist in der Regel aber kürzer; er besitzt bis zu 3000 Glieder und mehr, ist 10—20 mm breit und in der Mittellinie dicker als an den Rändern. Die Geschlechtsöffnung liegt in der *Mittellinie*. Sein Kopf ist abgeflacht und besitzt an den Seiten 2 seichte Sauggruben.

Die ovalen *Eier* (Abb. 49 und 69*h*) sind 0,07 *mm lang*, 0,045 *mm breit* und nur von einer Schale mit aufspringendem *Deckel* umhüllt. Nachdem sie ins Wasser gelangt sind, entwickeln sich die mit Flimmerkleid besetzten Embryonen, die im Wasser schwimmend in den Darmkanal bzw. Muskulatur von Fischen (Hecht, Lachs, Barsch) gelangen und zu einem Scolex auswachsen, der eine Länge von 10 mm erreichen kann. Im *Stuhl* der mit Bothriocephalus Behafteten (vorwiegend in den skandinavischen Ländern) findet man die relativ großen Eier leicht auf (s. Stuhluntersuchung). Neben zahlreichen unversehrten Eiern begegnet man nicht wenigen, bei denen der Deckel aufgesprungen ist. An anderen schließt der Deckel so fest, daß, wahrscheinlich durch Druck gegen das Deckglas, ein Einriß den Deckel und die anstoßende Eischale trennt.

Die *Infektion des Menschen* erfolgt durch den Genuß von mangelhaft geräuchertem oder gekochtem bzw. gebratenem Fisch (s. o.). Außer den örtlichen Darmstörungen sind *schwere Anämien* (s. diese) als Folgen der Bothriocephaluseinwanderung bekannt, weshalb in zweifelhaften Fällen von Anämie auf die Eier oder nach einer einleitenden Abtreibungskur auf die charakteristischen Bandwurmglieder zu fahnden ist. Das Blutbild ist dem der perniziösen Anämie vollkommen analog (s. Kapitel Blut). Sie wird durch giftige, in vitro nicht hämolytisch wirkende, aus dem Leib der Bothriocephalen stammende Stoffe, die im Darm des Trägers zur Resorption gelangen, bedingt.

3. Trematoden.

Die Trematoden sind im allgemeinen blatt- oder zungenförmige Saugwürmer mit afterlosem Darm und mehreren Saugnäpfen; ein beschränktes Interesse beansprucht *Distomum hepaticum* und *lanceolatum, deren Eier in den Faeces vorkommen.* Wichtiger sind (wegen der durch ihr Verweilen im Körper verursachten bemerkenswerten Störungen) die in außereuropäischen Ländern, besonders in Japan, China und Indien, sehr verbreiteten Formen: Distomum haematobium s. *Bilharzia haematobia* und das *Distomum pulmonale.*

Bilharzia haematobia s. *Schistosomum haematobium* s. Distomum haematobium (Abb. 72 und 73). Die Geschlechter sind getrennt. Das Weibchen, 16—20 mm lang, zylindrisch, wird in einer tiefen, an der Bauchhöhle des 12—15 mm langen Männchen gelegenen Rinne (Canalis gynaecophorus) getragen. Die ausgebildeten Würmer bewohnen den Stamm und die Verzweigungen der Pfortader und die Venenplexus von Harnblase und Mastdarm. Dagegen werden ihre *Eier* außer an diesen Orten auch in der Blasenwand, frei in der Blase und, das ist *besonders wichtig, im Harn* gefunden, *der in der Regel die Zeichen von Cystitis mit Hämaturie darbietet.* Da die venösen Gefäße oft dicht mit den Parasiten angefüllt sind, kommt es zu Stauungen und Austreten von Blut und Eiern. *Diese sind 0,05 mm breit, 0,12 mm lang und tragen einen 0,02 mm langen Enddorn* (während in der Blasenwand selbst oft Eier mit *Seiten*stachel vorkommen), die Eischale ist mäßig dick und *ohne* Deckel. An den abgelegten Eiern ist der entwickelte Embryo durchscheinend und zeigt oft lebhafte Beweglichkeit. *Er schlüpft erst aus, wenn das Ei in Wasser gelangt,* und sprengt dann die Eischale der Länge nach. Er hat eine kegelförmige Gestalt mit Kopfzapfen und Flimmerkleid. Im *Harn* erscheinen die Embryonen unbeweglich und gehen darin nach 24 Stunden zugrunde. Die Übertragung findet sehr wahr-

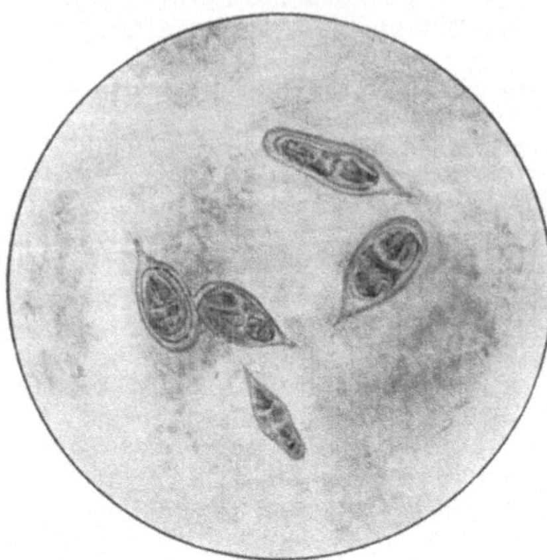

Abb. 72. Eier von Schistosomum haematobium. (Nach NEUMANN-MAYER.)

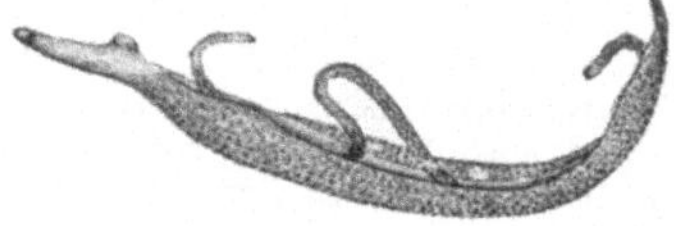

Abb. 73. Männchen und Weibchen von Schistosomum haematobium. (Nach NEUMANN-MAYER.)

scheinlich durch das Trinkwasser statt, in dem, wie bemerkt, die Embryonen schon nach wenigen Minuten zum Ausschlüpfen veranlaßt werden. Ein Zwischenstadium findet sich in gewissen Süßwasserschnecken (Bullinus-Arten, z. B. in den Bewässerungskanälen Ägyptens).

Distomum pulmonale. Der 8—11 mm lange Wurm sitzt meist in den oberen Luftwegen, bisweilen in kleinen Hohlräumen der Lungen, die von ihm selbst verursacht werden; er hat eine walzenförmige Gestalt, ist vorn stark, hinten etwas weniger abgerundet und besitzt einen Mund- und einen Bauch-Saugnapf.

Die Eier (Abb. 74), oval, besitzen eine $^1/_2$—1 μ dicke, *braungelbliche* Schale, worin der Embryo noch nicht ausgebildet, die Furchung aber schon eingeleitet ist.

Bei Druck gegen das Deckglas springt die Schale und die Klümpchen treten aus. Sie sind schon mit der Lupe als hellbraune Punkte zu sehen und im Mittel 0,04 mm breit und 0,06 mm lang.

Die mit diesem Wurm behafteten Kranken leiden an häufig wiederkehrender *Hämoptöe.* Das meist nur frühmorgens durch Räuspern entleerte Sputum ist bald nur zäh-schleimig und mit Blutstreifen durchsetzt, bald rein blutig. *Stets enthält es zahlreiche* (in *einem* Präparat 100 und mehr) *Eier* der oben beschriebenen Art (und in der Regel massenhafte CHARCOT-LEYDENsche Krystalle), vgl. auch S. 172.

II. Ektoparasiten.

Aus der Reihe der auf der Körperoberfläche schmarotzenden Parasiten seien nur einige wenige genannt: *Pulex* penetrans (Südamerika) und *Ixodes ricinus* setzen sich am Menschen als Blutsauger fest und geben gelegentlich zu Entzündungen und Geschwüren Anlaß. Eine andere Zeckenart, *Argas reflexus*, die Taubenzecke, die nur *nachts* vom Menschen Blut saugt, in der Regel aber nur an Tauben sich festsetzt, hat gelegentlich zu roseolaähnlichem Ausschlag und schwerem allgemeinem entzündlichem Ödem der äußeren Haut und Schleimhaut mit beängstigendem Asthma geführt.

Das schmutziggraue, mit mosaikartigem Schild gedeckte Tier ist etwa 5 mm breit, 7 mm lang und zeigt 4 Beinpaare, vor deren erstem der Rüssel,

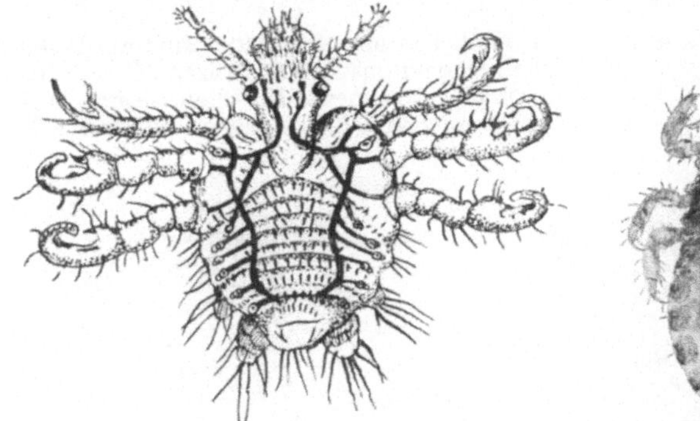

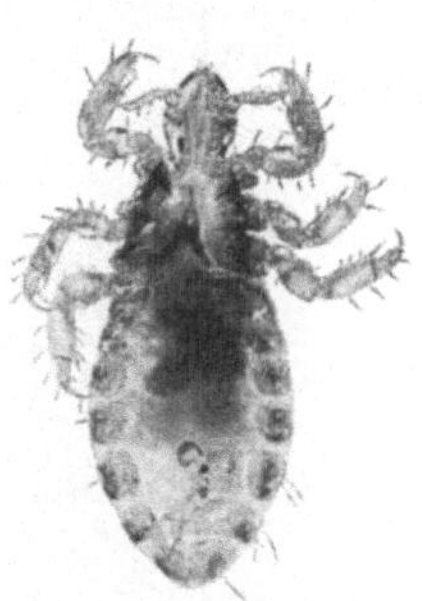

Abb. 75. Filzlaus (Phthirius inguinalis).   Abb. 76. Kleiderlaus.
(Nach LENNIS-LANDOIS.)   (Nach LESSER.)

vor deren zweitem die Geschlechtsöffnung, hinter deren viertem die Kloake liegt. Im Hungerzustand ist die Zecke abgeplattet, nach dem Saugen fast kugelig, mit oft 8fach vermehrtem Körpergewicht.

Von den Phthiriusarten ist hier nur die *Filzlaus, Phthirius pubis,* zu nennen, die zuerst und oft ausschließlich die Schamhaare besetzt, gelegentlich aber, die Kopfhaut ausgenommen, alle behaarten Körpergegenden befallen kann, in seltenen Fällen sogar die Augenwimpern. Die Weibchen befestigen ihre Eier an den Haaren, woran sich die Tiere mit den hakenförmigen Krallen meist sehr fest anhalten (Abb. 75). Man achte auf die durch die Parasiten hervorgerufenen blauen Hautflecke (Maculae coeruleae). Die *Kleiderlaus* (Abb. 76) gehört streng genommen nicht hierher, da sie auf dem Menschen nicht lebt, sondern sich nur in den Kleidungsstücken hält. Ihre Bedeutung liegt darin, daß sie durch ihren Biß Infektionskrankheiten, insbesondere die Erreger des *Fleckfiebers,* überträgt. Ihre Bekämpfung spielt in Gegenden, wo Fleckfieber endemisch ist, eine große Rolle. Bei Abkühlung und verhältnismäßig geringer Erwärmung geht sie rasch zugrunde. Ihrer Wichtigkeit als Krankheitsübertrager entsprechend ist auch von ihr eine Abbildung aufgenommen worden, und zwar von dem Weibchen, da diese die Überträger des Fleckfiebers sind.

Acarus seu Demodex folliculorum, die Haarbalgmilbe, kommt im Grunde fast jeden Mitessers vor und ist in dem durch Ausstreichen gewonnenen fettigen Haarbalgsecret leicht nachweisbar. Die Milbe ist etwa 0,3 mm lang,

zeigt außer dem Kopf einen mit 4 Fußpaaren besetzten Brustteil und 3—4mal
längeren Hinterleib; sie ist ein bedeutungsloser Schmarotzer (Abb. 77).
   Der *Sarcoptes scabiei* (Abb. 78) verursacht die *Krätze*. Die Weibchen
tragen an den vorderen zwei Beinpaaren Haftscheiben, an den zwei hinteren
Borsten; die etwa um $^1/_3$ kleineren Männchen haben auch an dem hintersten

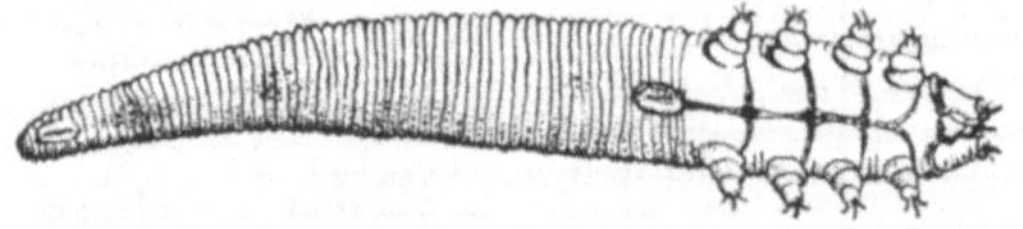

Abb. 77.   Acarus (Demodex) folliculorum.   (Nach BRUMPT.)

Paare noch Haftscheiben. Die Weibchen und deren Eier sind am besten in
den „*Milbengängen*“ zu finden, indem man den ganzen Gang, dessen
Anfang durch ein kleines, meist eingetrocknetes Bläschen, dessen Weiter-
verlauf durch dunkle Punkte (Schmutz und Exkremente) und dessen Ende

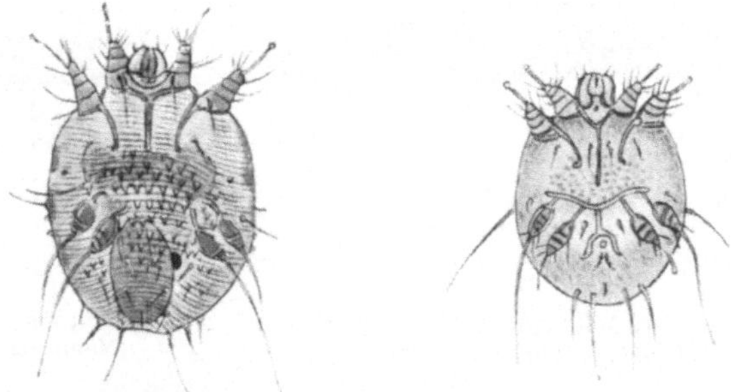

Abb. 78.   Sarcoptes scabiei.   Weibliche und männliche Milbe.   (Nach LESSER.)

durch ein kleines, weißes, durch die Hornschicht durchscheinendes Pünktchen angezeigt wird, mit einem Messerchen flach abträgt und in verdünnter
Kalilauge zwischen 2 Objektträgern einbettet. Man sieht alsdann außer
dem Weibchen, dessen Sitz durch das hell durchscheinende Pünktchen am
Ende des Ganges kenntlich wird, eine Reihe von mehr oder weniger
entwickelten Eiern mit körnigem Inhalt oder fast reifem Embryo. Auch
durch Ausstechen (am Ende des Kanals mit einer Nadel) ist das Weibchen
allein zu gewinnen.

Die Untersuchung des Blutes.

I. Allgemeine Vorbemerkungen.

a) Blutmenge.

Die wichtigste Frage, die der Arzt an das Blut zu stellen hat, nach der Größe der *gesamten Blutmenge* des Körpers, läßt sich durch eine einfache und zuverlässige Methode am Krankenbett zur Zeit nicht beantworten; dazu bedarf es vielmehr komplizierter Laboratoriumsverfahren. Die Erfahrung sowohl am Lebenden als auch an der Leiche zeigt, daß, entgegen der früheren Anschauung, die Gesamtblutmenge unter pathologischen Verhältnissen sehr erheblichen Schwankungen unterliegt. Die ältere Angabe, wonach die gesamte Blutmenge eines gesunden Menschen $1/_{13}$ des Körpergewichts betragen soll, erscheint heute nicht gesichert. Wahrscheinlich ist sie nicht unwesentlich größer anzunehmen. Die Bestimmung einzelner Blutbestandteile in der Volum- oder Gewichtseinheit, wie sie bisher klinisch allein geübt wird, gibt begreiflicherweise keine Auskunft über die Gesamtblutmenge. Eine Verringerung, beispielsweise des prozentualen Hämoglobingehaltes, sagt nichts über den gesamten Hämoglobinbestand des Körpers aus, da die Gesamtblutmenge durchaus nicht unter allen Bedingungen konstant ist. Für den Praktiker ist es wichtig zu wissen, daß bei der schwersten Form der Anämie, bei der sog. *perniziösen Anämie* BIERMERs nach den Obduktionsbefunden die Gesamtblutmenge *vermindert*, daß sie bei manchen Formen der *Polycythämie* dagegen vermehrt sein kann (*Plethora vera*).

Für den Gebrauch in der Klinik haben sich eine Reihe von Methoden zur Bestimmung der Gesamtblutmenge als brauchbar erwiesen. Sie beruhen sämtlich darauf, daß die Verdünnung gewisser direkt in die Blutbahn eingebrachter Stoffe durch die zirkulierende Blutmenge nach einiger Zeit bestimmt wird (sog. indirekte Methoden). Das Mißliche ist hierbei, daß die Zeit, in der diese Stoffe wirklich in der Blutbahn bleiben, nicht genau bekannt ist und daß sie sie in der Regel sehr rasch wieder verlassen (z. B. die physiologische NaCl-Lösung bei der Methode KOTTMANNs). Bei der *Kohlenoxydmethode* nach GRÉHANT und QUINQUAUD, die von HALDANE und SMITH für klinische Zwecke ausgebaut wurde, inhaliert der Kranke eine bestimmte, nicht giftig wirkende Menge von Kohlenoxydgas; dieses verteilt sich auf den gesamten *Hämoglobingehalt* des Blutes. Aus dem Hämoglobingehalt und der prozentualen Kohlenoxydmenge einer kleinen entnommenen (bestimmbaren) Blutmenge und der gesamten aufgenommenen Kohlenoxydmenge kann der Hämoglobingehalt des gesamten Blutes *theoretisch* richtig berechnet werden. Die mit dieser Methode bisher erhaltenen Resultate sind jedoch nur mit Vorsicht zu verwenden.

Während die CO-Methode im Grunde nicht das Volumen des Gesamtblutes, sondern nur die Totalmenge des *Hämoglobins* bestimmt, ermitteln die sog. *Farbstoffmethoden* wiederum nicht so die Gesamtmenge des Blutes als vielmehr des *Plasmas.* Hier werden Lösungen von ungiftigen kolloidalen Farbstoffen wie Congorot oder Trypanblau (Methode von GRIESBACH bzw. SEYDERHELM-LAMPE[1]) in die Venen injiziert und die resultierende Verdünnung des Farbstoffes mittels eines Colorimeters z. B. von AUTENRIETH (s. S. 118) festgestellt. Normal beträgt die Blutmenge 82,5 ccm und die Plasmamenge 44,5 ccm pro Kilogramm. Übrigens darf nicht vergessen werden, daß sämtliche indirekten Methoden stets nur die sog. *zirkulierende* Blutmenge erfassen, nicht aber das in die verschiedenen Depotorganen (Milz, Leber usw.) zurückgehaltene Blut.

Bei der Untersuchung des Blutes hat man je nach dem vorliegenden Zweck das *Gesamtblut* (Blutkörperchen + Plasma bzw. Serum), das *Serum* oder die *corpusculären* Elemente allein zu berücksichtigen.

b) Blutentnahme.

Handelt es sich um die Untersuchung der *Blutflüssigkeit,* so genügt es für klinische Zwecke in der Regel, statt des nur bei Einhaltung bestimmter Kautelen erhältlichen Plasmas das *Blutserum* zu verwenden. Die meisten Angaben über die Blutflüssigkeit beziehen sich deshalb auf das Serum.

Soll das Gesamtblut, d. h. also mit flüssigem Plasma für längere Zeit ungeronnen erhalten bleiben, so fängt man es in Gefäßen auf, deren Wände mit Paraffin überzogen sind oder mit einigen Oxalatkrystallen (s. S. 85) beschickt sind.

Nach dem Zweck der Blutuntersuchung richtet sich auch die Art der *Blutentnahme.* Diese geschieht entweder aus der Haut (Capillarblut) oder aus einer größeren Vene, meist einer der Cubitalvenen des Armes nach vorheriger Stauung. Für manche Untersuchungszwecke ist es wichtig, zwischen Stauungsblut und ungestautem Capillarblut zu unterscheiden. Wenn es sich um die Gewinnung größerer Blutmengen handelt, z. B. zur Anstellung der WASSERMANNschen Reaktion, zur Bestimmung der Gefrierpunktserniedrigung oder um genauere chemische Analysen, so ist die Entnahme aus der Vene notwendig.

Zu diesem Zwecke ist es am empfehlenswertesten, am Oberarm durch Anlegen eines Gummischlauches oder einer Binde eine venöse Stauung zu erzielen (der Arm muß hierbei blaurot erscheinen, der Radialispuls muß fühlbar bleiben). Gelingt es nicht auf diese Weise bei engen Gefäßen und

[1] SEYDERHELM-LAMPE: Erg. inn. Med. **27,** 245 (1925). Handbuch der biologischen Arbeitsmethoden, Abt. V, Teil 8, S. 245. 1928. Handbuch der allgemeinen Hämatologie, 1932 S. 647.

starkem Panniculus adiposus die Venen sichtbar zu machen, so erhöht man die Stauung durch Anlegen einer komprimierenden Binde am Unterarm. Zur Entnahme benutzt man eine mittelstarke Troikart- oder Punktionsnadel, die steril sein muß, und welche man zweckmäßigerweise mit einer sterilen Rekordspritze armiert. Sehr empfehlenswert sind die neuerdings eingeführten Venülen (s. S. 7). Die Hautsterilisierung kann man am raschesten durch Aufpinseln von Jodtinktur erreichen. Wenn das Blut nicht im Strome ausfließt, so läßt man den Patienten taktmäßig die Finger strecken und zur Faust schließen. Statt des Venenblutes kann man, wenn die Venen nicht erreichbar sind, auch das mit einem Schröpfkopf oder mit einem anderen saugenden Instrument entnommene Blut verwenden. Doch ist derartiges Blut in unkontrollierbarer Weise mit Gewebssaft vermischt.

Bei Anwendung einer Spritze muß diese trocken und frei von Soda sein (ebenso wie die Kanüle), auch darf nicht zu energisch aspiriert werden, um den Übertritt von Hämoglobin ins Serum (Hämolyse) zu vermeiden.

Das so gewonnene Blut läßt man, falls das Serum untersucht werden soll, an kühlem Ort unter *luftdichter* Bedeckung stehen, nachdem man den Blutkuchen mittels eines sterilen Glasstabes von den Rändern des Glases gelöst hat, um die Absetzung des Serums zu erleichtern. Auf die besonderen Vorsichtsmaßnahmen bei der Untersuchung des Blutes auf Bakterien ist bereits auf S. 6 und 13 hingewiesen worden.

Für viele Zwecke ist die Entnahme einiger weniger Blutstropfen aus dem *ungestauten* Capillarblut genügend und der Verwendung gestauten venösen Blutes vorzuziehen. Als Ort des Einstiches wählt man entweder die Fingerkuppe oder das Ohrläppchen. Die Entnahme kann mit jedem spitzen, sauberen Instrument (Nadel, Feder, der eine Branche abgebrochen ist, Lanzette usw.) vorgenommen werden; besonders geeignet ist die sog. FRANCKEsche Nadel (Abb. 79),

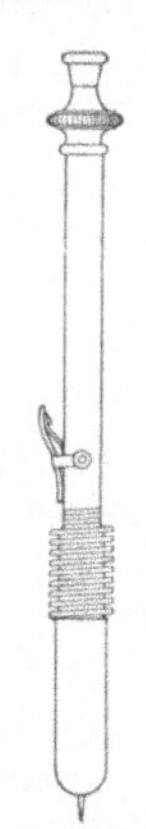

Abb. 79.
FRANCKEsche
Nadel zur
Blutentnahme.

ein kleiner Schnepper, der aber jedesmal sorgfältig gereinigt werden muß. Ebenso ist eine ausglühbare *Platin-Iridium*nadel empfehlenswert. Die Haut wird vor dem Einstich mit Alkohol und Äther leicht gereinigt. Der Blutstropfen muß in genügender Menge spontan austreten, jede Quetschung ist zu vermeiden. Das Serum gewinnt man am einfachsten, indem man das Capillarblut in eine U-förmig gebogene Capillare einfließen läßt.

Die *Zeit* der Blutentnahme ist für manche Zwecke nicht ganz gleichgültig; nach der Mahlzeit ist die Zahl der Leukocyten vermehrt (s. unten), ferner kann das Serum durch höheren Fettgehalt trüb sein; auch für *Refraktometer*bestimmungen (s. unten) soll der Kranke nüchtern sein und keine Muskelanstrengungen vorgenommen haben. Deshalb ist die günstigste Zeit für Blutuntersuchungen der frühe

Morgen bei bettlägerigen Patienten. Für gröbere Untersuchungen (Diagnose einer vermuteten Blutkrankheit) brauchen diese Momente nicht berücksichtigt zu werden.

II. Die physikalischen und chemischen Untersuchungsmethoden des Blutes.

Hierzu gehören in erster Linie die Bestimmung des spezifischen Gewichtes, des Trockenrückstandes bzw. Wassergehaltes des Blutes, der Alkalireserve, des osmotischen Druckes (durch Ermittlung der Gefrierpunktserniedrigung), des Eiweißgehaltes, des Gehaltes an Blutzucker, Harnsäure, aromatischen Körpern u. a. und Salzen, die Bestimmung des Hämoglobingehaltes, des spektroskopischen Verhaltens und der Zahl der corpusculären Elemente des Blutes, des Blutkörperchenvolumens, der Viscosität, die Bestimmung der Senkungsgeschwindigkeit sowie der Resistenz der Erythrocyten.

Aus der Reihe dieser Methoden haben nur einzelne größeren *praktischen* Wert. Bei ihrer Bestimmung muß man sich über die Bedeutung der die Resultate beeinflussenden einzelnen Faktoren klar sein. Es ist nicht überflüssig, zu bemerken, daß die Bestimmung des spezifischen Gewichtes, des Trockenrückstandes, der Viscosität des *Gesamt*blutes (Plasma + corpusculäre Elemente) von einer großen Zahl verschiedener Einzelwerte abhängig ist. So wird die Zahl der Blutkörperchen die drei angeführten Werte beeinflussen, andererseits aber auch der Eiweißgehalt sowie der Salzgehalt der Flüssigkeit.

Man kann deshalb beispielsweise aus der *Viscosität des Gesamtblutes* allein kaum einen bindenden Schluß ziehen, wenn man nicht gleichzeitig über die Zahl der roten Blutkörperchen und den Eiweißgehalt des Serums unterrichtet ist. Andererseits hat sich gezeigt, daß die Bestimmung der Gefrierpunktserniedrigung für klinische Zwecke mit genügender Genauigkeit sowohl am Gesamtblut als auch am Serum vorgenommen werden kann.

Die Bestimmung des spezifischen Gewichtes des Blutes und Serums.

Das spezifische Gewicht des Gesamtblutes ist abhängig von der Zahl der roten Blutkörperchen, aber auch von dem Eiweiß- und Salzgehalt des Plasmas. Die Annahme, daß es dem Hämoglobingehalt parallel gehen müsse, ist deshalb naturgemäß falsch. Die angegebenen Werte der Literatur haben daher nur bedingten Wert; bei Männern sollen sie zwischen 1055 und 1062, bei Frauen zwischen 1050 und 1056 schwanken.

Von größerer Bedeutung ist die Bestimmung des *spezifischen Gewichts des Serums*. Dieses beträgt 1029—1932. Bei Retention von Wasser im Organismus (Hydrämie) kann es vermindert sein, wenn nicht gleichzeitig Salze und Eiweiß im Serum retiniert sind, die seinen Wert im positiven Sinne beeinflussen.

Man nimmt es am sichersten nach der SCHMALTZschen (pyknometrischen) Methode, bei der man nur 0,1 g, etwa 2 Tropfen, Blut braucht. Eine feine Glascapillare, etwa 12 cm lang, 1,5 mm weit, an den Enden auf 0,75 mm verjüngt, wird auf einer chemischen Waage genau gewogen und, nachdem sie

mit destilliertem Wasser gefüllt ist, von neuem gewogen. Danach wird die
Capillare gereinigt, mit Blut gefüllt und ihr Gewicht abermals bestimmt.
Die gewonnene Zahl wird nach Abzug des Gewichts der Capillare durch das
genau bestimmte Gewicht der gleichgroßen Menge destillierten Wassers
dividiert. Der Quotient zeigt das spezifische Gewicht des Blutes an.

Während man bei dieser Methode sehr feiner, nur in gut eingerichteten
Laboratorien vorhandener Waagen bedarf, gestattet die von HAMMERSCHLAG
eingeführte Methode jedem Arzte die Gewichtsbestimmung. Sie beruht auf
dem Gesetz, daß ein Körper, der in einer Flüssigkeit eben *schwimmt,* das
gleiche spezifische Gewicht wie die Flüssigkeit besitzt. Als zweckmäßig hat
sich eine Mischung von Chloroform (spez. Gew. 1,485)
und Benzol (spez. Gew. 0,889) erwiesen, mit der das hinein-
gegebene Blutströpfchen sich nicht mischt.

Ausführung der Methode von HAMMERSCHLAG: Man
füllt einen etwa 10 cm hohen Zylinder zur Hälfte mit einer
Chloroform-Benzolmischung, die ein spezifisches Gewicht
von 1050—1060 zeigt. In die Flüssigkeit läßt man den
durch einen Lanzettstich gewonnenen frischen Blutstropfen
hineinfallen, ohne daß er die Glaswand berührt. Der
Tropfen sinkt dann als rote Perle zu Boden oder strebt an
die Oberfläche. In ersterem Fall setzt man, da die um-
gebende Flüssigkeit leichter als das Blut ist, tropfenweise
Chloroform, im anderen Falle Benzol zu, während man
durch vorsichtige Bewegungen des Glases zu erreichen
sucht, daß der Tropfen eben in der Flüssigkeit schwimmt.
Wird dies erreicht, so ist das spezifische Gewicht von Blut
und Mischung gleich und kann entweder in dem gleichen
oder einem höheren Gefäß (nach vorausgehendem Filtrieren
der Flüssigkeit) mit einem Aräometer bestimmt werden.
Die Chloroform-Benzolmischung bleibt längere Zeit völlig
brauchbar.

Abb. 80. Aräo-
pyknometer
nach
EICHHORN.

Schon HAMMERSCHLAG gibt gewisse Vorsichtsmaßregeln
an: Man nehme keinen zu großen Tropfen, da dieser sich
leichter in mehrere kleine teilt, ferner achte man bei dem
Umschwenken des Gefäßes darauf, daß das zugesetzte
Chloroform oder Benzol sich gut mischt und keine Spaltung
des Bluttropfens eintritt. Endlich empfiehlt es sich, falls
das Blut von Anfang an auf der Oberfläche schwimmt, auf jeden Fall
durch einen Überschuß von Benzol das Herabsinken des Bluttropfens zu
bewirken und dann durch Zumischen von Chloroform das Schweben des
Blutes anzustreben.

Wenn größere Mengen von *Serum* zur Verfügung stehen, so kann man
sich auch eines genauen Aräometers bedienen; besitzt man nur einige
Kubikzentimeter, so kann man — nach vorheriger Kontrolle des Apparates —
auch das Aräopyknometer nach EICHHORN (Abb. 80) verwenden. Die
Ampulle des kleinen Apparates wird mit der zu untersuchenden Flüssigkeit
luftdicht gefüllt und das Aräopyknometer in destilliertes Wasser getaucht.
Je tiefer der Apparat eintaucht, um so höher das spezifische Gewicht. Die
Zahlen können direkt abgelesen werden.

Die hier angegebenen Methoden dienen natürlich auch zur Bestimmung des spezifischen Gewichtes von *Exsudaten* und *Transsudaten* (s. unten).

Der **Trockenrückstand** des Gesamtblutes beträgt unter normalen Verhältnissen 21—22,5%, der des Serums 10—10,5%. Für seine Beurteilung gilt Analoges wie für die Beurteilung des spezifischen Gewichtes. Aus Änderungen des Trockenrückstandes bei krankhaften Zuständen kann bei Bekanntsein der Zahl der roten Blutkörperchen und des Eiweißgehaltes des Serums ein wichtiger Schluß auf den *Wasseraustausch* zwischen Blut und Geweben gezogen werden (vgl. auch Refraktometrie s. nächste Seite).

Zur Bestimmung verwendet man ungestautes Capillarblut; das gestaute Aderlaßblut gibt unberechenbare Differenzen. Man läßt 1—2 ccm Blut in ein auf der chemischen Waage gewogenes und vorher getrocknetes Wiegegläschen laufen und wiegt zunächst feucht. Dann wird das Blut bei abgesetztem Wiegeglasdeckel in einen Exsiccator gesetzt und in diesem, wenn möglich mittels einer Wasserstrahlpumpe, die Luft verdünnt. Das Blut trocknet hierbei in einigen Tagen, was sich durch Rissigwerden bemerkbar macht; dann wird gewogen und abermals im Exsiccator, bis das Gewicht konstant ist, getrocknet. Die Differenz der trockenen und feuchten Wägung ergibt den Wassergehalt, aus dem das Trockengewicht berechnet und in Prozentwerten angegeben wird.

Die chemische Bestimmung der Blutbestandteile am Menschen spielt heute in der Klinik eine überragende Rolle, seitdem es gelungen ist, Methoden auszuarbeiten, die trotz sehr kleiner Blutmengen Resultate von hinreichender Genauigkeit ergaben. Zum Teil genügt die Verwendung von nur wenigen Tropfen Blut (sog. Mikromethoden). Das Verdienst, brauchbare **Mikromethoden** ausgearbeitet zu haben, gebührt IVAR BANG. Ihre Ausführung erfordert vorläufig noch die Apparatur eines gut eingerichteten Laboratoriums und liefert nur nach spezieller genauer Einübung und bei peinlichster Präzision der Ausführung brauchbare Resultate; für die klinische Betrachtungsweise bedeuten ihre Resultate einen der größten Fortschritte.

Es sei auf die Zusammenstellung BANGs (Mikromethoden zur Blutuntersuchung. 6. Auflage 1927, J. F. Bergmann) sowie ferner auf RONAs Praktikum der physiologischen Chemie, II. Teil. Berlin: Julius Springer 1929, ferner RUSZCZYNSKI: Leitfaden für biochemische Mikromethoden. Berlin 1926, Selbstverlag der Vereinigten Fabriken für Laboratoriumsbedarf, Berlin N 39, sowie PINCUSSEN: Mikromethodik. Leipzig: Georg Thieme 1930 verwiesen.

Das *Prinzip* der Mikromethoden besteht darin, daß einige Tropfen Blut aus dem Ohrläppchen oder der Fingerbeere zunächst entweder in einen kleinen gewogenen Filtrierpapierstreifen besonderer Beschaffenheit aufgesogen und rasch ohne Gewichtsverlust auf einer empfindlichen Torsionswaage gewogen werden oder (besser) man mißt genau 0,1 Blut mit einer Capillarpipette ab, welche in $^1/_{100}$ ccm geteilt ist und mindestens 20 cm lang ist. Sodann wird der bluthaltige Filtrierpapierstreifen in ein Probierröhrchen gebracht und mit bestimmten Lösungen (je nach der vorzunehmenden Bestimmung) behandelt.

Hierbei werden die Eiweißkörper des Blutes gefällt, während die zu bestimmenden Stoffe in Lösung gehen und hier nach besonders ausgearbeiteten Methoden titrimetrisch bestimmt werden können.

Nach diesem Prinzip können Bestimmungen des *Blutzuckers,* der *Chloride,* des *Reststickstoffes* und anderer Stoffe usw. an demselben Kranken beliebig oft vorgenommen werden.

Bei Verwendung der mit der BANGschen Methode gewonnenen Werte ist zu berücksichtigen, daß diese sich auf das *Gesamtblut* beziehen, und daß sie daher nicht ohne weiteres mit den *Serum*werten verglichen werden dürfen. Will man die Serumwerte bestimmen, so verwendet man die zur Aufnahme des Blutes bei den Refraktometerbestimmungen angegebenen U-Röhrchen, aus denen man nach Zentrifugieren leicht die nötige Serummenge erhält.

Die Bestimmung des Eiweißgehaltes

hat nur für das Serum bzw. Plasma Wert. Man kann, wenn größere Serummengen zur Verfügung stehen, den Eiweißgehalt zwar einigermaßen genau durch Fällungsmethoden bestimmen, doch sind diese für diagnostische Zwecke zu kompliziert. Bei der Berechnung des Eiweißwertes aus dem N-Gehalt des Serums, bestimmt nach der KJELDAHLschen Methode (s. S. 86), ist zu berücksichtigen, daß hierbei der nicht als Eiweiß vorhandene sog. *Reststickstoff* (s. S. 86) mitbestimmt wird.

Kennt man den Stickstoffgehalt des Serums, so kann man durch Multiplikation des gefundenen Wertes (eventuell nach Abzug des Rest-N-Wertes) mit 6,25 den Eiweißwert annähernd schätzen. Unter normalen Verhältnissen beträgt dieser ungefähr 7—8%. Davon entfallen $^2/_3$ auf Albumin und $^1/_3$ auf die Globuline. Die Kenntnis des Eiweißgehaltes ergibt übrigens zugleich durch Subtraktion von 100 den prozentualen *Wassergehalt* des Serums.

Für fortlaufende klinische Untersuchungen kann man den Eiweißgehalt in *einem* Tropfen *ungestauten* Capillarblutes auf *refraktometrischem* Wege bestimmen.

Die Bestimmungen werden mit dem **Refraktometer** ausgeführt; die Methode beruht auf folgendem Prinzip: Der Brechungsindex einer eiweißhaltigen Flüssigkeit, wie sie das Blutserum darstellt, ist in weiten Grenzen allein vom Eiweißgehalt abhängig, während der Gehalt an krystalloiden Substanzen in den hier in Betracht kommenden Mengen als annähernd konstant angesehen werden kann. Es kann deshalb der Eiweißgehalt mit einer für klinische Zwecke genügenden Genauigkeit (Fehler 0,2%) aus dem Brechungsindex berechnet werden. Dieser ist, abgesehen von der Wellenlänge des verwendeten Lichtes, veränderlich mit der Temperatur. Diese muß deshalb bei den Messungen sorgfältig berücksichtigt werden.

Bei dem für die Klinik in Verwendung kommenden *Eintauchrefraktometer* nach PULFRICH tritt der einfallende Strahl aus Glas von bekanntem Brechungsexponenten in die zu untersuchende Flüssigkeit. Hierbei wird ein keilförmiges rechtwinkliges Glasprisma in das Blutserum eingetaucht und der Gang des Lichtstrahls so angeordnet, daß er an der Grenzfläche von Glas und Serum, d. h. an der Hypotenusenfläche des Prismas streifend einfällt. Der Grenzwinkel wird dadurch bestimmt, daß der gebrochene Strahl in ein mit dem Prisma unbeweglich verbundenes Fernrohr eintritt, worin sich eine Skala befindet. Bei dieser Anordnung des Apparates, bei der das Glasprisma in die zu untersuchende Flüssigkeit eintaucht, würde man große Mengen Serum zur Untersuchung verwenden müssen. Es ist deshalb für den hier vorliegenden Zweck von größter Bedeutung, daß der Apparat durch Zugabe eines *Hilfsprismas* derart umgeändert werden kann, daß man mit einem Tropfen Serum auskommt. Das Eintauchrefraktometer wird hierdurch in ein Totalrefraktometer verwandelt.

Die Ausführung der Bestimmung ist außerordentlich einfach und kann in wenigen Minuten vorgenommen werden. Man untersucht bei einer Temperatur von 17,5°.

Die *normalen* Refraktionswerte betragen beim Erwachsenen 1,348 36 bis 51 32 (55—63 Skalenteile) oder 6,6—8,2 % Eiweiß, beim Neugeborenen 1,345 75 bis 4798 (48—54 Teile) oder 5,4—6,5 %. Bei klinischen Vergleichsuntersuchungen

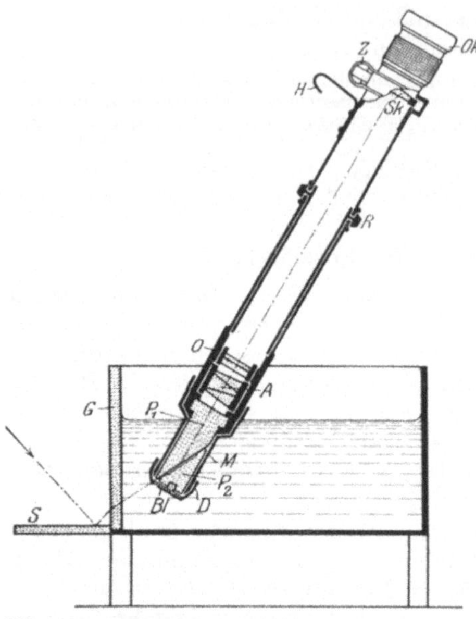

Abb. 81.   Eintauchrefraktometer mit Hilfsprisma nach PULFRICH-REISS.

müssen die Patienten nüchtern sein und dürfen keine Bewegungen vorgenommen haben (Untersuchung morgens früh im Bett).

Aus den an der Skala des Apparates abgelesenen Werten kann nach der untenstehenden Tabelle von REISS direkt der Eiweißgehalt bestimmt werden.

Tabelle von REISS zur direkten Umrechnung der Skalenteile des Eintauchrefraktometers bei 17,5° C in Eiweißprozenten.

Brechungsindices zu nebenstehenden Skalenteilen	Blutserum		
	Skalenteil	Eiweiß in %	Diff. von Eiweiß für 1 Skalenteil
1,33896	30	1,74	
			0,220
1,34086	35	2,84	
			0,220
1,34275	40	3,94	
			0,220
1,34463	45	5,03	
			0,218
1,34650	50	6,12	
			0,216
1,34836	55	7,20	
			0,216
1,35021	60	8,28	
			0,216
1,35205	65	9,35	
			0,214
1,35388	70	10,41	
			0,212

Zur Berechnung diene folgendes Beispiel: Man habe 57,2 im Refrakto-meter abgelesen, so findet man auf der Tabelle den Wert 7,20 für den Skalen-teil 55, den Wert 8,28 für den Skalenteil 60. Zwischen beiden liegt der gesuchte Wert. Die Differenz für 1 Skalenteil beträgt nach Stab 4 der Tabelle zwischen den abgelesenen Werten 0,216.

Für den Skalenteil 55 findet man 7,20% Eiweiß, für 2,2 beträgt er $2,2 \cdot 0,216 = 0,4752$. Also ist für 57,2 der Wert $7,20 + 0,48$ zu setzen $= 7,68\%$ Eiweiß. Die refraktometrische Eiweißbestimmung, die den Vorteil großer Einfachheit in der Methodik für sich hat, leistet dort Vorzügliches, wo es sich vor allem um *orientierende* Untersuchungen und um gröbere Ausschläge handelt.

Herstellung eines eiweißfreien Blutfiltrats.

Für die Enteiweißung von Vollblut bzw. Serum sind je nach dem speziellen Zweck der Untersuchung verschiedene Methoden im Gebrauch.

Bei Verwendung von Vollblut wird dieses zunächst zur Verhinderung der Gerinnung mit Kaliumoxalat (etwa 20 mg auf 10 ccm Blut) oder Lithiumoxalat (10 mg auf 10 ccm Blut) versetzt.

1. Enteiweißung mit Trichloressigsäure: Die Trichloressigsäure (bisweilen phosphathaltig!) wird zu dem auf das 2—3fach mit Wasser verdünnten Blut bzw. Serum in einer Menge zugesetzt, daß die Säure eine Konzentration von etwa 5—10% besitzt. Nach gründlichem Umschütteln läßt man 1 Stunde stehen und filtriert.

2. Uranylacetatmethode nach O. NEUBAUER: 10 ccm Serum werden mit 30 ccm Aqua destillata verdünnt; hierauf setzt man 10 ccm einer 1,55%igen Uranylacetatlösung hinzu und filtriert durch ein trockenes Faltenfilter (Verdünnung 1 : 5).

3. Die Wolframatmethode nach FOLIN eignet sich besonders für die Enteiweißung von Vollblut: Das Natriumwolframat muß in kaltem Wasser sehr leicht löslich sein und darf nicht zuviel Carbonat enthalten (Näheres s. bei RONA, Praktikum der physiologischen Chemie, Teil 2). Die zur Fällung dienende WOLFRAM-Säure wird durch Schwefelsäure in Freiheit gesetzt. 5 ccm Oxalatblut (s. oben) werden mit 35 ccm Aqua destillata versetzt, hierauf 5 ccm 10%iger Natriumwolframatlösung zugesetzt und gemischt. Dann läßt man aus einer graduierten Bürette 5 ccm $^2/_3$ n-Schwefelsäure (35 g konzentr. chemisch reine H_2SO_4 auf 1 Liter Wasser) unter Schütteln langsam zufließen und läßt 5 Min. stehen. Es muß eine dunkelrote bis tiefbraune Färbung eintreten. Ist dies nicht der Fall (zu viel Oxalat!), so setzt man tropfenweise unter Schütteln 10%ige H_2SO_4 zu, bis Braunfärbung eintritt. Man filtriert, indem man das Filter zunächst mit wenig Flüssigkeit anfeuchtet; das Filtrat muß wasserklar sein. Die Verdünnung des Blutes beträgt 1 : 10. Bei Enteiweißung von Plasma oder Serum wird ebenso verfahren, nur mit etwas anderen Mengenverhältnissen: Z. B. 5 ccm Plasma oder Serum, 25 ccm Wasser, 2,5 ccm Wolframatlösung und 2,5 ccm H_2SO_4 (RONA); die Verdünnung beträgt hier 1 : 7.

4. Eisenhydroxydmethode nach RONA-MICHAELIS: 2 ccm Serum werden in ein 50 ccm-Meßkölbchen pipettiert, mit ungefähr 20 ccm Aqua destillata versetzt und unter Umschütteln 10 ccm einer verdünnten kolloidalen Eisen-hydroxydlösung (40 ccm Liquor ferri oxydati dialys. [MERCK] 10%ig werden mit Aqua destillata auf 200 ccm aufgefüllt) hinzugegeben. Falls keine Aus-flockung des Eisenhydroxyds erfolgt, gibt man einige Tropfen einer ge-sättigten Natriumsulfatlösung hinzu, füllt mit Aqua destillata bis zur Marke auf, schüttelt um und filtriert durch ein trockenes Filter. Die Filtration muß ziemlich schnell erfolgen, das Filtrat muß absolut farblos und klar sein und darf mit Sulfosalicylsäure keine Eiweißreaktion geben.

Bestimmung des Reststickstoffs im Serum.

Prinzip der Methode: Im enteiweißten Serumfiltrat wird der Rest-N nach KJELDAHL bestimmt. Die Bestimmung der zurückgebliebenen Schwefelsäure nach der Destillation erfolgt auf jodometrischem Wege nach dem Prinzip von BANG. Nach der Gleichung

$$JO'_3 + 5\,J' + 6\,H' = 6\,J + 3\,H_2O$$

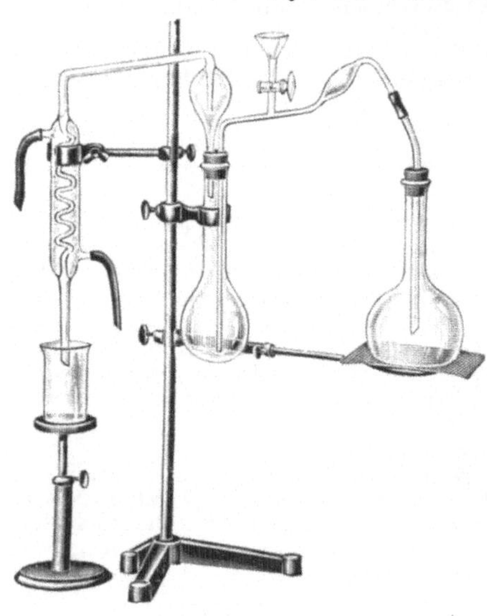

reduzieren H-Ionen die Jodid- und Jodat-Ionen zu elementarem Jod, das durch Thiosulfat ermittelt wird. Auf Grund der Gleichung besteht also ein stöchiometrisches Verhältnis zwischen Säure (H-Ionen) und ausgeschiedenem Jod, so daß auf diesem Wege eine Bestimmung einer Säuremenge auf jodometrischem Wege möglich ist.

Erforderliche Lösungen: 1. Liquor ferri oxydati (MERCK) 10% 40 ccm, Aqua destillata ad 200,0. 2. Gesättigte Natriumsulfatlösung. 3. Kupfersulfat-Schwefelsäurelösung: Konzentr. Schwefelsäure 90 ccm, wässerige Kupfersulfatlösung 10% 10 ccm. 4. 33%-ige Natronlauge („KJELDAHL-

Abb. 82.

Lauge"). 5. Jodat-Schwefelsäurelösung: $\frac{1}{10}$ n-Schwefelsäure 50 ccm, $\frac{1}{10}$ n-Kaliumjodatlösung 200 ccm ($= 0,72$ g KJO_3), Aqua destillata ad 1000. 6. 5%ige Kaliumjodidlösung. 7. Stärkelösung 1%ig in gesättigter Kochsalzlösung. 8. $\frac{1}{200}$ n-Natriumthiosulfatlösung. Verwendet wird der Mikrokjeldahlapparat nach L. MICHAELIS (Vereinigte Fabriken für Laboratoriumsbedarf, Berlin N. 65, vgl. Abb. 82).

Ausführung: 20 ccm des durch Eisenhydroxydfällung gewonnenen Serumfiltrats werden in den KJELDAHL-Kolben pipettiert, mit 2 ccm der umgeschüttelten Kupfersulfat-Schwefelsäurelösung versetzt und unter dem Abzug gekocht, bis die weißen Dämpfe der Schwefelsäure aus dem Kolbenhals entweichen. Das Kochen wird solange fortgesetzt, bis die Kupfersulfatteilchen am Boden des Kolbens vollkommen weiß aussehen und die darüberstehende Flüssigkeit absolut farblos geworden ist. Man läßt den Kolben abkühlen, versetzt den Inhalt mit 10 ccm Aqua destillata und wartet, bis wiederum Abkühlung erfolgt ist. Inzwischen muß das destillierte Wasser in dem Destillationsapparat kochen (das Wasser ist mit fester Phosphorsäure angesäuert). Man spannt nun den Kolben in den Destillationsapparat ein, gibt durch den Trichter 5 ccm KJELDAHL-Lauge hinzu und schickt sofort nach Zugabe der Lauge den Dampf durch den KJELDAHL-Kolben. Inzwischen ist auch die Vorlagesäure unter den Kühler gestellt worden. In das Becherglas sind 10 ccm der Jodat-Schwefelsäure-lösung gefüllt. Das Abflußrohr des Küh ers muß in die Flüssigkeit tauchen. Die Flüssigkeit im KJELDAHL-Kolben muß tiefblau gefärbt sein und bei weiterer Destillation schwarz werden als Zeichen des Laugenüberschusses (Bildung von Cu [OH]$_2$ bzw. CuO). Nach einer Destillation von 5 Min. — der Kühler muß dabei kalt bleiben — wird das Becherglas etwas hinunter-gesetzt, so daß die Tropfen in die Vorlageflüssigkeit fallen. Nach weiteren 10 Min. prüfe man mit saurem Lackmuspapier auf die eventuell noch vor-handene Alkalität des herausfallenden Tropfens. Ist die Lösung noch alkalisch, so wird die Destillation weiter fortgesetzt. Bei negativem Ausfall der Probe beginnt man mit der Titration. Zu diesem Zweck versetzt man die Vorlageflüssigkeit mit 1 ccm der Jodkaliumlösung und einigen Tropfen Stärkelösung. Es muß dabei eine Blaufärbung erfolgen als Zeichen des abgeschiedenen Jods und damit der noch vorhandenen Säuremenge. Tritt keine Blaufärbung bzw. Jodabscheidung ein, so muß ein vollkommen neuer Ansatz angestellt und die Vorlagesäuremenge erhöht werden. Es wird mit $^1/_{200}$ n-Thiosulfat bis zum Verschwinden der Blaufärbung titriert. Es ist der Blindwert der angewandten Flüssigkeiten zu bestimmen, der Titer der $^1/_{200}$ n-Thiosulfatlösung kann analog der HAGEDORN-JENSEN-Bestimmung (vgl. S. 103) ermittelt werden. Ebenso ist der Titer der Schwefelsäurelösung gegen Thiosulfat zu berechnen.

Berechnung: 1 ccm einer n-Schwefelsäurelösung entspricht 14 mg Stick-stoff, mithin entsprechen 10 ccm n/200-H$_2$SO$_4$ 0,7 mg Stickstoff. Von dieser Menge sind abzuziehen die Anzahl der Kubikzentimeter der n/200-Thiosulfat-lösung, wobei zu bedenken ist, daß jeder Kubikzentimeter Thiosulfatlösung 0,07 mg Stickstoff entspricht. Die Differenz zwischen vorgelegter und wieder-gefundener Schwefelsäuremenge gibt den Rest-N-Gehalt des aliquoten Teils der angewandten Serummenge an. Der erhaltene Wert ist mit 2,5 zu multiplizieren zur Umrechnung auf die Stickstoffmenge in 2 ccm und dann mit 50 zu multiplizieren zur Umrechnung auf 100 ccm Serum.

Mikro-Reststickstoffbestimmung nach BANG[1]. Das mit Fließ-papier aufgesogene Blut wird zur Fällung der Eiweißkörper mit Phosphormolybdänsäure behandelt und darauf extrahiert. Die Extraktionsflüssigkeit wird nach KJELDAHL behandelt.

Die Phosphormolybdänsäure hat folgende Zusammensetzung: Sie enthält im Liter 5 g Phosphormolybdänsäure, 15 g Schwefelsäure, 5 g Natriumsulfat und 0,25 g Dextrose. Man geht am besten vom phosphormolybdänsauren Natrium aus. Das Salz ist jedoch immer ammoniakhaltig. Deswegen werden 10 g desselben und 10 g Glaubersalz mit etwa 150 ccm Wasser unter Zusatz von 15—20 Tropfen 25%iger Natronlauge in einer Porzellanschale zum Kochen erhitzt und 15 Min. im Sieden erhalten. Nach dem Erkalten bringt man die Salzlösung in einen 2-Liter-Meßkolben, spült mit Wasser nach und fügt vorsichtig 30 g konzentrierte Schwefelsäure (MERCK) hinzu. Schließlich werden 0,5 g Traubenzucker zugegeben (der Zucker fördert durch Verkohlung

---

[1] BANG-BLIX: Mikromethoden zur Blutuntersuchung, 6. Aufl. München: J. F. Bergmann 1927.

die NH_3-Bildung). Man füllt am besten mit frisch destilliertem Wasser bis zur Marke auf und gießt die Lösung in eine Flasche mit Hebervorrichtung oder mit Abflußhahn. Um vor Verunreinigungen aus der Luft zu schützen, läßt man die Luft vor ihrem Zutritt zur Flasche einen Wattebausch oder Wasser passieren.

Ausführung der Bestimmung: 100—120 mg Blut werden mit einer Mikropipette aufgezogen und in ein Löschpapierstückchen von besonderer Beschaffenheit (zu beziehen von Bartsch, Quilitz & Co., Berlin NW. 40 oder Grave, Stockholm) ausgeblasen. Dann läßt man das Papier etwa 5 Min. an der Luft trocknen, bringt es in ein reines, trockenes Reagensglas und setzt so viel von der Phosphormolybdänlösung zu, daß dieselbe 3—4 mm über dem Papier steht. Je höher die Flüssigkeit über dem Papier steht, um so besser haftet das Eiweiß. Möglichst engwandige Reagensgläser sind deswegen vorzuziehen. Nach mindestens 1stündigem Stehen ist die Extraktion beendet und die Lösung kann in den KJELDAHL-Kolben übergeführt werden. Doch kann man auch 24 Stunden warten. Zuvor prüfe man jedoch, ob keine Eiweißteilchen losgerissen sind. Hierauf ist auch nach dem Abgießen der Lösung genau zu achten, da sich Eiweißpartikelchen während des Dekantierens von dem Papier lostrennen können. Gegebenenfalls muß man filtrieren. Zu diesem Zweck benutzt man einen kleinen Trichter und wäscht das Filter zunächst 3—4mal mit Aqua destillata aus. Nach dem Abgießen der Lösung setzt man ungefähr die gleiche Menge destillierten Wassers zu dem Papier und gießt sofort auch dieses in den Kolben über, gegebenenfalls unter Filtration. Nach Zusatz von 1—2 ccm konzentrierter Schwefelsäure schüttelt man um und erhitzt zunächst mit kleiner Flamme, bis alles Wasser verjagt ist, und darauf etwas stärker. Wenn vollständige Entfärbung eingetreten ist, wird noch etwa 5 Min. lang erhitzt, dann läßt man abkühlen und setzt etwa 10 ccm destilliertes Wasser hinzu. Nachdem das Gemisch wiederum erkaltet ist, fängt man mit der Destillation an (Apparatur s. S. 86). Auf Zusatz von Lauge zur Flüssigkeit im KJELDAHL-Kolben soll dessen Inhalt vorübergehend gelb und später farblos werden. Bleibt die Gelbfärbung bestehen, so ist dies ein Zeichen dafür, daß zu wenig Lauge zugesetzt worden ist. Ist der Inhalt des KJELDAHL-Kolbens beim Zusatz der Lauge noch warm, dann tritt eine so starke Wärmeentwicklung ein, daß derselbe plötzlich in die Titriersäure überkochen kann. Gewöhnlich braucht man nur 1—2 ccm n/100- oder n/200-Schwefelsäure (in der Regel 2 ccm n/100-Säure) vorzulegen, bei höherem Reststickstoffgehalt entsprechend mehr. Die Titration wird jodometrisch (s. oben) oder acidimetrisch ausgeführt. Glaubt man, daß die Säure nicht ausgereicht hat, so setzt man nach beendigter Destillation einen Tropfen Methylrotlösung hinzu. Schlägt dabei die Farbe in gelb um, dann muß mehr Säure zugesetzt werden. Nach Zusatz von Jodid (jodometrische Bestimmung) geht der Farbenumschlag nicht von blau in farblos, sondern in gelb über.

Bei der Berechnung des Analysenergebnisses muß man stets den durch blinde Versuche, die am besten täglich ausgeführt werden, gefundenen Gesamtstickstoffgehalt des Papiers und der Lösungen als Korrektur anbringen.

Der Rest-N besteht zu etwa 60% aus Harnstoff; andere N-haltige Körper sind Urate, Kreatin, Indoxyl usw. Normalerweise beträgt der Rest-N höchstens 35 mg in 100 ccm Serum. Erhöhungen desselben kommen sowohl bei stark gesteigertem Gewebszerfall (Pneumonie, Carcinom, Leukämie, aber auch bei manchen akuten Vergiftungen), als auch in besonders hohem Grade bei Niereninsuffizienz, insbesondere bei Schrumpfniere vor (Werte über 100, bisweilen über 200 mg). Hier hat der Rest-N prognostische Bedeutung (vgl. S. 316).

Bestimmung des Harnstoffs im Serum.

Der Harnstoff kann im Serum auf verschiedene Weise bestimmt werden. Die HÜFNER-AMBARDsche sog. Bromlaugenmethode beruht auf folgendem *Prinzip:*

Harnstoff wird durch Bromlauge unter Bildung von Bromnatrium, Kohlensäure, Stickstoff und Wasser nach folgender Formel zerlegt:

$$CO(NH_2)_2 + 3\,BrONa = 3\,BrNa + CO_2 + N_2 + 2\,H_2O.$$

Die Bromlauge enthält $NaOH$ im Überschuß, so daß die freiwerdende CO_2 zu Na_2CO_3 wird. Das sich frei entwickelnde Gas ist also nur Stickstoff. Dieser wird volumetrisch in dem in Abb. 83 wiedergegebenen Apparat[1] bestimmt. Die Bromlauge wird bereitet aus 50 ccm 33%iger Natronlauge, 100 ccm Aqua destillata, 5 ccm Brom. Sie hält sich meist nur etwa 4 Tage.

Bei der Bestimmung ist die Temperatur und der Barometerdruck zu berücksichtigen. Natürlich wird bei dieser Methode nicht nur der aus dem Harnstoff sich entwickelnde Stickstoff bestimmt, sondern auch Stickstoff aus anderen Verbindungen; die Werte sind deshalb etwas zu hoch.

Die Bestimmung wird in folgender Weise vorgenommen:

5 ccm Serum werden mit Uranylacetat enteiweißt (s. S. 85). Dann wird filtriert und das gesamte Filtrat zur Bestimmung verwendet. Darauf wird in den Gummiballon A (Abb. 83) des Apparates etwa 1 ccm Quecksilber eingefüllt, das man später zur Mischung beim Schütteln braucht. Sodann wird durch die Trichteröffnung B das Filtrat eingefüllt und unter ständigem Auspressen der Luft durch Kompression des Ballons bis zum eingeschliffenen Hahn C destilliertes Wasser nachgefüllt, so daß der ganze Raum von A—C gefüllt ist. Dann wird der Hahn geschlossen und die frisch bereitete und gekühlte Bromlauge im Überschuß in den Teil des Apparates über dem Hahn gegossen.

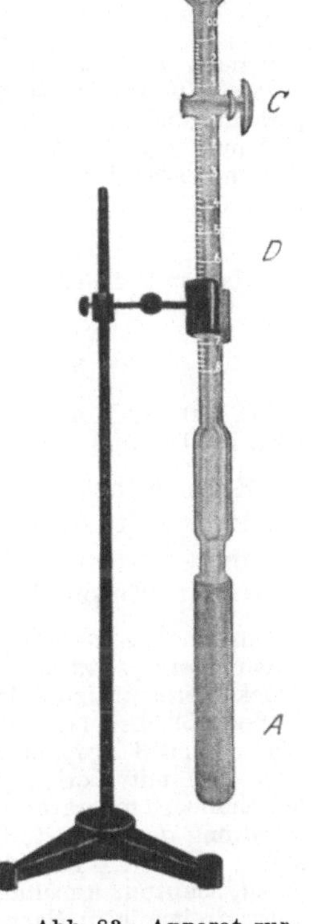

Abb. 83. Apparat zur Harnstoffbestimmung im Blut.

---

[1] Der Apparat wird von den Vereinigten Fabriken für Laboratoriumsbedarf, Berlin N 39 hergestellt.

Man läßt nun durch vorsichtiges Öffnen des Hahnes unter Vermeidung von Luftzutritt die Bromlauge in den unteren Teil einlaufen, schließt, ehe der letzte Rest der Bromlauge eingeflossen ist, den Hahn und schüttelt um. Jetzt findet die Gasentwicklung statt und es kann an der graduierten Röhre (D) das Volumen Stickstoff abgelesen werden. Hierzu wird der Apparat vorsichtig in ein Wasserbassin von 15° gebracht, der Gummiballon abgenommen und der Apparat so eingestellt, daß der Flüssigkeitsspiegel im Apparat mit dem des Bassins zusammenfällt, um die Ablesung unter atmosphärischem Druck vornehmen zu können. Das abgelesene Gasvolumen wird nun auf 0°, 760 mm Druck und auf absolute Trockenheit nach der Formel

$$v_1 = \frac{v\,(B - W)}{760\,(1 + 0{,}00366\,t)}$$

reduziert. 0,00366 ist der Ausdehnungskoeffizient der Gase für 1°, t die Temperatur des Wassers, W die Tension des Wasserdampfes bei der Temperatur t, bei 15° = 12,677, B der Barometerstand, v das abgelesene Volumen. Hat man z. B. im Apparat bei einer Wassertemperatur von 15° und einem Barometerstand von 750 mm 3 ccm abgelesen, so ist

$$v_1 = \frac{3\,(750 - 12{,}677)}{760\,(1 + 0{,}00366 \cdot 15)} = 2{,}76.$$

1 g Harnstoff liefert 354,3 ccm N-Gas, folglich ist ·

$$354{,}3 : 1 = v_1 : x$$

$$x = \frac{2{,}76}{354{,}3}\,g = 0{,}0078\,g \text{ in 5 ccm Serum.}$$

In 100 ccm Serum hat man also 156 mg-% (das wäre eine starke Erhöhung etwa bei Urämie). Die Bestimmung ist in wenigen Minuten beendet.

Harnstoffbestimmung mittels Urease: Nach Enteiweißung wird der Harnstoff im Blutfiltrat durch das in der Sojabohne vorhandene Ferment Urease in NH_3 und CO_2 zerlegt und das NH_3 titrimetrisch bestimmt. Empfehlenswert ist die Methode von HAHN (H. STRAUSS):

In ein ERLENMEYER-Kölbchen von 50 ccm Inhalt (I) mißt man genau 1 ccm Serum, setzt 20 ccm Wasser, eine kleine Taschenmesserspitze Urease-Trockenferment und 3 Tropfen (nicht mehr!) Toluol zu. In ein zweites gleich großes Kölbchen (II) gibt man wiederum 1 ccm desselben Serums, 10 ccm Wasser und 3 Tropfen Toluol, jedoch kein Ferment. Die beiden Kölbchen läßt man mit Korkstopfen verschlossen je nach Belieben 8—20 Stunden bei Zimmertemperatur stehen. Nach dieser Zeit ist die quantitative Umwandlung des Harnstoffs durch das Ferment erfolgt. Nun führt man mit jedem der beiden Kölbchen folgendes aus: Man setzt 20 ccm n/100-Salzsäure hinzu, schüttelt um und gießt die Flüssigkeit in ein Kölbchen von 150 ccm unter dreimaligem Nachspülen mit destilliertem Wasser über. Hierauf fügt man 0,5 ccm 5%iger Kaliumjodatlösung und einige Körnchen Kaliumjodid zu. Man schüttelt wiederum kräftig um. Es muß hierbei die gelbe Jodfarbe zum Vorschein kommen. Hierauf läßt man 20 ccm n/100-Thiosulfatlösung zufließen, versetzt mit etwa 2 ccm Stärkelösung und titriert mit der n/100-Jodlösung. Der Umschlag erfolgt derart, daß die meistens weißlichtrübe Lösung in Grün umschlägt. Diese Grünfärbung ist nicht intensiv, aber bequem erkennbar. Die Differenz der Jodwerte der Kölbchen I und II ergibt die dem vorhandenen Harnstoff entsprechende Alkalinität. Durch Multiplikation dieser Zahl mit 0,0003 erhält man sofort die in 1 ccm Serum enthaltene Menge Harnstoff.

Die *Urease* enthält man entweder in der Apotheke oder stellt sie sich folgendermaßen nach FOLIN her: 3 g Permutit werden in einer Flasche zuerst mit 2%iger Essigsäure, dann 2mal mit Wasser gewaschen; hierauf fügt man 100 ccm 15%igen Alkohol und schließlich 5 g Sojabohnenmehl hinzu. Nach 10—15 Min. langem Schütteln wird filtriert. Die Lösung läßt sich im Eisschrank mehrere Wochen aufbewahren. 0,5—1 ccm werden an Stelle des Fermentpulvers verwendet. Es ist zu beachten, daß die Urease bereits durch Spuren von Hg-Salzen vergiftet wird; sämtliche Gefäße sind daher vorher sehr sorgfältig, eventuell mit Salpetersäure zu reinigen.

Der *Harnstoffgehalt des Serums* beträgt normal 30—40 mg, seine Menge geht dem Rest-N ungefähr parallel; der Harnstoff-N beträgt ungefähr 50—75% des ersteren. Harnstoffvermehrung findet man ebenfalls bei Niereninsuffizienz bzw. Urämie. Die getrennte Bestimmung des Harnstoffs neben der des Rest-N hat bisweilen differentialdiagnostische Bedeutung (vgl. S. 316).

Bestimmung der Harnsäure im Serum nach FOLIN-WU-NEUBAUER.

Die in dem eiweißfreien Blutfiltrat enthaltene Harnsäure wird mit Phosphorwolframsäure (sog. Harnsäurereagens) versetzt, welche durch die Harnsäure zu einer blauen Lösung reduziert wird. Die Intensität dieser Färbung geht der Harnsäuremenge parallel und wird colorimetrisch bestimmt.

O. NEUBAUER hat folgende Vereinfachung der FOLINschen Methode angegeben (MÜLLER-SEIFERT, Taschenbuch, 29. Aufl.):

Lösungen: I. Harnsäurereagens nach FOLIN und TRIMBLE: 100 g Natriumwolframat und 160 ccm Wasser werden in einen ERLENMEYER-Kolben von 500 ccm gebracht, 50 ccm 85%ige Phosphorsäure unter Kühlung zugefügt und über Nacht Schwefelwasserstoff eingeleitet. Dann filtriert man ohne Nachwaschen und kocht das Filtrat 1 Stunde unter Rückfluß, filtriert wieder, entfärbt mit Brom und entfernt das überschüssige Brom durch 10 Min langes Kochen im Abzuge. In einem Literkolben kocht man 25 g Lithiumcarbonat mit 50 ccm 85%iger Phosphorsäure und 200 ccm Wasser bis zur Entfernung der Kohlensäure und kühlt. Beide Lösungen werden gemischt und in einem Meßkolben auf 1 Liter aufgefüllt.

II. Harnsäurestammlösung. 200 mg Harnsäure löst man in 50 ccm einer 0,5%igen Lösung von Lithiumcarbonat, fügt 250 ccm Wasser zu und füllt in einem Meßkolben von 1 Liter mit Wasser bis zur Marke auf. Die Lösung muß auf Eis aufbewahrt werden und hält sich dann ungefähr 2 Wochen.

III. Gesättigte Sodalösung (22%).

Ausführung der Bestimmung: Zur Bereitung der Vergleichslösung verdünnt man 10 ccm der Stammlösung (II) mit Wasser in einem Meßkolben auf 100 ccm (2 mg-%). Davon mischt man zur Füllung des Keils des Colorimeters 20 ccm mit 9 ccm der Lösung III und 1 ccm der Lösung I.

2 ccm Serumfiltrat (Enteiweißung nach FOLIN, s. S. 85) werden mit 0,9 ccm der Lösung III und 0,1 ccm der Lösung I gemischt. 8 Min. nach der Mischung vergleicht man im AUTENRIETH-Colorimeter (s. S. 118).

Fertig gefüllte Harnsäurevergleichskeile sind von der Firma Hellige, Freiburg i. B. zu beziehen.

Der *Harnsäuregehalt des Serums* beträgt normal bei lakto-vegetabilischer Kost 2—3,5 mg-%, während er bei purinreicher Ernährung auch beim Gesunden höhere Werte erreicht. Einer Harnsäurebestimmung hat daher eine mindestens 3tägige purin-freie Kost vorauszugehen.

Xanthoproteinreaktion des Serums nach BECHER.

Bei Niereninsuffizienz kommt es nach BECHER zu einer An-häufung von Phenol, Kresol und aromatischen Oxysäuren im Serum. Die Vermehrung dieser Körper läßt sich auf dem Wege der Nitrierung durch eine einfache Farbreaktion, die Xanthoprotein-reaktion am enteiweißten Serum nachweisen. Es ist beachtenswert, daß nach BECHER die akuten Nephritiden mit starker Erhöhung des Rest-N keine Verstärkung der Xanthoproteinreaktion zeigen, letztere dagegen besonders stark bei Schrumpfniere mit echter Retentions-Urämie ausfällt. Die Reaktion geht also der Höhe des Rest-N *nicht* parallel (wohl aber dem Indicangehalt des Serums, s. nächste Seite).

Serum wird zu gleichen Teilen mit Trichloressigsäure versetzt, 2 ccm des Filtrats im Reagensglas mit 0,5 ccm konz. reiner Salpetersäure (spez. Gew. 1,4) versetzt und $^1/_2$—1 Min. über der offenen Flamme gekocht. Nach Abkühlen unter der Wasserleitung setzt man 1,5 ccm 33% NaOH hinzu. Im Gegensatz zu einer schwachen Gelbfärbung bei normalem Verhalten tritt bei positiver Reaktion eine mehr oder minder braune Färbung auf. Zur *quantitativen* Bestimmung wird die Flüssigkeit in einem schmalen Meßzylinder mit Wasser auf 4 ccm, bei stärkerem Ausfall der Reaktion auf 8 oder 12 ccm aufgefüllt und nach 10 Min. bei Tageslicht mit dem Apparat von AUTENRIETH (s. S. 118) colorimetriert. Als Vergleichsfarbe im Keil dient eine 0,03874%ige Kaliumbichromatlösung. Der gesuchte Wert ergibt sich durch Subtraktion des abgelesenen Skalenteils von 100. Normal beträgt er zwischen 20 und 30, pathologisch kann er 100 weit übersteigen. Positive Xanthoproteinreaktion bei negativem Verhalten der übrigen Proben (speziell des Indicans) kommt auch bei Leberkrankheiten sowie nach therapeu-tischer Einverleibung aromatischer Substanzen, z. B. von großen Dosen Natrium salicyl. vor. (BECHER: Münch. med. Wschr. **1924**, Nr. 46; **1925**. Nr. 25; Dtsch. Arch. klin. Med. **148**).

Aldehydreaktion am Serum nach BARRENSCHEEN-WELTMANN.

Harnstoff gibt mit dem EHRLICHschen Benzaldehydreagens durch Bildung von p-Dimethylamidobenzilidenureid eine gelbgrüne Färbung (Biochem. Z. 131 u. 145.)

Man versetzt 1 ccm des Trichloressigsäurefiltrates von Blut oder Serum (vgl. S. 85) mit 5—6 Tropfen des EHRLICHschen Aldehydreagenses. Eine deutliche gelbgrüne Färbung tritt bei einem Rest-N über 35—40 mg-% auf; ihre Intensität geht der Höhe des Rest-N parallel, so daß mittels dieser einfachen Probe eine grobe Schätzung des Rest-N möglich ist.

Indicanbestimmung im Serum nach JOLLES-HAAS.

Indican ist ein normaler Bestandteil des Blutes. Nur sein vermehrtes Auftreten ist pathologisch, und zwar ist dieses in denjenigen Fällen im Sinne einer Niereninsuffizienz zu verwerten, bei welchen das Harnindican nicht vermehrt ist. Der Nachweis beruht auf der Tatsache, daß das Indoxyl bei Gegenwart von Thymol durch das OBERMEYERsche Reagens (eisenchloridhaltige HCl) zu Cymolindolindolignon oxydiert wird. Das je nach der Konzentration rosa bis violett gefärbte Indolignon wird mit Chloroform extrahiert. Zu beachten ist, daß Jod eine ähnliche Farbreaktion gibt und daher zur Zeit der Untersuchung nicht verabreicht werden darf.

Der *normale* Indicangehalt beträgt zwischen 0,02 und 0,08 mg-% ; auf eine Niereninsuffizienz deuten bei Abwesenheit stärkerer bakterieller Darmfäulnis (s. oben) Werte über 0,16 mg-%. Mit der beschriebenen Methodik lassen sich noch Indicanmengen von 0,0032 mg in 10 ccm Serum nachweisen.

Für die *Indicanprobe* empfiehlt sich nach BECHER folgende Schätzungsprobe: 3 ccm des obengenannten Serumfiltrates werden mit der gleichen Menge Aqua destillata verdünnt, sodann mit 7 Tropfen 5%iger alkoholischer Thymollösung und etwa 6 ccm OBERMEYERschem Reagens (vgl. S. 244) versetzt. Nach vorsichtigem Schütteln läßt man 2 Stunden bei Zimmertemperatur oder $^1/_2$ Stunde im Wasserbade von 40° stehen. Nach Zusatz von 2 ccm Chloroform und vorsichtigem Umschütteln bleibt ersteres beim Gesunden ungefärbt, während es bei Niereninsuffizienz violett, bei Urämie tief dunkelviolett gefärbt ist. Zu beachten ist aber, daß eine schwach positive Indicanprobe auch bei vermehrter Indicanbildung im Darm bzw. bei stärkerer Indicanurie beobachtet wird und daß man sich ferner vor Verwechslung mit der nach Jodgebrauch auftretenden ähnlichen Färbung der Probe hüten muß.

Kreatinin- und Kreatinbestimmung im Serum nach O. NEUBAUER.

Die Methode besteht in der Umwandlung des präformierten Kreatinins durch Behandeln mit einer alkalischen Pikratlösung in eine braunrote Verbindung, welche colorimetriert wird. Das Kreatin wird durch Erhitzen mit einer Mineralsäure in Kreatinin übergeführt.

Die Enteiweißung erfolgt mit wolframsaurem Natrium (vgl. S. 85); 2 ccm des Filtrats werden mit 1,5 ccm einer 1,2%igen, d. h. kaltgesättigten Lösung von gereinigter Pikrinsäure, sowie mit 0,5 ccm n-NaOH versetzt. Man läßt die Mischung 8—10 Min. stehen und nimmt alsdann die Bestimmung mit dem AUTENRIETH-Colorimeter vor.

Für die Bereitung der Vergleichslösung dient folgende Kreatininstammlösung: Man löst 0,1 g reines Kreatinin in 20 ccm n/10 HCl und füllt in einem Meßkolben mit Aqua destillata auf 100 ccm auf. Von dieser Stammlösung werden 2 ccm in einem Meßkolben auf 100 ccm aufgefüllt und hiervon 20 ccm mit 15 ccm der gesättigten Pikrinsäure und 5 ccm n-NaOH vermischt.

Zur *Umwandlung des Kreatins* in Kreatinin wird das eiweißfreie Serumfiltrat mit der halben Menge n-HCl versetzt und 5 Stunden lang im kochenden Wasserbade erhitzt. Nach Abkühlen wird mit dem halben Volumen n-NaOH neutralisiert. Hierauf erfolgt die colorimetrische Bestimmung des Kreatinins wie oben; dabei ist zu beachten, daß das Serumfiltrat auf das Doppelte verdünnt ist. Die Kreatinmenge ergibt sich durch Subtraktion des ersten von dem zweiten Kreatininwert. 1 g Kreatinin entspricht 1,159 Kreatin.

Bestimmung der Chloride im Serum.

Methode von O. NEUBAUER: Das Verfahren, das auf dem VOL-HARDschen Prinzip beruht, besteht in der Fällung der Chloride durch Silbernitratlösung, deren Überschuß mit Rhodanammonium bei Gegenwart von Eisenammoniakalaun als Indicator zurücktitriert wird. Die erforderlichen *Reagentien* sind:

1. Silbernitratlösung. 85,5 ccm n/10-Silbernitratlösung (16,99 g Silbernitr. puriss. werden in Aqua destillata ad 1000 ccm gelöst) werden mit 30 g Eisenammoniakalaun versetzt, welche in 30 ccm konz. Salpetersäure gelöst und mit Aqua destillata auf 500 ccm aufgefüllt sind. Von dieser Lösung entspricht 1 ccm 1 mg NaCl.

2. Rhodanlösung. 85,5 ccm einer n/10-Rhodanammoniumlösung (8 g Rhodanammonium werden in Aqua destillata ad 1000 ccm gelöst) werden mit Wasser auf 500 ccm aufgefüllt.

Bestimmung: Die Enteiweißung von 10 ccm Serum erfolgt mit Uranylacetat (s. S. 85)[1]. Man bringt 6 ccm Serumfiltrat (Verdünnung 1 : 5) und 9 ccm Silbernitratlösung in einen Meßkolben von 30 ccm, füllt mit Aqua destillata bis zur Marke auf und filtriert durch ein trockenes Filter in einen kleinen ERLENMEYER-Kolben. Von dem Filtrat entnimmt man 25 ccm und titriert sie mit der Rhodanlösung, bis eine eben wahrnehmbare Braunrotfärbung eintritt.

Berechnung: Da 25 ccm des Filtrats 1 ccm Serum und 7,5 ccm Silberlösung entsprechen, so ergibt sich die Kochsalzmenge in Milligrammprozent, indem man die mit 100 multiplizierten Kubikzentimeter der verbrauchten Rhodanlösung von 750 abzieht. Den Wert für die Chloride erhält man durch Multiplikation mit 0,607.

Mikrochlorbestimmung nach BANG-PINCUSSEN-SAHLI: Die Enteiweißung des Serums erfolgt durch Einbringen von 0,1 ccm Serum mittels Capillarpipette in 10 ccm 92%igem Alkohol und Stehenlassen während 5 Stunden. Dann filtriert man die Mischung mit dem Gerinnsel durch ein sehr kleines Filter unter Nachwaschen mit demselben Alkohol und wäscht das Gerinnsel selbst mit einer kleinen Menge desselben Alkohols. Das Filtrat wird mit einem Tropfen Salpetersäure angesäuert; dann gibt man aus einer Bürette einen Überschuß von n/100-Silbernitratlösung dazu. Hierauf fügt man einen Tropfen kaltgesättigter Eisenammoniakalaunlösung als Indicator zu und titriert den Überschuß an Silberlösung mit n/100-Rhodanammoniumlösung bis zur beginnenden rötlichen Färbung zurück.

Man subtrahiert die bis zur Endreaktion verwendeten Kubikzentimeter n/100-Rhodanlösung von der verwendeten Menge Silberlösung. Jeder Kubikzentimeter der Differenz entspricht 0,585 mg Kochsalz (vgl. SAHLI: Lehrbuch der klinischen Untersuchungsmethoden, II. 1931).

Der NaCl-Gehalt des Serums beträgt normal zwischen 500 und 650 mg-%.

---

[1] Infolge des Austausches von Chloriden und Bicarbonat zwischen Plasma und Erythrocyten ist zum mindesten Serum von *ungestautem* Blut, besser Vollblut, zu verwenden.

Calciumbestimmung im Serum nach CLARK-COLLIP.

Die Methode beruht auf dem gleichen Prinzip wie diejenige von KRAMER-TISDALL. Man fällt das Calcium aus dem Serum mit Ammoniumoxalat, setzt Schwefelsäure hinzu und titriert die in Freiheit gesetzte Oxalsäure mittels Permanganats (J. of biol. Chem. **63**, 1925):

2 ccm klares Serum werden mit 2 ccm Aqua destillata und 1 ccm 4%iger Ammonoxalatlösung in einem Zentrifugenglas gründlich gemischt. Dann läßt man die Mischung mindestens 30 Min. oder auch länger stehen und zentrifugiert alsdann kräftig, bis der Niederschlag einen festen Bodensatz bildet. Nun wird die überstehende Flüssigkeit sehr vorsichtig abgesogen, am besten mit einer Häkchenpipette, die an eine leichtsaugende Wasserstrahlpumpe angeschlossen ist. Dann wird der Niederschlag aufgerührt und mindestens 3mal mit etwa 3 ccm 2%igem Ammoniak gewaschen. Nun fügt man 2 ccm n-Schwefelsäure hinzu, taucht das Zentrifugenglas für 1 Min. in ein siedendes Wasserbad und titriert in der Wärme mit $^1/_{100}$ n-Kaliumpermanganatlösung aus der Mikrobürette bis die Rosafärbung mindestens 1 Min. bestehen bleibt.

Die Permanganatlösung ist nicht haltbar; sie ist jedesmal aus einer $^1/_{10}$ n-Lösung herzustellen. Man bereitet diese durch Auflösen von 3,2 g reinsten Permanganats im Becherglas in warmem Wasser und füllt nach Abkühlen im Meßkolben auf 1 Liter auf; die Lösung wird nach etwa 10 Tagen (Schutz vor Sonnenlicht!) gebrauchsfertig. Vor jedesmaligem Gebrauch ist die $^1/_{100}$ n-Lösung mittels $^1/_{100}$ n-Oxalatlösung einzustellen, die ebenfalls aus einer (haltbaren) $^1/_{10}$ n-Lösung hergestellt wird. Letztere stellt man durch Auflösen von 6,7 g Natriumoxalat-SOERENSEN (Firma Kahlbaum, Berlin) in Aqua destillata, Zusatz von 5 ccm konz. Schwefelsäure und Auffüllen auf 1 Liter her.

1 ccm Permanganatlösung entspricht 0,2 mg Calcium (nicht CaO!). Man erhält daher den Calciumwert in 100 ccm Serum, d. h. in Milligammprozent durch Multiplikation des erhaltenen Titrationswertes mit 50mal 0,2, d. h. mit 10. Eventuell kommt dazu noch der Faktor der Permanganatlösung, falls deren Titer abweicht. In jedem Fall muß man der Kontrolle wegen zwei Parallelbestimmungen vornehmen.

Der normale Calciumwert des Blutes und Serums beträgt 10 bis 11 mg-%.

Kaliumbestimmung nach KRAMER-TISDALL.

Das Kalium des Serums wird als Kobaltverbindung (Kaliumnatriumhexanitrokobaltiat) gefüllt und diese mit Permanganat titriert (J. of biol. Chem. **46**, 1921, und **48**, 1921).

Reagentien: 1. *Kobaltreagens.* Lösung A: 25 g krystallisiertes Kobaltnitrat werden in 50 ccm Wasser gelöst und 12,5 ccm Eisessig hinzugefügt. Lösung B: 120 g Natriumnitrit (dessen Freisein von Kalium durch die Flammenreaktion, d. h. das Fehlen der Rotviolettfärbung derselben festzustellen ist) werden in 180 ccm Aqua destillata gelöst. 210 ccm dieser Lösung gibt man zur ganzen Lösung A. Man saugt dann durch die Lösung solange Luft, bis die entstehenden braunen Stickoxyddämpfe völlig entfernt sind. Dann wird die Lösung gut verschlossen auf Eis aufbewahrt; sie hält sich 4 Wochen. Vor dem Gebrauch ist sie zu filtrieren. 2. 0,02 n-*Kaliumpermanganat*-Lösung (s. oben). 3. Etwa 4 n-*Schwefelsäure* (20 ccm konz.

Schwefelsäure und 80 ccm Aqua destillata). 4. 0,01 n-*Natriumoxalat*-Lösung (vgl. S. 95).

Ausführung: Das Serum darf nicht hämolytisch sein und soll möglichst rasch nach der Blutentnahme abzentrifugiert werden. 1 ccm wird in ein sorgfältig gereinigtes, graduiertes Zentrifugenglas (15 ccm) pipettiert; hierauf setzt man unter vorsichtigem Umschütteln tropfenweise 2 ccm des Kobaltreagens hinzu und läßt 45 Min. stehen. Dann fügt man 2 ccm Aqua destillata hinzu, rührt gründlich um und zentrifugiert etwa $^1/_2$ Stunde lang. Nun wird die überstehende Flüssigkeit mit einer Hakenpipette vorsichtig bis auf etwa 0,3 ccm abgesaugt (vgl. S. 95), ohne daß der hellgelbe Niederschlag aufgerührt wird, und hierauf 5 ccm Wasser, die man an der Wand herablaufen läßt, hinzugefügt. Man bewegt das Glas nur soweit, daß das Wasser sich mit der Restflüssigkeit vermischt, ohne aber den Niederschlag aufzurühren, zentrifugiert 5 Min. und wiederholt das Waschen noch 3mal, bis das letzte Wasser völlig farblos ist. Dieses wird wiederum abgesaugt. Dann setzt man 2 ccm 0,02 n-Permanganatlösung und 1 ccm der Schwefelsäurelösung zu dem Niederschlag hinzu und rührt mit einem feinen Glasstab um. Hierauf bringt man das Glas für $1^1/_2$ Min. in ein siedendes Wasserbad und fügt dann eine genügende Menge Oxalatlösung (meist genügen 2 ccm) hinzu, bis Entfärbung eintritt. Den Oxalatüberschuß titriert man mit der Permanganatlösung zurück, bis eine eben sichtbare Rosafärbung mindestens 1 Min. bestehen bleibt.

Berechnung: 1 ccm 0,01 n-Permanganatlösung = 0,071 mg Kalium. Man multipliziert die verbrauchten Kubikzentimeter Permanganat mit 2 und zieht von dem Produkt die verbrauchten Kubikzentimeter Oxalat ab. Die Differenz mit 7,1 multipliziert ergibt die Menge Kalium direkt in Milligrammprozenten.

Das Serum enthält normal 16—22 mg-% Kalium.

Phosphorbestimmung im Blut nach Fiske-Subbarow.

Phosphorverbindungen kommen im Blut in *zweifacher* Form vor, und zwar als *säurelösliche P-Verbindungen* und als Verbindungen, die sich durch Enteiweißungsmittel *fällen* lassen. Der säurelösliche Phosphor besteht 1. aus den sog. *freien Phosphaten* und 2. aus durch Enteiweißungsmittel *nicht fällbaren* Verbindungen, welche die PO_4-Gruppe enthalten.

Das *Prinzip* der Bestimmung beruht darauf, daß Aminonaphtholsulfosäure Phosphormolybdänsäure (dagegen nicht Molybdänsäure selbst) reduziert, wobei Blaufärbung entsteht. Diese wird colorimetriert (J. of biol. Chem. **66**, 375, 1925)[1].

Reagentien: 1. 10 n-Schwefelsäure (450 ccm konz. H_2SO_4 zu 1300 ccm Wasser). 2. Molybdat I: 2,5% Ammoniummolybdat in 5 n-H_2SO_4. Man löst 25 g des Salzes in 200 ccm Wasser, spült die Lösung in ein Litermeßgefäß, das 500 ccm 10 n-H_2SO_4 enthält, füllt bis zur Marke mit Wasser auf und mischt. Molybdat II: Ammoniummolybdat 2,5% in 3 n-Schwefelsäure. Es wird wie oben bereitet, aber nur mit 300 ccm 10 n-Schwefelsäure, und wird nur bei der Bestimmung des unorganischen Phosphats im Blutfiltrat angewendet. Molybdat III: Ammoniummolybdat 2,5% in Wasser (beim Auftreten eines nennenswerten Niederschlages — Ammoniumtrimolybdat — ist die

---

[1] Nach Rona: Praktikum, Teil II, l. c.

Lösung nicht brauchbar). 3. 10%ige Trichloressigsäure. Die Reinheit dieses Reagens ist sehr wichtig; gewisse Verunreinigungen hindern die Entwicklung der Färbung. Es enthält manchmal Spuren von Phosphat. Die Lösung ist durch Destillation zu reinigen oder die Phosphatmenge ist in jeder Probe zu bestimmen. 4. Standardphosphat (5 ccm = 0,4 mg P.): Man löst 0,3509 g reines Monokaliumphosphat in Wasser, versetzt die Lösung in einer Litermeßflasche mit 10 ccm 10 n-H_2SO_4, verdünnt bis zur Marke. 5. 15%ige Natriumbisulfitlösung ($NaHSO_3$). Trübe Lösungen können nicht benutzt werden; frische Lösungen müssen vor dem Filtrieren 2—3 Tage stehen. 6. 20%ige Natriumsulfitlösung ($Na_2SO_3 \cdot 7\,H_2O$). Man löst 200 g in 380 ccm Wasser und filtriert. 7. Aminonaphtholsulfosäure (aus β-Naphthol nach FOLIN zu bereiten). Die Substanz kann auch aus dem Handelsprodukt durch Umkrystallisieren gewonnen werden: Man erwärmt 1000 ccm Wasser auf etwa 90°, löst darin 150 g Natriumbisulfit und 10 g krystallisiertes Natriumsulfit. Zu dieser Lösung gibt man 15 g der rohen Aminosulfosäure, filtriert die heiße Lösung, kühlt das Filtrat sorgfältig unter der Wasserleitung und fügt 10 ccm konz. Salzsäure zu. Man filtriert unter Saugen, wäscht den Niederschlag mit etwa 300 ccm Wasser, schließlich mit Alkohol, bis die Waschwässer farblos sind. Die reine Säure wird möglichst unter Lichtabschluß an der Luft getrocknet, pulverisiert und in einer braunen Flasche aufbewahrt.

Eine 0,25%ige Lösung der Aminonaphtholsulfosäure wird benutzt. Man löst 0,5 g des trockenen Pulvers in 195 ccm 15%igem Natriumbisulfit, fügt 5 ccm 20%iges Natriumsulfit hinzu und löst unter Schütteln. (Wenn die Bisulfitlösung alt ist, braucht man mehr als 5 ccm Sulfit.) Die Lösung ist unter Luftschutz etwa 2 Wochen haltbar. Man nehme nicht mehr Sulfit als zur Lösung des Reduktionsmittels nötig ist.

Bestimmung des anorganischen Phosphats im Blut.

Man gibt in eine ERLENMEYER-Flasche 4 Volumina 10%ige Trichloressigsäure. Während die Flasche langsam umgeschwenkt wird, gibt man 1 Volumen Blut (Oxalat ist das beste Gerinnungshemmungsmittel, und zwar 2 mg oder höchstens 3 mg Kaliumoxalat für 1 ccm Blut), Plasma oder Serum aus einer zum Auslauf geeichten Pipette zu. Man verschließt die Flasche mit einem trockenen Gummistopfen und schüttelt energisch einige Zeit, dann filtriert man durch ein aschefreies Filter.

5 ccm des Filtrates pipettiert man in einen Meßzylinder von 10 ccm oder in eine 10 ccm-Meßflasche. Man gibt 1 ccm 2,5%iges Ammoniummolybdat in 3 n-Schwefelsäure (Molybdat II) und endlich nach Umschütteln 0,4 ccm des Sulfosäurereagenses hinzu. Man verdünnt zur Marke und mischt. Die Vergleichslösung (mit 0,4 mg P in 100 ccm) wird möglichst zur selben Zeit bereitet.

Das Molybdatreagens, das zu der Standardlösung gegeben wird, ist stets Nr. 1 mit 5 n-Schwefelsäure (dadurch wird die hohe Trichloressigsäurekonzentration im Filtrat kompensiert).

Die Ablesung wird in etwa 5 Min. vorgenommen und wird nach einigen Minuten wiederholt. Um die Milligramm Phosphor in 100 ccm Blut oder Serum zu berechnen, stellt man die Standardlösung auf 20 mm und dividiert 80 durch den Stand der unbekannten Lösung. Von dieser Zahl ist der Phosphorgehalt der Trichloressigsäure abzuziehen.

Die untere Grenze, die gut bestimmbar ist, ist 2 mg P pro 100 ccm. Ist eine geringere Phosphatmenge anwesend, so kann eine bestimmte Menge zu dem Blutfiltrat zugefügt werden. (Eine geeignete Menge ist 0,016 mg oder 1 ccm einer Lösung, dargestellt durch Verdünnung von 20 ccm des gewöhnlichen Standards auf 100 ccm. Bei der Berechnung sind dann 1,6 mg pro 100 abzuziehen.)

Der *normale* Gehalt des Blutserums an *anorganischem* P ist bei *Kindern* etwa 5 mg-%, bei *Erwachsenen* 3—4 mg-%.

Bestimmung des gesamten „säurelöslichen" Phosphors im Blut nach FISKE *und* SUBBAROW.

5 ccm des Trichloressigsäurefiltrates werden über einem Mikrobrenner in einem großen Reagensglas aus Pyrexglas (200 × 25 mm) mit 5 ccm 5 n-Schwefelsäure unter Zugabe eines Siedesteinchens eingedampft. Der Boden des Gefäßes soll 2 cm über der Spitze der Flamme stehen. Sobald ein Verkohlen einsetzt oder Dämpfe entstehen, dreht man die Flamme niedriger, so daß die Mischung kaum kocht, und erhitzt, bis die Flüssigkeit nicht mehr dunkler wird. Dann gibt man entlang der Glaswand 1 Tropfen Salpetersäure hinzu. Wenn die Farbe nicht sofort verschwindet, so gibt man noch 1 Tropfen zu und so weiter tropfenweise, bis die Flüssigkeit farblos bleibt. Dann kocht man noch weiter 30 Sek. mit kleiner Flamme. Man kühlt unter der Wasserleitung, gießt den Inhalt mit 35 ccm Wasser in einen 50 ccm-Meßkolben, gibt 5 ccm Molybdat III und 2 ccm der 0,25%igen Aminonaphtholsulfosäurelösung hinzu. Man verdünnt zur Marke und verfährt wie oben.

Berechnung. Dividiert man 400 durch den Stand der unbekannten Lösung (bei einem Stand der Standardlösung auf 20 mm), so erhält man die Menge des gesamten säurelöslichen Phosphors in Milligramm in 100 ccm Blut.

Die Bestimmung kann mit 1 ccm Filtrat gemacht werden unter Benutzung von 1 ccm 5 n-Schwefelsäure. Die letzte Verdünnung muß dann auf 10 statt auf 50 ccm erfolgen, und die Reagentien müssen entsprechend verringert werden. Für die Veraschung ist es dann vorteilhafter, engere Reagensgläser (etwa 10 mm Durchmesser) zu benutzen.

Bilirubinbestimmung nach HIJMANS V. D. BERGH[1].

Die Methode beruht auf der Bildung eines roten Azofarbstoffes bei der Behandlung des Bilirubins mit dem Diazoreagens, d. h. mit diazotierter Sulfanilsäure in saurer Lösung und colorimetrischer Bestimmung entweder mittels einer eingestellten Lösung von Rhodaneisen in Äther oder einer ebenfalls diazotierten Bilirubinstandardlösung.

Man unterscheidet zwei Arten von Bilirubinreaktion im Serum, die *direkte* und die *indirekte* Reaktion, was diagnostisch von Bedeutung ist. Die direkte Reaktion erfolgt unmittelbar am Serum, die indirekte erst nach Ausfällung des Serumeiweiß durch Alkohol.

Erforderliche Lösungen: 1. 0,96%iger Alkohol; 2. Diazoreagens I: 5 g Sulfanilsäure werden in Aqua destillata gelöst, mit 50 ccm Salzsäure vom spez. Gew. 1,19 versetzt und mit Aqua destillata auf 1 Liter aufgefüllt; 3. Diazoreagens II: $^{1}/_{2}$% Natriumnitritlösung in Aqua destillata. Die Diazoniumlösung ist jedesmal frisch herzustellen durch Mischen von 25 ccm Reagens I mit 0,5 ccm Reagens II; sie darf keinen Überschuß an salpetriger Säure enthalten, was daran zu erkennen ist, daß Jodkaliumstärkepapier sich nicht blau färbt.

---

[1] HIJMANS V. D. BERGH: Der Gallenfarbstoff im Blut. Leipzig: Johann Ambrosius Barth 1918, sowie Handbuch der biologischen Arbeitsmethoden von ABDERHALDEN, Bd. 4, 4.

Ausführung der Bestimmung: Man mischt in einem kleinen Zentrifugenröhrchen 1 ccm klares, nichthämolytisches Serum (in nüchternem Zustand entnommen) mit 2 ccm 96%igem Alkohol, zentrifugiert und bringt 1 ccm der überstehenden klaren Flüssigkeit mittels Pipette in den Stöpseltrog des AUTENRIETHschen Colorimeters. Besteht eine leichte Trübung infolge von Fett, so läßt sich diese mit 1—2 Tropfen Äther beseitigen. Hierauf fügt man 0,25 ccm der Diazomischung und 0,5 ccm Alkohol dazu, mischt, wartet 1—2 Min. und stellt auf Farbengleichheit mit dem Standardkeil ein. Nachdem man den Skalenwert in Millimeter am Colorimeter ermittelt hat, liest man auf der dem Apparat beigegebenen Eichungskurve den Bilirubingehalt in Milligramm direkt ab. Fällt die Farbe der Flüssigkeit im Troge intensiver als diejenige der Keilflüssigkeit aus, so muß man das Serum vorher stärker verdünnen und diese Verdünnung bei der Berechnung berücksichtigen. Die Standardfarblösung im Keil (Hellige-Freiburg i. B.) entspricht in ihrer Färbung einer Bilirubinverdünnung von 1 : 200000 (= 1 Bilirubineinheit oder 0,5 mg-%).

Zur Herstellung der *Rhodaneisenstandardlösung* löst man nach H. v. D. BERGH 0,1508 g Eisenammonsulfat in 50 ccm konz. Salzsäure und verdünnt mit Wasser auf 100 ccm. Von dieser unbegrenzt haltbaren Stammlösung I werden 10 ccm mit 25 ccm konz. HCl versetzt und mit Aqua destillata auf 250 ccm verdünnt. Diese Lösung II ist einige Monate haltbar. Als Rhodanstammlösung (III) dient eine 10%ige Rhodankaliumlösung (haltbar). Die Vergleichslösung erhält man durch Ausschütteln einer Mischung von je 3 ccm der Lösungen II und III mit 12 ccm Äther in einem kleinen Scheidetrichter. Der Äther, der den roten Farbstoff vollständig aufnimmt, wird in den Colorimeterkeil übergeführt, wobei Verdampfen des Äthers zu vermeiden ist. Die Standardlösung entspricht 0,5 mg-% Bilirubin.

Bei der Anstellung der sog. *direkten* Reaktion wird 1 ccm Serum mit 2 ccm Aqua destillata verdünnt und 1 ccm dieser Verdünnung mit 0,25 ccm Diazomischung versetzt. Hier tritt die Rotfärbung sofort, bzw. innerhalb von 30 Sek. ein.

THANNHAUSER und ANDERSEN (Dtsch. Arch. klin. Med. **137**, 1921) haben die Methode modifiziert: Da oft zwischen der Bilirubinstandardlösung von v. D. BERGH und dem Serum infolge verschiedener H-Ionenkonzentration keine wirkliche Farbgleichheit zu erzielen ist, bringen sie beide Lösungen durch Zusatz eines Überschusses von Mineralsäure, welche übrigens den Azofarbstoff nicht zerstört, auf die gleiche H-Ionenkonzentration. Ferner weisen sie auf den Bilirubinverlust hin, der durch die Eiweißfällung entsteht; daher nehmen sie am Serum zuerst die Diazotierung und erst hinterher die Enteiweißung vor, da im Gegensatz zum Bilirubin seine Diazoverbindung von dem ausgefällten Eiweiß nicht mehr absorbiert wird. Ihre *Methodik* ist folgende:

Vergleichslösung: 2 ccm Chloroformbilirubin (5 mg reines Bilirubin in 100 ccm Chloroform) werden genau abgemessen und das Chloroform auf dem Wasserbad abgedampft. Zu dem Rückstand werden 11 ccm 96%igen Alkohols und 5 ccm Diazoniumlösung (s. oben) hinzugesetzt. Erst nach völliger Kuppelung werden 4 ccm Salzsäure (spez. Gew. 1,19) hinzugefügt (Bilirubinlösung von 1 : 200000).

Bestimmung des Bilirubins im Serum bei Stauungsikterus: 2 ccm klares Serum werden im Zentrifugenglas mit 1 ccm Diazoniumlösung versetzt.

Nach völliger Kuppelung werden 5,8 ccm 96%igen Alkohols und 2 ccm gesättigter Ammoniumsulfatlösung hinzugefügt und, nachdem gut umgeschüttelt ist, zentrifugiert. Zu 0,9 ccm der überstehenden klaren, rötlich gefärbten Flüssigkeit setzt man 0,1 ccm Salzsäure. Diese Flüssigkeit wird mit 96%igem Alkohol und Salzsäure (0,1 ccm Salzsäure auf 0,9 oder 1,9 ccm Alkohol) soweit verdünnt, bis ein Vergleich im AUTENRIETHschen Colorimeter möglich ist.

Bestimmung des Bilirubins im normalen Serum, im Serum bei perniziöser Anämie, bei hämolytischem Ikterus und im Liquor sowie in Punktionsflüssigkeiten: 2 ccm klares Serum bzw. Punktionsflüssigkeit werden in einem Zentrifugenglas mit 4 ccm 96%igem Alkohol versetzt und zentrifugiert. Zu 1 ccm der überstehenden klaren Flüssigkeit bringt man 0,25 ccm Diazoniumlösung. Nach völliger Kuppelung werden 0,55 ccm 96%iger Alkohol und 0,2 ccm Salzsäure hinzugefügt und nach 5—10 Min. im Colorimeter mit der Vergleichslösung verglichen. Ist die Lösung zu stark gefärbt, so verdünnt man weiter, wie oben angegeben ist, mit Alkohol und Salzsäure (0,1 Salzsäure auf 0,9 oder 1,9 Alkohol).

Berechnung: 2 ccm Serum werden mit 4 ccm Alkohol gefällt. Die Verdünnung des Serums beträgt also ursprünglich 1 : 3. Es erfolgt regelmäßig eine weitere Verdünnung von 1 ccm des 1 : 3 verdünnten Serums mit 1 ccm Alkohol+Salzsäure. Es resultiert somit eine Verdünnung von 1 : 6. Ist die Lösung noch zu stark gefärbt, so wird in der angegebenen Weise mit Alkohol und Salzsäure weiter verdünnt und die entsprechende Verdünnung in Rechnung gesetzt. Zu dem auf der Skala des Colorimeters abgelesenen Wert wird auf der Kurventabelle[1] der zugehörige Bilirubinwert abgelesen. Dieser Wert wird mit der Verdünnungszahl multipliziert und man erhält dann die Zahlen der vorhandenen Bilirubineinheiten. Dieser Wert gibt an, wievielmal $^{1}/_{200\,000}$. Teil Bilirubin das Serum enthält. Die Berechnung des Bilirubins im Serum bei Stauungsikterus ist die gleiche, nur daß hier von vornherein eine Verdünnung von 1 : 6 vorhanden ist.

Direktes Bilirubin findet man bei Stauungsikterus, *indirektes* bei perniziöser Anämie, beim hämolytischen Ikterus sowie während des Anfalls von paroxysmaler Hämoglobinurie.

MEULENGRACHT (Dtsch. Arch. klin. Med. **137** [1921]) hat eine vereinfachte colorimetrische Methode angegeben, bei welcher die Farbe des Serums bzw. Plasmas direkt mit einer haltbaren Standardfarbe verglichen wird, und zwar mit einer Bichromatlösung:

Kal. bichromat. 0,05, Aqua destillata 500. Acid. sulf. gutt. 2. Bei Benutzung von Plasma werden 3 ccm Venenblut mit 2 Tropfen 3%iger Natriumoxalatlösung versetzt und zentrifugiert. Plasma oder Serum und Standardlösung werden in zwei absolut gleich kalibrierte Röhrchen gebracht und das Serum tropfenweise mit physiologischer Kochsalzlösung bis zur Farbgleichheit verdünnt. Die beiden Röhrchen sind nach Art des SAHLIschen Hämometers (vgl. S. 117) in einem kleinen Rahmen untergebracht. Die Stärke der Standardlösung wird mit der empirischen Zahl 1 bezeichnet; Normalwerte liegen zwischen 1—5.

---

[1] Zur Ablesung für das AUTENRIETHsche Colorimeter stellt man sich eine Ablesungskurve aus bestimmten Bilirubinverdünnungen her, bei der in der Abszisse die Bilirubineinheiten von 1,0 (1 : 200000), 0,9 (1 : 222222), 0,8 (1 : 250000) usw. bis 0,1 (1 : 2 Mill.) stehen. In der Ordinate stehen die Skalenteile des Colorimeters.

Cholesterinbestimmung im Serum nach AUTENRIETH-FUNK.

Das Prinzip beruht auf der Tatsache, daß Cholesterin mit Essigsäureanhydrid und konz. Schwefelsäure eine grüne Färbung gibt, deren Intensität colorimetrisch bestimmt wird (LIEBERMANN-sche Reaktion).

2 ccm Serum werden in einem Kölbchen von 100 ccm mit 20 ccm etwa 25%iger Kalilauge gemischt und 2—3 Stunden lang im kochenden Wasserbade erhitzt. Nach dem Abkühlen bringt man das alkalische Gemisch in einen kleinen Scheidetrichter, spült das Kölbchen 2mal mit je 5 ccm Chloroform nach, bringt die Spülflüssigkeit ebenfalls in den Scheidetrichter und schüttelt 5mal mit ungefähr 15 ccm Chloroform aus. Die vereinigten Chloroformauszüge, die oft gefärbt sind, werden 3mal mit wenig Wasser gewaschen und zum Trocknen mit ungefähr dem 10. Teil wasserfreien Natriumsulfats geschüttelt; dann wird in einen Meßkolben von 100 ccm durch ein trockenes Filter filtriert, mit Chloroform bis zur Marke aufgefüllt und gut durchgeschüttelt. Nun bringt man 5 ccm der Chloroformlösung in einen graduierten Zylinder von 10 ccm Inhalt, fügt 2 ccm Essigsäureanhydrid, sowie genau 0,1 ccm konz. Schwefelsäure hinzu und stellt nach gründlichem Durchschütteln den Zylinder für 15 Min. in Wasser von 35⁰ an einen dunklen Ort. Dann füllt man die Lösung in die Glasstöpselküvette des AUTENRIETH-Colorimeters und colorimetriert sofort. Arbeitet man mit einer fertigen Cholesterin-Vergleichslösung (der Keil ist im Handel zu haben), so kann man auf der beigegebenen Tabelle direkt den Cholesteringehalt von 5 ccm Chloroformlösung entnehmen, welcher dem abgelesenen Skalenteil entspricht. Zur Berechnung des Milligrammprozentwertes wird der gefundene Cholesterinwert mit 1000 multipliziert.

Soll die Vergleichslösung hergestellt werden, so löst man 100 mg Cholesterin in 100 ccm Chloroform und verdünnt von dieser Lösung 4 ccm mit Chloroform auf 100. 10 ccm der letzteren Lösung, welche also 4 mg-% enthält, werden wie oben mit Essigsäureanhydrid und Schwefelsäure behandelt und stellen die Vergleichslösung dar. Der Milligrammprozentwert an

$$\text{Cholesterin ist dann} = \frac{100 - \text{abgelesener Skalenteil}}{100} \times 200.$$

Normal beträgt der Gesamtcholesterinwert des Serums 150 bis 180 mg-%.

Die colorimetrische Bestimmung des Gesamtcholesterins hat den Vorzug der Einfachheit und genügt für zahlreiche klinische Untersuchungen. Die getrennte Bestimmung von freiem und verestertem Cholesterin dagegen ist nur mit Hilfe der genaueren, aber umständlicheren Digitoninmethode möglich (Näheres s. bei RONA: Prakt. der physiologischen Chemie, Teil II).

Milchsäurebestimmung nach MENDEL-GOLDSCHEIDER.

Die Enteiweißung geschieht mit Metaphosphorsäure. Aus dem Filtrat werden die Kohlehydrate durch Kupferkalklösung entfernt und darauf die Milchsäure durch heiße konz. Schwefelsäure in Acetaldehyd übergeführt. Letzteres gibt mit Veratrol eine Rotfärbung, deren Intensität der Menge Acetaldehyd entspricht (colorimetrische Bestimmung).

Reagentien: 1. 5%ige Metaphosphorsäurelösung ist frisch herzustellen aus Acid. phosphoric. glaciale (KAHLBAUM); sie hält sich nur etwa 36 Stunden. Die Metaphosphorsäurekrystalle sollen wasserklar sein; trübe Krystalle sind nicht zu verwerten. Brauchbare Säure löst sich mit Knacken unter Absprengung kleinster Teilchen. Wegen der schweren Löslichkeit aer Säure setzt man die Lösung zweckmäßig am Tage vorher an. 2. Kaltgesättigte Kupfersulfatlösung wird mit Aqua destillata 1 : 1 verdünnt. 3. Calciumhydroxyd (KAHLBAUM) pro analysi in Substanz. 4. Konz. wasserfreie Schwefelsäure pro analysi Acid. lactici (KAHLBAUM). Nach Zusatz von 0,1 ccm einer 0,125%igen Veratrollösung (s. unten) zu 3 ccm der Säure darf diese sich innerhalb einiger Minuten nicht gelbgrün färben. Die Konzentration der Schwefelsäure muß konstant sein; denn der Grad der Aldehydbildung ist von der Konzentration der Säure abhängig. Da Schwefelsäure in einer Flasche — bei jedem Öffnen — Wasser anzieht, benutzt man KAHLBAUMs „Schwefelsäure in Ampullen". Billiger ist es aber, die Schwefelsäure (KAHLBAUMs Schwefelsäure zur Milchsäurebestimmung) in einer 1-Literflasche mit einem am Boden angeschmolzenen Hahn zu halten (Schliff nicht einfetten!). Zwei mit konzentrierter Schwefelsäure gefüllte Waschflaschen und ein Chlorcalciumturm dienen als Vorlage. Vor dem Öffnen des Hahns wird mit einem Gummigebläse Luft durch die Vorlage in die Schwefelsäureflasche hineingepreßt. Die Schwefelsäure, die sich im Auslauf des Hahns befindet, wird nicht benutzt. 5. 0,125%ige Lösung von Veratrol (KAHLBAUM) in absolut aldehydfreiem Alkohol. 6. Milchsäure-Standardlösung: Man löst 0,8113 g im Exsiccator getrocknetes wasserfreies Zinklactat in 1 Liter Aqua destillata (= 60 mg-% Milchsäure) und verdünnt zum Gebrauch auf das 10fache (bei geringen Milchsäuremengen auf das 20fache).

Ausführung: Zur Bestimmung des Milchsäureruhewertes wird 1 ccm Blut nach mindestens $^1/_2$stündiger vorsätzlicher Muskelruhe aus einer ungestauten (!) Vene entnommen und *sofort* (wegen der rasch einsetzenden Glykolyse) verarbeitet. 1 ccm Blut wird mit 6 ccm Aqua destillata und 1 ccm Metaphosphorsäure versetzt, kräftig geschüttelt, einige Minuten stehen gelassen und filtriert. Zur Entfernung der KH werden 4 ccm des wasserklaren eiweißfreien (Kontrolle mit Sulfosalicylsäure!) Filtrates in einem Zentrifugenglas mit 1 ccm Kupfersulfatlösung und 1 g $Ca(OH)_2$ versetzt und 30 Min. stehen gelassen, dazwischen mehrmals kräftig geschüttelt, dann wird zentrifugiert. Die überstehende Flüssigkeit muß auf absolute KH-Freiheit nach MOLISCH geprüft werden: 0,5 ccm der Flüssigkeit vermischt im Reagensglas mit 1—2 Tropfen einer 10%igen α-Naphthollösung in reinem Alkohol gibt bei Unterschichtung mit 1 ccm reiner konzentrierter H_2SO_4 bei Gegenwart von KH einen violetten Ring. Dann werden 0,5 ccm Flüssigkeit vorsichtig mit einer Pipette abgehoben; man sticht dabei durch das bisweilen trotz Zentrifugierens nicht zu entfernende Kupferkalkhäutchen mit der Pipette hindurch, ohne daß Kupferkalkteilchen in die Pipette eindringen dürfen. Außen anhaftende Teilchen werden abgestreift (Filtrieren durch Papier ist nicht statthaft, wohl dagegen durch ein feinporiges Glasfilter). Die abgehobene Flüssigkeit wird in ein mit H_2SO_4 und Aqua destillata sorgfältigst gereinigtes, absolut trockenes Reagensglas gebracht — schon Spuren organischer Substanz genügen, um die Veratrolrotfärbung zu beeinträchtigen, ebenso hindern Spuren von Wasser die Aldehydbildung —; unter Kühlen in Eiswasser und Schütteln werden 3 ccm der H_2SO_4 (s. oben Nr. 4) tropfenweise zugesetzt. Nun wird die Flüssigkeit genau 4 Min. in kochendem Wasser erhitzt und sofort in Eiswasser gekühlt. Nach weiteren 2 Min. wird genau 0,1 ccm Veratrollösung zugesetzt. Da die Rotfärbung am stärksten bei 25° ausfällt, so wird das Reagensglas nach Zusatz der

Veratrollösung, die durch kräftiges Schütteln mit der H_2SO_4 vermischt werden soll, 20 Min. — bis zum Zeitpunkt der Colorimetrie — in einem Wasserbad von 25° gehalten. Mit dieser Methode läßt sich noch 1 Millionstel g Milchsäure bestimmen. Die Colorimetrie erfolgt mit dem Apparat von AUTENRIETH, dessen Keil mit einer verdünnten alkoholischen Carbolfuchsinlösung gefüllt ist, die mit 1 Tropfen einer stark verdünnten Lösung von Orange G versetzt ist. Die Eichung erfolgt mit der Milchsäurestandardlösung. Die Firma Hellige-Freiburg liefert fertige Vergleichskeile.

Die Bestimmung kann auch mit $^1/_2$ ccm Blut durchgeführt werden, wobei dann die Mengen aller Reagentien auf die Hälfte zu reduzieren sind, wogegen zur Überführung der Milchsäure in Aldehyd von der eiweiß- und zuckerfreien Lösung auch hier $^1/_2$ ccm verwendet werden.

Die Reaktion wird mit der beschriebenen Methode weder von den Acetonkörpern noch anderen im Blut vorhandenen Substanzen gegeben (Biochem. Z. 164 und 202).

Normal beträgt der Milchsäuregehalt des Blutes 14—16 mg-%.

Bestimmung des Blutzuckers.

Methode nach HAGEDORN-JENSEN: Die Zuckerbestimmung erfolgt am Gesamtblut, nicht am Serum. Nach Enteiweißung des Blutes mittels Zinkhydroxyds wird das eiweißfreie Filtrat mit einem Überschuß von Ferricyankaliumlösung versetzt, welche durch den Zucker in der Wärme zu Ferrocyankalium reduziert wird und als Zinkverbindung ausfällt. Das überschüssige Ferricyankalium wird jodometrisch zurücktitriert. Die für die Bestimmung erforderlichen *Reagentien* sind:

1. Zinksulfatlösung. 45 g Zinksulfat ($ZnSO_4$.7 H_2O pro analysi) werden in destilliertem Wasser gelöst und auf 100 ccm aufgefüllt. Für den Gebrauch ist diese Stammlösung jedesmal 100fach auf 0,45% zu verdünnen.

2. $^1/_{10}$-nNaOH.

3. Ferricyankaliumlösung. 1,65 g Ferricyankalium (puriss. umkrystallisiert) und 10,6 g geglühtes Natrium carbon. werden in Aqua destillata aufgelöst, auf 1000 ccm aufgefüllt und in dunkler Flasche aufbewahrt.

4. Zinksulfatkochsalzlösung. 50 g Zinksulfat (wie oben) und 250 g Chlornatrium (puriss. pro analysi) werden in Aqua destillata aufgelöst und auf 1000 ccm aufgefüllt.

5. Jodkaliumlösung. 12,5 g KI werden in Aqua destillata gelöst und auf 100 ccm aufgefüllt (in brauner Flasche aufzubewahren). Zum Gebrauch werden kurz vorher 20 Teile der Lösung 4 mit 5 Teilen der Lösung 5 vermischt. Die Mischung, die in brauner Flasche aufzubewahren ist, ist jede Woche zu erneuern.

6. Essigsäurelösung. 3 ccm Eisessig (eisenfrei) werden mit Aqua destillata auf 100 ccm aufgefüllt.

7. Stärkelösung. 1 g lösliche Stärke wird unter leichtem Erwärmen in etwa 5 ccm Aqua destillata gelöst und mit gesättigter Chlornatriumlösung auf 100 ccm aufgefüllt.

8. n/200-Thiosulfatlösung ist jeden Tag frisch zu bereiten, indem man von einer n/10-Natriumthiosulfatlösung (26 g im Liter) 5 ccm mit Aqua destillata auf 100 auffüllt.

9. n/200-Kaliumjodatlösung zur Einstellung der Thiosulfatlösung: 0,3566 g wasserfreies Kaliumjodat (KJO_3) werden in Aqua destillata gelöst und auf 2000 ccm aufgefüllt.

Ausführung der Bestimmung: Man beginnt mit der Herstellung der Zinkhydroxydlösung zur Enteiweißung, indem man in zwei weite Reagensgläser (15×150 mm) je 1 ccm der Lösung 2 und 5 ccm der 100fach verdünnten Lösung 1 gibt, wobei sich kolloidales Zinkhydroxyd bildet. Nun entnimmt man mit einer Pipette zu 0,1 ccm Blut aus einer frischen Stichwunde und führt es quantitativ in das eine Reagensglas über, worauf man mehrmals die Flüssigkeit in der Pipette aufsaugt und ausbläst. Das zweite Reagensglas dient als Leerversuch zur Kontrolle. Dann stellt man beide Reagensgläser für 3 Min. in ein siedendes Wasserbad. Unterdessen werden zwei breite Reagensgläser (30×100 mm) in einem Metallgestell bereitgestellt, welches nachher mit den Gläsern in das Wasserbad versenkt wird. Jedes Reagensglas wird mit einem kleinen Trichter von 3—4 cm Durchmesser versehen, in welchen ein kleiner Bausch angefeuchteter, nicht fest angedrückter Watte kommt. Nach 3 Min. langer Erhitzung wird die klare Flüssigkeit, in welcher grobe graue Eiweißgerinnsel schwimmen, durch die Watte filtriert. Dann wäscht man das Filter 2mal mit je 3 ccm Aqua destillata nach und läßt gründlich abtropfen. Hierauf werden nach Entfernung der Trichter in jedes der beiden Gefäße genau je 2 ccm der Lösung 3 gebracht und beide Gläser 15 Min. lang im Wasserbade erhitzt. Nach dem Abkühlen kommen in jedes Reagensglas 2 ccm einer Mischung aus Lösung 4 und 5, 2 ccm der Lösung 6 und 2 Tropfen der Lösung 7. Hierauf muß sofort mit der Thiosulfatlösung (Mikrobürette) titriert werden, bis die blaue Farbe verschwindet. Kann die Titration nicht sofort vorgenommen werden, so muß man mit dem Zusatz der Jodidzinksulfat-Natriumchloridlösung bis kurz vor der Titration warten, was z. B. für den Fall in Betracht kommt, daß eine größere Zahl von Bestimmungen hintereinander vorgenommen werden soll.

Da die Thiosulfatlösung nicht haltbar ist[1], so ist vor jeder Zuckerbestimmung ihr Titer zu ermitteln. Zu diesem Zweck mischt man je 2 ccm der Lösung 9, der Lösung 6 und der Lösung 5, sowie 2 Tropfen der Stärkelösung und titriert sofort mit der Thiosulfatlösung, bis die Blaufärbung verschwindet. Durch Division der Zahl 2,0 durch die Anzahl der bei der Titration verbrauchten Kubikzentimeter Thiosulfatlösung erhält man den Korrektionsfaktor, mit welchem die bei der Zuckerbestimmung verbrauchten Kubikzentimeter Thiosulfat zu multiplizieren sind. Aus der wiedergegebenen Tabelle von HAGEDORN-JENSEN (Biochem. Z. 135 [1923]) lassen sich die entsprechenden Milligrammwerte Traubenzucker in 100 ccm Blut direkt ablesen. Die erste senkrechte Kolumne und für die weiteren Dezimalen die oberste horizontale Zahlenreihe enthalten die verbrauchten Kubikzentimeter Thiosulfat, die entsprechenden weiteren senkrechten Kolumnen die zugehörigen Zuckermengen in Milligrammprozent. Man entnimmt zuerst den dem Blindversuch entsprechenden Zuckerwert, hierauf den Wert des Hauptversuches und erhält die gesuchte Zuckermenge in Milligrammprozent durch Subtraktion.

Beispiel: Im Hauptversuch seien verbraucht 1,14 ccm Thiosulfat, im Blindversuch 1,90. 1,14 entspricht in der Tabelle 152 mg, 1,90 dem Wert 017 mg. Die gesuchte Zuckermenge ist dann 152—017 = 135 mg-%.

---

[1] Die Haltbarkeit der Thiosulfatlösung kann übrigens für die Dauer von etwa 1 Monat dadurch erreicht werden, daß man sie mit 0,2% Natriumfluorid versetzt.

$$\text{ccm } \frac{n}{200} \text{ Thiosulfat} = \text{mg Glucose in 100 ccm Blut.}$$

	0	1	2	3	4	5	6	7	8	9
0,0	385	382	379	376	373	370	367	364	361	358
0,1	355	352	350	348	345	343	341	338	336	333
0,2	331	329	327	325	323	321	318	316	314	312
0,3	310	308	306	304	302	300	298	296	294	292
0,4	290	288	286	284	282	280	278	276	274	272
0,5	270	268	266	264	262	260	259	257	255	253
0,6	251	249	247	245	243	241	240	238	236	234
0,7	232	230	228	226	224	222	221	219	217	215
0,8	213	211	209	208	206	204	202	200	199	197
0,9	195	193	191	190	188	186	184	182	181	179
1,0	177	175	173	172	170	168	166	164	163	161
1,1	159	157	155	154	152	150	148	146	145	143
1,2	141	139	138	136	134	132	131	129	127	125
1,3	124	122	120	119	117	115	113	111	110	108
1,4	106	104	102	101	099	097	095	093	092	090
1,5	088	086	084	083	081	079	077	075	074	072
1,6	070	068	066	065	063	061	059	057	056	054
1,7	052	050	048	047	045	043	041	039	038	036
1,8	034	032	031	029	027	025	024	022	020	019
1,9	017	015	014	012	010	008	007	005	003	002

Nachzutragen ist noch, daß die Filterwatte vorher mit Salzsäure auszukochen ist. Verwendung von Filtrierpapier (auch in der Form der Bangschen Papierblättchen) ist wegen des häufig vorhandenen Reduktionsvermögens nicht empfehlenswert. Statt der Watte läßt sich auch mit Vorteil Glaswolle verwenden, die mit Chromschwefelsäure ausgekocht, gut ausgewaschen und im Trockenschrank getrocknet wird; zum Gebrauch wird dann etwas davon mit einer Pinzette in den Trichter gedrückt (R. Ammon). Ferner ist es erforderlich, daß alle Lösungen mit frisch bidestilliertem Wasser hergestellt werden; mit diesem sollen auch die Gläser usw. vorher reingespült werden.

Die Methode von Hagedorn-Jensen hat Gültigkeit bis zu Blutzuckerwerten von 350 mg-% ; für höhere Werte haben Issekutz und Both (Biochem. Z. **183** [1927]) eine besondere Modifikation ausgearbeitet.

Von den im Blutfiltrat außer Traubenzucker vorhandenen Körpern, die ebenfalls eine Reduktion der Ferricyanidlösung, die sog. *Restreduktion* bewirken, kommen hauptsächlich Harnsäure sowie Kreatinin in Betracht, nicht dagegen Aceton und Oxybuttersäure. Nach Hagedorn-Jensen (Biochem. Z. **137** [1923]) entsprechen 0,20 mg Harnsäure 0,116 mg Zucker, 0,40 mg Harnsäure 0,212 mg Zucker; Kreatinin in Mengen von 0,25 bzw. 0,50 mg entspricht in seinem Reduktionsvermögen 0,144 bzw. 0,235 mg Zucker.

Die normalen Blutzuckerwerte bewegen sich zwischen 80 und 120 mg-%. Eine pathologische Hyperglykämie kann Werte bis zu 500 mg-% und mehr erreichen. Es ist übrigens zu beachten, daß auch beim Diabetes eine Erhöhung des Blutzuckers ohne Zuckerausscheidung durch den Harn vorkommt.

Mikrobestimmung des Acetons und der Oxybuttersäure im Blut nach LUBLIN[1].

Mit einer Capillarpipette von 0,2 ccm Inhalt oder zwei Pipetten von 0,1 ccm Inhalt werden 0,2 ccm Blut aus der Fingerbeere entnommen und in ein Zentrifugenspitzgläschen gespritzt, in dem sich 0,8 ccm Wasser befindet. Zur Enteiweißung werden 0,3 ccm $^2/_3$ n-Schwefelsäure + 0,3 ccm 10%ige Na. wolframat.-Lösung (FOLIN und WU) gefügt. Durchschütteln, mit einem Korkstopfen verschließen, $1^1/_2$ Min. auf einer kleinen elektrischen Zentrifuge scharf zentrifugieren. Das klare Filtrat wird in ein Widal-Röhrchen gegossen und davon 0,75 ccm (=0,09 Blut) in einen 50 ccm-Mikrokjeldahlkolben (vgl. S. 86) überführt. Dazu kommen 25,0 Wasser + 1,0 (10%) Essigsäure + eine Spur Talkum. Am Mikrokjeldahlapparat wird 10 Min. lang in eine Vorlage (ERLENMEYER-Kölbchen von 100 ccm Inhalt, das mit 15,0 Wasser + 5,0 n/200-Jodlösung + 2,0 [25%] Natronlauge beschickt ist) mit niedriger Flamme destilliert. Darauf werden nach Vertauschen der Vorlage A gegen eine in gleicher Vorlage beschickte Vorlage B bei unverändert bestehender Flamme aus einem kleinen Scheidetrichter 20,0 Kaliumbichromatschwefelsäure (2 g Kaliumbichromat + 80,0 Wasser + 2.0 [100 Vol.-%] Schwefelsäure) langsam hinzugetropft. Nach 10 Min. wird diese Destillation unterbrochen. Beide Vorlagen werden mit je 2,0 (25%) Schwefelsäure angesäuert und nach Hinzufügen von je 3 Tropfen 1%iger Stärkelösung mit n/200-Natriumthiosulfatlösung von blau nach farblos titriert (vgl. auch S. 283). *Berechnung* des Acetons (+ Acetessigsäure) aus der Vorlage A durch Multiplikation der verbrauchten Kubikzentimeter Jodlösung mit dem Faktor 0,0483, der β-Oxybuttersäure aus der Vorlage B durch Multiplikation der verbrauchten Kubikzentimeter Jodlösung mit dem Faktor 0,125.

Eine Entzuckerung ist unnötig, da der durch Glukuronsäuren bedingte Jodbindungsfehler praktisch nicht in Frage kommt.

Man achte auf gleichmäßige, nicht zu schnelle Tropfenfolge beim Zutropfenlassen der Kaliumbichromatschwefelsäure (etwa 1 Tropfen pro Sekunde), was leicht zu erreichen ist, wenn man den in den Kjeldahlkolben hineinragenden Teil des Destillationsrohres weit genug (etwa 1 cm im lichten Durchmesser) anfertigen, das untere Ende des Destillationsrohres schräg abschneiden (mit dem tieferen Ende nach der Seite der Chromatzuführung), unten im ganzen ein wenig zentralwärts biegen und in ein Glaskügelchen auslaufen läßt. Luftdichter Verschluß des Kolbens mit dem Destillationsrohr durch ein Stück Gummischlauch, das über das untere Ende des Destillationsrohres gestreift wird. Dauer der ganzen Bestimmung 30 Min.

Beispiel. Dest. A: Jodverbrauch 0,23 ccm, also

$$\frac{0,23 \times 0,0483 \times 100}{0,09} = 12 \text{ mg-\% Aceton.}$$

Dest. B: Jodverbrauch 0,12 ccm, also

$$\frac{0,12 \times 0,125 \times 100}{0,09} = 17 \text{ mg-\% } \beta\text{-Oxybuttersäure.}$$

---

[1] LUBLIN: Klin. Wschr. **1922**, 1748 und 2285.

Bestimmung der Viscosität.

Wie bereits erwähnt, ist die Viscosität des Blutes von zahlreichen Faktoren abhängig, unter denen der Eiweiß- und Kohlensäuregehalt des Serums bzw. Plasmas, die Zahl und Größe der Blutkörperchen, sowie der Hämoglobingehalt der einzelnen Erythrocyten von großer Bedeutung sind. Die Viscositätsbestimmung des Gesamtblutes kann deshalb nur einen sehr beschränkten Wert besitzen und höchstens zur Kontrolle anderer Bestimmungen herangezogen werden. Dagegen kommt dem *Viscositätswert des Serums* eine größere Bedeutung zu. Da übrigens die Stauung den Viscositätswert in bemerkenswerter Weise beeinflußt, ist die Untersuchung des durch Aderlaß gewonnenen Blutes wertlos.

Bei dem jetzt hauptsächlich gebrauchten Apparat von HESS wird daher lediglich das Capillarblut verwendet. Die Viscositätswerte des Serums schwanken nach NAEGELI zwischen 1,7 und 2,0,

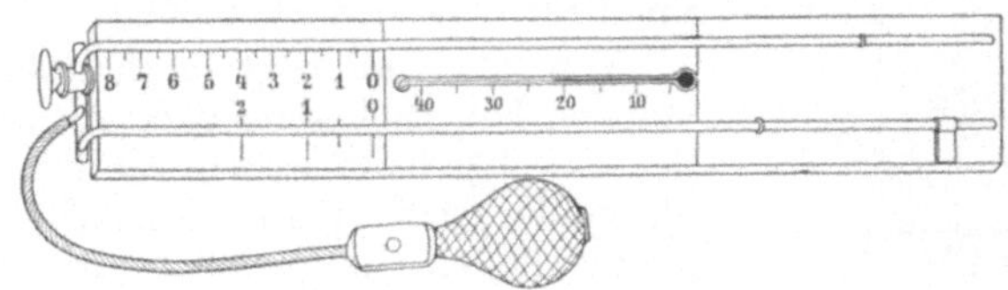

Abb. 84. Viscosimeter nach HESS.

verglichen mit destilliertem Wasser. Ein erniedrigter Viscositätswert des Serums findet sich häufig bei niedrigem refraktometrisch bestimmtem Eiweißgehalt (Hydrämie).

Der Apparat von HESS (Abb. 84) besteht im Prinzip aus zwei gleichen parallel liegenden, am einen Ende durch ein Rohr verbundenem, am anderen Ende frei endenden Capillarröhrchen, in deren eines destilliertes Wasser und in deren anderes das zu untersuchende Blut gleichzeitig und unter gleicher Kraft angezogen wird. Die Röhrchen sind graduiert und es wird bei der Bestimmung untersucht, bis zu welchem Teilstrich das destillierte Wasser vorgedrungen ist, wenn das Blut einen gewissen Weg (Teilstrich 1) zurückgelegt hat.

Beim Gebrauch des Apparates ist vor allem durch rasches Arbeiten dafür zu sorgen, daß keine Gerinnung des Blutes eintritt. Die Einzelheiten sind aus der jedem Apparat beigegebenen Beschreibung zu entnehmen.

Die Gefrierpunktserniedrigung des Blutes.

Das Blut kann als eine Flüssigkeit angesehen werden, in der neben *kolloiden* Stoffen von großem Molekül zahlreiche krystallinische von kleinem Molekül enthalten sind. Diese *Krystalloide* stellen im *wesentlichen* die Salze des Blutes dar. Der *osmotische Druck* einer Flüssigkeit ist innerhalb weiter Grenzen allein durch die *Zahl* (nicht durch ihre Größe!) der in ihr enthaltenen Moleküle und Ionen bestimmt. Bei der Größe des Eiweißmoleküls übt daher der Eiweißgehalt einen sehr geringen, für unsere Zwecke zu vernachlässigenden Einfluß auf den osmotischen Druck aus. Man könnte mit jeder Methode, die zur Bestimmug des Molekulargewichtes von Salzlösungen Verwendung findet, den osmotischen Druck des Blutes ermitteln. Praktische Bedeutung hat aber nur die *indirekte* Methode der Bestimmung der *Gefrierpunktserniedrigung* gefunden. Der Gefrierpunkt einer Lösung ist dem osmotischen Druck proportional, er ist um so tiefer, je größer die Zahl der in dem Lösungsmittel enthaltenen Ionen und Moleküle ist; so beträgt die Gefrierpunktserniedrigung, die das Lösungsmittel Wasser (dest.) durch einen Kochsalzgehalt von ungefähr 1% erfährt, 0,56°.

Von den im Blut enthaltenen Substanzen hat nach dem eben Ausgeführten der Eiweißgehalt keinen Einfluß auf die Größe der Gefrierpunktserniedrigung, wohl aber können gelegentlich im Blut in größerer Menge enthaltene Abbaubestandteile des Eiweißes von geringer Molekulargröße den Gefrierpunkt beeinflussen.

Die Tatsache, daß Abbauprodukte des Eiweißes die Gefrierpunktserniedrigung beeinflussen können, ist von beträchtlicher methodischer Bedeutung. Da bei der Aufbewahrung des Blutes außerhalb des Körpers sowohl durch bakterielle Einwirkung als auch durch autolytische Fermente derartige Produkte gebildet werden können, so muß die Bestimmung der Gefrierpunktserniedrigung am *frischen* Blut vorgenommen werden. Bei längerem Stehen kann sich die Gefrierpunktserniedrigung des Serums sehr wesentlich ändern.

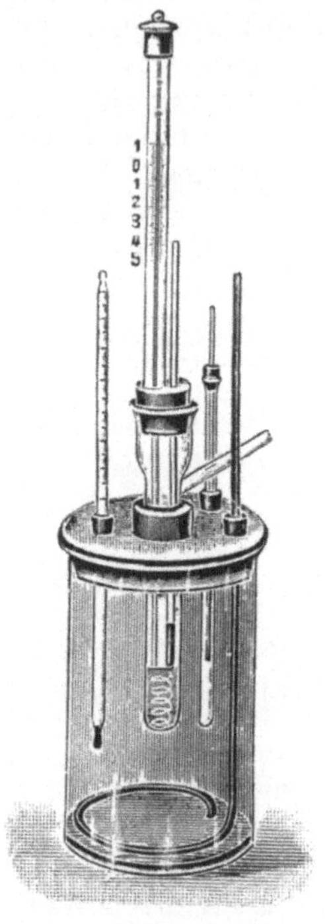

Abb. 85.
Gefrierapparat (Kryoskop)
nach BECKMANN.

Die Bestimmung des Gefrierpunktes geschieht im BECKMANNschen Apparat (am besten in der Modifikation von HEIDENHAIN, Firma Götze, Leipzig, Hertelstr. 4). Dieser (vgl. Abb. 85) besteht in der Hauptsache aus einem sehr feinen 100teiligen Thermometer, wobei je 1° wiederum in 100 Teilgrade zerlegt ist. Das Thermometer taucht in einen Glaszylinder, in dem die zu untersuchende Flüssigkeit mittels eines Rührers in Bewegung gehalten wird. Glaszylinder, Thermometer und Flüssigkeit werden in eine aus 3 Teilen gestoßenem Eis oder Schnee und 1 Teil Kochsalz (Viehsalz) bestehende Kältemischung (deren Temperatur aber nicht unter —3° sinken soll) gebracht; unter fortwährendem Rühren wird die Flüssigkeit unterkühlt. Es tritt dann ein Moment ein, in dem die Flüssigkeit plötzlich erstarrt.

Bei diesem Übergang von dem flüssigen in den festen Aggregatzustand wird Wärme frei, die die Quecksilbersäule in die Höhe schnellen läßt bis zu einem gewissen Punkt, wo sie längere Zeit stehen bleibt, dem physikalischen *Gefrierpunkt*. Dieser Punkt wird abgelesen. Bei längerem Stehen sinkt die Temperatur dann wieder und nimmt allmählich die der umgebenden Kältemischung an.

Bestimmt man nun in derselben Weise den Gefrierpunkt des destillierten Wassers — die Skala des BECKMANNschen Thermometers ist eine willkürliche, und der Nullpunkt ist nicht bei allen Apparaten besonders bezeichnet — und zieht vom Gefrierpunkt der Lösung den des Wassers ab, so hat man die Zahl, die angibt, wieviel tiefer die Lösung gefriert als das Wasser[1]. Beim Blute beträgt diese Differenz 0,56° C; man sagt kurz: Der Gefrierpunkt des Blutes beträgt 0,56 und hat als besonderes Zeichen dafür ein „δ" gewählt, während „Δ" den Gefrierpunkt des Urins bezeichnet.

Danach gestaltet sich das Verfahren bei der Blutuntersuchung wie folgt: Aus einer gestauten Armvene des Kranken werden — selbstverständlich unter aseptischen Kautelen — mittelst Einstoßens einer scharfen Kanüle 15—20 ccm Blut entnommen, in dem zur Gefrierung zu benutzenden Glaszylinder aufgefangen und durch Schütteln mit dem Rührer defibriniert, woran sich unmittelbar die Gefrierung anschließt. Verzögert sich dieselbe, so kann man sie durch „Impfen" der Flüssigkeit herbeiführen, indem man durch den Ansatzstutzen des Gefrierrohrs entweder ein kleines Eiskrystall oder eine Stickperle hineinwirft, die man vorher in einem Reagensglas mit destilliertem Wasser in einer Gefriermischung gehalten hat, so daß das in der Bohrung der Perle befindliche Wasser gefroren ist. In einem zweiten Glaszylinder wird jedesmal der Gefrierpunkt des destillierten Wassers bestimmt. Bei einiger Übung dauert die ganze Untersuchung, den Venenstich eingerechnet, etwa 30 Min.

Stehen nur kleine Blutmengen zur Verfügung, so ist der nach dem gleichen Prinzip wie der BECKMANNsche Apparat gebaute Apparat von BURIAN und DRUCKER zu verwenden.

Unter normalen Verhältnissen beträgt δ —0,55° bis —0,57°. Diagnostische Bedeutung haben namentlich Abweichungen von dieser Grenze zu höheren Werten. Diese finden sich unter normalen Ernährungsbedingungen so gut wie ausschließlich bei erheblicher Insuffizienz der Nieren, wenn es zur Retention harnfähiger Stoffe im Blut gekommen ist. Werte von —0,59° oder —0,60° müssen bereits als pathologisch angesehen werden. In solchen Fällen kann man annehmen, daß das vorhandene funktionierende Nierengewebe zur Erhaltung des osmotischen Gleichgewichtes in den Körpersäften nicht ausreicht.

Dagegen kann aus normalem Verhalten von δ durchaus nicht auf eine normale Nierenfunktion geschlossen werden.

Praktische Bedeutung hat die Bestimmung von δ namentlich bei der Indikationsstellung zu Nierenoperationen in Verbindung mit den Resultaten

---

[1] Reinstes destilliertes Wasser, das für diesen Zweck notwendig ist, ist die Aqua bidestillata der Apotheken. Zur Vermeidung der Fehler verursachenden Abgabe von Alkalien seitens der Gläser müssen diese vorher ausgedämpft werden. Zur Kontrolle des Thermometers kann man sich einer genau 1%igen NaCl-Lösung bedienen, deren Gefrierpunkt — 0,589 beträgt.

der getrennten Untersuchung des Urins der *beiden* Nieren mittels des Ureterenkatheters. Wenn durch die letztere Untersuchungsmethode eine *einseitige* Nierenerkrankung festgestellt ist, so ergibt die Untersuchung von δ (Blut) einen Anhaltspunkt, ob das restierende Gewebe der anderen Seite allein zur Erhaltung des osmotischen Gleichgewichts ausreicht oder nicht. Werte, die größer sind als —0,58°, scheinen nach Kümmell fast ausnahmslos auf doppelseitige Nierenerkrankung hinzuweisen.

Durch die Bestimmung der *elektrischen Leitfähigkeit* (λ) neben der Gefrierpunktserniedrigung ist erwiesen, daß es sich bei der Retention von Stoffen im Blut bei schwerer Nephritis mit renaler Dekompensation *nicht*, wie man zeitweise annahm, um die Retention von Salzen, etwa Kochsalz, handeln kann: Die elektrische Leitfähigkeit kann bei pathologisch großen Werten von δ vollkommen normal sein. Diagnostisch wichtige Schlüsse sind aus der Bestimmung der elektrischen Leitfähigkeit nicht zu ziehen.

Reaktion des Blutes (Bestimmung der Alkalireserve).

Die *Reaktion des Blutes* ist stets neutral bzw. eine Spur alkalisch. Für die Prüfung der Reaktion eignen sich nicht die früher angewendeten titrimetrischen Verfahren, sondern nur diejenigen Methoden, die auf der modernen physikalisch-chemischen Lehre von dem Wesen der Reaktion einer Flüssigkeit basieren. Hiernach beruht die Reaktion einer Flüssigkeit auf der Dissoziation eines gelösten in Ionen zerfallenen Elektrolyten, und zwar hängt sie lediglich von dem zahlenmäßigen Verhältnis der freien H- und OH-Ionen ab. Überwiegen der H-Ionen bewirkt saure, der OH-Ionen alkalische Reaktion. Neutrale Reaktion besteht, wenn die Zahl der H-Ionen genau gleich derjenigen der OH-Ionen ist. Dies gilt z. B. für reinstes destilliertes Wasser, welches selbst ein Elektrolyt ist; hier ist ein sehr geringer Bruchteil in Ionen zerfallen, und zwar beträgt die Menge der freien H- wie der OH-Ionen $0,8 \cdot \dfrac{1}{10^7}$ oder $0,8 \cdot 10^{-7}$ g im Liter. Das Produkt aus der Konzentration der H- und OH-Ionen ist ferner bei konstanter Temperatur stets konstant und unabhängig davon, welche Stoffe auch sonst im Wasser gelöst sind, es beträgt $0,64 \cdot 10^{-14}$. Aus dieser Konstante ergibt sich zugleich, daß es für die Kennzeichnung der Reaktion einer Flüssigkeit genügt, die Konzentration der H-Ionen anzugeben (da die zugehörige OH-Konzentration stets gleich der Differenz zwischen der Zahl 14 und dem H-Exponenten ist). Zur Vereinfachung wird jetzt die Reaktion nur durch den Exponenten und dieser mit p_H bezeichnet. Neutrale Reaktion wird bei dieser Schreibweise also als $p_H = 7$ wiedergegeben. Ist p_H kleiner als 7, so ist die Reaktion sauer, im umgekehrten Fall alkalisch. Die Reaktion des Blutes beträgt 7,28. Die von der Ionendissoziation abhängige Reaktion wird auch als *aktuelle* Reaktion bezeichnet.

Die Reaktion des Blutes kann nach verschiedenen Prinzipien bestimmt werden: Die exakteste Methode besteht in der Feststellung des elektrischen Potentials, welches der H-Ionenkonzentration proportional ist. Diese sog. *elektrometrische Bestimmung* ist sehr kompliziert und erfordert eine umfangreiche Apparatur. Die *colorimetrischen Verfahren* bedienen sich der Indicatoren, deren Farbe von der aktuellen Reaktion abhängig ist.

Eine wesentlich größere Bedeutung für die Klinik hat die Bestimmung der sog. **Alkalireserve** des Blutplasmas gewonnen. Hierunter versteht man diejenige Menge von Basen im Plasma, die zur Absättigung der Kohlensäure und anderer Säuren dient. Bei diesem Verfahren ermittelt man die Volumenprozente der Kohlensäure, die aus dem Plasma nach Zusatz von Säure in Freiheit gesetzt werden. Da bei diesem Verfahren aber nicht allein die chemisch an Alkali gebundene, sondern auch die vom Plasma physikalisch gelöste CO_2 in Betracht zu ziehen ist, so ist, zur Ausschaltung der letzteren, das Plasma vor der Bestimmung mit einem Gasgemisch ins Gleichgewicht zu bringen, dessen CO_2-Gehalt etwa dem der Alveolarluft der Lungen entspricht.

Ausführung der Methode nach VAN SLYKE [1]*:* Etwa 10 ccm Blut, welches aus der *nicht*gestauten Vene entnommen wird, werden in ein Zentrifugiergläschen gebracht, das ungefähr 20 mg Natriumoxalat und etwas Paraffinöl enthält. Das Blut wird gut mit dem Oxalat gemischt und sofort zentrifugiert, bis man eine genügende Menge klaren Plasmas erhalten hat.

Ungefähr 3 ccm Plasma werden in einen sauberen, trockenen Scheidetrichter von etwa 250 ccm Inhalt pipettiert. Dann wird das Ablaufrohr durch einen Gummischlauch mit einer $^1/_3$—$^1/_2$ mit Glasperlen gefüllten Waschflasche verbunden, der Scheidetrichter horizontal gehalten und durch die Waschflasche hindurch, über die Flüssigkeit im Scheidetrichter hinweg, 12mal Luft geblasen, indem man jedesmal tief, aber nicht forziert ausatmet. Dann wird der Scheidetrichter geschlossen und langsam hin- und hergerollt, so daß die Flüssigkeit sich auf der ganzen Oberfläche völlig ausbreitet und sich leicht mit CO_2 sättigt. Man bringt dann den Scheidetrichter wieder in die horizontale Lage, öffnet beide Hähne und bläst wieder 12mal Luft hindurch. Nachdem man sodann wieder umgeschwenkt hat, ist das Plasma für die Bestimmung vorbereitet.

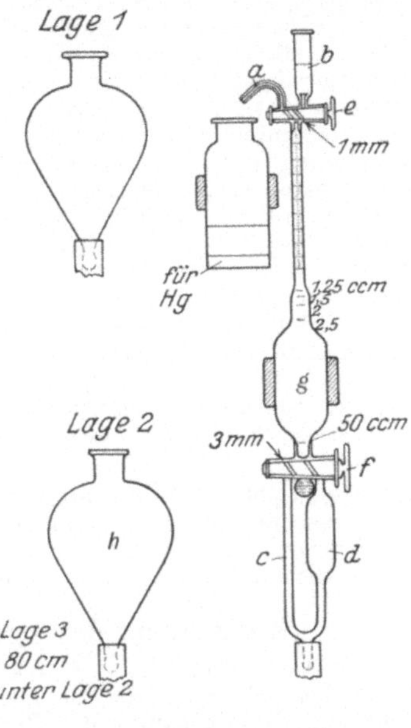

Abb. 86.

Ehe man nun die Bestimmung macht, sehe man nach, ob der Apparat dicht schließt (vgl. Abb. 86). Dazu füllt man den ganzen Apparat mit Quecksilber (Stellung 1 der Kugel) und schließt dann den obersten Hahn *e*. Senkt man jetzt die Vorratskugel für das Quecksilber bei offenstehendem unteren Hahn *f* (Stellung 3 der Kugel), so wird das Quecksilber im Apparat allmählich fallen und einen luftleeren Raum erzeugen. Man läßt das Quecksilber bis unter den unteren Hahn *f* fallen. Wenn der Apparat nicht dicht schließt, wird jetzt Luft angesaugt. Um dies festzustellen, lasse man das Quecksilber wieder durch Heben der Kugel bis an den oberen Hahn *e* steigen. Wenn das Quecksilber jetzt den oberen Hahn wieder erreicht und keinen Luftraum freiläßt, hält der Apparat dicht und ist gebrauchsfertig. Ist der Apparat undicht, so muß man jetzt die Luft durch den oberen Hahn herauslassen, beide Hähne dichten und die Probe auf luftdichten Verschluß wiederholen.

---

[1] Nach MANDEL-STEUDEL: Minimetrische Methoden der Blutuntersuchung. Berlin-Leipzig: de Gruyter & Co. 1924. — Für nähere Einzelheiten sei auf RONA: Prakt. der physiologischen Chemie, II. Teil. Berlin: Julius Springer 1929, verwiesen.

Um die Bestimmung auszuführen, fülle man den Apparat mit Quecksilber und ebenso die Capillare des Bechers b an der rechten Seite des oberen Hahnes e. Dann bringe man in den Becher b rechts über dem oberen Hahn 1 ccm destilliertes CO_2-freies Wasser, ferner mit Hilfe einer Pipette unter das Wasser 1 ccm des vorbereiteten Plasmas und 1 Tropfen Oktylalkohol (zur Vermeidung des Schäumens). Man lasse dann beides in den Apparat fließen. Zur Entfernung des Plasmarestes wird mit etwas Wasser nachgespült; endlich gibt man etwa 1 ccm 10%ige Schwefelsäure hinzu und läßt diese gleichfalls vorsichtig einfließen. Nun schließe man sorgfältig den oberen Hahn e, öffne den unteren Hahn f so, daß der Weg durch die weitere rechte Kammer d geht und senke nun die Quecksilberkugel, so daß ein Vakuum entsteht (Stellung 3) und das Quecksilber bis zur 50 ccm-Marke sinkt. Dann wird der untere Hahn f sorgfältig geschlossen, der Apparat aus dem Halter genommen und 8—10mal von oben nach unten umgewendet. Nun wird der Apparat wieder befestigt, die Quecksilberkugel stark gesenkt (Stellung 3) und der untere Hahn f zur rechten Kammer geöffnet, so daß das ganze Quecksilber und fast alle Flüssigkeit in diese rechte Kammer ausfließen kann. Es darf aber keine Kohlensäure mit hineingehen. In diesem Augenblick schließe man schnell den unteren Hahn f. Nun erhebe man die Quecksilberkugel (Stellung 2) wieder und lasse das Quecksilber jetzt durch die linke untere schmälere Kammer c wieder emporsteigen. Es wird sich ein gewisses Quantum CO_2 aus dem Blute entwickelt haben. Für die Ablesung halte man die Quecksilberkugel so, daß die Menisken des Quecksilbers im Apparat und in der Kugel in derselben Ebene sind. Die Röhre ist in Hundertstel kalibriert.

Berechnung: Von der abgelesenen Zahl ziehe man 0,12 ab (eine Durchschnittskorrektur für Temperatur und Druck). Unter 53% bedeutet Azidosis; je niedriger das Resultat ausfällt, um so größer ist die Azidosis. Für die gewöhnlichen klinischen Zwecke ist diese Berechnungsmethode ausreichend.

Bestimmung der Gerinnungs- und Blutungszeit.

Bei der Untersuchung von Blutkrankheiten, insbesondere von hämorrhagischen Diathesen, ist zu unterscheiden zwischen der Zeit, welche vergeht von der Entnahme des Blutes aus dem Blutgefäß und dem Eintritt der Gerinnung in vitro *(Gerinnungszeit)* und andererseits der Zeit, welche verstreicht, bis eine Blutung, die durch einen Einstich in die Haut hervorgerufen wird, zum Stehen kommt *(Blutungszeit)*.

Bestimmung der Gerinnungszeit: Wichtige Fehlerquellen sind vor allem der Kontakt des Blutes mit Fremdkörpern (Glas, Metall usw.), welche u. a. infolge der Einwirkung auf die Blutplättchen dadurch, daß sie sie zum Zerfall bringen, die Gerinnung beschleunigen, sowie ferner die Temperatur, mit deren Ansteigen die Gerinnung eine Beschleunigung erfährt. Eine Anzahl von Laboratoriumsmethoden, die diesen Fehlerquellen weitgehend Rechnung tragen, sind zu kompliziert, um für den ständigen Gebrauch am Krankenbett Verwendung zu finden. Hier sollen nur folgende einfache Verfahren, die sich bewährt haben, beschrieben werden.

1. Hohlperlenmethode nach W. SCHULTZ: Die sog. Hohlperlencapillaren sind feine Glasröhren, die an dem einen Ende 12 gleichgroße kugelförmige Auftreibungen zeigen, welche perlschnurartig aneinandergereiht und durch kurze Rohrstücke miteinander verbunden sind. Man läßt von einem frisch aus der Stichwunde quellenden Blutstropfen Blut in die Capillare eintreten, so daß sich sämtliche Hohlperlen füllen, und bricht alsdann in Abständen von $^1/_2$, 1 oder 2 Min. eine Glasperle nach der anderen ab; man wirft sie der Reihe nach in 12 bereitgehaltene Reagensgläser mit je 1 ccm physiologischer

Kochsalzlösung. Schüttelt man diese, so geht aus den ersten Perlen alles Blut in Lösung, bei den späteren nur ein Teil, während bei beendeter Gerinnung die ganze Hohlperle mit Blut gefüllt bleibt. Der Zeitpunkt der Gerinnung ergibt sich aus dem Gesagten. Eine Fehlerquelle der Methode ist, daß die Temperatur keine Berücksichtigung findet.

2. Das Verfahren von Bürker bezweckt Temperaturkonstanz und Vermeidung von Verdunstung bei der Untersuchung: In einem hohlgeschliffenen Objektträger wird zuerst ein Tropfen destilliertes Wasser und hierauf ein Tropfen Blut aus der Einstichstelle der Fingerbeere gebracht. Dann fährt man mit einem mit Knopf versehenen, in Alkoholäther gereinigten Glasstab alle $^1/_2$ Min. durch die Blutmischung, indem man dabei ständig die Richtung der Stabbewegung ändert. Der Beginn der Gerinnung, der hier normal innerhalb von 5—5$^1/_2$ Min. erfolgt, ist an dem Auftreten des ersten Fibrinfadens zu erkennen. Die Aufrechterhaltung der Temperatur von 25° wird durch ein Wasserbad bewirkt, auf welchem der Objektträger aufliegt. Die Verdunstung wird durch einen besonderen Deckel oder den Deckel einer Petrischale verhütet.

Zu beachten ist noch, daß für die Blutentnahme zur Gerinnungsbestimmung der Venenpunktion der Vorzug zu geben ist, da das durch Hautstich gewonnene Blut infolge der Vermischung mit Gewebssaft unter Umständen eine fehlerhafte Gerinnungsbeschleunigung erfährt.

Über die **Blutungszeit** kann man sich nach Duke dadurch orientieren, daß man untersucht, wie lange nach einem Einstich mit der Franckeschen Nadel (s. S. 79), deren Messerchen auf 4 mm gestellt ist, sich noch die hervorquellenden Blutstropfen mit einem leise angelegten Filtrierpapier abnehmen lassen. Normalerweise ist das nach 2—2$^1/_2$ Min. nicht mehr möglich. Unter pathologischen Verhältnissen dauert es oft viele Minuten, bei schweren hämorrhagischen Diathesen bisweilen sogar über 1 Stunde.

Das Hämoglobin und seine Derivate.

Das *Hämoglobin* des Blutes ist unter normalen Verhältnissen an die Blutkörperchen gebunden. Die Sauerstoffverbindung des Hämoglobins ist das *Oxyhämoglobin,* die sauerstofffreie Verbindung wird *reduziertes Hämoglobin* genannt. Chemisch ist das Hämoglobin als ein Proteid gekennzeichnet, indem es aus einem Eiweißkörper, dem *Globin,* und dem Farbstoff, *Hämochromogen,* besteht. Mit Säuren und Alkalien sowie unter der Einwirkung reduzierender und oxydierender Stoffe wird das Hämoglobin in verschiedene andere Verbindungen übergeführt, die alle, wie das Hämoglobin und Oxyhämoglobin selbst, durch ihr *spektroskopisches* Verhalten charakterisiert sind (vgl. Abb. 87). Zur Untersuchung genügt meist ein Taschenspektroskop. Sehr zu empfehlen ist das kleine Vergleichsspektroskop von Bürker.

Das *Oxyhämoglobin* gibt dem arteriellen Blut seine hellrote Farbe. Im Spektroskop zeigt es bei genügender Verdünnung mit Wasser zwei Absorptionsstreifen in Gelb und Grün, die zwischen den Frauenhoferschen Linien D und E gelegen sind.

Durch Reduktionsmittel (z. B. durch Schwefelammonium oder Hydrazinhydrat) wird das Oxyhämoglobin in *reduziertes Hämoglobin*

übergeführt; hierbei tritt an Stelle der beiden Oxyhämoglobinstreifen ein breiter Streifen zwischen D und E auf. Durch
Schütteln mit Luft oder Einleiten von Sauerstoff kann das
reduzierte Hämoglobin wieder in Oxyhämoglobin verwandelt
werden.

Durch zahlreiche reduzierende und oxydierende Substanzen,
so insbesondere auch durch bestimmte Gifte wird das Hämoglobin
in *Methämoglobin* übergeführt. Dieses kann man sich in einfacher
Weise durch Zusatz einiger Tropfen einer verdünnten Ferrocyankaliumlösung aus Hämoglobin bzw. aus verdünntem Blut
herstellen.

Methämoglobinhaltiges Blut erscheint schokoladenfarbig; spektroskopisch ist es durch einen intensiven Streifen im Orange zwischen
den FRAUENHOFERschen Linien C und D (näher an C), sowie durch
zwei schwache den Oxyhämoglobinstreifen entsprechende und einen
breiten Streifen im Grün gekennzeichnet. Um den besonders
charakteristischen Methämoglobinstreifen im Orange zu sehen,
empfiehlt es sich, das Blut in so starker Konzentration zu untersuchen, daß die Oxyhämoglobinstreifen noch nicht als getrennt
erscheinen. *Durch Reduktionsmittel (Schwefelammonium u. a.) wird
das Methämoglobin in reduziertes Hämoglobin übergeführt.*

Die Untersuchung auf Methämoglobin kann eine besonders große, auch
forensische Bedeutung bei Vergiftungsfällen besitzen. Von den Giften, die
durch Methämoglobinbildung wirken, seien erwähnt: Kalium chloricum,
Anilin, Acetanilid, Phenacetin, Nitrobenzol, Hydrazin, Phenylhydrazin, sowie
die Derivate dieser Körper, ferner das Phosgen. Auch bei Gasbacillensepsis
beobachtet man das gleiche. Bei derartigen Vergiftungen besteht meist
höchstgradige Cyanose bei fehlender venöser Stauung. Es sei ferner erwähnt,
daß reines krystallisiertes Hämoglobin sich an der Luft allmählich in Methämoglobin umwandelt. Erscheint gelöster Blutfarbstoff im Urin, so besteht
dieser ebenfalls meist aus einer Mischung von Methämoglobin und Hämoglobin (s. Hämoglobinurie, S. 326).

Durch Säuren oder Alkalien wird das Hämoglobin in saures
bzw. alkalisches *Hämatin* übergeführt. Auch diese Farbstoffe
besitzen eine braune Farbe, ähnlich dem Methämoglobin. In den
Magen oder die oberen Darmteile ergossenes Blut erhält hierdurch
die charakteristische Schwarzbraunfärbung (s. Magen- und Stuhluntersuchung S. 219).

Das *saure Hämatin* zeigt neben schwachen Streifen im Gelbgrün
und Blau einen dem Methämoglobin sehr ähnlichen Streifen im
Orange; das *alkalische Hämatin* zeigt einen links von D gelegenen
Streifen sowie eine Verdunklung des violetten Spektralteiles. Durch
Reduktionsmittel wird das Hämatin in *Hämochromogen = redu-
ziertes Hämatin* übergeführt. In dieser Form wird das Blut im
Magen-Darminhalt, Faeces, Erbrochenen nachgewiesen. Hierbei

tritt ein intensiver Streifen im Gelb bei D, ein schwächerer rechts von E auf. *Durch das Verhalten gegen Reduktionsmittel können*

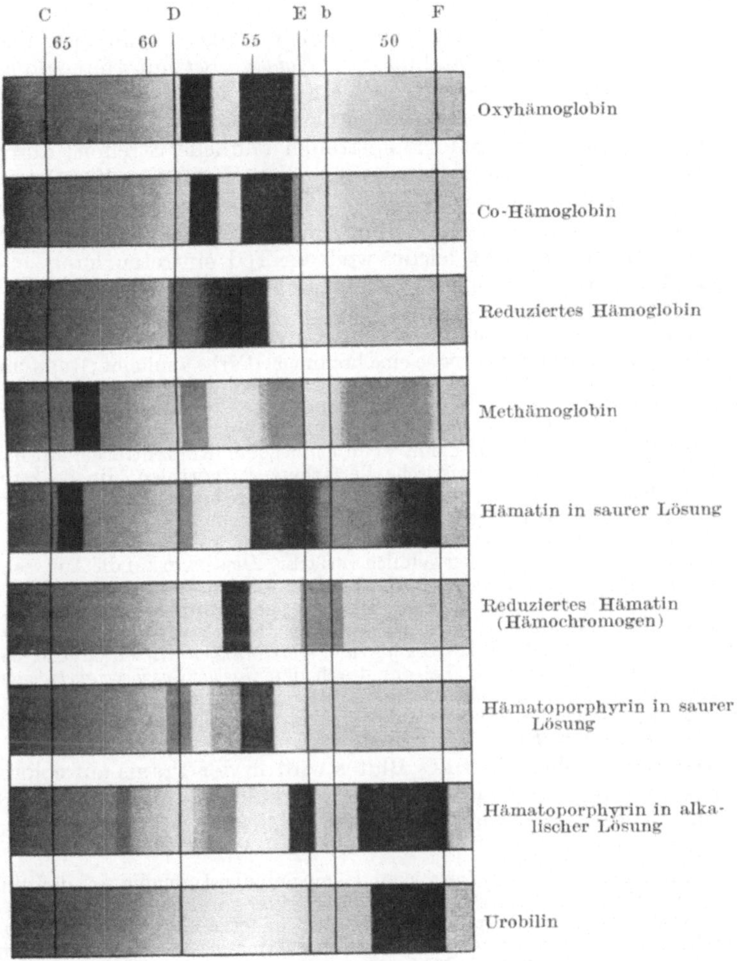

Abb. 87.

daher die sehr ähnlichen Spektren des Methämoglobins und des sauren Hämatins leicht unterschieden werden.

Das eisenfreie Derivat des Hämoglobins, das *Hämatoporphyrin*, zeigt in saurer und alkalischer Lösung ein verschiedenes spektroskopisches Verhalten, das aus der Spektraltafel zu entnehmen ist.

8*

(Über die verschiedenen Porphyrine und Porphyrinurie s. S. 259.)
Über *Urobilin* s. S. 261, *Hämosiderin* und *Hämatoidin* s. S. 185
und 168.

Durch die Einwirkung von Kohlenoxydgas kann bei Vergiftungen eine feste Verbindung von *Kohlenoxyd* mit Hämoglobin entstehen. Das Blut wird hierbei kirschrot und büßt seine Aufnahmefähigkeit von Sauerstoff ein. Spektroskopisch entstehen hierbei zwei den Oxyhämoglobinstreifen ähnliche Streifen; durch *Reduktionsmittel* (Schwefelammonium oder Hydrazinsulfat, konz. wässerige Lösung) *gelingt es jedoch nicht, diese zum Verschwinden* zu bringen. Der spektroskopische Nachweis bei Kohlenoxydvergiftungen gelingt oft nicht leicht, weil der Tod eintreten kann, ehe große Mengen von Kohlenoxydhämoglobin gebildet werden.

Zum *Nachweis* versetzt man das Blut mit dem 4—5fachen Volumen von Bleiessig und schüttelt 1 Min. stark; hierbei bleibt das kohlenoxydhaltige Blut hellrot, während das normale eine bräunliche Farbe annimmt (RUBNER). Ferner gibt kohlenoxydhaltiges Blut beim Versetzen mit verdünnter Schwefelammoniumlösung und 30%iger Essigsäure eine zinnoberrote Färbung, normales wird graugrün verfärbt.

Auch *Schwefelwasserstoff* kann, wenn er in hoher Konzentration auf das Blut einwirkt, eine charakteristische Verfärbung hervorrufen. Im Spektroskop erscheint hierbei der Streifen des *Sulfhämoglobins,* der etwas weiter nach D hin liegt, als der des Methämoglobins (Geruch des Blutes!).

Bei manchen Krankheitszuständen ist das Serum des Blutes durch die Anwesenheit von Farbstoff stärker gelblich verfärbt. Dies kann auf die Anwesenheit von Derivaten des Blutfarbstoffes bezogen werden, der bei gesteigertem Blutzerfall in die Blutbahn gelangt. HEGLER und SCHUMM fanden, daß der hierbei auftretende Farbstoff z. T. *Hämatin* ist. Dieser pathologische Befund wurde bisher hauptsächlich bei *Blutgiften, Verbrennungen* dritten Grades, bei *Malaria, perniziöser Anämie,* bei der durch den *Gasbacillus hervorgerufenen Sepsis* (neben Methämoglobin), bei familiärem *Ikterus,* bei Fällen von Ikterus nach geplatzter Tubargravidität, bei akuter gelber *Leberatrophie* u. a. Zuständen erhoben.

Der Hämoglobingehalt des Blutes wird in der Praxis auf colorimetrischem Wege bestimmt. Er beträgt beim Mann entsprechend 5 Mill. Erythrocyten durchschnittlich 15, bei der Frau ungefähr 13,5 g in 100 ccm Blut.

Voraussetzung für den Wert jeder Hämoglobinbestimmung ist, daß die Farbintensität einer Hämoglobinlösung ihrer Sauerstoffkapazität entspricht. Diese von HÜFNER festgestellte Tatsache ist in letzter Zeit wiederholt in ihrer Richtigkeit bezweifelt worden, sie ist aber durch exakte Untersuchungen über jeden Zweifel erhoben. Voraussetzung für die aus der Hämoglobinbestimmung zu ziehenden Schlüsse ist ferner, daß das Hämoglobin unter normalen und pathologischen Umständen ein einheitlicher chemischer Körper ist; wäre dem nicht so, so hätten sämtliche colorimetrische Untersuchungen des Blutfarbstoffes keine biologische Bedeutung. Durch die genannten Untersuchungen ist auch diese Voraussetzung als richtig erwiesen. Man kann deshalb in der ärztlichen Praxis auf die Bestimmung der Sauerstoffkapazität des Blutes verzichten; der aus der Hämoglobinbestimmung ermittelte Wert erlaubt unmittelbar die Berechnung der Aufnahmefähigkeit für Sauerstoff.

Das beste Instrument zur Hämoglobinbestimmung ist das *Spektrophotometer*. Sein Gebrauch erfordert jedoch große Übung und Vertrautheit mit den Gesetzen der Optik; auch verbietet der hohe Preis die Anschaffung für die Praxis.

Die einfachste Methode zur *Schätzung* des Hämoglobingehaltes ist die mittels der *Hämoglobinskala von* TALLQUIST. Die Einrichtung besteht aus einem kleinen Büchelchen mit einzelnen Fließpapierblättern. Auf diese läßt man einen Tropfen Blut fallen und eintrocknen. Seine Farbe wird mit einer Skala roter Papierstreifen von verschiedener Intensität verglichen. Die Skala ist empirisch von 10 : 10% geeicht und gibt Prozentzahlen des normalen Wertes an. Für die orientierende Untersuchung in der Sprechstunde genügt der sehr billige Apparat.

Das von GOWERS eingeführte, früher in in der Praxis viel gebrauchte Verfahren ist in zweckmäßiger Weise von SAHLI modifiziert und in prinzipiellen Punkten wesentlich verbessert worden.

Das SAHLIsche Hämometer

stellt den für die Sprechstunde geeignetsten Apparat zur Bestimmung des Hämoglobinwertes dar, weil man mit ihm rasch genügend genaue Ablesungen vornehmen kann und dabei von der Lichtquelle unabhängig ist.

Das Prinzip ist auch hier ein colorimetrisches, wobei als Vergleichsflüssigkeit eine kolloidale Lösung von salzsaurem Hämatin zur Verwendung kommt, deren Gehalt bekannt ist. Das Hämoglobin des zu untersuchenden Blutes wird ebenfalls in salzsaures Hämatin umgewandelt, so daß die Farbintensität identischer chemischer Stoffe verglichen werden kann. Das ist der außerordentliche Vorteil vor allen anderen Apparaten. Die braune Färbung des HCl-Hämatins bleibt übrigens bei jeder Verdünnung dem Hämoglobingehalt proportional.

Es werden zwei kleine Glasröhrchen verwendet, von denen das eine die Standardlösung von Hämatin eingeschlossen enthält, das andere, offene, graduierte zur Einfüllung und Verdünnung des zu untersuchenden Blutes dient. Der besseren optischen Wirkung wegen sind die Röhrchen in ein durchbrochenes schwarzes Gestell von Hartgummi und gegen eine an der Rückseite des Stativs befindliche Milchglasscheibe gestellt (vgl. Abb. 88).

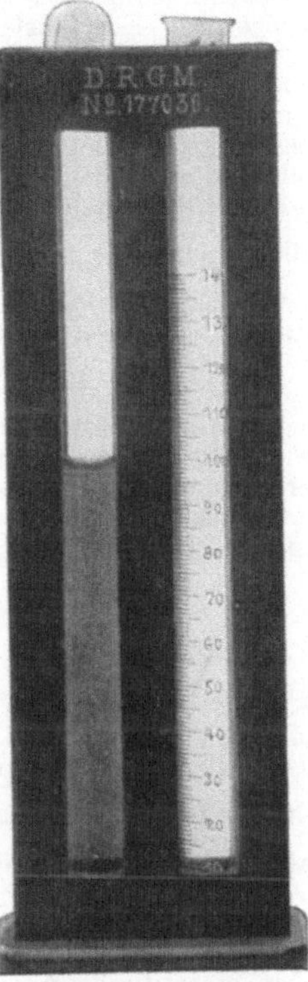

Abb. 88. Hämometer. (Nach SAHLI.)

Vor der Blutentnahme wird das graduierte Röhrchen bis zur Marke 10 mit $^1/_{10}$ Normal-Salzsäurelösung beschickt, welche übrigens zur Vermeidung von Schimmelbildung mit Chloroform gesättigt ist. Sodann werden mittels einer dem Apparat beigegebenen Capillarpipette 20 cmm Blut aus der Fingerbeere oder dem Ohrläppchen in das Röhrchen gebracht und durch Hin- und Herblasen mit der Salzsäure gemischt. Jetzt wartet man genau 1 Min. und verdünnt dann mit Wasser *(nicht* mit Salzsäure!) bis Farbengleichheit mit dem Vergleichsröhrchen erreicht ist. Die Verdünnung geschieht mittels einer beigegebenen Tropfpipette. Beim Mischen verschließt man das Röhrchen jedesmal mit dem Finger oder besser mit einem exakt passenden kleinen Gummistöpsel. Die Ablesung kann dann sofort erfolgen.

Ist das Blut sehr hämoglobinarm, so empfiehlt es sich, zur Bestimmung die Pipette zweimal zu füllen und die doppelte Menge $^1/_{10}$ Normal-Salzsäure zuzugeben. Das Resultat wird dann durch 2 dividiert.

Sehr wichtig ist, zu berücksichtigen, daß der normale Hämoglobinwert (15 g beim Mann, 13,5 g bei der Frau) bei dem Skalenteil 80 bzw. 70 bereits erreicht ist. Der Wert 100 ist also ein Maximalwert. Man wird demnach erst Werte unter 80 beim Mann, unter 70 bei der Frau als zu niedrig ansehen müssen. (Berücksichtigung der Höhenlage, in der die Untersuchung vorgenommen ist!)[1] Zur Vermeidung von Mißverständnissen beachte man folgendes: Die Skalenteile bezeichnet man nach SAHLI als *Hämometergrade,* welche nicht mit Prozenten zu verwechseln sind. Den Hämoglobingehalt in Prozenten erhält man erst durch Umrechnung, und zwar durch Multiplikation des abgelesenen Hämometergrades mit $\dfrac{100}{80}$ beim Mann, mit $\dfrac{100}{70}$ beim Weibe (sog. *korrigierte Prozente*). In jedem Fall ist genau anzugeben, ob Grade oder Prozente gemeint sind.

Der Apparat wird zum Preise von 15 Frcs. von der Firma Büchi in Bern in den Handel gebracht und vom Erfinder selbst in der Ausführung überwacht. Der Farbstoff ist haltbar, muß jedoch vor überflüssiger Belichtung geschützt werden. Da minderwertige Fälschungen in den Handel kommen, deren Standardlösung und Röhrchengraduierung nicht stimmen, sei vor diesen nachdrücklich gewarnt. Ebenso müssen etwaige Ersatzlieferungen einzelner Teile vor dem Gebrauch genau geprüft werden.

Hämoglobinbestimmung nach AUTENRIETH-KÖNIGSBERGER.

Als Vergleichslösung dient eine Farbstofflösung, die mit der bei $\dfrac{n}{10}$ Säurezusatz zu Blut sich bildenden Farbnuance übereinstimmt. Diese Lösung befindet sich in einem Glaskeil, der in der Längsrichtung verschoben werden kann (Abb. 89). Das zu untersuchende Blut wird wie beim SAHLIschen Apparat mittels einer Pipette angesogen und in einen Glastrog geblasen, der mit $\dfrac{n}{10}$ Salzläurelösung bis zu einer Marke gefüllt wird. Durch ein kleines Fenster im Apparat sieht der Untersucher den Glastrog und den Keil mit der Vergleichsfärbung. Durch Verstellung des Keiles mittels einer Schraube werden die beiden Hälften gleichgestellt. Die an dem Apparat abzulesenden Zahlen geben nicht direkt die Prozentwerte an, da der Apparat auch zu anderen colorimetrischen Bestimmungen Verwendung findet (vgl. oben Harnsäure und Kreatinin); es ist daher dem Apparat eine Skala beigegeben, aus der die prozentualen Hämoglobinwerte entnommen werden können. Leider reicht der Färbungsgrad der Vergleichslösung für die Bestimmung hoher Hämoglobinwerte (Polycythämie) nicht aus; das Blut muß dann stärker verdünnt werden. Zur Zeit kommen Apparate in den Handel, bei denen der Vergleichskeil nicht bei jeder Verdünnung eine genaue Ablesung gestattet. Der sonst gut brauchbare Apparat verliert dadurch wesentlich an Wert. Vor dem

---

[1] Am richtigsten ist es, wenn jeder Benutzer des SAHLIschen Apparates für den Kreis seiner Beobachtungen die Norm des Hämoglobinwertes feststellt bzw. in Erfahrung bringt, welches die untere normale Grenze des Hämoglobins im Bereich seiner Praxis ist. Als Testfälle sollen gesunde Individuen mit 5 Mill. Roten dienen.

SAHLISchen Apparat hat er den Vorteil, daß durch Hin- und Herschrauben eine genauere Ablesung erzielt werden kann; es ist aber ein Nachteil, daß die Vergleichslösung nicht mit der Blutlösung identisch ist. Andererseits bietet der Apparat den Vorzug, daß er zu zahlreichen anderen colorimetrischen Untersuchungen in der klinischen Chemie verwendet werden kann.

Es sei hier auch besonders auf das BÜRKERsche *Kompensationscolorimeter* hingewiesen, das allerdings sehr kostspielig ist, aber Vorzügliches leistet (Gebrauchsanweisung von der Firma Leitz).

Neuerdings wird ein sog. *Farbstabhämometer* von der Firma Leitz hergestellt, welches in der äußeren Form dem SAHLISchen Apparat gleicht.

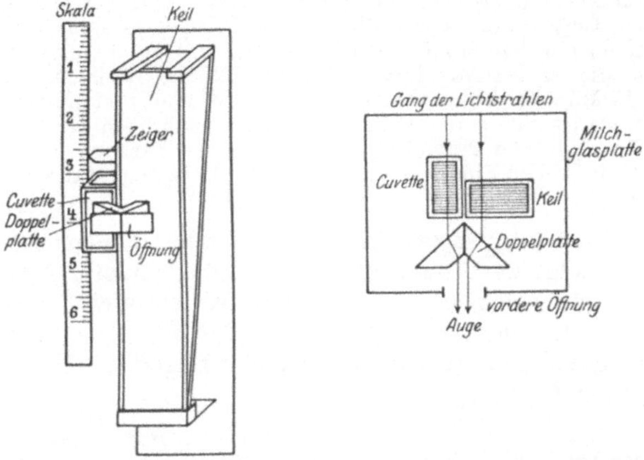

Abb. 89. Hämocolorimeter nach AUTENRIETH-KÖNIGSBERGER (schematische Darstellung).

Als Standardfarbe dienen zwei Glasstäbe, rechts und links von dem Meßröhrchen, deren Farbe derjenigen einer Lösung von HCl-Hämatin entspricht. Die Skalenwerte entsprechen hier direkt den Hämoglobinprozenten Wenn der Apparat auch bequem zu handhaben ist, so liegen dennoch seine Nachteile gegenüber dem Originalapparat von SAHLI auf der Hand[1].

Es ist unbedingt erforderlich, bei jeder Hämoglobinbestimmung genau anzugeben, mit welcher Methode die Untersuchung vorgenommen wurde.

Resistenzbestimmung der Erythrocyten.

In Salzlösungen, deren osmotischer Druck unter demjenigen des Blutserums liegt, kommt es zum Austreten von Hämoglobin aus den Erythrocyten, d. h. zur Hämolyse. Während unter normalen Verhältnissen eine Hämolyse erst bei stärker hypotonischen Lösungen erfolgt, ist die Erythrocytenresistenz unter bestimmten

---

[1] Dazu kommt, daß bei den neueren Apparaten, bei denen eine zweite Skala die Hämoglobinwerte in Grammprozent anzeigt, letztere unrichtigerweise auf die Relation 100 = 14% bezogen ist.

pathologischen Verhältnissen, insbesondere beim hämolytischen Ikterus, deutlich herabgesetzt, bei anderen Krankheiten, z. B. beim gewöhnlichen Ikterus, erhöht. Dies ist unter Umständen von diagnostischer Bedeutung.

Methode von R'BIERRE: Man geht von einer 0,7 %igen NaCl-Lösung aus und stellt die Reaktion in kleinen Reagensgläschen an. In das erste Glas bringt man 70 Tropfen von der Lösung, in die folgenden 68, 66, 64 usw. und ergänzt die zu 70 fehlende Tropfenzahl in jedem Glas durch Aqua destillata. Die Konzentrationen sind dann 0,7, 0,68, 0,66% usw. In jedes Röhrchen kommt ein Tropfen des zu untersuchenden, durch Venenpunktion gewonnenen Blutes; dieses soll übrigens, falls man es mit einer Pipette aufsaugt, nicht mit dem Munde, sondern mit einem Gummiballon aufgezogen werden, da die in der Atemluft enthaltene CO_2 die Resistenz herabsetzt. Man läßt 15 Min. bei Zimmertemperatur stehen und zentrifugiert darauf. Betrachtet man alsdann die Röhrchen vor einem weißen Hintergrund, so ist die erste Spur von Hämolyse deutlich an der Färbung der über dem Sediment befindlichen Flüssigkeit zu erkennen. Diese sog. Minimumresistenz liegt normal bei 0,44% (zwischen 0,46 und 0,42%).

Die NaCl-Lösung ist zwar dem menschlichen Plasma isotonisch, stellt aber infolge der Abwesenheit zahlreicher anderer Ionen keine hinreichend physiologische Lösung dar. Es empfiehlt sich daher, bei der Methode von RIBIERRE statt der NaCl-Lösung die TYRODE-sche Lösung zu gebrauchen, die bei der folgenden Methode Anwendung findet.

Methode von S'MMEL [1]: Als hypotonische Lösungen dienen Verdünnungen einer der TYRODE- bzw. Normosalformel angenäherten Salzlösung von 8,2 g NaCl, 0,2 g KCl, 0,2 g $MgCl_2$, 0,2 g $CaCl_2$, 0,1 g NaH_2PO_4, 0,05 g $NaHCO_3$ im Liter. Diese in ihrer osmotischen Konzentration dem normalen Blutserum entsprechende Lösung wird als Einheit (1,0) bezeichnet und es werden mit Wasser weitere Verdünnungen auf 0,7, 0,6, 0,5, 0,4, 0,3 (unter Umständen noch 0,2) hergestellt. Der osmotische Druck sinkt hierbei praktisch proportional der Konzentration; auch die Veränderung der H-Ionenkonzentration ist, da man sich sehr nahe dem Neutralpunkt befindet, zu vernachlässigen. Aus Fingerbeere oder Ohrläppchen wird mit Erythrocytenpipetten Blut aufgenommen, welches mit obigen Lösungen als Zusatzflüssigkeit verdünnt wird (1 : 100). Nach gutem Schütteln bleiben die 6 Pipetten mindestens 1, höchstens 2 Stunden (Störungsgefahr durch eventuelles Bakterienwachstum liegt nach so kurzer Zeit noch nicht vor) bei Zimmertemperatur (die gesamte Untersuchung bei 37° durchzuführen ist praktisch unmöglich, Temperaturwechsel oder starkes Abkühlen — Eisschrank — sind besser zu vermeiden) liegen. Dann Auszählen der in jeder Lösung erhalten gebliebenen Erythrocyten in der Kammer; Irrtümer durch „Schatten" sind bei geeigneter Beleuchtung (eventuell Blende weiter öffnen!) leicht vermeidbar.

Nach SIMMEL zeigen eine Hämolyse bei 0,5, d. h. einer Lösung, deren osmotischer Druck einer 0,46%igen NaCl-Lösung entspricht, normal $^1/_5$—$^1/_2$ aller Erythrocyten, bei 0,4 fast alle Erythrocyten.

---

[1] SIMMEL: Dtsch. Arch. Klin. Med. **142**, H. 5/6 (1923).

Senkungsreaktion der Erythrocyten.

Die Senkungsreaktion beruht auf der Tatsache, daß die Erythrocyten in einem Blut, welches mit gerinnungshemmenden Substanzen versetzt ist, mit wechselnder Geschwindigkeit zu Boden sinken. Es hat sich gezeigt, daß das Tempo der Senkung im wesentlichen bedingt wird durch die Menge der im Plasma vorhandenen grobdispersen Eiweißkörper (Globulin und besonders Fibrinogen). Eine Beschleunigung der Senkung findet sich daher physiologisch und pathologisch unter denjenigen Bedingungen, bei denen ein *erhöhter Eiweißabbau* im Körper vorliegt (Schwangerschaft Infektionskrankheiten, maligne Neoplasmen).

Die zur Zeit hauptsächlich gebräuchlichsten Methoden der Senkungsbestimmung unterscheiden sich nach der Art der Ablesung. Bei der Methode von WESTERGREN bestimmt man die Senkung aus der Höhe der Plasmasäule nach bestimmten Zeiten, bei derjenigen von LINZENMEIER wird umgekehrt die Zeit ermittelt, innerhalb der die Senkung eine bestimmte Strecke erreicht hat.

Tabelle zum Vergleich der Senkungswerte
nach WESTERGREN und LINZENMEIER.

WESTERGREN 200 mm Blutsäule	LINZENMEIER 51 mm Blutsäule	
Plasmahöhe mm/1 Std.	Senkungszeit in Minuten für die Strecke von 18 mm	
	männl.	weibl.
1	1500	—
2	800	700
4	450	400
6	350	300
8	275	225
10	225	175
12	175	150
15	135	115
20	100	85
30	70	60
40	50	45
50	35	35
70	25	25
90	20	20
110	15	15
130	10	10

Methode von WESTERGREN: Man beschickt eine 2-ccm-Rekordspritze zu ein Fünftel des Volumens mit isotonischer, d. h. 3,8%iger Natr.-citric.-Lösung und füllt sie hierauf vollständig mit Venenblut. Das Blut wird mit der Citratlösung gut durchgemischt und in ein kleines Reagensglas gespritzt; in diesem kann es bis zu 4 Stunden stehenbleiben. Dann wird nach kräftigem Durchschütteln das Blut in eine der dem Apparat beigegebenen Pipetten übertragen. Die Pipetten sind 30 cm lang, haben eine lichte Weite von 2,5 mm und eine kurze enge Spitze. Sie sind von oben nach unten mit einer Graduierung von 0 — 200 mm (im ganzen = 1 ccm) versehen. Die Pipetten werden senkrecht in einem Stativ aufgestellt, wobei ihre Spitze durch Federdruck auf einen auswechselbaren Gummistopfen aufgepreßt wird. Nachdem man das Blut mehrmals aufgesogen und zurückgespritzt hat, füllt man die Pipette bis zur Marke 0 und läßt das Ganze ruhig stehen. Die Höhe der Plasmaschicht über den Erythrocyten liest man nach 1, 2 und 24 Stunden ab. Am wichtigsten sind die 1- und 2-Stundenwerte, der 24-Stundenwert hat im allgemeinen keine große klinische Bedeutung; sein

Betrag ist im wesentlichen als eine Funktion des Erythrocytenvolumens anzusehen. Zu beachten ist übrigens, daß die Senkungsröhrchen stets absolut senkrecht stehen müssen; schräge Stellung beschleunigt die Senkung.

Die *normalen Senkungswerte* nach WESTERGREN liegen nach 1 Stunde beim Mann zwischen 2 und 5 mm, beim Weibe zwischen 3 und 8 mm. Als die entsprechenden Grenzwerte gelten 6—10 bzw. 8—12 mm. Der höchste pathologische 1-Stundenwert ist etwa 100—120 mm. Der 24-Stundenwert beträgt beim Mann etwa 90 mm, beim Weibe etwa 100—110 mm. Abweichungen von den genannten Grenzwerten soll man bei geringen Differenzen (wenige Millimeter) nur bei *wiederholter* Feststellung verwerten. Im allgemeinen haben erst Unterschiede von mindestens 5 mm praktisch-diagnostisch eine Bedeutung.

Methode von LINZENMEIER*:* Der Apparat besteht aus einem Gestell und mehreren kleinen Glasröhrchen, die an diesem aufgehängt werden können. Die Glasröhrchen haben eine Weite von 5 mm und tragen zwei Marken. Die obere Marke entspricht einer Füllung von 1 ccm Blut, die untere, 18 mm tiefer gelegene Marke, stellt die Grenze zwischen Plasma und Blutkörperchen dar, welche normal beim Mann in 600 Min., beim Weibe in 200—350 Min. erreicht wird. Die Beschickung der Senkungsröhrchen mit Citratblut geschieht in der gleichen Weise wie bei dem Verfahren von WESTERGREN.

III. Die mikroskopische Untersuchung des Blutes.

Die *mikroskopische Untersuchung des Blutes* soll stets zuerst am frischen ungefärbten Präparat vorgenommen werden. Man läßt einen ohne jeden Druck hervortretenden Blutstropfen aus der Fingerbeere oder aus dem Ohrläppchen auf einen gereinigten Objektträger fallen und bedeckt diesen mit einem Deckglas. Es ist ratsam, den Tropfen gerade so groß zu wählen, daß der ganze Raum zwischen den beiden Gläsern von dem Blut in gleichmäßig zarter Schicht eingenommen wird; besonderes Andrücken des Deckglases ist unbedingt zu vermeiden.

Bei einer Vergrößerung von etwa 250—350 sieht man die *roten Blutkörper* einzeln oder in Geldrollenanordnung, dazwischen vereinzelte *farblose Blutzellen,* endlich kleine, blasse, runde oder elliptisch geformte Gebilde, die zuerst von BIZZOZERO beschriebenen *Blutplättchen.*

Die roten Blutkörperchen „Erythrocyten" sind bikonkave Linsen mit abgerundetem Rand; sie erscheinen als kreisrunde Scheiben, wenn sie auf der Fläche, als biskuitförmige Gebilde, wenn sie mit der Kante aufliegen. Die flach zugekehrten Zellen zeigen bei genauer Einstellung in den Brennpunkt die zentrale Delle als matten, gegen den Rand zu verstärkten Schatten, während sonst die Mitte hell und der Rand der Zelle dunkler wird. Durch Anlagerung mehrerer Blutzellen aneinander wird stets deutliche Geldrollen- oder Säulenbildung bewirkt. Die einzelnen Zellen sind blaßgelbliche, mit einem Stich ins Grünliche gefärbte, homogene, kernlose Gebilde. Je nach der Dicke des Präparates beobachtet man, bald früher, bald später, in der Nähe des Deckglasrandes oder kleiner Luftblasen das Auftreten von roten Blutzellen mit gezacktem Rand oder solche in *Stechapfelform,* ein Zeichen, das auf Verdunstungserscheinungen hinweist. Durch Wasserzusatz wird eine kugelige Aufblähung der Körperchen mit Verschwinden der zentralen Delle bedingt.

In der Regel sind die roten Blutkörper von ziemlich gleicher Form und *Größe.* Diese beträgt im Mittel $7,8\,\mu$ und ist bei Männern und Frauen gleich. Der kleinste Durchmesser darf zu $6,5\,\mu$ angenommen werden.

Gelegentlich beobachtet man im ungefärbten Präparat, namentlich bei pathologischen Zuständen, *Abschnürungen* kleinster Teilchen von den roten Blutkörperchen; diese zeigen manchmal starke Bewegungserscheinungen und werden deshalb von Ungeübten für Parasiten gehalten.

Die Zahl der im normalen Blute vorkommenden roten Blutkörperchen beträgt beim Mann durchschnittlich 5 Millionen im Kubikmillimeter Blut, bei der Frau 4—$4^{1}/_{2}$ Millionen. Unter pathologischen Verhältnissen kann ihre Zahl bedeutend vermindert *(Oligocythämie* bei *Anämien)* oder auch bis aufs Doppelte vermehrt sein. *(Polyglobulie).* Die Zählung der Erythrocyten hat deshalb große diagnostische Bedeutung.

Es muß übrigens hier bemerkt werden, daß selbstverständlich auch bei starken Konzentrationsschwankungen des Blutes die Zahl der Erythrocyten sehr wechseln kann. So wird beispielsweise bei der Eindickung des Blutes, wie bei der Bildung hydropischer Ergüsse, namentlich bei Ansammlung eines Ascites sowie bei starken Diarrhoen (Cholera) gelegentlich eine Zunahme der Erythrocyten um 1 Million und mehr beobachtet.

Zur **Zählung der roten Blutkörperchen** ist es notwendig, das Blut zu verdünnen. Hierbei bedient man sich am zweckmäßigsten der HAYEMschen Lösung, die die Form und Farbe der Zellen kaum verändert.

Hydrargyr. bichlor.   0,5
Natr. sulfur.   5,0
Natr. chlorat.   2,0
Aqua dest.   200,0

Die Zählung wird in der THOMA-ZEISSschen Zählkammer vorgenommen, nachdem das Blut vorher mit der HAYEMschen Lösung in einer Mischpipette (Melangeur) verdünnt worden ist.

Zur Zählung saugt man durch das am Mischer befindliche Gummirohr in den Mischer, an dem die Zahlen 0,5, 1 und 101 eingeschliffen sind, das Blut bis zur Marke 0,5 oder 1, sodann nach flüchtigem Abwischen der Pipettenspitze ohne jeden unnötigen Zeitverlust von der Verdünnungsflüssigkeit bis zur Marke 101 an (s. Abb. 90). Das Ansaugen ist besonders vorsichtig auszuführen, da neben dem Blut leicht Luftblasen mit angesogen werden, und bei mangelnder Sorgfalt die Verdünnungsflüssigkeit über die Marke 101 hinausdringt. Ist die Hohlkugel E bis zu dieser Marke gefüllt, so muß man sofort die Flüssigkeit möglichst gut mischen, was durch die flottierenden Bewegungen der in der Kugel befindlichen Glasperle wesentlich gefördert wird. Bei dem Schütteln ist die untere Mündung der Pipette mit dem Finger

zu schließen und der Schlauch dicht über der Marke 101 zu komprimieren.
Je nachdem man bis zu 0,5 oder 1 Raumteil Blut aufgesogen hat, ist die
Verdünnung von 1 : 200 oder 1 : 100 bewirkt, da der Raumgehalt der Kugel
zwischen den Marken 1 und 101 genau 100mal größer ist als der Inhalt
der Capillare von der Spitze bis zur Marke 1.

Bevor man jetzt einen Tropfen der Blutmischung in die Zählkammer
bringt, hat man die in der Capillare des Mischers befindliche Flüssigkeit
— die ja nur aus der ungemischten Verdünnungsflüssigkeit besteht — durch
Ausblasen zu entfernen. Sodann beschickt man die Zählkammer vorsichtig
mit einem Tropfen aus der Hohlkugel des Mischers und schiebt von der

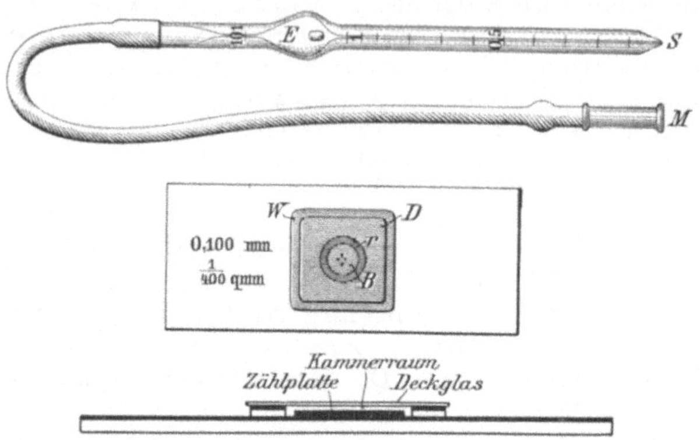

Abb. 90. Blutkörperchenzählapparat nach Thoma-Zeiss.

Seite her das Deckglas über die Kammer. Dieses muß vollkommen luftdicht anschließen, doch darf zwischen dem Deckglas und dem Kammerträger
der Kammer eine dünne Flüssigkeitsschicht bestehen bleiben. Das Deckglas
wird so fest angedrückt, daß an allen Seiten zwischen ihm und dem Kammerträger Newtonsche Ringe entstehen.

Durch zu langsames Verschließen der Kammer und bei undichtem
Anliegen des Deckglases entstehen große unberechenbare Zählungsfehler.

Man wartet nach Beschickung der Kammer einige Minuten ab, bis
sich die Zellen gesenkt haben, überzeugt sich mittels schwacher Vergrößerung
von der gleichmäßigen Verteilung der Blutkörperchen über das Zählfeld
und zählt dann mittels einer Mikroskopvergrößerung von Zeiß D oder
Leitz 5.

Die Zählkammer (Abb. 90 und 91) zeigt folgende Einrichtung. Auf
einem starken glattgeschliffenen Objektträger ist eine viereckige Glasplatte
angekittet, die einen kreisrunden Ausschnitt trägt. Auf dem Grunde der
hierdurch bewirkten Vertiefung ist ein feines Glasplättchen eingelassen, das
genau um 0,1 mm geringere Dicke besitzt als die sie umgreifende angekittete
Scheibe und das auf der der „Kammer" zugewandten Oberfläche eine
mikroskopische Feldereinteilung zeigt.

Die Thomasche Zählkammer hat folgende Netzteilung: Ein Quadrat
von 1 qmm Fläche ist in 20 gleichgroße Reihen geteilt, von denen jede
wiederum 20 kleine, gleichgroße Quadrate enthält. Das große Quadrat
enthält daher $20 \times 20 = 400$ kleine Quadrate. Jedes der kleinen Quadrate
entspricht daher dem 400. Teil von 1 qmm. Die Thomasche Kammer

hat nach richtiger Bedeckung mit dem Deckglas einer Höhe von $1/_{10}$ mm, der Rauminhalt über einem kleinen Quadrat entspricht deshalb $1/_{4000}$ cmm.

Man zählt nun je 4 nebeneinanderliegende Quadrate durch und nimmt von einer größeren Zahl durchgezählter Quadrate das Mittel. Dieser Mittelwert ist, je nach der Verdünnung (gewöhnlich 1 : 100) mit 100000 zu multiplizieren, um die Zahl der in 1 cmm unverdünnten Blutes enthaltenen Erythrocyten zu erhalten. In der Abbildung der Netzeinteilung von NEU-BAUER (Abb. 91), die sowohl für die Zählung der Erythrocyten als auch der Leukocyten benutzt werden kann, entspricht das Quadrat C der Einteilung und Größe der THOMASchen Kammer. Bei der Zählung der Erythrocyten sieht man von den übrigen Quadraten ab. Die Quadrate $A_1B_1A_2B_2A_3B_3A_4B_4$ dienen zur Zählung der Leukocyten. BÜRKER-sche Zählkammer s. S. 126.

Eine exakte Zählung ist nur möglich, wenn außer der Zählkammer vor allem der Mischer in sauberster Verfassung bei der Untersuchung benutzt wird. Eine Reinhaltung desselben ist nur dadurch zu erzielen, daß man nach dem Gebrauch den noch vorhandenen Inhalt ausbläst und der Reihe nach mit der Verdünnungsflüssigkeit, Wasser, Alkohol und Äther durchspült. Wenn eine Saugpumpe zur Verfügung steht, so saugt man

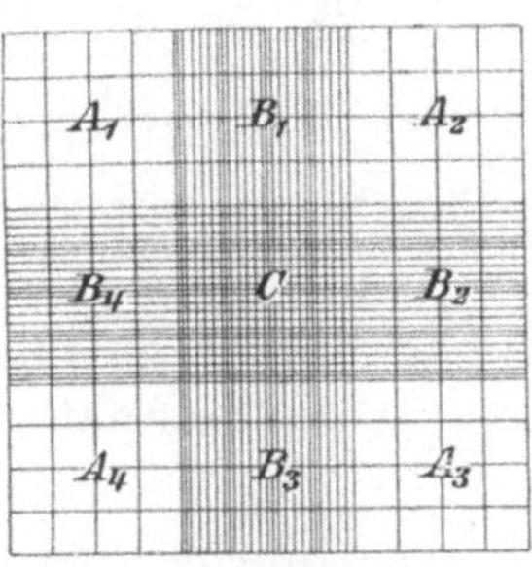

Abb. 91.   Zählkammer nach O. NEUBAUER.

diese Flüssigkeiten mit ihrer Hilfe durch und trocknet den Mischer dann. Es ist peinlich darauf zu halten, daß die Spitzen der Pipetten nicht lädiert werden.

Die Bestimmung des Färbeindex: Nach Feststellung des Hämoglobinwertes und der Erythrocytenzahl ist es wichtig, sich über das Verhältnis dieser beiden Werte Rechenschaft zu geben, da unter krankhaften Verhältnissen Abweichungen von dem normalen Verhalten vorkommen. Unter normalen Verhältnissen entspricht einem (eventuell korrigierten) Hämoglobinwert von 100% eine Erythrocytenzahl von 5000000. Man überblickt die Verhältnisse am raschesten, wenn man nun auch den gefundenen Erythrocytenwert in Prozentwerten der Norm ausdrückt, wobei man 5000000 als Norm ansieht.

Es ist gleichgültig, ob es sich bei der Untersuchung um einen Mann oder eine Frau handelt; wenn man 100% Hämoglobin als Standardwert ansieht, so hat man auch 5000000 Erythrocyten diesem Wert mit 100% gleichzusetzen.

Hat man z. B. 50% Hämoglobin und 3600000 Erythrocyten gefunden, so sieht man sofort, daß der Hämoglobinwert stärker herabgesetzt ist, als die Zahl der roten Blutkörperchen, da 3600000 Erythrocyten nach der obigen Voraussetzung 72% der Norm sind.

Man hat das Verhältnis nicht ganz korrekt auf dem Hämoglobingehalt des einzelnen roten Blutkörperchens bezogen und die Beziehung Hämoglobin (%) zu Erythrocyten (%) als *Färbeindex* (F.-I.) bezeichnet. Unter normalen Verhältnissen ist dieser gleich 1. Im obigen Beispiel ist er $= \dfrac{50}{72} = 0{,}69$, d. h.

das einzelne rote Blutkörperchen enthält weniger Hämoglobin als der Norm entspricht. Der Färbeindex wäre gleich 1, wenn Hämoglobinwert und Erythrocytenzahl den gleichen prozentualen Wert zeigten.

Man rechnet den Färbeindex aus, indem man von der Erythrocytenzahl die letzten 5 Stellen abstreicht, mit 2 multipliziert und diese Zahl in den Hämoglobinwert dividiert. Im obigen Beispiel $\dfrac{50}{36 \times 2} = 0{,}69$.

Wird der Hämoglobingehalt nicht in Prozenten, sondern in Gramm angegeben, so errechnet sich der Färbeindex durch Multiplikation der Erythrocytenzahl (und zwar der die Millionen bzw. die Hunderttausend kennzeichnenden Ziffer) mit 3,2.

Beispiel. 16 g Hämoglobin, 5 Millionen Erythrocyten pro Kubikmillimeter $\dfrac{16}{5 \times 3{,}2} = 1{,}0$.

Es sei übrigens schon hier darauf hingewiesen, daß auch die Betrachtung eines gefärbten Blutpräparates gestattet, gewisse Schlüsse auf den Hämoglobingehalt der einzelnen Erythrocyten, d. h. auf den Färbeindex zu ziehen, indem z. B. abnorm blasse Erythrocyten einem erniedrigten Färbeindex entsprechen und umgekehrt.

Die weißen oder farblosen Blutkörperchen sind im normalen ungefärbten Präparat (*Nativ*präparat) an ihrer verschieden dichten Körnelung leicht zu erkennen. Es finden sich in jedem Gesichtsfeld nur vereinzelte Leukocyten. Der Kern ist meist deutlich zu sehen und tritt am frischen Präparat auf Essigsäurezusatz noch deutlich hervor. Bei Untersuchung auf dem geheizten Objekttisch zeigt ein Teil der Zellen oft lebhafte Eigenbewegungen.

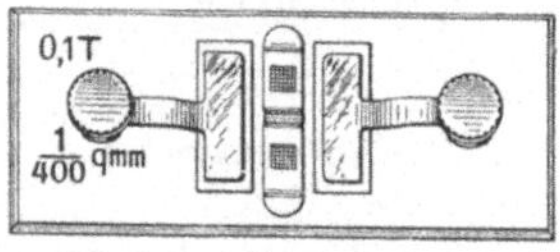

Abb. 92. Zählkammer nach BÜRKER.

Die Größe der farblosen Blutzellen schwankt zwischen 7 und 15 μ. (Einteilung der Leukocyten s. S. 136 f.)

Unter normalen Verhältnissen finden sich 6000—8000 Leukocyten in 1 ccm Blut.

Zur Zählung der farblosen Blutzellen verwendet man einen ähnlichen aber kleineren Melangeur wie bei der Zählung der roten Blutzellen. An diesem findet man die Zählmarken 0,5, 1 und über der Hohlkugel 11. Zur Verdünnung benutzt man 1 %ige Essigsäure, wodurch die roten Blutkörperchen unsichtbar werden. Man kann der Essigsäure auch etwas Gentianaviolettlösung zusetzen, um durch die Färbung der Leukocyten die Zählung zu erleichtern. Man verdünnt das Blut im Verhältnis von 1 : 10 oder 1 : 20; bei starker Vermehrung der Leukocyten wie bei der Leukämie ist eine Verdünnung von 1 : 25—1 : 50 zu raten, oder man benutzt den für die Zählung der roten Blutkörperchen beschriebenen Melangeur.

Da man bei Verwendung der THOMASchen Zählkammer viel zu wenig Leukocyten durchzählen würde, um einigermaßen zuverlässige Resultate zu erhalten, wurde eine Reihe von Modifikationen der Zählkammer angegeben, so von TÜRK u. a. Am praktischsten ist die abgebildete Zählkammer von NEUBAUER (Abb. 91), weil diese auch zur Zählung der roten Blutkörperchen benutzt werden kann.

In der NEUBAUERschen Netzeinteilung sind die bei der ursprünglichen THOMASchen Kammer ungenützt gebliebenen Quadrate $A_1 A_2 A_3 A_4 B_1 B_2 B_3 B_4$ ebenfalls in Quadrate von $^1/_{400}$ qmm Flächeninhalt geteilt. Jedes dieser *großen* Quadrate ist gleich groß mit dem großen Quadrat C der THOMASchen Zählkammer. Man zählt nun statt nur der in C enthaltenen Leukocyten beispielsweise die in $CA_1A_2A_3A_4$ enthaltenen und erhält so den Inhalt von 0,5 cmm. Um die Zahl der in 1 cmm enthaltenen Leukocyten zu erfahren, braucht man bloß (bei der Verdünnung 1 : 10) die gefundene Zahl mit 20 zu multiplizieren. Hat man die Kammerfüllung zweimal vorgenommen und die 5 Quadrate zweimal durchgezählt (was sehr zu empfehlen ist), so braucht man die erhaltene Zahl nur mit 10 zu multiplizieren.

Als Zähllinse verwendet man am besten Objektiv Zeiß C oder Leitz 3.

Um die bei der THOMA-ZEISSschen Zählkammer möglichen Fehler zu vermeiden, hat BÜRKER eine *Zählkammer* konstruiert, bei der durch zwei Klammern das Deckglas fest auf die Zählkammern aufgedrückt und so für immer gleiche Tiefe der Zählkammer gesorgt wird (Abb. 92).

Auf der Mitte des Objektträgers ist eine längliche Glasplatte der Quere nach aufgekittet, welche durch eine Querrinne halbiert wird. Auf den beiden Hälften der Platte befindet sich je eine Netzteilung, welche 3 × 3 mm groß und in 144 Quadrate geteilt ist.

Parallel mit der Zählplatte ist zu beiden Seiten je eine rechtwinkelige Glasplatte aufgekittet. Die beiden Glasplatten sind genau 0,1 mm höher als die Zählplatte, so daß über letzterer ein leerer Raum von 0,1 mm Tiefe entsteht, sobald man das Deckglas über die beiden Glasplatten legt. Um die Kammer zu füllen, läßt man am Rande derselben aus der Pipette einen Tropfen der Blutmischung auf einen der halbkreisförmigen Fortsätze austreten; die Flüssigkeit tritt dann durch Capillarwirkung in die Kammer ein. Im Gegensatz zur THOMAschen Kammer kann man die BÜRKERsche Kammer bis zur Ausführung der Zählung nicht beliebig lange stehen lassen, da es bei letzterer, weil sie seitlich nicht geschlossen ist, auf die Dauer zur Austrocknung kommt.

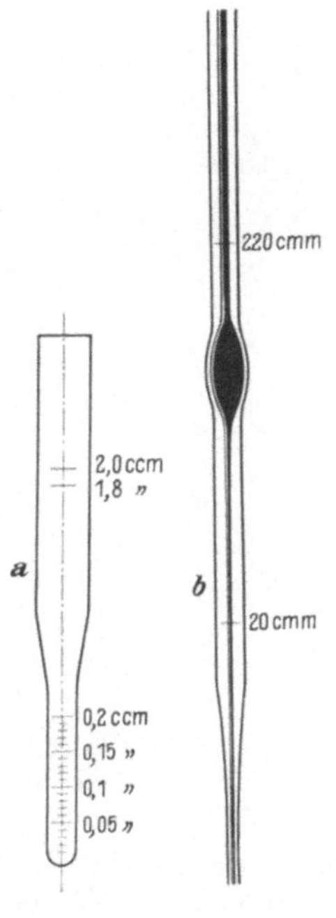

Abb. 93.

Zur Bestimmung der *Volumprozente* von Blutkörperchen und Blutplasma, deren Wert bei Anämien sowie bei Polycythämien eine gewisse Bedeutung hat, eignet sich für klinische Zwecke am meisten das sog. *Hämatokrit*verfahren. Die zur Zeit beste Hämatokritmethode wurde von SAHLI angegeben (Schweiz. med. Wschr. 1929, Nr 14):

Hämatokritmethode nach SAHLI.

SAHLI verwendet ein besonders Hämatokritröhrchen (s. Abb. 93) und eine zugehörige Capillarpipette zur Entnahme und Oxalierung des Blutes.

Das Hämatokritröhrchen (Hersteller Firma Wüthrich & Haferkorn, Bern, Bollwerk) wird bis zur Marke 1,8 ccm mit $9^0/_{00}$ NaCl gefüllt. Das Fingerblut wird nach einem warmen Handbad bis zur Marke 220 cmm in die Pipette aufgesogen, nachdem diese vorher bis zur Marke 20 cmm mit 5% Ammoniumoxalatlösung beschickt worden ist. Das Blut mischt sich auf seinem Wege in der Capillare sofort mit dem Oxalat. Die Mischung enthält dann genau 200 cmm Blut mit etwas weniger als $5^0/_{00}$ Oxalat. Eine in Betracht kommende Störung der Isotonie wird um so weniger hervorgerufen, als das Oxalatblut sofort mit einem großen Überschuß isotonischer Kochsalzlösung gemischt wird. Denn der Inhalt der Capillare wird nun sofort zu den 1,8 ccm physiologischer NaCl-Lösung in den Hämatokrit geblasen. Man mischt den Hämatokritinhalt durch mehrfaches Umdrehen des Röhrchens und zentrifugiert dann mittels einer guten elektrischen Zentrifuge bis zu konstantem Volumen des Niederschlages, was gewöhnlich in spätestens $^1/_2$ Stunde erreicht wird.

Bei gesunden Menschen werden gewöhnlich als Normalzahlen mittels der verbesserten Methode Blutkörperchenvolumina gefunden, welche in ihrem Wert wenig von 45% des Gesamtblutvolumens abweichen.

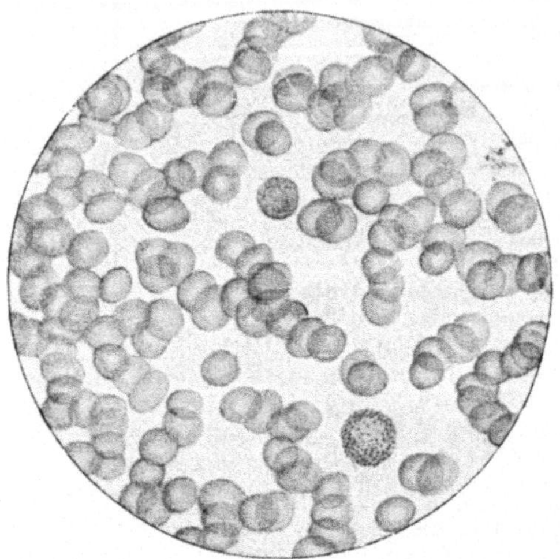

Abb. 94. Normales Blut ungefärbt nach einem Nativpräparat (Blutatlas von ERICH MEYER und H. RIEDER).

Nativpräparat.

Im nativen Präparat (Abb. 94) beobachtet man den ungefähren Leukocytengehalt des Blutes. Abnorm hohe Leukocytose oder leukämischer Blutbefund sind ohne Färbung leicht zu erkennen. Man beurteilt oft sehr gut den Hämoglobingehalt der einzelnen roten Blutkörperchen, die Form und Größe dieser Zellen. Ferner bemerkt man, ob die roten Blutkörperchen sich in normaler Weise zur *Geldrollenbildung* zusammenlegen. Auch die Gerinnung des Blutes (das Aufschießen von Fibrinfäden um Gerinnungszentren) sowie den Gehalt an *Blutplättchen* schätzt man auf diese Weise am einfachsten.

Zur Erkennung pathologischer Zellformen sowie zur Unterscheidung der einzelnen Leukocytenarten hat man sich einiger einfacher *Färbungen* zu bedienen. Für diagnostische Zwecke benutzt

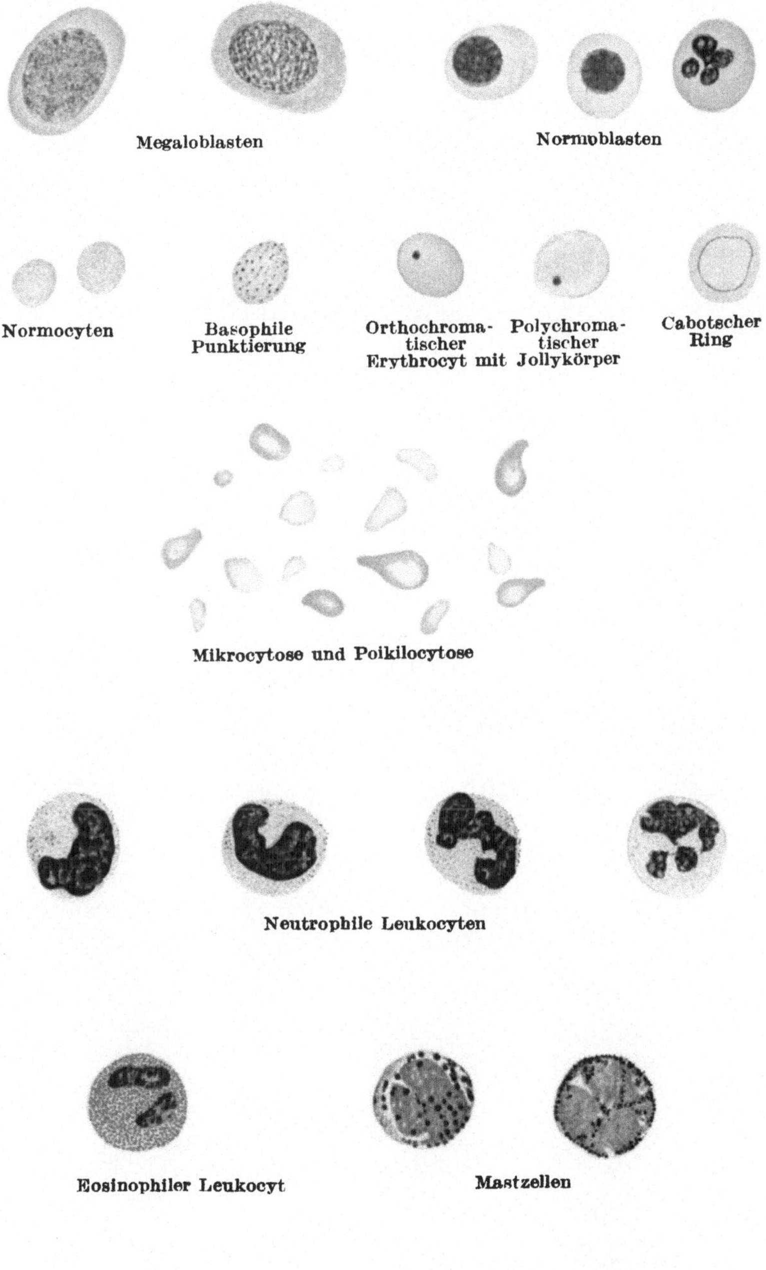

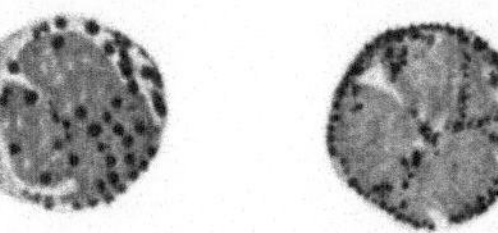

Megaloblasten

Normoblasten

Normocyten

Basophile
Punktierung

Orthochroma-
tischer
Erythrocyt mit

Polychroma-
tischer
Jollykörper

Cabotscher
Ring

Mikrocytose und Poikilocytose

Neutrophile Leukocyten

Eosinophiler Leukocyt

Mastzellen

Normale und pathologische Zellen des Blutes. (Nach NAEGELI, Blutkrankheiten, 5. Aufl.)

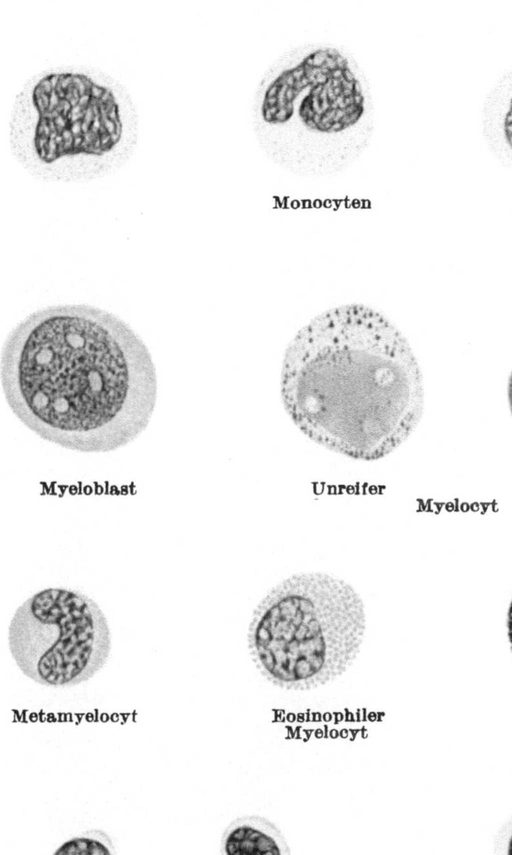

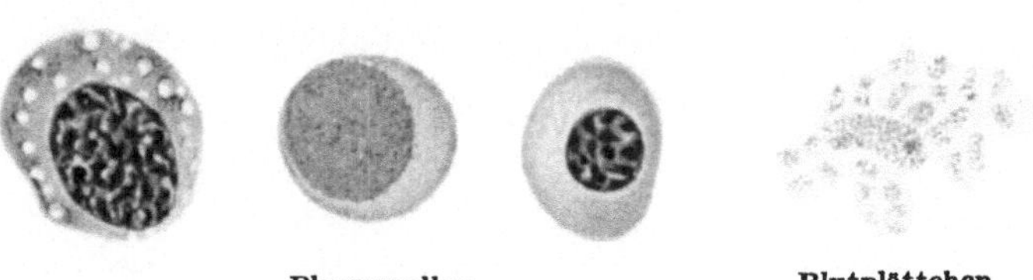

Verlag von Julius Springer in Berlin.

man gewöhnlich die Färbung am vorher getrockneten und in dünner Schicht ausgebreiteten Blut, obwohl bei diesem Verfahren gewisse Strukturveränderungen nicht zu vermeiden sind.

Herstellung der Bluttrockenpräparate.

Es gilt, eine möglichst gleichmäßige dünne Blutschicht auf dem Deckglas zu verteilen. Dazu ist es zunächst unbedingt nötig, nur tadellos gereinigte, und zwar sehr gründlich entfettete Objektträger und Deckgläser zu benutzen, die am besten mit Chromschwefelsäure gereinigt und in einem Gemisch von Alkohol und Äther aā aufbewahrt sind und unmittelbar vor dem Gebrauch mit Wasser abgespült und mit weichem *Leder* poliert sind. Die Gläser sind mit Pinzetten anzufassen, da schon der von den haltenden Fingern ausgehende warme Luftstrom die ohnehin leicht eintretenden und sehr störenden Verdunstungserscheinungen in unbequemer Art fördert. Auch ist aus dem gleichen Grunde der Ausatmungshauch gegen das Präparat zu vermeiden. Dann fängt man ein kleines, aus einem Stich der Fingerkuppe oder des Ohrläppchens vorquellendes Tröpfchen mit einem Deckglas auf, legt ein zweites Glas unter Vermeidung jeden Druckes darauf und zieht es glatt am ersten hin. Oder man streicht den möglichst an einer Ecke oder am Rande des Objektträgers aufgefangenen Tropfen rasch und glatt aus, indem man mit der Kante eines zweiten geschliffenen Objektträgers über die Fläche des ersten hinführt. Heute wird allgemein die Objektträgermethode als die technisch einfachere bevorzugt. *Dicketropfen-Methode* s. S. 131.

Die ausgestrichenen Präparate läßt man lufttrocken werden und unterwirft sie dann der Fixierung bzw. Färbung.

Je nach der beabsichtigten Färbung hat man die Präparate vor der Färbung zu fixieren, oder es findet die Fixierung zugleich mit der Färbung statt.

Blutfärbungen.

Bei den modernen, sog. *panoptischen* Färbungen erfolgt die Fixierung gleichzeitig mit der Färbung.

Es empfiehlt sich, die hier genannten Farblösungen nur in Originalabfüllungen der Firma Dr. Hollborn, vorm. Dr. Grübler, Leipzig S 3, Hardenbergstraße 3, zu verwenden. Kleinere Mengen Farbstofflösungen für den täglichen Gebrauch im Laboratorium kann man allenfalls in tadellos saubere Flaschen abgießen. Die Originalflaschen (speziell die Giemsa-Lösung) sollen nicht viel geschüttelt werden; am besten ist es, die Entnahme der Giemsa-Farblösung mittels sorgfältigst gereinigter und trockener Pipette vorzunehmen.

Außerordentlich wichtig als häufige Fehlerquelle ist die Beschaffenheit des zur Verdünnung der Farbstoffe verwendeten *destillierten Wassers,* welches absolut neutral sein muß. Zur Prüfung dient die Hämatoxylinprobe: Man bringt in einem sauberen mehrmals gespülten Reagensglas in 5 ccm des zu prüfenden Wassers einige Körnchen Hämatoxylin, schüttelt und kontrolliert nach der Uhr. Während einwandfreies Wasser sich zwischen 1 bis 5 Min. schwach rosa färbt, wird zu stark alkalisches Wasser vor Ablauf der ersten Minute rötlich bis bräunlich; umgekehrt tritt in saurem Wasser auch noch nach 5 Min. keine Spur Rosafärbung, dagegen eine Gelbfärbung auf. Saures Wasser kann man durch vorsichtiges Zutropfen von 1%igem Natr. carbon. zu 1 Liter Wasser korrigieren. Das Wasser hält man am besten in einer Vorratsflasche auf hohem Konsol mit Glasheber, Gummischlauch und Quetschhahn, sowie Glasrohr als Auslauf bereit.

Für die färberische Darstellung histologischer Strukturen hat BETHE gezeigt, daß entscheidend für den Ausfall der Färbung die H-Ionenkonzentration der Farblösung ist, und H. MOMMSEN [Z. exper. Med. **65** (1929)] konnte durch Einstellung der Farblösung auf eine bestimmte H-Ionenkonzentration, insbesondere die Darstellung der Leukocytengranulationen verbessern. Die Firma Hollborn (s. oben) stellt fertige Kapseln her, deren Inhalt, in Aqua destillata gelöst, die gewünschte Puffermischung ergibt.

Die Färbung der Blutpräparate erfolgt am besten auf einer sog. Färbebrücke: In einer großen Glasschale werden die zu färbenden Objektträger auf zwei parallelliegende Glasstäbe gelegt, so daß erstere nicht am Boden festkleben. Deckglasausstriche befestigt man am besten in einer Cornetpinzette mit der Schicht nach oben.

Diejenige Färbemethode, die für alle klinischen Untersuchungen geeignet ist und daher am meisten angewendet wird, ist die von PAPPENHEIM angegebene, kombinierte MAY-GRÜNWALD-GIEMSA-Färbung. Der MAY-GRÜNWALD-Farbstoff ist eine methylalkoholische Lösung von eosinsaurem Methylenblau (fertig zu beziehen). Der Methylalkohol fixiert das Präparat, der Farbstoff bewirkt eine Vorfärbung, insbesondere der Erythrocyten. Der GIEMSA-Farbstoff ist eine Lösung von Eosin, Methylenblau und Methylenazur in Glycerin und Methylalkohol. Die Färbung geschieht folgendermaßen:

Das lufttrockene Präparat wird mit verdünnter MAY-GRÜNWALD-Lösung übergossen; nach 3 Min. gibt man etwa die gleiche Menge destillierten Wassers für 1 Min. hinzu, gießt dann die Farblösung ab und ersetzt sie sofort durch verdünnte GIEMSA-Lösung. Zu diesem Zweck fügt man in einem kleinen Meßzylinder zu destilliertem Wasser (etwa 5 ccm pro Objektträger) unter vorsichtigem Schütteln soviel Tropfen GIEMSA-Stammlösung hinzu, als Kubikzentimeter Wasser vorhanden sind (also z. B. 5 Tropfen Farbstoff auf 5 ccm Wasser) und läßt die Farblösung 15—25 Min. einwirken. Die für die einzelnen GIEMSA-Stammlösungen erforderliche optimale Färbedauer ist ein für allemal durch Versuch zu ermitteln. Man entfernt nun den Farbstoff, indem man das Präparat mit einem scharfen Strahl destillierten Wassers abspült, wodurch zugleich auch etwa vorhandene Farbstoffniederschläge entfernt werden. Das Präparat darf nicht durch die Flamme gezogen werden, sondern wird durch Abdrücken mittels glatten, noch nicht benutzten Fließpapiers getrocknet und ist damit zur Untersuchung fertig. Richtig hergestellte Präparate dürfen weder rein eosinrot noch bläulich aussehen, sondern zeigen eine zart rötlich-violette Färbung. Für die mikroskopische Untersuchung bettet man entweder in Canadabalsam ein (dieser muß aber absolut neutral sein!) oder, was wesentlich einfacher ist, man untersucht direkt in einem Tropfen Cedernöl.

Zur Darstellung besonderer Details (Malariaparasiten u. a.) kann eine intensivere GIEMSA-Färbung notwendig sein. Hier wird die verdünnte GIEMSA-Lösung nach 15—20 Min. Färbedauer abgegossen und durch eine neu hergestellte Verdünnung ersetzt usw., so daß eventuell im ganzen bis zu 40 Min. — 1 Stunde gefärbt wird.

Färbt man Ausstriche mit einer GIEMSA-Lösung, deren pH statt der üblichen 6,0—7,0 nur 5,4 beträgt, so kommen nach MOMMSEN (s. oben) die normalen Granula der feingekörnten Leukocyten nicht zur Darstellung und das Protoplasma erscheint homogen. Unter pathologischen Verhältnissen dagegen (Infektionskrankheiten usw.) zeigen einzelne Leukocyten feine oder gröbere dunkle Granula *(toxisch* oder *pathologisch granulierte Leukocyten)*. Pufferlösung von $p_H = 5,4$ wird folgendermaßen hergestellt: n-NaOH 21,6, n-Essigsäure 27,0, Aqua destillata ad 1000,0 (hält sich 4—6 Wochen). Verdünnte Giemsa-Lösung nach Mommsen: Giemsa-Stammlösung (Firma Hollborn) 10, Aqua destillata 40, Pufferlösung p_H 5,4 ad 100. Färbedauer 1 Stunde; zur Vermeidung von Niederschlägen soll die Farblösung auf der Färbebrücke die nach unten gekehrten Präparate von unten bespülen. Abspülen nicht mit Aqua destillata, sondern mit der Pufferlösung von p_H 5,4.

Dicke-Tropfen-Methode *nach* V. Schilling: Man trocknet auf einem Objektträger zwei zu Pfennigstückgröße mit der Nadel ausgeriebene dicke Bluttropfen an und bedeckt sie erst nach völligem Lufttrocknen (nach 1 Stunde Brutschrank oder mehrstündigem Liegenlassen an der Luft) auf der Färbebrücke mit Giemsa-Lösung 5 Tropfen zu 5 ccm Aqua destillata; wenn sich nach 3—5 Min. das Hämoglobin als rote Farbwolke herausgelöst hat, gießt man vorsichtig von der Seite frischbereitete gleiche Farblösung nach und spült nach weiteren 20—25 Min. ebenso vorsichtig mit Aqua destillata nach. Bei behutsamem Verfahren bleiben die enthämolysierten Blutschichten als zarte bläulich-rötliche Häutchen zurück; fettfreie Objektträger sind Vorbedingung. Gegen gelegentliches Abschwimmen der Schicht schützt das obenerwähnte Anbringen von 2 Tropfen auf einem Objektträger, da dann 1 Tropfen fast immer brauchbar bleibt. Die seitliche Zuführung von Farblösung und Spülflüssigkeit, ohne den Objektträger von der Farbbrücke zu entfernen, verhütet die Bildung von Niederschlägen auf der Blutschicht, da alle Unreinlichkeiten und Eiweißsubstanzen vor dem Anhaften weggeschwemmt werden. Nachdem man überschüssige Farbe noch einige Sekunden mit dem letzten Rest Aqua destillata auf dem Objektträger extrahiert hat, gießt man die Flüssigkeit durch Abheben des Objektträgers von der Färbebrücke ab und trocknet angelehnt (Fließpapier verboten). Nach vollständiger Lufttrocknung wird das Präparat direkt unter Cedernöl betrachtet.

Vitalfärbung: Zur Darstellung der Reticulocyten sind nur die sog. Vitalfärbungen (eigentlich Postvitalfärbungen) geeignet:

Von einer konz. Lösung von Brillantkresylblau in absolutem Alkohol bringt man einige Tropfen auf einen tadellos entfetteten Objektträger, breitet sie mit der Kante eines geschliffenen Deckglases aus und läßt sie antrocknen. Die Farbe darf nur einen zarten Hauch auf dem Glase bilden; eventuell verreibt man sie mit einem sauberen Leinewandläppchen. Der so vorbereitete Objektträger kann beliebig lange vor Staub geschützt aufbewahrt werden. Zur Färbung nimmt man mit einem sauberen Deckglas einen kleinen Blutstropfen ab und legt es sofort auf den Objektträger, so daß das Blut sich zwischen beiden ausbreitet. Nach Ablauf einiger Minuten sind die Kerne der Leukocyten deutlich gefärbt und unter den Erythrocyten zeigen einzelne deutliche Netzfiguren. Man zählt in einer Reihe von Gesichtsfeldern die Zahl der Reticulocyten und die Zahl der Erythrocyten ohne Netzbildung. Kennt man die absoluten Zahlen der Erythrocyten, so ergibt sich durch einfache Berechnung diejenige der Reticulocyten.

Sie beträgt normal 0,1—0,5% der Erythrocyten.

Färbung der basophilen Granulierung der Erythrocyten nach Manson-Schwarz[1]: Zur besonders übersichtlichen Darstellung der

---

[1] Manson-Schwarz: Klin. Wschr. **1922**, 2426.

basophilen Tüpfelung der Erythrocyten (Diagnose der Bleivergiftung) empfiehlt sich eine reine Methylenblaufärbung:

In einem Kolben aus Jenenser Glas, das kein Alkali abgibt, werden in 100 ccm destillierten Wasser 2 g Borsäure sowie 1 g Methylenblau puriss. (Hollborn oder Höchst) gelöst. Diese Lösung I hält sich bei Zimmertemperatur monatelang. Lösung II ist eine 0,28%ige NaOH. Vor dem Gebrauch bringt man in einen Meßzylinder 6 Tropfen Lösung I und 8 Tropfen Lösung II, schüttelt gut durch und füllt mit abgekochtem Aqua destillata auf 10 ccm auf. Die Fixierung der Blutausstriche erfolgt mit Methylalkohol 3—5 Min., dann Abspülen der Präparate mit Aqua destillata und trocknen lassen. Nun färbt man mit der verdünnten Farblösung 5 Sek. und spült vorsichtig mit Aqua destillata ab, trocknet mit Fließpapier und untersucht mit Cedernöl. Wichtig bei dieser Methode ist, daß das verwendete destillierte Wasser CO_2-frei ist. Die Erythrocyten sind hellgrünblau, die basophilen Granula tiefblau bis schwarz gefärbt.

Oxydase- und Peroxydasereaktion: Im Gegensatz zu den Lymphocyten enthalten die Granulocyten in ihrem Protoplasma gewisse Oxydationsfermente. Die Oxydasen sind Fermente, welche Sauerstoff zu übertragen vermögen, die Peroxydasen solche, die aus Peroxyden, z. B. aus Wasserstoffsuperoxyd Sauerstoff auf oxydable Substanzen übertragen. Der färberische Nachweis der Oxydasen und Peroxydasen geschieht auf dem Wege bestimmter Farbreaktionen, die sich durch das Hinzutreten von Sauerstoff zu gewissen Farbstoffgemischen vollziehen. Der Fermentnachweis in den Leukocyten hat dadurch eine besondere Bedeutung, daß er in der Regel auch in den unreifen, noch nicht gekörnten Vorstufen, den Myeloblasten, positiv ausfällt und somit, speziell bei manchen Leukämien, die Unterscheidung zwischen Zellen der myeloiden und lymphatischen Reihe leicht ermöglicht. Allerdings gilt dies nur im Fall des *positiven* Ausfalls der Reaktion, weil ganz unreife bzw. pathologische Myeloblasten bisweilen die Fermentreaktion vermissen lassen. Ferner hat die Unterscheidung zwischen Oxydase- und Peroxydasereaktion neuerdings dadurch eine besondere Bedeutung erlangt, daß bei manchen Erkrankungen des Corpus striatum die Oxydasereaktion positiv, die Peroxydasereaktion dagegen negativ ausfällt.

Indophenolblaureaktion (Oxydasenreaktion) nach WINKLER-SCHULTZE: Die trockenen Blutausstrichpräparate werden 5 Min. in 4%iger Formollösung fixiert, dann kommen sie in eine filtrierte Mischung von folgender Zusammensetzung: Gleiche Teile 1%ige Lösung von α-Naphthol in 70%igem Alkohol oder in alkalischem Wasser (in kochendes Wasser wird soviel verdünnte Kalilauge getropft, bis das Naphthol sich vollkommen löst) und 1%ige wässerige Lösung von Dimethylparaphenylendiaminbase (MERCK; es kommt in zugeschmolzenen Röhrchen in den Handel). Man läßt die Mischung ungefähr 5 Min. einwirken, bei älteren Lösungen kürzere Zeit. Die Gegenfärbung erfolgt mit einer 1%igen wässerigen Safraninlösung etwa 3 Sek. Die Fermentgranula sind dunkelblau gefärbt. Die Präparate lassen sich nicht konservieren.

Peroxydasereaktion nach SATO [1]**:** Auf den vollständig lufttrockenen Blutausstrich tropft man eine $1/2$%ige Lösung von Kupfersulfat, gießt diese nach 30 Sek. ab und behandelt den Ausstrich, ohne abzuspülen, weiter mit einer H_2O_2-haltigen Benzidinlösung (Benzidin 0,1, Aqua destillata 100,0, filtrieren, dazu 2 Tropfen 3% H_2O_2). Nach 2 Min. gießt man ab, spült vorsichtig mit Aqua destillata und nimmt die Gegenfärbung mit einer 1%igen wässerigen Safraninlösung (2 Min.) vor. Vorsichtiges Spülen und Trocknen im Brutschrank (nicht mit Fließpapier!). Die Fermentgranula sind blaugrün, die Zellkerne schwach rotgelb gefärbt.

Normale und pathologische Zellformen des Blutes im gefärbten Präparat. Die roten Blutkörperchen (Erythrocyten).

Im normalen Blut zeigen sie annähernd gleiche Form und Größe. Bei geringerem Farbstoffgehalt ist dieser nur in den Randzonen sichtbar, so daß die gefärbten Zellen wie Ringe erscheinen *(Pessarformen)*.

Bei Anämien kommen sowohl Abweichungen von der Form als auch von der Größe der normalen roten Blutkörperchen vor. Wenn die Zellen vielgestaltige, oft ganz phantastische Formen zeigen, so spricht man nach QUINCKE *von Poikilo-cytose*. Diese Erscheinung ist durchaus *nicht* für eine bestimmte Krankheit charakteristisch.

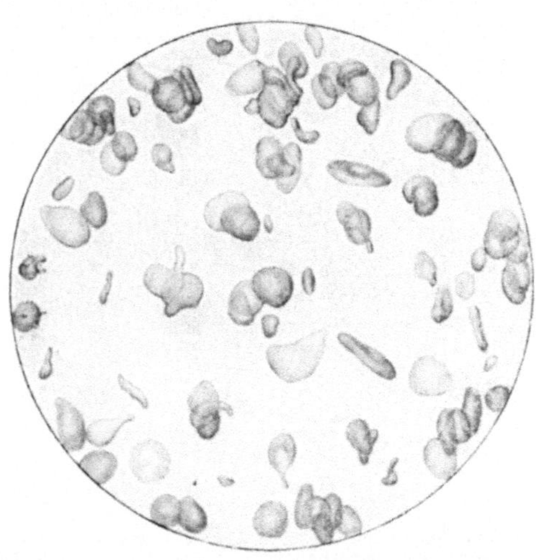

Abb. 95. Ungefärbtes Nativpräparat von schwerer (perniziöser) Anämie: Poikilo- und Anisocytose (Blutatlas von E. MEYER und RIEDER).

Es kommen ferner bei Anämien abnorm kleine und abnorm große rote Blutkörperchen vor; man spricht bei großer Ungleichheit der Zellgröße von *Anisocytose*. Die kleinsten Formen werden als *Mikrocyten*, die großen als *Megalocyten* bezeichnet, im Gegensatz hierzu wird für den normal großen Erythrocyten auch die Bezeichnung *Normocyt* gebraucht.

Während sich im normalen Blut des Menschen (bei Versuchstieren, z. B. beim Kaninchen ist dies anders) alle Erythrocyten

---

[1] SATO: Amer. Journ. Dis. Child. 1925, **29**, Nr. 3.

in gleichem Ton mehr oder weniger rot färben, kommen im pathologischen, namentlich anämischen Blut Zellen vor, die außer dem Rot des Eosins auch den blauen Farbton des basischen Farbstoffes aufnehmen. Solche roten Blutkörperchen, die daher blaurot, bisweilen fast mehr blau als rot gefärbt sind, nennt man *polychromatophile* rote Blutkörperchen *(Polychromasie)*.

Ebenfalls bei *Anämien* findet sich häufig im Protoplasma der roten Blutkörperchen eine feinere oder größere *blaue Granulierung*, die nur bei Anwendung von Methylenblau und verwandten Farbstoffen sichtbar ist. Die so beschaffenen Zellen werden als *punktierte*

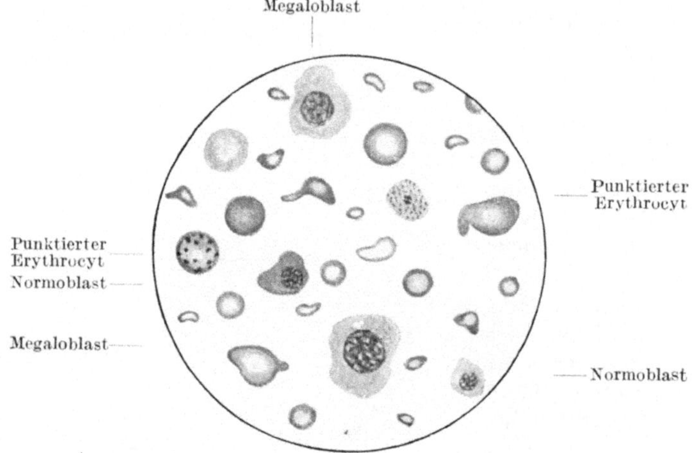

Abb. 96. Perniziöse Anämie. (JENNER-MAY-Färbung.) Megaloblasten, Normoblasten, punktierte Erythrocyten, polychromatophile Erythrocyten, Poikilocytose. (Modifiziert nach LENHARTZ.)

Erythrocyten bezeichnet; man spricht auch von einer *basophilen Granulation* der roten Blutkörperchen. Diese Zellen finden sich oft bei den verschiedensten Anämieformen, sie können aber auch ohne erheblichere Anämie bei Vergiftungen, insbesondere bei der *Bleivergiftung* in sehr großer Zahl im Blut vorkommen. Hier kann ihre Anwesenheit größte differentialdiagnostische Bedeutung haben.

Ferner treten gelegentlich bei Anämie, namentlich aber nach Splenektomie, in einzelnen Erythrocyten kleine runde scharf begrenzte Körperchen auf, die sich mit GIEMSA leuchtend rot färben: HOWELL-JOLLYsche *Körperchen*.

Selten, besonders bei schweren Anämien sieht man bei GIEMSA-Färbung in den Erythrocyten rotgefärbte Schleifen und Ringe, sog. CABOTsche Ringe.

Die bisher genannten Zellformen sind wie die normalen roten Blutkörperchen kernfrei; im pathologischen Blut kommen jedoch auch *kernhaltige* rote Blutkörperchen vor. Diese werden allgemein als *Erythroblasten* (im Gegensatz zu den kernlosen *Erythrocyten*) bezeichnet. Man unterscheidet, ebenso wie man normal große Erythrocyten und abnorm große *Megalocyten* unterscheidet, *Normoblasten* und *Megaloblasten*. Diese beiden Zellformen sind aber nicht nur in der Zellgröße, sondern auch in Form und Anordnung von Kern und Protoplasma sehr verschieden.

Die *Normoblasten* (kleine kernhaltige rote Blutkörperchen) haben, wie ihr Name sagt, ungefähr die Größe der kernlosen roten Blutkörperchen. Der Kern färbt sich intensiv mit basischen Farbstoffen und zeigt entweder eine radiäre Anordnung des Chromatins (*Radspeichenform* des Kernes) oder er ist homogen, pyknotisch. Oft zeigen die Kerne Abschnürungen und Sprossungsfiguren; bisweilen sieht man auch Kernteilungsfiguren. Das Protoplasma ist entweder rein rot gefärbt (*orthochromatisch*), oder es kann wie das der Erythrocyten polychromatophil sein und auch basophile Punktierungen aufweisen.

Die Megaloblasten stellen sehr große kernhaltige rote Blutkörperchen dar, deren größte Exemplare auch wohl als *Gigantoblasten* bezeichnet werden. Ihr Kern ist weniger chromatinreich als der der Normoblasten, er zeigt keine Radspeichenform und seine Größe ist im Verhältnis zum Protoplasmaanteil der Zellen sehr beträchtlich. Auch diese Zellen können Mitosen und Zeichen von Kernauflösung und Kernabschnürungen zeigen. Der breite Protoplasmaanteil ist fast immer polychromatophil, oft färbt er sich so intensiv blau, daß die Erkennung der Zellen als Angehörige der roten Blutkörperchenreihe Schwierigkeiten machen kann.

Bedeutung der pathologischen Erythrocytenformen: Die *kernhaltigen roten Blutkörperchen* sind die Vorstufen der kernfreien, normalerweise allein im Blut zirkulierenden. Sie finden sich beim erwachsenen normalen Menschen lediglich im roten Knochenmark und zwar kommen hier nur Normoblasten, ganz ausnahmsweise vereinzelte kleinere Exemplare der Megaloblasten vor. Durch Kernauflösung geht der Kern verloren und seine Reste sind oft im Protoplasma nachweisbar. Aus den Normoblasten entstehen die normal großen Normocyten. Der Typhus der Blutbildung ist ein normoblastischer. Nur bei sehr schweren Anämien, fast ausschließlich bei der sog. perniziösen Anämie, finden sich im Knochenmark viele Megaloblasten, aus denen die Megalocyten entstehen. Man spricht dann von *megalocytischem Typus der Blutbildung*. Dieser ist demnach durch das Zirkulieren sehr großer roter Blutkörperchen und vereinzelter Megaloblasten charakterisiert. Es ist ein höchst wichtiges Vorkommnis von fast *pathognomonischer* Bedeutung. Das Vorkommen von Normoblasten im Blut deutet auf eine Alteration oder starke reaktive Tätigkeit des Knochenmarks. Es finden sich daher Normoblasten in größerer Zahl im Blut bei *schweren Anämien* (durchaus nicht etwa bloß bei der perniziösen), bei *myeloider Leukämie,* bei *Metastasen maligner Tumoren im Knochenmark* und bei einigen anderen Krankheitszuständen (Intoxikationen). Besonders reichlich sind sie im Blut vorhanden, wenn es zu einer kräftigen Blutneubildung von Zellen kommt. Ihr Vorkommen kann daher bisweilen ein Zeichen der Besserung sein (sog. *Blutkrise*). Die CABOTschen Ringe stellen wahrscheinlich Reste einer Kernmembran dar; sie finden sich besonders bei schweren Anämien.

Die *punktierten* Erythrocyten wurden früher als Degenerationsformen der roten Blutkörperchen angesehen. Sie gehören aber, wie die Normoblasten, zu den Erscheinungen, die als *Reaktion* auf bestimmte Reize, besonders auf gewisse Gifte *(Blei,* Phenylhydrazin, Nitrobenzol, Benzol usw.) im Blute erscheinen. Ebenso ist das Auftreten der *polychromatophilen* Erythrocyten aufzufassen. Wenn diese, ebenso wie die im Blut zirkulierenden punktierten Erythrocyten und kernhaltigen roten Blutkörperchen, auch hauptsächlich bei schwereren Anämien vorkommen, so sind sie doch als unreife *Jugendformen* der Erythrocyten aufzufassen. Hiermit stimmt überein, daß alle die genannten Zellformen bei den schwersten Formen der perniziösen Anämie (aplastische Anämie) im Blute vollkommen fehlen können.

Die *Poikilocytose* hat keine pathognomonische Bedeutung. Sie deutet wahrscheinlich auf eine durch osmotische Veränderungen hervorgerufene schwere Schädigung der Erythrocyten.

Die Beobachtung des Hämoglobingehaltes der Zellen im gefärbten Präparat kann zusammen mit der Berücksichtigung des *Färbeindex* (s. S. 125) von großer diagnostischer Bedeutung sein. Ein verminderter Hämoglobingehalt findet sich bei sekundären Anämien, ein erhöhter ist fast pathognomonisch für perniziöse Anämie.

Die farblosen Blutkörperchen (Leukocyten, s. Tafel): *Vorbemerkungen über die Nomenklatur:* Die Bezeichnungen für die einzelnen Leukocytenformen haben sich historisch entwickelt, sie sind daher nicht streng logisch nach einheitlichen Gesichtspunkten zu beurteilen. Die heute gebräuchliche Einteilung geht auf EHRLICHS farbenanalytische Studien an dem Protoplasma der Zellen zurück. Es ist für den Lernenden wichtig zu wissen, daß die hierbei gebräuchlichen Bezeichnungen, wie z. B. neutrophile, eosinophile Zellen usw. von dem Verhalten bestimmten Farbstoffen gegenüber hergeleitet sind, daß man aber die hierbei angewandte Nomenklatur auch auf die ungefärbten oder mit andersartigen Farbstoffen tingierten Zellen anwendet. So bezieht sich die Bezeichnung neutrophil ursprünglich auf das Verhalten bei Färbung mit Triacid, eosinophil, wie der Name schon sagt, auf das Verhalten bei Färbungen, deren saurer Anteil das Eosin ist. Die durch die farbenanalytischen Studien gewonnenen Resultate bezüglich der Besonderheiten von Protoplasma und Kern sind durch die Untersuchung ungefärbter Zellen, namentlich auch durch die Photographie der Zellen im ultravioletten Licht vollauf bestätigt worden.

Im *Blut des erwachsenen normalen Menschen* kommen folgende Zellformen vor:

1. Die polymorphkernigen neutrophilen Leukocyten. Sie bilden die Hauptmasse der farblosen Blutzellen, sind identisch mit den bei Eiterungen durch die Gefäße auswandernden Zellen (Eiterkörperchen). Sie sind größer als die roten Blutkörperchen. Ihr Kern ist sehr chromatinreich, wie der Name sagt, gelappt, vielgestaltig, bisweilen sind auch einzelne getrennte Kernteile vorhanden (echte *polynucleäre* Zellen). Das Protoplasma zeigt eine sehr feine Granulierung. Diese zeigt im Nativpräparat oft deutliche BROWNsche Molekularbewegung.

Die Zahl der neutrophilen polymorphkernigen Zellen beträgt im normalen Blut 65—72% aller Leukocyten. Unter pathologischen Verhältnissen kommt Vermehrung dieser Zellen (neutrophile *Leukocytose*) und Verminderung *(Leukopenie)* auf Kosten anderer Zellen vor.

Die neutrophilen Leukocyten zeigen oft deutliche amöboide Bewegungen. Sie phagocytieren kleine corpusculäre Elemente, besonders Mikroorganismen und werden deshalb von METSCHNIKOFF auch als *Mikrophagen* bezeichnet. Sie haben bei der Bildung der Immunkörper eine große Bedeutung. Bei der Bestimmung des *opsonischen* Index eines Blutes bestimmt man die von ihnen in vitro phagocytierten Mikroorganismen. Beim Zerfall liefern die neutrophilen Leukocyten eiweißverdauende Fermente, was für den Abbau pathologischer Exsudate von Wichtigkeit ist.

Neben der Granulierung spielt auch die *Form des Kernes* bei den Neutrophilen eine Rolle, insbesondere die Art seiner Lappung. Nach der Annahme ARNETHs läßt sich diese für die Beurteilung des Reifungsgrades einer Zelle in dem Sinne verwerten, daß ein wenig gelappter Kern einer jüngeren, ein stärker fragmentierter Kern dagegen einer älteren Zelle entspricht. ARNETH hatte die Neutrophilen auf Grund ihrer Kernform je nach der Zahl der Kernfragmente in fünf Klassen geteilt und bei der schematischen Einteilung der Leukocyten in vertikalen Rubriken die wenig differenzierten, also unreifen Kernformen links, die stärker fragmentierten Kernformen rechts davon notiert. Zunahme der unreifen Formen wurde daher als „*Linksverschiebung*" bezeichnet.

Das ARNETHsche Schema erwies sich jedoch für die Klinik als zu kompliziert, und V. SCHILLING hat dieses dadurch wesentlich vereinfacht, daß er nur drei Klassen unterscheidet, und zwar erstens *Segmentkernige* oder S-Formen, d. h. die große Mehrzahl der Neutrophilen, deren Kern mindestens *eine* fadenartige Abschnürung zeigt, zweitens *Stabkernige* oder St-Formen mit unsegmentiertem Kern in Hufeisen-, S- oder Knäuelform, drittens *Jugendliche* (J-Formen) mit breitwurstförmigem Kern; dazu kommt als pathologische Zellform der Myelocyt (M-Form). In Tabellenform angeordnet („Hämogramm") stellt sich das normale Blutbild nach SCHILLING wie folgt dar:

| | | | Neutrophile | | | | | | |
	Zahl der Leukocyten	Basophile	Eosinophile	Myelocyten	Jugendliche	Stabkernige	Segmentkernige	Lymphocyten	Monocyten	Bemerkungen
Grenz-werte	5—8000	0—1	2—4	—	0—1	3—5	51—67	21—35	4—	keine Verschiebung

Es ist allerdings zu bemerken, daß die genannte Rubrizierung eine völlig tadellose Technik namentlich hinsichtlich der Anfertigung der Ausstriche voraussetzt, da andernfalls infolge von unzulässigem Druck an den Kernen Artefakte entstehen, welche eine fehlerhafte Klassifizierung hervorrufen können. Ferner wird praktisch oft nicht scharf genug unterschieden (besonders bei nicht tadelloser Färbung) zwischen jungen Kernen mit geringer Polymorphie, aber deutlicher Chromatinstruktur und pathologisch-degenerierten Kernen von einfacher Form, aber mit zusammengeklumptem Chromatin.

Die Linksverschiebung, d. h. vermehrtes Auftreten von St- und J-Formen, findet man bei den verschiedensten infektiösen Zuständen, aber auch bei manchen Intoxikationen. Zum Teil, aber nicht ausnahmslos prognostisch ungünstig ist eine normale bzw. nicht stärker erhöhte Leukocytenzahl mit stärkerer Linksverschiebung. Die Verschiebung nach rechts, also die Zunahme der Zahl der Kernfragmente spielt demgegenüber nur eine untergeordnete Rolle; sie wird vor allem bei der perniziösen Anämie (außerdem auch bei Sprue, Beri-Beri usw.) beobachtet.

2. Die polymorphkernigen eosinophilen Leukocyten. Die Zellen sind meist größer als die neutrophilen, der Kern ist weniger gebuchtet, meist zeigt er bloß zwei Kernlappen. Das Protoplasma zeigt sehr grobe, intensiv glänzende Granula, die im ungefärbten Präparat einen grünlichen Ton besitzen. Sie färben sich mit sauren Farbstoffen, besonders mit Eosin intensiv rot. Dieses Verhalten hat den Zellen ihren Namen gegeben. Die Größendifferenz der Granula gegenüber denen der neutrophilen Zellen ist noch charakteristischer als das färberische Verhalten. Die eosinophilen Leukocyten machen 0,5—3% aller Leukocytenformen aus. Die eosinophilen Zellen besitzen stark chemotaktische Eigenschaften zu bestimmten Stoffen, sie werden durch manche Reize angelockt bzw. aus der Blutbahn verdrängt. Ihre Granula sind sehr resistent; aus ihnen entstehen die CHARCOT-LEYDENschen Krystalle (s. Asthmasputum S. 180).

3. Die Mastzellen. Die Zellen besitzen grobe, stark basophile Granula, die sich daher mit Methylenblau blau bis violettblau färben. Durch starkes Differenzieren mit Wasser geben die Granula die aufgenommenen Farbstoffe wieder leicht ab. Der Kern ist kompakt, nur wenig gelappt. Die biologische Bedeutung der Zellen ist unbekannt. Im normalen Blut betragen sie 0,5% aller Leukocyten.

Alle die genannten Zellen werden zum Unterschied von den folgenden wegen der Granulierung des Protoplasmas auch als *Granulocyten* bezeichnet. Die folgenden Zellen sind ungranuliert.

4. Die Lymphocyten. Sie sind meist kleiner als die roten Blutkörperchen. Der Kern ist im Verhältnis zum Protoplasmaanteil groß, so daß bloß ein schmaler Protoplasmasaum sichtbar ist. Der Kern ist kreisrund oder oval, auch leicht eingebuchtet; er ist sehr chromatinreich. Bei GIEMSA-Färbung erkennt man meist 1—2 Kernkörperchen. Das Protoplasma zeigt eine feine Netzstruktur, durch deren Knotenpunkte Granula vorgetäuscht werden können. Bei der GIEMSA-Färbung erkennt man feinste rote sog. *Azurgranula,* die aber durch ihr spärliches Auftreten und ihr tinktorielles Verhalten von den Granula der Granulocyten zu unterscheiden sind.

Die Lymphocyten sammeln sich im Gewebe bei chronischen Entzündungen an und bilden einen Hauptteil der Zellen in den entzündlichen Granulomen. Bei besonders vorsichtiger Behandlung ist an ihnen auch extra corpus amöboide Bewegung nachweisbar (Objektträger aus Quarz). Ihre Zahl beträgt im normalen Blut 20—25% aller Leukocytenformen.

Unter pathologischen Verhältnissen können sie vermehrt oder vermindert sein (Lymphocytose, Lymphopenie).

5. Die großen mononucleären Leukocyten und die sog. Übergangsformen EHRLICHS: Diese Zellen sind die größten des normalen Blutes. Ihr Kern ist entweder oval oder gebuchtet. EHRLICH hielt die Zellen mit eingebuchtetem und stärker gelapptem Kern für Übergangsformen zu den polymorphkernigen neutrophilen Leukocyten, was sich als irrig erwies. Man faßt heute diese Gruppe unter der Bezeichnung *Monocyten* zusammen.

Der Kern ist groß, wenig chromatinreich; er zeigt ein deutliches Netzwerk. Das Protoplasma ist schwach basophil; mit GIEMSA färbt es sich stahlblau und weist eine staubfeine, meist den ganzen Zelleib durchsetzende Granulation auf. Wenn auch diese Monocytengranulation (NAEGELI) azurophil ist, so unterscheidet sie sich durch die viel größere Feinheit der Körnelung und ihre große Zahl von den viel gröberen und nur in vereinzelter Anzahl im Protoplasma der Lymphocyten auftretenden, meist leuchtend-roten Azurgranula. Die Zellen besitzen ausgesprochen phagocytäre Fähigkeiten, und zwar phagocytieren sie größere morphologische Elemente: Pigment, andere Zellen (z. B. rote Blutkörperchen usw.). METSCHNIKOFF bezeichnet sie (mit anderen Zellen zusammen) als *Makrophagen.* Die Zahl der Zellen beträgt 5—8% aller Leukocyten.

Eine Reihe von Forschern (z. B. ASCHOFF) leitet die Monocyten von den *Reticuloendothelien* ab und stellt sie damit in gewissen Gegensatz zum lymphatischen und myeloischen Gewebssystem.

Im normalen Blut des *Erwachsenen* kommen nach dem eben Geschilderten 5 verschiedene Formen von farblosen Blutzellen vor. Sie seien hier noch einmal mit ihren Zahlenwerten angegeben:

1. Die *polymorphkernigen neutrophilen Leukocyten:* 65—72% aller farblosen Zellen = 5000—5500 im Kubikmillimeter Blut.

2. Die *polymorphkernigen eosinophilen Leukocyten:* 2—4% = 100—250 Zellen im Kubikmillimeter Blut.

3. Die *Mastzellen:* 0,5% = etwa 50 Zellen im Kubikmillimeter Blut.

4. Die *Lymphocyten:* 20—25% = etwa 1200—2000 Zellen im Kubikmillimeter Blut.

5. Die *Monocyten:* 6—8% = etwa 400 Zellen im Kubikmillimeter Blut.

Lymphocyten und Monocyten zusammen werden auch als *Lymphoidocyten* zusammengefaßt; sie verhalten sich, obschon sie genetisch wahrscheinlich zwei völlig voneinander unabhängige Zellarten bilden, zum Teil gemeinsam antagonistisch gegenüber den Granulocyten.

Die hier mitgeteilten Prozentzahlen gelten nur für *Erwachsene* unter normalen Ernährungsbedingungen sowie bei Aufenthalt in tiefen und mittleren Höhenlagen.

In vielen Fällen empfiehlt es sich, die absolute Zahl der *Eosinophilen* durch Kammerzählung festzustellen, zumal einerseits bei dieser Methode eine größere Zellzahl gezählt wird als in den gefärbten Ausstrichpräparaten und andererseits die Kontrolle der Zahl der Eosinophilen oft wichtige Aufschlüsse liefert.

Kammerzählung der Eosinophilen: Als Verdünnungsflüssigkeit dient eine Aceton-Eosinlösung von DUNGER (1%ige wässerige Eosinlösung und Aceton āā 10,0, Aqua destillata ad 100). Diese Lösung muß gut verschlossen aufbewahrt werden und ist etwa alle 2 Monate zu erneuern. Das Blut wird

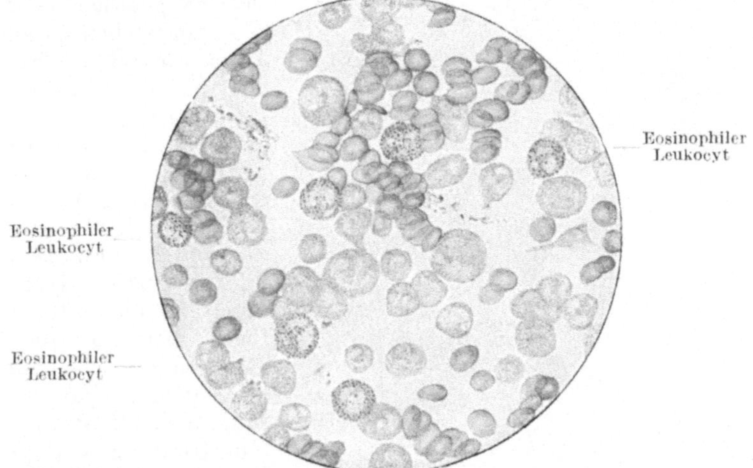

Abb. 97. Myeloische Leukämie (Nativpräparat). Zu beachten die Verschiedenartigkeit der Leukocytenformen, die Myelocyten und die lichtbrechenden Granula der Eosinophilen (E. MEYER und RIEDER).

mittels Leukocytenpipette im Verhältnis 1 : 10 mit der Lösung verdünnt und 3—5 Min. lang geschüttelt; dann wird in der Zählkammer gezählt. Es eignet sich jede Zählkammer mit 9 qmm großer Zählfläche. Besonders geeignet ist für diesen Zweck die Kammer von FUCHS-ROSENTHAL mit einer Kammerhöhe von 0,2 mm (s. S. 350).

Die Eosinophilenzahl im Kubikzentimeter beträgt normal 100—250.

Aus prozentualen Werten allein ohne Angaben der Gesamtleukocytenzahl können meist weitgehende diagnostische Schlüsse nicht gezogen werden.

Im *kindlichen Blut* finden sich mehr Lymphocyten, und zwar in den ersten Lebensjahren bis zu 47% Lymphocyten. Allmählich nehmen die Zellen zugunsten der polymorphkernigen Neutrophilen ab, doch sind noch bis zum Eintritt der Pubertät Werte von 30% Lymphocyten als normal anzusehen. Die Unkenntnis dieser Tatsache, namentlich des hohen Lymphocytengehaltes beim kleinen

Kind kann zu sehr schwerwiegenden diagnostischen Irrtümern führen [1]. Im Gegensatz zu den Lymphocyten verhält sich die Zahl der Monocyten beim Kinde nicht anders als beim Erwachsenen.

Außer den genannten Formen kommen im *pathologischen* Blut folgende Zellformen vor:

1. Die Myelocyten. Sie tragen ihren Namen nach der Stätte ihrer Abstammung, dem Knochenmark. Es sind große Zellen mit chromatinarmem Kern, der gelegentlich 1—2 Kernkörperchen zeigen kann. Charakteristisch ist, daß ihr Kern *ungelappt* ist.

Je nach der Form der Granulierung unterscheidet man genau wie bei den Leukocyten *neutrophile, eosinophile* und *basophile* Myelocyten. Von diesen Zellen finden sich alle Übergänge zu den Zellen mit gleichartiger Granulierung, aber mit gelapptem Kern. Alle diese Formen sind als die Vorstufen der entsprechenden polymorphkernigen Leukocyten anzusehen.

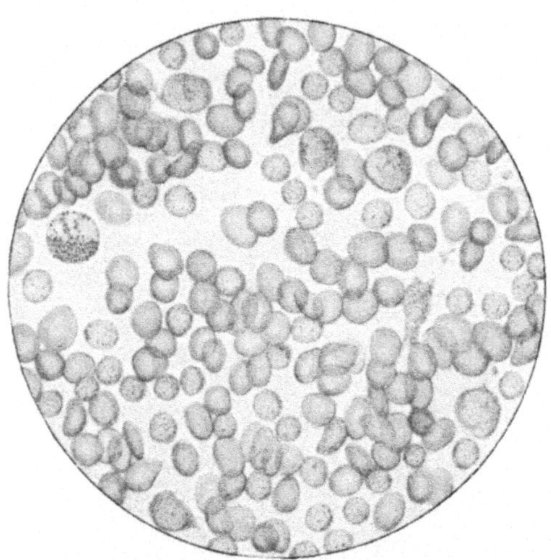

Abb 98. Lymphatische Leukämie (Nativpräparat): Außer sieben größeren Zellen lauter kleine Lymphocyten. (Atlas von E. MEYER und H. RIEDER.)

Unreife Vorstufen der Myelocyten zeigen nur eine partielle Granulation, die zwar bei den neutrophilen Formen auch fein, aber noch stärker basophil ist (sog. *Promyelocyten*). Sie stellen den Übergang von den Myeloblasten (s. unten) zu den Myelocyten dar.

Die *Myelocyten* finden sich bei Leukämien, bei Knochenmarksreizungen, bei schweren Anämien und gelegentlich vereinzelt auch bei hochgradigen Leukocytosen (Infektionskrankheiten) im zirkulierenden Blut. Ihr Vorkommen hat stets eine sehr wichtige diagnostische Bedeutung.

---

[1] Unter dem Einfluß der Kriegsernährung fand man bei uns normalerweise höhere Lymphocytenwerte, bis 30 und 35%, ja noch höhere Zahlen, während die polymorphkernigen neutrophilen Zellen vermindert waren. Die normale Leukocytenformel ist demnach abhängig von der Ernährung. Auch im Hochgebirge wird oft eine relative Lymphocytose beobachtet, analog einer von E. MEYER und SEYDERHELM während des Krieges festgestellten bei Fliegern.

2. Die großen Lymphocyten. Sie sind den kleinen Lymphocyten in der Form ähnlich, doch ist ihr mächtiger Kern chromatinärmer, er zeigt meist mehrere Kernkörperchen. Bisweilen ist der Kern eingebuchtet, nierenförmig (sog. RIEDERscher Lymphocyt). Der Protoplasmasaum ist stark basophil. Die Zellen zerfallen sehr leicht in schollige Gebilde (GUMPRECHTsche Schatten).

Die großen Lymphocyten kommen besonders bei akut verlaufenden Leukämien, jedoch auch gelegentlich bei Anämien und schweren Infektionskrankheiten, ferner bei der sog. lymphatischen Reaktion (Drüsenfieber, lymphoidzellige Angina) vor.

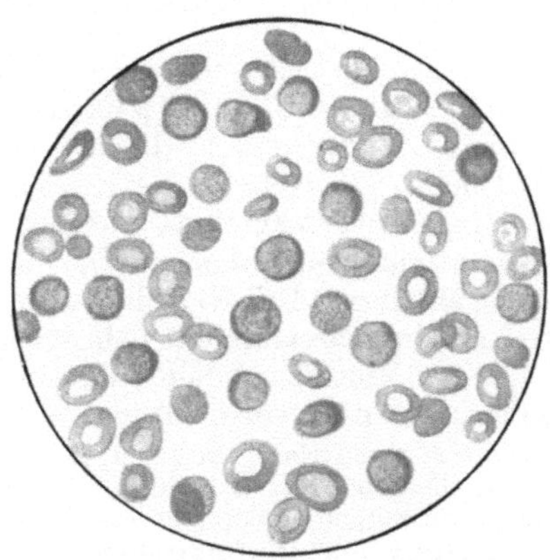

Abb. 99. Lymphatische Leukämie.
(E. MEYER und H. RIEDER, Blutatlas.)

Zellen vom Habitus der großen Lymphocyten finden sich als Vorstufen der Myelocyten im Knochenmark sowohl als im lymphatischen Gewebe. Von manchen Autoren wird von ihnen eine Zellart als *Myeloblasten* (NAEGELI) abgetrennt, doch ist deren Unterscheidung von den Lymphocyten nicht immer sicher durchzuführen. Positive Oxydasereaktion (vgl. S. 132) entscheidet für Myeloblasten, während der negative Ausfall nicht unbedingt dagegen spricht. Während man die Vorstufen der Myelocyten als Myeloblasten von den großen Lymphocyten abtrennt, bezeichnet man die Vorstufen der kleinen Lymphocyten als *Lymphoblasten*.

Als *Plasmazelle* bezeichnet man eine lymphocytenähnliche Zelle, deren Protoplasma eine besonders starke Affinität zu basischen Farbstoffen aufweist. Sie kommt vor in vereinzelten Exemplaren bei allen Leukocytosen, bei Reizungszuständen des Knochenmarks und bei der lymphatischen Reaktion (s. oben). Pathognomonisch ist

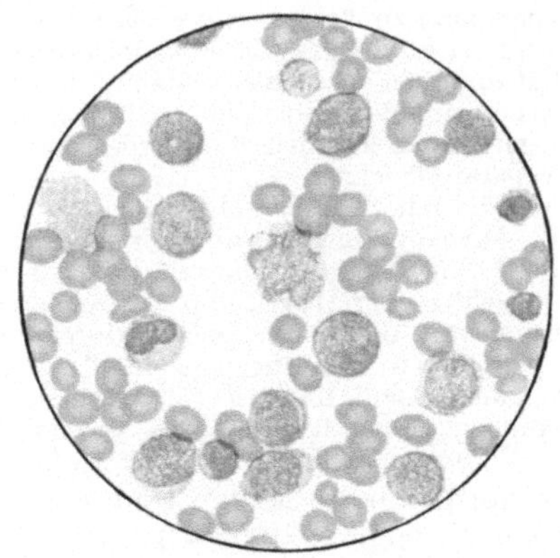

Abb. 100. Akute Leukämie (Blutatlas von
E. MEYER und H. RIEDER).

sie für die Rubeolen, wo sie in größerer Zahl regelmäßig angetroffen wird.

Um die verschiedenen im normalen oder pathologischen Blut vorkommenden Leukocytenformen auszuzählen, bedient man sich zweckmäßig eines Mikroskops mit beweglichem Objekttisch. Man untersucht mittels der

Ölimmersion und verzeichnet sich auf einem Blatt Papier die einzelnen Leukocytenformen nach ihrer Zahl. Man zählt im ganzen 500—1000 Leukocyten, eventuell von verschiedenen Präparaten durch und berechnet aus der Gesamtzahl der gezählten Zellen den Prozentgehalt. Aus diesen Prozentzahlen muß man die absoluten Werte in 1 cmm Blut nach Zählung der Gesamtzahl der Leukocyten in der Zählkammer indirekt berechnen.

Außer den roten und weißen Blutzellen kommen im Blut viel kleinere Elemente vor, die als *Blutplättchen* bezeichnet werden. Man sieht sie bereits im Nativpräparat (Abb. 94); bei guten Kernfärbungen (JENNER-MAY, GIEMSA) erkennt man an ihnen einen chromatinartigen, innen gelegenen Teil und einen protoplasmatischen äußeren. Die Blutplättchen liegen im Trockenpräparat oft in Häufchen beisammen, gelegentlich auch auf und scheinbar in den roten Blutkörperchen. Man muß sie kennen, um sie nicht mit Blutparasiten zu verwechseln.

Die Blutplättchen stammen nach neueren Untersuchungen von den Riesenzellen des Knochenmarks, von denen sie sich abschnüren. Bei der Gerinnung kommt ihnen eine besondere Rolle zu.

Zählung der Blutplättchen nach FONIO: Die Feststellung der Zahl der Blutplättchen ist besonders bei der Untersuchung hämorrhagischer Diathesen von Bedeutung. Bei ihrer Zählung muß man darauf bedacht sein, die Blutplättchen, die infolge ihrer starken Klebrigkeit die Neigung zur Agglutination haben, zu isolieren. Hierzu ist eine Magnesiumsulfatlösung geeignet.

Auf die Hautstelle, an welcher der Einstich vorgenommen werden soll, bringt man zunächst einen größeren Tropfen einer 14%igen $MgSO_4$-Lösung. Dann sticht man mit der Nadel durch den Tropfen hindurch, so daß das Blut direkt in die Salzlösung eintritt. Mit der Nadel verrührt man behutsam letztere mit dem Blut und stellt von dem Gemisch auf einem Objektträger in genau der gleichen Weise wie sonst einen Ausstrich her. Man läßt das Präparat trocknen und fixiert nach Ablauf von mindestens 1 Stunde entweder mit Methylalkohol oder MAY-GRÜNWALD-Lösung (s. S. 130), worauf die Färbung mit verdünnter GIEMSA-Lösung (hier 2 Tropfen Lösung pro 1 ccm Wasser), und zwar $^1/_2$—1 Stunde lang erfolgt. Die Zählung geschieht in der Weise, daß man mehrere Gesichtsfelder, mindestens 4, am besten mit der Okularblende durchmustert und jedesmal die Zahl der Erythrocyten und diejenige der Plättchen in jedem Gesichtsfeld notiert. Im ganzen sind 1000 Erythrocyten zu zählen. Aus der gleichzeitig durch Kammerzählung festgestellten Erythrocytenzahl läßt sich dann die Zahl der Plättchen im Kubikmillimeter ohne weiteres berechnen.

Normal beträgt die Zahl der Blutplättchen nach der FONIOschen Methode 250000—300000.

<h2 style="text-align:center">Blutgruppenbestimmung [1].</h2>

Die Kenntnis der sog. Blutgruppen ist vor allem für die Transfusionen im Hinblick auf die richtige Wahl des Spenders von der

---

[1] Nach F. SCHIFF: Die Technik der Blutgruppenuntersuchung, 3. Aufl. Berlin: Julius Springer 1932. Auf dieses Werk sei für alle näheren Informationen verwiesen.

größten Bedeutung, und zwar vom Gesichtspunkt der Isoagglutination. Nach LANDSTEINER unterscheidet man an den Erythrocyten allgemein zwei verschiedene isoagglutinable Substanzen, die man mit A und B bezeichnet. Bezüglich ihres Vorkommens existieren drei Möglichkeiten: Sie kommen entweder einzeln oder gemeinsam vor, oder sie fehlen beide gleichzeitig. Dem entsprechen die vier Blutgruppen, die folgendermaßen bezeichnet werden: A, B, AB und O. Die Gruppe O läßt sich durch kein Serum agglutinieren. Die häufigsten Gruppen (je etwa 40%) sind bei uns O und A. Man bezeichnet ferner die korrespondierenden im Serum enthaltenen Agglutinine als anti-A (oder α) bzw. anti-B (β) und anti-AB. A kann physiologisch nicht mit anti-A im gleichen Blute zusammen vorkommen, ebensowenig B mit anti-B, da es sonst ja schon in den Blutgefäßen zur Agglutination kommen müßte. Blut mit der Gruppe A der Erythrocyten kann also im Serum nur anti-B enthalten, die Gruppe B nur anti-A (LANDSTEINERsche Regel). Das zur Gruppe AB gehörige Serum enthält keine Agglutinine. Die folgende Tabelle gibt diese Verhältnisse ebenso wie die Formal wieder, nach welcher die Eigenschaften eines Blutes bezeichnet werden. Das charakteristische und vererbbare Verhalten der Blutgruppe beim einzelnen Individuum ist während des ganzen Lebens absolut konstant; eine Änderung durch Krankheiten usw. kommt niemals vor.

Tabelle.

	Die Blutkörperchen		Das Serum enthält	Formel
	enthalten die agglutinable Substanz	werden agglutiniert durch Serum der Gruppen		
1. Gruppe O	O	—	anti-A (α) anti-B (β)	O (anti-AB)
2. Gruppe A	A	O und B	anti-B (β)	A (anti-B)
3. Gruppe B	B	O und A	anti-A (α)	B (anti-A)
4. Gruppe AB	AB	O, A, B	—	ABo[1]

[1] o = gleichzeitiges Fehlen der beiden Agglutinine anti-A und anti-B.

Die Prüfung eines Blutes nach diesen Gesichtspunkten kann entweder mit Hilfe bekannter Erythrocyten A und B und einem zu prüfenden unbekannten Serum oder umgekehrt mittels unbekannter Erythrocyten und zwei bekannter Sera anti-A und anti-B erfolgen.

Zur *Ausführung* der Gruppenbestimmung ist das Vorhandensein von Testblut mit bekannter Gruppenzugehörigkeit notwendig. Nicht geeignet hierfür sind aus den obengenannten Gründen die Gruppen O und AB. Im Handel sind in Glascapillaren eingeschmolzene *Testsera* A (anti-B) und B (anti-A) zu haben (Hämotest, Sanguitest), deren Haltbarkeit etwa 3 Monate beträgt (Datum kontrollieren!); da aber gelegentlich falsche Bezeichnungen vorkommen, ist sicherheitshalber jedes Testserum auf seine richtige Signierung zu prüfen. Die Erythrocyten sind stets nur in *verdünntem* Zustande zu verwenden; unverdünntes Blut ergibt eventuell Fehler durch Pseudoagglutination. Zur Verdünnung verwendet man z. B. eine Leukocytenpipette, indem man das Blut für die Reagensglasprobe (s. unten) bis zur Marke 0,3, für die Objektträgermethode bis zur Marke 1 aufzieht und mit 0,9%iger NaCl-Lösung bis zur Marke 11 verdünnt. Jedoch braucht man nicht absolut genaue Mengenverhältnisse einzuhalten. Die Blutkörperchen sollen nicht älter als 1—2 Tage nach der Entnahme sein; man kann sie auch aus einem Blutgerinnsel, z. B. durch Ausschütteln eines solchen von einer WASSERMANN-Probe entnehmen.

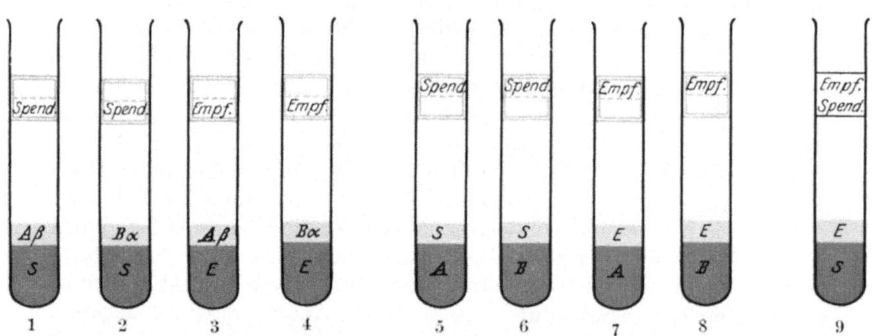

Abb. 101. Schema einer vollständigen Blutuntersuchung zur Auswahl eines Blutspenders. (Nach SCHIFF.) Röhrchen 1—4: Blutgruppenbestimmung mit Hilfe von Testserum. Röhrchen 5—8: Blutgruppenbestimmung mit Hilfe von Testblutkörperchen. Röhrchen 9: Direkte Mischung der Blutkörperchen des Spenders mit dem Serum des Empfängers.

Erklärung der Zeichen: rot: Blutkörperchen, gelb: Blutserum; E = Empfänger, S = Spender. Die blauen und grünen Vierecke im oberen Teil der Röhrchen deuten die Etikettierung an. Die blau markierten Röhrchen enthalten Testblut der Gruppe A, die grün markierten Testblut der Gruppe B.

Die *Reagensglasprobe* ist der Objektträgermethode unbedingt vorzuziehen. In kleine Gläschen von etwa 8 cm Länge und 8 mm Weite bringt man 0,1 ccm, d. h. 2 Tropfen Serum, welches von Blutkörperchen frei ist, und fügt 0,2 ccm oder 4 Tropfen der zu prüfenden Blutkörperchenaufschwemmung (s. oben) hinzu, schüttelt gut durch, läßt einige Minuten stehen und zentrifugiert; zentrifugiert man nicht, so muß man 2 Stunden bei Zimmertemperatur stehen lassen. Dann wird der Bodensatz vorsichtig aufgeschüttelt. Bei negativer Reaktion erfolgt wieder eine gleichmäßige Rotfärbung der Flüssigkeit infolge vollkommener Verteilung der Blutkörperchen; bei positiver Reaktion bleibt diese aus, und die erfolgte Agglutination ist an der Klümpchenbildung mit bloßem Auge deutlich zu erkennen. Die Untersuchung erfolgt bei Zimmertemperatur; Einwirkung von Kälte fördert unter Umständen unspezifische Reaktionen.

Objektträgermethode: Auf einem Objektträger wird zu einem Tropfen Serum ein Tropfen der Blutkörperchenaufschwemmung hinzugefügt, mittels Platinöse umgerührt und der Objektträger mehrmals hin- und herbewegt. Eine Agglutination ist oft sofort, spätestens innerhalb von 5—15 Min. mit bloßem Auge an dem Körnigwerden der Blutmischung gegenüber der diffusen Rotfärbung bei fehlender Agglutination zu erkennen.

Zur *vollständigen Blutgruppenbestimmung*, z. B. für eine Transfusion, nimmt man nach SCHIFF eine 3fache Untersuchung mit Hilfe der sog. 9-Gläserprobe vor; 8 Röhrchen dienen der „indirekten" Probe, d. h. der eigentlichen Gruppenbestimmung, und zwar je 4 derjenigen der Blutkörperchen und weitere 4 derjenigen des Serums, wobei jedesmal je 2 Proben zum Spender bzw. Empfänger gehören. Das 9. Röhrchen dient der „direkten" Probe, bei der die Spendererythrocyten gegen das Empfängerserum geprüft werden. Abb. 101 (entnommen aus der Monographie von F. SCHIFF) illustriert die Versuchsanordnung. Die ganze Untersuchung dauert 15—20 Min.

In sehr dringenden Fällen genügt die Gruppenbestimmung der Erythrocyten von Spender und Empfänger (Röhrchen 1—4). Steht Testblut, insbesondere Testserum nicht zur Verfügung, so ist die „direkte" Probe unerläßlich (Nr. 9); erfolgt hier Agglutination, so ist der betreffende Spender abzulehnen. Fällt dagegen diese Probe negativ aus, so ist die Transfusion zulässig. Individuen, deren Blut zur Gruppe O gehört, gelten im allgemeinen als sog. *Universalspender*. Doch wurden neuerdings bei stark anämischen Patienten im Anschluß an große Transfusionen auch hier Schädigungen beobachtet (wohl durch Antikörper im Serum des Spenders), so daß man in solchen Fällen nach Möglichkeit Spender der *gleichen* Blutgruppe verwenden soll.

IV. Die diagnostische und prognostische Bedeutung der Blutuntersuchung.

Die Untersuchung des Blutes dient, abgesehen von den Fällen, in denen der Wasser- oder Eiweißgehalt des Blutes (bei Hydrämien, Nephritiden usw.) bestimmt, oder in denen aus dem chemischen oder spektroskopischen Verhalten des Blutes bestimmte exogene oder endogene Gifteinwirkungen erkannt werden sollen, zur Stellung der *Diagnose* und *Prognose* zahlreicher Krankheitszustände, die mit Anomalien der Blutbildung einhergehen. Bis zu einem gewissen Grade gibt das Blutbild einen Spiegel der im Organismus sich abspielenden Vorgänge; die Beurteilung ist aber durch die Mannigfaltigkeit der Einwirkungen sehr erschwert. Das Blutbild stellt, was bei der diagnostischen Verwertung nicht vergessen werden darf, das Resultat ganz heterogener Faktoren dar; es ist durchaus nicht allein von dem Zustand der blutbildenden Organe abhängig, sondern es wird durch zahlreiche, beispielsweise innersekretorische Einflüsse, mitregiert. Daraus erklärt sich, daß z. B. einer Verschiebung der einzelnen Leukocytenformen zueinander ganz verschiedene Bedeutung je nach dem gesamten klinischen Befund zukommt.

Hämatologische Diagnostik.

Schema zur Aufstellung eines Blutstatus: In erster Linie bei allen Blutkrankheiten, aber auch bei Infektionskrankheiten, bei zahlreichen Intoxikationen, bei Erkrankungen der Drüsen mit innerer Sekretion usw. ist eine genaue Blutuntersuchung nicht zu entbehren, zumal häufig erst durch sie eine exakte Diagnose ermöglicht wird. Während oft dieses Ziel bereits durch Beschränkung auf wenige hämatologische Daten erreicht wird, ist in anderen Fällen ein vollständiger Blutstatus notwendig, der heute allerdings recht umfangreich und zeitraubend ist und ein gut eingerichtetes Laboratorium voraussetzt.

Im folgenden sei eine kurze zusammenfassende Übersicht unter Berücksichtigung der wesentlichen Punkte für den Gang einer vollständigen Blutuntersuchung gegeben:

1. Zählung der Erythrocyten.

2. Bestimmung des Hämoglobins.

3. Berechnung des Färbeindex (wichtig zur Unterscheidung der sekundären Anämien von der perniziösen Anämie).

4. Zählung der Leukocyten; eventuell außerdem Kammerzählung der Eosinophilen.

5. Zählung der Blutplättchen (vor allem notwendig bei hämorrhagischen Diathesen).

6. Senkungsreaktion (speziell bei Verdacht auf Infektionen und maligne Neoplasmen).

7. Bestimmung der Gerinnungs- und Blutungszeit; eventuell Anstellung des LEEDE-RUMPELschen Versuchs (bei hämorrhagischen Diathesen).

8. Resistenzprüfung der Erythrocyten (speziell bei Verdacht auf hämolytischen Ikterus).

9. Viscositätsbestimmung.

10. Bestimmung des Volumens der Erythrocyten (bei Polycythämie sowie eventuell im Remissionsstadium der perniziösen Anämie).

11. Herstellung von Blutausstrichpräparaten:

a) Färbung nach MAY-GIEMSA,

b) eventuell Oxydasereaktion (zur Differenzierung von Myeloblasten).

c) eventuell MANSON-SCHWARZ-Färbung (z. B. bei Verdacht auf Bleivergiftung),

12. Vitalfärbung (speziell bei Verdacht auf hämolytischen Ikterus, aber auch zur Feststellung des Grades der Blutregeneration, z. B. bei perniziösen und anderen Anämien).

13. Eventuell DICKE-Tropfenpräparate (notwendig für Parasitennachweis).

14. Untersuchung des Blutserums: Feststellung der Serumfarbe, eventuell mit Bilirubinbestimmung (zur Differentialdiagnose zwischen sekundärer Anämie und hämolytischer bzw. perniziöser Anämie); eventuell Untersuchung auf Hämatin.

15. Spektroskopische Untersuchung des Blutes (CO-Hb, Methämoglobin usw.).

Mikroorganismen im Blut.

Über die im zirkulierenden Blut vorkommenden Bakterien und tierischen Parasiten ist in dem 1. Abschnitt alles Wissenswerte angegeben. Hier sei nur kurz darauf hingewiesen, daß im menschlichen Blut folgende Mikroben bisher sicher gefunden sind: Die Eiter- und Pneumokokken, Diplokokken, Diplobacillus pneumoniae, der Gasbacillus und andere anärobe Bacillen (Beobachtung von LENHARTZ bei Puerperalfieber), Tetragenes, Proteus (LENHARTZ), Diphtheriebacillen, Meningococcus intracellularis (LENHARTZ), der Bacillus BANG, Lepra-, Rotz-, Milzbrand-, Typhus- und Paratyphusbacillen, Bacterium coli. Tuberkelbacillen wurden nach der oben beschriebenen Antiforminmethode (s. S. 17) von verschiedenen Seiten im strömenden Blute bei Miliartuberkulose gefunden. Endlich kommen vor: Die Spirillen der Febris recurrens et africana, die Plasmodien der Malaria und die Embryonen der Filaria sanguinis; Actinomyces, Trypanosomen, Spirochaete pallida und Trichinellen (Über die Methodik vgl. S. 44. Über WASSERMANNsche Reaktion s. S. 45, *Agglutination* s. S. 21.).

Seltene Blutbefunde. Bei *Lipämie* sind ab und zu kleine Fetttröpfchen im Blute gesehen worden, die sich durch ihr stark lichtbrechendes Verhalten, Färbbarkeit mit Osmiumsäure usw. sicher als Fett erwiesen.

Hochgradiger Fettgehalt des Blutes kommt bisweilen bei schweren Fällen von Diabetes vor. Das Blut kann dabei über 20% Fett enthalten und hat dann das Aussehen von Milchschokolade. Beim ruhigen Stehen scheidet sich eine mehr oder weniger dicke rahmige Schicht ab. Diese besteht in der Hauptsache aus Cholesterin bzw. Cholesterinestern.

In einem Fall der Straßburger Klinik, der mit Coma diabeticum einherging, war die Diagnose der Lipämie mit dem Augenspiegel aus den milchartig weißen Retinalgefäßen zu stellen.

Bei *Melanämie,* die nur als Folge perniziöser Malaria zur Beobachtung kommt, treten während und lange nach dem eigentlichen Anfall kleine Pigmentkörper und große Schollen im Blute auf.

Über den *Nachweis von Blut in Excreten* und Secreten vergleiche die betreffenden Bemerkungen beim Magensaft, Faeces usw.

Die Untersuchung des Auswurfs.

Die Erkrankungen der oberen Luftwege und Lungen sind meist von Auswurf begleitet. Hierunter fassen wir alles Sekret zusammen, das durch Räuspern und vorzugsweise durch Husten zum Munde herausbefördert wird. Für gewöhnlich stehen Auswurf und Husten in einem unmittelbaren Abhängigkeitsverhältnis, insofern lebhafter Husten meist reichlichen, seltener und schwacher Husten spärlichen Auswurf befördert. Aber es kommen vielfache Abweichungen vor.

Oft ist der Husten sehr stark, aber „es löst sich nicht", weil tatsächlich wenig oder nur sehr zähes Sekret vorhanden ist. Oder es erscheint auch bei lebhaftem Husten deshalb nur spärlicher Auswurf, weil die Kranken den größten Teil sofort verschlucken, wie es bei Kindern (bis zum 6. oder 7. Jahre) die Regel, aber auch bei alten, schwachen Leuten oder Schwerkranken (Typhösen, Pneumonikern, Deliranten u. a.) oft der Fall ist [1]. Andererseits werden gar nicht selten schon durch gelinden Husten oder durch einfache Preßbewegungen große Auswurfmengen herausbefördert (Bronchoblennorrhöe, Bronchiektasien).

Dem Auswurf kommt meist eine große semiotische Bedeutung zu, da er uns Kunde über die im Innern der Atmungswerkzeuge stattfindenden Krankheitsvorgänge geben kann. Aber es ist klar, daß er außer solchen *wesentlichen* Bestandteilen eine Reihe unwesentlicher mit sich führen wird, die ihm auf der langen Bahn, die er oft fortbewegt wird, beigemengt worden sind. Zu den ersteren rechnen wir solche Teile, die zum anatomischen Bau gehören und bei entzündlichen und nekrotisierenden Prozessen abgestoßen werden können, ferner die Gebilde, die als ursächliche Erreger oder Folgeerscheinungen der besonderen Krankheit auftreten; zu der zweiten Gruppe gehören solche Elemente, die z. B. aus der Mundhöhle erst dem Auswurf beigemengt oder außerhalb des Körpers durch Unsauberkeit der Speigläser u. dgl. zu dem Sekret gelangt sind.

Für die Beurteilung der *wesentlichen Bestandteile des Sputums* ist die genaue Kenntnis des anatomischen Aufbaues der Atmungswege durchaus notwendig. Wir lassen daher zunächst eine kurze histologische Skizze vorausgehen.

---

[1] Bei Kindern, die keinen Auswurf produzieren, empfiehlt es sich — speziell bei Verdacht auf *Tuberkulose* —, den Magen morgens nüchtern zu spülen und die Spülflüssigkeit auf Bacillen zu untersuchen.

Die Nasenschleimhaut ist in dem beweglichen Teile der Nase von geschichtetem Pflaster-, in der Pars respiratoria von flimmerndem Zylinderepithel ausgekleidet. Ebenso besteht der Überzug der Schleimhaut des Kehlkopfs, der Luftröhre und der größeren Bronchien aus geschichtetem Flimmerepithel, das von schleimbereitenden Becherzellen unterbrochen wird. Nur die hintere Fläche des Kehldeckels, die vordere Fläche der Gießbeckenknorpel und die wahren Stimmbänder sind von geschichtetem Plattenepithel überdeckt.

Das Epithel der Bronchialschleimhaut verliert nach und nach an Schichten und stellt an den feineren Ästen nur eine Lage Flimmerepithels dar, die sich auch auf den Anfang der Bronchiolen fortsetzt. Allmählich aber geht das Flimmerepithel in ein aus kubischen großen kernhaltigen Zellen bestehendes Epithel über, das in der Nähe der Alveolengänge schon vorwiegend aus dem großen *polygonalen Platten-,* sog. respiratorischen

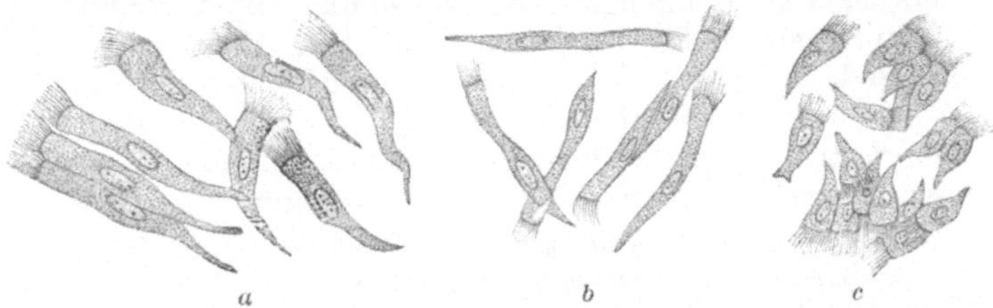

Abb. 102. Flimmerepithel aus einem Hauptbronchus *a*, einem feinen Bronchus *b*, einer Bronchiole *c*. (Durch vorsichtiges Abschaben der Schleimhaut gewonnen.) V. 350. (Umgezeichnet nach Präparaten von LENHARTZ.)

Epithel besteht. Es ist entwicklungsgeschichtlich festgestellt, daß das Epithel erst bei der Atmung allmählich *abgeplattet* wird. Bei totgeborenen Kindern findet man an den Alveolen nur kubisches Epithel.

Glatte Muskelfasern begleiten das Bronchialrohr bis zu den Alveolengängen und *bilden* besonders *an den Abgangsstellen der Alveolen einen zarten Ring;* außer diesen Muskelfasern *ist die Wandung der Alveolengänge reich an elastischen Fasern, die als Ringfasern angeordnet sind, auch den Eingang jeder Alveole ringförmig umspinnen und von da an die ganze Alveole durch abgehende Ästchen stützen. Durch den stetigen Übergang benachbarter elastischer Faserringe kommt es zur Bildung der alveolären Septen.* Durch Bindegewebe wird der respiratorische Abschnitt der Lungen in kleine und kleinste Läppchen geteilt; in den interlobulären Faserzügen findet man schwarzes Pigment und feinste Kohlenpartikel, die durch die Atmung und den Säftestrom dahin befördert sind.

I. Allgemeines über die Beschaffenheit des Sputums.

Die wesentlichen Teile des Auswurfs sind trotz der Errungenschaften der physikalischen Diagnostik oft erst für die Diagnose einer Erkrankung der Luftwege entscheidend. Bald gelingt es schon mit bloßem Auge, bald erst mit Hilfe des Mikroskops, die charakteristischen Merkmale zu gewinnen. So gibt uns ein stinkendes, mit Gewebsfetzen untermischtes Sputum oft sofort Aufschluß über eine bestehende Lungengangrän, während die physikalischen

Erscheinungen über den Lungen vielleicht nur wenig ausgebildet sind; in vielen Fällen kann die mikroskopische Untersuchung des gefärbten Sputumpräparates die Diagnose der Lungentuberkulose zu einer Zeit sichern, in der die Perkussion und Auskultation die Diagnose dieser Krankheit nicht erlauben.

Die oben berührten Beispiele deuten schon an, daß *sowohl das makroskopische wie das mikroskopische Verhalten des Auswurfs* bei der Untersuchung zu berücksichtigen ist. Das erste gibt uns über die gröbere Zusammensetzung des Sputums aus Schleim, Eiter oder Blut, über seine Menge und Form, über Geruch und Reaktion, das zweite über die wesentlichen elementaren Bestandteile und unwesentlicheren Beimengungen Aufschluß. Bald kommt der makroskopischen, bald der mikroskopischen Untersuchung die größere Bedeutung zu. Gar nicht so selten macht das Ergebnis der gröberen Methode die Ausführung der feineren überflüssig. Jede sorgfältige Sputumuntersuchung hat daher mit der genauen *Prüfung des makroskopischen Verhaltens* zu beginnen.

Eine zuverlässige Prüfung ist nur möglich, wenn der Auswurf unvermischt in einem sauberen Gefäß aufgefangen wird. Vor den mit Deckel versehenen Porzellannäpfen verdienen die gewöhnlichen Speiwassergläser den Vorzug, da sie am schnellsten und bequemsten ein Urteil über die Menge, Farbe und Schichtenbildung des Sputums zulassen. Nur in manchen Fällen empfiehlt es sich, den Auswurf in höheren, zum Teil mit Wasser gefüllten Standgläsern zu gewinnen, um die Form und Schwere bzw. den Luftgehalt der einzelnen Sputa rasch überblicken zu können, im allgemeinen ist es ratsam, den Auswurf ohne jeden Wasserzusatz rein zu gewinnen. Den nicht ans Bett oder Haus gebundenen Kranken ist das Mitführen der DETTWEILERschen Speigläser zu raten.

Nachdem man das Sputum im Speiglas besichtigt hat, wird es zur genaueren Untersuchung auf einem *Porzellanteller* ausgebreitet, der zur Hälfte mit schwarzem Asphaltlack überzogen ist. Man hat *stets* nur kleine Mengen aus dem Sammelglas zu nehmen, damit die Ausbreitung in dünnster Schicht auf dem Teller möglich ist. Bei der Durchmusterung hat man mit zwei Präpariernadeln (die unter Umständen nicht aus Metall sein dürfen) die einzelnen Sputumteile auseinanderzuziehen und die noch zu beschreibenden makroskopisch charakteristischen Unterschiede zu beachten. Jede untersuchte Menge wird abgespült, jede neue in gleicher Weise durchsucht.

Bei der Untersuchung ist im allgemeinen auf folgende Punkte zu achten: Die Menge des Sputums: Diese schwankt in weiten Grenzen, von einzelnen Sputis bis zu 1 und mehreren Litern in 24 Stunden. Die größten Mengen werden bei der Bronchorrhöe, beim Lungenabsceß und -brand und beim durchgebrochenen Empyem beobachtet; gerade bei letzterem kann die ausgeworfene

Menge bis zu 4 und 5 Litern betragen. Auch bei starken Hämoptysen ist die Menge nicht selten recht groß.

In manchen Fällen empfiehlt es sich, die 24stündige Sputummenge zu messen. Die Menge der in die Spuckgläser eventuell vorher gegebenen desinfizierenden Lösung bzw. Wasser ist selbstverständlich von der Auswurfmenge zu subtrahieren.

Die **Farbe** des Sputums hängt von der gröberen Zusammensetzung aus Schleim, Eiter und Blut ab.

Hieraus ergibt sich die wichtige Einteilung des Auswurfs in *schleimige, eitrige, seröse* und *blutige* Sputa und je nach der Art der aus ihrem Mischungsverhältnis abzuleitenden Formen in *schleimig-eitrige* oder mehr *eitrig-schleimige, schleimig-blutige* usw. Sputa. Die Farbe ist um so heller und durchscheinender, je schleimiger und wässeriger, um so undurchsichtiger, je zellenreicher das Sputum ist, mögen überwiegend rote Blutkörper oder Eiterzellen zu seiner Bildung beitragen.

Am häufigsten sind folgende Formen des Auswurfs:

Das *einfach schleimige* Sputum — das **Sputum crudum** der alten Autoren — ist von glasigem oder mehr grauweißem Aussehen und bald von dünnflüssiger, bald von zäherer, fadenziehender Beschaffenheit. *Je nachdem es leicht* oder erst nach *stärkerem* Husten entleert wird, ist *sein Luftgehalt verschieden.* Es tritt *bei jedem akuten Katarrh* der oberen Luftwege und beim Asthma bronchiale auf, wird aber auch bei älteren Katarrhen der Nasenrachenhöhle in zäher, bisweilen mit eingetrockneten Borken untermischter Form entleert.

Bei *Bronchitis pituitosa* wird in großen Mengen ein dünnflüssiges, aus Schleim bestehendes Sputum von geringem Eiweißgehalt (vgl. S. 160) entleert. Es kommt bei alten Leuten *als Asthma humidum,* ferner als Sekretionsstörung der Bronchien bei Nervenkrankheiten vor.

An dem *schleimig-eitrigen Auswurf,* dem **Sputum coctum** der alten Autoren, ist zu unterscheiden, ob er einen mehr homogenen Charakter darbietet, oder die aus Schleim und Eiter bedingte Zusammensetzung schon auf den ersten Blick an der gröberen Trennung dieser Bestandteile erkennbar ist. Das erstere, *innig gemischte, schleimig-eitrige,* gelblichweiße Sputum, bei dem der Schleimgehalt überwiegt, wird bei Ablauf jedes einfachen Katarrhs der oberen Atmungswege, die andere Form in vielen Fällen chronischer Bronchitis und besonders bei der Phthisis pulmonum beobachtet. Hier aber macht sich meist das Überwiegen des Eiters stärker bemerkbar. Man spricht daher von einem *eitrig-schleimigen Sputum.*

Es kommt in zwei Formen vor, deren bemerkenswerter Unterschied darauf beruht, ob der Eiter entweder zusammenfließt oder in getrennten Einzelsputis abgegrenzt zu Boden sinkt. Im ersten

Falle zeigt der *frische* Auswurf die gröbere Zusammensetzung aus eitrig geballten, gelben oder mehr gelbgrünlichen Sputis und Schleim; erst nach einiger Zeit tritt eine Trennung ein, indem der Eiter sich zu Boden senkt und zu einer mehr homogenen Masse zusammenfließt, während sich die Schleimschicht darüber fast klar absetzt, oder der dünnere Schleim von dickeren Fäden durchzogen ist. Dies Verhalten wird am häufigsten bei Bronchiektasien und bei der Blennorrhöe beobachtet, kommt aber auch bei den Formen chronischer Lungenphthise vor, die mit schwerer allgemeiner Sekretion aus den Bronchien verlaufen.

Kann danach diese Art des eitrig-schleimigen Sputums nicht als charakteristisch für einen Krankheitsprozeß bezeichnet werden, so erlaubt die Beobachtung einer zweiten Form schon eher eine bestimmtere Diagnose. Schon von alters her sind die „*münzenförmigen*" *(nummulata) Sputa* als bemerkenswerte Äußerungen der Phthise angesehen. Diese Bedeutung ist ihnen auch heute noch zuzuerkennen, denn sie kommen fast ausschließlich bei dieser Krankheit vor. Am deutlichsten ist der Befund, wenn nur der Kaverneninhalt ausgeworfen wird, und die katarrhalischen Erscheinungen zurücktreten. Die münzenförmigen Sputa haben oft ein äußerst großes Volum, so daß $^1/_2$—1 Eßlöffel von einem einzigen nahezu gefüllt wird; ihre Farbe ist meist schmutzig-gelb oder gelbgrünlich.

Rein eitriger gelber Auswurf wird am häufigsten beim Lungenabsceß und bei durchgebrochenem Empyem entleert, kommt aber auch bei der Bronchoblennorrhöe vor; meist sondert sich der Eiter in zwei Schichten mit oberer seröser und unterer rein eitriger Lage.

Blutiger Auswurf findet sich, hellrot und nicht selten etwas schaumig, bei Blutungen aus Lungenkavernen und Bronchiektasien oder aus den in die Trachea oder einen Bronchus durchgebrochenen Aortenaneurysmen, mit Schleim gemischt bei Fremdkörpern in den Luftwegen. Grob mit Schleim oder Eiter gemischte blutige Sputa werden regelmäßig nach Ablauf einer stärkeren phthisischen Blutung beobachtet. Mehr gleichmäßig blutig gefärbte, eitrige Sputa kommen bei Phthisikern mit stärkerer Infiltration vor; dagegen können einzelne Blutstreifen schon dem gewöhnlichen „Nasenrachensputum" vom Pharynx her beigemengt sein, besonders wenn starker Hustenreiz vorherrscht. Schmutzig braunrote, durch Zersetzung des Blutfarbstoffes mißfarbene Sputa finden wir bei Lungengangrän.

Häufiger als diese wird das *innig mit Schleim gemischte blutige Sputum* der Pneumoniker beobachtet, das als *rostfarbenes, rubiginöses* pathognomisches Interesse beanspruchen kann. Es nimmt bisweilen bei verzögerter Lösung der Entzündung durch Umwandlungen des Blutfarbstoffes einen mehr *gesättigt gelben* oder *grasgrünen* Farbenton an, oder es geht, wenn die gefürchtete Komplikation des (entzündlichen) *Ödems* zur croupösen Pneumonie hinzutritt, in ein mehr bräunliches bis *zwetschgenbrühfarbenes*

Sputum über. Reinblutig oder zähschleimig, mit Blut vermischt ist der Auswurf bei Lungeninfarkten; er gleicht häufig dem von Pneumonikern. Bei älteren Infarkten, sowie bei chronischer Stauung der Lunge *(braune Induration)* wird oft ein glasig schleimiges Sputum mit einzelnen bräunlichen oder roten Punkten entleert; bei mikroskopischer Untersuchung sieht man dann massenhaft *Herzfehlerzellen* (s. S. 184).

Himbeergeleeartig ist das Sputum nicht selten bei Neubildungen der Bronchien oder des Lungengewebes. Von dem bei Hysterie und anderen Erkrankungen aus den Zähnen entleerten Mundsputum ist es trotz gewisser Ähnlichkeit meist leicht zu unterscheiden, da das letztere fast immer einen starken üblen Geruch zeigt und bei mikroskopischer Untersuchung massenhaft degenerierte Plattenepithelien erkennen läßt (vgl. S. 187).

Rein *seröses* Sputum ist durchscheinend weißlich flüssig und zeichnet sich durch seinen hohen Eiweißgehalt aus. Es ist infolge der mühsamen Entleerung durch die beigemengte Luft oft grob- oder fein-schaumig. Es wird am häufigsten bei dem gewöhnlichen Lungenödem, seltener bei der „*Expectoration albumineuse*", nach Pleurapunktion, bei Herzfehlern und Geschwülsten der Brusthöhle beobachtet. Bei dem *entzündlichen Lungenödem* ist es mehr oder weniger blutig gefärbt und erscheint dann „zwetschgenbrühartig" (s. oben). (Über Eiweißuntersuchung s. S. 160.)

Ein mit viel Kohle vermischtes „*anthrakotisches*" Sputum kann von jedem in einer industriereichen Gegend Wohnenden entleert werden. Beim Durchbruch *anthrakotischer Drüsen* in die Bronchien können diese Massen sehr groß werden (s. S. 184 und 186).

Die **Zähigkeit** des Sputums wird *vorwiegend durch den beigemengten Schleim bedingt.* Äußerst zäh ist in der Regel das Sputum bei Pneumonie, Asthma und Neubildungen und bei chronischer Bronchitis. Es hängt so fest zusammen, daß man die einzelnen der Untersuchung zu unterwerfenden Teile oft abschneiden muß.

Der **Geruch** ist meist fade, bei der fötiden Bronchitis mehr oder weniger übelriechend, bei Gangrän geradezu aashaft stinkend. Der aus einem durchgebrochenen Empyem entleerte Eiter riecht oft nach altem Käse.

Die *Reaktion* des frisch entleerten Auswurfs ist in der Regel alkalisch.

a) Die makroskopische Untersuchung des Sputums.

Breitet man das Sputum in der oben beschriebenen Weise auf einem Teller aus, so kann man mit *bloßem Auge* eine Reihe weiterer Eigentümlichkeiten erkennen.

„Linsen“: In den eitrig-schleimigen, besonders in und zwischen den münzenförmigen, zu Boden gesunkenen Sputis der Phthisiker finden sich diese Körper, die **„Corpuscula oryzoidea“** der Alten. Es sind stecknadelkopf- bis linsengroße, weißgelbliche, undurchsichtige Gebilde, die bald mehr abgeplattet, bald bikonvex erscheinen und völlig abgeglättet sind. Sie lassen sich aus der Umgebung leicht mit Nadeln oder der Pinzette herausnehmen und zwischen Objektträger und Deckglas durch mäßigen Druck in eine durchsichtige Schicht ausstreichen. Es empfiehlt sich, nur ein kleines Bröckelchen, höchstens von Stecknadelkopfgröße, zu dem Präparat zu verwenden. Schleimig überzogene Semmelkrümchen

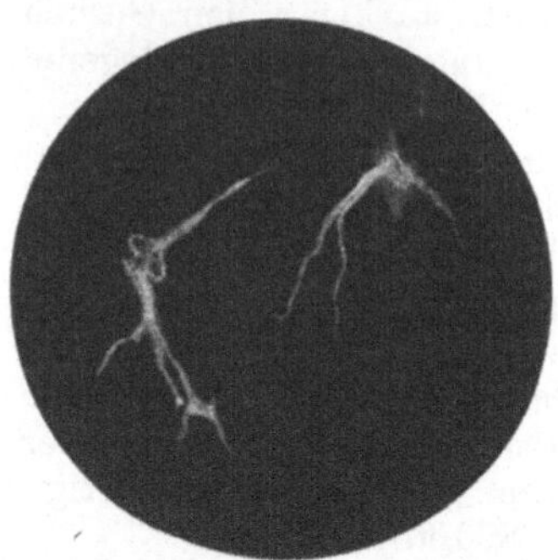

Abb. 103. Fibringerinnsel bei Pneumonie. (Nach einem Präparat von ERICH MEYER.)

können zu Verwechslungen Anlaß geben. In der Regel merkt man schon beim Zerdrücken unter dem Deckglas den Irrtum. Die echte „Linse“ läßt sich wie Käse zerdrücken, die Brotkrume gleitet unter dem Deckglas heraus. Auch kleine DITTRICHsche Pfröpfe (s. S. 158) können linsenartig erscheinen. Das Mikroskop entscheidet. *Durch ihren Gehalt an elastischen Fasern und Tuberkelbacillen sind die Linsen von hohem diagnostischem Wert* (s. Mikroskopbefund).

Fibringerinnsel: Diese finden sich fast bei jeder croupösen Pneumonie vom 3.—7. Tage der Krankheit, also während der Hepatisation. Es sind schmale, weißgelbliche oder mehr gelbrötliche Fäden von 2—3 mm Dicke und $^1/_2$ bis mehreren Zentimetern Länge. Nicht selten zeigen sie mehrfache *Verästelung*. (So fand LENHARTZ bei einer typischen Pneumonie ein baumartig verästeltes Gerinnsel von 12 cm größter Länge.) Die kürzeren Fäden sieht man bei aufmerksamem Durchsuchen verhältnismäßig leichter als die längeren, weil diese nicht selten etwas zusammengerollt sind; durch Schütteln mit Wasser im Reagensglas kann man die Gerinnsel bisweilen eher auffinden (vgl. Abb. 103 und 104). Die Zahl der Gerinnsel ist sehr wechselnd; bisweilen findet man 20—30 und mehr in 24 Stunden. Durch ihre Aufquellung und Lösung in Essigsäure wird der Faserstoffcharakter erwiesen.

In höchst imposanten Formen, **„Bronchialbäumen“**, Abb. 104, treten diese Gerinnsel bei der *croupösen* oder *fibrinösen Bronchitis* auf. Sie sind in der Regel nur spärlich vorhanden, erreichen aber gelegentlich eine solche Größe, daß man mit Sicherheit auf die

Verlegung eines erheblichen Abschnittes des Röhrensystems schließen
kann. Diese baumartig verzweigten, meist weißen, hin und wieder
mehr weißrot gefärbten Gerinnsel stellen sich häufiger als röhrenförmige, selten als solide oder wandartig glatte Gebilde dar. Sowohl
der Hauptast wie die Verzweigungen zeigen gar nicht selten Ausbuchtungen, die zum Teil wohl von Luft herrühren. Ab und zu
findet man in den Röhren selbst blutigen oder doch blutunter-
mischten Inhalt; häufiger sind sie einfach lufthaltig. Sie sind

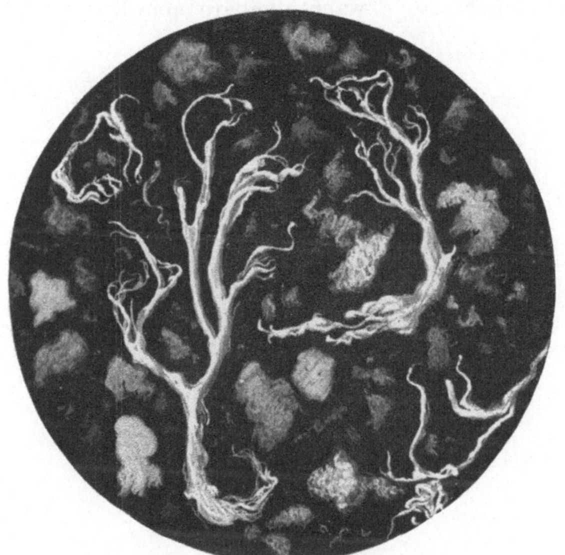

Abb. 104. Fibringerinnsel in fast rein schleimigem Auswurf. (Nach v. Hösslin.)
(Natürliche Größe.)

regelmäßige Begleiter der obengenannten Krankheit, kommen
aber auch bei der Diphtherie vor. Bisweilen findet man solche
Gebilde *wochen- oder gar monatelang täglich* im Auswurf; man muß
nach ihnen suchen, wenn Kranke unter heftigen erstickungsartigen
Erscheinungen sich bei der Expektoration zu plagen haben. Von
Ungeübten werden sie leicht übersehen, da sie oft nicht als deutliche
Gerinnsel, sondern *in einen mehr oder weniger dicken Knäuel
aufgerollt* im Sputum erscheinen, der den Kundigen schon durch
die eigentümliche, gekautem rohen Fleisch ähnelnde Beschaffenheit
auf die richtige Fährte leitet. Durch Schütteln in Wasser gelingt
es leicht, den Knäuel zu entwirren und den verästelten Gerinnsel-
baum freizulegen. Findet man beim Durchmustern des Sputums
weder diese Knäuel noch einzelne fadenförmige Gebilde, so ist in

jedem Fall von croupöser Bronchitis oder Pneumonie das vorsichtige Auswaschen des Sputums in einem Speiglase anzuraten.

CURSCHMANNsche Spiralen: In dem glasig-schleimigen oder mehr zäh-serösen, schleimig-schaumigen Auswurf der an Bronchialasthma leidenden Kranken, sehr selten bei anderen Krankheiten der Bronchien, findet man mit einer gewissen Regelmäßigkeit kleinflockige oder fein zylindrische Gebilde, die sich durch ihre grauweiße oder mehr weißgrünliche Farbe und durch ihre oft schon mit bloßem Auge wahrnehmbare spiralige Drehung oder

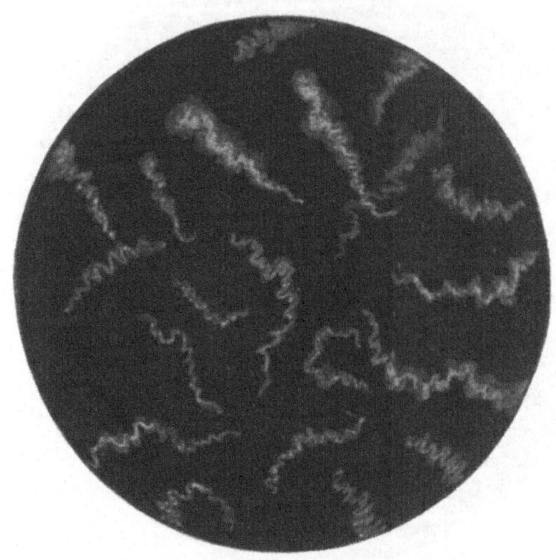

Abb. 105. CURSCHMANNsche Spiralen. (Natürliche Größe.)
(Nach einem Präparat von ERICH MEYER.)

Querstreifung von der Umgebung abheben. Auch diese Gebilde sind oft zu Knäueln zusammengeballt, die man mit zwei Nadeln entwirren muß. Man findet die Spiralen stets mit bloßem Auge und kontrolliert dann den Befund durch mikroskopische Untersuchung. Auf einem schwarzen Untergrund heben sich die Spiralen als weißliche oder grün-weißliche Gebilde gut ab (s. S. 105). Sie lassen sich in Glycerin konservieren.

Die genauere Beschreibung siehe unter „Sputum beim Bronchialasthma" (S. 180).

DITTRICHsche Pfröpfe: In dem gelb- oder mehr grünlich-eitrigen Bodensatz des Sputums bei fötider Bronchitis und Lungengangrän (seltener beim chronischen Lungenabsceß und im phthisischen Sputum) finden sich meist zahlreiche, weißgelbliche, zugeglättete, stecknadelkopf- bis bohnengroße Bröckel, die sich leicht aus der Umgebung mit einer Nadel herausnehmen lassen. Sie sind äußerst übelriechend, haben käsige Konsistenz und lassen sich ziemlich leicht zerdrücken. Außer einer üppigen Mundhöhlen-Pilzflora enthalten sie vorwiegend Fettkrystalle und bisweilen Monaden.

Größere **Gewebsfetzen** findet man fast ausschließlich bei der Lungengangrän. Sie erscheinen als graugelbe oder mißfarbene, bisweilen deutlich schwarze, in schleimigem Eiter eingebettete Fetzen, deren Natur erst durch das Mikroskop festzustellen ist, da sie in der Regel nur ein bindegewebiges, seltener ein elastisches Gerüst erkennen lassen.

Verkalkte Konkremente, Membranfetzen des Blasenwurms usf. sind seltener im Sputum zu beobachten.

Äußerst selten werden „**Lungensteine**" im Auswurf beobachtet. Sie werden in Linsen- bis Bohnengröße mit ausgehustet und haben ein steinhartes Gefüge; sie sind bisweilen glatt, andere Male mit kleinen und größeren, stumpfen oder spitzen Fortsätzen versehen oder etwas verästelt. Sie bilden sich im verhaltenen Bronchialsekret, wahrscheinlich in kleinen Ausstülpungen des Bronchialrohrs, seltener bei Verlegung des luftzuführenden Bronchus in dem eingedickten, stagnierenden Kaverneninhalt. Auch die Verkalkung des infiltrierten Gewebes, die so häufig die tuberkulöse Schwielenbildung begleitet, kann zur Bildung steinharter gröberer Konkremente führen, die sich allmählich bei Zerfall der Umgebung ablösen und durch angestrengte Hustenstöße herausbefördert werden können. Auch der Durchbruch *verkalkter Bronchialdrüsen* und ihr Erscheinen im Sputum ist beobachtet worden (vgl. auch S. 187).

Kratzt man kleinere Proben von solchen Steinchen ab und beobachtet unter dem Mikroskop die durch Zusatz von Salzsäure hervorgerufene Reaktion, so nimmt man regelmäßig deutliche CO_2-Entwicklung wahr, zum Beweise, daß es sich um Bildungen von kohlensaurem Kalk handelt.

Von den in das Röhrensystem der Lungen eingedrungenen **Fremdkörpern** können manche wieder durch Hustenstöße herausbefördert werden. Das Sputum solcher Kranken ist, falls es sich um akute Fälle handelt, meist hellblutig schaumig, nimmt aber oft einen deutlich fötiden Charakter an. Außer den mannigfachsten Fremdkörpern kommen ganz besonders Obstkerne, Erbsen, Kornähren, Grashalme u. dgl. in Betracht. In einem Falle von LENHARTZ war ein Stückchen Kalmus, das sich der betreffende Kranke zur Beruhigung in einen hohlen schmerzhaften Zahn gesteckt hatte, über Nacht in die Luftwege geraten und hatte rasch die höchste Erstickungsnot mit profusem, hellblutig-schleimig-schaumigem Auswurf verursacht. In einem anderen Fall gab eine in die Bronchien eingedrungene *Ähre* zu über 10jähriger, zeitweise fötid werdender Bronchitis Anlaß. Gerade die Kornähren führen häufig zum Lungenabsceß. ISRAEL sah Lungenaktinomykose durch ein aspiriertes Zahnfragment entstehen. Aus einer von LENHARTZ operierten Lungenbrandhöhle wurden mehrere, aashaft stinkende *Zahnbröckel* durch die Fistel ausgestoßen.

b) Die chemische Untersuchung des Sputums.

Praktische Bedeutung hat meist nur die Untersuchung und ungefähre Schätzung des *Eiweißgehaltes* eines Sputums. Höherer Eiweißgehalt findet sich dann, wenn eine stärkere Exsudation oder Transsudation in Bronchien und Alveolen stattgefunden hat. Eine solche eiweißhaltige Flüssigkeit stellt die bei *Lungenödem* entleerte Flüssigkeit dar. Unter Umständen ist es mit Rücksicht auf die

einzuschlagende Therapie von Wichtigkeit, zu untersuchen, ob ein
ödemartig aussehendes Sputum tatsächlich eiweißhaltig ist oder
nicht. Dies ist namentlich wichtig zur Unterscheidung des aus
dünnem Schleim bestehenden Sputums bei Asthma humidum und
dem in seltenen Fällen sich an Asthma bronchiale anschließenden
echten Lungenödem.

Das Sputum der croupösen Pneumonie enthält natürlich immer
viel Eiweiß; auch bei starker eitriger und blutiger Beimengung ist
der Eiweißgehalt des Sputums hoch: man findet deshalb bei Tuberkulose mit eitrigem Sputum höhere Werte. Hier hat aber die Untersuchung weder großen diagnostischen noch prognostischen Wert.

Die *Untersuchung auf Eiweiß* wird so vorgenommen, daß man eine nicht
zu kleine Menge des Sputums mit der 3—5fachen Menge einer 3%igen Essigsäure in verschlossener Flasche so lange schüttelt, bis eine möglichst homogen
aussehende Emulsion entsteht. Hierbei wird das *Mucin* des Sputums gefällt,
während das Eiweiß gelöst bleibt. Man filtriert nun durch ein angefeuchtetes,
eventuell doppeltes Faltenfilter und untersucht das klare Filtrat auf Eiweiß,
am besten indem man einige Kubikzentimeter Ferrocyankaliumlösung hinzugibt oder auch durch einfaches einmaliges Aufkochen. Die Höhe des Eiweiß-
niederschlags genügt zur ungefähren Beurteilung des Eiweißgehaltes. Be-
deutungsvoll ist es, wenn überhaupt bei dieser Untersuchung ein Niederschlag
wahrzunehmen ist. Rein katarrhalische Sputa geben nur eine leichte Trübung.

Es sei in Kürze bemerkt, daß der jedem Sputum beigemente *Speichel*
mit *Guajaktinktur* eine deutliche Blaufärbung gibt. Es darf daher ein positiver
Ausfall dieser oder ähnlicher Proben auf Blut oder Eiter nicht als beweisend
angesehen werden. (Siehe über die Guajakreaktion unter Magen-Darmtractus
S. 222f.)

c) Die mikroskopische Untersuchung des Sputums.

Rote Blutzellen. Nach einer wirklichen Blutung erscheinen
diese nicht nur unverändert in der Form, sondern auch in ihrer
geldrollenartigen Gruppierung. Im rubiginösen Auswurf liegen
sie seltener in der Säulenform, sondern mehr getrennt nebeneinander. In älteren Sputis kommen außer den normalen Zellen
vielfach „Schatten" vor.

Farblose Blutzellen bzw. Eiterkörperchen bilden die Mehrzahl
aller das Sputum zusammensetzenden Elemente. Ihre Größe
wechselt, ebenso die Form. Sie sind fast durchweg mehrkernig
und bieten überwiegend die *neutrophile* Körnung dar; im Sputum
der Asthmatiker sind regelmäßig massenhafte *eosinophile* Leukocyten anzutreffen (s. oben S. 139 und Abb. 108 und 116). Im
tuberkulösen Sputum finden sich bisweilen neben neutrophilen
Zellen auch Lymphocyten und eosinophile Leukocyten.

Die Leukocyten haben die Eigenschaft, verschiedenartige Stoffe
in ihren Zelleib aufzunehmen. Kohlepigment, veränderten Blutfarbstoff u. a. sieht man häufig intracellulär. Außerdem ist es

nicht unwahrscheinlich, daß der größte Teil der als „*Alveolarepithelien*" angesprochenen Zellen (s. unten) mannigfach veränderte Leukocyten darstellt. Das Protoplasma zeigt sehr häufig feine oder grobkörnige, durch die starke Lichtbrechung charakteristische Verfettung. Andere Zellen bieten ebenfalls eine bemerkenswerte Grobkörnung dar; hier zeigen aber die Kügelchen einen *auffallend matteren*, dem zerdrückten Nervenmark ähnlichen Glanz. Deshalb wurden sie von Virchow als *Myelintröpfchen* bezeichnet. Auch außerhalb von Zellen kommen diese großen matten Kügelchen vor. Die Gestalt der sie beherbergenden Zellen ist bald rund, bald eiförmig, andermal mehr polygonal. Neben den Tröpfchen sind ein oder mehrere bläschenförmige Kerne sichtbar.

Derartige Zellen kann man fast in jedem Sputum, auch in dem Nasenrachensputum sonst völlig Gesunder antreffen. Mit Recht ist daher gegen die Deutung dieser Zellen als Alveolarepithel immer von neuem Widerspruch erhoben worden. Namhafte Kliniker und pathologische Anatomen (E. Wagner, Cohnheim) haben auf die Unzuverlässigkeit der für den epithelialen Charakter geltend gemachten Gründe mit Nachdruck hingewiesen. Gleichwohl scheint auch heutzutage größere Neigung zu bestehen, die epitheliale Deutung für die richtigere zu halten. Bei der Besprechung der „Herzfehlerzellen" werden wir auf diese Streitfrage zurückkommen.

Epithelien. Entsprechend dem verschiedenartigen Epithel der in Betracht kommenden Schleimhäute finden wir sowohl *Platten* als *Zylinder-* und *Flimmerepithel* im Auswurf. Ersteres kommt schon reichlich in dem Nasenrachensputum (Morgen- oder Choanensputum) vor; Zylinderzellen sind besonders im ersten Stadium bei *akutem* Katarrh der oberen Luftwege und heftigen Hustenanfällen häufig, Flimmerzellen zwar selten, aber im allgemeinen nicht so selten anzutreffen, wie dies meist angegeben wird. In den ersten Tagen des akuten Katarrhs (Schnupfenfieber u. dgl.) und noch eher bei einem heftigen Asthmaanfall begegnet man häufig auch dem Flimmerepithel. Man darf das Präparat nur nicht zu rasch verschieben, weil die Flimmerbewegung erst nach längerer Beobachtung des Bildes zur Wahrnehmung zu kommen pflegt, auch muß man möglichst frisch ausgehustete Sputa durchsuchen. Bei der mehr chronischen Bronchitis wird Zylinderepithel selten, Flimmerepithel fast niemals gefunden.

Während die Plattenepithelien ihre Größe und den stark lichtlichtbrechenden Kern fast stets unverändert behalten, zeigen die Zylinder- und zylindrischen Flimmerzellen die mannigfachsten Gestaltsänderungen. Bald sind sie stark aufgequollen und verglast, bald sind sie in sonderbare Formen verzerrt und mit mehr oder minder großen schwanzartigen Fortsätzen versehen. Dabei ist ihr Protoplasma in der Regel unverändert, gröber granuliert, verfettet usw., der Kern aber meist deutlich erhalten. Die aus

dem Mund stammenden Plattenepithelien, ebenso die aus den
Choanen, sind oft zu scholligen Gebilden zusammengebacken und
daher nicht leicht als Epithelien für den Ungeübten erkennbar.

Die „*Alveolarepithelien*" sind schon oben berührt. Ihr *sicherer*
Nachweis ist äußerst schwierig. Man versteht darunter gewöhnlich
die fast in jedem Sputum vorkommenden großen, ovalen oder
runden, auch polygonalen Zellen, die ein farbloses Blutkörperchen
um das 3—6fache übertreffen. Ihr meist großer Zelleib ist grobkörnig und enthält einen oder mehrere „bläschenförmige" Kerne. Sehr
häufig bietet das Protoplasma die bei den Leukocyten schon erwähnten
feinen, stark lichtbrechenden Fett- oder matt durchscheinenden Mye-
linkügelchen. Nicht selten sind diese zu eigentümlichen Formen ausgezogen oder zu großen Tropfen zusammengeflossen. Sowohl das Fett und
Myelin wie die in das Protoplasma aufgenommenen Pigmentkörnchen
sind oft so dicht angehäuft, daß die Kerne verdeckt werden.

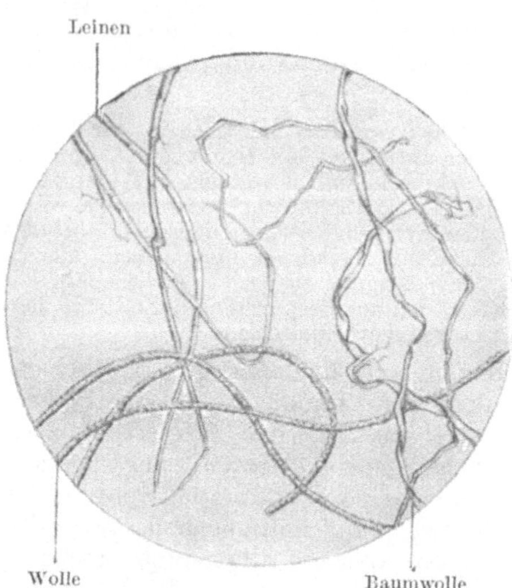

Abb. 106. Zufällige Faserbeimengungen, die nicht
mit elastischen Fasern verwechselt werden dürfen.
(Nach einem Präparat von ERICH MEYER.)

Fettiger   Detritus,
durch den Zerfall fettig
degenerierter Zellen gebildet, kommt häufig in Form feinster und
gröberer Fetttröpfchen vor; diese findet man besonders reichlich,
wenn das Sputum einen mehr eitrigen Charakter darbietet. Massenhaft tritt der Detritus unter anderem im pneumonischen Sputum
zur Zeit der Lösung des Infiltrats auf. Eine diagnostische Bedeutung kommt ihm nicht zu.

Elastische Fasern (Abb. 107). Diese kommen bald als vereinzelte, häufiger zu zierlichem Netzwerk angeordnete Fasern
zur Beobachtung. Durch ihre scharfen, dunkeln Umrisse —
„doppelte Kontur" —, ihr hohes Lichtbrechungsvermögen und
die hervorragende Widerstandsfähigkeit gegen Säuren und Alkalien
sind sie vor anderen ähnlichen Gebilden, besonders den Binde-
gewebsfasern, ausgezeichnet. *Der Ungeübte ist Verwechslungen mit*

Fettkrystallnadeln und fremdartigen Beimengungen (Woll- und Leinenfasern) *ausgesetzt* (vgl. Abb. 106). Die *Fettnadeln* fließen beim Erwärmen zu Fetttröpfchen zusammen, während die elastischen Fasern unverändert bleiben.

Unter Umständen können elastische Fasern von den im Munde zurückgebliebenen Nahrungsresten herrühren; in der Regel sind diese Gebilde gröberer Art und zeigen weder den geschlängelten Verlauf noch die für die Abstammung aus den Lungen charakteristische *alveoläre* Anordnung.

Am dichtesten kommen die elastischen Fasern in den oben beschriebenen „Linsen" vor. Hier erscheinen sie in Quetschpräparate meist ohne jeden Zusatz von Essigsäure schon deutlich.

Fehlen die Bröckel, so muß man bei der Untersuchung verschiedene Teile des Auswurfs durchsuchen, indem man besonders aus den dichten, grünlichgelben Massen stecknadelkopfgroße Teile herausnimmt und zwischen Deckglas und Objektträger zerdrückt. Oder man setzt zu einem solchen Präparat etwas 10%ige Kali- oder Natronlauge.

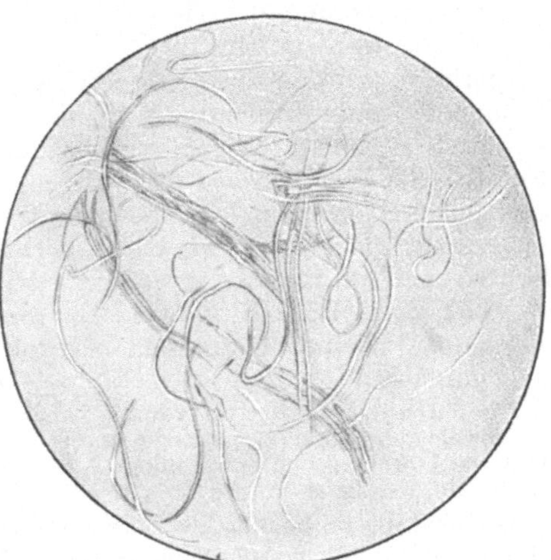

Abb .107. Elastische Fasern im Sputum. (Nach einem Präparat von ERICH MEYER.)

Läßt auch diese — eventuell an einigen Präparaten wiederholte — Untersuchungsmethode im Stich, so muß man eine beliebige Menge Sputum, etwa 1 Eßlöffel voll, mit der gleichen Menge 10%iger Kali- oder Natronlauge bis zur Lösung kochen, sodann mit der 4fachen Wassermenge verdünnen und die Mischung im Spitzglas absetzen oder zentrifugieren. Nach 24 Stunden gießt man die obere Flüssigkeitsschicht ab und entnimmt aus dem krümeligen Satz einige Flocken zur Untersuchung. Die elastischen Fasern leiden bei diesem Verfahren etwas in der Schärfe der Umrisse.

Außer bei der *Phthise* sind elastische Fasern, abgesehen von den selteneren Ulcerationsprozessen der oberen Luftwege infolge von Lues, hauptsächlich beim *Lungenabsceß*, seltener bei der *Lungengangrän* zu erwarten. Beim Absceß kommen sie bald in weiß- oder graugelblichen, kleinen Pfröpfen oder Flocken des semmelfarbenen oder eitrigen Auswurfs, bald, und das ist in gewissem Grade charakteristisch, in längeren *Gewebsfetzen* vor, die neben manchen dickeren Bündeln stets ein zierliches *alveoläres* Netz darbieten.

11*

Bei der Gangrän fehlen häufig die elastischen Fasern, da sie durch ein in diesem Sputum nachgewiesenes Ferment aufgelöst (verdaut) werden. Indes sind unzweifelhafte Ausnahmen von zuverlässigen Autoren beobachtet.

LENHARTZ hat sie in Gewebsfetzen bei 120 von ihm operierten Lungenbrandfällen in einem Drittel der Fälle nachweisen können; ferner hat er bei einer metapneumonischen Lungengangrän etwa 8—10 Tage hindurch die Ausstoßung 5—10 cm langer, grauschwärzlicher Gewebsfetzen beobachtet, worin die elastischen *Fasern* durchweg gut erhalten waren. Notwendig ist nur, daß man das fragliche Sputum so frisch wie möglich untersucht.

Dagegen werden die elastischen Fasern bei unkomplizierten *Bronchiektasien* stets vermißt.

Fibrinöse (Faserstoff-) **Gerinnsel** (Abb. 103). Die bei croupöser Pneumonie und Bronchitis mit bloßem Auge wahrnehmbaren Gerinnsel (s. oben) zeigen mikroskopisch deutliche *Faserstoffstruktur*. Sie bestehen aus sehr zarten und dickeren, stark lichtbrechenden Fäserchen, die, meist parallel zu dichten Bündeln angeordnet, nicht selten zu einem dichten Filz miteinander verflochten und von mehr oder weniger reichlichen Leukocytenhaufen umgeben sind. Rote Blutkörperchen sind gleichfalls oft reichlich vorhanden. Kleinen Gerinnseln begegnet man mitunter auch bei Lungeninfarkt.

Die durch die streifige Anordnung nahegelegte Frage, ob es sich nicht um gewöhnliche, fein zusammengelagerte Schleimfädchen handelt, wird durch die Fibrinreaktion entschieden: Lösen sich die Fäden bei Essigsäurezusatz, oder werden sie durchsichtig, so ist die Diagnose des Fibrins gesichert.

Während die pneumonischen Faserstoffgerinnsel ziemlich leicht zu zerzupfen und zu einem Quetschpräparat zu verarbeiten sind, setzen die derberen, bisweilen geschichteten Gerinnsel beim Bronchialcroup diesem Verfahren einen größeren Widerstand entgegen. Meist gelingt es nur, sie in immer kleinere Bröckel zu zerteilen, die aber gewöhnlich nur an einigen Stellen so durchsichtig sind, um die Zusammensetzung aus einem homogenen glänzenden Balkennetzwerk erkennen zu lassen. Durch Essigsäurezusatz werden die Schollen zum Aufquellen gebracht. (Der feinere, fibrilläre Bau kann aber nur an Schnitten, die von der in Alkohol gehärteten Membran angefertigt sind, erkannt werden.)

CURSCHMANNsche Spiralen (Abb. 105, 116 und 117). Die mikroskopische Beschreibung wird beim Asthmasputum gegeben, worin sie fast *ausschließlich* vorkommen. Gelegentlich sind sie auch im Sputum bei croupöser Pneumonie und Bronchitis, sowie beim Lungenödem gefunden worden.

Als **Krystalle** kommen vor:

   CHARCOT-LEYDENsche Krystalle,

   Fettsäurenadeln und Drusen,

   Cholesterintafeln und

   Hämatoidin- oder Bilirubinkrystalle,

viel seltener Tyrosin, Leucin und einige andere.

Die Charcot-Leydenschen Krystalle (Abb. 108) stellen zarte, sehr spitz ausgezogene Oktaeder vor, die in sehr verschiedenen Größen erscheinen. Sie bieten bald einen wasserhellen, durchsichtigen, bald einen leicht gelbgrünlichen, rheinweinähnlichen Farbenton; sie treten entweder nur vereinzelt oder in dichten Lagern auf, die hier und da wirr durcheinander liegen oder in regelmäßigen Zügen den Schleimstreifen folgen. Meist führen sie wohlgebildete Spitzen. An manchen Krystallen bemerkt man deutliche Querrisse, andere lassen an Kante oder Fläche Ausbuchtungen oder eigentümliche

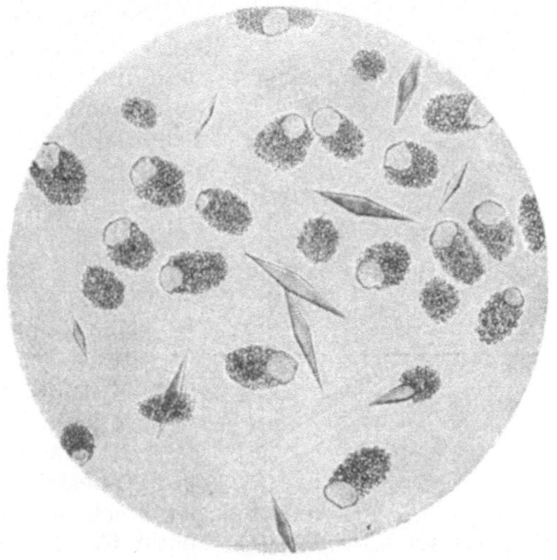

Abb. 108. Sputum bei Asthma bronchiale. Eosinophile Zellen, Charcot-Leydensche Krystalle. (Nach einem Präparat von Erich Meyer.)

wellige Umrisse oder das Fehlen einer Spitze erkennen. Wieder andere zeigen statt der glatten Flächen feinkörnige Unebenheiten, die auf die beginnende Auflösung hinweisen. Manche Zerfallsformen sind nur durch die Gruppierung matter Tröpfchen als Abkömmlinge der Krystalle zu erklären.

Die Krystalle sind im Sputum zuerst von Friedreich bei croupöser Bronchitis gefunden worden. Dagegen hat Leyden auf ihr häufiges Vorkommen im asthmatischen Auswurf aufmerksam gemacht. Da Charcot die gleichen Gebilde bei Leukämie im Blut und in der Milz gesehen, sind den Krystallen die Namen der beiden, um ihre Entdeckung verdienten Forscher beigelegt.

Wie oben schon kurz erwähnt, finden sich die Krystalle im Sputum sehr häufig bei Asthma bronchiale in den Spiralen eingebettet. Aber auch bei der *fibrinösen Bronchitis* sind sie keine allzu seltenen Erscheinungen. Der Umstand, daß die Krystalle besonders in den *älteren*, schlauchförmigen Gebilden auftreten, legt die Vermutung nahe, daß es sich um Bildungen handelt, die mit der „regressiven Metamorphose der Rundzellen" in Beziehung stehen (CURSCHMANN). Je länger bei Asthmatikern die anfallsfreie Pause, je mehr Zeit zur Bildung der Krystalle geboten ist, um so dichter sind die wurstförmigen Bröckel mit Krystallen durchsetzt. Die frischeren Schleimgerinnsel, die in der feuchten Wärme der Bronchien nur kurze Zeit verweilt haben, zeigen keine oder nur spärliche Krystalle. Daß aber auch in ihnen sich die Krystalle

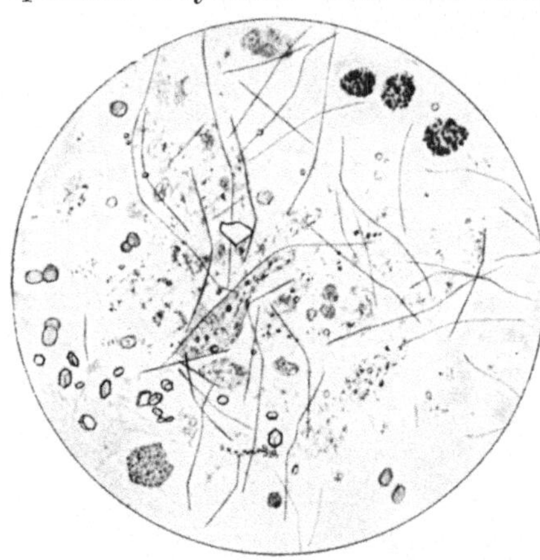

hätten entwickeln können, geht daraus hervor, daß man durch das Stehenlassen von Asthmasputum in der feuchten Kammer Krystallbildung hervorrufen kann, wenn sie vorher fehlte. Die von CURSCHMANN daher wohl mit Recht als „akzidentelle Gebilde" bezeichneten Krystalle gleichen sonst in jeder Beziehung den im Blut und in der Milz der Leukämischen sowie im Stuhl gefundenen spitzen Oktaedern. Sie sind sehr unbeständige, im Präparat schwer zu konservierende Gebilde, halten sich aber im faulenden Sputum monatelang unverändert. Sie

Abb. 109. Fettsäurenadeln, Sargdeckelkrystalle, zerfallene Zellen, blutpigmenthaltige Zellen (Hämosiderin), rote Blutkörperchen bei atypischer Pneumonie. (Nach v. HÖSSLIN.)

lösen sich leicht in warmem Wasser, Säuren und Alkalien, sind aber im Alkohol *nicht* löslich.

Als *Dauerpräparat* sind sie auf folgende Weise zu fixieren: Das in zarter Schicht ausgebreitete krystallführende Gerinnsel wird in 5%iger Sublimatlösung etwa 5 Min. lang oder $^1/_2$ Stunde in absolutem Alkohol gehärtet, sodann in schwach fuchsinhaltigem Alkohol gefärbt (eventuell noch in Xylol aufgehellt) und in Xylolkanadabalsam eingebettet. Auch die etwa 1stündige Fixierung des *lufttrockenen* Präparats in absolutem Alkohol und darauffolgende kurze Färbung mit Eosin-Methylenblaulösung gibt gute Bilder.

Fettsäurekrystalle (Abb. 109, 110, 111) kommen hauptsächlich in Form der *Margarinnadeln* vor. Dies sind zierliche, durchscheinende, meist hübsch geschwungene, lange Nadeln, die selten vereinzelt, in der Regel zu dichten, besen- oder garbenartigen Bündeln vereint im Präparate auftreten. Hin und wieder liegen sie durcheinander und erscheinen mehr netzartig angeordnet, so daß sie zu Verwechslungen mit elastischen Fasern Anlaß bieten können, besonders dann, wenn ihre Umrisse sehr stark und scharf lichtbrechend erscheinen. Sie sind aber *nie verästelt* wie die elastischen Fasern. Erwärmt man den Objektträger, so tritt rasche Auflösung der Nadeln ein. Sie bieten dann in ihrem Verlauf „aufgeblähte" Stellen dar (wo die Lösung beginnt). Durch starkes Andrücken des Deckglases sind derartige Ausbuchtungen auch *ohne vorheriges Erwärmen hervorzurufen.* Wasser und Säuren lassen die Nadeln unberührt; kaustische Alkalien vermögen sie nur schwer zu lösen. Durch Äther und erwärmten Alkohol wird eine völlige Auflösung der Nadeln bewirkt.

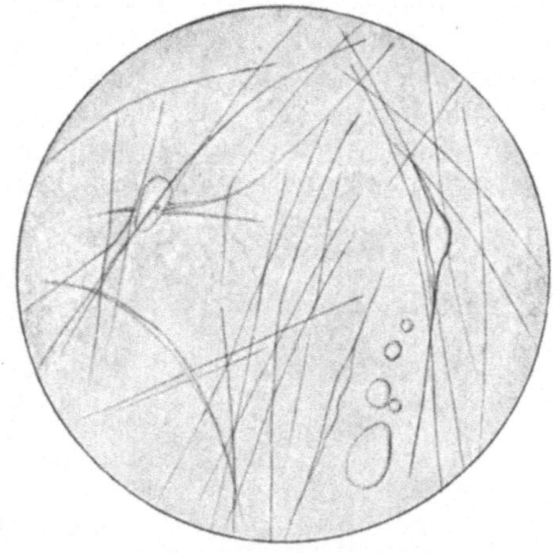

Abb. 110. Fettsäure in Nadeln und Tropfenform, einzelne Nadeln mit kolbiger Auftreibung. (Nach v. Hösslin.)

Die Krystalle finden sich regelmäßig in den Dittrichschen Pfröpfen bei fötider Bronchitis und Lungengangrän. *Sie kommen aber auch in kleinen gelblichen Bröckeln vor, die von manchen völlig gesunden Personen durch einfaches Räuspern entleert werden und den Geruch und die Konsistenz von Käse darbieten.* Diese bilden sich in dem stagnierenden Sekret der kleinen Schleimdrüsen zwischen den wallförmigen Papillen und dem Kehldeckel sowie in den Lakunen der Tonsillen.

Drusige Fettkrystalle (Abbildung 111) findet man weit seltener im Auswurf. Sie zeigen bisweilen große Ähnlichkeit mit Actinomycesdrusen. Sie bilden aber niemals größere Rasen, meist nur ganz ver-

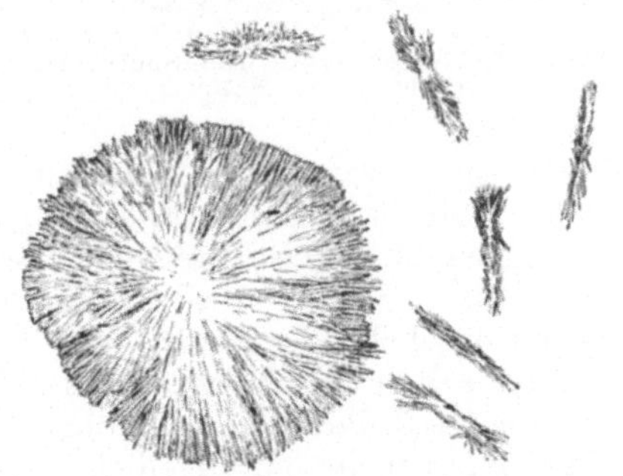

Abb. 111. Drusige Fettkrystalle. (Nach einem Präparat von Lenhartz.)

einzelte kleine Drusen, haben mattgelblichen Farbenton und sind etwas durchscheinend. Erhitzen des Präparates, Äther und Alkohol bewirken rasche Lösung und sichern dadurch meist die Diagnose des Fettkrystalles.

Cholesterin (Abb. 112) kommt in den bekannten kleinen und großen rhombischen Tafeln vor, die vielfach neben- und übereinander liegen und nicht selten abgestoßene Ecken und treppenartige Absätze zeigen. Es wird nur selten im Auswurf gefunden. Wohl am häufigsten findet man es in den stecknadelkopf- bis linsengroßen, graugelblichen Bröckeln bei subakutem oder mehr chronischem *Lungenabsceß*. Sie sind in Äther und heißem Alkohol leicht löslich, in Wasser, Alkalien und Säuren *nicht* löslich. Bei Zusatz von Schwefelsäure tritt eine Lösung von den Rändern her ein und es zeigt sich ein rotbraun leuchtender Saum, bis das ganze Häufchen in einen so gefärbten Tropfen verwandelt ist. Schickt man zunächst LUGOLsche Lösung voraus, so werden die braunen Krystalle blaurot, grün, blau.

Hämatoidin - Krystalle (Abb. 113, 131 u. 158) treten in Form *ziegelbraun- oder rubinroter* rhombischer Täfelchen oder Säulen und als zierlich geschwungene und ebenso gefärbte Nadeln auf. Letztere

Abb. 112. Cholesterintafeln aus Sputum nach einem Präparat von ERICH MEYER.

liegen selten vereinzelt, meist zu mehreren neben- oder übereinander. Oft hat es den Anschein, als wenn sie in unmittelbarer Berührung mit den Täfelchen ständen. Man sieht sie von den vier Ecken der Tafel oder von deren Mittelpunkt nach beiden Seiten büschel- oder pinselförmig abgehen. Sie kommen im allgemeinen selten zur Beobachtung. Man hat in jedem Falle von *Lungenabsceß* darauf zu fahnden. Hier werden sie am ehesten in grau- oder mehr braungelben (semmelfarbenen) Bröckeln, aber auch in dem dicken gelben Eiter gefunden. Auch bei älteren durchgebrochenen Empyemen und bei croupöser Pneumonie mit verzögerter Lösung können sie hier und da gefunden werden. Hier lenken die eitrigen Sputa durch ihren eigentümlich safrangelben Farbenton sofort die Aufmerksamkeit auf sich. *Ockergelben* Auswurf mit zahlreichen Hämatoidin- (Bilirubin-) Krystallen findet man bei Durchbruch von Leberechinokokken in die Lunge und gleichzeitiger

Eröffnung der Gallenwege, seltener bei Durchbruch von alten pleuritischen Exsudaten. In solchen Fällen zeichnet sich das Sputum durch einen *gallenbitteren Geschmack* aus. Die Krystalle sind am reichlichsten in kleinen braunen Bröckeln am Boden des Speiglases anzutreffen.

Auf die Genese dieser Krystalle und ihr sonstiges Verhalten werden wir bei der Beschreibung des Herzfehlersputums zurückkommen.

Seltenere krystallinische Bildungen:

Das **Tyrosin** (s. S. 286, Abb. 142) tritt in Form feiner glänzender, farbloser, vielfach miteinander verfilzter Nadeln auf, die in der Regel Doppelbüschel bilden. Sie entstehen bei der durch Spaltpilze oder Fermente bewirkten Eiweißfäulnis und werden im Sputum eigentlich *nur bei älteren,* in die Lunge durchbrechenden Eiterherden gefunden. Daß eine gewisse Zeit zu ihrer Bildung nötig ist, lehrt eine aus der v. LEYDENschen Klinik mitgeteilte Beobachtung, wo bei rasch folgender Eiterentleerung das Tyrosin fehlte, während es regelmäßig vorhanden war, wenn die Eitermassen einige Zeit (bei Luftabschluß) verhalten gewesen waren.

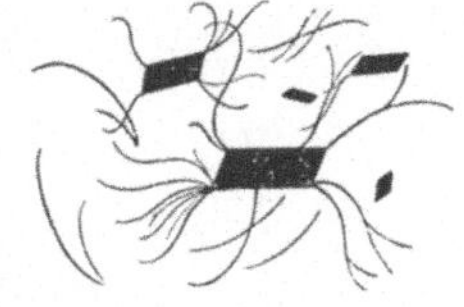

Abb. 113.   Hämatoidin - krystalle. Lungenabsceß. V. 350. (Nach einem Präparat von LENHARTZ.)

Nachweis: Man läßt etwas Eiter am Objektträger eintrocknen; das bisher meist in Lösung gehaltene Tyrosin scheidet sich in der charakteristischen Form ab. Die ausgeschiedenen Krystalle sind am Rande besonders deutlich zu sehen.

Das Tyrosin ist in heißem Wasser und Ammoniak und verdünnter Salz- und Salpetersäure leicht löslich, sehr schwer in Essigsäure, unlöslich in Alkohol und Äther.

Leucin (s. S. 286, Abb. 142) kommt fast stets mit Tyrosin zusammen, aber seltener als dieses, vor, entsteht ebenfalls bei der Eiweißfäulnis durch die Einwirkung von Fermenten im eitrigen Sputum. Es bildet mattglänzende Kugeln, die ab und zu eine deutliche radiäre oder konzentrische Streifung darbieten und in heißem Wasser, verdünnten Säuren und Alkalien leicht, in Äther *nicht* löslich und dadurch von großen Fetttropfen zu unterscheiden sind.

Wie zum Nachweis des Tyrosins läßt man den zu untersuchenden Eiter auf dem Objektträger eintrocknen oder dampft ihn ein.

Krystalle von *Tripelphosphat* in den bekannten Sargdeckelformen, von *oxalsaurem Kalk* in der Art eines Briefumschlags, endlich von kohlensaurem und phosphorsaurem Kalk sind als seltene Bestandteile des Auswurfs nur kurz zu erwähnen (s. V. Abschnitt).

Pflanzliche Parasiten im Sputum. Hier sind zunächst kurz die *Leptothrix buccalis* und *Soorvegetationen* zu nennen, die dem Auswurf als unwesentliche Gebilde beigemengt sein können. Das morphologische Verhalten dieser Pilzformen ist schon im I. Abschnitt geschildert. Findet man lange fadenförmige Pilze im Sputum, so hat man in erster Linie an die beiden obigen Formen zu denken.

Sehr viel seltener kann man Pilzelementen im Sputum begegnen, die dem *Aspergillus (fumigatus)* und *Mucor (corymbifer),* vgl. Abb. 24 und 25, also den schon oben besprochenen Schimmelpilzen angehören, die kaum je in den gesunden Luftwegen, wohl aber, wenn auch selten, bei Kranken sich ansiedeln können, bei denen Zerfallsvorgänge im Lungengewebe infolge tuberkulöser Verkäsung oder im Anschluß an Pneumonie und hämorrhagischen Infarkt sich ausgebildet haben.

In dem bald mehr blutig-eitrigen, bald nur schleimig-eitrigen Auswurf können käsige Bröckel die Aufmerksamkeit anziehen. Man findet mikroskopisch neben elastischen Fasern die aus Mycel und Fruchthyphen bestehenden Schimmelpilze.

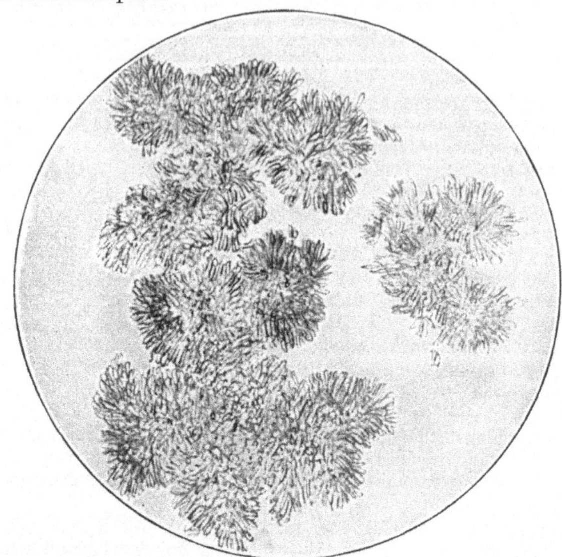

Abb. 114. Actinomycesdrusen im Sputum. V. 350. (Nach einem Präparat von LENHARTZ.)

Unter Umständen ist auch auf die Elemente von *Actinomyces* zu achten. Das einfach schleimig-eitrige, viel seltener blutigschleimige, bisweilen rein himbeergeleeartige Sputum zeigt hier und da zerstreut *kleinste, grießartige, weißlich- oder mehr grüngelbliche oder intensiv gelbe Körnchen,* die beim Zerdrücken unter dem Deckglas neben zahlreichen matten oder stärker lichtbrechenden kokkenähnlichen Gebilden wellige, zum Teil verzweigte und gegliederte Fäden mit kolbig verdickten Enden darbieten. Auch typische Actinomyces*drusen* mit dichten Fäden und Keulen kommen vor, die gelegentlich eine außerordentliche glasartige Brüchigkeit zeigen; die Bilder (Abb. 114 und 115), die von einem solchen Falle gewonnen wurden, geben eine gute Vorstellung. Außerdem beobachtet man bisweilen elastische Fasern, stets viele verfettete Leukocyten und Fettkörnchenzellen. Über die Färbung ist oben nachzusehen.

Außerdem kommt eine große Zahl der verschiedensten Spaltpilze in der Mundhöhle vor, deren Beimengung zum Sputum als durchaus unwesentlich bekannt sein muß. Will man sich über diese mannigfachen Formen orientieren, so hat man nur mit einem Spatel über Zahnfleisch und Zungengrund hinzufahren und das ungefärbte Präparat unter dem Mikroskop zu betrachten. *Kokken, Bacillen* und *Spirillen* sieht man in lebhafter Bewegung, die bei letzteren besonders durch Eigenschwingungen, bei den übrigen nur durch BROWNsche Molekularbewegung bewirkt wird.

In dem Abschnitt über die Bakterien ist auch schon kurz erwähnt, daß Diplokokken von derselben Art wie der FRÄNKELsche und FRIEDLÄNDERsche Bacillus im Nasen- bzw. Mundschleim völlig Gesunder bisweilen vorkommen. Dieser Verhältnisse muß man eingedenk sein, wenn man die Untersuchung des Sputums auf *pathogene Bakterien* vornimmt.

Von diesen sind hauptsächlich folgende zu beachten:

1. Der R. KOCHsche *Tuberkelbacillus*.

Er findet sich in „Reinkultur" in den linsenförmigen nekrotischen Pfröpfen, die durch ihren Gehalt an elastischen Fasern ihre Abstammung aus dem Lungengewebe anzeigen. Für gewöhnlich muß er aber aus dem gelblichen oder grüngelben Eiter dargestellt werden. Mit verschwindenden Ausnahmen ist er in jedem eitrigen oder eitrig-schleimigen, von einem Tuberkulösen stammenden Sputum nachzuweisen. Häufiger läßt die Bacillenuntersuchung bei dem überwiegend schleimigen Sputum im Stich.

Wichtig hierbei ist die Anwendung der *Antiforminmethode* (s. S. 17).

Daß die Bacillen gelegentlich mit dem *Tetragenus* zusammen im Präparat erscheinen, ist ebenfalls oben ausgeführt.

2. Die Bakterien der Pneumonie, der FRÄNKELsche *Pneumococcus* und der FRIEDLÄNDERsche *Pneumobacillus*.

3. *Streptokokken* und *Staphylokokken* sind nicht selten. Den ersteren ist, wie wir wissen, gerade für manche Pneumonien eine gewisse Rolle zugeschrieben (WEICHSELBAUM), die anderen finden sich gelegentlich im Absceß- und durchgebrochenen Empyemeiter.

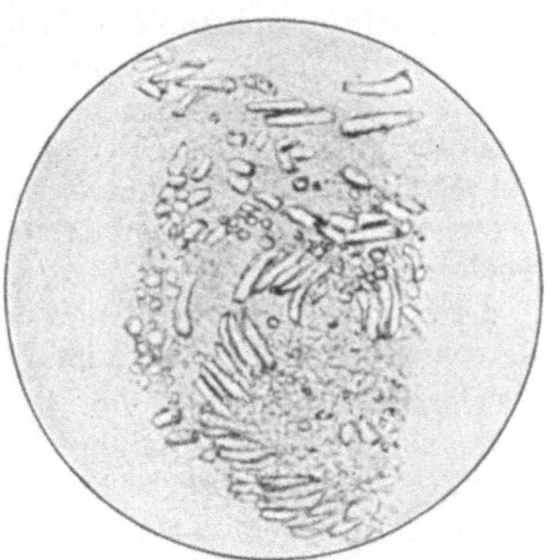

Abb. 115. Actinomycesdrusen bei starker Vergrößerung. V. 700. (Nach einem Präparat von LENHARTZ.)

4. Auf *Rotzbacillen* ist in solchen Fällen zu achten, wo es sich um eigenartige Erkrankungen von Kutschern, Pferdeknechten usw. handelt.

5. *Milzbrandbacillen* sind bei Wollzupfern, Lumpensammlern u. a. beobachtet als Begleiter der Lungenmykose.

6. *Diphtheriebacillen* kommen nur insofern in Frage, als sie an den im Sputum bei sekundärem Croup ausgeworfenen Membranen haften.

7. *Influenzastäbchen* (vgl. Abb. 19) findet man häufig in dem eitrig geballten Sputum der Grippekranken; doch kommen sie auch als harmlose Parasiten bei anderen Zuständen vor.

Bei der bakteriologischen Untersuchung des Sputums ist es oft nötig, es vorher von Beimengungen aus dem Mund und Rachen zu befreien. Dies geschieht durch mehrfaches Übertragen und Ausschwenken der zu untersuchenden Partikelchen in steriler Kochsalzlösung.

Über den Nachweis und die sonstigen Eigenschaften der Mikrobien ist alles Nähere im I. Abschnitt zu finden.

Tierische Parasiten im Sputum. Von tierischen Parasiten erscheinen im Auswurf Echinococcusblasen, Distomum und Cercomonas.

Die ersteren werden als wohlerhaltene Blasen gefunden oder verraten ihre Anwesenheit nur durch Membranfetzen oder Haken. Vgl. S. 217 und 218, Abb. 130 und 131. Sie stammen entweder aus der Lunge selbst, wo sie hauptsächlich im rechten Unterlappen sich ansiedeln, oder aus einem in die Lungen durchgebrochenen vereiterten Echinococcus, der in der Regel in der Leber, seltener in der Pleura seinen Sitz hat.

Das Sputum ist bei Lungenechinococcus stets blutig gemischt, bei Kommunikation mit der Leber gallig oder ockergelb gefärbt.

Die Membranfetzen zeichnen sich durch ihre gleichmäßige weiße Farbe und ihre Neigung zum Einrollen der Ränder aus.

Mikroskopisch sieht man an den fein zerzupften, älteren Lamellen regelmäßige parallele Streifung, die für die *Echinococcusmembran* durchaus charakteristisch, an den jüngeren zarteren Gebilden gewöhnlich aber nicht deutlich ist. In solchen Fällen ist man um so mehr auf die Ermittlung der *Hakenkränze* und *Haken* angewiesen, die als unbedingt sichere Zeichen für die Diagnose des Blasenwurms anzusprechen sind.

Die Scolices findet man äußerst selten und nur im beschädigten Zustande, viel eher die Haken, deren Widerstandsfähigkeit weit größer ist. Auf die genaue Beschreibung können wir hier verzichten und verweisen auf die S. 71 gegebene Darstellung und Abb. 67. Nicht selten wird man genötigt sein, mit der Zentrifuge das Sputum zu behandeln.

Der Inhalt der Blasen ist eine völlig wasserhelle Flüssigkeit, die eiweißfrei ist, aber Bernsteinsäure und *Kochsalz* enthält (s. unten Punktionsbefund).

Distomum pulmonale (BÄLZ) äußert seine Anwesenheit in den Luftwegen oder Lungen durch meist geringen, zähschleimigen, hell- oder dunkelroten Auswurf, in dem das Blut in Punkt- oder Streifenform eingelagert ist oder erheblich die übrigen Bestandteile überwiegt; stärkere Hämoptoe ist selten.

Mikroskopisch findet man außer weißen und roten Blutkörpern und *zahlreichen* CHARCOTschen *Krystallen* zweifellose *Parasiteneier,* die schon mit der Lupe als braune Punkte zu erkennen sind. Sie zeigen Eiform und eine dünne, braune Schale. Über die sonstigen Charaktere s. S. 74 und Abb. 74.

Über das Vorkommen von *Cercomonas* in dem von einem geöffneten Tonsillarabsceß herrührenden Auswurf sowie über ihr öfteres Erscheinen im Sputum bei Lungengangrän ist schon das Genauere erwähnt.

II. Verhalten des Auswurfs bei besonderen Krankheiten.

Bei den **akuten Katarrhen der Luftwege** richtet sich die Menge und Art des Sputums nach der Heftigkeit und Ausbreitung der Krankheit. Das Sekret ist in den ersten Tagen meist glasig und dünnflüssig wie beim gewöhnlichen Schnupfen, um im zweiten Stadium mit der „Lösung" dicker und zäher schleimig-eitrig zu werden (Sputum crudum et coctum). Die Zähigkeit wechselt mit dem Gehalt an Schleim, der durch die Gerinnung bei Essigsäurezusatz sicher erwiesen wird. *Mikroskopisch* findet man neben den transparenten Schleimfäden mannigfach gestaltete Epithelien, besonders zahlreiche Zylinder- und Becherzellen in mehr oder weniger vorgeschrittener Verschleimung, sowie massenhafte Rundzellen, die die oben schon beschriebenen Bilder wahrnehmen lassen. Je dicker und je weniger durchsichtig das Sekret, um so massenhafter der Gehalt an Eiterzellen.

Bei **chronischen Katarrhen** hat der Auswurf fast dauernd den schleimigeitrigen Charakter. Die Menge ist bald nur gering, z. B. trotz starken, quälenden Hustens beim „Catarrhe sec" (LAENNEC), bald überraschend groß. Letzteres ist der Fall bei der *Bronchoblennorrhöe,* die auf akuten Steigerungen des chronischen Katarrhs beruht und durch Erkältungen, Einatmung mechanisch oder chemisch reizender Stoffe oder, was das Wahrscheinlichste, durch infektiöse oder von Zersetzungen des Sekrets ausgehende toxische Einflüsse hervorgerufen wird. Der Auswurf wird dann in großen, $^{1}/_{2}$—1 Liter und mehr betragenden Mengen entleert. Die einzelnen schleimigeitrigen Sputa sind voluminös und gelangen meist leicht zur Expektoration. In der Regel tritt deutliche *Schichtenbildung* ein, indem der Eiter sich unten, und *über* ihm eine trübe, serös-schleimige Schicht absetzt. In manchen Fällen sondert sich letztere noch in zwei Schichten, so daß über der reineitrigen die seröse und darüber eine schleimig-schaumige Schicht steht.

Während hier ohne große Anstrengung reichliche Sputummengen herausbefördert werden, ist die Expektoration bei dem *„pituitösen" Katarrh,* auch *Blennorrhoea serosa* genannt, mit großen, asthmatischen Beschwerden verknüpft. Das Sputum ist ebenfalls sehr massig, 1—$1^{1}/_{2}$ Liter in 24 Stunden, aber *weit zellenärmer,* mehr serös-schleimig *(Asthma humidum).* Plötzliche Exacerbationen chronischer Bronchitis (durch heftige Erkältungen) geben zur Entwicklung dieses Zustandes Veranlassung; auch die genuine Schrumpfniere soll den Eintritt begünstigen (s. S. 160 über Eiweißgehalt).

Eine gewisse Sonderstellung kommt dem Sputum bei **Bronchiektasen** zu.

Bekanntlich entwickeln sich dieselben in zylindrischer und sackiger Form infolge einer chronischen, von häufigen akuten Nachschüben begleiteten Bronchitis oder bei Schrumpfungsvorgängen in der Nachbarschaft der Röhren, sei es, daß schwielige Verwachsungen der Pleurablätter, oder daß das entzündlich verdickte, interlobuläre Bindegewebe Druck- und Zugwirkungen auf deren Lumen äußern und eine gleichmäßige Verteilung der Atmungsluft hindern. Die Stagnation des von der entzündeten Schleimhaut meist in reichlichen Mengen gelieferten Sekretes ruft eine weitere Verschlimmerung hervor. Die Schleimhaut ist zum Teil atrophisch, oft stark verdickt; das Epithel meist verändert; neben gut erhaltenen Zylinderzellen finden sich vorwiegend stark verschleimte, ihrer Flimmerhaare entblößte und metaplasierte Epithelien vor. Bei jauchiger Zersetzung des bronchiektatischen Inhalts kann es zu ulcerösen Prozessen kommen, und die Ausbildung einer geschwürigen Kaverne die Folge sein.

Der Auswurf zeichnet sich dadurch aus, daß das Einzelsputum sehr voluminös und durch geringe Hustenstöße oder Preßbewegungen sowie auch durch Herunterbeugen des Oberkörpers (QUINCKEsche Hängelage) rasch hintereinander massig heraufzubefördern ist (man spricht daher von *„maulvoller Expektoration"*); es ist dünneitrig-schleimig, meist fade, zeitweise bei Zersetzungen übelriechend. Es sondert sich gewöhnlich in eine eitrige und schleimig-seröse, nicht selten auch — zur Zeit der Zersetzung des Sekrets — in drei Schichten.

Außer den meist stark verfetteten Eiterkörpern, verschleimten Epithelien und massenhaften Fäulnisbakterien kommen nicht selten Margarinkrystalle vor. Weit seltener sind Leucin und Tyrosin in dem eingedampften oder getrockneten Präparate zu finden. Elastische Fasern fehlen; blutige Beimengungen findet man nicht selten. Bisweilen beobachtet man starke, selbst tödliche *Hämoptysen*.

Durch Zersetzung des bronchiektatischen Sekretes kommt es oft zur Entstehung der **fötiden** oder **putriden Bronchitis.**

Das von dieser gelieferte Sputum ist meist sehr reichlich, schmutziggrünlich oder mehr grau-grünlich gefärbt, meist dünnflüssig und äußerst übelriechend. Es sondert sich bei längerem Stehen stets in drei *Schichten,* deren obere schmutzig-schleimig-schaumige, vielfach zottige Vorsprünge in die mittlere mißfarbene, grünlichgelbe, dünnflüssige Schicht hineinschickt, während die untere dicklich-eitrig erscheint. In ihr schwimmen die meist stinkenden DITTRICHschen Pfröpfe, deren Form und wesentlicher Inhalt (Fettnadeln, Bakterien usw.) S. 158 schon genauer beschrieben worden sind.

Durchaus charakteristische Beschaffenheit bietet das Sputum der **fibrinösen Bronchitis** dar. Das Sputum, meist reichlich, schleimig-schaumig, enthält als wesentlichen Bestandteil die S. 156 und 157 beschriebenen croupösen, verästelten Gerinnsel, die bisweilen auf den ersten Blick erkennbar, häufiger aber darin versteckt sind. Da die Herausbeförderung oft mit großer Anstrengung verknüpft ist, so sind die Sputa meist blutig gefärbt. Neben den Gerinnseln kommen bei sehr vielen Fällen nicht selten CHARCOT-LEYDENsche Krystalle vor, seltener CURSCHMANNsche Spiralen und körniger Blutfarbstoff, noch seltener Flimmerepithel. Da die croupöse Bronchitis ab und zu bei Tuberkulösen beobachtet wird, so ist auch auf Bacillen zu achten. Bei der *akuten* Form der mit Fieber einhergehenden Fälle können, wie LENHARTZ an fünf Fällen nachgewiesen hat, *Diphtherie*bacillen gefunden werden. Hier liegt wohl eine in den Bronchien lokalisierte Diphtherie ohne Rachenerscheinungen vor. Ähnliche Ausgüsse kommen jedoch auch bei anderen Erkrankungen der Luftwege vor; insbesondere finden sich auch nach Einwirkung ätzender Gase, namentlich nach der Einatmung von Ammoniakdämpfen, gleichartige Erscheinungen.

Das Sputum bei akuter croupöser Pneumonie zeigt einen mit den verschiedenen Stadien der Erkrankung einigermaßen parallel verlaufenden, wechselnden Charakter.

Das Sputum ist im Beginn der Krankheit spärlich, sehr zähe und klebrig, gelbrötlich gefärbt. In mäßig dünner Schicht ist es durchsichtig. Wegen der klebrigen Beschaffenheit kann es nur mit Mühe ausgespien werden. Mikroskopisch besteht es aus dem durch Essigsäure fällbaren Schleim, roten, meist nebeneinander gelagerten Blutkörpern und frischen und älteren Leukocyten.

Im zweiten Stadium verkleben die *rostfarbenen (rubiginosa) oder safran-farbenen (crocea)* oder *mehr* blutig-schleimigen *(sanguinolenta)* Sputa zu einer innig zusammenhängenden zähen Masse, die am Speiglas haftet und nur mit einer Nadel oder Schere getrennt werden kann. Neigt man das Glas, so bleibt der Auswurf oft an der Wand kleben, oder die ganze Masse gleitet sehr langsam heraus. Die Sputa enthalten wegen der schweren Ablösung teilweise viele große Luftblasen und bieten, entsprechend dem jetzt in die Alveolen ergossenen faserstoffhaltigen Exsudat, kleine, hellgelbe, fibrinöse Klümpchen oder die oben schon genauer beschriebenen, nicht selten ein- oder vielfach geteilten *Fibrinfäden* dar, die von den gelegentlich auch hier zu beobachtenden CURSCHMANNschen Spiralen leicht zu unterscheiden sind (vgl. Abb. 116 und 117).

Neben den charakteristischen rostfarbenen Sputis zeigen sich als Folge des begleitenden Bronchialkatarrhs auch schleimig-eitrige Streifen und Flocken.

Mit der Lösung des Exsudates (3. Stadium) macht sich eine fortschreitende Entfärbung des Auswurfs geltend; er wird von Tag zu Tag mehr blaßgelb, einfach schleimig-eitrig, klebt wenig oder gar nicht mehr an der Wand des Speiglases, läßt sich leichter in einzelnen Teilen aus demselben herausgießen. Die Gesamtmenge nimmt zu, die Gerinnsel verschwinden. Das *mikroskopische* Bild zeigt zur Hauptsache vorgeschrittene fettige Umwandlung der Leuko-cyten; auch Körnchenzellen und freies, in kleineren und größeren Tröpfchen einzeln oder in Häufchen zusammengelagertes Fett.

Nicht selten sind mancherlei *Abweichungen* von dem hier entworfenen Bild des Auswurfs zu beobachten, ohne daß die Gründe jederzeit durch-sichtig sind

Das rostfarbene Sputum kann durch ein *stärker blutiges* ersetzt werden. Dies kommt bei der sog. traumatischen (Kontusions-) Pneumonie und bei Säufern vor. Auch bei der zu Stauungen im kleinen Kreislauf hinzutretenden Pneumonie ist der Blutgehalt des Sputums stärker, die schleimige Beimengung und demzufolge der zähe Zusammenhang geringer. Die (anfangs „ziegelrote") Farbe und Beschaffenheit nähern sich später oft dem Bilde, wie wir es beim entzündlichen Ödem kennenlernen werden. Oder es werden nur ganz ver-einzelte Sputa ausgeworfen, ohne daß dadurch die Prognose nach irgend-einer Richtung hin verändert wird, es sei denn, daß der mangelnde Auswurf durch große allgemeine Schwäche des Kranken bedingt ist. Von Anfang an stärker getrübte, undurchsichtige Sputa zeigen sich, wenn die Pneumonie Leute mit schon bestehendem Bronchialkatarrh befallen hat. Hier können oft nur bei sorgfältiger Untersuchung rostfarbene Beimengungen bemerkt werden.

Bei der durch den FRIEDLÄNDERschen Pneumobacillus erregten Pneu-monie fand LENHARTZ den Auswurf eigenartig *bläulichrot*; er konnte in zwei Fällen schon nach dem Farbenton die tatsächlich zu Recht bestehende Vermutung äußern, daß diese Abart der Pneumonie vorliegen möchte.

Auch die croupöse *Pneumonie bei Grippe* bietet einen ähnlichen Befund. Der Auswurf besteht hier von Anfang an aus schleimig-eitrigen oder gar eitrig-schleimigen, oft kleinbröckeligen Einzelsputis, denen nur selten ein leichter rosa- oder rostfarbener Ton anhaftet. Bei der Grippepneumonie der letzten Jahre war das Sputum oft besonders lange Zeit blutig.

Besteht neben der Pneumonie gleichzeitig ein *Ikterus,* so zeigt das Sputum oft einen deutlich *grünen* Farbenton, der durch den in das Gewebe über-getretenen und im Sputum mit den bekannten Reaktionen leicht nachweis-baren Gallenfarbstoff bedingt ist.

Ausgesprochen *grasgrüne Färbung* beobachtet man aber außerdem auch bei *verzögerter* Lösung des pneumonischen Exsudats. Meist kommt dieser

Färbung keine weitere prognostische Bedeutung zu. In manchen unregelmäßig verlaufenden Fällen aber geht diese Verfärbung der späteren Abscedierung voraus, worauf schon TRAUBE mit vollem Recht aufmerksam
gemacht hat.

Weit wichtiger ist das Auftreten saftig *grüner* Sputa bei der *akuten
käsigen (tuberkulösen) Pneumonie,* deren Diagnose durch das Vorkommen
oft massenhafter Tuberkelbacillen gesichert wird.

Bei verzögerter Lösung der croupösen Pneumonie kommt ferner hin
und wieder ein ungewöhnlich intensiv *safrangelber* Auswurf zum Vorschein.
Es ist oben schon hervorgehoben, daß in solchen Fällen mitunter prächtig
ausgebildete *Hämatoidinkrystalltäfelchen und -nadeln* beobachtet werden.

Bei der *Pneumonie der Kinder* bekommt man in der Regel gar keinen
Auswurf zu Gesicht, da er meist verschluckt wird. Der herausbeförderte
zeigt aber auch bei echter lobärer Pneumonie oft einen einfach katarrhalischen
Charakter und ist nicht rostfarben. Ein ähnliches Verhalten ist nicht selten
bei der Pneumonie der *Greise* und bei *Säufern* und *Geisteskranken* zu
beobachten.

Der leider nicht selten tödliche Ausgang der croupösen Pneumonie erfolgt
oft durch den Eintritt des **„entzündlichen Lungenödems",** das von charakteristischem Auswurf begleitet ist.

Das Sputum wird auffallend dünnflüssig, dunkelbraun, serös-schleimig-
schaumig, *zwetschgenbrühähnlich* (jus de pruneaux) und reichlicher. Zwischen
den serös-schaumigen Teilen sieht man oft noch zähere, von der eigentlichen
croupösen Entzündung herrührende Sputa, die sich zu einer festen zusammen-
hängenden Masse verkleben und in der braunrötlich gefärbten Flüssigkeit
schwimmen. *Mikroskopisch* findet man in dieser außer roten Blutkörpern nur
spärliche Zellen, während jene beim Entwirren fibrinöse Gerinnsel und zahlreiche farblose Blutkörperchen zeigen. Über den Eiweißgehalt s. S. 160.

Das eben beschriebene Sputum bedingt in jedem Fall eine ernste, wenn
nicht letale Prognose.

Der Ausgang in Lungengangrän oder -absceß ist im allgemeinen selten.

Bei der **Lungengangrän** bietet das Sputum eine gewisse Ähnlichkeit mit
dem eben beschriebenen dar. Gar nicht selten beobachtet man, daß beim
Eintritt des Lungenbrandes das bisher zähe rubiginöse Sputum dünnflüssiger
und mißfarben braun gefärbt erscheint, ohne daß es zunächst den bald so
charakteristischen jauchig-stinkenden Charakter darbietet. *Mikroskopisch*
zeigen sich im Gegensatz zu der vorigen Auswurfsart die roten Blutkörper fast
durchweg zerstört, so daß sie in der Mehrzahl nur als Schatten zu erkennen
sind. Daneben können kleinere und größere *Gewebsfetzen* vorhanden sein, die
meist in den mehr schwärzlich gefärbten Bröckelchen zu finden sind.

Sehr bald wird der Auswurf, wie schon erwähnt, äußerst übelriechend.
Die braunrote Farbe weicht mehr einer schmutzig-grauen oder grünen,
die Menge ist beträchtlich vermehrt auf $^1/_4$—$^1/_2$ Liter in 24 Stunden, die
Konsistenz vermindert, meist dünnflüssig. In der Regel tritt rasche *Drei-
schichtung* ein. Die obere schmutzig-graue Schicht zeigt mit Luft unter-
mischte, zähschleimige Mengen, die zum Teil zapfenförmig in die mittlere
breite, schmutzig-grünliche, flüssige Schicht hineinragen. Die unterste,
wechselnd hohe Schicht ist aus dickem, zusammengeflossenem Eiter gebildet,
in dem *außer* den schon beschriebenen DITTRICHschen Pfröpfen schmutzig-
graugelbe, unregelmäßig zerklüftete Fetzen eingebettet sind. *Mikroskopisch*
stellen sich diese in der Regel als bindegewebige, in Essigsäure aufquellbare
zarte Stränge dar, die von massenhaft Bakterien und häufigem Detritus,
Fetttropfen, Fettnadeln und dunkelschwärzlichem Pigment und Hämosiderin
umgeben sind. Sehr selten finden sich Hämatoidinkrystalle. Aber auch die

oft fehlenden *elastischen* Fasern kommen, wie oben schon erwähnt ist, unzweifelhaft bei der Lungengangrän vor.

Die im Sputum auftretenden Bakterien erinnern an die Bilder, die man jederzeit aus einer schlecht gepflegten Mundhöhle gewinnen kann. Außer massenhaften Kugelbakterien kommen Stäbchen, Spirillen und die zu den Algen gehörenden Leptothrixstäbchen, seltener Cercomonasformen vor. Dieselbe Flora findet man in den Bröckeln, die man der zu Heilzwecken geöffneten Brandhöhle frisch entnimmt.

Als diagnostisch wichtig ist das Vorkommen von *Pseudotuberkelbacillen* hervorzuheben, die erst durch sorgfältige Färbung von Kochschen Tuberkelbacillen zu unterscheiden sind (s. S. 18).

Aus der Beschreibung erhellt, daß das Sputum bei der Gangrän Ähnlichkeit mit dem fötid-bronchitischen Auswurf zeigt. In der Tat kann die Übereinstimmung derart sein, daß man in der Diagnose schwanken muß. In solchen Fällen ist die Auffindung der gröberen *Gewebsfetzen,* mögen sie elastische Fasern enthalten oder nicht, von entscheidendem Wert. Abstoßung von Gewebe kommt bei der fötiden Bronchitis *nie,* bei der Gangrän in der Regel vor. Gar nicht selten gesellt sich aber zu dem Brand noch eine fötide Bronchitis in anderen Lungenabschnitten hinzu.

Der Lungenbrand schließt sich gelegentlich an eine Pneumonie an; ob es sich dabei meist um die echte croupöse Form handelt, erscheint sehr zweifelhaft; wahrscheinlicher geht die Aspiration von Fremdkörpern voraus oder nebenher. Größere Fremdkörper (Knochenstücke, Fischgräten, Obstkerne, Knöpfe u. dgl.) können selbst nach langem Verweilen zur Pneumonie und Gangrän führen. Ferner kommt die Entstehung des Lungenbrandes bei fötider Bronchitis und bei Eiterungs- und Verjauchungsprozessen in der Umgebung der Luftwege in Frage. Seltener führen embolische Vorgänge bei septischen Zuständen und Verletzungen des Brustkorbes zu Gangrän.

Der Hauptcharakter des Sputums ist in allen Fällen der gleiche: übelriechender, dünnflüssiger, mit Gewebsfetzen und Pfröpfen untermischter Eiter, der stets die Neigung zu *dreifacher* Schichtenbildung zeigt.

Anders beim **Lungenabsceß:** Hier zeigt der Auswurf eine rein eitrige, nur fade riechende Beschaffenheit und wird besonders im Beginn äußerst reichlich, anfallsweise in der Menge von $1/_2$—1 Liter in 24 Stunden, entleert. Beim Stehen tritt deutliche *Zweischichtung* ein; unter der leicht grünlich gefärbten, dünnflüssigen oberen Schicht hat sich eine gleichmäßig zusammengeflossene Eitermasse abgesetzt, in der beim Ausbreiten bald größere graugelbliche, unregelmäßig zackige oder mehr zugeglättete Fetzen oder kleine, weißgelbliche oder schwärzliche Krümel und gelbbräunliche Flocken zu finden sind.

Mikroskopisch zeigen die Fetzen elastische Fasern in alveolärer Anordnung und derbere, nur wenig geschwungene Fäden; ferner findet man eine große Menge von Mikrokokken, besonders den Staphylococcus pyogenes aureus, Fettkrystalle in Nadel- und Drusenform (s. oben), stark verfettete Eiterzellen, endlich in den braunen Flocken nicht selten prächtige Hämatoidinkrystalle in Nadel- und Tafelform (vgl. S. 113).

Schließt sich der Absceß an eine croupöse Pneumonie an, so ist der Auswurf öfter mit Blut gemischt und dann *schokoladenbraun.*

In einem in Straßburg beobachteten Fall war das Sputum zuerst himbeerfarben, und wurde allmählich rein eitrig. Es lag eine mächtige Abscedierung eines intrapulmonalen Tumors vor (Sektion).

Das beim *chronischen Lungenabsceß* vorkommende Sputum zeigt einen ähnlichen Charakter. Der Eiter ist reichlich, enthält meist aber keine Gewebsfetzen oder nur mikroskopisch nachweisbare Zerfallserscheinungen (elastische Fasern) (vgl. Abb. 107, S. 163).

Daß **das Sputum bei dem Durchbruch eines Empyems** große Ähnlichkeit mit dem oben beschriebenen zeigen muß, liegt auf der Hand. Das ebenfalls anfallsweise entleerte, aber stets viel massigere (die Menge von 4—5 Litern in 24 Stunden erreichende) rein eitrige Sputum bietet dieselbe Schichtenbildung und fast den gleichen mikroskopischen Befund dar. Wohl aber fehlen in der Regel die Gewebsfetzen, und sind die elastischen Fasern nur vereinzelt aufzufinden. Fettkrystalle u. dgl. kommen vor. Daß bei älteren Eiterungen in der Pleurahöhle, die zeitweise in freier Verbindung mit den Bronchien steht, Tyrosin beobachtet worden ist, ist schon oben erwähnt.

Angesichts der Tatsache, daß der *Actinomyces* zu multiplen Abscessen in dem Lungengewebe führen kann, ist in jedem Falle von Lungenabsceß, dessen Entstehung nicht klargestellt ist, auf die *Strahlenpilzkörner* zu achten. Sie stellen weißgelbliche bis hirsekorngroße Krümel dar, deren mikroskopisches Bild S. 170 und 171 geschildert ist.

Auch auf Rotzbacillen ist zu fahnden. Daß Leptothrix und Cercomonas in dem Absceßhöhleneiter vorkommen können, ohne daß damit ihre pathogene Beziehung etwa erwiesen ist, haben wir bereits erwähnt.

Endlich ist hier des eitrigen Sputums zu gedenken, das bei Durchbruch von *Echinococcussäcken* aus der Umgebung der Lungen zum Vorschein kommt. Hier zeigt das Sputum bei vorhandener Kommunikation mit den Gallenwegen eine deutliche *ockergelbe* Farbe, schmeckt gallenbitter und gibt eine deutliche Gallenfarbstoffprobe. *Mikroskopisch* findet man außer den von den Parasiten herrührenden Fetzen und Haken schöne Hämatoidin- und Bilirubinkrystalle. In einem Falle von LENHARTZ enthielt es auch neben Membranfetzen zahlreiche *Cholesterin*tafeln.

Der Auswurf bei Lungentuberkulose: Obwohl man von jeher bestrebt gewesen ist, gewisse Merkmale als charakteristische Zeichen des phthisischen Sputums aufzustellen, hat man sich immer mehr von der Unzulänglichkeit derselben für die exakte Diagnose überzeugt. *Der einzig sichere Beweis der Tuberkulose wird durch die Färbung der im Sputum enthaltenen Tuberkelbacillen erbracht.* Alle übrigen Eigenschaften des Sputums haben nur einen relativen Wert, da auch Nichttuberkulöse ein ganz ähnliches Sputum liefern können. Gleichwohl erfordert der Auswurf Tuberkulöser oder der Tuberkulose Verdächtiger aus mannigfachen Gründen eine sorgfältige Berücksichtigung.

Das Sputum ist schleimig-eitrig und ziemlich innig gemischt oder mehr eitrig-schleimig. Ersteres findet sich dann, wenn noch kein stärkerer Gewebszerfall vorliegt, und ist ganz uncharakteristisch, dagegen bietet die zweite Art, die bei Gegenwart von *Kavernen* auftritt, gewisse typische Erscheinungen dar, die einer näheren Beschreibung wert sind. Dies Sputum ist ausgezeichnet durch mehr oder weniger zahlreiche geballte, großkugelige, rein eitrige Klumpen, die eine vielhöckerige und zerklüftete Oberfläche darbieten. Auf ebener Unterlage breiten sie sich fast kreisrund aus und werden daher als *münzenförmig* bezeichnet. Sind sie in ein Gefäß mit Wasser entleert, so sinken sie oft rasch zu Boden *(fundum petens)*; andere werden an demselben Bestreben durch schleimige Fäden gehindert, an der Oberfläche zurückgehalten und flottieren nun als eiförmige oder mehr kugelige Gebilde *(globosum)*. Gerade an dieser Art ist der zerklüftete Bau der Kavernensputa ausgezeichnet zu erkennen. Die dichtgeballte, fast luftleere Beschaffenheit solcher Sputa erlaubt den Schluß, daß ihr Ursprung in Hohlräume zu verlegen ist, da andernfalls, bei der allmählichen Ausbildung solcher Ballen in den Bronchien, sicher ein größerer Luftgehalt beigemengt sein würde. Aber neben diesen globösen Sputis kommen oft reichlich schleimig-eitrige Mengen vor, die das charakteristische Bild verdecken. Und weiterhin bilden sich ähnliche, kugelige Sputa in andersartigen, nichttuberkulösen Räumen, besonders in sackigen Bronchiektasen.

Gar nicht selten kommt es ferner zur Vereinigung der sonst getrennt bleibenden münzenförmigen Sputa. Dann ist es erst recht schwer, aus dem makroskopischen Verhalten des Auswurfs die Diagnose zu stellen. Denn so besteht kaum ein Unterschied zwischen dem tuberkulösen Auswurf und dem bei ausgebreiteter schwerer Bronchitis oder Bronchiektase.

Von großem Wert sind in solchen Fällen **die häufigen Blutbeimengungen.** Wie schon erwähnt, kommt das Blut nicht selten unvermischt zum Vorschein; bald nur in Form einzelner oder mehrerer rein blutiger Sputa (Hämoptöe), bald in größeren, $^1/_2$ Liter selten übersteigenden Mengen (Hämoptysis). Viel öfter ist es in Klümpchen- oder Streifenform dem schleimigen Eiter beigemengt oder noch inniger mit ihm verbunden, so daß das Sputum schokoladenartig erscheint. Sicher verdienen alle diese Arten kleinerer und größerer Blutung sorgfältige Beachtung, da erfahrungsgemäß gerade die Tuberkulose den häufigen Blutaustritt begünstigt, sei es, daß das Blut aus größeren, den Hohlraum durchziehenden oder in der Wandung befindlichen Gefäßen, die bei dem fortschreitenden Zerfall angenagt werden, stammt, oder mehr auf dem Wege der allmählichen *„Diapedese"* austritt. Nicht selten aber hat gerade die öftere Blutbeimengung *irregeführt*. Man soll sich daher in nicht ganz klaren Fällen stets gegenwärtig halten, daß genau die gleichen Sputa auch bei anderen Erkrankungen vorkommen können. *Neubildungen,* auf die wir unten noch zurückkommen, *Echinokokken* der Lungen, die stets zu „Blutspeien" Anlaß geben, *Actinomyces,* namentlich auch *Bronchiektasen* begünstigen den Eintritt blutiger Sputa in mannigfachen Mischungen. Auch ist daran zu denken, daß Geschwüre in Kehlkopf und Luftröhre *(Syphilis)* und manche Formen *hämorrhagischer Diathese* usw. zu Lungenblutungen führen können.

Größere Bedeutung kommt dem Nachweis der **„Linsen"** zu. Oben haben wir schon erwähnt, daß sie durch ihren reichen Gehalt an alveolär geordneten, elastischen Fasern und an Bacillen „in Reinkultur" ausgezeichnet sind. *Ihr Nachweis erlaubt mit aller Sicherheit die Annahme destruktiver (verkäsender) Prozesse im Gewebe der Lunge.*

Über die Herkunft und Bedeutung dieser zugeglätteten, weißgelblichen undurchsichtigen Pfröpfe verschafft man sich am besten dadurch Aufschluß, daß man bei der Sektion tuberkulöser, mit Kavernen durchsetzter Lungen sorgfältig auf den Inhalt und die Wandungen der Hohlräume achtet. Es wird kaum ein solcher Fall vorkommen, bei dem man jene Gebilde vermißt. Oft findet man sie zu 6—10 und mehr in einem einzigen Raum; meist liegen sie völlig frei verschieblich der Wandung zu, bisweilen haften sie noch zu einem kleinen Teil an derselben. Mit besonderer Vorliebe lagern sie in den kleinen Ausbuchtungen, die fast jede Kavernenwand darbietet. Schon mit dem bloßen Auge ist die absolute Ähnlichkeit dieser Gebilde mit den im Sputum erscheinenden „Linsen" unverkennbar, mit voller Sicherheit erwiesen wird sie durch die mikroskopische Untersuchung.

Dieses Verhältnis beleuchtet den hohen Wert ihres Nachweises, den schon VIRCHOW (im Januar 1851) gebührend hervorgehoben hat. Leider ist ihr Befund nicht gerade häufig. Wohl sind solche Linsen bei den meisten mit Kavernen behafteten Lungenkranken aufzufinden; aber die Durchmusterung der Sputa erfordert oft viel Zeit. Auch kann der Zerfall des Gewebes ja in der Regel aus dem physikalischen Lungenbefunde geschlossen und der tuberkulöse Charakter des Leidens durch den Nachweis der Bacillen oft rascher erbracht werden.

Einzelnen elastischen Fasern begegnet man nicht selten, wenn man beliebige grünlich-eitrige Teile des Eiters unter das Mikroskop bringt. Erleichtert wird der Nachweis durch den Zusatz von 3%iger Natronlauge zum Präparat. Gelingt er nicht, so ist das Aufkochen mit Natronlauge nötig (s. oben). Verwechslungen mit Fettnadeln können sicher vermieden werden (S. 166).

Nur durch den **Nachweis der Tuberkelbacillen** im Sputum wird der tuberkulöse Charakter gesichert. Durch den Gehalt an spezifischen Bacillen, deren Eigenschaft als Erreger der Tuberkulose unzweideutig erwiesen ist, zeichnet sich das tuberkulöse Sputum vor allen anderen Auswurfsarten aus. *Daher kommt der Bacillenuntersuchung der vornehmste Platz zu.* In ihr haben wir ein Unterscheidungsmittel kennengelernt, das alle anderen von früher her bekannten weit übertrifft. ,,Die Tuberkelbacillen sind nicht bloß eine Ursache der Tuberkulose, sondern die einzige Ursache derselben; ohne Tuberkelbacillen gibt es keine Tuberkulose." Diese Worte Kochs gelten auch heute, nachdem eine langjährige Prüfung, die seit der Mitteilung jenes Satzes (1882) verflossen ist, sie immer von neuem bestätigt hat. Und daran können die seltenen Fälle, bei denen trotz bestehender Tuberkulose der Nachweis der Bacillen im Sputum auch bei *sorgfältiger* Untersuchung nicht zu erbringen war, nichts ändern.

Den größten praktischen Wert darf die Untersuchung auf Bacillen in solchen Fällen beanspruchen, wo der Verdacht der Tuberkulose besteht, aber durch die physikalische Untersuchung in keiner Weise gestützt werden kann. Hier ist durch den Nachweis der Bacillen in dem oft nur ganz spärlichen Sputum die Diagnose mit einem Schlage entschieden. Und in nicht wenigen Fällen anderer Art, z. B. bei den unter dem Bilde einer akuten croupösen Pneumonie einsetzenden Formen, ist die Bacillenunter-suchung von ausschlaggebender Bedeutung für die Diagnose und Prognose.

Über die im Sputum auftretenden *Bacillenformen und -mengen* können wir uns kurz fassen. In dem I. Abschnitt ist schon erwähnt, daß gerade die Sputumbacillen sehr häufig helle Lücken in ihrem Verlauf darbieten, die früher mit Unrecht als Sporen gedeutet wurden. Die Zahl der Bacillen richtet sich oft nach der Ausdehnung und der Heftigkeit des Krankheits-prozesses; hektisch fiebernde Kranke bieten in der Regel zahlreichere Bacillen dar. Ausnahmen kommen aber unzweifelhaft vor: Es gibt Schwerkranke mit einem nur spärliche Bacillen enthaltenden Auswurfe und nichtfiebernde Individuen, die bei gutem Kräftezustand recht viele Bacillen aushusten. Solcher Ausnahmen muß man gedenken, ehe man sich ein prognostisches Urteil erlaubt; dazu müssen die übrigen Krankheitszeichen stets mit berück-sichtigt werden.

Beachtenswert ist das Vorkommen von *Pseudotuberkelbacillen* im Sputum, weshalb im Zweifelsfalle die sorgfältigste Färbung vorzunehmen ist (S. 17). Ferner sei nochmals betont, daß *neue* Deckgläser und sauberste Unter-suchungsteller und ausgeglühte Nadeln zu verwenden sind.

Das Sputum bei Bronchialasthma (Abb. 105 und 116 sowie Abb. 117 und 108): Die Menge des in den Anfallszeiten entleerten Auswurfs schwankt in ziemlich weiten Grenzen, bald werden nur 1—2 Eßlöffel voll, bald bis zu $^1/_2$—$^3/_4$ Liter herausbefördert. Die grauweißlichen, äußerst zäh-schleimigen Sputa fließen zu einer homogenen Masse zusammen, die eine weiße, ge-schlagenem Hühnereiweiß ähnliche Schaumschicht an der Oberfläche zeigt. Versucht man einen Teil auszuschütten, so stürzt in der Regel die gesamte Masse nach; man ist daher genötigt, mit der Nadel am Rande des Glases hinzustreichen und den zu untersuchenden Teil abzutrennen. Die Art des Sputums ist verschieden, je nachdem ob es sich um heftige, in 1—2 Tagen vorübergehende Anfälle oder um bald häufiger, bald seltener folgende Ver-schlimmerungen einer monatelang bestehenden Atemnot handelt. Im ersteren Fall hört der Auswurf, dessen Menge unter Umständen rasch auf $^1/_2$ Liter und mehr steigen kann, meist nach einigen Tagen auf, während in den anderen Fällen seine Menge zwischen 50—100 ccm schwankt und nur im eigentlichen Anfall rasch vermehrt wird. Aber auch hier herrscht der grauweißliche Farbenton und die Zähigkeit des Sputums stets vor. Bei längerem Stehen wird der Asthmaauswurf flüssiger und erscheint nicht selten grasgrün gefärbt.

Breitet man abgeteilte kleine Mengen des Auswurfes auf einem schwarzen Teller aus, so findet man in der Mehrzahl der Fälle neben und zwischen den grauweißlichen — seltener von Eiter durchzogenen — Ballen und Schleimfäden eigentümliche, sagoähnlich durchscheinende Gebilde (CURSCHMANNsche Spiralen). Es sind teils graue Klümpchen, hier und da gelblich gefleckt,

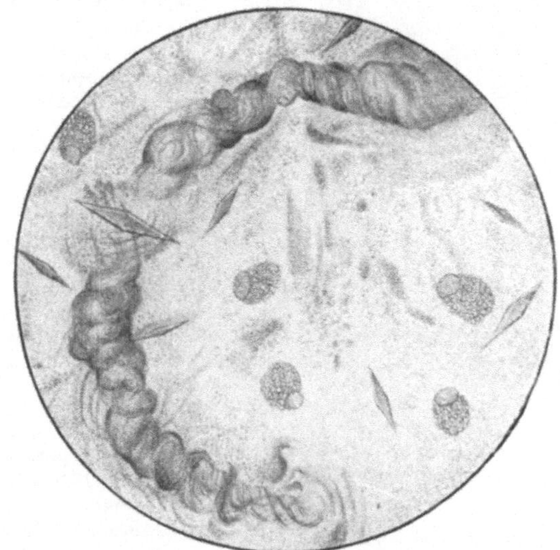

Abb. 116. Asthma spirale mit eosinophilen Zellen und CHARCOT-LEYDENschen Krystallen (schwache Vergrößerung). (Nach einem Präparat von ERICH MEYER.)

teils grauweißliche, quergestreifte oder mehr gedrehte Fäden von $^1/_2$—$1^1/_2$ mm Dicke und $^1/_2$—8 cm Länge, die nach dem Zerzupfen leicht als Spiralen mit dem bloßen Augen zu erkennen sind (s. Abb. 105).

Mikroskopisch erscheinen die oft nur mit Mühe unter dem Deckglas zu fixierenden Gebilde als zierlich gedrehte Spiralen von glasig durchscheinender Beschaffenheit. An den Spiralen sieht man häufig, wie sich die zahlreichen, zusammengedrehten Fäden auflösen, bzw. zur Vereinigung anschicken. Die aus verschieden zahlreichen Einzelfäden gebildete Schnur ist von einer durchscheinenden Schleimschicht umhüllt, die oft von zahlreichen runden oder langgeschwänzten und zierlich spindelförmigen Zellen durchsetzt ist. Außer den Spiralwindungen der Einzelfäden kommen vielfach gröbere Windungen sowie Knoten- und Schleifenbildungen der ganzen Schnur vor.

An manchen Spiralen fällt auf den ersten Blick ein gleichmäßig zarter, weißglänzender Faden auf, der genau in der Achse des Gebildes verläuft und nur hier und da bei einer stärkeren Windung (Knotenbildung) der Spirale etwas durchbrochen erscheint.

Dieser von Curschmann als *Zentralfaden* bezeichnete Teil der Spirale ist offenbar als der optische Ausdruck der Schleimfadendrehung, viel seltener als ein homogenes oder aus zierlich gedrehten Fädchen zusammengesetztes Sondergebilde anzusehen. Man kann einen solchen Zentralfaden künstlich hervorbringen, wenn man einen beliebigen Schleimfaden, der an dem einen Ende am Objektträger fixiert wird, vom anderen Ende her mit einer Pinzette 30—40mal um sich selbst dreht (Sänger).

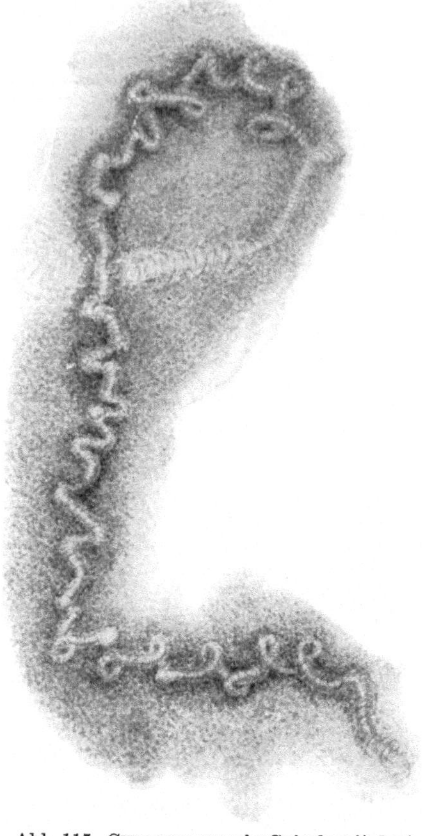

Gar nicht selten findet man, und zwar ganz besonders bei dem ersten, nach längerer Pause wieder einsetzenden Asthmaanfall, *gelbgesprenkelte oder mehr gleichmäßig gelbgefärbte, etwas granulierte, derbere Fäden* im Sputum, die mikroskopisch neben oft undeutlicher, spiraliger Drehung unter dem aus Schleim und Leukocyten gebildeten Mantel der Spirale dichte Häufchen und Züge von zierlichen Charcotschen Krystallen beherbergen. Außer durch ihre Hellfärbung verraten sich *diese krystallführenden Spiralen* durch ein oft deutliches Knirschen beim Zusammendrücken unter dem Deckglas.

Manche dieser gelben, gerstenkorngroßen Gebilde sind so dicht mit Krystallen durchsetzt, daß von einer zarten, spiraligen Zeichnung nichts mehr zu sehen ist. Und doch ist aus dem ganzen makroskopischen Eindruck, den diese Formen machen, mit gewisser Wahrscheinlichkeit zu folgern, daß es sich um veränderte Curschmannsche Spiralen handelt. Schon

Abb. 117. Curschmannsche Spirale mit deutlichem Zentralfaden. (Nach v. Hösslin.)

Curschmann hatte diese Ansicht ausgesprochen und die Bildung der Krystalle als „Alterserscheinungen“ gedeutet, zumal das Auftreten der gelben, krystallführenden Formen besonders bei den ersten, nach längerer Pause einsetzenden Anfällen beobachtet wird.

Über das Zustandekommen der spiralen Drehung der Schleimgerinnsel kann man nur Vermutungen äußern. Curschmann führt die gedrehte Form auf die von F. E. Schultze nachgewiesene spiralige Einmündungsart der feineren in die gröberen Bronchialäste zurück. A. Schmidt läßt sie durch die Wirbelbewegungen der Ausatmungsluft zustande kommen. Das unterliegt jedenfalls keinem Zweifel, daß die Gebilde, so wie wir sie im Auswurf finden, schon in den Bronchiolen gebildet werden, denn sowohl in diesen wie in den kleineren Bronchien fand sie A. SCHMIDT bei einer im *asthmatischen Anfall* verstorbenen Patientin; in den Alveolen selbst waren an dem Schleim noch keine Windungen wahrzunehmen.

Welche Bedeutung kommt den Spiralen zu? Man wird nicht fehlgehen, wenn man sie mit CURSCHMANN als Zeichen einer exsudativen Bronchiolitis anspricht. Ihr fast regelmäßiges Auftreten beim Asthma, ihre eigenartige Gestalt schließen die Annahme einer zufälligen Beimengung zum Sputum aus. Das zeitliche und mit der Häufigkeit und Heftigkeit der Asthmaanfälle parallele Vorkommen der Gebilde, ihr massiges Auftreten unmittelbar nach den Anfällen und ihr Fehlen in den anfallsfreien Zwischenräumen lehrt, daß sie zu dem Anfall in ursächliche Beziehung zu bringen sind. Man wird annehmen dürfen, daß eine mehr oder weniger ausgedehnte Verlegung von Bronchiolen mit diesen Spiralen die wachsende Dyspnoe vermehrt; diese selbst ist im wesentlichen durch einen Krampf der Bronchialmuskulatur hervorgerufen.

Das asthmatische Sputum zeichnet sich fast stets *durch seinen reichen Gehalt* an *eosinophilen Zellen* aus. Durch die Färbung von Trockenpräparaten mit Eosin-Methylenblaulösung ist die Tatsache leicht festzustellen.

Die eosinophilen Zellen des Sputums besitzen entweder einen runden oder einen sehr wenig gelappten Kern.

Auch das *frische* Sputumpräparat läßt diese Verhältnisse sehr schön überblicken. Die *eosinophilen* Leukocyten unterscheiden sich hierbei von Fettkörnchenzellen durch die gleichmäßige Größe und Anordnung ihrer Granula sowie durch den gelblichen Farbenton (vgl. Abb. 108, S. 165).

Gar nicht selten findet man ferner im asthmatischen Sputum grobschwärzlich und fein-braunrot tingierte *Pigmentzellen*. Schon mit bloßem Auge kann man vermuten, in welchen Stellen sie anzutreffen sind. Es sind feine, staubartige Beschläge in der schleimigen Grundsubstanz. Wir kommen bei dem Herzfehlersputum auf diese Zellen zurück.

Beim **Lungenödem** ist das Sputum dünnflüssig, vorwiegend serös, nur wenig schleimig, grauweißlich, meist stark schaumig, so daß es geschlagenem Hühnereiweiß ähnelt. *Mikroskopisch* wird es als ein sehr *zellenarmes,* dünnschleimiges Secret erkannt. Es wird meist nur bei Schwerkranken beobachtet. Indes trifft man es selbst zu wiederholten Malen bei manchen chronischen Nieren- und Herzkranken an, ohne daß der betreffende Anfall zum Exitus letalis führt. Auch bietet das nicht selten bei günstig verlaufenden Pleurapunktionen auftretende, als „Expectoration albumineuse" beschriebene Sputum so große Ähnlichkeit mit dem oben geschilderten dar, daß eine Trennung nicht durchführbar ist.

In beiden Fällen ist das Sputum *eiweißreich* und enthält nebenher etwas Schleim, wie aus der Opalescenz bei Essigsäurezusatz zu ersehen ist. Es ist ein sicheres Anzeichen für die in die Alveolen und Bronchiolen, in den terminalen Fällen selbst bis in die größeren luftzuführenden Äste der Lungen erfolgte Transsudation, die meist der Erlahmung der linken Herzkammer folgt und bei der Expectoration albumineuse vielleicht auf eine abnorme Durchlässigkeit der Gefäßwände in der bisher zusammengedrückten Lunge zu beziehen ist.

Von vorzugsweise durchsichtig-schleimiger (schaumiger) Art ist das beim **Keuchhusten** anfallsweise entleerte Sputum; es zeigt meist eine dünne, leimartig zähe, klebrige Beschaffenheit und ist oft ungewöhnlich reichlich, so daß es am Ende des Anfalles mundvoll herausgegeben wird. Nicht selten ist es mit Erbrochenem vermischt.

Die nähere Untersuchung lehrt, daß es sich um ein sehr zellarmes — ab und zu Flimmerepithel führendes —, stark schleimiges (Essigsäurereaktion) Sputum handelt, das echte Sputum crudum der Alten. Erst im dritten Stadium wird das Secret spärlicher, gelber und zeigt mikroskopisch die schon oft erörterte *Beschaffenheit* des Sputum coctum.

Auch bei der **Grippe** beobachten wir anfangs, oft allerdings nur flüchtig, ein Sputum crudum, das bald in das Sputum coctum übergeht und neben einigen gemischten, schleimig-eitrigen Mengen rein eitrig geballte Klumpen führt, wenn die tiefen Abschnitte des Bronchialrohres mitbeteiligt sind. Daß gerade in diesen Ballen die von *R. Pfeiffer* gefundenen Kurzstäbchen

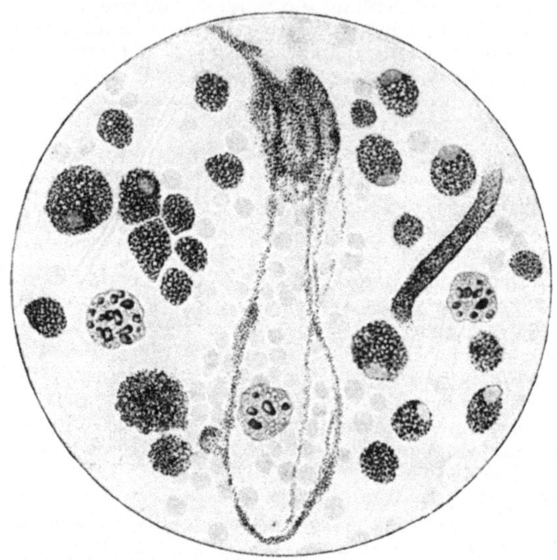

Abb. 118. Herzfehlersputum mit anthrakotischem Pigment (die Zellen mit braunem Pigment sind Herzfehlerzellen. Die anderen Zellen enthalten Kohlepigment. Dieses ist auch in Streifen und in zylindrischer Form angeordnet). (Nach einem Präparat von ERICH MEYER.)

aufzufinden sind, haben wir schon oben erwähnt, ebenso den häufig stark hämorrhagischen Charakter des Sputums. Auch von der mehr eitrigen Beschaffenheit des Sputums in den mit croupöser Pneumonie komplizierten Fällen ist bei der Pneumonie (s. oben) schon gesprochen.

Das „**Herzfehlersputum**" (Abb. 118) bietet sowohl für das bloße als bewaffnete Auge eine durchaus charakteristische Eigenschaft dar, die schon intra vitam den sicheren Rückschluß auf die Ausbildung der *braunen Induration der Lunge* gestattet. Bekanntlich finden wir diese Veränderung hauptsächlich bei jenen Formen von chronischem Vitium cordis, die mit mehr oder weniger starken Stauungserscheinungen im kleinen Kreislauf verbunden sind; in erster Linie also bei der Mitralstenose und Insuffizienz, aber auch bisweilen ausgeprägt bei Aortenfehlern und Myodegeneratio cordis.

Das Sputum zeigt gewisse Verschiedenheiten, je nachdem es in Zeiten leidlichen Wohlbefindens oder stärkerer Stauungserscheinungen, zumal im Anschluß an einen hämorrhagischen Infarkt ausgehustet wird. Im ersteren

Fall ist es meist spärlich, und es gelangen nur 2—3 einzelne Sputa von geringem Umfang zur Untersuchung. Man findet in einer rein schleimigen, etwas zäh gallertigen, hellen oder schwach gelblich, selten bräunlich tingierten Grundsubstanz vereinzelte oder dicht nebeneinander gelagerte, gelbe oder braunrote, feine und gröbere Körnchen. Hin und wieder zeigen sich auch nur oberflächliche, etwas dunkle, staubartige Beschläge. Bringt man ein solches gelbes oder mehr rötliches gesprenkeltes Schleimflöckchen unter das Deckglas, so sieht man sofort eine große Zahl streifen- oder haufenförmig zusammengelegter Zellen in einer mehr homogenen oder von hellen myelin-artigen Tröpfchen durchsetzten Grundsubstanz eingebettet. Die Zellen sind meist scharf konturiert, von der 1—5fachen Größe farbloser Blutzellen, von runder, ovaler, spindelförmiger oder mehr polygonaler Form, mit meist einem oder mehreren etwas bläschenförmigen Kernen. Oft ist der Kern zum Teil oder ganz verdeckt durch feine und gröbere Körnchen, die das Proto-plasma anfüllen. Diese Körnchen sind von der Art des Myelins, ganz selten etwas stärker lichtbrechend wie Fett, größtenteils aber deutliches *Pigment*. Es erfüllt die Zelle manchmal als diffuses, goldgelbliches Pigment, häufiger ist es in feineren und gröberen Punkten, Bröckeln, Schollen und Kugeln im Zelleib angehäuft. Nicht selten sieht man nur einzelne grobe Körner im myelinartig veränderten Protoplasma. Außer diesen charakteristischen Zellen sind normale rote und farblose Blutkörper und nicht selten *freies* fein- und grobkörniges Pigment zu sehen.

Kurz nach dem Ablauf eines hämorrhagischen Infarkts finden sich diese Pigmentzellen massenhaft in dem gewöhnlich stärker braunrötlich gefärbten Sputum; es sind namentlich die mit grobem, schölligem, braun-rotem Pigment sehr zahlreich vorhandenen, neben vielen roten Blutkörperchen, deren Gegenwart schon aus den makroskopischen, rein blutigen Bei-mengungen vermutet werden kann.

Bestehen *stärkere Stauungserscheinungen,* die sich durch vermehrte Dyspnoe, bronchitische Geräusche u. dgl. anzeigen, so ist die Menge des Sputums oft stark vermehrt, auf 80—100 ccm und darüber, die Konsistenz etwas vermindert, aber immer noch dünn leimartig, so daß bei dem Um-wenden des Glases das Sputum die Neigung zeigt, als zusammenhängende Masse herauszugleiten. Auch dreifache Schichtung ist zu beobachten mit oberer schaumig-schleimiger, mittlerer serös-schleimiger und unterer grau-weißlicher, Pigment führender Lage. Hier und da sind spärliche eitrige Beimengungen zu finden. Bei genauer Durchmusterung wird man auch in einem solchen Sputum die Pigmentflöckchen nie vermissen, falls die braune Induration sich ausgebildet hat.

In der Mehrzahl der Fälle ist das Pigment von gelber, gelbrötlicher und braunroter Farbe und dadurch von dem fast in jedem Sputum zu findenden Rußpigment unterschieden. Aber in manchen Fällen kommt neben dem braunroten ein fast *glänzend schwarzes* Pigment vor, das unzweifelhaft auf demselben Wege wie das braunrote entstanden ist. Es findet sich oft massen-haft neben diesem vor und unterscheidet sich von dem in Zellen einge-schlossenen Ruß durch das viel tiefere und krystallinisch glänzende Schwarz. Es kann keinem Zweifel unterliegen, daß es sich um ganz gleichartige Gebilde handelt. E. WAGNER legte den genannten Zellen die Bezeichnung „*Herz-fehlerzellen*" bei.

Das Pigment ist eisenhaltig, es entsteht aus dem Blutfarbstoff und kann leicht durch Eisenreaktionen erkannt werden (Hämosiderin). Unter-wirft man das Pigmentzellen führende Herzfehlersputum der *Eisenreaktion,* so zeigt sich, daß in der Tat die Mehrzahl der Zellen die charakteristische *Berlinerblaufärbung* annimmt.

Man führt die Probe entweder am frischen oder besser am Trockenpräparat aus, indem man ein pigmentiertes Sputumflöckchen mit einer *Glasnadel* (keine Eisennadel!) ablöst und ausstreicht.

Sehr zweckmäßig läßt man dann eine 2%ige Ferrocyankalilösung, die mit 1—3 Tropfen reiner Salzsäure versetzt ist, längere Zeit, $1/_4$—1 Stunde lang, einwirken. Oder man behandelt das Trockenpräparat zunächst 2 Min. lang mit Ferrocyankalilösung und danach mit 1—3 Tropfen $1/_2$%igen Salzsäureglycerins. Die Reaktion zeigt sich durch die Blaufärbung, die in den nächsten 24 Stunden oft zunimmt, sehr deutlich an.

Aber nicht alle Pigmentzellen (im Gewebe der Lungen und im Sputum) zeigen die Eisenreaktion; das hängt offenbar mit Alterserscheinungen zusammen. *Weder das ganz frisch gebildete, noch das alte Pigment ist der Eisenreaktion zugänglich.*

Abb. 119. Pigment im Sputum bei Durchbruch anthrakotischer Drüsen in die Bronchien. Das Pigment ist in einer Spirale, deren Grundsubstanz Schleim ist, angeordnet. (Nach einem Präparat von ERICH MEYER.)

Die Herzfehlerzellen sind nach dem Stande der heutigen Forschungsergebnisse größtenteils als Wanderzellen (Leukocyten) anzusehen, die entweder freies Pigment aufgenommen oder aus Resten roter Blutkörperchen gebildet haben; es ist jedoch nicht ganz ausgeschlossen, daß ein kleiner Teil auf desquamierte Alveolarepithelien zurückzuführen ist.

Wenn auch *einzelne* Pigmentzellen gelegentlich bei andersartigen Erkrankungen gefunden werden, so ist doch das gehäufte Vorkommen charakteristisch für pulmonale Stauungszustände.

Schon oben ist erwähnt, daß sich die Herzfehlerzellen einige Zeit, nachdem sich ein **hämorrhagischer Lungeninfarkt** gebildet hat, besonders reichlich im Sputum finden. Offenbar sind jetzt besonders günstige Bedingungen für die Pigmentbildung gegeben, da es sich in der Regel um Herzkranke mit brauner Induration handelt (Mitralstenose), und eine verbreitete Infiltration des interstitiellen Gewebes und der Alveolen und Bronchiolen mit roten Blutkörpern, entsprechend der Ausdehnung des infarzierten Abschnitts der Lunge, eingetreten ist.

Das Sputum beim *frischen Infarkt* besteht bisweilen aus reinem, ziemlich dunklem Blut, häufiger ist es mit Schleim, weniger mit Luft gemischt. Es tritt in der Regel erst nach einigen Stunden auf. Je nach der Ausdehnung des Infarkts hält der Blutauswurf einige Tage an oder geht schon in wenigen Stunden vorüber. Vereinzelt ist die Blutmenge sehr beträchtlich. Mikroskopisch findet man unveränderte rote, oft geldrollenartig zusammenliegende Blutkörper und meist einzelne Pigmentzellen, die an Häufigkeit zunehmen, je mehr die reine Blutbeimengung sich vermindert. Bisweilen finden sich kleine Gerinnsel.

Auf die bei **Anthrakose** und beim Durchbruch von *anthrakotischen Bronchialdrüsen* in die Luftwege beobachteten Kohlepigment führenden

Zellen ist bereits oben aufmerksam gemacht worden. Man findet einzelne derartige Gebilde bei jedem in einer mit Kohlenstaub gefüllten Luft Lebenden; größere Massen feinen Pigmentes deuten auf Zerstörungsprozesse im Lungengewebe hin; besonders interessant sind die seltener beobachteten, bisweilen in spiralig gedrehten Schleim eingehüllten anthrakotischen Massen, wie sie Abb. 118 und 119 darstellen.

Bisweilen werden mit dem oft nur geringfügigen eitrigen Sputum einige stecknadelkopf- bis linsengroße harte *Lungensteinchen* entleert, verkalkte Massen, die entweder aus durchbrechenden Bronchialdrüsen oder aus dem Zentrum erweichter, meist tuberkulöser Lungenteile stammen. Sie sind von großer diagnostischer Bedeutung. Ihre Natur als Kalksteine wird dadurch erkannt, daß sie sich beim Versetzen

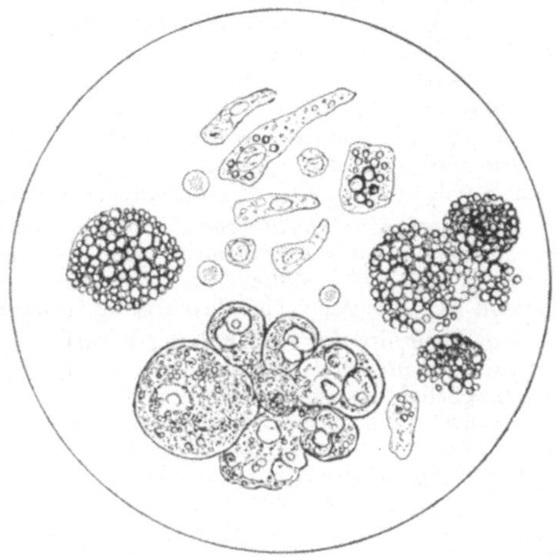

Abb. 120. Fettkörnchenkugeln bei Lungencarcinom. V. 350. (Nach einem Präparat von LENHARTZ.)

mit Mineralsäuren unter Kohlensäureentwicklung auflösen lassen. (Vgl. hierzu das S. 190 über die Tonsillarsteine Gesagte.)

Auch bei der sog. **Asbestosis** der Lungen zeigt der Auswurf oft charakteristische Bestandteile. Insbesondere finden sich als *Asbestkörperchen* im Sputum gelbliche Gebilde von Keulen- und ähnlichen Formen. Sie entstehen erst im Körper durch Umwandlung der mit der Atmungsluft aufgenommenen Asbestnadeln und geben mit Ferrocyankalium und verdünnter Salzsäure die Berlinerblaureaktion (Asbest ist Magnesiumsilicat mit wechselnden Mengen von Eisensalzen).

Bei **Hysterie** oder Simulation wird gelegentlich ein eigenartiges Sputum beobachtet, das mit *Husten* meist leicht entleert wird und durch seine deutlich *blutige* Beschaffenheit zur Annahme einer suspekten Phthise

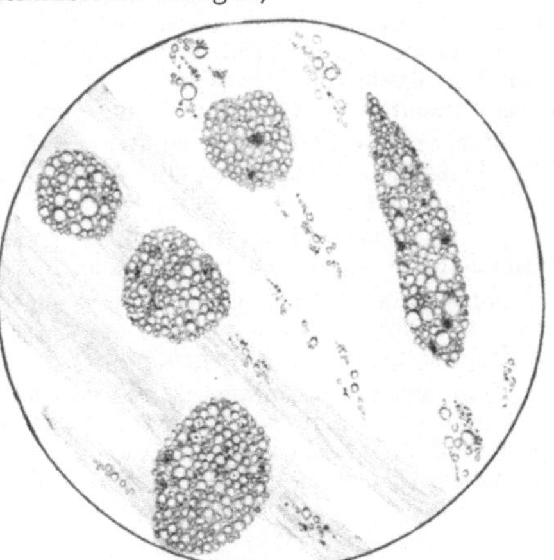

Abb. 121. „Fettkörnchenzellen", mit wenig Pigment, bei Lungentumor. (Nach v. HÖSSLIN.)

Anlaß geben kann. Es ist meist durch einen faden süßlichen, stark durchdringenden Geruch charakterisiert. Das Sputum kann *tagelang* einem dünnen Himbeergelee gleichen, in der Regel erscheint es *wochenlang gleichmäßig rötlich, flüssig oder dünnbreiig* und setzt zahlreiche kleinste, graue Krümel ab; zarte Eiterstreifen können vorhanden sein oder ganz fehlen. Die Menge schwankt zwischen 25—100 ccm; es wird vorzugsweise nachts oder frühmorgens ausgehustet. Physikalische Erscheinungen seitens des Respirationstractus fehlen, der Allgemeindruck und sonstige Erscheinungen sprechen für Hysterie.

Mikroskopisch findet man im allgemeinen nicht so zahlreiche rote Blutzellen, als man nach der Farbe erwarten müßte, *wohl aber in großer Menge Pflasterepithelien,* Leukocyten und massenhaft Mikroorganismen, die aus dem Mund, aus cariösen Zähnen oder verletzten Zahnfleischstellen stammen.

Der wochenlang fortbestehende, blutig-schleimige Charakter des Auswurfs, die Massenhaftigkeit der beigemengten Pflasterzellen und Mikroorganismen, der meist üble, fade, süßliche Geruch lassen erkennen, daß es sich um Mundsputum handelt, das meist durch Saugen herausbefördert worden ist.

Zur Diagnose der **in den Lungen vorkommenden Neubildungen** kann die genaue Besichtigung des Sputums oft wesentlich beitragen. Es ist in der Regel spärlich und sehr oft schleimig-blutig, aber so innig gemischt, daß ein rosa- oder fleischwasserfarbener Ton oder eine mit *Himbeergelee* vergleichbare Beschaffenheit in die Augen fällt. Hin und wieder ist auch ein *olivengrünes* oder *safrangelbes* Sputum beobachtet.

Zwischendurch kann auch reines Blut in spärlicher oder reichlicher Menge tage-, wochen- oder gar monatelang ausgeworfen werden. Eine stärkere Hämoptyse ist nicht selten, aber nur in verschwindend seltenen Fällen ist eine tödliche Blutung erfolgt. Sehr spärlich sind auch die Fälle, bei denen im Sputum *Geschwulstteile* beobachtet wurden (EHRLICH, A. FRAENKEL) und ,,multiforme Zellen enthalten waren, die, zu größeren Klumpen vereint, ab und zu konzentrische Schichtung und große gequollene Kerne zeigen''.

Nach Erfahrung von LENHARTZ, die sich auf drei Dutzend sezierte Fälle stützt, ist das Auftreten zahlreicher *Fettkörnchenkugeln* von besonderem Wert. Sie sind durch Größe und stark lichtbrechenden Glanz der Innenkugeln von den Myelinzellen unterschieden und stammen wohl sicher von fettig umgewandelten (Krebszellen) Epithelien her (vgl. Abb. 120 und 121).

Manchmal erhält man bei der Punktion der Geschwulstmassen Fettkörnchenzellen neben roten Blutkörperchen, obwohl die Punktionsspritze bloß Blut zu enthalten scheint.

Es ist also wichtig, den blutigen Inhalt einer scheinbar erfolglosen Punktion mikroskopisch zu untersuchen.

Außer den Körnchenkugeln sind eigenartig gestaltete Epithelien von Interesse, die man sonst im Sputum nicht antrifft, beim Lungenkrebs aber häufig und nicht selten in größeren Verbänden sieht.

Daß Fettkörnchenkugeln gelegentlich auch bei anderen Prozessen vorkommen können, ist sicher. Bei der Untersuchung hüte man sich vor Verwechslung der hier gemeinten Gebilde mit den im ,,normalen'' Sputum oft massenhaft vorkommenden Myelinformen!

Die Untersuchung des Mundhöhlensecretes, des Magen- und Duodenalsaftes und der Faeces.

I. Die Untersuchung der Mundhöhle.

Die **Schleimhaut der Mundhöhle** besteht aus einem geschichteten Pflasterepithel, das die mit zahlreichen, verschieden hohen Papillen besetzte und von elastischen Fasern und zarten Bindegewebsbündeln gebildete Propria überzieht. In dieser finden sich zahlreiche, zum Teil stark verästelte tubulöse Schleimdrüsen, deren Ausführungsgänge ebenfalls geschichtetes Pflasterepithel tragen.

Die *Zunge* ist von meist stark geschichtetem Pflasterepithel überzogen, das auch die Papillae filiformes, fungiformes und circumvallatae in zum Teil mächtigen Lagen bedeckt; nur an den P. filiformes kommt verhorntes Epithel vor, das sich durch das Fehlen des Kernes in einzelnen Platten anzeigt. An der Zungenwurzel findet man adenoides Gewebe an den sog. Zungenbälgen zwischen den Papillae circumvallatae und dem Kehldeckel; von hier wandern unaufhörlich zahlreiche Leukocyten durch das adenoide Gewebe in die Mundhöhle aus, um sich als sog. *Speichelkörperchen* dem Mundhöhlenschleim beizumischen. Diese stellen polymorphkernige neutrophile Leukocyten dar, deren Kerne zum Teil durch die Einwirkung des Speichels einfache Formen annehmen und dadurch lymphocytenähnlich werden.

Während der Pharynx ein mehrschichtiges, über zahlreiche Papillen und Schleimdrüsen ausgebreitetes Plattenepithel besitzt, ist die Schleimhaut des Cavum pharyngo-nasale von mehrschichtigem, zylindrischem Flimmerepithel überzogen.

Das geschichtete Pflasterepithel des Pharynx setzt sich durch die ganze Speiseröhre fort, deren Papillen führende Mucosa von der viele Schleimdrüsen enthaltenden Submucosa und weiterhin von der derben Muskel- und Faserhaut umschlossen ist. Im oberen Teil des Pharynx findet sich in Form von Lymphknötchen massenhaft *adenoides* Gewebe, das in den Rachen- und den Gaumentonsillen zu makroskopisch sichtbaren Aggregaten zusammentritt.

Auf das häufige Vorkommen von *Kokken, Stäbchen, Spirillen* und von *Leptothrix*vegetationen in der Mundhöhle wurde schon oben hingewiesen. Ihr Auftreten kann als physiologisch gelten, und nur eine übergroße Menge, wie sie zeitweise bei völlig fehlender Mundpflege und zahlreichen cariösen Zähnen beobachtet wird, ist als krankhaft zu betrachten.

Größere Beachtung verdienen die Ansiedelungen des **Soorpilzes** (s. S. 38).

Dieser tritt vorzugsweise bei Kindern und geschwächten Erwachsenen auf und beginnt an der Schleimhaut des weichen Gaumens, der Zunge oder Wange. Durch das Zusammenfließen vieler einzelner Pilzeruptionen kommt es oft zu ausgedehnten, die Mund- oder Rachenhöhle auskleidenden Belägen, deren rein weiße oder schmutzig graugelbe Farbe und leichte, ohne Verletzung der Schleimhaut zu bewirkende Abhebbarkeit für den Soorpilz schon charakteristisch ist. Bringt man ein kleines Teilchen der ,,Pseudomembran" unter das Deckglas, so ist die Diagnose sofort zu stellen.

Gleichzeitig mit dem Soor, aber auch ohne diesen, begegnet man bei Säuglingen meist auf beiden Seiten des Gaumengewölbes vor dem Hamulus pterygoides, weißen oder mehr weißgelblichen Plaques, sog. BEDNARsche **Aphthen.** Die runden oder mehr ovalen, 2—4—8 mm im Durchmesser großen Stellen bluten leicht bei Berührung; schabt man etwas von den nicht selten arrodierten Stellen ab, so findet man in dem gefärbten Trockenpräparat vorwiegend Staphylo- und Streptokokken.

In den gelblichen oder weißgelben Pfröpfen bei **Angina tonsillaris acuta** findet man bei der mikroskopischen Untersuchung außer Eiterkörperchen und fettigem Detritus massenhaft Kokken, die auch sonst in der Mundhöhle angetroffen werden.

Auch aus den **Tonsillen** von Gesunden, die schon öfters lacunäre Entzündungen überstanden haben, kann man nicht selten gelbliche, meist sehr übelriechende, unter dem Deckglas platt zerdrückbare *Pfröpfe* herausnehmen, die mikroskopisch neben massenhaften Bakterien fettigen Detritus und Fettnadeln erkennen lassen. Solche Bröckelchen, hin und wieder mit Kalk inkrustiert *(Tonsillarsteine),* werden von manchen Individuen spontan ausgehustet. Gewöhnlich haben diese Pfröpfe Hirsekorngröße, bisweilen aber sogar Bohnengröße. (Vgl. hierzu das über die ,,Lungensteinchen" S. 159 Gesagte.)

Manchmal sieht man bei solchen Kranken erbsen- bis bohnengroße **Cystenbildungen an den Tonsillen.** Das durch oberflächlichen Einstich entleerte Secret hat bald eine dünnflüssige, rötliche, bald mehr breiartige, gelbrötlich gefärbte Beschaffenheit. Außer fettigem Detritus und Fettnadeln findet man zuweilen in derartigen Cysten *Cholesterintafeln* (vgl. S. 168) und selten *Hämatoidintäfelchen* und *-nadeln* (vgl. S. 168 und Abb. 131).

In *Tonsillar- und Retropharyngealabscessen* findet man in dem meist ziemlich dicken, gelbweißen Eiter massenhafte, in mehr oder weniger vorgeschrittener Fettumwandlung begriffene Leukocyten, viel freies Fett und zahlreiche Bakterien, meist Streptokokken neben Anaeroben. Auch kleine Pigmentkörnchen und Schollen sind nicht selten.

Bei der großen Bedeutung, die den Tonsillen als *Eingangspforte* für infektiöse Bakterien, z. B. bei der Entstehung von Gelenkrheumatismus, Endokarditis, Nephritis, akuter Osteomyelitis, epidemischer Meningitis und vielen ,,kryptogenetischen" Allgemeininfektionen unzweifelhaft zukommt, wird der bakteriologischen Untersuchung solcher Pfröpfe eine große Aufmerksamkeit zugewendet. Demgegenüber muß nochmals darauf hingewiesen werden, daß auch in der Mundhöhle des Gesunden pathogene Kokken gefunden werden, und daß zum mindesten dieselbe niemals steril ist.

Zur Diagnose der **croupösen und diphtherischen Erkrankungen** muß die Mikroskopie und Kultur besonders im Beginn wesentlich beitragen (vgl. S. 29 u. f.).

Bei der ausgebildeten Erkrankung findet man in den weißen Belägen ein mehr oder weniger dichtes fibrinöses Filzwerk, dessen Zusammensetzung an den schwierig zu zerkleinernden Membranen nur in den peripheren Abschnitten des Bildes einigermaßen erkannt werden kann. Auf (1—2%) Essigsäurezusatz treten die in dem allmählich bis zu völliger Transparenz aufgehellten Flechtwerk eingebetteten Leukocyten und Epithelien mit ihren Kernen deutlich hervor. Greift die Diphtherie auf die Atmungswege über (Kehlkopf- und Trachealcroup), so werden oft lange Ausgußmembranen ausgehustet, die schon oben beschrieben sind (S. 157).

Die **Tuberkulose** der Mund- und Rachenhöhle kommt im allgemeinen nur selten zur Beobachtung, dann meist sekundär bei offener Lungentuberkulose.

Meist an den seitlichen Rändern der Zunge finden sich anfangs oberflächliche, später tiefe Geschwüre mit oft überhängendem Rand. Außer dem grauen, oder mehr mißfarbenen, speckigen Grunde ist die Gegenwart grauweißlicher, durchscheinender Knötchen in der Umgebung der Geschwüre von Bedeutung.

Gesichert wird die Diagnose aber erst durch den *Nachweis* der *Tuberkelbacillen*.

Man schabe aus dem käsig erscheinenden *Geschwürsgrunde* oder dem Rande etwas von dem schmierigen Secret ab, zerreibe es im Uhrschälchen, wenn nötig unter Zusatz von einigen Tropfen physiologischer Kochsalzlösung und verarbeite es zu Deckglastrockenpräparaten, die in der S. 17 beschriebenen Weise gefärbt werden. Vorsicht wegen der Verwechslung mit Fettnadeln, die ebenfalls mit Carbolfuchsin gefärbt bleiben können!

Bei **Syphilis** der Mund- und Rachenhöhle ist der (S. 44 und 45 beschriebene) Nachweis der *Spirochaeta pallida* in den primären und sekundären Affektionen von diagnostischer Bedeutung.

Endlich sei auf jene besondere Form der Angina hingewiesen, die unter dem Namen PLAUT-VINCENTsche **Angina** bekannt ist. Hier gelingt mit großer Regelmäßigkeit der Nachweis der *Bacilli fusiformes* und der *Spirillen* (vgl. S. 33 und Abb. 21).

II. Die Untersuchung des Mageninhalts.

Die **Sekretion des Magensaftes** erfolgt unter normalen Verhältnissen dann, wenn Speisen in den Magen gelangen. Der sezernierte Magensaft weist eine Acidität von etwa 0,3—0,5% HCl auf. Der nüchterne Magen enthält für gewöhnlich nur kleine Mengen einer gering sauren Flüssigkeit; Mengen über 20—40 ccm gelten als pathologisch. Die während des Verdauungsaktes gebildete freie Salzsäure wird zunächst von basischen Bestandteilen der zugeführten Nahrung gebunden. 1 Stunde nach Einnahme des EWALDschen Probefrühstücks (vgl. S. 194) findet sich normalerweise eine Gesamtacidität von 0,1—0,2% Salzsäure. Pepsin und HCl spalten die Eiweißkörper in Albumosen und Peptone. Das Labferment läßt das Casein der Milch ausflocken.

Das **Aussehen** des Magensaftes läßt makroskopisch gewisse Schlüsse auf den Grad der Verdauung zu. Im Spitzglas setzt sich normalerweise ein feinkrümeliger Bodensatz ab. Die darüber stehende Flüssigkeit ist fast klar. Gröbere Stücke im Bodensatz weisen auf unvollkommene Verdauung hin. Auf eventuelle Beimengungen von Schleim, Eiter, Blut und Galle ist zu achten.

Der **Geruch** des Mageninhalts ist leicht säuerlich, bei Vorhandensein abnormer Gärungen oft stechend, bei Darmverschluß fäkulent.

1. Die Mikroskopie des Mageninhalts.

Die **Mikroskopie** hat für die Diagnose der Magenstörungen nur selten entscheidenden Wert. Man untersucht mit dem Mikroskop den durch Erbrechen oder mittels Magenschlauches zutage geförderten Mageninhalt (Abb. 122).

Außer den schon mit bloßem Auge wahrnehmbaren gröberen Nahrungsresten, Fremdkörpern und abnormen Färbungen durch Galle oder Blut findet man unter anderem:

Speisereste der animalischen und vegetabilischen Kost: In mehr oder weniger vorgeschrittener Auflösung begriffene *Muskelfasern,* an denen die Querstreifung meist deutlich erhalten, manchmal aber etwas verwischt sein kann; *Milchreste* in Caseinflocken, Fetttröpfchen usw., Pflanzenzellen in mannigfachen Formen, die deutliche Stärkereaktion geben.

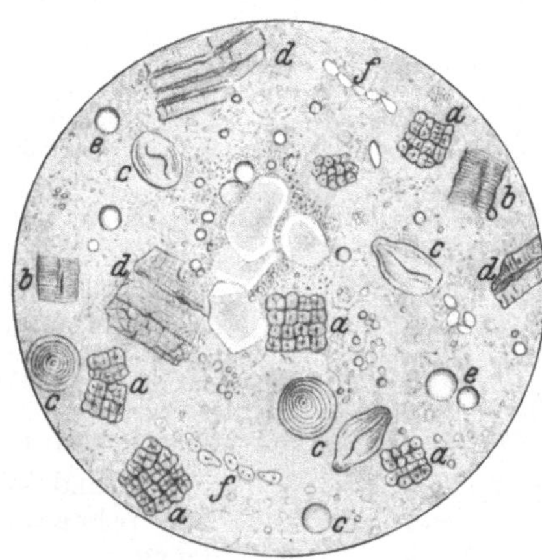

Abb. 122. Mageninhalt; mikroskopisches Sammelbild aus stark saurem Mageninhalt. *a* Sarcinehäufchen, *b* Fragmente von angedauten Muskelfasern, *c* Stärkekörner, *d* Pflanzenteile, *e* Fetttropfen, *f* Hefe. (Nach Schmidt-v. Noorden.)

Schleim, durch die Essigsäurefällung sicher zu erkennen. Er stammt aus dem Magen, teils aus Speiseröhre und Pharynx. Der aus dem Magen stammende Schleim erscheint im Ausgeheberten innig mit den Speiseteilen vermischt und sammelt sich meist am Boden des Glases an, der aus Rachen und Oesophagus stammende hält sich meist an der Oberfläche des Gefäßes.

Blut kommt in größeren Mengen bei der Magenblutung vor, ist im Anfang meist mit Nahrungsresten untermischt, erscheint bei fortbestehender Blutung rein, sieht oft hell, meistens jedoch dunkelrot aus und zeigt unter dem Mikroskop die roten Blutkörperchen meist etwas geschrumpft oder zum Teil ausgelaugt. Kommt es in einer braunen, kaffeesatzähnlichen Beschaffenheit zum Vorschein, so sind die Blutkörperchen meist gar nicht mehr erkennbar. Dagegen gelingt der Nachweis des Blutfarbstoffes auf chemischem und spektroskopischem Wege.

Epithelien und **Drüsenschläuche** werden im Erbrochenen fast niemals, hin und wieder im ausgeheberten Mageninhalt gefunden. Es sind deutliche Zylinderformen oder die aus Drüsenschläuchen stammenden Haupt- oder Belegzellen. Im Mageninhalt des Nüchternen finden sich bisweilen sog. Spiralzellen, die sich aus Myelin, von verschlucktem Speichel stammend, infolge der Salzsäureeinwirkung bilden.

Äußerst selten begegnet man spezifischen Neubildungszellen. Beim Sondieren mit dem Magenschlauch können unter Umständen im Fenster Teile von Neubildungen mitentfernt werden und die Diagnose sicherstellen. Die Entscheidung, ob die im Magensaft zuweilen nachweisbaren, zusammen-hängenden Zellverbände wirklich einer Neubildung oder der gesunden Schleimhaut entstammen, ist in jedem Falle schwer. „Konzentrisch ge-schichtete" Zellenhaufen, „Krebsperlen" lassen sich nur höchst selten auffinden.

Parasiten. *Pflanzliche* sind stets anwesend. Kokken, Stäbchen und Spirillen finden sich in jedem, auch ganz normalen Mageninhalt. Im steril gewonnenen, normalen Magensaft lassen sich kulturell lediglich saprophytische Kokken, daneben oft Streptococcus lacticus und Hefe nachweisen. Bacterium coli läßt sich mit großer Regelmäßigkeit aus dem Magensaft von Fällen mit Carcinoma ventriculi, perniziöser Anämie, außerdem in einem gewissen Prozentsatz der Fälle mit reiner Anacidität, aber auch bei Gallenblasenleiden u. a. züchten. Auch die Milchsäure-bacillen (vgl. S. 198) finden sich häufig im anaciden Magensaft, zumal wenn eine Stauung des Mageninhalts vorliegt, d. h. häufig bei Carcinom, aber auch bei Ulcus ventriculi mit anacidem Magensaft. Die Sarcina ventriculi und Hefe werden sehr häufig bei Stagnation gefunden, zumal im sauren Magen-saft. Der Nachweis dieser Gebilde wird dadurch leicht geführt, daß man mit einer Pipette vom Boden des Gefäßes, in dem der Mageninhalt auf-bewahrt ist, etwas aufnimmt und nun ein Tröpfchen — unverdünnt oder mit etwas Wasserzusatz — frisch untersucht. Die Sarcina ventriculi (Abb. 122), neben der Hefe bei Stauung am häufigsten angetroffen, ist durch ihre deutliche Tetradenform und „warenballenartige" Zusammenlagerung ausgezeichnet. Die Einzelzellen erscheinen mehr oder weniger fein granuliert.

Über die Hefepilze s. S. 36 und Abb. 122.

Nur selten zeigen sich *tierische Parasiten* im Erbrochenen; eigentlich handelt es sich nur um kleinere und größere Spulwürmer; doch sind gelegentlich Oxyuris und Anchylostoma sowie als Rarität lebende Larven der gewöhnlichen Stubenfliege gefunden worden.

Eiter kann dem Erbrochenen aus zufällig entleerten Abscessen der Mund- und Rachenhöhle oder bei Erkrankungen des Respirationstractus beigemengt sein. Aus dem Magen stammt er nur in den seltenen Fällen der phlegmonösen Gastritis nach Verbrennungen, Ätzungen usw. oder bei Perforationen von Eiterherden in der Umgebung des Magens. Oft finden sich nur freie Leukocytenkerne, da der Protoplasmaleib von der Salzsäure des Magensaftes verdaut ist.

2. Die chemische Untersuchung des Mageninhalts.

Zur Untersuchung eignet sich ausschließlich der mit dem Magen-schlauch gewonnene Inhalt, da die erbrochenen Mengen durch den aus Speiseröhre, Rachen- und Mundhöhle während des Brechens beigemengten Schleim verändert sind.

Der 1 Stunde oder früher nach einem EWALD-BOASschen Probefrühstück (2 Tassen dünnen Tees ohne Zucker und Milch und 1 trockene Semmel) oder 2—3 Stunden nach LEUBEscher Probemahlzeit (1 Suppenteller voll Graupensuppe, $^1/_3$ Pfund gekochtes Rindfleisch, 1 Semmel und etwas Wasser) ausgeheberte Inhalt wird auf Aussehen und Geruch geprüft, sodann filtriert und der chemischen Untersuchung unterworfen.

Oft ist es auch zur Feststellung abnorm großer Magensaftmengen notwendig, das Verhältnis der festen zu den flüssigen Bestandteilen des Ausgeheberten zu kontrollieren, indem man dieses in einem graduierten Zylinder sich absetzen läßt. Der dabei sich ergebende sog. *Schichtungsquotient* ist normal etwa bis 1 : 2. Bei Supersekretion findet sich 1 : 4 und mehr.

Die chemische Untersuchung hat in erster Linie die Reaktion (mit Lackmuspapier) und die Gegenwart „freier HCl" (provisorische Prüfung mit Congopapier) zu bestimmen; weiterhin kommt die quantitative Feststellung der HCl und die qualitative Untersuchung auf Milchsäure in Frage; ferner ist der Nachweis von Pepsin und Labferment zu führen. Die nach einem Probefrühstück gefundenen Werte geben oft kein getreues Bild der Magenfunktion nach den gewöhnlich eingenommenen Speisen, namentlich fallen die HCl-Werte dabei infolge fehlender Anregung zur Sekretion zu gering aus. Es empfiehlt sich daher gegebenenfalls, die Magenfunktion nach einer der natürlichen Ernährung angepaßten *(Appetitmahlzeit)* auszuführen. Daß unter gewissen Umständen den üblichen Formen von Probefrühstück bzw. -mahlzeit Mängel anhaften, die vor allem in ihrem Säurebindungsvermögen liegen, wird weiter unten erörtert (Alkohol- und Coffeinprobetrunk s. S. 201).

Es muß ferner beachtet werden, daß dem Resultat einer einmaligen Ausheberung keineswegs eine große Beweiskraft zukommt, wenn es sich um die Feststellung der Säurewerte handelt, zumal es sich dabei um eine einmalige bloße Stichprobe handelt. Namentlich bei vegetativ Labilen wechseln oft superacide mit subaciden Werten. In manchen Fällen, in denen die Vorgeschichte auf beschleunigte Magenentleerung (besonders bei Sub- und Anacidität) hinweist, ist es notwendig, früher, bisweilen schon nach 20 bis 30 Min., auszuhebern, um noch Inhalt zu bekommen. Das gilt besonders auch für die Fälle nach Magenoperationen (Gastroenterostomie, Resektion), wo die Magenentleerung oft außerordentlich schnell vor sich geht. Wichtig ist ferner in manchen Fällen eine *nüchtern* morgens vorgenommene Ausheberung, an die man eventuell sofort das Probefrühstück anschließen kann. Zuweilen erhält man nur geringe Mengen von Magensaft bei der Ausheberung, eine Titration ist nicht möglich. Die Prüfung mit Congopapier ergibt, ob HCl vorhanden ist oder nicht.

Für eine genauere Untersuchung der Säureverhältnisse verdient, vor allem im Krankenhausbetrieb die sog. fraktionierte Magenausheberung mit der Verweilsonde unbedingt den Vorzug (s. S. 201).

Nachweis der Säuren, insbesondere der Salzsäure. Obwohl gegen die titrimetrische Bestimmung der Säuren und insbesondere der freien HCl im Magensaft gewisse theoretische Bedenken erhoben werden können (vgl. hierzu die bei der Besprechung der Titration des Harns gemachten Ausführungen S. 233), ist die Kenntnis der auf diesem Wege ermittelten Säurewerte für die Praxis dennoch von großem Wert. Man muß sich nur darüber klar sein, daß lediglich *großen* Unterschieden diagnostische Bedeutung zukommt und daß aus einer einmaligen Untersuchung bei dem wechselnden Allgemeinzustand vieler Kranken ein bindender Schluß nicht gezogen werden kann. L. MICHAELIS hat gezeigt, daß man bei Anwendung der richtigen Indicatoren und Einhaltung bestimmter Vorschriften für den Endpunkt mittels einfacher Titration Werte erhalten kann, die mit den auf elektrometrischem Wege gefundenen nahezu übereinstimmen. Dies gilt allerdings nur für den Fall, daß im Probefrühstück keine HCl-bindenden bzw. als Puffer wirkende Substanzen vorhanden sind (Teeweißbrotfrühstück von BOAS, noch besser der Alkohol- bzw. Coffeinreiztrunk, s. unten).

Unter normalen Verhältnissen findet man auf der Höhe der Verdauung stets freie HCl und ihre Menge bewegt sich innerhalb gewisser Grenzen. Fallen die Proben auf freie HCl negativ aus, so kann die HCl-Sekretion entweder vollkommen fehlen (Achylie), oder die HCl ist zwar sezerniert worden, jedoch durch basische Stoffe vollkommen gebunden. Man kann sich eine ungefähre Vorstellung von der Menge dieser Stoffe machen, wenn man feststellt, wieviel Salzsäure zugesetzt werden muß, bis die Reaktion auf freie HCl bemerkbar wird. Man spricht in solchen Fällen von einem *Salzsäuredefizit*. Dieses hat diagnostische Bedeutung.

Man verfährt bei der Untersuchung des Ausgeheberten folgendermaßen:

Zuerst wird die Reaktion gegen Lackmuspapier geprüft; normalerweise ist diese sauer; sodann untersucht man, ob freie Salzsäure vorhanden ist. Hierzu können folgende Reagentien verwendet werden:

1. Rotes *Congopapier* wird durch *freie Säuren* gebläut, und zwar deutlich kornblumenblau nur durch freie HCl; durch organische Säuren wird dieser Farbenton erst bei einer Konzentration hervorgerufen, wie sie im Magen fast nie auftritt.

Eine geringfügige Bläuung des Congopapiers beobachtet man bei stärkerem Gehalt an organischen Säuren (Butter-, Milch-, Essigsäure). In der Regel kann man diese Prüfung so vornehmen, daß man einen Streifen Congopapier einfach in den gewonnenen Chymus eintaucht; beigemengter Schleim und Fett können gelegentlich aber stören und die Prüfung am Filtrat fordern. Zur vorläufigen Orientierung ist die Probe (besonders bei deutlich positivem Ausfall) sehr zu empfehlen. Congopapier ist auch dort von Vorteil, wo es durch Aushebrung nicht gelingt, Magensaft zutage zu fördern; hier ergibt dann eventuell Blaufärbung des Papiers, das man auf das mit Magensaft befeuchtete Sondenfenster legt, das Vorhandensein von HCl.

2. *Methylviolettlösung* wird durch Spuren freier HCl *himmelblau* gefärbt.

Man stellt sich eine schwache, noch deutlich violett erscheinende wässerige Lösung her, verteilt sie zu gleichen Hälften in zwei Reagensgläser und gibt zu dem einen wenige Tropfen des Filtrats. Bei Gegenwart freier HCl erfolgt himmelblaue Färbung, die in auffälliger Weise von der violetten Kontrollprobe abweicht.

13*

3. Günzburgsche Probe mit Phloroglucin-Vanillin.

Man gibt von dem aus 2 Tropfen Phloroglucin, 1 Tropfen Vanillin und 30 Tropfen absoluten Alkohols gebildeten Reagens 3—4 Tropfen in ein Porzellanschälchen und ebensoviel von dem Filtrat. Durch Erhitzen über kleiner Flamme und vorsichtiges Hin- und Herbewegen des Tropfens in der Schale wird bei Gegenwart freier HCl *ein lebhaft roter Spiegel* erzeugt. Es ist streng zu beachten, daß der Tropfen nicht ins Kochen geraten darf, da bei Siedehitze die Reaktion ausbleibt.

Die letztgenannte Probe ist für den sicheren Nachweis freier HCl sehr zu empfehlen, da der Spiegel *nie* durch organische Säuren hervorgerufen wird; doch ist das Günzburgsche Reagens nicht lange Zeit haltbar. Ratsam ist die gesonderte Aufbewahrung von alkoholischer Vanillin- (2,0 auf 30,0 Alk.) und alkoholischer Phloroglucinlösung (4,0 auf 30,0 Alk.), von denen man bei Ausführung der Probe je 1—2 Tropfen auf die Schale gibt.

Das Congorot wird schon bei $0,1^0/_{00}$ HCl gebläut, die wässerige Methylviolettlösung durch $0,24^0/_{00}$ himmelblau, während das Günzburgsche Reagens noch $0,05^0/_{00}$ HCl anzeigt.

4. *Dimethylaminoazobenzol* in 0,5 %iger alkoholischer Lösung (Töpfers Reagens). Dieses Reagens wird durch geringe Mengen freier HCl rot gefärbt, während organische Säuren und sauer reagierende Eiweißkörper erst in viel höherer und im Magen nicht in Betracht kommender Konzentration eine Rotfärbung geben. Man verwendet diesen Indicator bei der Titrationsbestimmung des Magensaftes (s. unten).

Es ist übrigens zu beachten, daß bei den verschiedenen hier genannten Farbindicatoren ihr Umschlagspunkt lediglich von einer bestimmten Wasserstoffionenkonzentration abhängt.

Die quantitative Bestimmung der Acidität.

Zur Bestimmung der *Gesamtacidität* des Magensaftes wird dieser filtriert; 10 ccm des Filtrates werden in einer Pipette abgemessen und gegen $^1/_{10}$ Normalnatronlauge[1] unter Anwendung von Phenolphthalein als Indicator titriert.

---

[1] Unter *Normallösung* versteht man eine Flüssigkeit, die in 1 Liter so viel Gramme eines Körpers enthält, als dessen *Äquivalentgewicht* beträgt. Das Äquivalentgewicht des Chlors z. B. ist 35,5, das des Wasserstoffs 1, das der Verbindung HCl 35,5 + 1 = 36,5; d. h. eine Normalsalzsäurelösung enthält 36,5 g chemisch reines Salzsäure-Anhydrid im Liter. Gleicherweise berechnet man den Gehalt einer Normal-Kalilauge aus den Daten K = 39, H = 1, O = 16 zu 56. Das Äquivalentgewicht ist bei den einwertigen Verbindungen identisch mit dem *Molekulargewicht,* bei den zweiwertigen (z. B. H_2SO_4) beträgt es die Hälfte des letzteren, bei den dreiwertigen, wie z. B. bei H_3PO_4 ein Drittel. Normalsalzsäure- und Kalilauge sind offizinell, sie werden von E. Merck in Darmstadt und Kahlbaum in Berlin SO hergestellt; die für medizinische Zwecke erforderlichen Zehntellösungen stellt man mit hinreichender Genauigkeit durch Versetzen von 1 Teil Normallösung mit 9 Teilen Wasser her. Phenolphthalein wird in alkoholischer Lösung zugesetzt (einige Tropfen); es bleibt mit Säuren farblos, gibt mit Alkali einen rotvioletten Farbenumschlag.

Die Gesamtacidität wird ausgedrückt in der Anzahl der verbrauchten Kubikzentimeter der $^1/_{10}$ Normalkalilauge, bezogen auf 100 ccm Magensaft.

Normalerweise beträgt die Gesamtacidität nach einem Probefrühstück ungefähr 40—60, nach einer Probemahlzeit ungefähr 50—75. (Hat man beispielweise zur Neutralisation von 10 ccm Magensaft 6,5 ccm $^1/_{10}$ Normallauge verbraucht, so beträgt die Gesamtacidität 65.)

Die Bestimmung der Gesamtacidität, bei der man unbekannte sauer reagierende Körper mit eventuell vorhandener freier Salzsäure zusammen titriert, hat nur praktischen Wert im Vergleich mit der Titration bzw. dem Nachweis oder Fehlen freier Salzsäure. Sind die Werte für die Gesamtacidität abnorm hoch, und fehlt die freie HCl bzw. sind deren Werte abnorm niedrig, so kommen entweder abnorme Mengen von Eiweiß (Speisereste, Blut usw.) oder von dessen Abbauprodukten (Carcinom) in Frage, oder es handelt sich um das Vorhandensein organischer Säuren, deren Anwesenheit diagnostisches Interesse hat (Milchsäure usw. s. unten).

Die Menge der freien Salzsäure bestimmt man ebenso wie die Gesamtacidität durch Titration gegen $^1/_{10}$ Normallauge, nur verwendet man hierzu einen der oben angegebenen Indicatoren für freie HCl, am einfachsten *Dimethylaminoazobenzol*. Man setzt einige Tropfen zu und titriert, bis die rote Farbe in eine lachsfarbene (nicht gelbe!) umschlägt.

Man kann auch das GÜNZBURGsche Reagens benützen, indem man immer nach Zusatz einiger Tropfen $^1/_{10}$ Normallauge mittels eines Glasstabes einen Tropfen Magensaft entnimmt und prüft, ob die Reaktion noch positiv ausfällt; ebenso kann man auch auf Congopapier diese Tüpfelprobe anstellen. Bei Verwendung der verschiedenen Indicatoren bekommt man nicht genau gleiche Werte; das ist aber für die diagnostische Bewertung der Resultate gleichgültig, da es, wie erwähnt, nur auf größere Unterschiede ankommt. Für die Bedürfnisse der Klinik haben sich die Anwendung des *Congorotpapiers* für die qualitative Prüfung und des *Dimethylamidoazobenzols* und des *Phenolphthaleins* für die Titration als genügend erwiesen.

Die erhaltenen HCl-Werte kann man ebenso wie die Werte für die Gesamtacidität durch die Anzahl der verbrauchten Kubikzentimeter der $^1/_{10}$ Normallauge ausdrücken. Unter normalen Verhältnissen braucht man zur Neutralisation von 10 ccm Magensaft nach einem Probefrühstück 2,0—4,0 ccm, nach einer Probemahlzeit 2,6—4,5 ccm. Man sagt: Die freie HCl beträgt (bezogen auf 100 ccm Magensaft) 20—40 bzw. 26—45.

Vielfach ist es üblich, wenn auch überflüssig, den Gehalt des Magensaftes an freier Säure auf Salzsäure zu berechnen. *1 ccm $^1/_{10}$ Normallauge entspricht 0,00365 g HCl.* Normal sind also nach Probefrühstück Werte von 0,07% bis 0,146% Salzsäure.

Ist nur wenig Magensaft vorhanden, so genügen auch 5 ccm zur Untersuchung. Die gefundenen Werte sind dann mit 2 zu multiplizieren.

Zum Nachweis des *Salzsäuredefizits* setzt man zu 10 ccm des filtrierten Magensaftes so lange $^1/_{10}$ Normalsalzsäure hinzu, bis die Reaktion auf freie Salzsäure auftritt. Die gefundenen Zahlen berechnet man auf 100 ccm Magensaft. Hat man beispielsweise zu 10 ccm Magensaft 7,2 ccm $^1/_{10}$ Normalsalzsäure bis zum Auftreten der Reaktion hinzugeben müssen, so beträgt das Salzsäuredefizit 72.

Die beschriebenen Methoden dürften im allgemeinen für die Diagnostik genügen, wenngleich ihnen die erwähnten Fehlerquellen anhaften.

Nachweis organischer Säuren. Organische Säuren finden sich im ausgeheberten Magensaft nach Zufuhr einer Probemahlzeit nur dann, wenn eine bakterielle Zersetzung stattgefunden hat. Diese organischen Säuren, wie Milchsäure, Buttersäure, Essigsäure u. ä. sind nicht etwa Sekretionsprodukte der Magenschleimhaut, sondern entstehen bei der sauren Gärung des stagnierenden Speisebreies. Von größerer Bedeutung ist hierbei der Nachweis der *Milchsäure.* Selbstverständlich muß die zugeführte Nahrung selbst frei von Milchsäure und von Nahrungsbestandteilchen sein, die leicht Milchsäure entstehen lassen (das Probefrühstück enthält daher Tee *ohne* Milch).

Die **Milchsäure** ist ätherlöslich und kann durch Schütteln mit Äther aus dem Magensaft extrahiert werden. Zum Nachweis verwendet man die folgende Reaktion, die aber weder besonders scharf noch ganz eindeutig ist.

Man schüttelt den filtrierten Magensaft (etwa 10 ccm) mit Äther (etwa 5 ccm) aus, versetzt diesen mit 5 ccm destilliertem Wasser, zu dem man 2 Tropfen einer 1 : 10 verdünnten Eisenchloridlösung zugesetzt hat und schüttelt nochmals aus; die gelbliche Lösung wird bei Anwesenheit von viel Milchsäure „zeisiggrün" (Bildung von milchsaurem Eisen); geeigneter ist die UFFELMANNsche Probe, die darin besteht, daß man 20 ccm einer verdünnten (1%igen) Carbollösung mit 1—2 Tropfen Liquor ferri sesquichlorati versetzt und dem Ätherextrakt zugibt. Die amethystblaue Lösung wird dann gelbgrün gefärbt.

Auch ohne Anwesenheit von Milchsäure verfärbt der Äther oft das Reagens; es entsteht dabei eine gelbliche Farbe; diese ist jedoch nicht beweisend. Es ist zweckmäßig, zum Vergleich eine blinde Probe mit Magensaft, der sicher milchsäurefrei ist, neben der zu prüfenden anzustellen.

Einwandfreier ist der Nachweis von *Milchsäurebacillen* (s. Abb. 123) im Ausgeheberten, bzw. auch im Erbrochenen. Die Bacillen sind lange, unbewegliche Stäbchen, die die Spaltung unter Kohlensäure- und Milchsäurebildung bewirken. Sie finden sich beim Fehlen freier Salzsäure im stagnierenden Magensaft, besonders dann, wenn kleine Blutungen stattgefunden haben. Sieht man im Ausgeheberten Partikelchen, die mit Blut vermengt sind, so hat man besonders in diesen auf die Milchsäurebacillen zu fahnden.

Fettsäuren, besonders die Buttersäure, färben das UFFELMANNsche Reagens bei Konzentrationswerten von 0,5⁰/₀₀ fahlgelb.

Flüchtige *Fett*säuren (Butter- und Essigsäure) werden oft schon durch den Geruch festgestellt. Ihr Nachweis ist nach LEO mit praktisch ausreichender Genauigkeit in der Weise zu erbringen, daß man 10 ccm des Mageninhalts in einem Reagensröhrchen erwärmt und auf die eintretende Rötung eines blauen Lackmusstreifens achtet, den man an das Ende des Röhrchens hält.

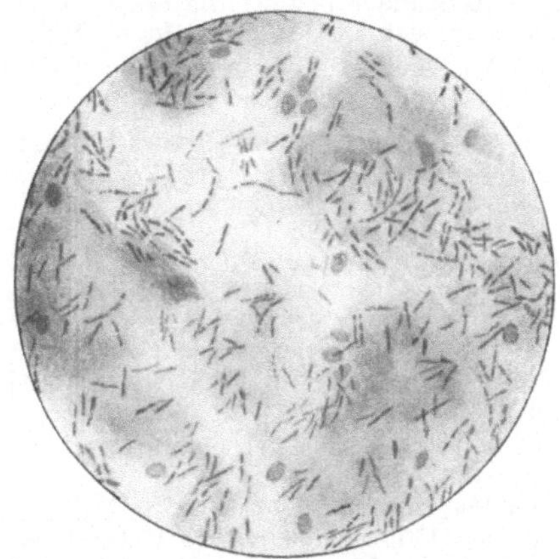

Abb. 123.   Milchsäurebacillen im Magensaft.   (Nach einem Präparat von ERICH MEYER.)

Um die Gegenwart von *Essigsäure* festzustellen, schüttelt man etwas unfiltrierten Mageninhalt mit säurefreiem Äther aus und verdunstet diesen. Danach neutralisiert man den mit wenigen Tropfen Wasser aufgenommenen Rückstand mit verdünnter Sodalösung. Erwärmt man nun mit etwas Schwefelsäure und Alkohol, so tritt bei Gegenwart von Essigsäure der stechende Geruch des Essigäthers auf.

Zum Nachweis der *Buttersäure* verdunstet man in gleicher Weise mit Äther und gibt sodann zu dem mit wenigen Tropfen Wasser aufgenommenen Rückstand etwas Chlorcalcium, die vorhandene Buttersäure scheidet sich in kleinen Öltröpfchen ab, die den charakteristischen Buttersäuregeruch darbieten.

Das Verhalten der Magenfermente. Die beiden Fermente, die beim Verdauungsakt von der Magenschleimhaut sezerniert werden, das *Pepsin* und das *Labferment,* bieten trotz ihrer großen physiologischen Bedeutung in diagnostischer Beziehung nur geringes Interesse. Wird *freie* Salzsäure gebildet, ist hiermit auch die Pepsinwirkung sichergestellt. Das von den Hauptzellen gelieferte Secret („pepsinogene Substanz") wird durch die *freie* Salzsäure in *Pepsin* verwandelt. Durch seine Einwirkung werden die Eiweißkörper in lösliche Peptone übergeführt (hydrolytische Spaltung). Fehlt die Bildung von freier Salzsäure, so bleibt das etwa sezernierte Pepsinogen ohne Wirkung. Der Unterscheidung zwischen *Anacidität* (Fehlen von freier HCl, Vorhandensein von Pepsinogen) und *Achylia gastrica* (Fehlen von freier HCl *und* Pepsinogen) kommt weder in diagnostischer noch in therapeutischer Beziehung eine praktische Bedeutung zu.

Die folgende Methode gibt über das *Vorhandensein von Pepsinogen* im anaciden Magensaft Aufschluß.

10 ccm des Filtrates des aus dem Magen Ausgeheberten werden mit etwa 2 Tropfen 1%iger Salzsäure angesäuert und das Reagensglas, worin zu dem Filtrat eine Fibrin- oder Eiweißflocke gesetzt ist, im Wärmeschrank einige Zeit einer Temperatur von etwa 37,5° C ausgesetzt. Auflösung der Eiweißscheibe nach 5—10 Stunden beweist die Gegenwart von Pepsin. Am einfachsten schneidet man sich aus hartgekochtem Hühnereiweiß scharfkantige kleine Stückchen, an deren Ecken und Kanten man nach einigen Stunden die Andauung ohne weiteres erkennt.

Der *Nachweis des Labferments,* das von den Labdrüsen abgesondert wird und die *Milch gerinnen läßt,* geschieht auf folgende Weise:

Man bringt 5—10 ccm *ungekochter* Milch, die mit 3—5 Tropfen des Filtrats versetzt ist, in den Wärmeschrank; zeigt sich nach 10—15 Min. Gerinnung, so ist Labferment sicher vorhanden. Bleibt eine Gerinnung aus, so füge man zu 5—10 ccm ungekochter Milch 3 ccm einer 5%igen Chlorcalciumlösung und einige Tropfen des Magensaftes. Tritt jetzt Gerinnung ein, ist das Zymogen des Labfermentes vorhanden.

Eine praktische Bedeutung für den Arzt kommt auch der Untersuchung auf Labwirkung nicht zu.

Die Einführung der Magensonde ist in manchen Fällen nicht ausführbar oder gefährlich; in solchen Fällen kann man sich durch die Verabreichung der Desmoidpillen nach SAHLI-KÜHN einen Einblick in die Verdauungsfähigkeit verschaffen.

Die Probe beruht auf folgendem *Prinzip:* Nach den Untersuchungen von KNUD FABER und ADOLF SCHMIDT *wird rohes Bindegewebe nur vom Magensaft, jedoch nicht vom Darmsaft verdaut.* SAHLI benützte diese Feststellung, indem er in kleine Gummibeutelchen Pillen mit einem leicht resorbierbaren und nachweisbaren Farbstoff (Methylenblau) einwickelte, und diese Beutelchen sorgfältig mit feinen, gut geknöpften Catgutfäden abschloß. Bei normaler Magenverdauung wird der Catgutfaden aufgelöst, der Farbstoff wird frei, wird resorbiert und kann im Urin nach einer bestimmten Zeit nachgewiesen werden. Ziemlich brauchbar sind die im Handel befindlichen Desmoidpillen nach SAHLI-KÜHN[1]. Vor dem Gebrauch legt man sie zunächst in Wasser, um die Unversehrtheit (sonst erfolgt Blaufärbung) zu prüfen. Die Einnahme erfolgt nach dem Mittagessen. Nach 3—8 Stunden tritt bei HCl sezernierendem Magen blaugrünliche Verfärbung des Urins auf. Ausscheidung des Methylenblaus erst nach 10 Stunden und später ist verdächtig für Anacidität. Ausbleiben der Farbstoffausscheidung spricht mit größter Wahrscheinlichkeit für Anacidität des Magens. Bei alkalischer Reaktion des Urins tritt die Färbung erst nach Zusatz von Essigsäure ein. Bei Nephritis sind Pillen mit Jodoform zu verwenden. Der Speichel gibt dann eine positive Jodreaktion.

---

[1] Herstellende Firma: G. Pohl, Berlin NW, Turmstr. 73.

Der *Nachweis von Blut* im Mageninhalt geschieht nach dem gleichen Verfahren wie der Nachweis von Blut in den Faeces, vgl. S. 219f.

Die fraktionierte Ausheberung des Magensaftes.
(Verweilsondenmethode.)

Ein Nachteil der oben beschriebenen EWALD-BOASSchen Technik des Tee-Semmel-Frühstücks ist ihre Beschränkung auf die Analyse eines einzigen Zustandsbildes, z. B. 60 Min. nach der Einnahme des Probefrühstücks[1]. Demgegenüber gestattet die Methode der Verweilsondenmethode kurvenmäßig einen Einblick in den Ablauf der Sekretion und der Motilität des Magens.

Mittels einer dünnen Verweilsonde[2] werden als Reizlösung entweder 300 ccm einer 5%igen Alkohollösung oder besser einer Coffeinlösung (Coffein pur. 0,2, Aqua destillata 300,0), der zwecks Blaufärbung 2 bis 3 Tropfen einer 2%igen Methylenblaulösung zugesetzt sind, in den Magen eingeführt. Unmittelbar nach Einführung der Sonde wird vorher der Nüchterninhalt des Magens (zum Teil Sondenreizsaft) abgesaugt und dies nach 10, 20 und 30 Min. wiederholt. Dann wird die Reizlösung durch einen Trichter, den man auf das äußere Ende der Verweilsonde aufsetzt, eingeführt. Alle 10 Min. werden je 10 ccm Mageninhalt mit einer 10—20 ccm Rekordspritze in eine Reihe von numerierten Reagensgläsern abgesaugt. Auch nach dem Verschwinden der Blaufärbung (meist nach 30—60 Min.) wird diese Absaugung fortgesetzt, und zwar wird jetzt quantitativ das im Magen angesammelte Secret — meist jeweils weniger als 10 ccm — entnommen. Das Verfahren wird 1 Stunde lang vom Verschwinden der Blaufärbung ab fortgesetzt. Die Gesamtmenge der in diesen letzten 6 Röhrchen enthaltenen Magensaftmengen kennzeichnet das Maß der Nachsekretion (normal 40—80 ccm). Mengen von mehr als 80 ccm sprechen für Supersekretion. Die mit Dimethylaminoazobenzol und Phenolphthalein titrierten Werte für die Gesamtacidität und freie HCl des Inhaltes jedes einzelnen Reagensglasröhrchen werden in ein Koordinatensystem[3] eingetragen. Neben diesen beiden *Aciditätskurven* trägt man als Kurve auch die Mengenwerte ein. Mit einem Strich markiert man die Einführung der Reizlösung sowie den Grenzpunkt der Entfärbung, und notiert ebenso den infolge Gallerückflusses häufig eintretenden Umschlag in gelbgrün bzw. gelb. Der erste Säurewert nach Einführung der Reizlösung liegt infolge der Verdünnung durch letztere normalerweise tiefer als der des Nüchternwertes. Dann steigen die Kurven parallel verlaufend an, um nach 50—70 Min. den Gipfelpunkt (40—60 Gesamtacidität und 30—50 freie HCl) zu erreichen und dann langsam abzufallen (s. Abb. 124).

Abweichungen vom Typus der Normalkurve sind die *steile Hochkurve,* bei der meist vor der 40. Min. eine Gesamtacidität von 70—130 erreicht wird,

---

[1] Ein weiterer Übelstand des gewöhnlichen dicken Magenschlauches ist die Tatsache, daß durch seine Einführung sehr leicht kleine Blutungen künstlich erzeugt werden, die dann fälschlich als okkultes Blut (s. S. 219f.) gedeutet werden.

[2] Die von G. KATSCH angegebene Verweilsonde ist erhältlich im med. Spezialhaus, G. m. b. H., Frankfurt/Main, Stiftstraße.

[3] Spezielle Formblätter sind in der Hirschwaldschen Buchhandlung, Berlin NW 7, Unter den Linden 68, erhältlich.

wobei auch die Entleerungszeit (Entfärbung) beschleunigt ist, und der sog. „Klettertyp“, der eine *langgezogene Hochkurve darstellt,* deren aufsteigender Teil stufenförmig von absteigenden Werten unterbrochen wird (über seine Bedeutung vgl. S. 204).

Die *Flachkurven* mit wenigen Zacken im Verlauf, erreichen nur eine geringe Höhe (unter 30), die freie HCl fehlt *(HCl-Defizitkurve).* Die *trägen* oder *spätaciden Kurven* weisen einen allmählichen Anstieg auf, erreichen schließlich dennoch normale Höhe. Oft ist die Entleerungszeit verzögert.

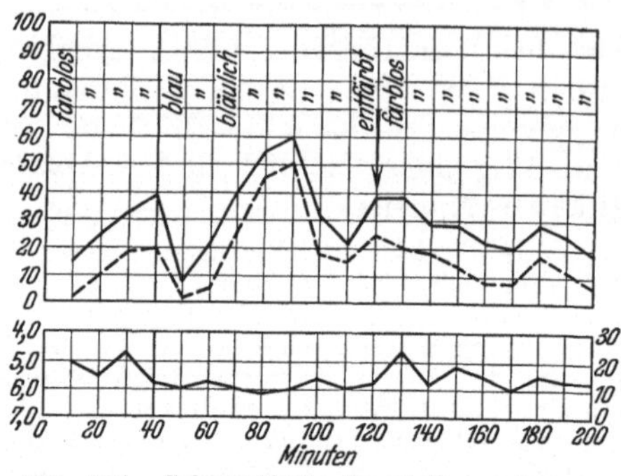

Abb. 124. Schematische Darstellung einer Kurve der Magensaftwerte bei fraktionierter Ausheberung.

Bei Anacidität des Magensaftes empfiehlt sich unter Umständen die Prüfung, ob diese Anacidität einer *totalen Achylie* entspricht, oder ob nach Injektion von Histamin (bzw. Ergamine) die Salzsäureproduktion doch noch in Gang kommt. Man injiziert nach KATSCH und KALK — sei es gegen Ende der fraktionierten Magenausheberung, sei es beim nüchternen, in früherer Untersuchung als anacid befundenen Kranken — $^1/_2$ mg Histamin subcutan. Über der Einstichstelle staut man (leichte venöse Stauung), löst nach 20—30 Minuten die Staubinde und entfernt sie, wenn bei dem Patienten kein Hitzeandrang zum Kopf mehr eintritt. Tritt keine Salzsäure auf *(absolute Achylie),* so weist dies auf tiefgehende Schädigung der Magensaftdrüsen hin. Eine solche absolute Achylie kann dennoch vorübergehend sein (z. B. toxisch bedingt), bei der perniziösen Anämie ist sie demgegenüber ein Dauerzustand.

Aus dem Verlauf der Acidität- sowie der Saftmengenkurve, unter Berücksichtigung des Zeitpunktes der Entfärbung und eventuellen Gallerückflusses lassen sich meistens weitgehendere Rückschlüsse auf Sekretion und Motilität des Magens ziehen als aus dem einmaligen Wert der Ausheberung mit dem KUSSMAULschen Magenschlauch nach Probefrühstück. Allerdings bleibt die Ausführung der fraktionierten Magenuntersuchung wegen der Umständlichkeit des Verfahrens im allgemeinen dem Krankenhausbetrieb vorbehalten.

Allgemeines über die Diagnose der Magenkrankheiten.

Abgesehen von wichtigen Angaben der Anamnese über den *Schmerz in der Magengegend,* seine Lokalisation, seine *zeitliche* Beziehung zur Nahrungsaufnahme („Nüchternschmerz“, Spätschmerz, Nachtschmerz usw.) kommt dem Erbrechen und der

Untersuchung des Erbrochenen

eine besondere Bedeutung zu.

1. Bei akuten, seltener chronischen *Katarrhen* findet sich meist viel *Schleim* im Erbrochenen. Es ist oft schwer, den gastrogenen Schleim vom magenfremden, aus den oberen Luftwegen beigemengten Schleim zu unterscheiden. Bei *chronischer Gastritis* finden sich öfters Hefe und Sarcine, weiterhin Leukocyten.

2. Bei *Gastrektasie,* z. B. Stagnation durch Pylorusstenose, finden sich im Erbrochenen bzw. im nüchtern Ausgeheberten unter Umständen Reste der vorausgegangenen Abendmahlzeit, z. B. Korinthen, Preißelbeeren usw. (eine Röntgenkontrolle ist trotzdem unerläßlich!) und mikroskopisch massenhaft Hefepilze und warenballenähnliche Sarcinepilze; bei Carcinom überwiegen oft die Hefezellen über die Sarcine. Letztere überwiegen im HCl-haltigen Magensaft. Die Kombination von Retention von Speiseresten (eventuell nur mikroskopisch wahrnehmbar) mit dem Vorhandensein von HCl spricht fast sicher für einen gutartigen Prozeß (Ulcus, Narbenstenose). Bei Vorhandensein von viel Milchsäurebacillen verschwinden meist die Sarcinezellen, was für die Carcinomdiagnose ohne Bedeutung ist [1].

3. *Ulcus ventriculi* führt häufig zu blutigem Erbrechen. Außer dem mit Speiseresten gemischten Blut kann auch reines Blut, und zwar bis zu 1 Liter und darüber, ausgebrochen werden. Es ist selten hell-, meist dunkelrot, flüssig oder klumpig geronnen; hin und wieder erscheint es als braune, kaffeesatz- oder teerartige Masse. *Mikroskopisch* finden sich meist noch rote, zum Teil geschrumpfte Blutkörperchen; sind sie sämtlich zerstört, so ist der chemische oder spektroskopische Nachweis des Blutfarbstoffes zu führen (s. S. 219 f.). Bei einem beträchtlichen Teil der Fälle von Magengeschwür fehlt jedoch, wenigstens zeitweise, jede Blutung. Das Erbrochene reagiert meist sauer.

4. Bei *Krebs des Oesophagus und Magens* können ab und zu beim Sondieren mit dem Magenrohr im Fenster Teile der Neubildung mitentfernt werden und die Diagnose sicherstellen. Sehr viel seltener glückt es, im *Erbrochenen* spezifische Formelemente aufzufinden. Die Entscheidung, ob die Teilchen wirklich einer Neubildung oder der gesunden Schleimhaut entstammen, ist in jedem Falle schwer. *Eine spezifische Krebszelle gibt es nicht.* Nur wirklich „konzentrisch geschichtete" Zellenhaufen, „*Krebsperlen*", dürfen als positiv beweisend angesprochen werden, einzelne Epithelfetzen, bei denen mikroskopisch jede Andeutung des alveolären Baues fehlt, sind völlig bedeutungslos. Wichtig ist die bei Oesophagus- und Kardiacarcinom oft enorme *Schleimbeimengung* im Erbrochenen und Ausgeheberten.

Art und Menge der beim *Magenkrebs erbrochenen* Massen richten sich meist nach dem Sitze der Neubildung. Die an der *Kardia* oder deren Umgebung sitzenden Carcinome verursachen in der Regel baldiges Erbrechen der eingeführten Nahrung, die, in massenhaften Schleim eingebettet, nur wenig verändert abgeht. Diese zeigt faden, bei verjauchtem Krebs äußerst üblen Geruch.

Die bei *Pylorusstenose* ausgebrochenen Massen sind meist sehr reichlich, übel-säuerlich riechend, grau oder mehr dunkelbräunlich und enthalten oft große, mehr oder weniger in Umwandlung begriffene Speisemengen. Je nachdem kleinere oder größere Blutaustritte stattgefunden haben, ist die Färbung des Erbrochenen *kaffee- oder schokoladenähnlich*. Beim Stehen der ganzen Menge tritt eine Art von Schichtenbildung ein, indem sich die schweren Speiseteile zu Boden setzen und über diesen eine wässerige, schmutzig getrübte und schleimig-schaumige Schicht zu bemerken ist. Auch ist oft in ähnlicher Weise, wie wir dies bei der Ektasie schon erwähnten, ein „teigartiges Aufgehen" zu bemerken.

Mikroskopisch findet man außer zahlreichen Nahrungsresten und Spaltpilzen oft Sarcine und Hefe. Nur selten sind unveränderte rote Blutzellen

---

[1] In Ermangelung einer Röntgenuntersuchung kann man zur Prüfung der *Motilität* auch die sog. *Korinthenprobe* anwenden: Der Patient erhält abends Korinthen; besteht eine erschwerte Entleerung, so fördert am nächsten Morgen der Magenschlauch noch einige Korinthen zutage.

vorhanden; in der Regel ist der Nachweis von Blutfarbstoff chemisch oder spektroskopisch zu erbringen. Auf die besondere Bedeutung der Röntgenuntersuchung des Magens und Duodenums sei an dieser Stelle nur hingewiesen.

Die diagnostische Bewertung der Säureverhältnisse.

Wenn die HCl-Werte deutlich unterhalb der normalen Grenze liegen, so spricht man von *Subacidität,* liegen sie weit über der oberen Grenze, von *Superacidität.* Beim gleichen Individuum finden sich oft zu verschiedenen Zeiten verschiedene Aciditätsverhältnisse, sog. *Heterochylie* (Art der Ernährung, psychische Einflüsse usw.).

Superacidität findet sich häufig bei Ulcus ventriculi bzw. duodeni. Unter Benutzung der fraktionierten Ausheberung (s. S. 201) beobachtet man den sog. Klettertypus (s. S. 202) häufig bei Ulcus duodeni. Erhöhte Säurewerte mit starker Schleimsekretion sprechen für Gastritis superacida (z. B. Potatoren, eventuell Ulcus ventriculi). Manche Fälle von Ulcus lassen die Superacidität vermissen, unter Umständen findet sich sogar eine Subacidität. Vermehrtes, hochacides Nüchternsecret findet sich bei superacider Gastritis, bei Ulcus ventriculi, bei der sog. REICHMANNschen Krankheit (in der Regel auf Ulcus duodeni beruhend!) und sonstigen abnormen Reizungszuständen der Magenschleimhaut, vor allem aber bei Ulcus duodeni.

Subacidität bzw. Anacidität findet sich bei Gastritis subacida bzw. anacida, nach akuter Magenindigestion, bei chronischer Cholecystitis (letztere aber, wenn auch seltener, auch mit superaciden Werten einhergehend), bei der Gastritis der Trinker, bei Gebißdefekt, im Anschluß an allgemeine Infekte usw. Anacidität bzw. Achylia gastrica findet sich bei perniziöser Anämie (in 100% der Fälle), bei Schleimhautatrophie, häufig bei Carcinoma ventriculi (hier unter Umständen auch Superacidität). Bei echter Achylie bewirkt die subcutane Injektion von 0,5 mg *Histamin* keine HCl-Sekretion.

Für die *Diagnose des Magencarcinoms* wurden verschiedentlich Spezialuntersuchungen angegeben, die sich zum größten Teil als unzuverlässig erwiesen haben. Die Bedeutung des Vorkommens von *Milchsäure* (Nachweis s. S. 198) ist überschätzt worden. Denn auch die Stagnation bei Pylorusstenose infolge *Ulcus* führt zu reichlicher Entwicklung von organischen Säuren. Ebenso spricht auch das *Fehlen von Milchsäure nicht gegen ein Carcinom.*

Die SALOMONsche *Probe,* die im Nachweis von abnormen Mengen von Eiweiß aus dem Tumor) besteht, ist *nicht* beweiskräftig.

Unter normalen Verhältnissen geht die Spaltung der Eiweißkörper im Magen nicht bis zur Aufspaltung der Polypeptide in die einzelnen Bausteine des Eiweißes: statt Carcinomsaft dagegen vermag eine Spaltung bis zu den Aminosäuren zu bewirken. Von dieser Tatsache ausgehend benutzten NEUBAUER und FISCHER als Polypeptid das Glycyltryptophan, dessen eine Komponente, das Tryptophan, in freier Form charakteristische Farbreaktionen gibt, die aber nicht eintreten, wenn das Tryptophan gebunden ist. Eine Spaltung erfolgt nicht durch normalen, wohl aber durch carcinomatösen Magensaft.

Man setzt zu 10 ccm filtrierten Magensaftes 5 ccm des käuflichen Glycyltryptophans (das Reagens ist als *Fermentdiagnostikum* fertig käuflich bei der I. G. Farbenindustrie A.G.), setzt das Gemisch für 24 Stunden in den Brutschrank und prüft nach dieser Zeit auf die Anwesenheit freien Tryptophans. Das freie Tryptophan wird nachgewiesen, indem man die Mischung filtriert, das Filtrat mit einigen Tropfen 3%iger Essigsäure ansäuert und sehr vorsichtig einige Tropfen Bromwasser oder stark verdünnte Chlorkalklösung zugibt. Bei Anwesenheit von freiem Tryptophan, d. h. nach eingetretener Spaltung tritt eine Rotviolettfärbung ein.

Da Blut, Galle und Pankreassaft ebenfalls diese Reaktion positiv ausfallen lassen, kommt diese lediglich für die Untersuchung des blut- und gallefreien Mageninhaltes in Frage. Der negative Ausfall der Probe spricht aber nicht gegen Magencarcinom.

Über das unter Umständen besondere Verhalten des Stuhles von Magencarcinomkranken in bezug auf die Beschaffenheit des „okkulten Blutes" (totaler Abbau bis zu *Porphyrin* bzw. Auftreten von *unverändertem Hämoglobin*) s. S. 225.

Anhang.

1. Die Duodenalsonden-Untersuchung.

Mittels einer Duodenalsonde, 1,40—1,50 m lang, deren unteres Ende einen olivenförmigen Metallknopf führt, wird der Duodenalsaft gewonnen. Der Schlauch trägt drei verschiedenfarbige Markierungen, und zwar bei 45 cm (Kardia), 60 cm (etwa Angulus oder Antrum), 70 cm (etwa Pylorus oder Bulbus) Entfernung vom Knopf, außerdem eine vierte Marke bei 80 cm (Duodenum). Die Einführung erfolgt beim nüchternen, sitzenden Patienten. Nach Hinabgleiten bis zur Marke I (45 cm) läßt man den Patienten 5—10 Min. umhergehen, wobei er ganz langsam bis zur Marke II (60 cm) weiterschlucken soll (Schlauchende mit Klemme verschlossen). Dann legt man ihn auf den Untersuchungstisch bzw. aufs Bett in rechter Seitenlage, Beckenhochlagerung zweckmäßig. Langsames weiteres Schlucken (Schlauchklemme beseitigen) bis etwa 70 cm. Mit der Spritze saugt man von Zeit zu Zeit Saft ab. Der Duodenalsaft ist gallig gefärbt und lackmus-alkalisch. Der bei richtiger Sondenlage spontan abfließende, klare, gallige Duodenalsaft wird in Reagensröhrchen (alle 5 Min. zu wechseln) aufgefangen (Seitenlage und Beckenhochlagerung jetzt nicht mehr notwendig). Bei erschwertem Übergang vom Magen zum Duodenum (eventuell Kontrolle vor dem Röntgenschirm) läßt man etwas Natriumbicarbonat-Lösung zwecks Alkalisierung des Magensaftes neben der Sonde trinken.

Die Untersuchung des Duodenalsaftes kann sich auf Menge, Farbe, Bilirubingehalt, Trypsin, Diastase und *mikroskopische* Bestandteile (Leukocyten, Erythrocyten, Bakterien, Cholesterintafeln, Bilirubinkalk usw.) sowie gewisse Parasiten (vor allem Lamblien) erstrecken (s. Abb. 125). Zu beachten ist bei den morphologischen Elementen, daß soweit sie aus den Gallenwegen stammen, sie stets gelb gefärbt sind. Der zunächst abfließende Duodenalsaft ist — wenn nicht ein Choledochusverschluß vorliegt — durch Lebergalle goldgelb gefärbt. Die in der Gallenblase befindliche Galle ist im Gegensatz zur Galle des Ductus hepaticus dunkelbraun gefärbt (Eindickung). Wird während der Duodenalsondierung die Gallenblase künstlich zur Kontraktion und Austreibung ihres Inhalts gebracht (z. B. durch subcutane Hypophysininjektionen oder Einspritzung von Sesamöl oder Magnesiumsulfatlösung ins Duodenum), so fließt ein tiefdunkelbraun gefärbter Duodenalsaft ab. Auf diesem Prinzip beruhen die verschiedenen Methoden einer *Funktionsprüfung der Gallenblase*.

Zu diesem Zweck gibt man, während hellgelbe Lebergalle abtropft, 20 ccm erwärmtes Sesamöl durch die Sonde und klemmt diese 5 Min. ab. Darauf läßt man den Duodenalsaft weiter in Reagensgläser abfließen. Ein positiver Gallenblasenreflex kündigt sich nach etwa 20—30 Min. durch Dunkelbraun- bis Schwarzbraunwerden des Duodenalsaftes an. Bleibt diese Verfärbung zunächst aus, d. h. kommt keine Blasengalle infolge reflektorischer Kontraktion der Gallenblase, so beobachtet man doch im ganzen etwa 1 Stunde den Abfluß des Duodenalsaftes. Eventuell injiziert man dann bei negativem Ausfall (negativer Ölreflex) noch 2 ccm Hypophysin subcutan. Unter Umständen stellt sich auf diesen Reiz hin nach weiteren 20—30 Min. dunkle Blasengalle ein (positiver Hypophysinreflex).

Direkt anschließend hieran kann man eine gewisse Funktionsprüfung des Pankreas vornehmen (nach G. KATSCH). Man gibt 2mal 2 ccm Äther

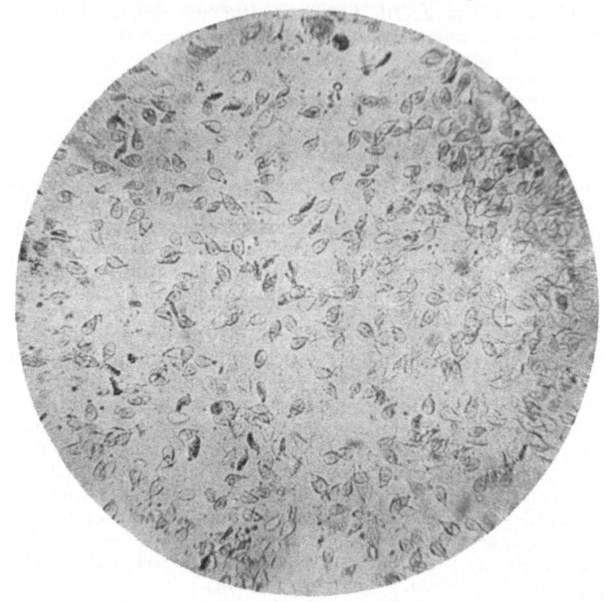

Abb. 125. Nativpräparat aus Duodenalsaft mit sehr zahlreichen Lamblien (vgl. S. 61) nach Formolzusatz. (Nach D. L. HEUBNER.)

in kurzem Abstand nacheinander durch die Sonde und beobachtet normalerweise nach 5—10 Min. ein vermehrtes Fließen nellgelben bzw. weißlichen Duodenalsaftes, vorwiegend Pankreassaft. Eine Vermehrung des Saftflusses bleibt bei Verschluß des Pankreasausführungsganges aus, bei Pankreatitis treten unmittelbar nach Eingießen des Äthers ins Duodenum sehr starke, länger dauernde, nach links ausstrahlende Schmerzen im linken Oberbauch auf, die sich oft bis in den Rücken hinziehen. Dieser „Ätherschmerz" ist nicht zu verwechseln mit dem brennend-heißen Gefühl in der Duodenalgegend, das auch bei Gesunden unmittelbar nach der Infusion des Äthers auftritt und nur kurze Zeit anhält.

2. Funktionsprüfungen der Leber.

Die chemischen Funktionen der Leber sind mannigfaltiger Natur und erstrecken sich auf Eiweiß-, Fett- und Kohlehydratstoffwechsel. Bei Erkrankungen der Leber kommt es nur unter gewissen pathologischen Verhältnissen zu Störungen des Zellstoffwechsels, die durch Prüfung einer der obigen Partialfunktionen erkennbar sind. Die Verhältnisse liegen hier viel komplizierter als z. B. bei der Funktionsprüfung anderer Organe, wie der

Nieren, wo die Ausscheidung eines zugeführten Stoffes (Wasser, Salze usw.) bilanzmäßig eine Störung erkennen läßt. Handelt es sich um eine Erkrankung der Leber, bei der die Zellen in ihrem Stoffwechsel geschädigt sind, erweist sich die Partialfunktion des Kohlehydratstoffwechsels praktisch als die relativ am leichtesten erkennbare. Am zweckmäßigsten erscheint die Lävulose- bzw. Galaktoseprüfung, welche eine Störung der speziellen Funktion der Leberzelle, Galaktose in Dextrose überzuführen, anzeigt.

Zur Durchführung der *Galaktoseprüfung* verabfolgt man dem nüchternen Kranken, nachdem er vorher Urin gelassen hat, morgens 40 g Galaktose in Wasser gelöst, sammelt den Urin von 12 Stunden in 2 Portionen von je 6 Stunden und bestimmt polarimetrisch die eventuell ausgeschiedene Galaktose. Dieser 12 Stunden-Wert darf normalerweise 3 g nicht übersteigen. Höhere Werte deuten auf eine Störung dieser Partialfunktion der Leber hin.

Während bei krankhaften Prozessen der Leber, wie Tumormetastasen, Cirrhosis hepatis, Echinococcus, Absceß, Stauungsikterus usw. die Leberzellen selbst in ihrer Funktion ungestört bleiben, ergibt die Galaktoseprüfung bei jenen Fällen, in denen eine Parenchymschädigung vorliegt, wie z. B. bei Icterus catarrhalis, akuter Leberatrophie u. ä., eine Störung der Galaktoseverwertung, d. h. die Galaktoseausscheidung übersteigt den Wert von 3 g in 24 Stunden.

Andere Methoden der Leberfunktionsprüfung, z. B. mit Farbstoffen, Bilirubin u. ä., seien hier nicht näher erörtert, da ihr positiver oder negativer Ausfall für die allgemeine Praxis keine ausschlaggebende Bedeutung besitzt.

III. Die Untersuchung der Darmentleerungen[1].

Erhebliche diagnostische Bedeutung hat in vielen Fällen der *Geruch* des Stuhles, sofern er in vollkommen frischem Zustand untersucht wird. Der normale charakteristische Fäkalgeruch ist durch Skatol verursacht. Aashaft stinkende Entleerungen beobachtet man bisweilen bei Pankreaserkrankungen sowie bei zerfallenen Darmcarcinomen, sauerriechende Stühle bei Gärungsdyspepsie. Ruhrstühle zeigen oft einen eigentümlich an Sperma erinnernden Geruch.

Die Besichtigung der Darmentleerungen kann sowohl mit bloßem als bewaffnetem Auge stattfinden und die durch anderweitige klinische Zeichen bestimmte Diagnose unterstützen, bisweilen erst *allein* entscheiden.

a) Makroskopische Untersuchung.

Bei der Untersuchung mit bloßem Auge genügt in vielen Fällen nicht die einfache Betrachtung; man muß vielmehr bestrebt sein, die einzelnen makroskopischen Bestandteile des Stuhles sichtbar zu machen.

---

[1] Weitere Einzelheiten über die Untersuchung der Faeces findet man in dem „Grundriß der klinischen Stuhluntersuchung" von A. LUGER. Wien: Julius Springer 1928.

Hierzu eignet sich als bestes, aber zeitraubendes Verfahren die Dekantier-methode von LEDDEN-HULSEBOSCH. Man läßt eine Portion Faeces in einer größeren Menge kalten Wassers in einem hohen Becherglas erweichen, eventuell unter vorsichtigem Umrühren mit dem Glasstab. Die gröberen Bestandteile setzen sich zumeist zu Boden (Schleim, Membranen usw. schwimmen). Dann wird die darüberstehende Flüssigkeit durch ein feines Sieb gegossen und erneut Wasser zum Dekantieren zugefügt usw. Schließlich wird der Bodensatz in kleinen Portionen in einen Porzellanteller mit schwarzem Grunde gebracht und (eventuell mittels Lupe) untersucht.

Bei völlig schlackenfreier Kost wird eine etwa walnußgroße Portion Faeces in einer Porzellanschale vorsichtig mit dem Pistill zuerst mit wenig, dann mit mehr Wasser bis zu Saucenkonsistenz verrieben und auf einem schwarzen Teller ausgebreitet.

Der Stuhl des *Gesunden* ist von hell- oder dunkelbrauner Farbe, fester, wurstartiger Form und reagiert meist *alkalisch*. Bei Kindern ist wegen des überwiegenden Milchgenusses die Farbe mehr hellgelb; auch beim gesunden Erwachsenen kann sie durch Nahrungsmittel (Rotwein, Heidelbeeren) und Arzneistoffe, wie Eisen, Bismut. subnitr. (durch Bildung der entsprechenden Schwefel-verbindungen) dunkelbraun und schwarz, durch Bariumsulfat und Bolus alba weiß oder hellgrau werden. Nach Rhabarber, Santonin und Senna werden die Entleerungen gelb, nach Kalomel grün (Schwefelquecksilber). Die normale Kotsäule zeigt meist gewisse Furchen und breitere Eindrücke, die wohl der Entwicklung aus einzelnen Skybalis entsprechen.

Die *Bestandteile der Faeces sind* (nach SCHMIDT und STRAS-BURGER):

1. *Nahrungsreste* bzw. *Nahrungsschlacken.*

2. *Reste* der in den Darmkanal entleerten *Secrete* (Galle, Pankreasferment, Erepsin).

3. *Mikroorganismen.* Normalerweise besteht ungefähr $^1/_3$ der Trockensubstanz der Faeces aus Mikroorganismen.

4. *Geformte und ungeformte Produkte der Darmwand,* Epithelien, Schleim usw.

5. *Zufällige Bestandteile,* z. B. Sandkörner, Haare, Parasiten, Konkremente (unter anderem die irrtümlich als „Gallensteine" angesprochenen Ölseifenkugeln nach Ölkuren) usw.

Die Beschaffenheit der Faeces hängt außer von der zugeführten Nahrung von der Geschwindigkeit ab, mit der der Darminhalt durch die einzelnen Abschnitte passiert. So wird beispielsweise bei beschleunigter Dünndarmperistaltik ein dünnflüssiger bis breiiger Kot entleert, bei Dickdarmspasmen mit Obstipation ist die Ent-leerung „schafkotähnlicher" Bröckel häufig charakteristisch.

Bei *Krankheiten* des Darmes können *Menge, Form* und Farbe erheblich verändert sein. Statt der einmaligen, im Mittel 100 bis

200 g betragenden Ausleerungen kann der Stuhl sehr häufig 10—20mal, in einer Gesamtmenge bis zu 1000 g erfolgen. Die „Wurstform" verschwindet; der Stuhl wird weichbreiig, breiigflüssig bis dünnflüssig. Unverdaute Nahrungsreste (Kartoffelstücke, Gemüse usw.) sind mit bloßem Auge in den bald heller, bald dunkler verfärbten Entleerungen zu sehen.

Bei **Gallenstauung** wird der Stuhl graugelb, lehmfarben oder tonartig, bei hartnäckiger **Verstopfung** tief dunkelbraun oder schwarz (sog. verbrannter Stuhl). Bei **Blutungen** im untersten Teile des Darmkanals kann frisches Blut mit den Entleerungen abgehen; bei höher gelegenem Sitz wird es meist stark verändert, dunkelbraun bis teerfarben. Letzteren Farbton zeigen die nach Magenblutungen erfolgenden Stühle. Bei der **Cholera** treten reiswasser- und mehlsuppenähnliche, bei **Typhus** erbsenbreiartige Entleerungen auf; bei manchen Formen des **Enterokatarrhs** (besonders der Kinder) sind die Stühle gallig-grün gefärbt.

Während beim Gesunden nur im fest geformten Stuhl einige Schleimfäden oder Flöckchen zu sehen sind, sind größere *Schleimfetzen* oft den *dünnen* Entleerungen beigemischt, oder es erscheinen größere gelblich-bräunliche, *gallertige* Schleimmassen mit oder ohne Kot (Dickdarmkatarrh, Cholera, Ruhr u. ä.). Ab und zu kann auch dem einmaligen, festen Stuhl dicker, glasiger Schleim anhaften (unterer Dickdarm- und Rectumkatarrh), oder es werden reiner Schleim (Rectumkatarrh) oder lange, bandartige oder röhrenförmige Schleimgerinnsel mit dem Stuhl entleert (s. Enteritis membranacea).

Zur Verwechslung mit Schleimflocken können sagoähnliche Gebilde führen, deren pflanzliche Abkunft durch das Mikroskop festzustellen ist.

Die in der Regel *alkalische Reaktion* der Entleerungen, die aber bei Gesunden nicht selten wechselt, kann besonders bei akuten Katarrhen der Kinder und bei der Gärungsdyspepsie in die saure übergeben. Diagnostisch ist sie bedeutungslos.

Außer manchen Fremdkörpern können als diagnostisch wertvolle Gebilde kleine und größere **Gallensteine** und **Würmer** (s. oben) in den Entleerungen auftreten.

Die **Gallenkonkremente** kommen als eigentliche Steine bis zu Taubeneigröße und darüber oder als Grieß vor. Zum Nachweis der Konkremente ist das Durchsieben und -schwemmen der Faeces geboten (BOASsches Stuhlsieb). Die Steine haben bald eine vieleckige, bald würfelförmige Gestalt, sind meist weich und zeigen gelbliche, grauweiße oder braune Farben. Sie sind bisweilen homogen und bieten eine deutlich krystallinische Bruchfläche, oder sie sind von zusammengesetzter Art und zeigen einen dunklen Kern, strahlenartige Schichtung und bald glatte weiße oder grünliche, bald unebene grauschwärzliche Rinde. *Cholesterin* und *Bilirubinkalk* sind die hauptsächlichsten Gallensteinbildner. Die seltenen *reinen Cholesterinsteine* sind rein weiß oder mehr gelblichweiß, meist glatt, durchscheinend und zeigen bisweilen wegen der oberflächlich anhaftenden Cholesterinkrystalle einen glimmerartigen Glanz. Die viel häufigeren *Cholesterin-Bilirubinsteine* sind bald gelb oder dunkelbraun, bald mehr grünlichbraun und haben ebenfalls meist eine glattere Oberfläche, während die Kalkcarbonatsteine häufig höckerig erscheinen.

b) Mikroskopische Untersuchung.

Die Mikroskopie der Darmentleerungen soll an möglichst frischem Material erfolgen. Zur Beseitigung des oft üblen Geruchs empfiehlt es sich,

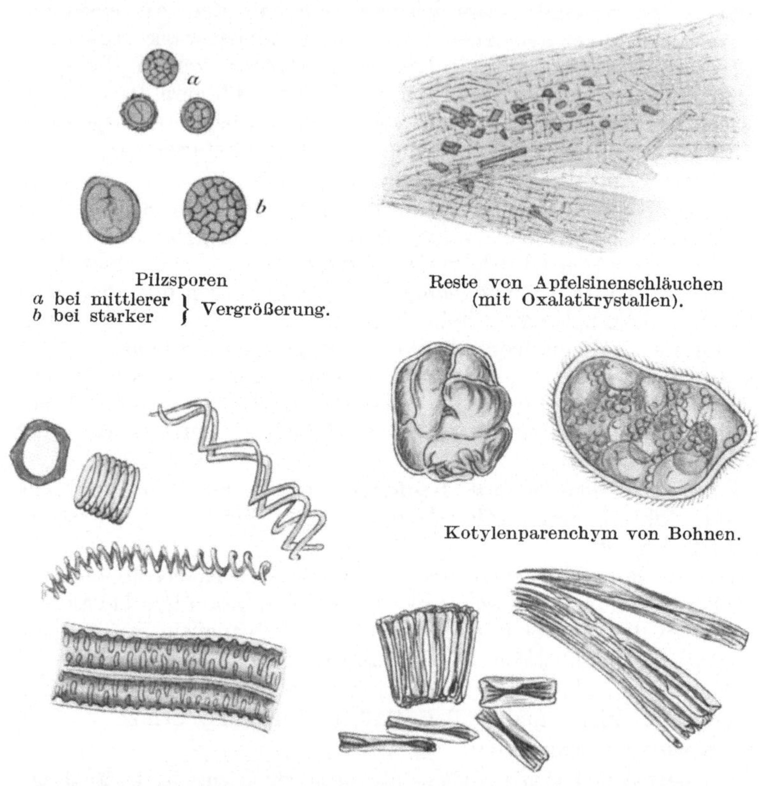

Pilzsporen
a bei mittlerer }
b bei starker } Vergrößerung.

Reste von Apfelsinenschläuchen
(mit Oxalatkrystallen).

Kotylenparenchym von Bohnen.

Verschiedene Formen von Gefäßen
und deren Resten.
    Palisadenzellen von Bohnen und Erbsen.

Abb. 126. Verschiedene Formen von Pflanzenresten in den Faeces.
(Nach SCHMIDT-STRASBURGER, Die Faeces des Menschen.)

zumal bei dünnen Stühlen, die im Spitzglas aufgestellten Proben mit einer Ätherschicht zu bedecken. Bei der Untersuchung nimmt man aus dem Spitzglas mit der Pipette entweder blindlings etwas aus dem Bodensatz oder holt sich bestimmte, schon für das bloße Auge differenzierte Gebilde heraus. Zweckmäßig ist auch die Ausbreitung des flüssigen Stuhles auf einem Teller mit geschwärztem Grunde.

Da die in den Faeces vorzufindenden Nahrungsreste je nach der Beschaffenheit der Nahrung außerordentlich variieren, empfiehlt es sich, in allen diagnostisch schwierigeren Fällen eine Nahrung von bekanntem Gehalt zu geben, deren in den Faeces auftretende unverdauliche Reste bekannt sind (s. Probekost S. 226 f.).

1. Das normale mikroskopische Stuhlbild.

1. Nahrungsreste. *Muskelfasern*, an deutlicher Querstreifung erkennbar, findet man spärlich, *Stärkereste* sehr selten, häufiger von Salat, Spinat und Obst stammende Pflanzenzellen und *Milchreste* in gelbweißlichen Flocken, endlich *Fett*, mehr in Krystall- als Tröpfchenform.

2. Krystalle und Salze. Am häufigsten kommen Tripelphosphat in Sargdeckelform und größere und kleinere Drusen von neutralem, phosphorsaurem Kalk, viel seltener oxalsaurer Kalk (in Briefumschlagform) vor. Häufig sind Kalksalze, welche durch Gallenfarbstoff gelb gefärbt sind und bei Salpetersäurezusatz die bekannte Reaktion geben. Selten finden sich Cholesterintafeln.

3. Epithelien fehlen; nur aus dem unteren, Pflasterepithel tragenden Mastdarm werden bei festem Stuhl rein mechanisch etliche mitgerissen.

4. Bakterien kommen in jedem Stuhl in großen Mengen vor (Colibacillen). Außer den meist gelb gefärbten elliptischen *Hefezellen* und dem in langen, beweglichen Fäden und größeren Haufen erscheinenden *Bacillus subtilis* verdienen manche durch LUGOLsche Lösung blau zu färbende Kokken und Stäbchen

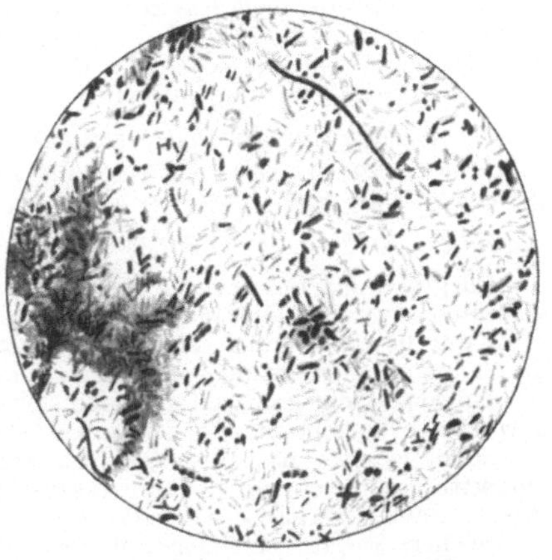

Abb. 127. Stuhlbakterien aus normalem Stuhl. (Nach einem Präparat von ERICH MEYER.)

Interesse, unter anderem das von NOTHNAGEL genauer studierte **Chlostridium butyricum.** Es zeigt sich in Form breiter Stäbchen mit abgerundeten Enden oder als elliptisches oder mehr spindelförmiges Gebilde. Die Größe wechselt, ebenso die Anordnung, indem sie einzeln oder in Zoogloeaart auftreten. Durch LUGOLsche Lösung werden sie ganz oder nur im zentralen Teil blau bis violett gefärbt. Bei Pflanzenkost treten sie reichlicher auf als bei Eiweißnahrung. Wie BRIEGER festgestellt hat, bewirken sie die Buttersäuregärung. Über das Aussehen eines normalen Stuhlabstriches und den Bakterienreichtum gibt Abb. 127 Aufschluß.

2. Pathologische Bestandteile des Faeces.

Abgesehen von den bei schweren Störungen schon makroskopisch erkennbaren Beimengungen unverdauter Nahrung findet man in leichteren Fällen mikroskopisch erhebliche Vermehrung der Muskelfasern und das *Auftreten der sonst nur selten vorhandenen ungelösten Stärke. Ihr reichliches Erscheinen spricht für ernstere Verdauungsstörung.* Ferner kommen Casein, Fett und Tripelphosphat in größeren Mengen vor. Cholesterin und Hämatoidinkrystalle werden im allgemeinen nur selten gefunden.

Oft findet man CHARCOT-LEYDENsche Krystalle. Außer bei Typhus, Dysenterie und Phthise, wo sie nur hin und wieder gefunden sind, erscheinen sie *nahezu konstant bei Anchylostomiasis,* stets bei Anguillula, häufig bei Ascaris lumbricoides, Oxyuris, Taenia saginata und solium. Spärlich sind sie bei Trichocephalus vertreten, ganz vermißt wurden sie bei der in Deutschland sehr seltenen Taenia nana (LEICHTENSTERN). Nach diesem Autor soll man in jedem Fall, wo die Faeces die CHARCOTschen Krystalle zeigen, die Gegenwart von Würmern für sehr wahrscheinlich ansehen. Dagegen schließt das Fehlen der Krystalle nicht die Helminthiasis aus. Außer bei der Anwesenheit von Parasiten kommen CHARCOTsche Krystalle zusammen mit *eosinophilen* Zellen gelegentlich bei den mit Schleim- und Blutentleerung einhergehenden „nervösen" Erkrankungen des Dickdarms vor, die eine Sekretionsanomalie der untersten Dickdarmpartien, ähnlich der Colitis membranacea, darstellen.

Zum Nachweis der Darmschmarotzer ist die Untersuchung außer auf abgehende Würmer, Wurmglieder und Embryonen besonders auf die in Abb. 49, 50, 51, 69, 72, sowie in den folgenden Abb. 128 und 129 abgebildeten Eier zu richten.

Die große Bedeutung der auf den Nachweis von Parasiteneiern gerichteten Untersuchungen erhellt aus der Tatsache, daß es wiederholt gelungen ist, nicht nur die Anwesenheit von Parasiten hierdurch erst zu erkennen, sondern durch deren Entfernung schwerste Krankheitszustände (S. 64 und 73) zu beheben. Nicht ganz selten finden sich mehrere Eier verschiedener Darmparasiten nebeneinander in demselben Stuhl.

Sehr geeignet ist die Methode, eine kleine Stuhlprobe auf einem Objektträger gleichmäßig dünn auszustreichen, an der Luft trocknen zu lassen, dann die ganze Oberfläche mit Cedernholzöl zur Aufhellung zu bestreichen, worauf zunächst mit schwachem, dann mit starkem Objektiv (nicht Ölimmersion) nach Parasiteneiern gesucht wird. Oder man verreibt eine kleine Kotprobe auf dem Objektträger mit etwas Wasser oder besser mit 2%iger Eosinlösung und durchmustert das Präparat mittels nicht zu starker Vergrößerung.

In zahlreichen Fällen ist eine *Anreicherung* der Eier notwendig, z. B. nach der Methoden von TELEMANN. Der Kot wird mit einer Mischung von Äther und zur Hälfte mit Wasser verdünnter HCl geschüttelt, durch ein feines Haarsieb filtriert und zentrifugiert.

Zum Nachweis der Eier von Ascaris, Ankylstoma, Trichocephalus u. a. ist die Methode von FÜLLEBORN empfehlenswert: Der Kot wird mit ungefähr 20 Teilen einer gesättigten Kochsalzlösung gleichmäßig verrieben. Die spezifisch leichteren Eier steigen nach $^1/_2$—$^3/_4$ Stunde an die Oberfläche, von welcher man sie mit einer etwa 1 cm großen Drahtöse mitsamt der darin ausgespannten Flüssigkeit abhebt und auf einem Objektträger überträgt [1].

In vielen Fällen wird ein Würmerabgang nicht beobachtet, und der Stuhl erscheint makroskopisch normal. Daß gelegentlich aber chronischer

---

[1] FÜLLEBORN: Klin. Wschr. **1932**, 1682.

Durchfall besteht, der nach Abtreibung von Bandwürmern aufhören kann, ist schon (S. 71 bei Taenia nana) erwähnt. Gelegentlich sind ferner bei lang dauernder Diarrhöe verschiedene *Infusorien* in solchen Mengen gefunden worden, daß allein schon ihr massenhaftes Auftreten Bedeutung beanspruchte. Außer der schon S. 61 erwähnten Lamblia intestinalis wurden Trichomonas und eigentümliche pfriemenförmige Infusorien bei solchen Zuständen gefunden, besonders seien auch die bereits S. 61 erwähnten Darmkatarrhe bei *Balantidium coli* genannt. Insbesondere sei hier nochmals auf die Bedeutung der Amöben bei Dysenterie hingewiesen, die S. 57f. schon besprochen sind.

Von *pathogenen*, in den Darmentleerungen auftretenden Bakterien verdienen die Bacillen der Tuberkulose, des Typhus, der

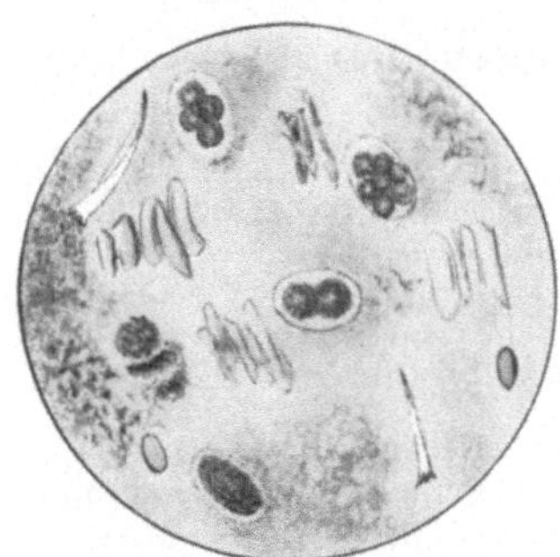

Abb. 128. Eier von Ankylostoma duodenale im Stuhl. (Nach NEUMANN-MAYER.)

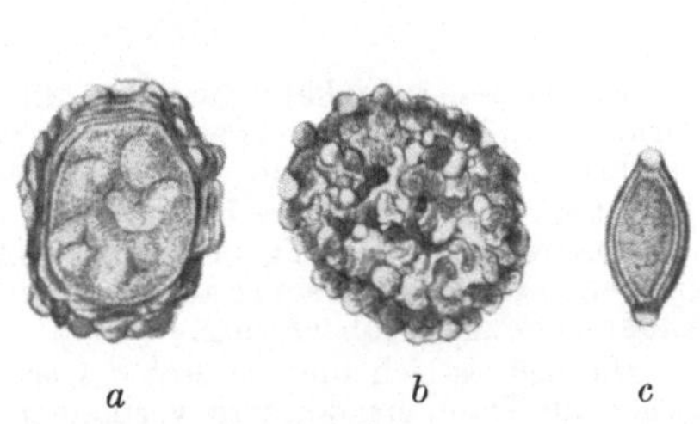

Abb. 129. Eier von Ascaris und Trichocephalus bei stärkerer Vergrößerung. *a* und *b* Ascarideneier bei verschiedener Mikroskopeinstellung, *c* Trichocephalenei.

Cholera und der Ruhr besondere Beachtung. Auch Streptokokken finden sich bei gewissen Fällen von Enteritis acuta in den Entleerungen in großer Menge.

Großer Wert kommt dem beigemengten *Schleim* zu. Der schon mit bloßem Auge sichtbare Schleim ist leicht und *sicher* an dem chemischen Verhalten als solcher zu erkennen. Er kommt aber auch in *Form gelbbrauner bis dunkelgrüner Körner vor*.

Zerdrückt man diese unter dem Deckglas, so breiten sie sich als gleichmäßige gelbe Masse aus, während die gelben, sago- oder froschlaichähnlichen Gebilde, die meist aus Pflanzenresten und Wasser bestehen, immer krümelig bleiben. Durch Wasser, Äther, Jod und Osmiumsäure werden sie weder gelöst noch gefärbt. Eine besondere Struktur fehlt. Sie deuten stets auf Katarrh im oberen Dick- und Dünndarm, kommen aber auch bei reinem Dünndarmkatarrh vor. Oft läßt sich durch Zusatz von Salpetersäure die Anwesenheit von Gallenfarbstoff nachweisen (Sublimatprobe s. S. 226). Dieses Verhalten des Schleims weist auf Dünndarmkatarrh hin, da das Gallenpigment normalerweise *nur* im Dünndarm, nie im Kolon anzutreffen ist, in den Faeces also nur bei sehr vermehrter Peristaltik des Dünn- und Dickdarms vorkommen kann. Findet sich neben dem Farbstoff noch Schleim, so ist der Katarrh im Dünndarm erwiesen.

In Schleim eingebettete Zylinderepithelien treten häufig bei den verschiedensten Krankheitszuständen des Darms auf. Ihre Form ist meist verändert, gequollen oder geschrumpft, das Protoplasma durch fettige Degeneration gekörnt, Umriß und Kern erhalten. Unveränderten Epithelien begegnet man ausschließlich in den größeren schleimigen Flocken.

Neben den Epithelien kommen in der Regel auch *Leukocyten* von wechselnder Größe vor, während *Eiter*beimengungen, wie schon erwähnt, sich ausschließlich bei geschwürigen Prozessen im Darmkanal, vor allem im Colon, finden.

3. Verhalten der Darmentleerungen bei bestimmten Erkrankungen.

Bei **akuten Darmkatarrhen** sind die Stühle mehr oder weniger an Zahl vermehrt, während die Konsistenz mehr dünnbreiig wird. Je nach dem Sitz des Katarrhs machen sich gewisse Unterschiede geltend:

Ist *nur der Dünndarm* betroffen, so erfolgen öftere dünne Entleerungen mit makroskopisch gallig gefärbtem Schleim, in dem zahlreiche Zylinderepithelien eingebettet sind; auch kommen die gelben Schleimkörper (NOTHNAGEL) oft zur Beobachtung.

Handelt es sich um *Katarrh des oberen Dickdarms,* der übrigens in der Regel mit Dünndarmkatarrh verbunden ist, so ist in den innig gemischten dünnbreiigen Entleerungen oft *nur mikroskopisch* Schleim nachweisbar.

Bei *Rectumkatarrh* geht oft *reiner, gallertiger* Schleim ab; ebenso als Prodromalerscheinung bei großen Eiteransammlungen im Douglas.

Bei Katarrh des *ganzen Dickdarms* findet sich in dem dünnbreiigen Stuhl makroskopisch (nicht gallig gefärbter) Schleim.

Chronische Darmkatarrhe zeigen in der Regel folgendes Bild:

Chronischer *Dünndarmkatarrh* kommt allein nicht vor, mit *Dickdarm*katarrh vereint, bewirkt er täglich öftere dünne Entleerungen mit gallig gefärbtem Schleim, *gelben* Schleimkörnern usw.

Bei Beschränkung auf den *Dickdarm* besteht fast stets Neigung zu Verstopfung, die in regelmäßigen oder ganz unregelmäßigen Pausen von Durchfall unterbrochen sein kann.

Bei alleiniger Beteiligung des *Rectums* mit oder ohne Störungen im unteren Dickdarm wird in Schleim eingebetteter Stuhl ausgeschieden.

Hierher gehört auch die bei Anacidität des Magens vorkommende „*gastrogene Diarrhöe*".

Nervöse Diarrhöe kommt bei Neurasthenikern nicht selten vor und kann zu 6—8—10 täglichen, abwechselnd festen und flüssigen Ausleerungen führen. Ab und zu stellt sich bei bestimmten Mahlzeiten plötzlicher Stuhlgang ein; die oft reichlichen *galligen* Beimengungen sprechen für abnorme Peristaltik im Dünn- und Dickdarm.

Colica mucosa s. membranacea. Bei dieser Affektion werden in gewissen Zwischenräumen, nicht selten unter heftigen Kolikschmerzen (daher „Schleimkolik"), häutige, bandartige oder röhrenförmige Gebilde (membranöse oder tubulöse Enteritis) mit oder ohne Stuhl entleert. Ihre Farbe ist schmutzigweiß, ihre Länge oft bedeutend, bis zu 6 und 20 cm. Die Abgänge können sich wochenlang täglich wiederholen oder nur einige Male im Jahr erscheinen.

Äußerst selten kommen sie bei Kindern, selten bei neurasthenischen Männern, viel häufiger bei nervösen Frauen vor; nicht selten besteht gleichzeitig Neigung zu Verstopfung.

Mikroskopisch findet man in allen Fällen eine zart gestreifte Grundsubstanz, die hier und da glänzende, fibrinähnliche Faserung zeigen kann, aber meist ganz durch Essigsäure getrübt wird, also aus Schleim besteht; daneben oft sehr zahlreiche, mannigfach veränderte Zylinderepithelien und Leukocyten. Ab und zu sind Tripelphosphat- und Cholesterinkrystalle und in manchen Fällen CHARCOTsche Krystalle und eosinophile Zellen anzutreffen.

Ihr *chemisches Verhalten* zeigt, daß sie größtenteils aus *Schleim* bestehen, neben dem ein albuminoider Körper vorkommen kann. Durch Kalilauge werden die Gerinnsel fast ganz gelöst. Essigsäurezusatz zu dem Filtrat bewirkt starke Trübung, die bei Überschuß von Essigsäure fast völlig schwindet.

Darmgeschwüre führen oft zu *Durchfällen*, doch können diese auch, selbst bei ausgedehnten Geschwüren, ab und zu fehlen. Ist dem durchfälligen Stuhl *Blut* oder *Eiter* beigemengt, so spricht dies sehr für Geschwürsbildung. Im besonderen sei bemerkt, daß *Dünndarmgeschwüre*, deren blutig-eitrige Abgänge gar nicht mehr im Stuhl aufzutreten brauchen, gewöhnlich *keinen* Durchfall erzeugen. Dagegen führen ausgedehnte ulceröse Prozesse im *unteren Dickdarm und Rectum meistens* zu Durchfall. In solchen Entleerungen wird bei genauer Untersuchung *Blut- und Eiterbeimengung nur höchst selten vermißt, wenn es sich um dysenterische Geschwüre handelt, während sie bei tuberkulösen und katarrhalischen (Follikular-) Geschwüren fehlen kann.* Nur ab und zu erscheinen „kleine grauweiße Klümpchen", die aus dichtgedrängten Eiterzellen bestehen. Die *größeren*, gequollenen Sagokörnern ähnelnden Klümpchen, die früher als Zeichen des Follikulargeschwürs angesprochen wurden, bestehen, wie dies NOTHNAGEL zuerst betont hat, fast stets aus Stärke oder Fruchtteilchen.

Außer Blut und Eiter sind die — fast ausschließlich bei Ruhr vorkommenden — dem durchfälligen Stuhl beigemengten „Gewebsfetzen" eine wichtige diagnostische Erscheinung.

Bei ausgesprochener **Darmtuberkulose** werden im *Stuhl Tuberkelbacillen* höchst selten vermißt. Keinesfalls ist der Rückschluß erlaubt, daß ihr Nachweis in den Stuhlentleerungen unmittelbar auf Darmtuberkulose zu beziehen ist. Denn man muß daran denken, daß von Lungentuberkulösen oft massige, Bacillen enthaltende Sputa verschluckt werden, und dadurch das Erscheinen von Bacillen im Stuhl — ohne die Anwesenheit eigentlicher Darmtuberkulose — bewirkt wird.

Bei der Färbung hat man nach LICHTHEIM von der Kontrastfärbung abzusehen, da durch die Gegenfärbung die im Kot stets reichlich vorhandenen (s. oben) nicht pathogenen Bakterien gefärbt und die in der Regel nur spärlich erscheinenden Tuberkelbacillen viel schwieriger aufgefunden werden als bei der einfachen „spezifischen" Tuberkelbacillenfärbung.

Man bringe daher das aus den schleimigen oder besser noch, wenn sie vorhanden sind, schleimig-eitrigen Beimengungen angefertigte Trockenpräparat nur in die Carbolfuchsin- oder Gentianaanilinwassermischung und entfärbe mit Salz- oder Salpetersäure und 70% Alkohol (s. S. 17) Dies muß aber so gründlich geschehen, daß auch jede Verwechslung mit *Smegma-* (Pseudotuberkel-) Bacillen ausgeschlossen ist (s. S. 18). Als Anreicherungsmethode kann man das UHLENHUTHsche Antiforminverfahren (s. S. 17f.) anwenden.

Ruhr. Die äußerst häufigen (10, 20—100 in 24 Stunden), in der Regel unter starkem, schmerzhaftem Drang entleerten Stühle fördern mit je einer

Dejektion nur spärliche, zusammen aber oft beträchtliche Mengen (1000 bis 1800 ccm). Sie zeigen nur im ersten Beginn noch kotigen Geruch und Gehalt, bei der ausgebildeten Krankheit *nur Schleim, Blut, Eiter* und Gewebsfetzen. Je nach dem Mischungsverhältnis dieser Bestandteile unterscheidet man den einfach schleimigen, schleimig-blutigen, rein blutigen und fast rein eitrigen Stuhl; auch schleimig-blutig-eitrige Mischformen kommen nicht selten vor.

Der Schleim ist im Beginn vorherrschend und stellt sich als eine dünne, gelblich gefärbte Gallerte dar, die die anfangs noch vorhandenen Kotbeimengungen einhüllt oder in gröberer Art mit ihnen gemischt ist. Gleich von Anfang an ist der Schleim von Blutstreifen und -punkten durchsetzt. Auch „Schleimfetzen" in Form flacher Gerinnsel, die den Stuhl überziehen, sind nicht selten zu beobachten.

Die blutigen Beimengungen können im Anfang einfach Zeichen der vorhandenen Blutüberfüllung der Dickdarmschleimhaut sein; später stammen sie, besonders die rein blutigen Beimengungen sowie der Eiter aus den Darmgeschwüren. Bei umfänglicher und tiefer greifender Zerstörung der Darmschleimhaut finden sich in den *aashaft* stinkenden, schmierig braunroten oder schwärzlichen Entleerungen *zweifellose Gewebsfetzen.*

Das *Mikroskop* läßt den Nachweis der schleimigen und eitrigen Beimengungen an den morphologischen und mikrochemischen (Essigsäurereaktion des Schleims) Bildern leicht führen. Das frischere Blut wird ebenfalls an den vorhandenen roten Blutkörperchen erkannt; älteres ist oft erst durch das schon besprochene chemische oder spektroskopische Verfahren nachweisbar. Die *blutig durchtränkten Schleimklümpchen* enthalten die als Ruhrerreger beschriebenen *Amöben* (Abb. 46—48) oder die schon erwähnten spezifischen Bacillen (Abb. 11); beide sind am sichersten in den frisch entleerten Stühlen nachzuweisen.

Zur Darstellung der Amöben im Stuhl verreibt man auf dem Objektträger eine kleine Menge Faeces mit einem Tropfen einer wässerigen 2%igen Eosinlösung, so daß das Präparat bei durchfallendem Licht hellrosa erscheint. Lebende Amöben heben sich sehr deutlich von dem roten Untergrund ab, da sie ungefärbt bleiben. Absterbende Amöben zeigen zunächst Rotfärbung des Kernes. Die Herstellung von fixierten und gefärbten Präparaten ist schwierig und für die Klinik überflüssig. Charakteristisch für die Amoeba histolytica sind unter anderem ein hyaliner Ektoplasmasaum sowie Erythrocyten im Innern der Amöbe, endlich das plötzliche Entstehen von Pseudopodien gegenüber dem langsameren Auftreten bei der Entamoeba coli.

Der im Beginn des **Typhus abdominalis** noch feste und geformte Stuhl wird gegen Ende der ersten Krankheitswoche meist dünnbreiig oder wässerig und hat noch eine deutliche braune Färbung. Die dann stärker einsetzende und fast während der ganzen Fieberzeit fortbestehende Diarrhöe fördert in der Regel 5—6 und mehr hellbraun, blaßgelb und gelb gefärbte Stuhlentleerungen, die sich beim Stehen in zwei Schichten trennen. Die untere enthält flockige und krümelige gelbe Mengen, von denen sich die obere, mehr oder weniger stark getrübte, braungelblich gefärbte, wässerige Schicht abgeschieden hat. Dieser *„erbsensuppen"-ähnliche Stuhl* verliert erst gegen Ende der Krankheit, während der allmählichen Entfieberung, seinen hellgraugelben Farbenton, wird bräunlich und nach und nach breiiger bis geformt.

In dem Sediment des erbsenfarbenen Stuhles finden sich außer den Fäulnisbakterien und außer den je nach dem Gehalt an Schleim wechselnd zahlreichen Rundzellen und manchen Krystallen (Tripelphosphat) reichliches *Gallenpigment,* Caseinflocken und *Typhusbacillen* (s. S. 19), die aber nur durch ein spezifisches Kulturverfahren als solche erkennbar sind.

Nicht selten kündigen kleine Blutbeimengungen zum Stuhl eine Blutung an. Daher ist auf diese mit bloßem Auge sichtbaren Blutstreifen oder wenig gefärbten Schleimbeimengungen sorgsam zu achten. Auch ist auf okkultes Blut (s. S. 219f.) zu fahnden.

In dem mit starker Blutung entleerten Stuhl sind die roten Blutkörperchen oft nachweisbar; in dem stärker farbig veränderten Blute fehlen selbst die „Schatten".

Cholera. Die charakteristischen „reiswasser"- oder „mehl"- oder „hafergrützsuppenartigen" Stühle erfolgen meist häufig und reichlich und erscheinen infolge des Fehlens des Gallenpigments grauweißlich, dünn, mit hellen — gequollenem Reis vergleichbaren — Flocken untermischt, ohne Kotgeruch.

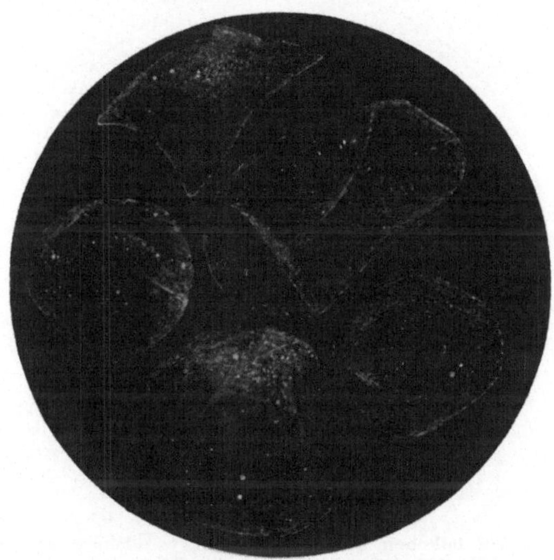

Abb. 130. Echinococcusblasen aus dem Stuhl in natürlicher Größe.
(Nach einem Präparat von ERICH MEYER.)

Mikroskopisch zeigt sich am einfachen, ungefärbten Quetschpräparat, das aus einem solchen hellen Schleimflöckchen angelegt ist, daß dies aus dicht aneinander gelagerten, gequollenen Zylinderepithelien und Schleim besteht, zwischen denen meist *Bakterien verschiedener Art,* wenn auch oft vorzugsweise Kommabacillen zu bemerken sind. Über die bakteriologische Diagnostik vgl. S. 28f.

Bei **Syphilis** des Rectums gehen nicht selten Blut und Schleim mit dem Kot ab (Spirochätennachweis!).

Bei **Gonorrhöe** des Rectums findet sich meist starke Eiterbeimengung zum Stuhl.

Selten ist die Entleerung von **Echinococcusblasen** mit dem Stuhl. In einem seinerzeit von E. MEYER beobachteten Fall der Straßburger Klinik bestanden Anfälle von Ikterus mit hohem Fieber und Entleerung acholischen Stuhles. In diesem fanden sich, makroskopisch erkennbar, die in Abb. 130 wiedergegebenen Blasen. Ihre Natur konnte bei mikroskopischer

Untersuchung durch die Auffindung der charakteristischen Häkchen, wie sie Abb. 131 zeigt, sicher gestellt werden.

Für **Mastdarmkrebs** ist in manchen Fällen häufig von Tenesmus begleiteter Abgang von Blut und Schleim ohne gleichzeitige Kotentleerung charakteristisch. Auch bei höherem Sitz des Krebses können jauchig stinkende Entleerungen, in denen äußerst selten Krebsteile auftreten, die Diagnose stützen. Dagegen kommt den bandartigen oder „schafkotähnlichen" Stuhlformen keine differentialdiagnostische Bedeutung zu.

Intussuszeptionen des Darms führen zu blutig-schleimigen Entleerungen, selten zur Ausstoßung des nekrotischen Darmstücks.

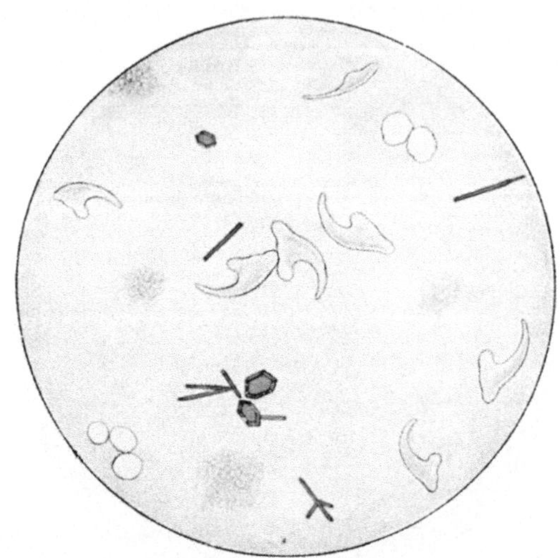

Abb. 131. Echinococcushäkchen und Hämatoidinkrystalle aus demselben Stuhl, aus dem die Blasen Abb. 130 stammen.

Die *Embolien* der Arteria mesaraica, schwere Pfortaderstauung, Skorbut und Lymphogranulomatosis abdominalis veranlassen ebenfalls blutige Stühle.

Bei **Gallenabschluß,** auch nur von kurzer Dauer, ist die Farbe der Faezes verändert. Statt der normalen braunen Farbe zeigt der Stuhl eine *lehmartige* weißliche Beschaffenheit; diese ist zum Teil durch den Mangel der Galle bzw. ihrer Reduktionsprodukte, zum Teil durch die vermehrte Fettausscheidung bedingt.

Die *mikroskopische Untersuchung* ergibt in solchen Fällen ein sehr charakteristisches Bild: Neben geringen Nahrungsresten und Schlacken finden sich massenhaft büschelartig angeordnete kleine plumpe Krystalle, die aus Kalk- und Magnesiaseifen der Fettsäuren bestehen. Diese Krystalle sind in Säuren nicht löslich, sie lösen sich aber, wenn man nach dem Versetzen mit konzentrierter Essigsäure den Objektträger vorsichtig erwärmt. Dabei werden die Seifen gespalten, es bilden sich Fetttropfen, die aus Fettsäuren bestehen, und aus denen beim Erkalten sehr lange, schlanke, geschwungene Krystalle der Fettsäuren (s. Abb. 132) aufschießen.

Derartige *Fettstühle* werden aber auch bei *Amyloidose* des Darmes, infolge *tuberkulöser Erkrankung* der abführenden *Lymphwege*, sowie ganz selten bei der BASEDOWschen Krankheit entleert. Hier sei auch auf die Fettstühle der meist nur in den Tropen vorkommenden *Sprue* hingewiesen.

Auch bei Verschluß des Ductus pancreaticus oder bei Funktionsstörung bzw. Degeneration des Pankreas kommen Fettstühle vor; doch findet sich hierbei zugleich eine auffallend schlechte Ausnützung des Fleisches, manchmal auch der Stärke. In schweren Fällen werden makroskopisch als Fett und Fleisch zu erkennende Massen in sehr großer Menge und Häufigkeit entleert. Bei der mikroskopischen Untersuchung kann das ganze Gesichtsfeld von Muskelfasern mit mehr oder weniger deutlicher Querstreifung und massenhaften Fetttropfen durchsetzt sein. Das Fett ist in solchen Fällen ungespalten (Neutralfett) (s. Abb. 133).

Über den Nachweis bzw. das Fehlen des Pankreasfermentes s. S. 228.

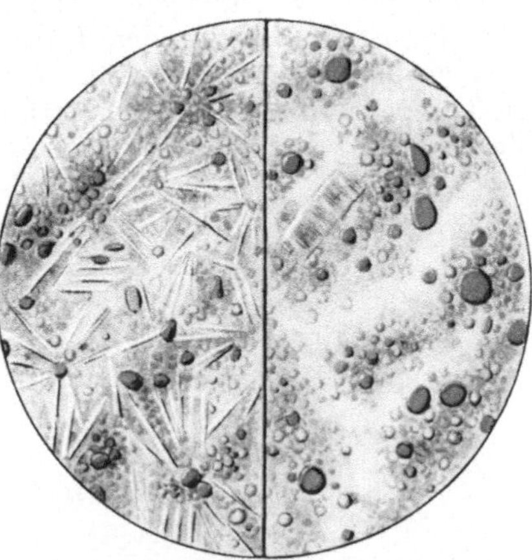

Abb. 132. Vermehrte Fettausscheidung im Stuhl. Rechts Fetttropfen. Links Fetttropfen und Seifenkrystalle. (Nach Behandlung der Stuhlproben mit Essigsäure, s. Text.)

c) Die chemische Untersuchung.

Die chemische Untersuchung der Faeces hat für den Arzt, obwohl eine große Zahl wertvoller Untersuchungen bereits vorliegt, bisher nur beschränkte Bedeutung. Ohne genaue Kenntnis der zugeführten Nahrung ist sie nur wichtig, wenn es sich darum handelt, den Nachweis *stattgehabter Blutung* zu führen, oder wenn auf die Anwesenheit bzw. das Fehlen der *Gallenfarbstoffe* und ihrer Derivate untersucht werden soll. Besonders wichtig ist der Nachweis von okkultem Blut im Stuhl.

Nachweis von Blut im Stuhl.

Blut kann in dreierlei Form in den Faeces vorhanden sein. Erstens kommt es als *aufgelagertes,* makroskopisch erkennbares Blut vor; dieses findet sich bei Blutungen aus den untersten Darmabschnitten bzw. bei Hämorrhoidalblutungen. Stammt das Blut dagegen aus dem Magen oder den oberen Darmabschnitten, so ist es durch die Magensalzsäure und die Darmfermente bzw. Bakterien größtenteils zersetzt (in der Hauptsache zu Hämatin). Ist die Blutmenge sehr beträchtlich, so ist dies an der schwarzen Farbe des Kotes — sog. *Teerstuhl* — zu erkennen. Schließlich kann die aus Magen-Darmblutungen stammende Blutmenge so gering sein, daß sie das makroskopische Aussehen des Stuhles nicht verändert und es daher erst besonderer Kunstgriffe bedarf, um die Anwesenheit geringer Blutmengen sicherzustellen. Dieses sog. *okkulte Blut* im Stuhl hat für den frühzeitigen Nachweis geschwüriger oder neoplastischer Prozesse im Magen-Darmkanal eine besonders große Bedeutung. Voraussetzung dabei ist die sorgfältige Vermeidung aller Fehlerquellen.

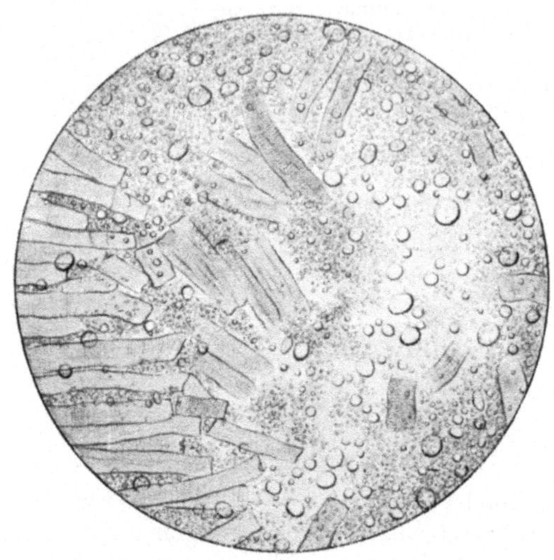

Abb. 133. Pankreasstuhl (Neutralfett und Muskelfasern). (Nach einem Präparat von ERICH MEYER.)

Zur Vermeidung von Irrtümern sind vor Anstellung der Blutproben eine Reihe von *Kautelen* unerläßlich: Man achte sorgfältig auf Nasen- und Zahnfleischblutungen und vermeide bei Frauen die Untersuchung des Stuhles zur Zeit der Menstruation. Besonders wichtig ist die Vorbereitung der Patienten hinsichtlich der Kost. 3 Tage lang vor Anstellung der Stuhluntersuchung darf nur eine absolut hämoglobinfreie Kost genossen werden, d. h. verboten sind nicht nur Fleisch, Wurst, Schinken, Fisch, sondern auch Fleischsuppen und -saucen usw.; da ferner mitunter auch das Chlorophyll der Pflanzen die Untersuchung beeinträchtigt, sind auch alle grünen Gemüse zu meiden.

Die *Probekost* besteht demnach in der Hauptsache aus Milch, Breien, Kartoffelpüree, Zwieback, Butter, Eiern, Reis, Grieß, Graupen, weißem Käse, eventuell etwas Obst, aber alles nur in *gekochtem* Zustand. Auch Medikamente, insbesondere Eisen, Wismut, Jodkalium u. a. sollen als mögliche Fehlerquelle während der Untersuchungsperiode gemieden werden. Neigt der Patient zu Obstipation (oder in zweifelhaften Fällen), so ist vor Beginn der Probekost ein Abführmittel zu verabreichen, um alle Stuhlreste, die von früher her noch Blut aus der Nahrung enthalten könnten, mit Sicherheit zu entfernen. Die Untersuchung auf Blut soll an drei verschiedenen Stuhlentleerungen vorgenommen werden.

Zur *provokatorischen Erzeugung* okkulter Blutungen kann man nach J. Boas folgendermaßen verfahren: An 3 Tagen hintereinander erhält der Patient bei Bettruhe täglich alle $^1/_2$ Stunde auf die Oberbauchgegend heiße Breiumschläge, deren Temperatur so hoch sein muß, wie sie der Kranke eben noch zu ertragen vermag. Mitunter wird dann die bis dahin negative Blutprobe im Stuhl positiv.

Die Methoden zum Nachweis von okkultem Blut zerfallen in zwei *Hauptgruppen:* 1. Die chemisch-katalytischen und 2. die spektroskopischen Methoden.

Chemisch-katalytische Methoden. Diese Proben beruhen auf einer bei Anwesenheit eines *Sauerstoffspenders* durch Katalyse zustande kommenden *Oxydation,* insbesondere der Überführung einer leicht oxydablen zu einer höher oxydierten, charakteristisch gefärbten Verbindung. Als Sauerstoffspender dient entweder altes verharztes Terpentinöl, Wasserstoffsuperoxyd oder Bariumperoxyd; die Rolle des *Katalysators* bzw. Sauerstoffüberträgers spielt der Blutfarbstoff (Hämoglobin, Hämatin)[1]. Als *Sauerstoffempfänger,* der durch die charakteristische, auf Oxydation beruhende Färbung die Anwesenheit von Blut anzeigt, dienen Guajakharz, Benzidin, Aloin, Phenolphthalein usw.

Infolge des katalytischen Charakters der Reaktion, bei welcher dem Blutfarbstoff die Bedeutung eines Oxydationsfermentes zukommt, wird es verständlich, daß auch bei Anwesenheit *anderer* katalytisch wirkender Substanzen die Farbreaktion positiv ausfällt, und in solchen Fällen das Vorhandensein von Blut vortäuscht. Dies ist praktisch um so wichtiger, als von derartigen Katalysatoren bekanntlich bereits minimale Spuren für eine positive Reaktion genügen.

Diese katalytische Wirkung haben unter anderem auch anorganische Substanzen, wie Metallsalze (z. B. Spuren von Kupfersalzen in einem Reagensglas nach Anstellung einer TROMMERschen Zuckerprobe!) usw. Daraus folgt, daß man auf peinliche Sauberkeit aller Geräte (Mörser, Pistille, Reagensgläser usw.) und Chemikalien bedacht sein muß. Von der einwandfreien Beschaffenheit der Reagensgläser überzeugt man sich am

---

[1] Die katalytische Wirkung des Blutfarbstoffs ist an das *Eisen* im Hämatinmolekül gebunden. Daher geben eisenfreie Blutfarbstoffderivate wie die Porphyrine keine katalytische Reaktion.

besten dadurch, daß man in diese Benzidin und Wasserstoffsuperoxyd (s. unten) bringt, wobei das Ausbleiben der Blaufärbung gleichzeitig den tadellosen Zustand der Reagentien beweist. Nicht unerwähnt darf eine weitere Fehlerquelle bleiben: Die granulierten Leukocyten enthalten ein Ferment, welches auch ohne Sauerstoffspender direkt zu oxydieren vermag (ERICH MEYER). Wird daher ein leukocytenreicher Stuhl ohne geeignete Kautelen, d. h. ohne vorherige Extraktion untersucht, so kann auch hier die Blutreaktion fälschlich positiv ausfallen.

Aus dem Gesagten ergibt sich, daß die katalytischen Blutproben sich durch einen sehr hohen Grad von Empfindlichkeit auszeichnen, der bei nicht völlig sachgemäßer und nicht gewissenhafter Technik leicht verhängnisvoll werden kann, indem die Anwesenheit von okkultem Blut infolge von winzigen Mengen anderer, im Einzelfall nicht immer nachweisbarer Katalysatoren vorgetäuscht wird.

Demzufolge ist die Regel zu beobachten, *daß die chemischkatalytischen Methoden klinisch vor allem dann von Wert sind, wenn sie negativ ausfallen;* bei positivem Ausfall dagegen empfiehlt es sich, eine Gegenprobe mit Hilfe der *Spektroskopie* vorzunehmen (über den negativen Ausfall der katalytischen Proben bei positiver Porphyrinreaktion, insbesondere bei Magencarcinom, s. S. 225).

In der Praxis haben sich am meisten die Guajak- und die Benzidinreaktion bewährt.

1. Guajakreaktion. Die in dem Guajakharz enthaltende Guajakonsäure geht bei der Oxydation in das Guajakonsäureozonid über, das bei höherer Konzentration dunkelblau, bei geringerer blauviolett bis gräulichblau ist. Die ursprüngliche Probe, nach welcher der unvorbehandelte Stuhl mit Eisessig und Äther extrahiert wird, ist zu ungenau und nicht frei von Fehlerquellen. Es wurden daher mehrere Verbesserungen angegeben.

Methode von KUTTNER-GUTMANN (Dtsch. med. Wschr. **1918**, Nr 46). Etwa 8 g Stuhl (nach dem Augenmaß abgeschätzt) aus einer größeren Menge durchgeriebener Faeces werden mit überschüssigem Aceton verrührt, nach der Absenkung des Stuhles auf ein Filter gebracht und mit Aceton nachgewaschen. Mittels eines Pistilles wird das Aceton aus dem Stuhle ausgepreßt. Den Filterrückstand bringt man mittels eines Spatels in den Porzellanmörser zurück, verreibt ihn mit 5 ccm Eisessig gründlich und fügt unter leichtem Durchrühren 10 ccm 7%ige Kochsalzlösung hinzu. Die Mischung wird in einen Scheidetrichter gebracht und mit 20 ccm Äther kräftig ausgeschüttelt. Der Äther setzt sich leicht ab, er wird in einen kleinen Scheidetrichter übergegossen, zweimal mit demselben Volumen destillierten Wassers gewaschen; nach Zugabe von einigen Tropfen Eisessig ist er für die anzustellende Reaktion gebrauchsfertig. Bei Stühlen mit sehr viel Schleim, besonders bei Säuglingsstühlen, bereitet die Ausätherung der Blutfarbstoffe insofern manches Mal Schwierigkeiten, als die ätherische Schicht sich nicht von der Faecesschicht abtrennt. Tritt dieser seltene Fall ein, so gebe man 20 ccm Äther in den Scheidetrichter und schüttele erneut durch. Der gewonnene Ätherextrakt wird, wie oben angegeben, mit Wasser gewaschen, etwa 3 ccm werden in ein Reagensglas gebracht und bei einer Temperatur von 45° zur Hälfte eingedunstet. Zum Erwärmen stellt man das Reagensglas in ein Bechergläschen, das Wasser von 45° enthält. Ist der Äther bis zur Hälfte abgedampft, so hat der Rest die gewöhnlich benutzte Ätherkonzentration von 20 ccm.

Die auf diese Weise gewonnene Ätherlösung ist infolge des Auswaschens des Kotes mit Aceton nur schwach gefärbt. Es wird nun eine 0,5%ige Lösung von Guajakharz in 96%igem Alkohol mit dem halben Volumen 3%igem Wasserstoffsuperoxyd versetzt und das ganze mit einer etwa 3 mm hohen Schicht des Ätherextraktes überschichtet. Bei positiver Reaktion tritt an der Grenzschicht ein blauer Ring auf.

Es sei noch bemerkt, daß es sich empfiehlt, das Guajakharz in Stücken aufzubewahren. Bei Bedarf wird von einer größeren Masse ein kleiner Teil abgeschlagen und mit etwas Alkohol erwärmt. Der erste Extrakt wird abgegossen, um die Verwendung von oxydiertem Guajakharz zu vermeiden. Erst der zweite Extrakt mit Alkohol wird zur Reaktion benutzt.

Guajakprobe von BOAS [Berl. klin. Wschr. **1916**, 1357; Biochem. Z. **79** (1917)]. Der Blutfarbstoff wird hier mit Chloralalkohol extrahiert. Etwas Stuhl von Linsengröße wird in einem Porzellanschälchen gut ausgestrichen und dazu ein Gemisch von 2 ccm 70%igem Chloralhydratalkohol (96%iger Alkohol) und 10 Tropfen Eisessig gegeben. Dann wird umgeschüttelt und 5 Min. stehen gelassen. Der Chloralhydratextrakt wird in ein trockenes Reagensglas gegossen, welches einige Körnchen feinpulverisiertes Guajakharz enthält. Man fügt 20 Tropfen 3%iger Wasserstoffsuperoxydlösung hinzu. Bei Anwesenheit von Blut tritt fast sofort Blaufärbung ein, während Grünfärbung nicht beweisend ist.

2. Benzidinreaktion. Nach O. und R. ADLER ergibt das Benzidin (Diamino-p-diphenyl) bei Gegenwart von Blut noch in einer Verdünnung von 0,001% eine positive Reaktion, welche in einer zunächst grünen, dann in Blau übergehenden Färbung besteht. Dieser überaus hohe Grad von Empfindlichkeit ist ein Nachteil und das Reagens ergibt auch bei völlig gesunden Menschen bisweilen eine positive Blutprobe. Man mußte daher Modifikationen ausfindig machen, die weniger empfindlich sind und die positiv nur bei Blutmengen ausfallen, die unter pathologischen Verhältnissen auftreten. Dabei sei übrigens bemerkt, daß das früher oft angewandte Aufkochen der Stuhlextrakte zwecks Vernichtung anderer katalytischer Substanzen (Fermente) unstatthaft ist, da hierbei zum Teil auch das Hämatin verändert wird. Das Benzidin wird in Essigsäure gelöst; die Lösung ist nicht haltbar und muß jedesmal frisch zubereitet werden. Als Sauerstoffspender findet immer nur Wasserstoffsuperoxyd oder Bariumperoxyd Verwendung. Sehr wichtig ist die genaue Einhaltung der vorgeschriebenen Mengenverhältnisse, sowie ferner die Beobachtung peinlichster Sauberkeit der Utensilien und Reagentien (s. oben).

Methode von GREGERSEN-BOAS. Man benutzt Benzidintabletten von MERCK, welche je 0,025 g Benzidin und 0,1 g Bariumperoxyd enthalten. 1 Tablette wird in 5 ccm 50%iger Essigsäure gelöst und die Lösung filtriert. Von dem Filtrat bringt man einige Tropfen auf einen Objektträger, auf welchem vorher mit einem Glasstab etwas Stuhl ausgestrichen ist. Man wartet 2 Min. Bei positiver Reaktion tritt alsbald eine Blaufärbung ein.

Im allgemeinen hat sich am meisten die BOASsche Chloral-
alkohol- und die GREGERSEN-BOASsche Tablettenmethode bewährt.

Spektroskopischer Nachweis von Blut im Stuhl. Zur Kontrolle
der oben beschriebenen katalytischen Methoden eignet sich vorzüglich der spektroskopische Blutnachweis, zumal er ihnen in
seinen neueren Modifikationen an Empfindlichkeit nicht nachsteht,
andererseits die zahlreichen Fehlerquellen der ersteren ver-
meidet.

Methode von SNAPPER-ADLER (SNAPPER und VAN CREVELD: Erg. inn.
Med. 32). Das Prinzip beruht 1. auf Waschen des Kotes mit Aceton, welches
Entfernung von störenden Kotfarbstoffen und Fett sowie Eindickung des
Kotes und damit Anreicherung des Blutfarbstoffes bezweckt, 2. in Um-
wandlung des extrahierten Blutfarbstoffes in Pyridin-Hämochromogen zur
Verfeinerung des spektroskopischen Nachweises.

Man verreibt einige Gramm Stuhl im Mörser mit einem Überschuß
Aceton, filtriert und wäscht mit Aceton so lange nach, bis letzteres nicht
mehr stark gefärbt ist. Der Filterrückstand wird mit dem Pistill stark
ausgepreßt und hierauf die trockene körnige Stuhlmasse in einem reinen
Mörser mit einer kleinen Menge eines Gemisches von Eisessig und Essigäther (1 : 3) verrührt. Man bringt nun das ganze in ein Reagensglas (oder
eventuell direkt in ein Zentrifugierglas) und läßt absitzen, eventuell unter
weiterem Zusatz der Essigäthermischung[1] bzw. man zentrifugiert. Zu dem
abgetrennten Extrakt wird $^1/_4$ Vol. Pyridin zugesetzt.

Nach der Originalmethode von SNAPPER nimmt man nun die Reduktion
mit einigen Tropfen Schwefelammon oder Hydrazin sofort vor und spektroskopiert (s. unten). Ist aber nicht alles Chlorophyll entfernt, so fährt man
nach ADLER folgendermaßen fort:

Nach dem Pyridinzusatz fügt man unter leichtem Durchschütteln 1 bis
2 ccm Aqua destillata hinzu. Zur besseren Schichtbildung des Wassers
kann man noch einige Kubikzentimeter Äther zusetzen. Während das noch
vorhandene störende Chlorophyll sich hauptsächlich im Äther befindet,
geht der Blutfarbstoff vollständig ins Wasser über. Man bringt letzteres vor
das Spektroskop (Handspektroskop S. 159, enger Spalt, am besten Dunkel-
zimmer) und nimmt nun erst die Überführung in Pyridin-Hämochromogen
vor, da dessen Spektrum oft nur für ganz kurze Zeit — 30 Sek. — sichtbar
bleibt, indem man als Reduktionsmittel 2 Tropfen Schwefelammon oder
besser 1—2 Tropfen 25%iges Hydrazinhydrat hinzufügt, welche durch die
Ätherschicht fallend ins Wasser gelangen. Bei positivem Ausfall zeigt das
Spektrum vor allem einen charakteristischen, starken, scharf begrenzten
Streifen bei 560—554, d. h. zwischen gelb und grün, und einen ganz
schwachen, unscharf begrenzten Streifen bei 539—525 im Grün; Chlorophyll
ist spektroskopisch durch einen starken Streifen im Rot und einen zweiten
im Grün ähnlich dem des Hämochromogens gekennzeichnet, charakteristisch
ist der erstere.

Nach SNAPPER lassen sich auf die angegebene Weise schon
2 ccm von per os zugeführtem Blut nachweisen.

---

[1] Doch sei man besonders bei geringem Blutgehalt darauf bedacht, im
Interesse der Empfindlichkeit der Reaktion das Flüssigkeitsvolumen möglichst
niedrig zu halten.

Nachweis von Blut im Stuhl in Form von Porphyrin. Während im allgemeinen bei Blutungen im Magen-Darmkanal die Umwandlung des Hämoglobins bzw. Hämatins in das eisenfreie Porphyrin praktisch keine wesentliche Rolle spielt, können nach SNAPPER bemerkenswerterweise bei Magencarcinom die chemischen und spektroskopischen Methoden zum Nachweis von Hämoglobin und Hämochromogen mitunter sämtlich negativ ausfallen, weil hier der Blutfarbstoff vollständig in Porphyrin übergeführt ist. In derartigen Fällen kommt daher dem Porphyrinnachweis eine hohe diagnostische Bedeutung zu. Ferner vermag nach SNAPPER bei der Differentialdiagnose zwischen Hämorrhoidalblut und okkultem Blut die positiv ausfallende Porphyrinprobe für letzteres zu entscheiden, da Porphyrine nur bei einem, wenn auch kurzem Aufenthalt des Blutes im Darm entstehen (dieses Unterscheidungsmerkmal wird allerdings dann hinfällig, wenn das aus inneren Hämorrhoiden stammende Blut durch Rücktransport ins Colon gelangt!).

Porphyrinnachweis nach SNAPPER. Einige Gramm Stuhl werden mit Aceton gewaschen (s. oben). Der ausgepreßte Filterrückstand wird in einem reinen Mörser mit einem Gemisch von Eisessig und Essigäther 1 : 3 verrieben und filtriert, wobei man darauf bedacht sei, daß die Flüssigkeitsmenge zwecks starker Anreicherung des Blutfarbstoffs möglichst klein ist. Von dem Extrakt kann man die eine Hälfte für den oben beschriebenen Nachweis von Pyridin-Hämochromogen benutzen. Zu dem zweiten Teil des Extraktes, z. B. zu 5 ccm setzt man 2 ccm 10%ige HCl und etwa 5 ccm Äther hinzu und schüttelt. Für das Porphyrinspektrum sind zwei Streifen charakteristisch, ein breiter Streifen im Grün (570—555) und ein schmaler Streifen im Gelb (605—600).

Für den Fall, daß der Kot sehr reich an anderen Farbstoffen ist, verwendet ADLER eine nur 5—2$^1/_2$%ige HCl, empfiehlt aber, um eine recht konzentrierte Porphyrinlösung zu erhalten, die HCl-Menge möglichst klein zu bemessen (etwa eine fingerdicke Schicht von 1—1$^1/_2$ cm Höhe).

In praxi wird man für den Blutnachweis im Stuhl in der Regel so verfahren, daß man unter sorgfältiger Beachtung der genannten Kautelen zunächst eine der katalytischen Methoden anwendet, die im allgemeinen dann besonders beweiskräftig ist (vom Carcinom abgesehen), wenn sie negativ ausfällt. Ist sie positiv, so kann man zur Sicherheit eine Kontrolle mit dem spektroskopischen Verfahren vornehmen. Bei Verdacht auf Carcinom ist auch bei negativem Ausfall der anderen Methoden die Porphyrinprobe anzustellen, da sie die Sicherheit der Diagnose wesentlich erhöht.

In jüngster Zeit hat BOAS (Dtsch. med. Wschr. **1931,** Nr 30) darauf hingewiesen, daß mitunter im Stuhl auch unverändertes Hämoglobin nachweisbar ist, und zwar soll es sich einmal bei großen massiven Blutergüssen, sowie bei vollkommenem Mangel von Salzsäure im Magen und besonders häufig beim Carcinom finden, während es bei benignen Geschwürsprozessen überhaupt nicht oder nur ganz vorübergehend nachweisbar ist.

Nachweis von Gallenfarbstoffen im Stuhl.

Der Nachweis von *Bilirubin* im Stuhle erfolgt mittelst der *Sublimatprobe* von AD. SCHMIDT:

Man verreibt etwas frischen Stuhl in einer Glasschale mit einigen Kubikzentimetern konzentrierter (5%) Sublimatlösung und läßt 24 Stunden bei Zimmertemperatur oder 6 Stunden im Brutschrank stehen. Die bilirubinhaltigen Partikel färben sich dabei leuchtend grün, während urobilin- und urobilinogenhaltige Teile rot gefärbt sind.

Auf *Hydrobilirubin* (Urobilin), das im Darm gebildete Reduktionsprodukt des Gallenfarbstoffs, untersucht man, indem man den Stuhl mit salzsaurem Alkohol verreibt, filtriert und das Filtrat mit Chlorzink und Ammoniak versetzt; oder man verreibt den Stuhl direkt mit einer alkoholischen Zinkacetatlösung und filtriert. Es tritt unter normalen Verhältnissen eine intensive grüne Fluorescenz auf, die den charakteristischen Absorptionsstreifen des Urobilins (s. Spektraltafel) zeigt.

Um auch das im Stuhl vorhandene *Urobilinogen* nachzuweisen, müssen Indol und Skatol vorher durch gründliche Extraktion mit Petroläther entfernt werden (O. NEUBAUER). Man extrahiert den Stuhl hierzu so lange durch Verreiben mit Petroläther, bis dieser mit dem EHRLICHschen Aldehyd (Paradimethylaminobenzaldehyd) keine Rotfärbung mehr gibt; dann extrahiert man den Stuhl nochmals mit Alkohol und versetzt das Extrakt wieder mit dem EHRLICHschen Aldehyd.

Bei totalem Gallenabschluß (Ikterus) fehlen Hydrobilirubin und dessen Vorstufe im Kot. (In diesem Falle fehlt auch das Urobilinogen im Urin; d. h. auch nach Erhitzen des Urins nach Zusatz von EHRLICHS Reagens tritt keine Rotfärbung auf, s. S. 262.)

Stuhluntersuchung zwecks Ferment-Diagnostik.

Für die genauere Untersuchung der fermentativen Verdauungsvorgänge ist es durchaus notwendig, die zugeführte Nahrung zu kennen. SCHMIDT und STRASBURGER haben zu diagnostischen Zwecken eine *Probekost* angegeben, auf die hin, normale Magen- und Darmfunktion vorausgesetzt, der Stuhl eine bestimmte Beschaffenheit annimmt (s. Abb. 134).

Die Probekost besteht aus 102 g Eiweiß, 111 g Fett, 191 g Kohlehydraten. Die Verteilung auf einen Tag wird in folgender Weise vorgenommen:

Morgens: 0,5 l Milch, dazu 50 g Zwieback.

Vormittags: 0,5 l Haferschleim (aus 40 g Hafergrütze, 10 g Butter, 200 g Milch, 300 g Wasser, 1 Ei und etwas Salz bereitet, durchgeseiht).

Mittags: 125 g (Rohgewicht) gehacktes Rindfleisch mit 20 g Butter leicht überbraten, so daß es innen roh bleibt.

Dazu 250 g Kartoffelbrei (aus 190 g gemahlenen Kartoffeln, 100 g Milch, 10 g Butter und etwas Salz).

Nachmittags: Wie morgens.

Abends: Wie vormittags.

Diese *Probekost* wird mindestens 3 Tage lang gegeben, jedenfalls so lange, bis der Stuhl sicher von dieser Kost stammt.

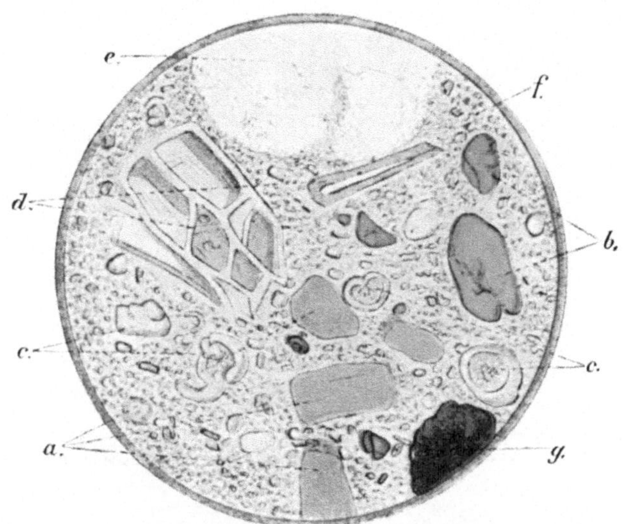

Abb. 134. Mikroskopisches Bild von normalem Probediätstuhl.

a Muskelfaserreste, *b* gelbe, *c* weiße fettsaure Kalksalze, *d* Spelzenreste und Pflanzen-haar, *e* leere Kartoffelzelle, *f* Detritus, *g* Kakaoschalenrest.
(Nach SCHMIDT-VON NOORDEN.)

Die Verordnung einer derartigen Kost ist besonders wichtig, wenn es sich darum handelt, über die Ausnützung der einzelnen Nahrungsbestandteile genauere Auskunft zu erlangen. Man untersucht den Stuhl zunächst mikroskopisch; normalerweise dürfen keine größeren Mengen von *Muskelfasern* in ihm enthalten sein; sind diese vorhanden, so weist das auf mangelnde *tryptische* Verdauung hin (Pankreas), findet sich viel *Bindegewebe* im Stuhl nach der Probekost, so deutet das auf mangelnde Pepsinverdauung (vgl. Magen). Auch größere Fettreste werden mikroskopisch (s. oben) erkannt werden. Am wichtigsten ist aber die Verordnung einer Probediät und die Stuhluntersuchung, wenn man sich über den Grad der *Stärkeverdauung* orientieren will. Ist diese in beträchtlichem Grade gestört, so kommt es zu einem charakteristischen Krankheitsbild, das als *Gärungsdyspepsie* bezeichnet wird. Diese ist durch mangelhafte *Stärkeverdauung* bedingt, und es entwickeln sich abnorme Gärungen im Darm. Der hierbei entleerte Stuhl ist meist wenig gefärbt, er ist fast stets breiig und riecht nach flüchtigen Fettsäuren. Läßt man ihn einige Zeit stehen, so entwickelt er durch Nachgärung Gasblasen. LUGOLsche Lösung färbt die unverdaute Stärke blauschwarz (s. Abb. 135).

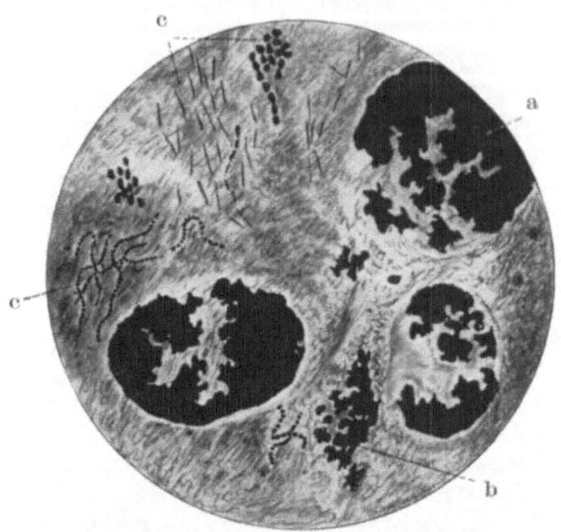

Abb. 135. Mikroskopisches Bild vom Gärungsstuhl nach Jodzusatz. *a* Kartoffelzelle, *b* Stärkekörnerreste, *c* verschiedene granulosehaltige Mikroben. (Nach SCHMIDT-VON NOORDEN.)

STRASBURGER hat eine Methode angegeben, nach der auf einfache Weise der Grad der Nachgärung bestimmt werden und daraus auf die Störung der Kohlehydratverdauung geschlossen werden kann. Über die Methodik s. Spezialbücher.

Prüfung der Pankreasfunktion.

Zur Prüfung der Pankreasfunktion sind eine Reihe von Untersuchungen angegeben worden, deren Prinzip es ist, einen, in mit Formalin gehärteten Gelatinekapseln eingeschlossenen, leicht nachweisbaren Inhalt in den Faeces nachzuweisen, da diese Kapseln durch das Pankreasferment im Darm aufgelöst werden. Diese Methoden sind jedoch nicht zuverlässig.

Die Schwierigkeit solcher Analysen liegt darin, daß die Darmfermente, das Erepsin usw. zum Teil ähnliche Spaltungen bewirken wie das Pankreasferment, und daß außerdem noch durch Fermente der Leukocyten, sowie durch Bakterienwirkung eine Pankreasfermentwirkung vorgetäuscht werden kann. Die verschiedenen Methoden sind daher alle nicht absolut beweisend, immerhin können sie im Verein mit den klinischen Erscheinungen und mit der mikroskopischen Stuhluntersuchung zur Unterstützung der Diagnose herangezogen werden.

SAHLI verwendet in Formalin gehärtete Gelatinekapseln *(Glutoidkapseln)*, die sich im Magensaft nicht, wohl aber im alkalischen Darmsaft auflösen. Die Kapseln werden mit Jodoform oder Methylenblau gefüllt und diese Substanzen in verschiedenen Zeitabschnitten im Speichel bzw. Urin nachgewiesen. Die Kapseln dürfen nicht zu intensiv in Formalin gehärtet sein, sonst gehen sie auch bei normaler Darmfunktion ungelöst mit dem Stuhl ab. Unter normalen Verhältnissen sollen die Substanzen innerhalb 12 Stunden nachweisbar werden.

Wir empfehlen, die Kapseln morgens mit einem Probefrühstück nehmen zu lassen und zugleich eine Kontrollprobe vorzunehmen. Auf diese Weise überzeugt man sich am leichtesten, ob die von der Fabrik gelieferten Kapseln nicht zu intensiv gehärtet sind.

Von Darmfermenten finden sich im Stuhl normalerweise Trypsin und Diastase, Pepsin hingegen nicht. Das Fehlen von Diastase und Trypsin weist auf eine insuffiziente Pankreasfunktion hin. Die Darmfermente lassen sich mit Glycerin extrahieren und mittels der üblichen Verdauungsversuche nachweisen. Pepsin wird mit einer Carminfibrinflocke in 0,2%iger Salzsäurelösung, Trypsin mit Carminfibrin und 0,3%iger Sodalösung nachgewiesen. Zwecks Beseitigung bakterieller Nebenwirkung setzt man ein Antisepticum, z. B. Thymollösung, zu.

Außer dem Eiweiß verdauenden Ferment liefert das Pankreas ein die Kernsubstanz auflösendes Ferment *(Nuklease)*. Hierauf beruht die SCHMIDT-sche *Kernprobe.*

Man verabreicht dem Patienten in Gaze eingewickelte Fleischstückchen von 0,5—1 ccm Größe. Die Fleischstückchen müssen vorher in Alkohol gehärtet sein. Die Gazebeutelchen gehen mit dem Stuhl ab und man untersucht durch Mikroskopie, ob die Kerne verdaut bzw. ob sie noch färbbar sind.

Eine sehr wichtige Ergänzung der Stuhluntersuchung ist die quantitative Bestimmung des *Diastasegehaltes des Harns* (s. S. 250), der heute mit Recht allgemein der Vorzug gegeben wird.

Die Untersuchungen des Harns.

Allgemeines.

Der Harn vermittelt uns nicht nur wichtige Aufschlüsse über den Stoffwechsel, sondern auch über den Zustand der Organe, die mit der Bildung und Ableitung dieses wichtigen Excrets zu tun haben. Aus diesen Gründen ist einer sorgfältigen Harnuntersuchung seit alters her ein hoher Wert beigemessen worden. Sie hat sich zur Hauptsache mit dem *chemischen und mikroskopischen Verhalten* zu befassen.

Die 24stündige **Gesamtmenge** des Harns beträgt unter normalen Ernährungsbedingungen und normaler Flüssigkeitszufuhr bei gesunden Männern im Mittel 1500—2000, bei Frauen 1000 bis 1500 ccm; sie wird vorübergehend durch körperliche Bewegungen, reichliches Trinken u. dgl. vermindert oder erhöht, ohne daß eine pathologische Abweichung daraus zu folgern ist.

Das *Sammeln* der 24stündigen Menge geschieht in folgender Weise: Soll der Harn z. B. von 8 Uhr morgens bis zum nächsten Morgen gesammelt werden, so fordert man den Patienten auf, zunächst um 8 Uhr Harn zu lassen. Dieser Harn ist, da er nicht zu den nächsten 24 Stunden gehört, nicht zu verwenden. Der Patient ist alsdann anzuhalten, zur Vermeidung von Harnverlusten bei der Stublentleerung den Harn vor letzterer zu entleeren.

Von besonderen Ausnahmen abgesehen, werden die Harnuntersuchungen stets an einer Probe des 24stündigen *Mischharns* vorgenommen. Sämtliche Untersuchungen sind am *frischen* Harn vorzunehmen (durch den Sauerstoff und die Wirkung des Lichtes geht z. B. das Urobilinogen in das Urobilin über). Doch kann man ihn für gewisse Untersuchungen mit Chloroform oder Toluol (2,5 bzw. 5,0 ccm auf 1000) konservieren. Manche geformte Elemente werden beim Stehen durch die mit dem Harn ausgeschiedenen Fermente (Pepsin) verdaut.

Das *vollständige* Fehlen jeder Urinausscheidung kann bei schwerster Form der Nephritis, sowie bei Verschluß der Ureteren durch Tumoren (vom Uterus, Prostata ausgehend) oder Steine vorkommen. Die hierbei vorhandene *Anurie* führt zu Retention harnfähiger Stoffe und zu Vergiftungserscheinungen. *Verminderung* der Urinmenge findet sich im Fieber, nach profusen Diarrhöen, bei sehr starker Schweißsekretion, bei akuten Formen der Nephritis und bei der Ansammlung hydropischer Ergüsse im Körper.

Vermehrung der Harnmenge kommt bei stark vermehrter Ausscheidung harnfähiger Stoffe, z. B. bei Zuckerausscheidung (Diabetes melitus), in der Rekonvaleszenz zahlreicher Krankheiten, bei der Aufsaugung von Ödemen, bei Schrumpfniere, bei Erkrankungen des Nierenbeckens und beim Diabetes insipidus vor.

Exzessive Harnmengen von 10 und 20 Liter, wie sie gelegentlich bei Kranken mit Diabetes insipidus beobachtet werden, sind stets durch eine weit über das Bedürfnis hinausgehende Flüssigkeitszufuhr, *Polydipsie*, bedingt.

Besonders wichtig ist der rasch eintretende Wechsel der Harnmenge bei intermittierender *Hydronephrose* (s. S. 325).

Die Bezeichnungen *Polyurie* und *Oligurie* beziehen sich auf die vermehrte bzw. verminderte Gesamtharnmenge, wogegen *Polakisurie* und *Oligakisurie* häufige bzw. seltene Einzelentleerungen bedeuten.

Der Harn ist für gewöhnlich völlig **klar** und durchsichtig und zeigt beim Schütteln einen rasch wieder verschwindenden weißlichen Schaum. Nach längerem Stehen scheidet sich auch unter normalen Verhältnissen am Boden des Gefäßes eine zarte, weißliche Wolke *(Nubecula)* ab, die aus vereinzelten Schleimkörperchen, Plattenepithelien und Salzen gebildet wird. Bei kühler Zimmertemperatur fällt nicht selten aus sauren und konzentrierten Harnen ein rötliches, aus Uraten (harnsaurem Natron), bestehendes Sediment aus, das beim Erwärmen wieder verschwindet. In amphoterem bzw. alkalischem Harn setzt sich ein weißlicher Bodensatz ab, der aus Erdphosphaten gebildet wird und beim Erhitzen sich nicht löst. Oft fallen die Phosphate erst beim Kochen aus.

Die **Farbe des Harns** wechselt bei normalen Menschen je nach der Konzentration zwischen strohgelb und bernsteinbraun. Der normale Harnfarbstoff ist das *Urochrom* (vgl. S. 288). Unter pathologischen Verhältnissen kommen zahlreiche Abweichungen vor; insbesondere dunkeln manche Harne beim Stehen an der Luft nach; hier seien erwähnt der Carbolharn (s. S. 289), der Harn bei vermehrter Urobilin- und Urobilinogenausscheidung (S. 261), der Alkaptonharn (S. 263). Ein dunkler Harn wird bei Blutgehalt, bei Melaningehalt und beim Ikterus entleert. Bei Schrumpfniere mit Polyurie ist die Menge des Harnfarbstoffes meist vermindert. Auch bei Anfällen von Migräne, Angina pectoris und psychischen Erregungen wird bisweilen vorübergehend ein sehr heller Harn *(Urina spastica)* entleert. Milchig weißer Harn findet sich bei *Chylurie*, stärkere Trübungen bei Eiterbeimengungen, Phosphatausscheidung (Phosphaturie) u. a. m.

Der **Geruch des Harns**, der normal etwa an denjenigen von Fleischbrühe erinnert, kann durch Ausscheidung gewisser in Nahrungsmitteln enthaltener Stoffe verändert sein (Spargel). Durch Einatmen von Terpentinöl (z. B. nach dem Wichsen von Parkettfußböden) kann der Geruch veilchenartig werden; bei manchen Vergiftungen (z. B. Nitrobenzol) kann er sehr charakteristisch sein. Die Bildung von Ammoniak und Schwefelwasserstoff (s. S. 286) wird ebenfalls gelegentlich bereits am veränderten Geruch erkannt.

Die **Reaktion** des normalen Harnes gegenüber Lackmuspapier als Indicator ist sauer, d. h. es wird blaues Lackmuspapier beim Benetzen mit Urin gerötet. Die Intensität dieser Reaktion ist schon beim normalen Menschen unter verschiedenen Bedingungen sehr verschieden. Auf der Höhe der Verdauung ist sie geringer, ja es kann die Reaktion alkalisch werden (besonders bei Hyperacidität des Magens); bei fleischreicher Ernährung und nach körperlicher Anstrengung ist sie dagegen intensiver. Versucht man aber nach den bisher meist gebräuchlichen Methoden der Titration sich eine Vorstellung von dem Grade der Acidität zu verschaffen, so gelangt man unter Umständen zu vollkommen unverständlich erscheinenden Werten. Es kann vorkommen, daß ein Harn, der bei der Prüfung gegen Lackmuspapier als sehr intensiv sauer befunden worden ist, eine sehr geringe, ja abnorm niedrige Titrationsacidität aufweist.

Dies wird verständlich, wenn man einerseits die bei der Titration sich abspielenden Reaktionen, andererseits das Wesen der „wahren" Acidität berücksichtigt. Die „wahre" oder „aktuelle", d. h. wirksame Acidität einer Lösung ist bedingt durch die Menge der in ihr enthaltenen dissoziierten $\overset{+}{H}$-Ionen (vgl. S. 110); diese letztere ist bei den verschiedenen Säuren eine sehr verschiedene; so enthalten beispielsweise Lösungen von Säuren, die man nach alter Nomenklatur als „starke" bezeichnet, wie Salzsäure, Schwefelsäure usw., bei gleicher Konzentration mehr freie, d. h. wirksame $\overset{+}{H}$-Ionen als die entsprechenden Lösungen der sog. „schwachen" Säuren (Essigsäure, Citronensäure usw.). Zur Titration einer normalen Salzsäurelösung verbraucht man bekanntlich ebensoviel Lauge wie zur Titration einer normalen Essigsäurelösung und doch ist die chemische Aktivität, d. h. der Gehalt an $\overset{+}{H}$-Ionen bei beiden Lösungen sehr verschieden: Die Verseifung von Estern, die Spaltung von Salzen und andere Reaktionen werden durch die Salzsäurelösung rascher und intensiver bewirkt als durch die Essigsäurelösung. Schon hieraus geht hervor, daß Titrations- (oder potentielle) Acidität und wahre oder aktuelle Acidität nicht unter allen Umständen übereinstimmen können.

Bei der Titration von Lösungen, die wie der Harn nicht eine einheitliche Substanz enthalten, sondern ein Gemisch verschiedener sauer reagierender Stoffe darstellen, kommt noch ein anderer Faktor als sehr wesentlich hinzu. Wenn man bei der Titration so lange Lauge hinzufügt, bis der zugesetzte Indicator einen Farbenwechsel erfährt, so hat man nicht die *ursprünglich* vorhandenen freien $\overset{+}{H}$-Ionen bestimmt, sondern bewirkt, daß durch den fortgesetzten Zusatz von Lauge zwar die Menge der freien $\overset{+}{H}$-Ionen neutralisiert, dafür aber neue $\overset{+}{H}$-Ionen abdissoziiert werden, so daß beim Umschlagspunkt alle überhaupt dissoziierbaren $\overset{+}{H}$-Ionen neutralisiert sind.

Man hat daher scharf zwischen der *Titrationsacidität* und *der aktuellen Acidität des Harnes* zu unterscheiden. Die erstere wird hoch sein, wenn die Summe der ausgeschiedenen Säuren die der Basen übertrifft, z. B. beim Coma diabeticum (die Titrationsacidität gibt die *Menge* der aus dem Körper ausgeschiedenen Säuren an), die aktuelle Acidität dagegen wird durch die *Art* der sauren Substanzen und ihren *Dissoziationsgrad* bestimmt; sie hängt nicht von der absoluten Menge, sondern von dem Verhältnis der schwachen Säuren zu ihren Salzen, praktisch im wesentlichen von dem Verhältnis des primären zum sekundären Phosphat ab und ist neben anderen Bedingungen maßgebend für die Löslichkeit bzw. das Ausfallen schwer löslicher Substanzen (Sedimentbildung bei harnsaurer Diathese, s. S. 322). Die äußersten Grenzen, zwischen denen die p_H des Harns zu schwanken vermag, sind etwa 4,70 und 8,70.

Einen für klinische Zwecke genügend genauen Anhaltspunkt gewinnt man, wenn man die Farbenänderung bestimmt, die der zu untersuchende Harn gewissen Indicatoren verleiht. So wird beispielsweise eine intensiv gelbe Lösung von p-Nitrophenol durch stark saure Harne abgeschwächt, und unter Einhaltung bestimmter Kautelen kann aus der Farbnuance einer derartigen Lösung und ihrem Vergleich mit einer solchen von bekanntem Gehalt an freien $\overset{+}{H}$-Ionen der Aciditätsgrad bestimmt werden. MICHAELIS (Prakt. phys. Chemie. Berlin 1921) hat eine einfache, auf diesem Prinzip beruhende Methode angegeben, die sich 3 verschiedener Nitrophenole und des Komparators von WALPOLE bedient[1]. Für die Praxis genügt es aber ohne Bestimmung des Aciditätsgrades durch Zusatz eines Indicators sich zu überzeugen, ob die Acidität des Harnes innerhalb normaler Grenzen liegt oder nicht. Nach O. NEUBAUER gibt ein normaler Harn, wenn man ihn mit einer ätherischen *Lackmoidlösung* (0,25 g Lackmoid werden in 5 ccm Alkohol auf dem Wasserbade gelöst, mit 300 ccm Äther versetzt und filtriert) schüttelt, eine rotviolette Färbung, stark saurer läßt die rote Farbe der Lackmoidlösung unverändert. Auch kann man die zur KJELDAHL-Titration gebräuchliche alkoholische *Cochenilletinktur* verwenden. Normale Harne färben sich auf Zusatz dieser violettrot, stark saure geben eine deutliche *gelb*-rote Farbe (vgl. hierüber harnsaure Diathese, S. 323).

Der Säuregrad ergibt sich bei Verwendung der genannten Indicatoren aus folgender Gegenüberstellung:

	2 nH bis nH1 · 10⁻⁴	10⁻⁵	10⁻⁶	10⁻⁷	10⁻⁸
Lackmoid.....	rosa	violett	violett-blau	blau-violett	blau
Cochenille	gelb	bräunlich-rosa	lila	—	—

---

[1] Empfehlenswert ist ferner der Mikrokomparator nach PANNEWITZ (Firma Hellige, Freiburg i. B.), der sehr praktisch, aber ziemlich teuer ist.

Zur Bestimmung der „*Gesamtacidität*" des Harns durch *Titration* ist es notwendig, die Kalk- und Ammonsalze vorher durch Zufügen von Oxalat auszufällen. Dies wird nach FOLIN auf folgende Weise erreicht:

25 ccm Urin werden mit einer Pipette in einen ERLENMEYER-Kolben von 200 ccm gebracht, 1 oder 2 Tropfen einer $^{1}/_{2}$ %igen Phenolphthaleinlösung und 20 g Kaliumoxalat hinzugefügt. Nach 1 Min. langem Schütteln wird sofort mit $^{1}/_{10}$ Normal-Natronlauge bis zur schwachen Rosafärbung titriert. Das erhaltene Resultat rechnet man auf die 24stündige Harnmenge um.

Das **spezifische Gewicht** des 24stündigen Mischharnes schwankt in der Regel zwischen 1012—1024. Die Schwankungen der einzelnen Urinportionen sind naturgemäß je nach der Flüssigkeitszufuhr sehr viel größer, etwa zwischen 1005 und 1030. Durch reichliches Wassertrinken wird es beträchtlich herabgesetzt, nach starkem Schwitzen erhöht. Zu seiner *Bestimmung* bedient man sich des *Urometers*, eines bei 15° C geeichten Aräometers, das von 1000—1050 und darüber graduiert ist.

Man taucht es in den im Standglas befindlichen Harn und liest den Stand des *unteren* Meniscus ab. Der Harn muß völlig klar sein, das Aräometer in der Flüssigkeit sich frei bewegen können und weder den Boden noch die seitliche Wandung des Zylinders berühren. Die nicht selten störenden Schaumbläschen hebt man mit einem Glasstab oder mit Filtrierpapierstreifen ab. Zur Vermeidung der Schaumbildung gieße man den Harn vorsichtig in den stark geneigten Zylinder, indem man den Harn am Glase herablaufen läßt. Mißt man bei einer anderen Temperatur als 15°, so ist eine entsprechende Korrektur erforderlich, und zwar ist für je 3° höhere Temperatur zum abgelesenen Wert 1 Urometergrad hinzuzuaddieren und bei niedrigerer Temperatur umgekehrt abzuziehen.

Unter pathologischen Verhältnissen kann das spezifische Gewicht des 24stündigen Mischharnes über längere Zeit bedeutend von den obengenannten Werten abweichen. Es ist vermindert bei hochgradiger Polyurie, namentlich bei Schrumpfniere, Pyelitis und Diabetes insipidus[1], vermehrt bei der Ausscheidung großer Mengen harnfähiger Stoffe (Zucker, hoher NaCl-Gehalt in der Rekonvaleszenz) und bei hohem Eiweißgehalt.

Unter normalen Verhältnissen, wo das spezifische Gewicht überwiegend von dem Harnstoff- und NaCl-Gehalt des Harns bestimmt wird, besteht zwischen Harnmenge und spezifischem Gewicht eine bestimmte Relation, indem bei hohen Harnmengen das Gewicht abnimmt, bei niedrigen zunimmt. Abweichungen hiervon finden sich nach zwei Richtungen, indem entweder bei der Ausscheidung großer Mengen harnfähiger Stoffe das spezifische Gewicht bei großer Harnmenge sehr hohe Werte zeigt (Diabetes melitus) oder bei kleiner Harnmenge keine oder eine nur geringe Erhöhung

---

[1] Bei Diabetes insipidus kann das spezifische Gewicht des Harns sich der Zahl 1000 sehr stark nähern (etwa 1000,5 u. ä.); doch ist zu beachten, daß der Wert 1000 eigentlich demjenigen von reinsten destillierten Wasser entspricht!

erfährt. Im letzteren Falle ist die Konzentrationsbreite des Urins eingeschränkt (Schrumpfniere, Diabetes insipidus).

Sehr eiweißreiche Harne zeigen ein hohes spezifisches Gewicht, selbst wenn die Summe der gelösten harnfähigen Stoffe eine verminderte ist. Dies ist namentlich beim Stauungsharn und bei akuter Nephritis der Fall.

Wenn es darauf ankommt, bei dünnen Harnen geringgradige Schwankungen des spezifischen Gewichtes zu erkennen, so genügt die Bestimmung mittels des Aräometers nicht; man bestimmt in solchen Fällen das spezifische Gewicht mittels des *Pyknometers* durch Wägung (s. bei Abschnitt II, Blut, S. 80).

Die molekulare Konzentration des Harns ist bestimmt durch die Summe der in ihm enthaltenen Moleküle und Ionen. Sie ist um so größer, je größer deren Zahl ist. Unter normalen Verhältnissen schwankt sie wie das spezifische Gewicht innerhalb weiter Grenzen und bildet dadurch den wichtigsten Faktor zur Regulierung des osmotischen Gleichgewichtes im Organismus. Wie an anderer Stelle (vgl. S. 108) bereits ausgeführt, wird der osmotische Druck einer Körperflüssigkeit auf indirektem Wege durch die Bestimmung der Gefrierpunktserniedrigung gemessen. Die hierbei angewendete Methodik (BECKMANNscher Apparat) ist dieselbe wie beim Blut. Man bezeichnet die Gefrierpunktserniedrigung des Harns mit Δ (die des Blutes mit δ). Zu ihrer Beurteilung ist selbstverständlich die Kenntnis der Ernährung, unter der die zu untersuchende Person steht, notwendig. Ferner muß zur Beurteilung von Δ die zugehörige Harnmenge unbedingt bekannt sein. Bei gemischter Kost und normaler Harnmenge schwankt Δ ungefähr zwischen $1{,}0-2{,}5^0$. Bei salzarmer Kost und bei Zufuhr großer Wassermengen wird Δ eine entsprechend kleinere Zahl.

In eiweißfreien Harnen gehen spezifisches Gewicht und Δ annähernd parallel, bei größerem Eiweißgehalt nimmt, wie erwähnt, das spezifische Gewicht zu, während Δ unbeeinflußt bleibt. So kann man beispielsweise bei Nephritiden mit hoher Eiweißausscheidung ein hohes spezifisches Gewicht (z. B. 1030) und für Δ infolge verminderter Salz- und Harnstoffausscheidung verminderte Werte finden (etwa — 0,3).

Sehr viel wichtiger als die Bestimmung des Gefrierpunktes allein ist die Beziehung dieses zur Gesamtharnmenge. Man kann aus der Berechnung des Faktors $\Delta \times$ Harnmenge *(Valenzwert, Molekulardiurese)* unter Berücksichtigung der zugeführten Nahrung annähernd erkennen, ob die Gesamtausfuhr der harnfähigen Stoffe eine normale ist oder nicht; Δ allein erlaubt hierüber natürlich keinen Schluß.

So betrugen beispielsweise bei *Mehl-Milchkost* Harnmenge, Δ und Valenzwert:

	Harnmenge	Δ	Valenzwert
Bei einer Rekonvaleszentin. . .	1110	—1,15⁰	1277
Bei Diabetes insipidus	3360	—0,38⁰	1277

Bei gemischter Kost betrugen sie bei den gleichen Personen:

	Harnmenge	Δ	Valenzwert
Bei der Rekonvaleszentin . . .	1640	—1,18	1935
Bei Diabetes insipidus	5500	—0,37	2035

Bei salz- und eiweißreicher Kost:

	Harnmenge	Δ	Valenzwert
Bei der Rekonvaleszentin . . .	2780	—1,10	3058
Bei Diabetes insipidus	10400	—0,31	3224

Man sieht hier aus dem Vergleich der Valenzwerte die annähernd gleiche Gesamtausscheidung bei sehr verschiedenen Werten von Harnmenge und Δ.

Die Methode kann auch zur vergleichenden Untersuchung des Urins beider Nieren nach Einführung der Ureterenkatheter benützt werden. Unter normalen Verhältnissen ist die Harnstoff- und Salzausscheidung beider Nieren annähernd gleich, die Gefrierpunktserniedrigung ist ungefähr dieselbe. Bei Erkrankungen *einer* Niere kann der Harn der beiden Seiten große Verschiedenheiten zeigen.

Gewöhnlich erhält man von der erkrankten Seite einen osmotisch geringwertigeren Harn; doch ist bei Bewertung der Resultate auch hier die Ernährung und die vorhergehende Flüssigkeitszufuhr zu berücksichtigen. Eine kranke Niere kann oft ebensowenig konzentrieren als verdünnen. Will man sich von den äußeren Faktoren unabhängig machen, so ist es nötig, die Patienten in nüchternem Zustande am besten am frühen Morgen zu untersuchen.

Die chemische Untersuchung des Harns.
I. Die normalen Harnbestandteile.

Von den *stickstoffhaltigen Bestandteilen* des Harns ist der **Harnstoff** (Urea, $\overset{+}{U}$) der wichtigste. Er ist das hauptsächlichste Endprodukt des Stickstoffwechsels, indem er je nach der Ernährung 60—95%, im Mittel 84% des gesamten Harnstickstoffs ausmacht. Chemisch ist der Harnstoff als Diamid der Kohlensäure NH_2—CO—NH_2 charakterisiert; er ist leicht löslich in Wasser und Alkohol. Reiner Harnstoff krystallisiert in vierseitigen glatten Prismen; er besitzt einen bitterlich kühlenden salpeterähnlichen Geschmack.

Um den *Harnstoff* in Flüssigkeiten, die ihn unter normalen Verhältnissen nicht enthalten, *nachzuweisen,* kann man seine Verbindung mit konz. Salpetersäure verwenden. Hierbei bilden sich charakteristische sechsseitige Krystalle in Geschiebeformen. Man dampft die zu untersuchende Flüssigkeit (Punktat, Mageninhalt usw.) ein, extrahiert sie mit 96%igem Alkohol, filtriert, dampft das alkoholische Extrakt wieder ein, löst den Rückstand in wenig Wasser und versetzt mit konz. Salpetersäure; hierbei scheiden sich nach einiger Zeit die erwähnten Krystalle von *salpetersaurem Harnstoff* aus.

Die 24stündige Menge des vom erwachsenen Menschen bei normaler Kost ausgeschiedenen Harnstoffs beträgt ungefähr 30—35 g; seine Konzentration im Urin beträgt ungefähr 2%. Bei vermehrter

Eiweißkost, bei Zerfall von Körpereiweiß im Organismus (toxischer Eiweißzerfall im Fieber usw.) kann die in 24 Stunden ausgeschiedene Menge mehr als das Doppelte der normalen betragen, im Hunger und bei stickstoffarmer Kost ist die Harnstoffausscheidung vermindert. Bei manchen schweren Krankheitszuständen ändert sich das Verhältnis des als Harnstoff ausgeschiedenen Stickstoffes zu dem gesamten im Harn vorhandenen Stickstoff. Die *Stickstoffverteilung* im Urin ist dann eine abnorme. Dies ist namentlich der Fall bei schwerer Schädigung der Leber, insbesondere bei der akuten gelben Leberatrophie und der Phosphorvergiftung. In solchen Fällen kann es von Interesse sein, den als Harnstoff ausgeschiedenen Stickstoff getrennt zu bestimmen. Die auf Seite 89 angegebene Methode der Harnstoffbestimmung im Blut kann auch für den Urin Verwendung finden. Hierbei nimmt man 1 ccm Harn. Eiweißhaltige Harne sind vorher zu enteiweißen (z. B. nach RONA-MICHAELIS, S. 85). Im allgemeinen jedoch kann man den im Urin ausgeschiedenen Gesamtstickstoff als Maß für den Eiweißumsatz betrachten und auf spezielle Harnstoffbestimmungen verzichten. Man bestimmt deshalb bei Stoffwechselversuchen nicht den ausgeschiedenen Harnstoff, sondern den **Gesamtstickstoff,** der außer letzteren noch den N-Gehalt von Harnsäure, Kreatinin usw. umfaßt. Kennt man diesen, so hat man, normale Stickstoffverteilung vorausgesetzt, ein ungefähres Maß für die Harnstoffausscheidung (14 g Stickstoff entsprechen 30 g Harnstoff: Mittlere 24stündige Ausscheidung. Aus dem Harnstickstoff läßt sich, unter Anrechnung von höchstens 1 g Kotstickstoff, der Eiweißumsatz des Körpers berechnen, da der Ausscheidung von 1 g N ein Umsatz von 6,25 g Eiweiß entspricht).

Die *Gesamt-Stickstoffbilanz* des Organismus ergibt sich aus der Summe von Harn- und Kotstickstoff. Unter normalen Verhältnissen wird soviel Stickstoff im Urin und Kot ausgeschieden, als mit der Nahrung zugeführt wurden (Stickstoffgleichgewicht). Im Kot werden etwa 7—8% N ausgeschieden.

Stickstoffbestimmung im Harn.

Der Stickstoff des Harns wird klinisch allein nach der Methode von KJELDAHL bestimmt. *Prinzip* der Methode: Die organischen Substanzen werden durch Erhitzen mittels konz. Schwefelsäure zerstört, und hierbei der Stickstoff der organischen Substanz in Ammoniak verwandelt, welches sich durch die H_2SO_4 in $(NH_4)_2SO_4$ verwandelt. Dieses wird aus der sauren Lösung durch Übersättigen mit Kali- oder Natronlauge gespalten, das NH_3 abdestilliert, in einem abgemessenen Volumen Schwefelsäure von bekanntem Gehalt aufgefangen und die überschüssige Säure zurücktitriert. Um die Oxydation der organischen Substanz durch Schwefelsäure zu beschleunigen, setzt man etwas Kaliumsulfat (zur Erhöhung des Siedepunktes der Schwefelsäure) und eine ganz kleine Menge Kupfersulfat als Katalysator hinzu. Die Oxydation muß wegen der Entstehung von Dämpfen der Schwefelsäure und schwefligen Säure, die stark ätzende Eigenschaften besitzen, unter einem Abzug vorgenommen werden.

Zur *Ausführung* gibt man mittels einer Pipette 5—10 ccm Harn in einen Rundkolben von etwa 800 ccm Rauminhalt aus Hartglas (Jenenser oder Böhmisches Glas), dessen Hals etwa 15 cm lang sein muß, fügt ungefähr eine Messerspitze krystallisierten Kupfersulfats und 5 g krystallisiertes Kaliumsulfat, sodann 5—10 ccm konz. reiner Schwefelsäure hinzu. Das Gemisch erhitzt man, zuerst vorsichtig, um Schäumen zu vermeiden, auf einem Drahtnetz unter dem Abzug, wobei sich die erwähnten Dämpfe bilden; die zuerst dunkle und undurchsichtige Flüssigkeit wird hierbei klar, grünlichblau und enthält zunächst noch einige unverbrannte Kohlepartikelchen. Durch vorsichtiges Umschwenken und stärkeres Erhitzen bringt man etwaige an den Wänden haftende unverbrannte Teilchen in die Flüssigkeit und erhitzt so lange, bis nichts Unverbranntes mehr zu sehen ist. Für gewöhnlich erfordert eine Oxydation ungefähr 1 Stunde. Nach Beendigung der Oxydation läßt man das Gemisch erkalten, verdünnt es vorsichtig (es darf die sich erhitzende Flüssigkeit hierbei nicht spritzen) mit destilliertem Wasser auf etwa 250 ccm und gibt einen Teelöffel voll Talk (zur Vermeidung des Stoßens der nachher zu erhitzenden Flüssigkeit) hinzu. Zur Destillation selbst sind besondere Vorrichtungen, bei denen das Spritzen vermieden wird, mit Vorlagekolben angegeben. Besitzt man keine besondere Destillationsvorrichtung, so kann man statt ihrer einen gewöhnlichen LIEBIGschen Kühler verwenden. Man armiert den Apparat vollständig, füllt in den Vorlagekolben, in dem das übergehende Ammoniak aufgefangen werden soll, die Schwefelsäure von bekanntem Gehalte (etwa 100 ccm $^1/_{10}$ Normal-Schwefelsäure, der man am besten gleich den zur Titration zu verwendenden Indicator, Cochenilletinktur, beigibt) und übersättigt zuletzt das zu destillierende Flüssigkeitsgemisch mit stickstofffreier Natronlauge (für je 10 ccm bei der Oxydation benützter Schwefelsäure braucht man 70 ccm 33%ige Natronlauge). Die Destillation geht infolge der Anwesenheit des Talkes ohne Stoßen vor sich; sie ist meist beendet, wenn der Kolben ins Stoßen gerät. Man überzeugt sich durch ein vorgehaltenes rotes Lackmuspapier, ob alles Ammoniak übergegangen ist. Nach Beendigung der Destillation titriert man die vorgelegte $^1/_{10}$ Normal-Schwefelsäure gegen $^1/_{10}$ Normal-Natronlauge zurück. Die Differenz mit 1,4 multipliziert gibt die in dem verwendeten Harnvolumen enthaltene Stickstoffmenge in Milligrammen an.

Um die Verteilung der stickstoffhaltigen Substanz *annähernd* zu bestimmen, benützt man das Verhalten der in Frage kommenden Körper gegenüber *Phosphorwolframsäure*. Durch diese werden *gefällt:* Ammoniak, Karbaminsäure, Rhodan, Diamine, Diaminosäuren, Ptomaine; *nicht gefällt* werden Harnstoff, Allantoin, Oxalursäure, Monoaminosäuren.

Ammoniak (NH_3) findet sich im normalen Harn nur in geringen Mengen (vorausgesetzt, daß dieser frisch und nicht zersetzt ist!). Bei Gesunden werden Werte von 0,3—1,2 g (obere Grenze) gefunden, im Mittel beträgt der Gehalt 0,6—0,8 g. Der Anteil des NH_3 am Gesamtstickstoff beträgt 2,5—4,5%. Das NH_3 kommt im Harn stets nur als Salz an Säuren gebunden vor. Bei Fleischkost wird mehr, bei vegetabilischer weniger NH_3 ausgeschieden, im Hunger ist die NH_3-Ausscheidung vermindert. Die Zufuhr fixer Alkalien, sowie die von organischen sauren Salzen vermindert die NH_3-Ausscheidung; die Zufuhr anorganischer und die solcher organischen Säuren, die nicht zu Kohlensäure verbrannt werden, vermehren die NH_3-Ausscheidung im Urin. In diesen Fällen dient das im Urin ausgeschiedene NH_3 zur Neutralisation der eingeführten oder im intermediären Stoffwechsel gebildeten Säuren; seine Menge ist daher ein Maßstab für den Grad der Azidose (vgl. Diabetes, S. 280). Eine Vermehrung des NH_3 beobachtet man sowohl bei letzterer wie auch bei manchen schweren Leber- und Infektionskrankheiten.

Zur Bestimmung der ausgeschiedenen NH_3-Menge ist es notwendig, den Harn mit einer schwachen Lauge alkalisch zu machen, die, ohne den Harnstoff zu zersetzen, das NH_3 aus seinen Salzen in Freiheit setzt. Das entweichende NH_3 wird in einer Schwefelsäurelösung von bekanntem Gehalt aufgefangen und die Abnahme der Acidität der Schwefelsäure durch Titration bestimmt.

Wenn man über ein eingerichtetes Laboratorium verfügt, in dem sich eine Vakuumdestillation vornehmen läßt und wenn man die Destillation des Ammoniaks überwachen kann, so empfiehlt sich die Anwendung einer der Destillationsmethoden [die Methode von KRÜGER-REICH und SCHITTEN-HELM: Hoppe-Seylers Z. **39**, 73 (1903) oder von FOLIN: ebenda **37**, 161 (1903/04)]. Für klinische Zwecke genügt meist die Methode von SCHLÖSING, die sehr einfach ist, aber mehrere Tage in Anspruch nimmt.

Zur Ausführung der SCHLÖSINGschen Methode richtet man sich folgende Zusammenstellung her. Auf eine Glasplatte wird ein Glasschälchen gestellt und über dieses ein Glasdreieck gelegt; auf das Glasdreieck kommt ein kleineres Schälchen. Der Aufbau wird nach Beschickung der Schälchen mit einer großen Glasglocke überdeckt und diese luftdicht (Anfetten des Randes mit Vaseline) auf die Glasplatte aufgepreßt. In das untere Schälchen gibt man 20 ccm Urin, in die obere 20 ccm einer $^1/_4$ Normal-Schwefelsäure. Dann setzt man rasch mittels einer Pipette 20 ccm Kalkmilch (als Alkali) zum Urin und stülpt sofort die Glasglocke darüber. Läßt man nun den Apparat 3—4 Tage bei Zimmertemperatur stehen, so ist alles Ammoniak aus dem Urin vertrieben und von der Schwefelsäure aufgenommen. Man entfernt vorsichtig die Glocke, gibt die Schwefelsäure in ein größeres Becherglas, spült den Rest im Schälchen und die an der Glocke innen anhaftende Flüssigkeit mit destilliertem Wasser dazu und titriert mit $^1/_4$ oder $^1/_{10}$ Normal-Natronlauge die Schwefelsäure aus (als Indicator wählt man Methylorangelösung oder Cochenilletinktur). Aus der Differenz der vorher vorhandenen und der zur Neutralisation des Ammoniaks verbrauchten Schwefelsäure berechnet man den Ammoniakgehalt. 1 ccm $^1/_5$ Normal-Schwefelsäure entspricht 0,0034 g Ammoniak. Da bei der Methode unter Umständen auch Aminosäuren (Glykokoll) mitbestimmt werden, gibt sie oft etwas zu hohe Werte.

Durch Einwirkung mancher Bakterien bildet sich im Harn aus Harnstoff *kohlensaures Ammoniak:*

$$CO \cdot (NH_2)_2 + 2\,H_2O = (NH_4)_2CO_3.$$

Diese ammoniakalische Zersetzung kann in den Harnwegen oder bei Zersetzung des Harns außerhalb des Körpers eintreten. Man erkennt die ammoniakalische Zersetzung meist schon am Geruch; im Zweifelsfalle kann man das freie Ammoniak dadurch nachweisen, daß man über die zu prüfende Flüssigkeit einen mit verdünnter Salzsäure benetzten Glasstab hält und die Flüssigkeit schüttelt;

hierbei entstehen weiße Nebel, die aus Chlorammonium (Salmiak) $NH_4 \cdot Cl$ bestehen.

Unter den Bakterien, die eine ammoniakalische Zersetzung bewirken, ist der *Proteus vulgaris* der wichtigste (vgl. Cystitis S. 327).

Von den *Purinbasen* kommt der **Harnsäure** ($C_5H_4N_4O_3$)

$$
\begin{array}{ll}
\begin{array}{ccc}
HN & - & CO \\
| & & | \\
OC & C & - NH \\
| & \| & \\
HN & - C - NH
\end{array}\Big\rangle CO
&
\begin{array}{ccc}
N & = & COH \\
| & & | \\
HOC & C & - NH \\
\| & \| & \\
N & - C - N
\end{array}\Big\rangle COH
\end{array}
$$

Trioxypurin = Harnsäure

Keto- oder Lactamformel   **Enol- oder Lactimformel**

(Abkürzung: $\overline{U}$) eine besondere Bedeutung für die menschliche Pathologie zu. Die im Harn ausgeschiedene Harnsäure entsteht aus dem Zerfall der Nucleinsubstanzen. Diese stammen zum Teil aus der Nahrung, zum Teil aus den im Organismus zerfallenden Kernsubstanzen. Von dem Eiweißumsatz ist der Nucleinumsatz vollständig zu trennen. Den aus den Nahrungspurinen entstehenden Teil der Harnsäure (und der übrigen Purinbasen) bezeichnet man als *exogene* Harnsäure, den aus dem Zerfall der Körperzellen stammenden als *endogene* Harnsäure. Die Gesamtmenge der im Harn erscheinenden Harnsäure ist daher je nach inneren und äußeren Faktoren außerordentlich variabel; die durchschnittliche Tagesmenge schwankt unter normalen Verhältnissen ungefähr zwischen 0,4 und 1,2 g. Ihre Bestimmung hat nur Wert, wenn man den Puringehalt der Nahrung annähernd kennt. Man kann die endogene Harnsäuremenge, und damit den Umsatz der aus dem Organismus selbst stammenden Nucleinsubstanzen mit ziemlicher Genauigkeit bestimmen, wenn man die Einfuhr der Nuclein- substanzen auf ein Minimum reduziert. Eine derartig zusammen- gesetzte Nahrung (*purinarme* Kost) besteht im wesentlichen aus Milch, Eiern, Käse, Brot.

Hierbei schwankt der *endogene Harnsäurewert* unter normalen Verhältnissen zwischen 0,2 und 0,6 g pro die. In Fällen, in denen zahlreiche Kerne von Zellen im Organismus zerfallen und abgebaut werden, ist er bedeutend erhöht, so beispielweise bei der Leukämie, insbesondere nach Röntgenbestrahlungen, bei der Resorption pneu- monischer Exsudate usw.

Der exogene *Harnsäurewert* ist am höchsten bei der Zufuhr kernreichen Gewebes mit der Nahrung, so besonders nach dem Genuß von Bries (Thymus), Leber, Milz, Nieren und Pilzen, speziell Pfifferlingen usw.

Schon hieraus geht hervor, daß die einmalige Bestimmung der gesamten Harnsäure ohne Kenntnis der Ernährung keine große Bedeutung besitzen kann.

Zum *Nachweis der Harnsäure* (z. B. in Konkrementen) bedient man sich der *Murexidprobe:*

Man dampft eine Probe des Bodensatzes, die man mit einigen Tropfen Salpetersäure versetzt hat, auf einem Porzellanschälchen langsam bis zum Trocknen ein. Der auf diese Weise gebildete orangefarbene Fleck färbt sich bei Zusatz von etwas Ammoniak purpurrot, bei nachfolgendem Zusatz von Kalilauge blau.

Die quantitative Bestimmung kann nach zahlreichen Methoden ausgeführt werden.

Harnsäurebestimmung nach FOLIN-SCHAFFER.

Bei dieser Methode wird die Harnsäure durch Versetzen des Harns mit NH_3 in Ammoniumurat verwandelt, welches ausfällt. Dieses wird mit Permanganat titriert. Vorher muß der Harn zur Beseitigung störender Substanzen mit Uranylacetat versetzt werden. Zu 300 ccm Harn werden 75 ccm Ammonsulfatreagens (500 g Ammonsulfat, 5 g Uranylacetat und 60 ccm 10%ige Essigsäure werden durch Zusatz von 650 ccm Wasser gelöst) hinzugesetzt; dann läßt man 5 Min. stehen und filtriert durch ein Faltenfilter. Von dem Filtrat bringt man je 125 ccm in 2 Bechergläser, gibt zu jedem je 5 ccm konz. NH_3, rührt um und läßt 24 Stunden stehen. Dann filtriert man die über dem Niederschlag befindliche Flüssigkeit durch ein SCHLEICHER-SCHÜLL-Filter Nr. 597, spült den Niederschlag selbst mit einer 10%igen Ammonsulfatlösung auf das Filter und wäscht ihn mehrmals mit der Lösung. Dann wird der Niederschlag mit etwa 100 ccm Aqua destillata in ein Becherglas gespritzt, wobei man das Filter aus dem Trichter nimmt und es öffnet. Dann setzt man 15 ccm konz. H_2SO_4 zu der Aufschwemmung des Ammoniumurates (Erhitzung!) und titriert die Lösung, deren Temperatur nicht unter 50^0 sinken darf, tropfenweise mit 0,05 n-Permanganatlösung (1,6 g auf 1 Liter Wasser) bis zur ersten schwachen Rosafärbung. Ihr Titer ist gegen 0,05 n-Oxalsäure zu kontrollieren (vgl. S. 95). 1 ccm Permanganat $= 3,75$ mg $\overline{U}$. Dementsprechend erfolgt die Umrechnung. Pro 100 ccm Harn sind 3 mg zum gefundenen $\overline{U}$-Wert wegen der nicht völligen Unlöslichkeit des Ammoniumurates hinzuzuaddieren.

Die Harnsäure, die im Blut und in den Geweben (auch in den Gichttophi) ausschließlich als Mononatriumurat vorhanden ist, kommt im Harn in verschiedenen Formen vor. Als freie Säure ist sie nur zum kleinsten Teil in echter Lösung enthalten, hauptsächlich findet sie sich in Form zweier Salze: Mononatriumurat $(C_5H_2N_4O_3 \cdot Na)$ und sog. Heminatriumurat $[(C_5H_2N_4O_3) \cdot Na_2]$. Letzteres stellt eine Verbindung von Harnsäure mit Mononatriumurat dar. Die Löslichkeitsverhältnisse der Harnsäure und ihrer Salze im Urin sind von zahlreichen Faktoren abhängig, von denen die Temperatur, die Acidität und der Kolloidgehalt des Harnes erwähnt seien. Es fallen beim Erkalten konz. saurer Harne harnsaure Salze, insbesondere das Heminatriumurat, leicht aus. Im erkaltenden Fieberharn, sowie im Harn nach größeren körperlichen Anstrengungen findet sich daher oft ein sog. *Ziegelmehlsediment,* das aus amorphen, gelbroten Uraten besteht. Diese lösen sich beim Erwärmen oder auf Zusatz von Alkali leicht wieder auf. (S. unter Mikroskopie des Harns, Abb. 148, S. 315.)

Die *freie Harnsäure* fällt nur aus Harnen mit abnorm hoher Acidität (d. h. hoher $\overset{+}{H}$-Ionenkonzentration, vgl. S. 232) aus. Sie bildet hierbei einen spezifisch schweren, dunkelbraunen, krystallinischen Niederschlag, der die charakteristischen Krystallformen zeigt (s. Abb. 148, 150 und 157). Infolge der geringen Löslichkeit in Wasser ist die einmal ausgefallene Harnsäure sehr schwer in Lösung zu bringen.

Fällt die Harnsäure bereits in den Harnwegen in dieser Form aus, so kann es zur Bildung von Konkrementen kommen (Harnsäuresteine, Harngrieß, vgl. hierüber S. 321). *Für den Ausfall der freien Harnsäure hat der prozentuale Gehalt des Harnes an Harnsäure eine außerordentlich geringe Bedeutung.* Es kann bei harnsäurereichen Harnen ein Harnsäuresediment im Urin fehlen und umgekehrt bei sehr niedriger Harnsäurekonzentration ein solches vorhanden sein, wenn nur die Acidität des Urins eine besonders hohe ist oder wenn Veränderungen im Kolloidgehalt des Harns auftreten. Ein Schluß auf die Menge der vorhandenen Harnsäure kann daher aus dem Bestehen oder Fehlen eines Harnsäuresediments niemals gezogen werden.

Aus dem Gesagten geht hervor, daß die namentlich in Badeorten von chemischen Untersuchungsstationen und Apotheken einmal vorgenommenen, übrigens meist nach ungenauen Methoden („*Uricometer*" usw.) geschätzten Harnsäurewerte keine diagnostische Bedeutung haben, und daß die Angaben über den Ausfall eines Harnsäuresedimentes nicht auf Anomalien des Harnsäurestoffwechsels bezogen werden dürfen.

Über das aus zersetztem Harn ausfallende harnsaure Ammoniak vgl. S. 309.

Von den zahlreichen übrigen organischen Substanzen des Harns besitzen einige, hauptsächlich wenn sie als Sedimente ausfallen, Bedeutung (oxalsaurer Kalk, Hippursäure usw.). Sie werden daher bei der Mikroskopie des Harns (S. 308) behandelt werden. (Siehe auch S. 250.)

Von den **aromatischen** Substanzen finden sich im Harn bereits unter normalen Verhältnissen geringe Mengen von Phenol, Kresol und Hydrochinom. Sie werden als *Ätherschwefelsäuren,* bei sehr reichlicher Anwesenheit auch als gepaarte Glucuronsäuren im Harn ausgeschieden. In vermehrter Menge kommen sie bei Fäulnisvorgängen im Körper, sowie nach Vergiftungen mit Phenolen vor (s. S. 289).

Größere Bedeutung kommt der Ausscheidung von *Indican* zu. Als **Indican** bezeichnet man das im normalen Harn in geringer

Menge vorhandene *indoxylschwefelsaure Kalium*. Seine Menge ist abhängig von der durch Fäulnisvorgänge aus dem *Tryptophan* des Eiweißes abgespaltenen *Indol*bildung. Letzteres entsteht aus Tryptophan durch Abspaltung der im Tryptophan enthaltenen Aminopropionsäure-Seitenkette durch Bakterien. Seine Entstehung wird aus den folgenden Formeln verständlich:

$$\text{Indolaminopropionsäure} = \text{Tryptophan} \qquad\qquad \text{Indol}$$

Indolaminopropionsäure = Tryptophan   Indol

Das im Darm vorhandene *Indol* wird resorbiert, oxydiert und mit Schwefelsäure (wie die Phenole) zu *indoxylschwefelsaurem Kalium* gepaart.

Indican

Durch Behandeln mit konz. Salzsäure kann das Indican wieder in Indoxyl gespalten und dieses durch Oxydationsmittel in Indigo übergeführt werden. Hierauf beruht der Nachweis des Indicans im Harn. Bei starker Eiweißzufuhr ist unter sonst normalen Verhältnissen das Indican stark vermehrt; besonders intensiv ist seine Zunahme bei krankhaften Vorgängen im Magen-Darmkanal, bei Darmeinklemmungen, Peritonitis, Cholera usw.

Bei beginnendem *Ileus* findet sich starke Indicanurie besonders dann, wenn es zu einer *Stauung im Dünndarm* gekommen ist; bei Dickdarmstenosen stellt sich die vermehrte Indicanausscheidung meist erst ein, wenn nach mehreren Tagen sich die Stauung auf dem Dünndarm fortgesetzt hat. Das kann diagnostisch wichtig sein, ebenso wie die fehlende Indicanvermehrung bei angeblicher dauernder Stuhlverhaltung.

Von außerhalb des Darmtractus gelegenen Fäulnisherden führen besonders *Lungengangrän* und gangränöse Prozesse in erweiterten Bronchien zu vermehrter Indicanausscheidung.

Nachweis des Indicans.

Nach Jaffé: Nachdem man den Harn durch Zusatz von 10%iger Bleizuckerlösung ($^1/_4$ seines Volums) und Filtrieren von verschiedenen, die

Reaktion störenden Körpern befreit hat, versetzt man das Filtrat mit dem gleichen Teile gesättigter reiner Salzsäure (Spaltung) und danach *tropfenweise* mit einer möglichst frischen 5%igen Chlorkalklösung.

Bei Gegenwart von Indican entsteht zuerst ein blaugrünlicher Farbenton, später deutliche Blaufärbung. Schüttelt man nun mit einer geringen Menge Chloroform, so färbt sich dieses durch das gebildete Indigo blau. Die normalerweise im Harn vorkommenden Indicanmengen lassen bei dieser Probe nur eine rosa oder schwache violette Färbung auftreten.

Die JAFFÉsche Probe hat den Nachteil, daß ein geringer Überschuß an Chlorkalk den gebildeten Indigo sofort zu gelbem Isatin weiter oxydiert.

Besser ist daher die Probe nach OBERMEYER: Zu 20 ccm Harn setzt man 5—10 ccm 10%ige Bleiacetatlösung und filtriert. Das Filtrat mischt man mit etwa der gleichen Menge konz. Salzsäure, der 2—4 g Eisenchlorid pro Liter (frisch!) hinzugesetzt sind, und schüttelt. Setzt man nun etwa 5 ccm Chloroform hinzu und schüttelt wiederum, so färbt sich im positiven Fall das Chloroform hell- bis dunkelblau.

Selten wird eine tiefe *Schwarzfärbung* des Urins durch Indican hervorgerufen, so daß eine Verwechslung mit Melanin nahe liegt.

Der Urin ist in solchen Fällen, wie auch bei der echten Melanose, zur Zeit der Entleerung nur dunkelrötlich oder mehr braun und wird erst beim Stehen oder beim Kochen und Zusatz von Salpetersäure dunkelschwarz. Auch durch Zusatz von Chromsäure, Schwefelsäure, Chloroform und bei der JAFFÉschen Indigoprobe kann die dunkle Färbung fortbestehen oder verstärkt werden (vgl. S. 262).

Fällt man aber durch Kalkmilch das Indican aus, und unterbleibt jetzt die Schwarzfärbung, so ist als deren Ursache die Indicanurie erwiesen (SENATOR).

In seltenen Fällen tritt das Indigo (**Harnblau,** VIRCHOW) als solches im Harn auf und kann dann entweder den ganzen Harn bläulich färben oder, was relativ häufiger geschieht, in blauen Flocken, die zarte, indigoblaue Nadeln in sternförmiger Gruppierung zeigen, zu Boden sinken. Der Harn wird gewöhnlich klar und blaß gelassen und bietet erst nach einiger Zeit den blauen Farbenton dar (VIRCHOW). Es kann aber auch ein gesättigt blauer Harn gleich als solcher frisch gelassen werden (LITTEN). Meist handelt es sich in solchen Fällen um gewöhnliche, *pigmentfreie* Magen- und Leberkrebse. Gleichfalls ist das Vorkommen von fein suspendiertem **Indigorot** im frischen Harn selten. Es wurde bei einem Falle von Darmkrebs beobachtet. Beim Filtrieren des Harns bleibt der Farbstoff auf dem Filter. Durch Ausziehen des trockenen Filters mit Chloroform (ebenso durch Ausschütteln des unfiltrierten Harns mit Chloroform) läßt sich der Farbstoff isolieren und durch sein chemisches und spektroskopisches Verhalten identifizieren. Ausscheidung von Indigorot neben wenig Indigoblau wurde einmal bei Cystitis beobachtet.

Auf der Bildung von *Indigorot* beruht auch die Rotfärbung mancher Harne, wenn man während des Kochens tropfenweise konz. Salpetersäure zusetzt (ROSENBACHsche Probe); der Schüttelschaum wird blaurot. Der Farbstoff geht in Äther über und hat die gleiche Bedeutung wie das Indican. Unterscheidung des Nachweises von *Jod* s. S. 288.

Vom Indigorot verschieden ist die Rotfärbung des Harns beim Zusatz von Salzsäure. Der bei manchen Gesunden und Kranken als Chromogen im Harn vorhandene Farbstoff *(Urorosein)* ist im Gegensatz von Indigorot weder in Chloroform noch in Äther löslich; er ist Indolessigsäure.

Von den *anorganischen* Bestandteilen verdient das **Chlornatrium (Kochsalz)** eine besondere Besprechung.

Der Gehalt des normalen Harns an Kochsalz ist abhängig von dem Gehalt der Nahrung an diesem Salz. Bei gewöhnlicher gemischter Kost werden im Durchschnitt 10—15 g in 24 Stunden ausgeschieden.

Bei zahlreichen fieberhaften Zuständen, insbesondere bei der Pneumonie ist der Chlor-Gehalt des Harns vermindert; bei der Inanition kann er bis auf minimale Spuren verschwinden.

Eine pathologische NaCl-Retention findet bei der Ansammlung hydropischer Ergüsse (Stauung, Nephritis) im Organismus statt; umgekehrt nimmt der NaCl-Gehalt des Harns in der Rekonvaleszenz und bei der Resorption von Ergüssen und Exsudaten zu.

Man kann einen Menschen wochenlang mit kochsalzarmer Kost ernähren, ohne daß sein Allgemeinzustand darunter leidet; die Ausscheidung nimmt dabei bis auf 2 und 3 g in 24 Stunden ab; mit einer vermehrten NaCl-Zufuhr setzt sich der normale Nierengesunde innerhalb weniger Tage ins .Gleichgewicht.

Die quantitative Bestimmung des Kochsalzes ist bei den genannten Zuständen von großem praktischen und theoretischen Interesse.

Wichtig ist sie auch, wenn man sich überzeugen will, ob eine verordnete Diät tatsächlich eingehalten wird. (So sind beispielsweise angeblich NaCl-arm ernährte Epileptiker durch Untersuchung des Urins auf Kochsalz ihrer Diätfehler überführt worden.)

Der Nachweis und die Bestimmung ist sehr einfach. Die verschiedenen Methoden beruhen darauf, daß man eine Lösung von bekanntem Gehalt an salpetersaurem Silber (Argentum nitricum) zum Urin hinzugibt, bis alles Chlor als weißes Chlorsilber ausgefällt wird. (Ein Chlorsilberniederschlag wird als solcher dadurch erkannt, daß er sich im Überschuß reiner Salpetersäure nicht, dagegen in Ammoniak löst.)

Bestimmung des Chlors (NaCl) *nach* VOLHARD-ARNOLD-SALKOWSKI:

Hierbei wird zu dem Harn zuerst $^1/_{10}$ Normal-Argentum-nitricum-Lösung im Überschuß hinzugetan und der Überschuß durch Rhodanammoniumlösung zurücktitriert. Als Indicator für letzteres dient eine Lösung von Ferriammoniumsulfat (Bildung von rotem Eisenrhodanid).

Reagentien: 1. $^1/_{10}$ Normal-Argentum-nitricum-Lösung (16,99 g Argentum nitricum puriss. in Aqua destillata gelöst und auf 1 Liter aufgefüllt).

2. $^1/_{10}$ n-Rhodanammonlösung (8,0 g Rhodanammon., Aqua destillata ad 1000,0).

3. Chlor- und salpetrigsäurefreie Salpetersäure vom spezifischen Gewicht 1,2.

4. Kaltgesättigte Lösung von Ferriammonsulfat, der soviel konz. Salpetersäure zugesetzt ist, daß die Braunfärbung verschwindet.

5. Konz. Kaliumpermanganatlösung.

Man mißt 10 ccm Harn in ein Meßkölbchen, das bei 100 ccm eine Marke trägt ab, und gibt 3—4 ccm der Salpetersäure hinzu. Ist der Harn stark gefärbt, so werden zur Beseitigung der Färbung einige Tropfen Permanganat hinzugefügt und eventuell etwas erwärmt. Dann gibt man aus einer Bürette so lange $^1/_{10}$ n-AgNO$_3$-Lösung hinzu, bis der einfallende Tropfen am Rand keine Fällung von Chlorsilber gibt, und versetzt noch mit einem kleinen Überschuß (etwa 30 ccm). Das Kölbchen wird jetzt bis zur Marke 100 mit destilliertem Wasser aufgefüllt und der Niederschlag durch ein trockenes Faltenfilter abfiltriert. Die beim Auffüllen oft entstehenden Schaumbläschen werden durch Zusatz einiger Tropfen Äther entfernt. Vom Filtrat verwendet man 50 ccm, die man mit einer Pipette abmißt, setzt 2—4 ccm Ferriammonsulfatlösung hinzu und titriert mit der Rhodanammonlösung bis zur bleibenden schwachen Rotfärbung. Die verbrauchten Kubikzentimeter Rhodanlösung multipliziert man mit 2 (da nur die Hälfte des Ausgangsvolumens verwendet wurde) und zieht die erhaltene Zahl von der Zahl der Kubikzentimeter der zugesetzten Argentum-nitricum-Lösung ab. Die Differenz der Silberlösung ist an Chlor gebunden. 1 ccm der $^1/_{10}$ Normal-Silberlösung entsprechen 0,00355 g Chlor oder 0,00585 g NaCl.

Für klinische Fragen ausreichend genau sind auch die Resultate mit dem *Chloridometer* von H. STRAUSS[1]: Dieses ist ein graduierter Meßzylinder, der bis zur Marke A mit einer Lösung gefüllt wird, die in 1 Liter 17,0 g Argentum nitricum, 900 ccm 25%iges Acid. nitric. puriss. und 50 ccm Liq. ferr. sulfur. oxydat. enthält. Hierauf gibt man Harn bis zur Marke U, läßt nach kurzem Stehen so lange 0,05 n-Rhodanammoniumlösung unter sanftem Umdrehen (ohne zu schütteln!) zufließen, bis bleibende Orangefärbung eintritt. An der Graduierung läßt sich der NaCl-Prozentgehalt ablesen.

Im normalen Harn finden sich stets **phosphorsaure Salze** in wechselnder Menge. Die Kenntnis dieser Salze ist von Wichtigkeit, einmal weil ein Teil von ihnen schwer löslich ist und daher charakteristische Sedimente oder Konkremente bilden kann, zweitens weil das Verhältnis der verschiedenen phosphorsauren Salze zueinander den Aciditätsgrad des Harns in wesentlicher Weise bestimmt (vgl. S. 247). Die Phosphorsäure (H$_3$PO$_4$) bildet (soweit das für den Harn in Betracht kommt) drei verschiedene Salze, deren Benennung sich je nach der Zahl der verschiedenen Metallatome richtet.

Sind in der H$_3$PO$_4$ alle drei H-Atome durch Metall, z. B. Na ersetzt, so nennt man dieses Salz (Na$_3$PO$_4$) basisches Natriumphosphat oder Trinatriumphosphat oder auch tertiäres Natriumphosphat. Die Bezeichnung basisches Phosphat rührt daher, weil eine Lösung von Na$_3$PO$_4$ sowohl gegen Lackmus als auch gegen Phenolphthalein alkalisch reagiert; am besten ist die Bezeichnung tertiäres Natriumphosphat. Wenn nur ein Teil der in der H$_3$PO$_4$ enthaltenen H-Atome durch Metall ersetzt wird, so können entweder Salze vom Typus Na$_2$HPO$_4$ oder NaH$_2$PO$_4$ gebildet werden. Die Salze, die der Verbindung Na$_2$HPO$_4$ entsprechen, sind schwächer sauer als die vom Typus NaH$_2$PO$_4$. Erstere reagieren gegen Lackmus deutlich, gegen Phenolphthalein schwach alkalisch, während das Salz NaH$_2$PO$_4$ gegen Lackmus und Phenolphthalein sauer reagiert. Die Salze Na$_2$HPO$_4$ werden als einfach saure oder neutrale oder nach der Zahl der vorhandenen Metallatome als sekundäre oder Di(natrium)-Phosphate bezeichnet. Die Salze NaH$_2$PO$_4$ werden als zweifachsaure (oder auch saure), als primäre oder als Mono-(natrium)-Phosphate bezeichnet.

---

[1] Hergestellt von der Firma Paul Altmann, Berlin NW.

Für das Verständnis der bei der *Harntitration* vor sich gehenden Reaktionen ist es wichtig zu wissen, daß die zweifach sauren Phosphate (Monophosphate) durch Laugen in einfachsaure (Diphosphate)

$$NaH_2PO_4 + NaOH = Na_2HPO_4 + H_2O$$

und daß die Diphosphate durch Säuren in Monophosphate übergeführt werden:

$$Na_2HPO_4 + HCl = NaH_2PO_4 + NaCl.$$

Aus diesem Verhalten erklärt sich, daß, wenn bei der Titration von Lösungen, die Mono- und Diphosphate nebeneinander enthalten, der Gehalt an PO_4 bestimmt wird, ein Schluß auf das ursprüngliche Verhältnis dieser Salze zueinander nicht statthaft sein kann.

Der Urin stellt nun eine Lösung dar, in der die verschiedenen Salze der Phosphorsäure in wechselnder Menge vorhanden sind.

Die Kalium- und Natriumsalze der Phosphorsäure sind leicht löslich, die sekundären und tertiären Erdalkalisalze (Ca, Mg) sind schwer löslich. Aus alkalischen Harnen fallen daher die vorhandenen Ca- und Mg-Salze leicht aus. Setzt man zu einem an Erdalkalien reichen, aber sauer reagierenden Harn, der die Erdphosphate gelöst enthält, genügend Alkali hinzu, so fallen diese aus.

Das Dicalcium- und Dimagnesiumphosphat $\left(\genfrac{}{}{0pt}{}{CaHPO_4}{MgHPO_4}\right)$ und ebenso das Tricalcium und Trimagnesiumphosphat kommen daher als Sediment im alkalischen Harn vor (s. S. 311). Auch die in ammoniakalisch zersetzten Harnen sich bildende phosphorsaure Ammoniak-Magnesia $Mg(NH_4)PO_4$ ist schwer löslich und fällt deshalb im alkalischen Harn leicht aus (s. S. 308).

Quantitative Bestimmung der Phosphorsäure[1].

Prinzip: Uransalze fällen Phosphate in heißer essigsaurer Lösung quantitativ als Uranylphosphat. Als Indicator für einen Überschuß des Uransalzes dient Ferrocyankalium (Rotbraunfärbung).

Reagentien: 1. Uransalzlösung, und zwar 30 g Uranacetat puriss. oder 35,5 g Urannitrat puriss. zu 1 Liter Aqua destillata gelöst. Da der Titer der Uranlösung nicht haltbar ist, ist dieser mit einer Phosphatlösung einzustellen. Hierzu dient *2. Monokaliumphosphat* puriss. (für Enzymstudien nach SOERENSEN, KAHLBAUM), 3,8334 g werden zu 1 Liter Aqua destillata gelöst (1 ccm = 2 mg P_2O_5). *3. Natriumacetat* 100 g in Aqua destillata gelöst, werden mit 100 ccm 30%iger Essigsäure versetzt und auf 1 Liter aufgefüllt. *4. Ferrocyankalium* in Pulver oder als 10%ige Lösung.

Zur *Einstellung der Uranlösung* versetzt man in einem ERLENMEYER-Kolben von 200 ccm 50 ccm der Monokaliumphosphatlösung (= 100 mg P_2O_5) mit 5 ccm der Acetatlösung, erhitzt und titriert mit der Uranlösung. Den Endpunkt der Titration stellt man fest, indem man mittels einer Glascapillare 1—2 Tropfen der heißen Mischung auf eine Porzellanplatte überträgt und mit etwas Ferrocyankalium befeuchtet, bzw. mit Tropfen der 10%igen Lösung in Berührung bringt. Beim Überschuß der Uranlösung entsteht eine deutliche Rotbraunfärbung. Man wiederholt die Bestimmung, errechnet den

---

[1] Nach RONA: Praktikum, l. c.

Durchschnittswert und verdünnt die Uranlösung so weit, daß 1 ccm 5 mg
P_2O_5 entspricht.

Ausführung: Man versetzt 50 ccm eiweißfreien Harns (ein etwaiges
Phosphatsediment ist vorher durch Zusatz von Essigsäure in Lösung zu
bringen) in einem ERLENMEYER-Kolben mit 5 ccm Acetatlösung und erhitzt.
Dann titriert man mit der Uranlösung genau wie oben.

Berechnung: Man multipliziert die Zahl der verbrauchten Kubikzentimeter
Uranlösung mit 5 und erhält den P_2O_5-Gehalt der untersuchten Harnmenge
in Milligramm.

Normal werden in 24 Stunden 2,5—3,5 g P_2O_5 (Grenzwerte
1—5 g) ausgeschieden; davon entfallen etwa $^2/_3$ auf Verbindungen
mit Alkalien, $^1/_3$ auf solche mit Erdalkalien. Die Menge der im
Harn ausgeschiedenen Phosphorsäure ist wesentlich abhängig von
der Ernährung. Kalk- und Phosphorsäurestoffwechsel stehen in
inniger Beziehung, und das Verhältnis der im Harn erscheinenden
phorphorsauren Kalksalze zu den im Kot ausgeschiedenen Kalk-
mengen unterliegt großen Schwankungen. Bei erhöhtem Nuclein-
zerfall im Körper ist die Menge der ausgeschiedenen Phosphorsäure neben der Harnsäure vermehrt.

Wie bei der Harnsäure zwischen ausgeschiedener gesamter
Menge und der im Urin als Harnsäure ausfallenden unterschieden
werden muß (s. S. 240), so muß auch bei der Ausscheidung der
phosphorsauren Salze zwischen den entsprechenden beiden Mengen
scharf unterschieden werden: Vermehrter *Ausfall* phosphorsaurer
Salze spricht nicht für vermehrte Gesamtausscheidung; sie ist
vielmehr ein Zeichen veränderter Harnacidität (s. Phosphaturie
S. 322).

Die **Schwefelsäure** (H_2SO_4) findet sich im Harn in zwei verschiedenen Formen, erstens als „Sulfatschwefelsäure" an Alkalien,
zweitens als „Ätherschwefelsäure" an aromatische Körper, d. h.
an Phenole und ihre Abkömmlinge gebunden. Ihre Gesamtmenge
beträgt durchschnittlich 1,5—3 g (SO_3) bei gemischter Kost; bei
vermehrtem Eiweißumsatz ist ihre Menge vermehrt. Unter normalen
Verhältnissen verhält sich die Menge der Ätherschwefelsäure zu
der der Gesamtschwefelsäure wie 1 : 10. Die erstere wird bedingt einmal durch die Menge der zugeführten aromatischen
Substanzen, die sich im Organismus mit Schwefelsäure paaren,
zweitens durch die Menge der bei der Darmfäulnis entstehenden
gleichen Körper. Durch die Paarung mit Schwefelsäure werden
die gebildeten aromatischen Substanzen entgiftet. Die normalerweise sich findende Ätherschwefelsäure ist hauptsächlich Kresol-
und Indoxylschwefelsäure (an Alkali gebunden). Bei Carbol-,
Lysol- usw. Vergiftungen nimmt die Menge der Ätherschwefelsäure im Harn daher beträchtlich zu, unter Umständen derart,
daß fast keine Sulfatschwefelsäure ausgeschieden wird.

Bei vegetabilischer Kost, bei Milch- und Kefirzufuhr ist die Menge der Ätherschwefelsäure vermindert; beim normalen Brustkind ist sie sehr gering.

Die Alkalisalze, sowie die Magnesiumsalze der Schwefelsäure sind leicht löslich, dagegen ist das schwefelsaure Calcium $CaSO_4$ schwer löslich, es findet sich daher in seltenen Fällen als Sediment im Urin (s. S. 309).

Über die ungefähre *Menge der ausgeschiedenen Ätherschwefelsäure* kann man sich durch einen Reagensglasversuch orientieren. Man fällt zuerst aus dem mit Essigsäure schwach angesäuerten Harn die Sulfatschwefelsäure mit Chlorbarium als schwefelsaures Barium und filtriert ab. Im Filtrat befindet sich nun die Ätherschwefelsäure. Zur Abspaltung der Schwefelsäure von den Paarlingen (Kresol usw.) wird das Filtrat mit konz. Salzsäure versetzt und gekocht; nun gibt man nochmals Chlorbarium hinzu und fällt so die jetzt abgespaltene Schwefelsäure. Der Vergleich der beiden Fällungen ergibt bereits eine Vorstellung von der Menge der Ätherschwefelsäure (wichtig bei Phenolvergiftungen usw.).

Die **Kohlensäure** findet sich im normalen Harn nur in geringer Menge als evakuierbares Gas, im wesentlichen ist sie an Alkalien gebunden. Bei gemischter Kost ist die Menge der ausgeschiedenen kohlensauren Salze gering; nach Pflanzennahrung, namentlich nach Zufuhr von Obst und Gemüsen, oder nach Einnehmen größerer Mengen von Natrium bicarb., enthält der Harn jedoch oft so große Mengen von kohlensauren Salzen, daß er beim Versetzen mit Säuren (z. B. bei der Eiweißprobe) aufbraust. Die mit einer derartigen Nahrung in großer Menge eingeführten organischen Säuren bzw. ihre Salze werden zum größten Teil verbrannt und die gebildete Kohlensäure an Alkali gebunden, so wird z. B. essigsaures Natrium bis zu 90% als Natriumcarbonat ausgeschieden. Die Kohlensäure H_2CO_3 bildet zwei Reihen von Salzen, die normalen, z. B. Na_2CO_3 und die sauren $NaHCO_3$. Die Alkalisalze (Na und K) beider Reihen sind löslich, die Salze der Erdalkalien (Ca und Mg), namentlich die normalen ($CaCO_3$) sind schwer löslich; sie finden sich daher bisweilen als Sediment im alkalischen Harn (s. S. 309).

Von den übrigen im Harn vorkommenden Stoffen sei noch erwähnt die **Oxalsäure** ($COOH \cdot COOH$); ihre Menge beträgt ungefähr 0,02 g pro die. Aus sauren Harnen krystallisiert das schwer lösliche oxalsaure Calcium leicht aus (s. S. 306 und 323).

Das **Kreatinin** (das Anhydrid des Kreatins, d. h. der Methylguanidinessigsäure): 1,0—1,25 g im Tag. Seine Menge nimmt mit gesteigerter Muskelarbeit und mit reicher Fleischnahrung zu. Auf der Anwesenheit von Kreatinin beruht die in jedem normalen Harn auftretende Rotfärbung durch Nitroprussidnatrium und Natronlauge (s. Acetonreaktion S. 281).

Die **Hippursäure.** ($C_6H_5 \cdot CO \cdot NH—CH_2 \cdot COOH$.) Sie bildet sich aus Benzoesäure $C_6H_5 \cdot COOH$ und Glykokoll $H_2N \cdot CH_2—COOH$ durch Synthese in den Nieren. Sie ist in Wasser schwer löslich und kommt in seltenen Fällen als Sediment vor. Ihre Menge beträgt 0,1—1 g im Tag.

Von anorganischen Bestandteilen enthält der Harn außer den erwähnten Säuren kleine Mengen von Flußsäure, Kieselsäure, Salpetersäure und salpetriger Säure, von Kationen Kalium, Natrium, Calcium, Magnesium und Spuren von Eisen.

Die *Gesamtasche* ist abhängig von der mit der Nahrung eingeführten Salzmenge, namentlich dem NaCl. Sie beträgt in 24 Stunden 9—24 g.

Nachweis der Diastase im Harn nach WOHLGEMUTH-BAUMANN.

Der *Nachweis* einer Vermehrung der Diastase im Harn ist von großer diagnostischer Bedeutung bei Pankreaserkrankungen, insbesondere bei der akuten Pankreasnekrose.

Methode: In ein metallenes Reagensglasgestell, welches sich in ein Wasserbad hineinstellen läßt, stellt man 12 kleine Reagensgläser. In jedes Glas füllt man genau 1 ccm physiologische Kochsalzlösung und fügt in jedem Gläschen 1 ccm Harn hinzu. Man mischt durch, indem man das Gemisch mehrmals mit der Pipette aufzieht und wieder ausbläst. Dann gibt man 1 ccm aus dem ersten Gläschen in das zweite, mischt wieder durch, gibt 1 ccm aus dem zweiten Gläschen in das dritte und so fort bis zum letzten Gläschen, aus dem man nach dem Durchmischen 1 ccm. verwirft. Die so erhaltene Verdünnungsreihe ist: $^1/_2, ^1/_4, ^1/_8, ^1/_{16}$ usw. Nun wird in jedes Gläschen 1 ccm Phosphatpuffergemisch hinzugefügt (gleiche Teile einer Lösung von 9,078 g KH_2PO_4 in 1 Liter Aqua destillata und 11,876 g Na_2HPO_4 in 1 Liter Aqua destillata werden in einem Becherglase gemischt[1]).

Schließlich füllt man in jedes Gläschen je 1 ccm einer frisch bereiteten zweipromilligen Stärkelösung. Nachdem man sämtliche Gläschen kräftig geschwenkt hat, kommt das Ganze in das Wasserbad von 38° für genau 30 Min. Dann kühlt man die Gläschen durch Einbringen in kaltes Wasser kurz ab und setzt jedem Gläschen höchstens 2 Tropfen $^1/_{50}$ n-Jodlösung zu. Das Vorhandensein einer blauen oder violetten Färbung zeigt nicht abgebaute Stärke an. Die Bestimmung des Grenzwertes, der *normal 64* beträgt, ergibt sich aus demjenigen Röhrchen, welches keine Spur von Blaufärbung, sondern eine Braunrotfärbung aufweist. In Zweifelsfällen verdünnt man das betreffende Gläschen mit etwa 5 ccm Aqua destillata; erscheint dann noch ein leicht bläulicher Farbton, so wählt man zur Berechnung des Diastasewertes das vorhergehende, d. h. das nächst niedere Gläschen.

Man multipliziert die Nenner der Verdünnungszahlen mit 2, so daß sich folgende Werte ergeben: Gläschen: 1 2 3 4 5 6 usw.
Diastasewert: 4 8 16 32 64 128 usw.

---

[1] Die Salze sind bei KAHLBAUM als „Kaliumphosphat und Natriumphosphat zu Enzymstudien nach SÖRENSEN" zu haben. Die Lösungen sind getrennt aufbewahrt gut haltbar. — Beim Pipettieren usw. hüte man sich übrigens vor Verunreinigung der Geräte mit dem diastasehaltigen Speichel.

Man kann sich übrigens, um nicht jedesmal die Stärkelösung frisch
herstellen zu müssen, eine Standard-Stärke-Phosphatpufferlösung vorrätig
halten, die jedoch 10mal so konzentriert sein muß, um die Bakterien-
entwicklung zu verhindern. Sie enthält in 100 ccm Aqua destillata 1 g
lösliche Stärke (KAHLBAUM oder MERCK) sowie 4,539 g KH_2PO_4 und 5,938 g
Na_2HPO_4. Eine verdorbene Stärkelösung ergibt abnorm hohe Diastase-
werte. Vor dem Gebrauch wird die Stammlösung 10fach verdünnt.

Im normalen Harn finden sich mit besonderen Methoden
nachweisbare Spuren von Eiweiß und Zucker. Für die klinische
Bewertung kommen diese nicht in Betracht, so daß man in praxi
den normalen Harn als eiweiß- und zuckerfrei betrachten kann.
Diese Bestandteile werden daher unter den *pathologischen* angeführt.

II. Chemisch nachweisbare pathologische Bestandteile.
Albuminurie.

Die hauptsächlich im Harn vorkommenden Eiweißkörper sind
die des Blutserums, das Serumalbumin und Serumglobulin. Ihr
Auftreten im Harn zeigt an, daß die Nieren für diese unter normalen
Bedingungen undurchlässigen Substanzen durchlässig geworden
sind. Nur ein sehr kleiner Bruchteil des bei schweren Destruktions-
prozessen der Niere ausgeschiedenen Eiweißes entstammt der
Nierensubstanz selbst, oder bei Erkrankungen der Harnwege diesen,
sowie etwa ausgeschiedenen Leukocyten. *Jede Albuminurie höheren
Grades ist auf Veränderung des Nierenfilters gegenüber den Eiweiß-
körpern des Blutes zu beziehen*; dagegen deutet durchaus nicht jede
Albuminurie auf Nephritis, ja nicht einmal auf schwere organische
Alteration der Nieren hin.

Bei Zufuhr *sehr* großer Mengen körperfremden Eiweißes kann dieses
durch die Nieren ausgeschieden werden (Eieralbumin), doch hat diese Form
der Albuminurie (alimentäre) keine wesentlich praktische Bedeutung.

Albuminurie geringen Grades kommt bei zahlreichen fieberhaften Zuständen *(febrile Albuminurie)* vor; sie ist wahrscheinlich
weniger durch die Temperatursteigerung als vielmehr durch das
das Fieber erzeugende toxische Agens bedingt; bei Erkrankungen
der Harnwege ohne Beteiligung des Nierenparenchyms ist die
Albuminurie ebenfalls nur gering; zu den Harnwegen ist hierbei
auch das Nierenbecken zu rechnen. Als Ursache kommen hier
Steine, Tumoren, Entzündungen, ferner vorübergehende Kompression der Ureteren und des Nierenbeckens in Betracht.

Um zu entscheiden, aus welchem Teile des Urogenitaltractus
Eiweiß oder corpusculäre Elemente stammen, ist es notwendig,
den ausgeschiedenen Urin zunächst ohne weitere Hilfsmittel zu

betrachten. Oft weisen hierbei bestimmte Trübungen, z. B. sog. *„Tripperfäden"* (s. S. 328), ohne weiteres auf eine bestimmte Lokalisation des Leidens hin. Diese läßt sich häufig durch die *Zwei-* oder *Dreigläserprobe* feststellen.

Die Probe wird so vorgenommen, daß der Harnstrahl während der Entleerung vom Patienten einen Augenblick angehalten und der Rest in ein bereitgestelltes zweites oder drittes Glas entleert wird. Bei Erkrankungen des vorderen Teiles der Harnröhre, wie das bei unkomplizierter Gonorrhöe die Regel ist, ist nur Probe I trüb und enthält Eiweiß, Fäden und Leukocyten. Ist jedoch, z. B. bei chronischem Tripper, auch der hintere Teil der Harnröhre erkrankt, so ist auch Probe II trüb, ebenso bei bestehender Cystitis. In manchen Fällen läßt sich die Differenzierung durch Anstellung der Dreigläserprobe noch weiter treiben, doch genügt für die meisten Fälle eine Teilung in zwei Portionen.

Bei allgemeiner Blutstauung kann infolge verlangsamter Blutzirkulation in den Nieren eine derartige Schädigung des Nierenfilters eintreten, daß die ausgeschiedenen Eiweißmengen außerordentlich groß werden. Es ist ein namentlich von Unerfahrenen oft begangener Irrtum, die Stärke der Albuminurie zur Entscheidung, ob Nephritis oder „Stauungsharn" vorliegt, heranzuziehen. Ferner ist es wichtig zu wissen, daß *nervöse* Einflüsse die Durchlässigkeit der Nieren für Eiweiß ändern können. Bei Epilepsie, bei Kopftraumen usw. tritt bisweilen direkt im Anschluß an das Trauma bzw. an den Anfall Albuminurie (manchmal zugleich mit Zuckerausscheidung) auf. Druck auf die Nieren und Dislokation des Organs kann ebenfalls zu geringfügiger Albuminurie führen.

Palpatorische Albuminurie: Fühlt man in der Nierengegend einen Tumor, und findet man nach intensiver Durchpalpation den vorher eiweißfreien Harn eiweißhaltig, so spricht dies dafür, daß der getastete Tumor tatsächlich der Niere entsprach. Häufig ist jedoch diese palpatorische Albuminurie keineswegs.

Auf nervösen Momenten sowie auf veränderter Blutzirkulation, in manchen Fällen infolge lordotischer Haltung der Wirbelsäule, dürfte die namentlich bei Kindern und jugendlichen Individuen nicht selten zu findende *orthostatische* oder *cyclische Albuminurie* beruhen. Für einige Fälle ist neuerdings nachgewiesen, daß nur der Harn der *linken* Niere eiweißhaltig ist und es wird das auf den gebogenen Verlauf von Arteria und Vena renalis über Aorta und die stark vorspringende Wirbelsäule bezogen. Die Tatsache des fast regelmäßigen Vorkommens der orthostatischen Albuminurie bei Spätrachitis beweist, daß die vasomotorische Zirkulationsstörung als Symptom einer *allgemeinen* Stoffwechselstörung auftreten kann. Ihre Erkennung ist von größter Wichtigkeit, weil die Therapie dieser Zustände vollkommen von der der Nephritis abweicht. Es sei schon hier bemerkt, daß der orthotische Typus der Albuminurie jedoch auch bei Nephritiden, namentlich in der Rekonvaleszenz, vorkommt, sowie, daß die Menge der Eiweißausscheidung differentialdiagnostisch belanglos ist.

In manchen Fällen orthostatischer Albuminurie, aber auch bei anderen Formen der Eiweißausscheidung, findet sich im Urin ein bereits in der Kälte durch *„Essigsäure fällbarer Eiweißkörper"*. Über die Natur dieses ist viel diskutiert worden; es scheint sich jedoch um einen globulinartigen Eiweißkörper zu handeln. Man weist ihn nach, indem man den Harn mit gleichen Teilen Wassers verdünnt und dann einige Tropfen 3%iger Essigsäure zusetzt. Im ikterischen Harn finden sich geringe Mengen hiervon fast regelmäßig.

Die *genaue* quantitative Bestimmung der ausgeschiedenen Eiweißmengen hat klinisch keine große Bedeutung; es ist ein oft begangener Irrtum, wenn man die Schwere der Erkrankung nach der Eiweißmenge bemessen will.

Die getrennte Bestimmung der Menge des Serumalbumins und Serumglobulins hat im allgemeinen keine praktische Bedeutung.

1. Qualitativer Nachweis der Eiweißkörper.

Der Harn muß rein und frei von äußeren Beimengungen zur Untersuchung kommen. *Auch ist es ratsam, den zu verschiedenen Tageszeiten gelassenen Harn zu prüfen.* Der in der Nacht gebildete Harn gibt im allgemeinen am wenigsten über vorhandene Störungen Auskunft; viel eher der Tagharn, besonders die nach dem ersten Frühstück ausgeschiedene Probe. Jeder trübe oder hochgestellte Harn ist vor Ausführung der Proben stets zu *filtrieren*. Am alkalischen Harn fallen die Eiweißkörper naturgemäß nicht aus (deshalb vorherige Prüfung der Reaktion mit Lackmuspapier!).

Nachweis der Albuminurie.

1. Die Kochprobe: Man kocht den Urin in einem Reagensglas und setzt einige Tropfen einer 3%igen Essigsäure zu. Eine beim Kochen entstehende Trübung kann aus Eiweiß oder aus phosphorsauren Salzen bestehen; Eiweiß wird durch Essigsäurezusatz nicht gelöst, phosphorsaure Salze lösen sich. Enthält der Harn viel Carbonate, so fallen diese beim Kochen gleichfalls aus, sie lösen sich aber unter Aufbrausen.

Sehr salzarme (dünne) Harne lassen bisweilen beim Kochen und Versetzen mit Essigsäure nicht alles oder gar kein Eiweiß ausfallen; in diesen Fällen ist es notwendig, einige Tropfen einer konz. Kochsalzlösung zuzusetzen. Statt der Essigsäure kann man auch verdünnte Salpetersäure verwenden, indem man zu dem Harn $^1/_8$ Volum dieser Säure hinzugibt. Bei Anwesenheit von nur minimalen Eiweißmengen ist es zweckmäßig, die Probe einen Augenblick nach dem Kochen stehen zu lassen, um eine jetzt auftretende Trübung nicht zu übersehen.

In seltenen Fällen kommt es vor, daß sich beim Erhitzen des Harns anfänglich ein Niederschlag bildet, der aber auf weiteres Erwärmen bis

zum Sieden wieder verschwindet. Dies deutet auf die Anwesenheit eines
besonderen Eiweißkörpers hin, dessen Vorhandensein von differentialdiagnostischer Bedeutung sein kann (s. BENCE-JONESscher Eiweißkörper
S. 256).

2. Essigsäure-Ferrocyankaliumprobe: Man säure den Harn zunächst stark
mit Essigsäure an und setze von einer 5—10%igen Ferrocyankaliumlösung
vorsichtig tropfenweise zu. Bei Gegenwart von Eiweiß (aber auch von
Albumosen) entsteht meist sofort ein dichter weißer Niederschlag oder bei
geringeren Mengen erst nach einigen Minuten eine deutliche Trübung.

Sehr konz. Harne werden am besten erst verdünnt. Die Reaktion
ist *äußerst scharf und sicher* und, weil das Aufkochen unterbleibt, sehr bequem.
Bisweilen fällt bereits vor dem Zusatz von Ferrocyankalium allein durch die
Essigsäure ein besonderer globulinartiger Eiweißkörper aus, dessen Natur
nicht völlig aufgeklärt ist. („Durch Essigsäure in der Kälte fällbarer Eiweißkörper".) Er findet sich besonders bei dem orthostatischen Typus der
Albuminurie (s. S. 252), aber auch bei anderen Krankheitszuständen, so
regelmäßig bei Ikterus.

3. HELLERsche Salpetersäureprobe: In einem Reagensglas wird der Harn
vorsichtig mit konz. reiner Salpetersäure in der Weise unterschichtet, daß
man die Säure aus einer Pipette zufließen läßt und eine Mischung ver-
meidet. Bei Gegenwart von Eiweiß (Albumin, Albumose und Mucin) bildet
sich an der Berührungsstelle ein scharf begrenzter, weißer Ring, der bei
schwachem Eiweißgehalt erst nach einigen Minuten entsteht und bisweilen
nur erkannt wird, wenn man das Röhrchen gegen einen dunklen Hintergrund hält.

Hochgestellte uratreiche Harne werden am besten erst mit Wasser
verdünnt, da sonst Fällungen mit Salpetersäure hervorgerufen werden
können; diese unterscheiden sich aber sowohl durch die Farbe wie höhere
Lage von dem Eiweißring und verschwinden bei gelir dem Erwärmen; auch ist
der Harnsäurering meist breiter und an der oberen Grenze verschwommener
als der Eiweißring. Bei Gegenwart von Eiweiß können in solchen Harnen
daher gelegentlich zwei Ringe übereinander erscheinen.

Nach Gebrauch von Terpentin und Kopaiva- und Tolu-Balsam (SOMMER-
BRODTsche, Gonosan- u. ä. Kapseln!) kann ebenfalls eine Opalescenz eintreten; dieselbe wird aber durch Schütteln mit Alkohol gelöst.

Bei Beobachtung dieser Vorsichtsmaßregeln ist die Probe *äußerst* zuverlässig; sie ist auch sehr scharf, da noch $0,02^0/_{00}$ Albumin sicher nachweisbar sind.

Mit den drei genannten Proben kommt man im allgemeinen
durchweg aus; es sind noch eine Reihe anderer Methoden empfohlen,
die aber für die Praxis belanglos, zum Teil wegen der ihnen
anhaftenden Fehler geradezu unbrauchbar sind. Besonders sei
davor gewarnt, ohne vorherige sichere qualitative Eiweißprobe,
wie das bisweilen geschieht, das ESBACHsche Reagens anzuwenden,
da durch dieses (vgl. S. 257) noch andere Substanzen außer Eiweiß
gefällt werden. Ferner sei daran erinnert, daß Eiweiß, Albumosen
und Peptone die *Biuretreaktion* geben. Auch diese kann als Eiweißprobe dienen:

Man versetzt den Harn mit Kali- oder Natronlauge und gibt einige
Tropfen einer *stark verdünnten* Kupfersulfatlösung hinzu. Eiweißhaltige
Harne zeigen eine rotviolette Lösung (vgl. Zuckerprobe S. 268).

Der Vollständigkeit halber seien einige weniger gebräuchliche Methoden noch kurz angeführt:

4. Durch Versetzen des Harns mit 20%iger *Sulfosalicylsäure* werden selbst kleine Eiweißmengen gefällt.

5. SPIEGLERs Probe: Man gibt von dem mit Essigsäure stark angesäuerten Harn vorsichtig einige Tropfen zu folgendem am besten frisch bereiteten Reagens: Hydrarg. bichlor. corros. 8,0, Acid. tartaric. 4,0, Rohrzucker 20,0, Aqua destillata 200,0. Bei Anwesenheit minimaler Albuminurie tritt ein weißlicher Ring auf.

Nachweis des Globulins.

Um die Gegenwart des in der Regel mit dem Serumalbumin vereint anzutreffenden Globulins festzustellen, kann man zweckmäßig so verfahren:

1. Man filtriere etwa 30—50 ccm Harn und verdünne mit der 10fachen Menge destillierten Wassers; macht sich bei Zusatz von verdünnter Essig- oder Borsäure allmählich eine Trübung oder ein flockiger Niederschlag bemerkbar, so ist mehr oder weniger Globulin vorhanden.

2. Man mache den Harn durch Zusatz von etwas Ammoniak schwach alkalisch, lasse einige Zeit stehen, filtriere und versetze das Filtrat mit dem gleichen Volum kaltgesättigter Ammoniumsulfatlösung; bei Gegenwart von Globulin tritt je nach dessen Menge Trübung oder flockige Fällung ein.

Vorkommen und Nachweis von Albumosen.

Albumosen und Peptone unterscheiden sich von den Eiweißkörpern dadurch, daß sie nicht wie diese koagulierbar sind. Sie fallen daher beim Erwärmen und Versetzen des Harns mit Säuren nicht aus; dagegen geben sie, je nach ihrer Zusammensetzung aus einzelnen Bausteinen, wie das Eiweiß eine Reihe von Gruppenreaktionen. Die Art der Verknüpfung der einzelnen Bausteine untereinander ist die gleiche wie beim Eiweiß; hierauf beruht die Tatsache, daß Peptone, Albumosen und Eiweißkörper in gleicher Weise die Biuretreaktion geben (s. S. 254). Die Albumosen lassen sich durch Sättigen des Harns mit Ammonsulfat aussalzen.

Unter pathologischen Verhältnissen kommen im Harn größere Mengen nichtkoagulabler die Biuretreaktion gebender Substanzen vor, die man als Albumosen bezeichnet (echtes Pepton kommt im Harn nur sehr selten vor). Ihr diagnostischer Wert und ihr Vorkommen ist früher überschätzt worden; Bedeutung kommt ihnen nur bei Abwesenheit von Eiweiß zu. Ziemlich konstant findet man bei Pneumonie im Stadium der Lösung, bei Vorhandensein eitriger Exsudate, bei Darmulcerationen und im Puerperium größere Mengen. Die bei Eiterungen gelegentlich gefundene Albumosurie hat keine praktische Bedeutung.

Dem einwandfreien Nachweis kleiner Mengen von Albumosen stehen oft die größten Schwierigkeiten entgegen, zumal in eiweißhaltigen und farbstoffreichen Harnen. Der Nachweis gründet sich in letzter Linie auf den positiven Ausfall der Biuretreaktion in dem von allen übrigen die Biuretreaktion gebenden Stoffen befreiten Harn. Die Hauptschwierigkeit liegt in der Entfernung dieser Stoffe, namentlich von Mucin, Hämoglobin, Urobilin, ohne Anwendung eingreifender Methoden.

Methode von BANG: Man sättigt 10 ccm Harn im Reagensglas mit 8 g gepulvertem Ammonsulfat und erhitzt zum Sieden, filtriert den Niederschlag ab und wäscht ihn zur Entfernung des Urobilins mehrmals mit Alkohol. Den Rückstand versetzt man mit 3—4 ccm Wasser, kocht auf und filtriert. Die in dem Filtrat vorhandenen Albumosen weist man mit der Biuretreaktion nach (eventuell durch Überschichtung mit Kupfersulfatlösung).

Der Bence-Jonessche Eiweißkörper.

Der Bence-Jonessche Eiweißkörper ist im Urin nur bei Knochenmarkaffektionen aufgefunden worden, und zwar meistens bei multiplen Myelomen, ausnahmsweise auch bei Leukämien. Der Bence-Jonessche Eiweißkörper braucht nicht dauernd im Urin enthalten zu sein, sondern kann vorübergehend wieder verschwinden. Differentialdiagnostisch ist der Nachweis des Bence-Jonesschen Eiweißkörpers von Bedeutung, weil seine Anwesenheit eine Osteomalacie mit Bestimmtheit ausschließt.

Nachweis: Man erwärmt den Urin, der deutlich sauer reagieren, also erforderlichenfalls mit einigen Tropfen Essigsäure versetzt werden muß, sehr vorsichtig. Bei 50—60° tritt zunächst milchige Färbung, dann Gerinnung ein, und bei stärkerem Erhitzen bis nahe zum Sieden vollständige oder teilweise Wiederauflösung. Kühlt man den Urin jetzt genügend ab, so tritt milchige und dann faserig-flockige Ausscheidung ein, die sich bei nochmaligem Erwärmen teilweise oder ganz wieder auflöst. Der Eiweißkörper wird durch Ferrocyankalium und Essigsäure in der Kälte gefällt; setzt man viel Essigsäure zu und erwärmt, so löst sich der Niederschlag, um beim Erkalten wieder auszufallen. Auch durch konz. Kochsalzlösung und Essigsäure kann er in der Kälte ausgefällt und beim Erwärmen in einem Überschuß von Essigsäure wieder gelöst werden. — Bei gleichzeitiger Anwesenheit von echtem Eiweiß kann der Bence-Jonessche Eiweißkörper leicht übersehen werden.

Mucin.

Echtes Mucin kommt nur in geringen Mengen im Harn vor. Es stammt aus den unteren Teilen der Harnwege, bei Frauen häufig aus der Vagina. Da seine Reaktionen mit dem „Essigsäure fällbaren Eiweißkörper" (s. S. 254) vielfach identisch sind, ist es lange Zeit mit diesem verwechselt worden. Der in alkalischen eitrigen Harnen sich abscheidende, die Anwesenheit von Mucin vortäuschende Bodensatz entsteht durch Veränderung der in den Leukocyten enthaltenen Nucleoproteide durch Alkali.

2. Quantitative Bestimmung der Eiweißkörper.

Die Bedeutung der quantitativen Bestimmung des im Urin ausgeschiedenen Eiweißes wird meist überschätzt. Die in der ärztlichen Praxis anwendbaren Methoden sind nicht genau; sie erlauben meist nicht mehr als eine ungefähre Schätzung; eine solche kann aber durch Beurteilung des bei der Kochprobe gebildeten Eiweißniederschlages ohne weiteres gewonnen werden. Für die Differentialdiagnose der einzelnen Nierenerkrankungen hat die genauere quantitative Bestimmung keine große Bedeutung, so daß man meist auf sie verzichten kann.

Wenn man nach Anstellung der Kochprobe den sich bildenden Niederschlag etwa 1 Stunde lang absitzen läßt, so kann man aus der Höhe des Koagulums den Eiweißgehalt ungefähr schätzen. Ist die ganze Harnsäule beim Kochen mit Essigsäurezusatz zu einem kompakten Koagulum erstarrt, so beträgt der Eiweißgehalt 20—30$^0/_{00}$ oder mehr; ist ungefähr die Hälfte der Urinsäule von dem Koagulum eingenommen, so kann der Eiweißgehalt auf ungefähr 10$^0/_{00}$ geschätzt werden. Ist $^1/_3$ der Harnsäule durch das Eiweißkoagulum eingenommen, so beträgt er ungefähr 5$^0/_{00}$, $^1/_4$ entspricht 2,5$^0/_{00}$, $^1/_{10}$ entspricht ungefähr 1$^0/_{00}$; findet sich nur die Kuppe des Reagensglases von dem Eiweißkoagulum eingenommen, so beträgt der Eiweißgehalt ungefähr 0,5$^0/_{00}$, entsteht nur eine Trübung, so beträgt der Eiweißgehalt weniger als 0,1$^0/_{00}$. Für die Praxis sind die auf diesem Wege gewonnenen Schätzungswerte, wie gesagt, völlig ausreichend.

Die heute noch gebräuchlichste Methode der quantitativen Eiweißbestimmung ist die nach ESBACH, obwohl ihr große Fehler anhaften. Es ist daher notwendig, sie durch eine zuverlässigere zu ersetzen.

Bei der **ESBACHschen Methode** wird das Eiweiß durch Hinzufügen von Pikrinsäure und Citronensäure in der Kälte gefällt. Es ist jedoch zu beachten, daß der hierbei sich bildende Niederschlag *nicht nur* aus Eiweiß besteht, da durch das Reagens Kalisalze, besonders aber Urate und noch andere Stoffe (z. B. Urotropin, Chinin usw.) ausgefüllt werden. Da deren Mengen in unkontrollierter Weise wechseln, so hat es keinen Sinn aus Differenzen nur weniger Tausendstel diagnostische oder gar prognostische Schlüsse zu ziehen. Auch durch die Umgebungstemperatur wird die Höhe des Niederschlages in wesentlicher Weise beeinflußt, was gewöhnlich unbeachtet bleibt.

Das Instrument (Abb. 136) besteht aus einem Reagensröhrchen, an dem die Marken R und U und eine feine Graduierung eingeritzt sind, um den Stand des Eiweißniederschlages scharf bestimmen zu können.

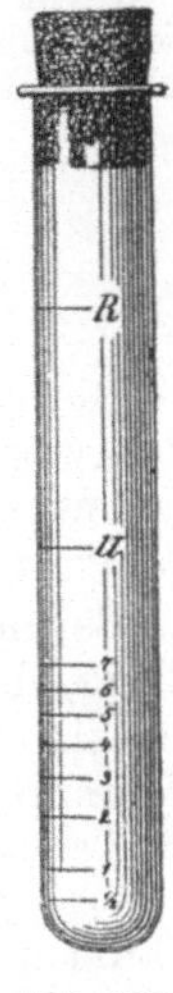

Unbedingt zu beachten sind aber folgende Punkte:

1. Der Harn muß *sauer* reagieren; neutrale und alkalische Harne sind daher mit Essigsäure anzusäuern.

Abb. 136. ESBACHS Albuminimeter.

2. Die Dichte des Harnes darf 1006—1008 nicht überschreiten; er muß daher entsprechend verdünnt werden. Bei besonders hohem Eiweißgehalt ist eine Verdünnung mit der mehrfachen Wassermenge erforderlich.

3. Die Probe ist stets bei *Zimmerwärme* vorzunehmen, da Temperaturunterschiede die Höhe des Niederschlags wesentlich beeinflussen.

Man benutzt folgendes *Reagens*: 10 g reine Pikrinsäure und 20 g lufttrockene, chemisch reine Citronensäure werden in 800 ccm Wasser gelöst und bei 15° C mit Wasser bis zum Gesamtvolumen von 1000 ccm versetzt. (Das Reagens ist fertig käuflich.)

Bei der Ausführung der Bestimmung füllt man in den ESBACHschen Zylinder bis zur Marke U den Harn und schichtet darüber bis zur Marke R das Reagens, schließt dann mit dem Gummipfropfen und kehrt das Röhrchen langsam etwa 15mal um. Danach wird es bei möglichst gleichmäßiger Zimmertemperatur 24 Stunden ruhig aufgestellt; *der dann an der Teilstrichskala abzulesende Stand des Niederschlags gibt die Zahl von Grammen an, welche in 1 Liter des untersuchten Harns enthalten sind* (°/$_{00}$).

Die Bestimmung des Eiweißes **durch Wägung** geschieht auf folgende Weise: 50 ccm filtrierten Harnes (bei hohem Eiweißgehalt eine geringere

Menge, die mit Wasser auf 50 ccm aufgefüllt wird) werden mit 10 ccm Acetat-
essigsäuremischung versetzt (man löst 118 g Natriumacetat und 56,5 ccm
Eisessig in Aqua destillata und füllt auf 1000 ccm auf) und erhitzt 30 Min.
auf dem Wasserbade. Nach dem Erkalten wird der gebildete Eiweiß-
niederschlag auf einem im Trockenschrank getrockneten und gewogenen
Filter gesammelt (das Filtrat muß dabei klar bleiben), mit Wasser, Alkohol
und Äther ausgewaschen, bei 100° im Trockenschrank samt dem Filter
(auf dem Trichter) getrocknet und mit dem Filter gewogen. Das Filtergewicht
wird von dem Gesamtgewicht abgezogen. Man kann auch den Eiweiß-
niederschlag samt dem Filter nach der KJEHLDALschen Methode (s. S. 237)
verbrennen und den Stickstoffgehalt bestimmen. Die erhaltene Stickstoffzahl
mit 6,25 multipliziert gibt die Menge des Eiweißes in Grammen an.

Abnorme Harnfarbstoffe.

Hämaturie, Hämoglobinurie.

Blutig roter Harn enthält entweder reines, aus den Nieren und
Harnwegen stammendes Blut oder gelösten und eventuell anderweit
umgewandelten Blutfarbstoff; im ersten Fall handelt es sich um
Hämaturie, im zweiten um *Hämo-* oder *Methämoglobinurie.*

Bei der **Hämaturie** ist der Harn hell- oder dunkelrot, deutlich
blutig, dichroitisch und enthält bisweilen breite, etwas zerrissene
Blutklumpen (Blasenblutung) oder regenwurmähnliche Blutgerinnsel
(Nierenbeckenblutung), die schon als solche mitentleert sind,
oder es treten erst später Gerinnungen ein.

Über die Bestimmung des Sitzes der Blutung kann gewöhnlich erst das
Mikroskop, eventuell in Verbindung mit der klinischen Untersuchung (Cystoskopie, Ureterenkatheterismus), sicher entscheiden. Hämaturie kommt vor
bei Tripper, akutem Blasenkatarrh, Stein- und Geschwürsbildungen in der
Blase und im Nierenbecken, Tuberkulose und Neubildungen des Harnapparates; ferner in gewissen Stadien der akuten oder chronischen Nephritis,
bei hämorrhagischer Diathese und bei Niereninfarkten. Beim Weibe hüte
man sich vor Verwechslungen mit Menstrualblut.

Die Entscheidung, welcher Art die Hämaturie ist, wird in Verbindung
mit den anderen Untersuchungsmethoden getroffen; insbesondere gibt das
Verhältnis der Gesamteiweißmenge zum Blutgehalt bereits einen Anhaltspunkt; so ist beispielsweise bei Nephrolithiasis und Blasensteinen der Eiweißgehalt annähernd dem Blutgehalt entsprechend, bei hämorrhagischer Nephritis ist er dagegen meist höher als der Blutbeimischung entspricht. Bei
der mikroskopischen Untersuchung (s. S. 293) achte man namentlich auf
das gleichzeitige Ausfallen von Krystallen freier Harnsäure (s. S. 322).

Hämoglobinurie findet sich, wenn größere Mengen von Blutkörperchen in der Blutbahn zerfallen, namentlich bei Vergiftungen,
aber auch als eigenes Krankheitsbild (s. paroxysmale Hämoglobinurie S. 326) sowie bei Schwarzwasserfieber. Der Nachweis des
Blutfarbstoffes kann auf spektroskopischem Wege geführt werden.
Vgl. darüber Spektraltafel S. 115.

Der chemische Nachweis des Blutfarbstoffes hat bei *Hämaturie*
keine diagnostische Bedeutung, da man sich hier einfacher und

zuverlässiger durch die mikroskopische Untersuchung von dem Vorhandensein oder Fehlen roter Blutkörperchen überzeugt. Bei *Hämoglobinurie* hat man, um ganz sicher zu sein, in erster Linie die spektroskopische Untersuchung vorzunehmen. Die chemischen Proben sind nicht zuverlässig, weil sie nicht absolut eindeutig sind, und weil ihre Anstellung absolut peinliches Arbeiten erfordert, insbesondere ist davor zu warnen, allen Oxydationsmethoden (Guajakprobe usw.) zu große Bedeutung zuzumessen. (Vgl. hierüber Nachweis des Blutes im Mageninhalt und den Faeces S. 219.)

Bei der HELLERschen Probe macht man den Harn mit Lauge stark alkalisch und kocht. Beim Erkalten wird Blutfarbstoff von den ausfallenden Erdphosphaten mitgerissen und färbt die letzteren, sonst weiß erscheinenden Flocken braun bis granatrot. Die Probe ist nicht eindeutig.

Porphyrin [1] findet sich unter normalen Verhältnissen nur in ganz geringen Mengen im Harn; bei manchen Vergiftungen, namentlich mit Sulfonal, Trional, Veronal, bei Bleikolik und bei manchen Leberkrankheiten kommt es in derartigen Mengen vor, daß der Harn eine charakteristische burgunderrote oder dunkelbraunrote Färbung zeigt.

Zu beachten ist, daß bisweilen sich im frischen Harn zunächst nur die *ungefärbte* Vorstufe, ein Porphyrinogen, findet, so daß man den (alkalisierten) Harn erst dem Licht und der Luft aussetzen muß, damit die Umwandluug und Dunkelfärbung erfolgt. Porphyrinharne geben übrigens in der Regel eine starke Urobilinreaktion.

Zum *Porphyrinnachweis* versetzt man 100 ccm Harn mit 20 ccm 10%iger Natron- oder Kalilauge, hierbei wird das Porphyrin mit den ausfallenden Phosphaten niedergeschlagen. Man läßt den Niederschlag sich absetzen, filtriert ihn durch ein *gehärtetes* Filter und wäscht ihn zuerst mit Wasser, dann mit Alkohol aus, und löst ihn schließlich auf dem Filter in salzsaurem Alkohol (für Niederschlag aus 100 ccm Harn 2—5 ccm salzsauren Alkohol). Im Filtrat wird dann das Porphyrin auf spektroskopischem Wege nachgewiesen (vgl. S. 115). Man findet hierbei einen Streifen im Gelb und einen im Grün. Versetzt man hierauf das Filtrat mit Ammoniumcarbonat und filtriert wieder, so treten vier Streifen im Rot, Gelb, Grün, Blau auf.

Empfehlenswerter ist die *Eisessig-Äthermethode:* 100 ccm Harn versetzt man mit mehreren Kubikzentimetern Eisessig und schüttelt mit 150 ccm Äther aus. Der Äther, dem zur Klärung eventuell etwas Alkohol zugesetzt wird, wird abgehoben, wiederholt mit Wasser gewaschen und mit 5 ccm 25%iger Salzsäure geschüttelt, die Salzsäure, eventuell nach Filtration, spektroskopiert.

---

[1] Es ist neuerdings durch H. FISCHER erwiesen, daß der im Harn vorkommende Farbstoff nicht mit dem aus Blut dargestellten *Hämatoporphyrin* identisch ist. Außer letzterem existieren unter anderem ein Uro- und ein Koproporphyrin. Man spricht daher besser von Porphyrinurie statt wie bisher von Hämatoporphyrinurie. *Uroporphyrin,* unlöslich in Äther, kommt bei Vergiftungen mit Sulfonal, Trional usw. und bei der Porphyrie vor. *Koprophyrin* ist in essigsaurem Äther löslich und kommt besonders bei Bleivergiftung vor.

In seltenen Fällen ist die Mehrausscheidung von Porphyrin im Harn (im Tag 0,4 g) das Zeichen einer Allgemeinerkrankung *(Porphyrine)*, die dadurch charakterisiert ist, daß die dem Lichte ausgesetzten Körperteile, insbesondere die Hände und Ohren infolge der sensibilisierenden Eigenschaften des Porphyrins schweren trophischen Störungen unterliegen; in manchen Fällen treten ileusartige Syndrome sowie ferner schwere nervöse Symptome auf.

Gallenfarbstoffe.

Die *Gallenfarbstoffe* treten im Harn als *Bilirubin*, dessen Oxydationsprodukte das Biliverdin, Bilifuscin und Biliprasin darstellen, oder als sog. *Urobilin* s. Hydrobilirubin, auf, welches durch Reduktion aus Gallenfarbstoff gebildet wird. Gallenfarbstoffhaltiger Harn erscheint hell- oder dunkelbierbraun und gibt beim Schütteln einen gelben oder gelbgrünlichen Schaum. Beim Ausschütteln mit Chloroform geht Bilirubin mit gelber Farbe in dieses über.

Die eigentlichen, nichtreduzierten Gallenfarbstoffe finden sich im Harn bei deutlich ausgesprochenem Ikterus, bei leichtem Ikterus können sie fehlen, so daß ihr Nachweis keine große diagnostische Bedeutung besitzt. Meist genügt es nachzusehen, ob der beim Schütteln des Urins sich bildende Schaum gelb ist. Wichtig ist die Untersuchung auf reduzierten Gallenfarbstoff, d. h. Urobilin und Urobilinogen (s. unten).

Der Nachweis der *Gallensäuren* kann nur nach vorheriger Isolierung geführt werden; er ist umständlich und ohne diagnostische Bedeutung

Der Nachweis des Gallenfarbstoffes kann auf verschiedene Weise geführt werden.

Nachweis des Bilirubins.

1. GMELINsche Probe: Auf einige Kubikzentimeter reiner Salpetersäure, die mit 1—2 Tropfen rauchender versetzt sind, schichtet man durch vorsichtigen Zusatz mit der Pipette den Harn auf. An der Berührungsstelle bildet sich ein grüner, blauer, violetter, rotgelber Farbenring. Nur der *grüne* Ring ist beweisend, blaue und *rote* können auch durch Indican oder Urobilin bewirkt werden.

Sehr handlich ist folgende Modifikation: Man bringt auf eine Platte aus unglasiertem weißen Ton einige Tropfen Harn. Während die Flüssigkeit in die Platte eindringt, bleibt das Bilirubin als gelber Belag an der Oberfläche und gibt beim Betupfen mit dem Salpetersäuregemisch das beschriebene Farbenspiel.

2. GMELIN-ROSENBACHsche Filterprobe: Nachdem der Harn durch ein kleines Filter gegeben, wobei dieses kräftig gelb gefärbt ist, betupft man die Innenseite des Filters mit obigem Salpetersäuregemisch; man wird bei Gegenwart von Gallenfarbstoff bald ein lebhaftes Farbenspiel von Grün bis Rot wahrnehmen. Die Probe ist äußerst scharf und sehr empfehlenswert.

3. HUPPERT-SALKOWSKIsche Probe. Bei dunkel gefärbten, indicanreichen, ferner blutfarbstoffhaltigen Harnen ist dieses Verfahren zu empfehlen: Man versetzt den Harn mit einigen Tropfen Sodalösung und danach mit Chlorcalciumlösung. Den entstandenen Niederschlag filtriert man ab, wäscht ihn aus und bringt ihn in ein Reagensglas, übergießt ihn mit Alkohol und bringt ihn durch Zusatz von etwas Salzsäure und Umschütteln in Lösung. Beim Kochen färbt sich die Flüssigkeit grün bis blaugrün, falls Gallenfarbstoff vorhanden ist.

4. TROUSSEAU-ROSINsche Probe: Man überschichtet den Harn vorsichtig mit verdünnter Jodtinktur (1 Teil Jodtinktur und 9 Teile verdünntem Alkohol). Bei Anwesenheit von Gallenfarbstoff entsteht an der Berührungsstelle ein grüner Ring.

5. BOUMAsche Probe: Zu 8 ccm frisch entleerten, sauer reagierenden Harns setzt man 2 ccm 10%ige Chlorcalciumlösung und tropfenweise sehr schwachen Ammoniak hinzu (die Reaktion darf nicht alkalisch werden). Nach Abzentrifugieren des Niederschlages wird dieser mit Aqua destillata gewaschen und dann in eine Lösung von 1 ccm OBERMAYERs Reagens (s. 244) und 4 ccm Alkohol gebracht. Bei positivem Ausfall tritt eine grüne, dann grünblaue Färbung auf. Die Probe ist besonders empfindlich.

Sehr geringe Quantitäten von Bilirubin, die sich dem Nachweis mit diesen Proben entziehen, kann man noch an der Gelbfärbung der Harnsedimente erkennen (vgl. S. 301 und 302). Im übrigen ist vor allem die Bilirubinbestimmung des Serums (vgl. S. 98) in derartigen Fällen wesentlich exakter.

Nachweis des Urobilins und Urobilinogens.

Im normalen Harn sind stets geringe (mit den gewöhnlichen Methoden nicht nachweisbare) Mengen von Urobilin und etwas größere Mengen seiner farblosen Vorstufe, des Urobilinogens (mit EHRLICHs Dimethylparaaminobenzaldehyd, vgl. S. 262, nachweisbar) vorhanden.

Das **Urobilin** wird im Darm unter der Einwirkung der Fäulnisbakterien durch Reduktion aus den Gallenfarbstoffen gebildet und *fehlt demgemäß in der Regel dann, wenn durch Neubildungen, Gallensteine usw. ein langdauernder Verschluß des Ductus choledochus bewirkt und der Gallenzufluß zum Darm völlig aufgehoben ist.* Für die obige, besonders von FR. MÜLLER vertretene Anschauung spricht die Tatsache, daß der Stuhl und Harn der *Neugeborenen,* bei denen von einem Einfluß der Fäulnisbakterien noch nicht die Rede sein kann, stets frei von Urobilin gefunden wird, daß ferner nach dem wieder frei gewordenen Gallenabfluß zum Darm mit einem Schlage sehr große Mengen Hydrobilirubin auftreten.

Urobilinurie, d. h. vermehrtes Auftreten von Urobilin bzw. Urobilinogen im Harn läßt stets auf irgendwelche Schädigung des Lebergewebes schließen, die durch zahlreiche Ursachen, wie sie auch für die Entstehung des Ikterus in Betracht kommen (Gallenstauung, Infektionskrankheiten, Vergiftungen, gesteigerter Blutzerfall u. a.) hervorgerufen sein kann. Nur stellt eben die Urobilinurie einen wesentlich feineren Indicator für solche Leberschädigungen dar als der Ikterus bzw. die Bilirubinurie; so genügt

z. B. schon geringe Stauung im Abfluß des Lebervenenblutes, vorübergehende Schädigung der Leberzellen durch Alkohol, Blei, Toxine usw., um alsbald Urobilinurie auszulösen. Als diagnostisch wichtig ist hervorzuheben die starke Urobilinurie bei Scharlach und Pneumonie, während sie bei Masern meist ganz, bei Typhus bis zum Ende der ersten oder Beginn der zweiten Woche regelmäßig zu fehlen pflegt.

Zum **Nachweis des Urobilins** verwendet man das SCHLESINGERsche Reagens; dieses wird hergestellt, indem man 10 g Zinkacetat in 100 g Alkohol aufschüttelt. Von dieser Aufschwemmung wird ein Teil mit der gleichen Menge Urin versetzt und durch ein doppeltes Faltenfilter filtriert. Ist viel Urobilin vorhanden, so bildet sich eine deutliche grüne Fluorescenz. Man halte das Reagensglas vor einen dunklen Hintergrund. Ist sehr viel Urobilin vorhanden, so genügt es auch den Harn mit einigen Tropfen Chlorzinklösung und Ammoniak zu versetzen, um die Fluorescenz hervorzurufen. Empfehlenswerter ist es, die Probe im Amylalkohol- oder Chloroformextrakt des Harnes, in den das Urobilin übergeht, vorzunehmen. Auch ist es zweckmäßig, das gleichzeitig vorhandene Urobilinogen durch Zusatz von 3 Tropfen einer 5%igen alkoholischen Jodlösung vor Anstellung der Reaktion in Urobilin überzuführen. Im Spektroskop zeigt das Urobilin einen Absorptionsstreifen zwischen Grün und Blau.

Zum **Nachweis des Urobilinogens** setzt man nach O. NEUBAUER dem frischen Harn einige Tropfen des von EHRLICH angegebenen Dimethylparaaminobenzaldehyds in salzsaurer Lösung *(Aldehydprobe)* zu. Das Reagens wird hergestellt, indem man ungefähr 2 g in 100 ccm 5—10%iger Salzsäure löst.

Mit diesem Reagens versetzt gibt jeder *normale* frische Harn infolge der Anwesenheit geringer Urobilinogenmengen *beim Erwärmen* eine mehr oder weniger intensive Rotfärbung. Unter *pathologischen* Verhältnissen kommen *zweierlei Abweichungen* hiervon vor: 1. Ein Ausbleiben der Rotfärbung beim Erwärmen, wenn das Urobilinogen im Urin vollkommen fehlt. Dies ist der Fall bei totalem Verschluß des Ductus choledochus. 2. Ein Auftreten der Reaktion bereits in der Kälte. Dies deutet auf die Anwesenheit vermehrter Urobilinogenmengen. Diese Erscheinung tritt bereits bei geringgradigen Leberschädigungen und bei Blutzerfall usw. (s. oben) auf. Die verstärkte Urobilinogenreaktion hat daher für die Sprechstunde außerordentlich große Bedeutung. Ist sie beispielsweise bei leichten Herzerscheinungen vorhanden, so deutet sie auf die Anwesenheit einer Stauungsleber hin. Bei Lebercirrhose ist die Reaktion meist sehr intensiv, ebenso bei Pneumonie; bei akuter Bleivergiftung, bei der Aufsaugung von Blutergüssen (Hirnblutungen, hämorrhagische Infarkte usw.), bei perniziöser Anämie ist sie mitunter positiv.

Urobilinogenreiche Harne dunkeln beim Stehen an der Luft nach, indem sich das Urobilinogen in Urobilin umwandelt.

Melanurie.

Bei der Melanurie ist der frische Urin meist hellgelb, gelbbraun und völlig klar und wird erst beim Stehen oder nach Zusatz oxydierender Mittel tiefschwarz und undurchsichtig; selten zeigt er schon bei der Entleerung einen tintenähnlichen Farbenton. Im ersten Falle wird der Farbstoff als *Melanogen,* im zweiten als *Melanin* ausgeschieden. Das Melanogen ist ein farbloses Chromogen, das erst durch Oxydation tiefschwarz wird.

Bromwasser, Chromsäure, Salpetersäure, Eisenchlorid u. a. entwickeln das *Melanin* sofort und geben mit melaninhaltigen Harnen einen tiefschwarzen Niederschlag.

THORMÄLENs *Reaktion:* Versetzt man einen melaninhaltigen Harn mit Nitroprussidnatrium und Kalilauge (vgl. Acetonprobe, S. 281) und übersäuert mit konz. Essigsäure, so bildet sich eine intensiv blaue oder blaugrüne Färbung bzw. Fällung. Eine schwache Grünfärbung ist nicht charakteristisch.

Der echten Melanurie kommt eine hohe semiotische Bedeutung für die Diagnose melanotischer Geschwülste, die in inneren Organen, und zwar in erster Linie in der Leber, sitzen, zu. Ausnahmen sind so vereinzelt, daß sie diagnostisch kaum in Betracht kommen.

Dunkle Verfärbung beim Stehen an der Luft zeigt auch der Harn, wie bereits S. 231 erwähnt, wenn größere Mengen von *Carbol* und *Kresolen* ausgeschieden werden (s. auch S. 289). Die hierbei sich bildenden dunklen Substanzen sind nicht genau bekannt. Ferner dunkelt der Harn bei einer seltenen Anomalie des Stoffwechsels, bei Alkaptonurie, intensiv nach. Nur in diesem Zusammenhang sei diese hier kurz angeführt.

Alkaptonurie.

Als Alkaptonurie bezeichnet man eine Störung des intermediären Eiweißstoffwechsels, bei der eine aus dem Tyrosin und Phenylalanin des Eiweißes stammende Säure, die *Homogentisinsäure* ausgeschieden wird. Diese ist ein Hydrochinonderivat (Hydrochinonessigsäure) und ihre Anwesenheit erteilt dem Harn seine charakteristischen Eigenschaften. Durch den Sauerstoff der Luft wird die Homogentisinsäure unter Bildung dunkler Huminsubstanzen zerstört, und infolgedessen färben sich die Harne beim Stehen intensiv dunkelbraun. Noch rascher wird diese Veränderung durch Alkali, das der Harn aufnimmt, hervorgerufen. Der Harn färbt die Wäsche intensiv braun und die Braunfärbung ist durch Waschen mit Seife (Alkali) nicht zu entfernen, sie wird vielmehr intensiver. Als Hydrochinonderivat (Hydrochinon ist ein photographischer Entwickler) reduziert die Homogentisinsäure und daher der Alkaptonharn FEHLINGsche Lösung intensiv. Verwechslungen mit Zuckerharnen können nicht vorkommen, da der Harn weder Gärungsvermögen noch optische Aktivität besitzt und im Gegensatz zu Zuckerharnen ammoniakalische Argentum-nitricum-Lösung bereits in der *Kälte* reduziert.

Die Alkaptonurie tritt oft familiär auf, besteht meist während des ganzen Lebens und ist ohne krankhafte Folgezustände. In einigen Fällen besteht *Ochronose* des Knorpelgewebes. Eine Anzahl der beobachteten Patienten leidet an chronischer Arthritis, was auf eine Affinität der Homogentisinsäure zum Knorpel deutet.

Nachweis der Alkaptonurie. 1. Versetzt man den Harn mit Alkali, so tritt von der Oberfläche nach unten fortschreitend intensive Braunfärbung ein. 2. Der Harn reduziert FEHLINGsche Lösung (s. oben). Ammoniakalische Argentum-nitricum-Lösung wird bereits *in der Kälte* reduziert (Schwarzfärbung). 3. Auf Zusatz stark verdünnter Eisenchloridlösung tritt eine rasch wieder verschwindende Grünfärbung auf. 4. Die Harne dunkeln am Licht und bei Luftzutritt rasch nach.

Die im Harn gelegentlich als Sediment vorkommenden *Aminosäuren*, Leucin, Tyrosin, Cystin werden im mikroskopischen Teil besprochen werden (s. S. 286 und 307).

Die Glykosurien.

Der im menschlichen Harn auftretende Zucker ist in den weitaus meisten Fällen Traubenzucker; der Ausscheidung dieses Zuckers allein kommt eine wesentliche klinische Bedeutung zu. Außer dem Traubenzucker sind aber eine Reihe anderer Kohlehydrate aufgefunden worden, von denen hier die *Lävulose* oder *Fructose*, der *Milchzucker*, die *Galaktose* und die *Pentose* genannt seien.

Die Zuckerarten haben die allgemeine Formel $C_nH_{2n}O_n$. Man unterscheidet die einfachen Zucker als *Monosaccharide* von den zusammengesetzten *Polysacchariden*, die aus mehreren Zuckermolekülen bestehen. Letztere bezeichnet man je nach der Zahl der in ihnen enthaltenen Zuckermoleküle als Di-, Tri-, Polysaccharide. Im Urin kommen sowohl Monosaccharide, Traubenzucker, Fruchtzucker, Pentose, als auch Disaccharide, Milchzucker, vielleicht auch gelegentlich kleine Mengen von Polysacchariden vor.

Je nachdem, ob ein Zucker eine Aldehyd- oder -Ketongruppe enthält, unterscheidet man *Aldosen* oder *Ketosen*; so gibt es Hexosen, d. h. Zucker mit 6 Kohlenstoffatomen, die eine Aldehyd- und solche, die eine Ketongruppe enthalten; erstere bezeichnet man auch als Aldohexosen, letztere als Ketohexosen. Eine Aldohexose ist beispielsweise der Traubenzucker $CH_2(OH) \cdot CH(OH) \cdot CH(OH) \cdot CH(OH) \cdot CH(OH) CHO$, eine Ketohexose die Lävulose oder der Fruchtzucker $CH_2(OH) \cdot CH(OH) \cdot CH(OH) \cdot CH(OH) \cdot CO \cdot CH_2(OH)$. Auf der Anwesenheit der Aldehyd- oder Ketongruppe beruhen charakteristische Unterscheidungsmerkmale dieser beiden Hexosen. Nach dem *optischen* Verhalten (bei der Untersuchung im polarisierten Licht) unterscheiden sich stereoisomere Zucker, indem sie entweder die Ebene des polarisierten Lichtes nach rechts oder nach links drehen.

Die Zuckerarten besitzen eine Reihe von gemeinschaftlichen Eigenschaften, die sehr charakteristisch sind und ihre sofortige Erkennung im Harn ermöglichen. So besitzen alle *Monosaccharide* (Traubenzucker, Fruchtzucker, Pentose) bei alkalischer Reaktion ein starkes *Reduktionsvermögen*.

Die *Polysaccharide* reduzieren nur dann, wenn sie freie Aldehyd- oder Ketongruppen enthalten; die übrigen Polysaccharide zeigen erst Reduktion, wenn durch Spaltung (durch Erhitzen mit Mineralsäuren oder durch Fermentwirkung) die Aldehyd- oder Ketongruppen frei werden. So kann man sich beispielsweise leicht überzeugen, daß der als Genußmittel verwendete *Rohrzucker* (Invertzucker) nicht reduziert, daß jedoch nach Erhitzen mit konz. HCl oder H_2SO_4 infolge der Spaltung in Dextrose und Lävulose deutliche Reduktion auftritt.

$$C_{12}H_{22} \cdot O_{11} + H_2O = C_6H_{12}O_6 + C_6H_{12}O_6$$
$$\text{Rohrzucker} \qquad\quad \text{Glucose} \qquad \text{Fructose}$$

Es ist daher leicht, einen etwa zur Täuschung des Arztes vom Patienten zugesetzten Rohrzuckergehalt als solchen zu erkennen. Solche Harne lösen bei den Reduktionsproben das $CuSO_4$, reduzieren aber nicht ohne vorherige Spaltung (s. auch Verhalten bei Untersuchung im polarisierten Licht).

Bei der Beurteilung der *Reduktionsproben* im Harn zum Nachweis des Zuckers ist es wichtig zu wissen, daß bereits der normale Harn infolge der Anwesenheit von Harnsäure, Kreatinin, Glykuronsäure und infolge geringer Kohlehydratmengen ein schwaches Reduktionsvermögen besitzt. Von dem normalen Kohlehydrat des Harnes ist sicher ein wesentlicher Teil als Traubenzucker anzusehen; seine Mengen sind aber so gering, daß sie bei den gewöhnlich in der Praxis angewendeten Zuckerproben nicht gefunden werden. Auch sehr harnsäurereiche Urine geben niemals so deutliche Reduktionsproben, daß eine Verwechslung mit einer wesentlichen Zuckerausscheidung möglich wäre; allein bei Anwesenheit größerer Mengen von bestimmten *Glykuronsäuren* kann der Harn vor oder erst nach der Spaltung dieser von ihren Paarlingen starke reduzierende Eigenschaften erlangen. Die Glykuronsäuren reduzieren ebenfalls infolge der Anwesenheit einer Aldehydgruppe (Näheres und Nachweis s. S. 278). Über die Unterscheidung der Zuckerharne von dem stark reduzierenden *Alkaptonharn* s. S. 263.

Außer dem Reduktionsvermögen sind viele Zuckerarten, wie oben erwähnt, durch ihr spezifisches Verhalten bei der Untersuchung *im polarisierten Licht* charakterisiert, indem sie die Ebene des polarisierten Lichts in konstanter Weise je nach der Konzentration der Lösung drehen. Die Ursache der optischen Aktivität liegt in der Anwesenheit der asymmetrischen Kohlenstoffatome. Der am häufigsten im Harn vorkommende Zucker, der Traubenzucker, dreht rechts, während der bisweilen allein oder zugleich mit ihm ausgeschiedene Fruchtzucker links dreht. Aus dem Vergleich der quantitativen Drehung mit dem Grade der Reduktion, eventuell auch der Gärung, kann bereits ohne qualitative Proben die Anwesenheit mehrerer, in verschiedener Richtung drehender Zuckerarten erschlossen werden (siehe Lävulosurie S. 276). Bei der Beurteilung der Polarisation ist zu berücksichtigen, daß im Harn Substanzen vorkommen, die ohne Zucker zu sein, die Ebene des polarisierten Lichtes ebenfalls drehen. Hierhin gehört Eiweiß, β-Oxybuttersäure und Glykuronsäuren (Genaueres s. unter quantitativer Zuckerbestimmung, Polarisation, S. 273). Ist einem Harn (s. oben) *Rohrzucker* zugesetzt, so dreht er die Ebene des polarisierten Lichtes nach rechts, nach der Spaltung durch Mineralsäuren tritt jedoch Linksdrehung auf, da das Drehungsvermögen der bei der Spaltung frei gewordenen Lävulose das der Dextrose übertrifft.

Da die Zucker durch ihre Alkohol-, Aldehyd- und Ketongruppen sehr reaktionsfähige Körper sind, so geben sie eine Reihe charakteristischer *chemischer Verbindungen,* die zu ihrem Nachweis benutzt werden können. Von den hier in Betracht kommenden seien nur die von EMIL FISCHER dargestellten und charakterisierten Verbindungen mit Phenylhydrazin

$$C_6H_5-N\begin{matrix} H \\ NH_2 \end{matrix}$$ erwähnt. Die reduzierenden Zuckerarten geben mit diesem Körper bereits in der Kälte Verbindungen, indem ihre Aldehyd- bzw. Ketongruppen mit der NH_2-Gruppe des Phenylhydrazins unter Wasseraustritt reagieren. Die so entstehenden Verbindungen heißen *Hydrazone*; diese sind in Wasser leicht löslich, sie können aber beim Erwärmen mit überschüssigem Phenylhydrazin ein weiteres Molekül Phenylhydrazin aufnehmen. So entstehen die *Osazone*. Diese sind meist in Wasser schwer löslich, sie krystallisieren daher beim Erkalten aus.

Traubenzucker und Fructose liefern dasselbe Osazon, andere Osazone können von diesem durch ihren *Schmelzpunkt* unterschieden werden. Man bezeichnet die verschiedenen Osazone nach ihrer Entstehung durch Hinzufügen der Bezeichnung des entsprechenden Zuckers. So heißt z. B. das Osazon des Traubenzuckers (Glykose) *Glykosazon.* Über die Methodik s. Zuckernachweis (S. 268).

Eine weitere charakteristische Eigenschaft vieler Zuckerarten ist ihre *Gärungsfähigkeit.* Durch pflanzliche Organismen werden viele Kohlehydrate und Zucker in kleinere Moleküle gespalten. Je nach den hierbei entstehenden charakteristischen Spaltungsprodukten unterscheidet man die *alkoholische,* die *Milchsäure-* und die *Buttersäure*gärung. Für den Nachweis im Harn kommt nur die alkoholische Gärung, die durch Hefe hervorgerufen wird, in Betracht. Gärungsfähig in diesem Sinne sind nur die Zuckerarten mit 3 C-Atomen oder mit Multipla dieser. Manche Zuckerarten werden nur durch bestimmte Hefearten vergoren. Für praktische Zwecke ist es wichtig zu wissen, daß Traubenzucker und Fruchtzucker mit Hefe leicht gären, daß Milchzucker mit Hefe *nicht* gärt, so lange er nicht gespalten ist (Galaktose + Traubenzucker) und daß Pentose überhaupt keine Gärung gibt (s. S. 278).

Die alkoholische Gärung verläuft in ihren Endprodukten nach der Formel

$$C_6H_{12}O_6 = 2\ CO_2 + 2\ C_2H_5OH$$

Traubenzucker = Kohlensäure + Äthylalkohol.

Da aus einem Molekül Traubenzucker stets zwei Moleküle Kohlensäure gebildet werden, kann man aus der Menge der entstehenden CO_2 die Menge des Zuckers berechnen. (Vgl. Quantitativer Zuckernachweis, S. 268.)

Die Gärungsprobe kann, in zuverlässiger Weise angestellt, als die sicherste Zuckerprobe gelten.

1. Traubenzucker.

(Glucose, Glykose, Dextrose.)

Im normalen Harn kommen minimale Mengen von Traubenzucker vor, die sich aber dem Nachweis mittels der klinischen Methoden entziehen. Finden sich größere, leicht nachweisbare Mengen von Traubenzucker im Urin, so liegt meist (über toxische und medikamentöse Glykosurie s. unten) entweder eine *alimentäre Glykosurie* oder ein echter *Diabetes mellitus* vor. Die Entscheidung, welcher von beiden Zuständen vorliegt, ist bei der Anwesenheit kleinerer Zuckermengen durch eine einmalige Untersuchung oft nicht zu erbringen. Der Unterschied zwischen alimentärer Glykosurie und echtem Diabetes liegt darin, daß bei ersterer nur nach Zufuhr größerer Mengen von Zucker mit der Nahrung Traubenzucker im Urin auftritt, beim Diabetes mellitus aber auch nach zuckerfreier Ernährung aus den Kohlehydraten, eventuell auch aus den Eiweißkörpern gebildeter Traubenzucker im Harn erscheint. Sehr große Mengen alimentär zugeführten Zuckers können auch bei völlig normalen Menschen vorübergehend zu alimentärer Glykosurie geringen Grades führen. Die Toleranzgrenze ist aber bei den verschiedenen Individuen und wohl auch bei ein und demselben zeitenweise verschieden. Wenn bereits nach Zufuhr von 100 g Traubenzucker mit der Nahrung Zuckerausscheidung auftritt, so betrachtet man dies als nicht normal und spricht von *alimentärer Glykosurie.* Eine solche findet sich relativ häufig bei der

BASEDOWschen Krankheit und bei anderen Erkrankungen mit
Störungen im Gebiet des sympathischen Nervensystems, ferner
gelegentlich bei Leberkrankheiten.

In solchen Fällen kann auch neben, oder statt einer alimentären
Glykosurie eine alimentäre Lävulosurie nachweisbar sein (s. S. 276).

Geringgradige und kurzdauernde Glykosurien kommen auch nach Kopf-
traumen, bei Drucksteigerungen im Schädelinnern infolge von Tumoren,
Meningitis usw., bei Hypophysentumoren sowie im Anschluß an epileptische
Anfälle vor.

Ferner findet sich mitunter bei der Kohlenoxydvergiftung einige Tage
lang eine mäßige Glykosurie. Differentialdiagnostische Bedeutung kann eine
Glykosurie ferner bei Tumoren der Nebenniere (GRAWITZsche Tumoren) haben.

Im Anschluß an *Adrenalininjektionen* (nach subcutaner Einverleibung
von 0,0005—0,001 g Suprarenin) tritt beim Normalen meist kurzdauernde
Glykosurie auf. Bei gewissen Erkrankungen der Blutdrüsen (Basedow,
Athyreosen, Addison usw.) ist die Toleranz gegenüber der Suprarenininjek-
tion oft verändert, was diagnostisch verwertet werden kann.

Während man im allgemeinen annehmen muß, daß Glykosurie dann
auftritt, wenn der Gehalt des Blutes an Zucker den durchschnittlichen
übersteigt und dadurch das Nierenfilter nicht mehr imstande ist, den Zucker-
überschuß zurückzuhalten, während also meist, wie man zu sagen pflegt,
der Glykosurie eine Hyperglykämie zugrunde liegt, gibt es Fälle, bei denen
ohne Hyperglykämie Zucker im Urin ausgeschieden wird. Solche Zustände
bezeichnet man als *renale Glykosurien*. Diese kommen vor 1. nach Injektion
von *Phloridzin*, 2. im Verlauf der Schwangerschaft, 3. gelegentlich als Vor-
läufer des echten Diabetes. Für den ersteren Zustand ist das rasche Abklingen der nur geringen Glykosurie charakteristisch, im übrigen ist für die
renalen Glykosurien der allgemeine klinische Verlauf, sowie die Unabhängig-
keit von der Kost kennzeichnend.

Die im allgemeinen gesetzmäßige Abhängigkeit des Grades der Zucker-
ausscheidung im Urin von dem Grade der Hyperglykämie kann aber auch
in dem Sinne gestört sein, daß bei langdauerndem Diabetes mellitus mit
Störungen der Nierenfunktion der Zucker nicht zur Ausscheidung gelangt.
In diesen seltenen Fällen besteht hochgradige *Hyperglykämie* bei *fehlender
Glykosurie*.

Eigenschaften des Zuckerharnes: Harne, in denen Zucker in
größerer Menge enthalten ist, zeigen meist eine Vermehrung der
gesamten in 24 Stunden entleerten Menge und ein der Harn-
vermehrung nicht entsprechendes *hohes spezifisches Gewicht*. Findet
man beispielsweise eine 24stündige Harnmenge von 2—3 Litern
und ein spezifisches Gewicht von 1025—1030, so kann man mit
ziemlicher Bestimmtheit auf die Anwesenheit von Zucker schließen.
Nach vielfältigen Erfahrungen, die an großen Untersuchungsreihen
gewonnen sind, kann man sich, wenn die 24stündige Gesamtmenge
und deren spezifisches Gewicht bekannt sind, eine annähernde
prozentuale Schätzung des Zuckergehaltes erlauben:

Bei 1¹/₂ L. Menge und 1030 spez. Gew. beträgt der Zuckergehalt etwa 1—2%
„ 3 „ „ „ 1025 „ „ „ „ „ „ 3—4%
„ 3 „ „ „ 1030 „ „ „ „ „ meist über 5%
„ 6-8 „ „ „ 1030 „ „ „ „ „ „ „ 8%
(NAUNYN.)

Diabetische Harne reagieren meist intensiv sauer, in vielen Fällen zeigen sie ein Sediment von freier Harnsäure und oxalsaurem Kalk. Es ist wichtig darauf hinzuweisen, daß für exakte Untersuchungen die gesamte in 24 Stunden ausgeschiedene Zuckermenge bestimmt werden muß und daß die Untersuchung einzelner Portionen, namentlich wenn es auf quantitative Verhältnisse ankommt, zu großen Irrtümern führt. Andererseits kann es, namentlich bei leichteren Formen des Diabetes, vorkommen, daß der Harn nur zu gewissen Tageszeiten Zucker enthält, zu andern ganz zuckerfrei ist. Sehr gewöhnlich findet man den Zucker, wenn man den $^1/_2$—1 Stunde *nach dem ersten Semmelfrühstück* gelassenen Harn untersucht, *da der Zucker viel leichter in den Harn übergeht, wenn die Kohlehydrate nüchtern genossen sind.* Will man also die Prüfung an einer Harnteilprobe ausführen, so sorge man dafür, daß man wenigstens den Frühstücksharn zur Untersuchung erhält. Im allgemeinen empfiehlt es sich aber, eine Probe der 24stündigen Gesamtmenge zu untersuchen.

Der Nachweis des Traubenzuckers im Harn gründet sich auf die oben besprochenen Eigenschaften.

1. Reduktionsproben.

A. TROMMERsche Probe: Der Harn wird mit Kali- oder Natronlauge ($^1/_3$ seines Vol.) alkalisch gemacht, sodann unter stetem Schütteln tropfenweise mit 10% Kupfersulfatlösung versetzt. Bleiben schon die ersten Tropfen ungelöst, so ist kein Zucker vorhanden. Bei Anwesenheit von Zucker, aber auch von Glycerin, Weinsäure oder NH_3 löst sich dagegen zunächst das Kupferoxydhydrat mit prachtvoll blauer Farbe. Man setzt nun so lange Kupfersulfatlösung zu, bis eine eben sichtbare flockige Ausfällung auftritt. Darauf erhitzt man den oberen Teil, bis ein gelbroter Niederschlag erscheint. Nun läßt man die weitere Entwicklung von selbst vor sich gehen. Auch in der übrigen, bisher blauen Flüssigkeitssäule schreitet die Reduktion weiter fort. Der gelbrote Niederschlag wird von Kupferoxydulhydrat, der mehr rötliche von Kupferoxydul gebildet.

Einfache Gelbfärbung ist nicht entscheidend, ebensowenig eine erst später auftretende Fällung („*Nachtrommer*".) Der häufigste Fehler, den Anfänger bei Anwendung der TROMMERschen Probe machen, besteht darin, daß sie zu wenig Natronlauge zusetzen.

Tritt schon vor dem Kochen ein kräftiger gelbroter Niederschlag ein, so ist es sehr wahrscheinlich, daß der Harn Zucker enthält. Aber man darf nicht außer acht lassen, daß schon im normalen Harn eine Reihe reduzierender Körper enthalten sind (Harnsäure, Kreatinin, Glykuronsäure), die unter Umständen eine störende Rotfärbung geben können, und daß auf der anderen Seite selbst bei Gegenwart kleiner Zuckermengen das gebildete Kupferoxydul durch das Kreatinin in Lösung gehalten werden und die maßgebende Färbung ausbleiben kann. (S. auch Alkaptonurie 263 und Pentosurie S. 278.)

Unter 0,5% Zucker enthaltende Harne geben die Probe nicht sehr deutlich.

Dunkelgrünblaue Verfärbung bei gleichzeitig großem Lösungsvermögen kommt bei konz. Harnen, namentlich auch bei Verabreichung mancher Medikamente (Salicyl) vor. Alkaptonharne (s. S. 263) zeigen bereits nach dem Zusatz der Lauge deutliche Braunfärbung. Eiweißhaltige Harne geben bei stärkerem Gehalt die *Biuretprobe* (s. S. 254). Es wird hierbei viel Kupfersulfat unter violetter Verfärbung in Lösung gehalten. Die Harne sind also vor der Prüfung auf Zucker zu enteiweißen.

B. Probe mit FEHLINGscher Lösung: Die FEHLINGsche Lösung besteht aus zwei Bestandteilen, die getrennt aufbewahrt und erst vor dem Gebrauch zusammengegossen werden. Lösung I enthält 34,64 g krystallisierten Kupfersulfats in 500 ccm Wasser gelöst, Lösung II enthält 173 g Seignettesalz (weinsaures Kalinatron) und 100 ccm offizinelle Natronlauge auf 500 ccm mit Wasser aufgefüllt. Die Lösung kann auch zur quantitativen Bestimmung mittels Titration verwendet werden (s. S. 271).

Je 1 ccm Lösung I und II und 2 ccm Wasser werden aufgekocht, gleichviel Harn zugesetzt und einmal aufgekocht. Bei Gegenwart von Zucker entsteht Gelbfärbung oder rotgelber Niederschlag. Die Fehlerquellen sind die gleichen wie die der TROMMERschen Probe.

C. NYLANDERsche Probe: Von einer aus 2,0 basisch-salpetersaurem Wismut, 4,0 Seignettesalz und 100,0 Natronlauge (von 8%) bestehenden Lösung setzt man dem Harn $^1/_{10}$ seines Volums zu und kocht einige Minuten. Es beginnt (während des Kochens!) eine grauschwärzliche Färbung der ganzen Mischung, die bald in tiefes Schwarz (Wismutoxydul) übergeht. Das NYLANDERsche Reagens ist fertig käuflich. Die Probe zeigt in gewöhnlichen Harnen noch einen Zuckergehalt von 0,05%, bei konz. erst von 0,1% an, sie ist aber wie alle Reduktionsproben nicht absolut für Zucker beweisend. Eine *schwache* Reaktion können zuckerfreie Harne zeigen, besonders wenn Arzneikörper, wie Rhabarber und Senna, Antipyrin, Salicylsäure, Campher, Chloroform, Chloralhydrat, Saccharin und Terpentin dem Körper einverleibt sind; alle diese Körper können Kupfer- und Wismutoxyd bis zu einem gewissen Grade reduzieren.

Beachtenswert ist, daß gleichzeitig vorhandenes *Eiweiß* die Empfindlichkeit der Reaktion vermindert; es ist also ratsam oder vielmehr geboten, vor der Zuckerprobe das Eiweiß aus dem Harn zu entfernen.

2. Die Phenylhydrazinprobe.

Der Harn wird mit der gleichen Menge Wasser verdünnt, mit zwei Messerspitzen Phenylhydrazinchlorhydrats und vier Messerspitzen essigsauren Natrons versetzt und 20 Min. lang im Wasserbade gekocht. Nach dem Abkühlen im Wasser entsteht entweder sofort ein Niederschlag, der mikroskopisch aus gelben Nadeln gebildet erscheint, oder es zeigen sich die Krystalle erst im Bodensatz (Abb. 137).

Die Probe ist ziemlich scharf, aber für Zucker nicht ohne weitere Untersuchung entscheidend, da, wie schon oben angeführt, auch die Glykuronsäure ähnliche, nur durch niedrigeren Schmelzpunkt unterschiedene Krystall-

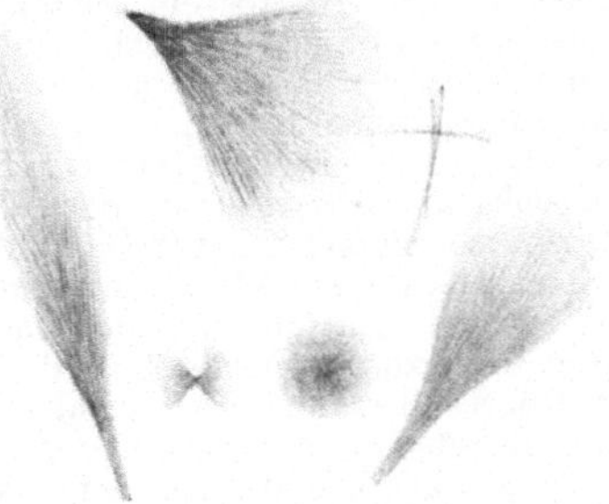

Abb. 137. Phenylglykosazonkrystalle.

bildungen eingeht. Für den Arzt dürfte jedenfalls nur die Ausscheidung reichlicher gelber Krystalle maßgebend sein, da eine schwache Reaktion fast in jedem normalen Harn eintritt. Die Entscheidung, ob tatsächlich ein Phenylglykosazon gebildet ist, kann durch Bestimmung des Schmelzpunktes geführt werden. Das Phenylosazon des Traubenzuckers schmilzt unter Gasentwicklung bei 205—210⁰.

3. Die Gärungsprobe.

Sie ist die *zuverlässigste* und neben der TROMMERschen die für den praktischen Arzt am meisten zu empfehlende Probe (Vergärung zeigt außer Traubenzucker nur Fruchtzucker). Es sind verschiedene Formen von Gärungsröhrchen angegeben worden. Empfehlenswert ist die in Abb. 138 wiedergegebene, einfache Form nach EINHORN. Die Entwicklung selbst sehr geringer Mengen Gas ist in diesen engen Röhrchen leicht festzustellen, so daß sie sich dadurch auch zum Nachweis sehr kleiner Zuckermengen vorzüglich eignen. Man bedarf dreier derartiger Röhrchen und verfährt in folgender Weise:

Abb. 138.
Gärungsröhrchen.

Man verrührt im Reagensglase oder in einer Porzellanschale ein etwa erbsengroßes Stück frischer Preßhefe unter Benutzung eines Glasstabes mit 1—2 ccm Wasser und verteilt diese Hefeaufschwemmung gleichmäßig auf die drei Gärungsröhrchen. Das eine Röhrchen füllt man dann mit dem zu untersuchenden Harn auf, das zweite mit reinem Wasser, das dritte mit einer Traubenzuckerlösung (1 kleine Messerspitze auf ein Reagensglas voll Wasser). Die Röhrchen werden mit Zeichen versehen und etwa 5 Stunden lang im Brutofen oder einer anderen Vorrichtung auf 30—38⁰ gehalten. Die zweite Probe (Hefe und Wasser) soll beweisen, daß die Hefe selbst zuckerfrei ist, die dritte Probe (Hefe und Traubenzuckerlösung), daß die Hefe gärkräftig ist. War die Füllung der Apparate richtig ausgeführt und die Hefe einwandfrei, so soll am Ende des Versuches die dritte Probe ein reichliches Quantum Gas enthalten, die zweite Probe nur ein winziges Bläschen und die erste Probe bei zuckerfreiem Harn desgleichen. Enthält dagegen der Harn auch nur 0,1% Traubenzucker, so findet man in dem betreffenden Röhrchen ein bedeutend größeres Quantum Gas als in dem zweiten (nur mit Hefe und Wasser beschickten) Röhrchen· Um sich zu überzeugen, ob das gebildete Gas auch tatsächlich Kohlensäure ist, gibt man vorsichtig etwas konz. Natronlauge hinzu, füllt das Gärungsröhrchen vollständig mit Wasser auf und untersucht durch vorsichtiges Umkippen des Apparates, indem man den Daumen auf die Öffnung hält, ob das Gas durch die Lauge absorbiert wird. Die erforderliche vollkommene Füllung der Röhrchen gelingt in folgender Weise sehr leicht. Nach dem Eingießen der Hefeaufschwemmung gibt man etwas Harn hinzu, verschließt mit dem Daumen und macht mit dem verschlossen gehaltenen Röhrchen eine Schleuderbewegung, durch die die Flüssigkeit nach dem Ende des langen Röhrenschenkels zu getrieben wird. Ist das Röhrchen dadurch noch nicht genügend gefüllt, so gießt man noch etwas Harn nach. Durch die Schleuderbewegungen füllt sich das Röhrchen so, daß nur eine minimale Menge Luft oder Schaum darin verbleibt. Um auch die Schaumbläschen möglichst zu entfernen, hält man das durch den Daumen noch immer verschlossene Röhrchen eine kleine Weile umgekehrt in der Hand. Die Luftbläschen steigen dann in die Höhe und gehen über die Biegung hinaus in den kürzeren Schenkel. Sanftes Aufstoßen der Spitze des längeren Schenkels auf den Tisch beschleunigt das Aufsteigen der Bläschen. Den wieder aufgerichteten Apparat läßt man wieder 1—2 Min. ruhig stehen und überzeugt sich, daß im längeren Schenkel nur eine Spur Schaum verbleibt. Andernfalls ist nochmals in der beschriebenen Weise zu verfahren. Es ist notwendig, daß auch der kürzere Schenkel zur Hälfte mit Flüssigkeit gefüllt ist. Die Anwendung von Quecksilber zum Abschluß ist bei Anwesenheit größerer Zuckermengen entbehrlich, bei geringen Graden kann ein derartiger Abschluß nicht entbehrt werden. Die Gärungsprobe gibt bis zu $^1/_2^0/_{00}$ Zucker an.

Blut- und eiweißhaltiger Harn ist zuvor durch Aufkochen unter sehr vorsichtigem tropfenweisen Zusatz verdünnter Essigsäure (bis zur flockigen Gerinnung) und Abfiltrieren zu enteiweißen und abzukühlen. — Alkalisch reagierende, *nichtzersetzte* Harne sind zuvor durch tropfenweisen Zusatz von Weinsäurelösung schwach anzusäuern. — Bei solchen Harnen, die in ammoniakalische Gärung übergegangen sind, ist die Gärungsprobe nicht zu empfehlen. Solche Harne wären mindestens zuvor zu kochen, noch heiß anzusäuern und wieder abzukühlen. Doch ist in solchen Fällen auf den Ausfall der Probe kein großes Gewicht zu legen.

4. Der Nachweis von Zucker kann auch mittels des *Polarisations*apparates unter den unten angegebenen Kautelen geführt werden. Doch dient diese Methode vornehmlich zur quantitativen Bestimmung (s. S. 273).

Quantitative Bestimmung der ausgeschiedenen Zuckermenge.

Unter geeigneten Modifikationen können die qualitativen Zuckerproben zum Teil auch zur quantitativen Bestimmung verwendet werden. Wie oben bereits ausgeführt, kann die Zuckermenge annähernd aus dem Verhältnis von Harnmenge und dem spezifischen Gewicht geschätzt werden. Besser und für die Praxis durchaus ausreichend sind:

1. Die Titrationsbestimmungen.

Von diesen erwähnen wir hier die Titration mittels FEHLINGscher Lösung und die neuere, sehr genaue Methode von BENEDIKT.

Die **FEHLINGsche Methode zur quantitativen Zuckerbestimmung** beruht darauf, daß genau 5 mg Traubenzucker 1 ccm der FEHLINGschen Lösung (S. 269) reduzieren.

Nachdem man sich durch die Erhitzung einer Probe der FEHLINGschen Lösung davon überzeugt hat, daß kein Niederschlag erfolgt, während ein solcher bei Zusatz des Zuckerharns sofort eintritt, führt man die Methode am einfachsten in folgender Art aus:

Der zu untersuchende Harn wird mit der 4—10fachen Menge Wasser verdünnt, je nachdem sein spezifisches Gewicht 1028, 1032 und darüber erreicht und in eine Bürette gefüllt. 10 ccm der auf das 2—5fache mit Wasser verdünnten FEHLINGschen Lösung, d. h. je 5 ccm der beiden Grundlösungen, werden in Porzellanschälchen bis zum Sieden erhitzt und hierzu unter stetem Umrühren Zehntel kubikzentimeterweise Harn zugesetzt. Man setzt die Titrierung so lange fort, wie die geringste Blaufärbung im Schälchen noch wahrzunehmen ist.

Nehmen wir an, es seien 15 ccm des 4fach verdünnten Harns verbraucht, so ist die Zuckerberechnung sofort in der einfachsten Weise gegeben. Wir wissen, daß 1 ccm der FEHLINGschen Lösung durch 0,005 Zucker reduziert wird. In unserem Fall haben 15 ccm Harn 10 ccm FEHLINGsche Lösung reduziert. Demnach lautet die Gleichung

$$15,0 : 0,05 = 100 : x \text{ oder } x = \frac{5}{15} = 0,33.$$

Da der Harn mit der 4fachen Menge Wasser verdünnt ist, erhalten wir $4 \times 0,33 = 1,32\%$ Zucker.

Die Verdünnung des Harns kann meist nach dem spezifischen Gewicht bemessen werden, da der Zuckergehalt in der Regel um so größer ist, je dichter der Harn. Bei einem spezifischen Gewicht von 1030 tut man gut auf das 5fache, bei größerer Dichte auf das 10fache zu verdünnen.

Zu einer möglichst exakten Bestimmung ist die 1- oder 2malige Wiederholung der Titrierung zu empfehlen.

Enthält der diabetische Harn mehr als $0,2^0/_{00}$ Eiweiß, so ist es nötig, dasselbe vor der Zuckerbestimmung zu beseitigen, da das Oxydul sich aus der Flüssigkeit um so langsamer absetzt je mehr sich der Eiweißgehalt obigem Werte nähert. Das Enteiweißen geschieht durch Aufkochen, Zusatz weniger Tropfen verdünnter Essigsäure und Filtrieren.

Die BENEDIKTsche Titrationsmethode: Man löst zur Herstellung der Titrationsmischung 200 g krystallisierte Soda, 200 g Natriumcitrat und 125 g Rhodankalium in 800 ccm heißen Wassers und filtriert; man löst 18 g krystallisierten Kupfersulfats in etwa 100 ccm Wasser, gießt die Kupfersulfatlösung unter Umrühren in die Citratlösung ein, fügt 5 ccm einer 5%igen Kaliumferrocyanidlösung hinzu und verdünnt auf genau 1 Liter. Von diesem Reagens bringt man 25 ccm in eine Porzellanschale, fügt 10—20 g krystallisierter Soda und etwas Bimsstein hinzu, erhitzt zum Sieden und läßt die zu untersuchende Zuckerlösung (Harn) zufließen, bis die blaue Farbe der Kupferlösung vollständig verschwunden ist.

25 ccm der Lösung entsprechen 0,05 g Glykose oder 0,053 g Fructose.

2. Für die Praxis empfiehlt sich am meisten die

quantitative Gärungsprobe

in ihrer Modifikation von LOHNSTEIN (Abb. 139).

Die Verwendung der einfachen graduierten Gärungsröhrchen von EINHORN gibt vollkommen ungenaue Resultate.

Unter Hinweis auf die jedem Apparate beigefügte Gebrauchsanweisung sei hier über das Verfahren nur folgendes kurz angegeben:

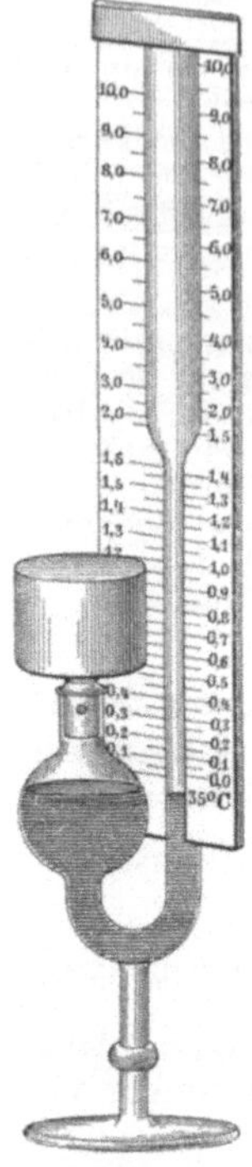

Abb. 139.
LOHNSTEINscher
Apparat.

In die kugelige Erweiterung gibt man die vorgeschriebene Menge Hefe-aufschwemmung, läßt dann die genau abgemessene Menge Harn so auf die Oberfläche des Kugelinhalts fließen, daß der Hals der Kugel nicht benetzt wird. Der Stopfen wird dann so eingesetzt, daß sein seitliches Loch genau vor dem seitlichen Loch des Kugelhalses liegt. Durch sanftes Neigen des Apparates stellt man die Quecksilbersäule im langen Schenkel genau auf den Nullpunkt ein und verschließt jetzt den Kugelhals luftdicht, indem man den Stopfen ein wenig dreht. Nachdem man das beigegebene Gewicht auf den Stopfen gesetzt hat, läßt man den Apparat etwa 5 Stunden im Brut-schrank oder einer anderen geeigneten Vorrichtung bei etwa 37° stehen. Die Art der Ablesung des Resultats ergibt sich von selbst.

Die Handhabung des Apparates ist ziemlich einfach. Bei dem Ausfüllen des Quecksilbers zum Zweck der Reinigung[1] ist Vorsicht nötig, damit nichts verloren geht. Eine solche gründliche Reinigung des Apparates läßt sich lange Zeit umgehen, wenn man nach Abschluß eines jeden Versuches gleich den Stopfen und die Skala abnimmt und aus dem Hahn einer Wasserleitung längere Zeit Wasser auf die Oberfläche des Kugelinhaltes fließen läßt und so das vergorene Harn-Hefegemisch möglichst gut herauswäscht. Das Wasser entfernt man durch Austupfen mit Watte und Filtrierpapier. Besonders ist der Hals der kugeligen Erweiterung immer mit Fließpapier sorgfältig zu reinigen. Er wird dann gut eingefettet, jedoch so, daß das seitliche Loch offen bleibt. Der Apparat ist damit für einen neuen Versuch vorbereitet. — Statt der beigegebenen Spritze kann man den Harn ebensogut auch mit einer entsprechend geeichten Pipette abmessen.

Beurteilung der Methode: Läßt man die Gärung bei 30—38° verlaufen, so sind die Resultate oft vollkommen genau, in den übrigen Fällen wenigstens annähernd richtig. Führt man die Be-stimmung dagegen bei Zimmertemperatur aus, so sind die Resultate etwas weniger genau, auch wenn man den Apparat 24 Stunden stehen läßt.

3. Die Bestimmung mittels des Polarisationsapparates.

Wie oben ausgeführt, dreht eine Traubenzuckerlösung die Ebene des polarisierten Lichtes nach rechts, und zwar beträgt die Drehung von 100 g Dextrose in 100 ccm Wasser bei einer Länge der Flüssig-keitssäule von 100 mm 52,7° (sog. spezifische Drehung); diese bleibt für die im Urin in Betracht kommenden Konzentrationen konstant, so daß man für eine Rechtsdrehung von $1° = \dfrac{100}{52,7}$ g Zucker in 100 g Flüssigkeit bei Verwendung einer Schichtdicke von 1 dm rechnen kann. Aus der Länge (l) des verwendeten Polarimeter-rohres und dem Grade der abgelesenen Drehung (α) berechnet man den Prozentgehalt des Harnes nach der Formel $p = \dfrac{\alpha \cdot 100}{52,7 \cdot l}$.

Wenn man Apparate benutzt, die direkt zur Zuckerbestimmung

---

[1] Einen Vorzug gegenüber dem Apparat von Lohnstein hat derjenige von Wagner, bei welchem eine Verunreinigung des Quecksilbers mit dem Harn vermieden wird. Beide Apparate kann man übrigens unbedenklich dem Patienten zur Zuckerbestimmung anvertrauen.

hergestellt sind, so wird nicht der Drehungswinkel, sondern auf einem Nonius ohne Umrechnung der Prozentgehalt des Harnes an Zucker abgelesen.

Man benutzt gewöhnlich den sog. Halbschattenapparat, mit dem die spezifische „*Rechts*drehung" des Traubenzuckers leicht erkannt werden kann; 0,1 % Gehalt kann sicher nachgewiesen werden.

Es ist aber zu beachten, daß der Harn *völlig* klar sein muß, da jede Trübung Licht absorbiert. Die Klärung wird am einfachsten durch Zusatz von gepulvertem neutralem Bleiacetat (Bleizucker) in Substanz (unter gleichzeitigem leichten Ansäuern des Harns mit etwas Essigsäure) bewirkt, indem man einige Messerspitzen dem Harn zugibt und filtriert; da der Bleizucker mit Leitungswasser eine Trübung gibt, ist ein Durchspülen der Apparatur mit Aqua destillata notwendig. Klärung durch Tierkohle ist nicht zu empfehlen, da diese einen Teil des Zuckers absorbiert. Ferner muß das unter Umständen vorhandene Eiweiß nach dem oben angegebenen Verfahren entfernt werden.

Abb. 140 a.

Zur Ausführung dieser Methode wurden in der letzten Zeit an Stelle der früher üblichen, sehr teuren Polarimeter eine Reihe kleinerer, wesentlich billigerer und hinreichend exakter Instrumente von namhaften Firmen

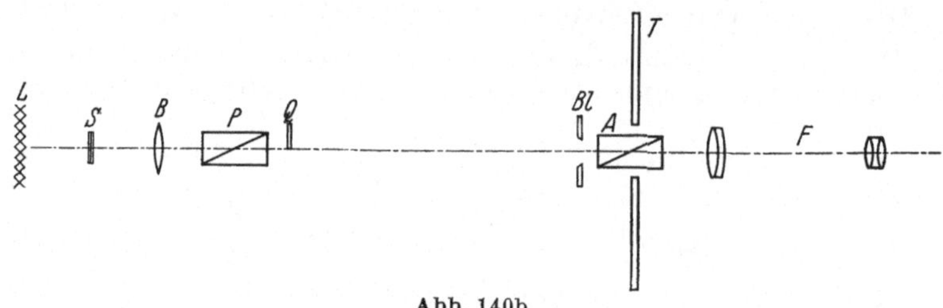

Abb. 140b.

hergestellt. Die Abb. 140a stellt einen derartigen handlichen Apparat der Firma Leitz dar.

Die *optische Einrichtung* eines Polarisationsapparates besteht aus einem Polarisator, einem Analysator (NIKOLsche Prismen) und einer Meßvorrichtung (vgl. Abb. 140 b). Das in den Apparat eindringende Licht L durchsetzt die Filterplatte S und gelangt zur Beleuchtungslinse B, durch welche eine Verstärkung der Helligkeit des Gesichtsfeldes erfolgt. Die Strahlen, die den Polarisator P verlassen und durch ihn linear polarisiert sind, werden durch die LAURENTsche Quarzplatte Q, die das Gesichtsfeld zur Hälfte überdeckt, in zwei senkrecht zueinander schwingende Teile zerlegt, welche nach Durchgang durch die Platte Q einen Gangunterschied von einer halben Wellenlänge besitzen. Weiter gelangen die Strahlen durch die Blende Bl in den Analysator A, der die beiden Strahlenarten auf eine Schwingungsrichtung zurück und zur Interferenz bringt. Dabei wird die Schwingungsrichtung des Lichtes durch die LAURENT-Platte in der durch sie verdeckten Hälfte des Gesichtsfeldes um einen kleinen, fest eingestellten Winkel, den sog. Halbschattenwinkel, gedreht. Wird nun mittels des verschiebbaren Fernrohres F scharf auf die Kante der LAURENT-Platte eingestellt, so erscheinen

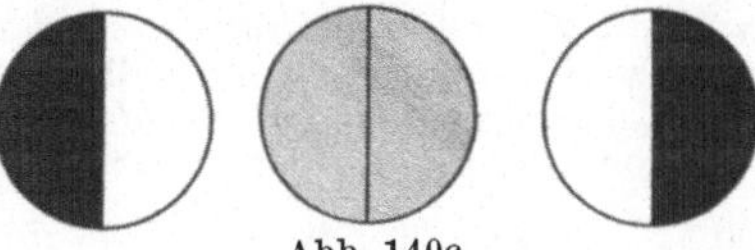

Abb. 140c.

die beiden Hälften des Gesichtsfeldes verschieden hell. Dreht man den Analysator, so ändert sich die Helligkeit der Felder in verschiedenem Sinne (vgl. Abb. 140c). Bei vollkommen gleicher Helligkeit soll bei einem richtig adjustierten Instrument der Nullstrich des mit dem Analysator fest verbundenen Zeigers mit dem Nullstrich der Kreisteilung zusammenfallen, solange keine Substanz zwischengeschaltet ist.

Gebrauchsanweisung: Bei Apparaten, die künstliche Beleuchtung erfordern, ist die Lichtquelle (elektr. Licht, aber auch Petroleum) etwa 30 cm vom Apparat entfernt aufzustellen, derart, daß das beste Licht in das Beleuchtungssystem des Apparates fällt. Bei den modernen Polarimetern, wie z. B. dem abgebildeten Instrument, wird das Licht durch einen kleinen Spiegel wie beim Mikroskop reflektiert und in das Beobachtungsrohr geworfen. Hier kann man Tageslicht verwenden. Die zu untersuchende Flüssigkeit wird in ein zu dem Apparat gehörendes Glasrohr von bestimmter Länge gefüllt, das an beiden Enden mit runden Glasplatten verschlossen ist, die durch Verschraubungen festgehalten werden. Zu achten ist bei der Füllung, der Röhre, daß alle Luftblasen entfernt sind. Beobachtet man nun durch das Instrument, bevor die Röhre eingelegt ist, so muß man ein klares, kreisförmiges, von einem scharfen, senkrechten Strich durch die Mitte in zwei gleiche Hälften geteiltes Gesichtsfeld vor sich haben. Erscheint das Gesichtsfeld nicht klar, so ist das Fernrohr am Auge so lange auszuziehen oder einzuschieben, bis diese Trennungslinie vollkommen scharf hervortritt. Dann erfolgt die Ablesung der Skala. Steht hierbei der Nullpunkt des Nonius genau auf dem Nullpunkt der Skala, derart, daß beide Striche genau eine gerade Linie bilden, so befindet sich der Apparat genau in der Nullage, und beide Hälften des Gesichtsfeldes sind vollständig gleich hell. Dreht man die Schraube etwas, so erscheint die linke Hälfte des Gesichtsfeldes dunkel, die rechte dagegen hell. Dreht man umgekehrt von der Nullage aus die Schraube etwas von rechts nach links, so ist die rechte Hälfte dunkel und die linke hell.

Bringt man nun in den in der Nullage befindlichen Apparat die mit zuckerhaltigem Harn gefüllte Beobachtungsröhre, so wird das Gesichtsfeld nicht mehr völlig klar erscheinen; es ist also zunächst unbedingt erforderlich, dasselbe in der ursprünglichen Deutlichkeit durch Verschieben des Fernrohrs herzustellen. Dann wird man die eine Hälfte des Gesichtsfeldes dunkel, die andere hell sehen. *Um den Zuckergehalt zu ermitteln, muß man die Schraube so weit drehen, bis beide Gesichtshälften wieder völlig gleich erscheinen;* bei einer Drehung nach links oder rechts müssen dann wieder dieselben Unterschiede auf dem Gesichtsfeld eintreten wie bei dem in der Nullage befindlichen Apparate ohne Röhre mit Flüssigkeit.

Die Skala gibt nun direkt den Prozentgehalt von Harnzucker an. Die Ablesung geschieht (hierzu Abb. 141) in folgender Weise: Jedes Intervall an der Skala = $^1/_2$% Harnzucker; auf dem Nonius sind 4 solcher Intervalle

18*

in 5 Teile geteilt. Angenommen, die Stellung der Skala mit Nonius hätte
bei der Gleichheit der Gesichtshälften folgendes Bild ergeben:

So sieht man zunächst, daß 5 ganze Grade = 5 % den Nullpunkt des Nonius
passiert haben; außerdem ist aber noch ein weiteres Intervall = 0,5 % am
Nullpunkt des Nonius vorbeigegangen, und es steht derselbe zwischen dem
11. und 12. Intervall. Letzteres hat er nicht ganz erreicht; *es werden nun
noch die Zehntelprozente derart abgelesen, daß man nachsieht, welcher Strich
vom Nonius* — rechts vom Nullpunkt desselben — *mit irgendeinem Strich
der Skala eine gerade Linie bildet.* In unserem Beispiele fällt der 3. Strich
des Nonius mit einem Strich der Skala zusammen, folglich sind zu den oben

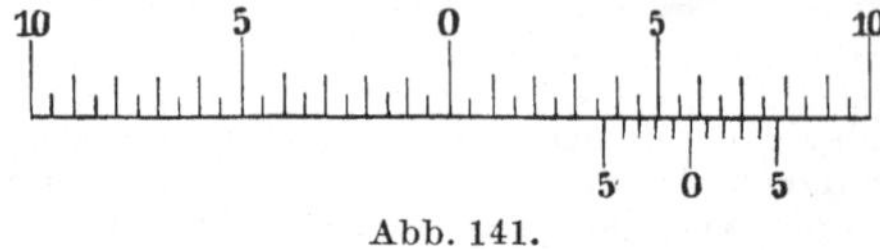

Abb. 141.

schon erhaltenen 5,5 % noch
0,3 % hinzuzuaddieren, und es
ergibt sich insgesamt 5,8 %
Harnzucker. Dieses Resultat
bezieht sich auf die Anwendung der 200 mm langen Beobachtungsröhre; benutzt
man die 100 mm lange Röhre,
so muß das Resultat mit 2 multipliziert werden, und bei Anwendung der
kleinen, 50 mm langen Röhre ist es mit 4 zu multiplizieren.

Enthält der Harn Eiweiß (das links dreht), so muß nach Eliminierung
desselben durch Abkochen des Harns und nochmalige Filtrierung eine zweite
Polarisation ausgeführt werden. Die Differenz zwischen der ersten und der
zweiten Polarisation ist durch Eiweiß bedingt, die zweite Polarisation gibt
den richtigen Prozentgehalt des in der Flüssigkeit enthaltenen Harnzuckers
an. Enthält der Harn β-Oxybuttersäure, was bei Anwesenheit von viel
Aceton und Acetessigsäure (s. S. 280) wahrscheinlich ist, so fällt die Rechtsdrehung zu gering aus, da die Oxybuttersäure links dreht. In vielen Fällen
kann man annähernd richtige Werte durch folgendes Verfahren erhalten:

Man polarisiert den Urin in üblicher Weise und merkt sich den ermittelten
Wert. Dann versetzt man eine abgemessene Menge des Harns, z. B. 100 ccm,
mit etwas Hefe und überläßt ihn der Gärung. Nach deren Beendigung
ergänzt man erforderlichenfalls das Volumen der Flüssigkeit auf 100 ccm,
filtriert und überzeugt sich, daß das Filtrat keinen Zucker mehr enthält.
Man polarisiert jetzt die vergorene Flüssigkeit, nachdem man sie durch Zusatz
von Bleizucker geklärt hat. Die hierbei gefundene Linksdrehung ist dem
zuvor gefundenen Wert für die Rechtsdrehung hinzuzuzählen.

2. Der Fruchtzucker.

(Fructose, Lävulose.)

Der Fruchtzucker ist eine Ketohexose ($C_6H_{12}O_6$) von der Formel
$CH_2OH—CO—(CH \cdot OH)_3—CH_2OH$. Er kommt sowohl mit dem
Traubenzucker zusammen beim Diabetes mellitus in nicht seltenen
Fällen zur Ausscheidung, als auch allein sowie als alimentäre
Fructosurie vor. Der Fruchtzucker reduziert und gärt wie der
Traubenzucker, dreht aber die Ebene des polarisierten Lichtes
nach *links,* und zwar beträgt seine spezifische Drehung ungefähr
92⁰ *. Wenn ein Urin gleichzeitig Traubenzucker und Fruchtzucker

---

* Auszuschließen ist die Anwesenheit von β-Oxybuttersäure und gepaarten Glykuronsäuren, die beide ebenfalls links drehen.

enthält, so wird er deshalb bei einer der Titrationsmethoden oder bei der quantitativen Gärung viel höhere Werte anzeigen als bei der Untersuchung im polarisierten Licht. Aus dieser Differenz kann daher die Anwesenheit von Lävulose neben Dextrose wahrscheinlich gemacht werden. Da beide Zucker dasselbe Glykosazon bilden, können sie nicht durch die Phenylhydrazinprobe unterschieden werden.

Nach NEUBERG soll bei genauer Einhaltung seiner Methodik das Methylphenylhydrazin eine für Lävulose charakteristische Verbindung mit lävulosehaltigen Harnen liefern.

Absolut sichere *Farbenreaktionen* für den Nachweis der Lävulose gibt es nicht. Gewöhnlich wird die SELIWANOFFsche Reaktion angewendet, deren positiver Ausfall bei genauem Einhalt der Versuchsbedingungen und bei sonstigen Anzeichen für Lävuloseausscheidung (Polarisation und Titration bzw. Gärung) einigermaßen charakteristisch ist.

Die SELIWANOFFsche Reaktion wird folgendermaßen angestellt: Man kocht den frischen Harn *kurz* einmal mit der gleichen Menge offizineller 25%iger Salzsäure und einigen Körnchen Resorcin auf. Dabei tritt, wenn Lävulose vorhanden ist, eine schöne Rotfärbung, oder ein roter, in Alkohol löslicher Niederschlag auf. Noch besser ist die Modifikation von BORCHARDT, nach der man nach dem Aufkochen (wie oben) die Probe in eine Schale gießt, sie mit Soda in Substanz alkalisch macht und mit Essigäther ausschüttelt. Dieser färbt sich dann gelb, wenn Lävulose vorhanden ist. Man kann den Farbstoff auch mit Amylalkohol ausschütteln; es bildet sich dann eine rotgrüne Färbung mit grüner Fluorescenz (ROSIN).

Kocht man bei der SELIWANOFFschen Probe zu lange, oder verwendet man konz. Salzsäure, so tritt auch bei Harnen, die allein Traubenzucker enthalten, die Reaktion auf, da dieser hierbei in Lävulose umgelagert wird.

Es hat eine gewisse diagnostische Bedeutung, daß nach Genuß reichlicher Mengen des vielfach genossenen Kunsthonigs oft Lävulose im Harn gefunden wird. Übrigens kann sich in alkalischem Harn Dextrose *spontan* in Lävulose umlagern.

3. Der Milchzucker (Laktose) und die Galaktose.

Der Milchzucker ist ein Disaccharid, das aus gleichen Teilen *Galaktose* und *Traubenzucker* besteht. Wenn man Milchzucker mehrere Stunden mit verdünnter Schwefelsäure oder Salzsäure kocht, so zerfällt er in ein Molekül Traubenzucker und ein Molekül Galaktose; ebenso erfolgt die Spaltung durch Fermentwirkung (Lactase). Mit der gewöhnlichen Hefe *gärt* ungespaltener Milchzucker *nicht*; das Bacterium lactis aerogenes verwandelt ihn aber in Essigsäure, Kohlensäure, Methan und Wasserstoff. Der Milchzucker reduziert alkalische Kupferlösung und dreht die Ebene des polarisierten Lichtes nach rechts. Seine spezifische Drehung beträgt 52,5°. Mit Phenylhydrazin gibt er ein Phenyllaktosazon, das bei 200° unter Gasentwicklung schmilzt. Der Nachweis gründet sich auf das Vorhandensein von Reduktion und Drehung, bei fehlender Gärung; doch zeigen auch andere seltene Zuckerarten dieses Verhalten. Wenn es sich aber um Zustände handelt, bei denen erfahrungsgemäß Milchzucker im Harn vorkommt, so machen die genannten Proben

die Anwesenheit von Milchzucker wahrscheinlich. Unter Umständen kann
der Nachweis auch dadurch geführt werden, daß der eine Paarling des Milch-
zuckers, die *Galaktose,* in Schleimsäure übergeführt wird.

Der Milchzucker findet sich im Harn von Wöchnerinnen bei Milchstauung
in geringer Menge (etwa 1%); er kann auch in den letzten Monaten der
Gravidität vorhanden sein und über mehrere Monate im Puerperium nachweisbar bleiben. In solchen Fällen ist die Unterscheidung vom Diabetes
mellitus wichtig. Gelegentlich kann bei solchen Frauen beim Sistieren des
Stillens die „Laktosurie" wieder auftreten. Sie ist ohne Bedeutung für den
Gesundheitszustand.

Bei magendarmkranken Säuglingen kann die Assimilation des Milch-
zuckers herabgesetzt sein und dadurch Milchzucker im Harn auftreten.
Hierbei kommt bisweilen neben Milchzucker auch Galaktose vor.

Bei Leberkrankheiten und Basedow des Erwachsenen ist gelegentlich
eine Störung der Assimilation von Galaktose nachgewiesen worden, indem
dann nach Zufuhr von 20—30 g Galaktose, diese im Urin erscheint.

Die *Galaktose* dreht die Ebene des polarisierten Lichtes nach rechts, sie
reduziert, gärt aber mit Hefe nur gering und nach Stunden bzw. nach Tagen.
Mit galaktosehaltigem Harn bekommt man daher häufig keine Gärung.

4. Die Pentose.

Im Harn kommen unter sehr verschiedenen Bedingungen kleine Mengen
von Zuckerarten vor, die 5 C-Atome enthalten. In den sichergestellten Fällen
von Pentosurie handelte es sich um die Ausscheidung von r.-*Arabinose*.
Pentosehaltige Harne haben manche Eigenschaften mit glykuronsäurehaltigen
Harnen gemeinsam und sind daher von diesen nur durch genauere chemische
Untersuchung zu unterscheiden. Die *Harne reduzieren, gären aber* nicht und
sind *optisch inaktiv*. Die Harnpentose bildet mit Phenylhydrazin ein Osazon,
das bei 166—168° schmilzt.

Pentosehaltige Harne geben einige Farbenreaktionen, die aber nicht
absolut beweisend sind. *Reaktion von* TOLLENS: Wenn man sie mit gleichen
Teilen konz. Salzsäure und etwas mehr *Phlorogluzin* als sie löst (erbsengroße
Menge Phlorogluzin), vorsichtig erwärmt, so tritt allmählich eine violett-
rote Färbung ein, die einen Absorptionsstreifen im Rot zwischen den
Linien D und E gibt. Die Flüssigkeit trübt sich bald und läßt einen Niederschlag sich ausscheiden, der in Alkohol gelöst werden kann und die Farbe
und das Spektrum der ursprünglichen Lösung gibt. Der Farbstoff kann der
Lösung mit Amylalkohol entzogen werden. Wenn man statt *Phlorogluzin*
Orcin verwendet (nach BIAL), so tritt statt der violettroten eine grüne Färbung
ein, die einen rötlichen Schimmer zeigt. Beim Abkühlen bildet sich eine
Trübung, die sich mit grüner Farbe in Amylalkohol löst. Beide Proben
sind indessen bezüglich der Unterscheidung der Pentosen von Glykuronsäuren nicht absolut zuverlässig.

Die Glykuronsäuren.

Die im normalen Harn stets in geringer Menge enthaltene Glykuronsäure
findet sich dort niemals in freier Form, sondern stets gebunden an Phenole,
Kresole und an Indoxyl. In 100 ccm Harn sind normalerweise nur sehr
geringe Mengen, ungefähr 0,004 g enthalten.

Die freie Glykuronsäure reduziert infolge der Anwesenheit einer Aldehydgruppe Kupfersulfat in alkalischer Lösung, und dieser Eigenschaft wegen ist

sie im Zusammenhang mit der Glykosurie zu besprechen. Sie hat die Formel $CHO \cdot (CHOH)_4 \cdot COOH$. Mit vielen Körpern, die eine OH-Gruppe enthalten, paart sich die Glykuronsäure im Organismus und entgiftet sie dadurch zum Teil. Bei Einfuhr derartiger Körper, bei Phenol-, Kresol-, Lysolvergiftungen, bei vermehrter Darmfäulnis (Indoxyl usw.) sowie nach der Injektion größerer Mengen von Campher oder Chloralhydrat kann die Menge der gepaarten Glykuronsäuren bedeutend zunehmen. *Die gepaarten Glykuronsäuren drehen die Ebene des polarisierten Lichtes nach links, die freie Glykuronsäure nach rechts.* Spaltet man durch längeres Kochen mit 5%iger HCl die gepaarten Glykuronsäuren im Harn, *so geht eine* vorher nachgewiesene *Linksdrehung in Rechtsdrehung* über. Diese Eigenschaft des Glykuronsäureharnes ist recht charakteristisch.

Die glykuronsäurehaltigen Harne gären nicht; sie zeigen einige Farbenreaktionen. Mit Orcin und Salzsäure geben sie eine Grünfärbung, wie die pentosehaltigen Harne. Charakteristischer ist die *Naphthoresorcinprobe von* Tollens: 5 ccm Harn werden mit $^1/_2$—1 ccm 1%iger alkoholischer Naphthoresorcinlösung und 5 ccm Salzsäure (spez. Gewicht 1,19) im Reagensglas gemischt und für 15 Min. in ein siedendes Wasserbad gestellt, dann Abkühlen in kaltem Wasser und Ausschütteln mit Benzol, das eine charakteristische violettblaue Färbung zeigt (Rotfärbung ist nicht beweisend).

Zur Übersicht seien die Eigenschaften der stärker reduzierenden Urine zusammengestellt.

	Reduktion	Gärung	Drehung des polar. Lichtes	Besondere Reaktionen
Traubenzucker	$+$	$+$	Rechts	
Fruchtzucker	$+$	$+$	Links	Seliwanoff-sche Reaktion
Milchzucker	$+$	0	Rechts	Milchsäuregärung
Galaktose	$+$	Gering (?)	Rechts	
Pentose	$+$	0	0	Phlorogluzin- u. Orcinprobe
Glykuronsäure	$+$	0	Gepaarte links, freie rechts	Orcinprobe; Tollens-Probe mit Naphthoresorcin
Alkapton (Homogentisinsäure)	$+$ Alkalische Cu-Lösung in der Wärme, ammoniak. Silberlösung in der Kälte	0	0	Mit Lauge Braunfärbung, mit verd. Eisenchloridlosung rasch verschwindende blaugrüne Färbung

Die Acetonkörper.

Als *Acetonkörper* bezeichnet man die bei der Azidose auftretende β-Oxybuttersäure, die Acetessigsäure und das Aceton. Diese drei Substanzen stehen in enger Beziehung zueinander, indem die β-Oxybuttersäure durch Oxydation leicht in Acetessigsäure und diese in Aceton unter Kohlensäureabspaltung übergeht. Ihre gegenseitige Beziehung wird durch die Strukturformeln klar:

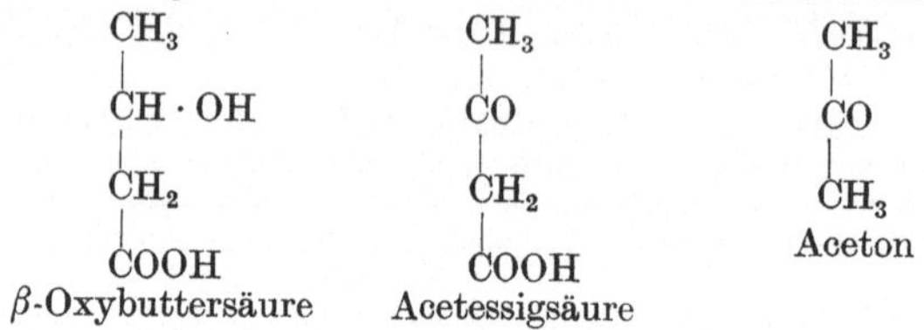

Die Acetonkörper finden sich im Harn namentlich bei der diabetischen Azidose, sie treten aber auch in geringerer Menge beim Normalen nach längerer Entziehung der Kohlehydrate der Nahrung, sowie bei schwereren Inanitionszuständen auf; gelegentlich kommen sie auch bei Vergiftungen und Autointoxikationen vor. Hier, namentlich auch bei magendarmkranken Kindern ist ihr Auftreten nicht genügend erklärt. Im allgemeinen kann man annehmen, daß ein Harn, der Acetessigsäure enthält, auch acetonhaltig ist und bei größeren Mengen von Acetessigsäure ist auch die Anwesenheit von β-Oxybuttersäure wahrscheinlich. Beide Säuren, speziell die Oxybuttersäure, werden nicht als freie Säuren, sondern als Alkali- und Ammoniaksalze ausgeschieden (hierauf beruht der Alkaliverlauf des Körpers bei der Azidose). Der Nachweis der Acetessigsäure hat zur Orientierung über den Grad der Azidose eine besonders große Bedeutung, die Anwesenheit der Acetessigsäure kann sofort durch eine einfache Reaktion erkannt werden (s. unten).

Der Grad der Azidose kann in bequemer Weise annähernd auch durch die Titration des Harns bzw. dadurch geschätzt werden, daß man untersucht, wieviel Natriumbicarbonat per os zugeführt werden muß, um den Harn gegen Lackmus eben alkalisch zu machen. Normal genügen 5—10 g (vgl. jedoch S. 316, Abs. III). Genauer wird der Grad der Azidose durch die Bestimmung der Ammoniakausscheidung erkannt (s. S. 239).

Die Menge der namentlich beim schweren Diabetes ausgeschiedenen Acetonkörper kann sehr erheblich sein (150 g in 24 Stunden), sie gibt aber nur eine annähernde Vorstellung von der Menge der im Organismus vorhandenen Acetonkörper. Unter Umständen können in den Organen, besonders beim Coma diabeticum, sehr große Mengen von β-Oxybuttersäure retiniert werden. Im normalen Harn kommen nur sehr geringe Mengen von *Aceton* vor, die mit den gebräuchlichen klinischen Methoden nicht nachgewiesen werden.

Das **Aceton** ist eine farblose, leicht entzündliche, niedrig siedende Flüssigkeit von sehr charakteristischem, obst(ester-)artigem Geruch. Patienten, die viel Aceton mit der Ausatmungsluft ausscheiden, zeigen diesen Obstgeruch oft sehr deutlich (Koma!). Das Aceton kann aus dem Harn leicht abdestilliert und im Destillat nachgewiesen werden.

LEGALsche Probe: Man versetzt den Harn mit einer frisch bereiteten, kalt gesättigten Lösung von *Nitroprussidnatrium* in Wasser (einige Körnchen werden in wenig Wasser in einem Reagensglas gelöst) und macht mit Lauge alkalisch. Dabei tritt auch im normalen Harn eine intensive Rotfärbung infolge der Anwesenheit von Kreatinin auf. Diese Rotfärbung blaßt bald ab; wartet man einige Minuten und versetzt mit konz. Essigsäure, so tritt eine intensive purpurrote Färbung auf. Normale Harne zeigen dabei eine grüngelbe Verfärbung, oder es verschwindet die auf Laugezusatz aufgetretene Kreatininreaktion. Die Reaktion ist nicht vollständig eindeutig, sie ist auch nach manchen Medikamenten wie Aloe und Phenolphthalein positiv.

Folgende *Modifikation* ist noch empfindlicher: Man gibt zu der Harnprobe einige Tropfen frischer Natriumnitroprussidlösung und 15—20 Tropfen Eisessig und schüttelt um, setzt dann tropfenweise etwa 2 ccm Ammoniak hinzu. Bei Gegenwart von Aceton bildet sich innerhalb weniger Minuten ein rosa- bis purpurfarbener Ring.

Am empfindlichsten ist die LIEBENsche Reaktion im Harndestillat angestellt, die darauf beruht, daß Aceton bei alkalischer Reaktion infolge seiner Ketongruppe (CO) leicht durch Jodlösung in Jodoform übergeführt wird:

Man destilliert 200—250 ccm Harn unter Anwendung eines LIEBIGschen Wasserkühlers, nachdem man den Harn vorher mit sehr wenig Salzsäure oder Essigsäure angesäuert hat. Die Hauptmenge des Acetons findet sich in den ersten 10—20 ccm des Destillates. Dieses macht man mit Lauge alkalisch und versetzt es mit wenigen Tropfen LUGOLscher Jodjodkaliumlösung (S. 10). Bei Anwesenheit von Aceton tritt sofort eine Trübung und Ausfällung von Jodoform auf (Geruch!).

Mittels der LIEBENschen Methode kann auch das Aceton in der Ausatmungsluft leicht nachgewiesen werden. Man läßt den Patienten durch ein Glasrohr in eine Flasche exspirieren, die etwas alkalische Jodjodkaliumlösung in Wasser enthält. Nach einiger Zeit ist auch hierbei die Jodoformbildung bei einigermaßen stärkerer Acetonausscheidung erkennbar.

Quantitative Bestimmung der Acetonkörper s. S. 283.

Die **Acetessigsäure** findet sich immer dann im Harn, wenn β-Oxybuttersäure vorhanden ist; doch braucht sie nicht immer von β-Oxybuttersäure begleitet zu sein. Sie ist eine sehr unbeständige Säure, die sich leicht in Aceton und Kohlensäure zersetzt.

GERHARDTsche Probe: Man setzt zu einer möglichst frischen Harnprobe 1—2 Tropfen verdünnter Eisenchloridlösung und fährt damit fort, während phosphorsaures Eisen als schokoladenartiger Niederschlag ausfällt, bis eine bordeauxrote Färbung eintritt, die durch Acetessigsäure hervorgerufen wird. Bei Gegenwart von wenig Acetessigsäure tritt nur Braunfärbung auf. Die Beurteilung wird wesentlich erleichtert, wenn man eine Probe normalen Harns in derselben Weise behandelt. Bei Zusatz von Schwefelsäure verschwindet die Färbung sofort. Nach Ansäuern des Harns mit Schwefelsäure kann man die Acetessigsäure mit Äther ausschütteln und dann an diesem die Eisenchloridreaktion ausführen, indem man die abgetrennte Ätherlösung mit etwas 1%iger Eisenchloridlösung unterschichtet, wobei ein dunkelroter Ring entsteht.

Die Reaktion ist nicht ganz eindeutig, da auch andere Substanzen, namentlich manche Medikamente Antipyrin, Salicylsäure usw. ähnliche Reaktionen geben.

Die Salicylsäurereaktion gibt eine mehr braunviolette Färbung, das Antipyrin geht nicht wie die Acetessigsäure in sauren Äther über. Die Acetessigsäurereaktion verschwindet nach längerem Stehen aus dem Harn, während die anderen Substanzen noch nachweisbar bleiben; auch durch mehrstündiges Kochen (am Rückflußkühler) kann die Acetessigsäure zerstört und dadurch die vorher positive Reaktion negativ werden; kurzes Kochen genügt zur Unterscheidung nicht.

Für die Praxis kann man sich merken, daß eine Eisenchloridreaktion nur dann auf Acetessigsäure zu beziehen ist, wenn gleichzeitig Aceton nachgewiesen werden kann. Bei der Destillation des Harns geht die Acetessigsäure in Aceton über und kann mittels der LIEBENschen Jodoformprobe nachgewiesen werden.

Die **β-Oxybuttersäure** ist eine schwer krystallisierbare, stark hygroskopische Säure, die optisch aktiv ist, indem sie die Ebene des polarisierten Lichtes nach links dreht. Sie ist in Äther leicht löslich und kann daher dem angesäuerten Harn durch Ätherextraktion entzogen werden. Zur quantitativen Extraktion sind allerdings besonders komplizierte Verfahren notwendig. Charakteristische Farbreaktionen gibt sie nicht.

Ihr Nachweis beruht entweder darauf, daß sie in eine charakteristische, leicht zu identifizierende Säure (*α-Crotonsäure*) übergeführt wird, oder auf der Linksdrehung des vorher vergorenen Harnes (vgl. quantitativer Zuckernachweis S. 271), bzw. auf der Linksdrehung des Ätherextraktes (spez. Drehung $= -24,1^0$). Die Linksdrehung eines diabetischen Harns nach Vergärung des Zuckers kann, wenn nach dem positiven Ausfall der Acetessigsäure- und Acetonreaktion die Anwesenheit von β-Oxybuttersäure wahrscheinlich erscheint, nach Ausfällung etwa vorhandenen Eiweißes auf β-Oxybuttersäure bezogen werden.

Der Übergang von β-Oxybuttersäure in α-Crotonsäure, CH_3—$CH =$ CH—$COOH$, erfolgt sehr leicht durch Erhitzen mit Schwefelsäure und Wasser. Die α-Crotonsäure krystallisiert leicht; ihre Krystalle schmelzen bei 71^0. Die Säure kann bereits durch ihren eigenartigen scharfen Geruch erkannt werden.

Getrennte quantitative Bestimmung des Acetons und der Oxybuttersäure im Harn nach LUBLIN[1].

Das *Prinzip* des Verfahrens besteht darin, daß zunächst das *präformierte* und das aus Acetessigsäure durch Erhitzung abgespaltene Aceton einerseits, andererseits das Aceton, das durch Kaliumbichromatschwefelsäure aus der β-Oxybuttersäure frei wird, in getrennte Vorlagen überdestilliert wird; in diesen befindet sich eine alkalische Jodlösung. Das überdestillierte Aceton bildet aus der vorgelegten Jodlösung Jodoform und wird titrimetrisch bestimmt. Eine Befreiung des Harns von Proteinen und Glucose ist nicht notwendig; jodbindende Phenole werden durch Zusatz von Essigsäure ausgeschaltet (vgl. auch S. 106).

Ausführung der Methode: 0,5 ccm (je nach dem qualitativ festgestellten Acetongehalt; bei geringen Spuren von Aceton 1,0 ccm, bei sehr großen Mengen von Aceton 0,4 und weniger Kubikzentimeter) Harn werden mit 25,0 destilliertem Wasser und 1,0 ccm (10%) Essigsäure sowie einer Spur Talkum in einen 50 ccm-Mikrokjeldahlkolben (vgl. S. 86) gebracht, worauf der Kolben an das Destillationsrohr des KJELDAHL-Apparates angeschlossen wird. Das Ausflußende des wassergekühlten Destillationsrohres taucht in eine Vorlage aus 10,0 n/100-Jodlösung + 5,0 (25%)-NaOH in 40,0 Aqua destillata (in einem 200 ccm-ERLENMEYER-Kolben). Die Erhitzung des Destillationsgefäßes erfolgt direkt durch einen nicht zu heißen Bunsenbrenner. Nach 10 Min. langer Destillation wird die Vorlage durch eine in gleicher Weise hergestellte ersetzt, die aber zweckmäßigerweise 15,0 n/100-Jodlösung enthält. Sodann läßt man in das Destillationsgefäß unter Vermeidung von Acetonverlust langsam (etwa pro Sekunde 1 Tropfen) 20,0 Kaliumbichromatschwefelsäure (2,0 g Kaliumbichromat + 20,0 [100 Vol.-%] H_2SO_4 + 80,0 H_2O) vorsichtig (!) hineintropfen und unterhält die Destillation weitere 10 Min.

Beide Destillate können sofort durch Zusatz von 5,0 (25%) H_2SO_4 neutralisiert und mit n/100 $Na_2S_2O_3$ (aus der Mikrobürette) titriert werden, wobei der Umschlag der durch 3 Tropfen einer 1%igen Stärkelösung braun bzw. blau gefärbten Flüssigkeit nach farblos auf 1 Tropfen scharf ist. Das erste Destillat (A) enthält das präformierte und das aus Acetessigsäure entstandene Aceton, während das zweite Destillat (B) das durch die Kaliumbichromatschwefelsäure aus der β-Oxybuttersäure entwickelte Aceton aufweist.

Das Eintropfenlassen der Kaliumbichromatschwefelsäure ohne Acetonverlust erzielt man durch folgende Vorrichtung: An dem kugel- oder birnenförmig erweiterten Anfangsteil des Destillationsrohres ist ein etwa 3 cm langes, 5 mm lichtes Glasrohr angeschmolzen, das mit einem glashahnarmierten Tropftrichter (oder einem Zylinder) von 20 ccm Inhalt durch ein Stückchen Paragummi luftdicht verbunden ist.

Zur *Berechnung* des Gesamtacetongehaltes der untersuchten Harnmenge werden die verbrauchten Kubikzentimeter Jod mit dem Faktor 0,0967 multipliziert, da 1,0 n/100-Jodlösung 0,0967 mg Aceton entsprechen; der Gehalt an β-Oxybuttersäure ergibt sich im Destillat B aus der Multiplikation der verbrauchten Kubikzentimeter Jod mit dem Faktor 0,25, da 1,0 n/100-Jodlösung 0,25 mg des aus der β-Oxybuttersäure gewonnenen Acetons gleichzusetzen ist.

---

[1] LUBLIN: Klin. Wschr. **1922**, 894 und 2285.

Bei der Blindbestimmung braucht nur das Destillat A hergestellt zu werden, da der Jodverbrauch im Destillat B dem des Destillats A entspricht. Der ziemlich konstante geringe Jodverbrauch des normalen Harnes kann unberücksichtigt bleiben, da er das Resultat kaum beeinflußt.

Beispiel: Ausgangsmaterial 0,5 Harn, vorgelegt (A) 10,0 n/100-Jodlösung. Zur Titration wurden verbraucht 2,20 n/100-$Na_2S_3O_2$-Lösung. Differenz vom Resultat der Blindbestimmung (= 8,73 statt 10,00) = 6,53; also $6,53 \times 0,0967 \times 200 = 0,126\%$ (da Tagesmenge 2800 ccm Harn) = 3,5 g Aceton.

Zum Destillat B wurden vorgelegt 15,0 n/100-Jodlösung. Zur Titration verbraucht 2,63 ccm n/100-$Na_2S_2O_3$. Differenz zum Resultat der Blindbestimmung (= 13,09 statt 15,00) = 10,46; also $10,46 \times 0,25 \times 200 = 0,523\%$ oder 14,6 g Oxybuttersäure pro die.

Zusammenfassend hat man bei Verdacht auf Diabetes mellitus zunächst eine der Reduktionsproben auf Traubenzucker anzuwenden. Fällt diese sehr intensiv aus, so ist die Anwesenheit von Zucker sehr wahrscheinlich. Man prüfe nun sofort mittels der LEGALschen Probe auf Aceton. Befindet sich der (unbehandelte) Patient bei gemischter Kost und ist Aceton vorhanden, so ist der Fall wahrscheinlich ein schwerer. Man prüft mittels der Eisenchloridreaktion auf Acetessigsäure. Ist diese auch vorhanden, so macht das die Annahme eines schweren Falles noch wahrscheinlicher. Man überzeugt sich nun von dem Grade der Azidose. Je nach dem Ausfall dieser Proben hat man nun weiter zu verfahren, indem man an der 24stündigen Harnmenge die Gesamtzuckerausscheidung, den Grad der Acidität durch Titration und den Ammoniakgehalt des Harns bestimmt. — Hat man Verdacht, daß es sich um beginnendes Koma handeln könne, so suche man nach Komazylindern (s. S. 300, Abb. 145).

Lipurie und Chylurie.

Größere Mengen von Fett finden sich nur in seltenen Fällen im Urin; bisweilen können bei Phosphorvergiftung Fetttröpfchen entleert werden. In den meisten Fällen beruht aber die Lipurie auf einem Übertritt von Chylus in die Harnwege. Dieser Zustand, der als *Chylurie* bezeichnet wird, ist leicht erkennbar, da der Urin dann wie die chylösen Ergüsse (s. S. 339) ein milchartiges Aussehen zeigt. Solche Harne enthalten stets neben dem Fett Eiweiß in wechselnder Menge. Gelegentlich werden auch gallertdurchsichtige Gerinnsel, die aus Fibrin bestehen, mit ausgeschieden. In sehr seltenen Fällen kann der Harn in toto zu einer sehr lockeren, die Form des Gefäßes annehmenden Masse gerinnen. In unseren

Gegenden ist die Krankheit ungemein selten; bei den genauer untersuchten Fällen *europäischer Chylurie* bestand eine abnorme Kommunikation der Harnwege mit den Lymphgefäßen. Das mit der Nahrung aufgenommene Fett kann dann zur Zeit der Verdauung in größerer Menge in den Harn übertreten und (falls man z. B. Jodfette verabreicht hat) im Harn als solches erkannt werden.

In einem in München beobachteten Fall war die Chylurie cyclisch, indem einzelne Portionen chylurisch, andere Harnportionen normal erschienen. Der betreffende Fall heilte nach Jahren ohne Störung des Allgemeinbefindens aus.

Der *tropischen Chylurie* liegt die Anwesenheit eines Blutparasiten *Filaria Bancrofti* zugrunde (vgl. S. 67). Diese Parasiten siedlen sich im Lymphgefäßsystem an und bewirken Lymphverstopfung und Stauung in den Harnwegen.

Beim Schütteln mit Äther nach vorherigem Zusatz von etwas Natronlauge verliert der Harn das milchartige Aussehen. Das „emulgierte" Fett wird gelöst, eine völlige Klärung bleibt aber meist aus. Neben dem in seiner Menge sehr wechselnden *Fettgehalt* wird stets *Eiweiß* in $^1/_2$—$2^0/_{00}$ und darüber gefunden. Enthält der Harn, wie dies nicht selten der Fall, gleichzeitig *Blut* — Hämatochylurie —, so erscheint er pfirsichrot und nimmt erst, nachdem sich das Blut am Boden abgesetzt hat, die gelblichweiße, milchähnliche Beschaffenheit an.

Aminosäuren und Diamine.

In seltenen Fällen, namentlich bei der Phosphorvergiftung, sind eine Reihe von Aminosäuren, *Glykokoll* (Aminoessigsäure), *Leucin* (Aminoisocapronsäure) und *Tyrosin* (para-Oxyphenylalanin) im Harn gefunden worden; aber auch Alanin, Histidin und Arginin können gelegentlich zur Ausscheidung kommen. Von diesen hat nur das Auftreten von *Leucin* und *Tyrosin*, sowie das von *Cystin* praktische Bedeutung. Leucin und Tyrosin können außer bei der Phosphorvergiftung bei akuter gelber Leberatrophie, sowie seltener bei Leberabscessen im Harn vorkommen. Bisweilen krystallisieren Leucin und Tyrosin im Harn direkt aus und bilden dann ein Sediment.

Zu ihrer Auffindung fällt man den Harn zuerst mit neutralem, dann mit basisch essigsaurem Blei, filtriert, wäscht gut aus, entbleit das Filtrat durch Einleiten von H_2S, dampft die Flüssigkeit möglichst weit ein, extrahiert zur Entfernung des Harnstoffs mit kleinen Mengen von absolutem Alkohol und läßt zur Krystallisation stehen. Bilden sich Krystalle, so können diese aus heißem ammoniakalischem Alkohol umkrystallisiert werden. Krystallform s. Abb. 142.

Tyrosin gibt mit Millon-Reagens (salpetrigsäurehaltige Lösung von Merkurinitrat) beim Erwärmen eine intensive Rotfärbung.

Cystin ist ein schwefelhaltiger Bestandteil der Eiweißkörper. Seine Formel kann man sich aus zwei Molekülen *Cystein* (α-Amino-β-thiopropionsäure $SH \cdot CH_2$—$CH \cdot NH_2$—$COOH$) entstanden denken. Das Cystein steht dem Taurin $OH \cdot SO_2 \cdot CH_2{-}CH_2 \cdot NH_2$ nahe und tritt somit in Beziehung zu der in der Galle enthaltenen Taurocholsäure.

Im normalen Harn ist kein Cystin enthalten; bei einer seltenen Stoffwechselstörung, der *Cystinurie,* findet es sich konstant im Harn und krystallisiert hier, da es schwer löslich ist, leicht in Plättchenform aus (vgl. S. 307). Bisweilen gibt es Gelegenheit zur Bildung von Konkrementen. Auf Essigsäurezusatz können die Cystinkrystalle im Harn ausgefällt werden; zum Unterschied von anderen ähnlichen Krystallen lösen sie sich in

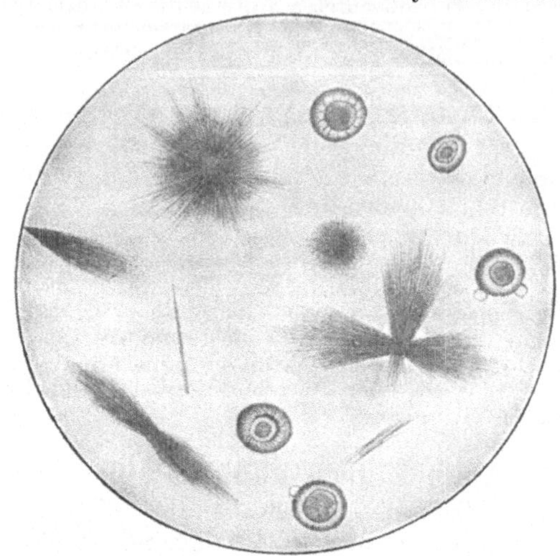

Abb. 142. Leucin (Kugelform) und Tyrosin (Büschelform). (Nach RIEDER.)

Ammoniak. Bei Cystinurie ist auch gelegentlich das Vorkommen von Diaminen, *Putrescin* (Tetramethylendiamin) und *Cadaverin* (Pentamethylendiamin) beobachtet worden.

Über die bei der *Alkaptonurie* aus Tyrosin und Phenylalanin gebildete und ausgeschiedene Homogentisinsäure s. S. 263.

Hydrothionurie.

Als Hydrothionurie bezeichnet man das Vorkommen größerer Mengen von Schwefelwasserstoff (SH_2) im Urin. Der Schwefelwasserstoff stammt in diesen Fällen aus Bakterien, die sich bei Cystitis und Bakteriurie im Urin finden. Zu seinem Nachweis wird durch den (frisch entleerten!) Urin ein Luftstrom gegen ein mit Bleiacetatlösung getränktes Filtrierpapier geblasen. Dieses wird durch Bildung von Schwefelblei in wenigen Minuten braunschwarz gefärbt.

Die EHRLICHsche Diazoreaktion und die WEISSsche Permanganatreaktion.

Wenn man Harn mit Diazobenzolsulfosäure versetzt und ammoniakalisch macht, so bildet letztere mit gewissen aromatischen

Körpern des Harns gefärbte Verbindungen. Unter bestimmten pathologischen Verhältnissen tritt eine intensive *Rotfärbung* auf, und beim Schütteln färbt sich der Schaum des Urins rot. Diese von EHRLICH gefundene „Diazoreaktion [1]" hat, obwohl man die Substanzen, die diese Reaktion hervorrufen, bisher nicht genau kennt, außerordentlich große praktische Bedeutung erlangt. Eine in diesem Sinne positive Reaktion findet man fast immer in gewissen Stadien des *Typhus abdominalis*, oft bei *Masern* und sehr intensiv im Beginn der *Trichinose*. Ferner tritt sie bei schweren *Tuber-kulosen*, die mit Gewebszerfall einhergehen, häufig auf, ferner auch bei *Lymphogranulomatose* sowie bei diffuser *Darmsarkomatose*. In seltenen Fällen findet man sie aber auch bei croupöser Pneumonie, so daß die Reaktion zur Differentialdiagnose der croupösen und käsigen Pneumonie nur unter Vorbehalt verwendet werden kann.

Man benützt bei der EHRLICHschen Diazoreaktion zwei getrennt aufbewahrte Lösungen:

Reagens I: Sulfanilsäure 5,0, Salzsäure 50,0, Aqua destillata ad 1000,0.
Reagens II: Natriumnitrit 0,5, Aqua destillata 100,0.

Zur Anstellung der Reaktion gibt man in einem Reagensglas zu 10 ccm Reagens I 2—3 Tropfen Reagens II. Hierzu setzt man die gleiche Menge Harn und $^1/_4$ Volumen Ammoniak. Man schüttelt die Mischung und sieht zu, ob eine intensive rein rote Färbung der Flüssigkeit und vor allem auch des gebildeten Schaumes auftritt (eine gelbrote Färbung ist *nicht* charakteristisch).

Nach neueren Untersuchungen ist die Diazoreaktion durch verschiedenartige Substanzen bedingt, von denen eine als schwefelhaltig nachgewiesen wurde und vielleicht vom Tyrosin abzuleiten ist.

In Fällen, in denen die Diazoreaktion positiv ist, findet man eine von WEISS angegebene charakteristische Reaktion des Harns mit Kaliumpermanganat:

Der Harn wird im Reagensglas bis zum Verschwinden der Eigenfarbe verdünnt und mit 3—10 Tropfen einer $1^0/_{00}$igen Kaliumpermanganatlösung versetzt. Bei positivem Ausfall der Reaktion tritt intensive goldgelbe Färbung ein. Leichte Bräunung ist nicht als positive Reaktion anzusehen. Nach RHEIN genügt es auch zum verdünnten Harn ein Körnchen Permanganat zuzusetzen und zu schütteln.

Nach WEISS soll diesen Reaktionen ein Körper zugrunde liegen, den er als die Vorstufe des im normalen Harn vorkommenden Harnfarbstoffes, des Urochroms, auffaßt und den er deshalb als *Urochromogen* bezeichnet. Aus ihm bildet sich durch Oxydation das Urochrom.

Das Urochromogen wird mit den Harnfarbstoffen durch Bleiacetat und Lauge gefällt, dagegen durch Ammonsulfat *nicht* ausgesalzen. Hierauf hat dieser Autor eine Methode zur Abschätzung und Trennung der vorhandenen Urochromogenmenge gegründet. Dies ist wichtig, weil Harne, die viel

---

[1] Diazoverbindungen entstehen durch Einwirkung von salpetriger Säure auf aromatische Amine bei Gegenwart von freier Mineralsäure; sie spielen bei der Synthese der Anilinfarbstoffe eine große Rolle.

Urobilinogen enthalten (d. h. bereits in der Kälte mit Dimethylparaamino-benzaldehyd eine Rotfärbung geben) eine positive Permanganat- und auch Diazoreaktion vortäuschen, andererseits bilirubinreiche Harne die Reaktion verhindern können. Es wird deshalb die Reaktion verfeinert, wenn man die störenden Stoffe vor Anstellung der Reaktionen mit Ammonsulfat aussalzt: Man verreibt in einer Schale 25 ccm Harn mit 20 g Ammonsulfat und filtriert; das Filtrat gibt nun sowohl die Diazo- als auch die Permanganatprobe reiner, bzw. die Reaktionen sind jetzt positiv, während sie im nativen Harn nicht nachweisbar oder nicht eindeutig waren.

Die bei der Diazoreaktion auftretende Gelbfärbung soll auf der Anwesenheit von Urochrom neben Urobilin und Tryptophanderivaten beruhen. Gewisse Medikamente, wie Opiate, Atophan, Kreosotderivate, Naphthol, Phenolphthalein können eine positive Diazoreaktion vortäuschen, Tannin kann sie verhindern, während die Permanganatreaktion durch diese Stoffe nicht beeinflußt wird.

Änderungen im Aussehen und chemischen Verhalten des Harns durch in den Körper aufgenommene Arzneimittel.

Jod: Harn, mit einigen Tropfen rauchender Salpetersäure und etwa $^1/_3$ seines Volumens Chloroform versetzt, gibt beim Schütteln prächtige rotviolette Färbung des sich abscheidenden Chloroforms, die nach Zusatz von Natriumthiosulfatlösung wieder schwindet. Statt des letzteren Körpers kann man auch Schwefelkohlenstoff benutzen.

Noch schärfer ist folgende Probe: Man setze zu der Harnprobe einige Tropfen Stärkekleister, rühre um und unterschichte etwas rauchende Salpetersäure. An der Verbindungsstelle tritt noch bei einem Gehalt von 0,001% Jod ein tiefblauer Ring auf, der aber vergänglich ist. Oder man versetzt den Harn im Reagensglas mit dem gleichen Volumen konz. Salzsäure und überschichtet mit 2—3 Tropfen schwachem Chlorwasser; es entsteht an der Oberfläche eine braungelbe Schicht, die bei Zusatz von Stärkelösung blau wird. Der Nachweis *organisch* gebundenen Jods bedarf komplizierterer Methoden (s. die entsprechenden Lehrbücher).

Brom weist man nach, indem man den Harn mit Chlorwasser versetzt, um das Brom frei zu machen, und danach mit Chloroform schüttelt. Beim Absetzen zeigt sich letzteres durch Brom dunkelgelb gefärbt. Oder man schüttelt den mit etwas Chlorwasser versetzten Harn mit Äther. Dieser wird durch das freigewordene Brom gelb gefärbt und kann nach Abschütten und Versetzen mit Kalilauge wieder entfärbt werden.

Empfindlicher ist die Probe von JOLLES: 10 ccm Harn werden in einem kleinen Kolben mit engem Halse mit Schwefelsäure angesäuert und mit Kaliumpermanganat bis zur bleibenden Rotfärbung versetzt. In den Kolbenhals hängt man einen Streifen angefeuchteten Filtrierpapiers, das mit einer $1^0/_{00}$ igen wässerigen Lösung von p-Dimethylphenylendiamin getränkt und dann getrocknet wurde. Bei Erwärmen auf dem Wasserbade erzeugt Brom auf dem Papier eine Violettfärbung, die über Blau und Grün in Braun übergeht.

Blei: Man dampft 1—2 Liter Harn in einer Porzellanschale auf dem Wasserbad auf ungefähr $^1/_4$ Volumen ein, setzt die gleiche Menge konz. HCl und unter Erwärmen messerspitzenweise so lange chlorsaures Kalium in Substanz zu, bis Entfärbung eintritt, und dampft ab, bis kein Chlorgeruch mehr nachweisbar ist (Abzug!). Dann neutralisiert man die Säure mit Soda (in Substanz), filtriert und leitet bei neutraler Reaktion H_2S-Gas ein. Es bildet sich Schweifelblei, das sich durch Braunfärbung anzeigt.

Quecksilber: Man versetzt die 24stündige unfiltrierte Harnmenge mit 10 ccm Salzsäure und reinen Kupferdrahtspänen oder einem Blättchen Rauschgold und erwärmt. Nach 24 Stunden gießt man den Urin ab, wäscht das Metall mit Wasser, dem etwas Lauge zugesetzt ist, dann trocknet man es mit Alkohol und Äther und läßt den Äther verdunsten. Man bringt dann das Metallstückchen, an dem sich das Hg als Amalgam niedergeschlagen hat, in ein trockenes Reagensglas und erhitzt dessen Kuppe bis zur Rotglut. Das Quecksilber verflüchtigt sich und schlägt sich in den oberen Teilen des Reagensglases nieder. Läßt man Joddämpfe auf diese Stellen einwirken, so bildet sich ein roter Anflug von Quecksilberjodid.

Bei der Untersuchung auf Schwermetalle (Blei, Quecksilber) ist zu berücksichtigen, daß ein Teil mit den Faeces ausgeschieden wird.

Arsen: Der Nachweis im Harn nach anorganischen sowie organischen As-Präparaten (Atoxyl, Salvarsan) bedient sich komplizierter Methoden (s. Spezialwerke).

Phenole und Kresole bewirken ein Nachdunkeln des Harns und geben oft charakteristische Reaktionen mit Eisenchlorid.

Nach der Aufnahme von **Carbol** durch Einnehmen, Einatmen oder Resorption von Wund- und Geschwürsflächen erscheint der Harn braungrün und wird bei längerem Stehen noch dunkler grünlich.

Versetzt man eine Probe davon im Reagensglas mit Bromwasser, so bildet sich ein hellgelber Niederschlag von Tribromphenol, in dem sich nach und nach glänzende Krystalle in Blättchen- und Nadelform abscheiden. Besser ist es, den Harn mit Schwefelsäure (auf 100 ccm Harn 5 ccm konz. H_2SO_4) zu versetzen, der Destillation zu unterwerfen und im Destillat die Bildung von Tribromphenol hervorzurufen.

Der nach Einnahme von **Lysol** entleerte Harn dunkelt ebenfalls an der Luft nach, aber weniger als der Carbolharn. Meist ist der Lysolharn nach mehrstündigem Stehen an der Luft bräunlichgelb bis hellbraun gefärbt. Nach längerem Stehen ist er oft dunkelbraun und scheidet einen braunroten, in Alkohol mit brauner Farbe löslichen Farbstoff aus. Da der Lysolharn einen mehr oder weniger erhöhten Gehalt an Glykuronsäureverbindungen hat, so bedingt er Linksdrehung und gibt die TOLLENSsche *Naphthoresorcin-probe* durchweg deutlich (s. S. 278).

Destilliert man den Lysolharn nach Zusatz von $^1/_{10}$ Vol. Salzsäure, so gehen die Kresole in das Destillat über. Sind reichliche Mengen von Lysol resorbiert worden, so zeigt das Destillat starken Kresolgeruch und gibt beim Zusatz einer kleinen Menge stark verdünnter Eisenchloridflüssigkeit Grün- bis Violettfärbung.

Über die im Phenol- und Lysolharn oft vermehrte Ausscheidung der gepaarten Schwefelsäure und deren Nachweis s. S. 249.

Bei Gegenwart von **Salicylsäure** im Harn bewirkt Eisenchloridlösung zunächst einen gelblichen, von Eisenphosphaten herrührenden Niederschlag und bei weiterem Zusatz lebhafte Blauviolettfärbung. Handelt es sich um den Nachweis sehr geringer Mengen, so muß man, nach vorheriger Ansäuerung des Harns mit etwas Schwefelsäure, demselben ein gleiches Volumen Äther, oder besser eines Gemisches von 2 Teilen Chloroform und 3 Teilen Petroläther zusetzen und durch Schütteln die Salicylsäure entziehen. Dieselbe geht in den Äther über, den man abgießt und mit stark verdünnter Eisenchloridlösung behandelt. Dieselbe Eisenchloridreaktion geben Salol- und Salipyrinharne. Man denke daran, daß auch nach *Aspirin* und anderen

Ersatzpräparaten, nach Verabfolgung von Coffein natr. salicyl. und Theobromin natr. salicyl. nachweisbare Mengen von Salicylsäure im Harn vorhanden sein können.

Bei Anwesenheit von *Hydrochinon* verhält sich der Harn wie ein Alkaptonharn. Er dunkelt mit Lauge intensiv nach und gibt eine rasch verschwindende Grünblaufärbung mit Eisenchlorid. *Brenzkatechin*haltiger Harn verhält sich ähnlich, gibt aber eine intensivere und bleibende Grünfärbung mit Eisenchlorid, die auf Zusatz von ammoniakalischer Weinsäurelösung in Burgunderrot übergeht.

Auch beim Gebrauch von *Folia uvae ursi* und nach *Teerpräparaten* dunkelt der Harn nach.

Antipyrinharn gibt mit Eisenchlorid eine Rotfärbung.

Anilin und **Antifebrin** (Acetanilid) werden als p-Aminophenol mit Schwefelsäure bzw. Glykuronsäure gepaart ausgeschieden. Der Harn dreht links und reduziert FEHLING. Das freie Aminophenol gibt die *Indophenolreaktion*: Man kocht den Urin mit $^1/_4$ seines Volumens konz. Salzsäure, kühlt ab und versetzt ihn mit einigen Kubikzentimetern einer 2—3%igen Carbollösung und einigen Tropfen Eisenchlorid. Es bildet sich eine rote Fällung; dann versetzt man die Mischung mit Ammoniak und filtriert. Filter und Filtrat zeigen intensive *Blaufärbung*.

Bei **Nitrobenzol**vergiftungen (künstliches Mirbanöl, Parfümerie usw.) geht ein Teil unverändert in den Harn über; dieser riecht dann stark nach bitteren Mandeln. Ein Teil wandelt sich in p-Aminophenol um, das die Indophenolreaktion gibt.

Phenacetin gibt mit α-Naphthol und Natriumnitrit eine charakteristische Azoverbindung. Man versetzt den Harn im Reagensglas mit 2 Tropfen konz. HCl und mit 2 Tropfen einer 1%igen Natriumnitritlösung, gibt einige Tropfen einer alkalischen α-Naphthollösung hinzu und macht alkalisch. Es entsteht eine Rotfärbung, die beim Zusatz von HCl in Violett übergeht. Eventuell muß man den Harn zwecks Spaltung gepaarter Verbindungen vorher mit $^1/_4$ Vol. konz. Salzsäure kochen und dann stark abkühlen. Mit Eisenchlorid gibt der Harn eine nicht sehr charakteristische Braunfärbung.

Pyramidon: Der Harn zeigt oft eine hellpurpurrote Farbe und bisweilen ein Sediment aus roten feinen Nadeln; der rubinrote Farbstoff (Rubazonsäure) geht nach Ausschütteln mit Essigäther in diesen über. Zusatz eines gleichen Vol. 2%igen Eisenchlorids zum Harn gibt dunkelbraune bis amethystartige Färbung. Auch entsteht beim Überschichten des Harns mit 10fach mit Aqua destillata verdünnter 10%iger Jodtinktur an der Berührungszone ein violetter, allmählich rot werdender Ring.

Veronal, das unverändert im Harn erscheint, läßt sich nach Ansäuern des Harns (100 ccm) mit Essigsäure mittels warmen Äthylacetates extrahieren. Nach Ausschütteln und Zusatz von etwas absolutem Alkohol zur Beseitigung der Emulsion läßt man den Auszug in einer Porzellanschale verdunsten, fügt 30 ccm offiz. H_2O_2 und eine Messerspitze NH_4Cl hinzu und dampft vorsichtig ein. Der Rückstand ist gelbrot gefärbt und gibt die Murexidprobe (vgl. S. 241). Die Reaktion in dieser Form ist charakteristisch für *Derivate der Barbitursäure*.

Nach **Naphthalin** nimmt der Harn eine sehr dunkle Färbung an; bei Zusatz von einigen Tropfen Ammoniak ist blaue Fluorescenz zu beobachten.

Tanninharn färbt sich bei Zusatz verdünnter Eisenchloridlösung infolge der Anwesenheit von Gallensäure graugrünlich bis schwärzlichblau.

Purgen (Phenolphthalein) geht in den Harn über und gibt mit Alkali deutliche Rotfärbung (Indicator), die auf Säurezusatz verschwindet.

Pikrinsäure färbt den Harn bei stärkerem Gehalt auffallnd hellgelb. Man säuert den Harn mit HCl an und schüttelt die Pikrinsäure mit Äther aus. Nach dem Verdunsten des Äthers krystallisiert die Säure in gelben Nadeln aus. Diese lösen sich leicht in Wasser und färben intensiv gelb.

Derivate des **Anthrachinons,** die in zahlreichen Abführmitteln (Rhabarber, Sagrada, Aloe, Senna) enthalten sind, färben den Harn oft gelbgrün. Mit Lauge tritt lebhafte Rotfärbung ein, die auf Säurezusatz wieder verschwindet. Man kocht den Harn zunächst mit 1—2 Tropfen KOH, säuert mit HCl an, schüttelt mit Äther aus und schüttelt diesen mit etwas verdünntem NH_3; letzteres färbt sich kirschrot.

Zum Unterschied hiervon läßt sich aus *Santoninharn,* der ebenfalls intensiv gelb ist und mit Lauge eine Rotfärbung gibt, der Farbstoff hier *nicht* mit Äther extrahieren.

Kopaivabalsam- und *santalöl*haltige Harne geben oft beim Kochen und Versetzen mit Säure einen dem Eiweiß ähnlichen Niederschlag. Dieser wird aber durch Alkohol im Gegensatz zum Eiweiß gelöst. Zusatz von Salzsäure färbt den Harn schön rot, bei gleichzeitigem Erhitzen violett.

Terpentinhaltiger Harn riecht bisweilen veilchenartig; er gibt mit Salpetersäure einen Niederschlag.

Chinin wird durch das Quecksilberjodidverfahren nachgewiesen. Die Zusammensetzung des Reagens ist folgende:

10 g Jodkali werden in 50 ccm heißen destillierten Wassers, 2,7 g Quecksilberjodid in 150 ccm gelöst. Beide Lösungen werden zusammengegossen und 2,5 g Eisessig hinzugefügt. Dieses Reagens zeigt noch bei einer Verdünnung von 1 : 200000 Chinin im Harn durch eine entstehende Trübung an. Da aber dasselbe zugleich ein Fällungsmittel für Eiweiß ist, ist folgendes bei Anstellung der Probe zu beachten. Wenn der klar filtrierte kalte Harn bei Zusatz des Reagens klar bleibt, so ist weder Chinin noch Eiweiß vorhanden. Tritt eine beim Erwärmen verschwindende Trübung ein, so ist Chinin vorhanden. Bleibt die Trübung beim Erhitzen bestehen, so ist Eiweiß vorhanden. Wird das heiße Filtrat letzterer Probe beim Erkalten wieder getrübt, so ist Eiweiß und Chinin vorhanden.

Die mikroskopische Untersuchung des Harns.

Die mikroskopische Untersuchung bezweckt die Erkennung und Charakterisierung von Harnsedimenten. Ihr hat regelmäßig die einfache Betrachtung mit dem unbewaffneten Auge vorauszugehen. Der normale Harn ist klar, er setzt bei längerem Stehen ein geringfügiges Sediment ab; pathologischer Harn kann in toto trüb sein, oder es sind in dem klaren Harn einzelne krystallinische und amorphe Niederschläge oder organisierte Bestandteile erkennbar. So werden bisweilen bei Nephritiden, bei Cystitis und Pyelitis, aber auch bei Phosphaturie stark getrübte Urine ausgeschieden, die man durch einfache Reaktionen sofort charakterisieren kann. Bei der Anwesenheit von Harnsäurekonkrementen in den Harnwegen können diese oder Konglomerate freier Harnsäure ausgeschieden werden, die sich sofort als spezifisch schwer auf den

Boden des Glases senken[1]; bei chronischer Gonorrhöe sieht man „Tripperfäden" in dem bisweilen klaren Urin herumschwimmen, bei Tuberkulose der Harnwege oftmals kleinere käsige Bröckel. Solche Elemente fängt man am besten mit einer Pipette ab und unterwirft sie sofort der mikroskopischen Untersuchung.

Zur Untersuchung der Sedimente scheidet man diese am besten mittels einer kleinen Handzentrifuge ab; fehlt eine solche, so läßt man den Harn in einem Spitzglas sedimentieren.

In manchen Fällen empfiehlt es sich zur besseren Wahrnehmung der geformten Elemente des Sedimentes diesem auf dem Objektträger einen Tropfen einer $^1/_2$—1%igen frisch filtrierten wässerigen *Neutralrotlösung* zuzusetzen, durch welche insbesondere die Zellkerne sehr deutlich werden. Noch besser eignet sich hierfür die neuerdings von SEYDERHELM angegebene Mischung von *Congorot* und *Trypanblau* (fertig zum Gebrauch von den Promontawerken Hamburg zu beziehen).

Zur längeren Aufbewahrung eines Harnsediments kann 1%ige Osmiumsäure benutzt werden. Man setze auf etwa 3 ccm derselben 2—3 Tropfen des Bodensatzes und sauge nach 1—2 Tagen, wenn sich dieser ganz abgesetzt hat, die Säure ab und fülle reines Glycerin nach. Ein so verwahrtes Sediment hält sich lange Zeit unverändert; die morphot. Elemente sind nach Absaugen der Osmiumsäure und Auswaschen auch Färbungen zugänglich (KUTTNER).

In vielen Fällen genügt es auch, dem Harn zur Vermeidung von Fäulnis einige Stückchen Thymol zuzusetzen, oder ihn in einer Flasche aufzubewahren, die durch übergeschichteten Äther gegen Luft abgeschlossen ist. Organisierte Sedimente können auch durch einen geringen Formalinzusatz konserviert werden.

I. Organisierter Harnsatz.

Bevor wir diesen eingehend besprechen, erscheint es nützlich, in Kürze der *histologischen* Verhältnisse der Nieren und Harnwege zu gedenken, zumal ein Rückschluß aus den im Harn auftretenden morphotischen Elementen auf eine Beteiligung der verschiedenen Abschnitte des Harnapparates doch nur dann zulässig ist, wenn man sich dessen histologischen Bau vor Augen hält.

Die Nieren stellen tubulöse Drüsen dar, die aus massenhaften Röhren, den „Harnkanälchen", zusammengesetzt sind. Durch den gewundenen Verlauf der peripheren und den gestreckten Lauf der zentralen Kanälchen wird die Niere in Rinden- und Marksubstanz geschieden. Jedes Kanälchen beginnt mit dem kugeligen Glomerulus, dem von der BOWMANschen Kapsel umschlossenen Blutgefäßknäuel. Nach einer leichten Einschnürung folgt das gewundene Kanälchen, in dessen Wandung das äußere Blatt der BOWMANschen Kapsel unmittelbar übergeht. Das gewundene Kanälchen setzt sich in den absteigenden Teil der HENLEschen Schleife fort, diesem folgt der aufsteigende Schenkel, der durch das Schaltstück mit der Sammelröhre verbunden wird.

Während dieses Verlaufs der Harnkanälchen erfährt ihr *Epithel* manchen Wechsel. Es ist in dem gewundenen meist dickkegelförmig mit körnigem

---

[1] Aus diesem Grunde achte man darauf, daß beim Umgießen des Harns aus dem Uringlase nicht wichtige Teile des krystallinischen Sedimentes im Glase am Boden zurückbleiben.

Protoplasma, im absteigenden Teil der Schleife hell und platt, im aufsteigenden Schenkel wieder ähnlich dem der gewundenen Stücke, in der Regel aber nicht so hoch, im Schaltstück und in den Sammelröhren meist zylindrisch. Der Kern der Zellen ist deutlich oval und zeigt ein Kernkörperchen. *Von dem oberflächlichen Epithel der eigentlichen Harnwege (Nierenkelch, -becken und Harnleiter) unterscheiden sich die Epithelien der Kanälchen durch ihre mehr polyedrische Gestalt und kleineren Umfang.* Das Epithel der ersteren zeigt ebenso wie das der Harnblase einen aus abgeplatteten Zylinderzellen zusammengesetzten Überzug. Es kommen aber manche Übergangsformen vor. Auch ist besonders zu betonen, *daß das Epithel der abführenden Harnwege und der Blase durchaus gleichartige Erscheinungsformen darbietet.* Da dem Harn auch Epithelien aus der Harnröhre und Scheide beigemengt werden, so sei noch bemerkt, daß das Epithel der männlichen Harnröhre in der Pars prostatica dem der Harnblase gleicht, in der Fortsetzung deutlich zylindrisch und erst von der Fossa navicularis an vollkommen abgeplattet erscheint. Die weibliche Harnröhre kann Platten- oder Zylinderepithel führen (STÖHR).

Die Drüsenzellen der Prostata stellen ein niedriges Zylinderepithel dar, während die Ausführungsgänge der Prostata Übergangsepithel zeigen. Das Epithel der Ductus ejaculatorii ist ebenso wie das der COWPERschen Drüsenröhrchen zylindrisch.

Die Scheide ist von geschichtetem Pflasterepithel überzogen.

Im normalen Harn setzt sich beim Stehen ein lockeres Wölkchen, die *Nubecula* ab. Diese besteht aus einigen Schleimfäden, wenigen Leukocyten und Epithelien, die den unteren Harnwegen, meist der Blase entstammen.

Von organisierten Bestandteilen kommen in pathologischen Harnen folgende vor:

a) Rote Blutkörperchen. Sie finden sich im Harn nach jeder Blutung, die aus der Schleimhaut des Harnapparates erfolgt ist, und zeigen im frischen sauren Harn normale Größe, Form und Farbe; erst nach einiger Zeit beginnen unter dem Einfluß der Harnsalze und des Wassers mannigfache Veränderungen, die teils durch Aufquellung, teils durch Schrumpfung und Auslaugung des Hämoglobins bewirkt sind. Sie erscheinen dann oft vergrößert oder klein und gezackt oder endlich als zarte, leicht zu übersehende blasse *Ringe (Schatten). Geldrollenbildung wird nie beobachtet.* Wohl aber haften sie nicht selten den Harnzylindern an oder bilden solche, ohne daß eine Kittsubstanz zwischen den dicht aneinandergereihten Zellen wahrnehmbar zu sein braucht.

Der mikroskopische Nachweis der roten Blutkörper entscheidet die bis dahin manchmal offene Frage, ob eine Hämaturie oder Hämoglobinurie vorliegt. Findet man in dem bald blaßroten, bald dunkelbraunroten Harn unversehrte rote Blutkörper, so besteht Hämaturie, fehlen solche in dem Harn, der durch andere Methoden zweifellos nachgewiesenen Blutfarbstoff enthält, so liegt Hämoglobinurie vor.

Über den *Sitz der Blutung* müssen, abgesehen von den klinischen Zeichen, andere morphologische Elemente Aufschluß verschaffen. Für *Nierenblutung* sprechen gleichzeitig vorhandene Harnzylinder und Nierenepithelien, besonders aber die Blutzylinder (vgl. Abb. 144), für *Blasenblutung* Fehlen der ebengenannten Elemente und die Gegenwart reichlichen Plattenepithels. Gelegentlich ist bei *Nierenblutungen* ein gehäuftes Auftreten fragmentierter roter Blutkörper beobachtet, das vielleicht diagnostische Beachtung verdient. Außerdem sind die obengenannten makroskopischen Unterschiede zu berücksichtigen.

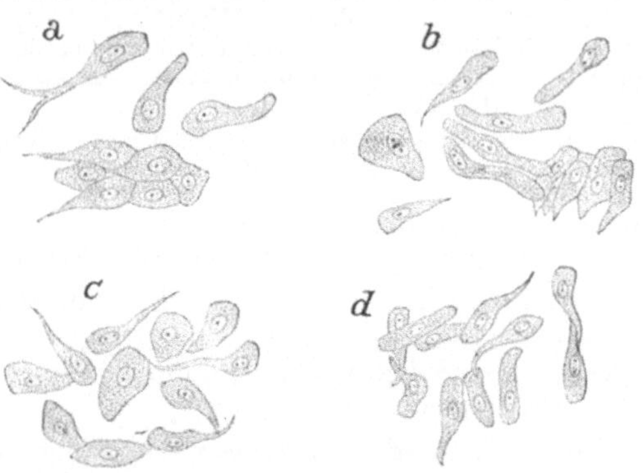

Abb. 143. Epithelien der Harnwege durch Abstreifen der Schleimhäute gewonnen. V. 350. *a* Nierenbecken, *b* Harnleiter, *c* Harnblase, *d* Ausführungsgang der Vorsteherdrüse. (Nach einem Präparat von LENHARTZ.)

b) Leukocyten. Man findet sie schon normalerweise fast in jedem Harn in spärlicher Zahl; ihr gehäuftes Auftreten ist als krankhaft anzusehen, wird aber oft bei den verschiedensten Störungen beobachtet. Außer bei entzündlichen Krankheitszuständen der äußeren und inneren Genitalien und bei allen Katarrhen der Blase und Harnleiter sind sie auch bei den eigentlichen Nierenkrankheiten meist vorhanden. Sie bieten die gewöhnliche Größe und Form der Zelle und Kerne dar und zeigen im Trockenpräparat in der Regel neutrophile Körnung. Sehr häufig sieht man sie den Harnzylindern angelagert. Gerade in solchen Fällen ist eine Verwechslung mit den Epithelien der Harnkanälchen möglich. Außer den gleich zu erwähnenden Unterscheidungsmerkmalen ist besonders zu beachten, daß die Leukocyten rund und meist durch einen polymorphen Kern ausgezeichnet sind. Bisweilen sieht man auch zahlreiche kleine einkernige Zellen, Lymphocyten.

Bei reichlicher Anwesenheit von polymorphkernigen neutrophilen Leukocyten nimmt der Harn *eitrige* Beschaffenheit an:

Pyurie. In solchen Fällen zeigt der Urin je nach seiner Reaktion bereits bei der Untersuchung mit dem unbewaffneten Auge gewisse Verschiedenheiten. Ist der Harn sauer (Coli-Pyelitis und Coli-Cystitis, Tuberkulose), so erscheint das Eitersediment krümelig; ist er durch ammoniakalische Zersetzung alkalisch, so tritt eine eigenartige *schleimige Umwandlung* der in den Leukocyten enthaltenen Nucleoproteide ein, die das Sediment in eine fadenziehende, zähe Masse verwandelt.

Bei Anwendung der Sedimentfärbung nach SEYDERHELM (s. S. 292), bei der stets frisch entleerter, bei Frauen katheterisierter Urin zu benutzen ist, färbt sich ein Teil der Leukocyten sofort, während andere ungefärbt bleiben. Vorwiegen der ungefärbt bleibenden, d. h. vitalen Leukocyten bedeutet frisch entzündlichen Prozeß, Vorwiegen der gefärbten Leukocyten (Mortalfärbung) läßt auf chronischen, bzw. zur Abheilung tendierenden Prozeß schließen.

Bisweilen sind die Leukocyten derart verändert, daß man sie als solche nur schwer erkennen kann.

In solchen Fällen ist das Sediment leicht als eitrig durch seine Reaktion gegen *Guajaktinktur* zu erkennen. Die Eiterzellen enthalten ein Oxydationsferment, das bei ihrer Lösung frei wird, und durch das die in der Guajaktinktur enthaltene Guajakonsäure in Guajakblau übergeführt wird. Man setzt dem Sediment etwas destilliertes Wasser zu und versetzt es mit Guajaktinktur (*ohne* Zusatz von Terpentinöl oder Wasserstoffsuperoxyd). Blaufärbung zeigt Eiter an. Über die bei Anstellung der Probe zu vermeidenden Fehlerquellen s. S. 222.

In seltenen Fällen kommt bei Sepsis mit hochgradiger Leukocytose eine starke Ausscheidung von Leukocyten durch den Harn vor, ohne daß eine eitrige Erkrankung der Niere oder der Harnwege vorliegt.

Während in den meisten Fällen die im Urin ausgeschiedenen Leukocyten polymorphkernig und neutrophil sind, kommt bisweilen bei chronischer Nephritis eine Ausscheidung mononucleärer, lymphocytenähnlicher Zellen, noch seltener eine solche eosinophiler Leukocyten (Tumoren, Echinokokken) vor.

c) Epithelien: Vereinzelte *Plattenepithelien* finden sich im normalen Harn nicht selten, ganz besonders bei Frauen. Zahlreiche Epithelien dieser Art zeigen stets irgendeinen krankhaften Vorgang an; man findet sie bei allen akuten und chronischen Katarrhen der Harnröhre und Harnblase. Es sind große, oft polygonale oder an den Ecken abgerundete, meist platte, seltener etwas geblähte Zellen mit großem, gewöhnlich scharf hervortretendem, leicht granuliertem Kern.

Eine stärkere Epitheldesquamation findet sich oft bei Patienten mit orthostatischer Albuminurie als einziges Harnsediment.

Keulenförmige, ein- oder mehrfach geschwänzte, kernhaltige Epithelien wurden früher vielfach als charakteristische *Nieren-*

*becken*epithelien gedeutet, sehr mit Unrecht, da genau die gleichen, geschwänzten Formen sowohl aus den Harnleitern wie der Harnblase selbst herrühren. Auch aus den Ausführungsgängen der Prostata können aufgeblähte Zylinderzellen mit 1—2 Fortsätzen stammen und sind gerade in den hierbei häufig ausgeschiedenen Schleimfäden nicht selten zu finden.

Weit sicherer ist die Bestimmung der *Nierenkanälchenepithelien*. Der Ungeübte verwechselt sie am häufigsten mit den farblosen Blutzellen, von denen sie *hin und wieder* auch gar nicht zu unterscheiden sind. In der Regel aber sind sie durch ihre *vieleckige Gestalt* und den einfachen, großen, runden oder mehr ovalen Kern so deutlich charakterisiert, daß man ihre Diagnose mit Bestimmtheit machen kann. Ihr Auftreten ist von hoher semiotischer Bedeutung, da es ja nach der Menge der ausgeschiedenen Elemente auf eine sichere, geringere oder stärkere Epitheldesquamation hinweist. Die Nierenepithelien kommen vereinzelt oder in kleinen und größeren Häufchen, endlich bei schwerer (besonders akuter) Nephritis in Form der „Epithelschläuche" vor; dies sind zylindrische Gebilde, die aus dicht aneinandergereihten, dachziegelartig über- oder mosaikartig nebeneinander gelagerten Epithelien ohne deutliche Kittsubstanz zusammengesetzt sind (Epithelzylinder). (Vgl. Abb. 144.)

Oft sind die Epithelien ganz intakt, nicht selten sind sie *albuminös getrübt* oder in die echten den Colostrumkörpern der Milch ähnelnden, mehr oder weniger großen **Fettkörnchenzellen** umgewandelt. Sie lassen oft neben zahlreichen kleinsten Fettkügelchen den Kern noch deutlich erkennen; nicht selten ist die Zelle aber so dicht mit kleinen und großen Fettkugeln angefüllt, daß der Kern ganz verdeckt ist. Durch die vielen stark lichtbrechenden, neben- und übereinander gehäuften Fettkügelchen gewinnt eine solche Zelle ein eigenartig dunkles Aussehen.

Man bezeichnet die Trübung als albuminös, wenn die einzelnen Körnchen nur mäßig lichtbrechend und in verdünnter Kalilauge und Essigsäure löslich, in Äther unlöslich sind. Die Körnungen der Körnchenzellen, die durch echte fettige Degeneration hervorgerufen sind, zeichnen sich dagegen durch ihre Unlöslichkeit in Kalilauge und Essigsäure und durch ihre Löslichkeit in Äther und Alkohol, Schwärzung in Osmiumsäure und leuchtende Rotfärbung durch Sudan aus.

Die Körnchenzellen findet man besonders zahlreich, frei und an Zylindern haftend, bei der großen weißen Niere, seltener bei anderen Formen von Nephritis, am ehesten dann noch bei *schwerer* akuter Entzündung; hierbei ist ihr gehäuftes Auftreten prognostisch entschieden ungünstig.

d) Harnzylinder: Man versteht darunter zarte, walzenförmige Gebilde von wechselnder Länge, Dicke und verschiedener äußerer

Erscheinung. Sie wurden von Henle (1844) zuerst im Harn und in den Nieren gefunden und als wichtige Begleiterscheinung der Nierenkrankheiten beschrieben; neben den Epithelien der Harnkanälchen kommt ihnen eine hervorragende Stelle in der Reihe der organisierten Sedimente für die Diagnose einer Nierenerkrankung zu. Man unterscheidet gewöhnlich: *Hyaline, granulierte und wachsartige Zylinder,* und je nach dem Zellbelag, *Epithelzylinder, Fettkörnchenzylinder, Blutzylinder usw.*

Die **hyalinen Zylinder** kommen in sehr wechselnder Länge (bis zu 1—2 mm) und Breite (10—50 μ) vor. Es sind zart durchscheinende oder durchsichtige glashelle, völlig homogene Gebilde, meist von geradem, seltener leicht gebogenem Verlauf mit parallelen Umrissen. Sie sind leicht zu übersehen, können aber durch verschiedene Farbstoffe wie Jod, Carmin, Pikrinsäure und basische Anilinfarben, die man in dünner Lösung tropfenweise vom Rande des Deckglases her zufließen läßt, deutlich gemacht werden (s. hierzu Abb. 144). Man sucht sie bei starker Mikroskopabblendung.

Bei *Ikterus* zeigen sie einen gelbgrünlichen Farbenton. Häufig sind ihnen außer Harnsalzen (besonders harnsaurem Natron) und kleinsten Eiweißkörnchen auch morphotische Elemente mannigfacher Art angelagert, die wegen ihres hohen semiotischen Werts von Frerichs mit Recht als „die Boten der Vorgänge in den Nieren" bezeichnet wurden. Bisweilen liegen nur vereinzelte solcher Zellen den Zylindern an, nicht selten erscheinen letztere aber auch dicht mit ihnen besetzt. Derartige Formen bilden den Übergang zu den granulierten Zylindern. Durch die anhaftenden Zellen sind die hyalinen Zylinder leichter zu erkennen.

Granulierte Zylinder kommen ebenfalls in sehr wechselnder Größe vor. Ihre Oberfläche ist bald mehr feingekörnt, besonders wenn sie aus dicht zusammengelagertem harnsaurem Natron oder feinen Eiweißkörnchen gebildet wird, bald aber grobkörnig, wenn sie aus roten und farblosen Blutzellen oder Epithelien der Nierenkanälchen besteht. Man unterscheidet dann wohl besonders *rote Blutkörperchen- und Epithelzylinder (Epithelschläuche)* (s. hierzu Abb. 144).

In manchen Fällen kann man sich über die Bildung solcher Zylinder ein klares Bild machen. So sieht man nicht selten einen kleineren oder größeren Teil aus dicht aneinander gereihten Blutkörpern oder Epithelien gebildet, während der übrige Teil rein hyalin erscheint. Andere Male aber ist an den Zylindern keine Spur einer Kittsubstanz wahrzunehmen. Während man im ersten Falle zu der Annahme gedrängt ist, daß der Grundstock des Zylinders aus einer hyalinen Substanz besteht, die nur zum Teil dicht mit Zellen besetzt ist, könnte man versucht sein, im zweiten Falle anzunehmen, daß die ganze Masse des Zylinders aus Zellen ohne weitere Kittsubstanz besteht.

Da die Epithelien nicht selten eine Umwandlung in Fettkörnchenkugeln erfahren, sieht man bisweilen ein oder mehrere
exquisite Fettkörnchenzellen an den Zylindern haften; in seltenen

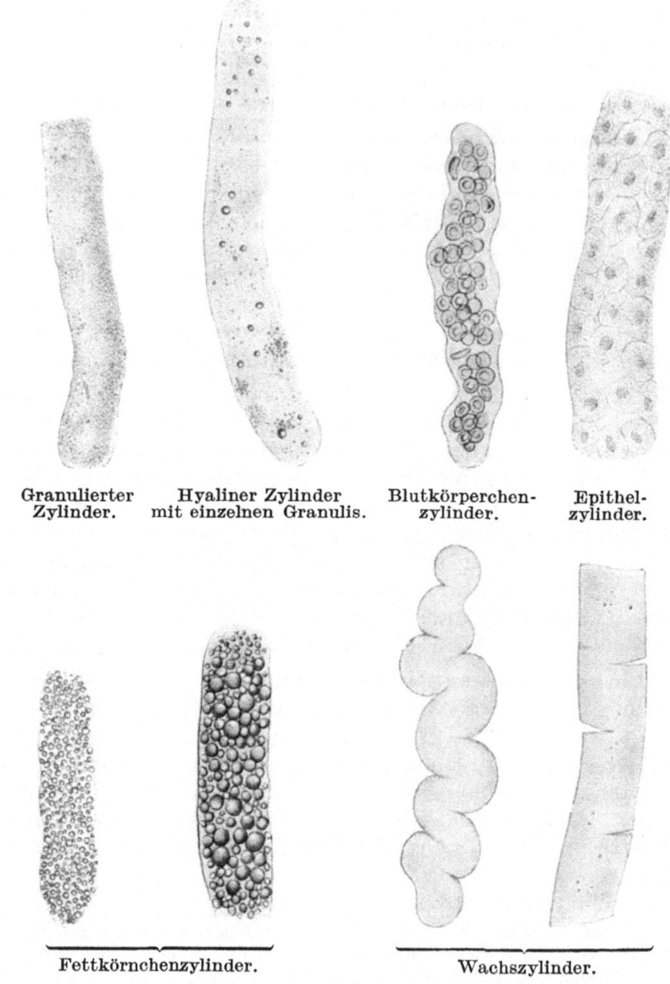

Abb. 144. Zylinder. (Nach Präparaten von ERICH MEYER.)

Fällen ist dann wohl die Oberfläche eines Zylinders aus dicht
zusammengelagerten Körnchenzellen gebildet oder durch deren
Vereinigung mit kleinen oder großen Fettkugeln dicht besetzt,

deren Entwicklung aus einzelnen, fettig degenerierten Epithelien durch Übergangsformen gesichert wird (Abb. 144). Ab und zu erscheinen an solchen Fettkörnchenkugeln und Zylindern mehr oder weniger lange Fettkrystallnadeln.

Die **wachsartigen Zylinder** (Abb. 144) sind viel seltener und in der Regel nur bei chronischen Nephritisformen zu beobachten; sie kommen aber auch bei schweren und meist tödlichen akuten Nephritiden vor. Sie sind oft sehr lang und meist viel breiter als die erstgenannten Formen; durch ihre äußerst scharfen, stark lichtbrechenden Umrisse und ihre *durchscheinende Art* sind sie von den hyalinen unterschieden. *Sie sind in der Regel gegen Säuren sehr widerstandsfähig, während die hyalinen bei deren Anwendung verschwinden.* LUGOLsche Lösung färbt sie bisweilen rotbraun, *nachfolgender* Schwefelsäurezusatz schmutzig violett; mit der SEYDERHELMschen Farblösung (s. S. 295) färben sie sich dunkelviolett bis schwarz.

Die Entstehungsweise der Harnzylinder ist nicht völlig geklärt; am wahrscheinlichsten ist die Annahme, daß sie als Eiweißabkömmlinge anzusehen sind, und daß ihre Form durch gerinnungsartige Vorgänge gebildet wird. Jedenfalls entstehen sie in den Harnkanälchen. Ihr Vorkommen deutet daher stets auf krankhafte Vorgänge in den Nieren. Daß die bloße Anwesenheit von Eiweiß selbst in sehr großen Mengen zur Bildung der Zylinder nicht ausreicht, zeigt die meist nur spärliche Zahl von Zylindern bei orthostatischer Albuminurie; andererseits können auch bei vollständigem Fehlen oder bei nur spurweiser Albuminurie massenhaft Zylinder ausgeschwemmt werden *(Cylindrurie)*. Es ist aber wahrscheinlich, daß einer erheblichen Cylindrurie eine Albuminurie vorausgegangen ist.

Während das Vorkommen von granulierten, von Blutkörperchen- und Leukocytenzylindern, von Fettkörnchen- und Epithelzylindern auf eine schwerere Störung der Niere (meist Nephritis) hindeutet, kommt der Ausscheidung hyaliner Zylinder keine große diagnostische Bedeutung zu; ja man kann sagen, daß *ein* granulierter Zylinder für die Diagnose mehr bedeutet als noch so viele hyaline. Die Zylinder mit Zellbelag oder mit Gebilden, die aus dem Zerfall von Zellen hervorgehen, zeigen eben krankhafte Vorgänge in der Nierensubstanz selbst an. Hyaline Zylinder finden sich fast regelmäßig, oft zusammen mit einer starken Albuminurie, bei der Stauungsniere, beim Ikterus und bei anderen Zuständen, vereinzelt kommen sie auch bei orthostatischer Albuminurie vor.

Bei schweren Nephritiden ist die Zahl der Zylinder meist sehr groß, bei der akuten Erkrankung oft größer als bei chronischer. Bei der Ausheilung der akuten Nephritis überdauert ihre Ausscheidung oft die Albuminurie.

Große diagnostische Bedeutung kommt den beim **Coma diabeticum** auftretenden Zylindern zu (Abb. 145). Sie zeigen sich nicht selten schon *kurz vor* dem Anfall, regelmäßig und oft in großer Zahl während des Komas in Form kurzer Stümpfe von hyaliner und mattglänzender körniger Art. KÜLZ hat ihr Vorkommen zuerst beschrieben; die eigenartigen Zylinder werden *niemals* beim Koma vermißt. Geht der Anfall vorüber, so können die Zylinder rasch und vollständig wieder verschwinden. Beachtenswert ist die Tatsache, daß auch bei reichlichem Auftreten der Zylinder die Eiweißproben nur schwache Trübung des Harns anzeigen können.

Zylindroide: Während die eigentlichen Harnzylinder nur ab und zu zerklüftet, fazettiert und an den Enden aufgefasert sind, stets aber eine

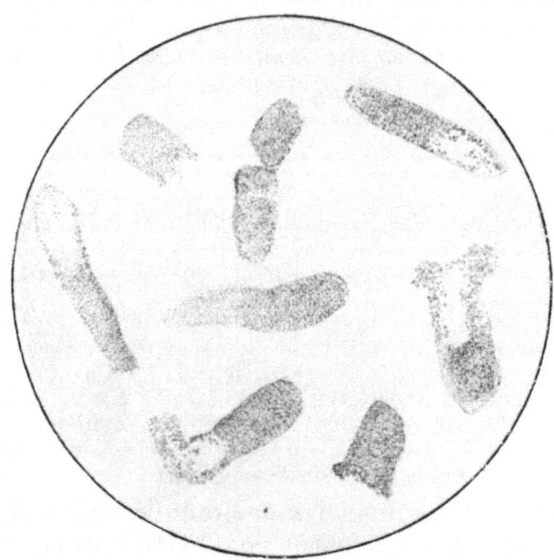

Abb. 145.   KÜLZsche Komazylinder.   (Nach einem Präparat von ERICH MEYER.

zweifellose zylinderartige Gestalt zeigen, beobachtet man hin und wieder *abgeplattete,* bandähnliche Gebilde, die wegen einer gewissen Ähnlichkeit mit den Zylindern Erwähnung verdienen. Auch ihnen können mancherlei feinkörnige Elemente anhaften. Häufig sind ihnen Harnsäurekrystalle oder Oxalate aufgelagert. Sie stammen nicht aus den Nieren, sondern aus den tieferen Teilen des Urogenitaltractus.

Häufig findet man phosphorsaure oder harnsaure Salze in Form von Zylindern zusammengelagert. Diese *„Pseudozylinder"* dürfen nicht mit granulierten verwechselt werden. Die Salze lösen sich auf Zusatz von verdünnten Mineralsäuren oder Essigsäure auf, während echte Zylinder dabei eher deutlicher werden.

Über Hämoglobinzylinder s. Hämoglobinurie Abb. 161, S. 326.

Fibrin ist an dem deutlichen Faserstoffgeflecht, von dem schon wiederholt bei anderen Gelegenheiten gesprochen ist, leicht kenntlich. Am schönsten sieht man die Fibrinfäden in den seltenen croupösen Gerinnseln, wie sie nach zu starken Einspritzungen in die Harnröhre zur Ausscheidung gelangen. Selten werden sie bei Colipyelitis angetroffen.

Fett kommt teils in Körnchenzellen eingeschlossen, teils frei vor und ist an dem bekannten optischen und chemischen Verhalten mit Sicherheit zu erkennen; bald findet man nur zahllose, kleinste Kügelchen, bald größere Tropfen, so besonders bei der großen weißen Niere. Ganz regelmäßig sind massenhaft feinste und größere Fetttröpfchen im *chylösen* Harn zu sehen (vgl. S. 284, *Chylurie*).

Samenbestandteile beobachtet man besonders im Morgenharn, wenn spontaner oder durch Coitus oder Onanie bewirkter Samenfluß vorausgegangen ist. Die Samenfäden finden sich in einer oft ziemlich dicken, weißen, von kleinen glänzenden Punkten durchsetzten Wolke und zeigen meist gewisse Formänderungen (vgl. Abb. 166, S. 331).

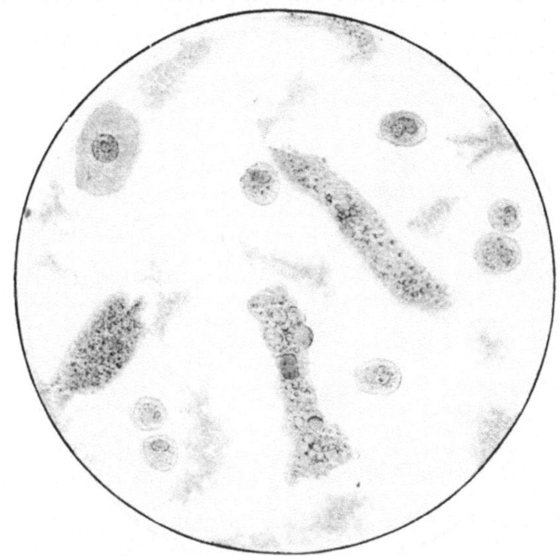

Abb. 146. [Harnsediment bei Ikterus. (Nach einem Präparat von ERICH MEYER.)

Pigment: Von *Blutfarbstoff* herrührend, tritt es meist als amorphes, fein- und grobkörniges, frei oder in Zellen eingeschlossen auf, viel seltener in Form von Hämatoidinkrystallen und Nadeln (vgl. Abb. 113, S. 169 und Abb. 131, S. 218). Massenhaft in kleineren und größeren Haufen oder in zarten und dicken Zylindern kommt es bei Hämoglobinurie vor (s. diese S. 326).

Von dem seltener vorkommenden Bilirubin ist dies Pigment durch seine Unlöslichkeit in Kalilauge ausgezeichnet.

Blutkörperchenschlacken in Form von Tröpfchen, Schollen und Pigmentzylindern finden sich bei Hämoglobinurie (s. d.).

Nach Infarkten kann gelegentlich ein den Herzfehlerzellen des Sputums ähnliches Pigment in Zellen vorkommen (vgl. Herzfehlerzellen Abb. 118, S. 184).

Im *ikterischen* Harn sind die fast immer vorhandenen spärlichen Zylinder sowie alle Zellen der Harnwege und die Leukocyten intensiv gefärbt (s. Abb. 146). Bisweilen findet man auch Gallenpigment in Krystallform (s. Abb. 147).

Melanin erscheint als braun- oder tiefschwarzes, feinkörniges Pigment, frei und in Leukocyten eingeschlossen.

Indigo ("Harnblau") bildet bisweilen zierliche, hell- und dunkelblaue Nadeln, die meist sternartig gruppiert sind (s. oben).

Bei schwerem, langdauerndem Ikterus findet sich bisweilen Gallenfarbstoff in schönen drusig angeordneten Krystallen, die dunkelgelb gefärbt

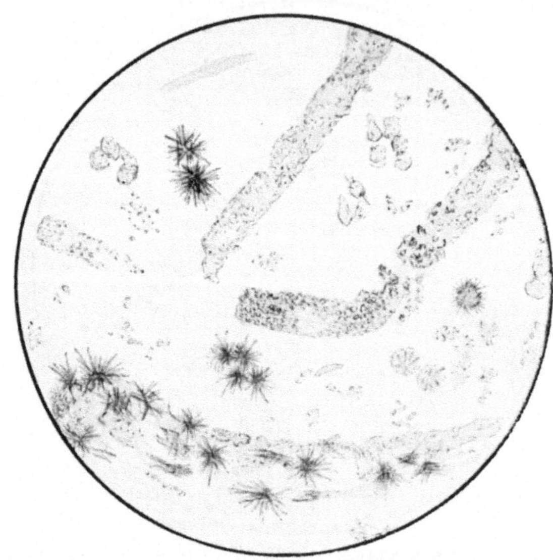

Abb. 147. Sediment bei schwerem Ikterus (Zylinder, Leukocyten). Gallenpigment in Krystallform. (Nach einem Präparat von ERICH MEYER.)

sind. Diese sind nicht etwa mit den bei akuter gelber Leberatrophie und bei Phosphorvergiftung sich findenden Tyrosinnadeln zu verwechseln (vgl. Abb. 142, S. 286).

Fetzige Abgänge bei Tuberkulose: In dem eitrigen oder blutigeitrigen Sediment (des *sauren* Harns) bei Urogenitaltuberkulose sieht man nicht selten mit bloßem Auge stecknadelkopfgroße, rundliche oder streifenförmige und etwas zerrissene Flocken, die bei mikroskopischer Untersuchung neben Leukocyten vorzugsweise fettigen Detritus zeigen und nach der spezifischen KOCHschen Färbung als dichte Anhäufungen von Tuberkelbacillen erkannt werden.

Über die Vorsichtsmaßregeln, die bei der *Färbung auf Tuberkel*bacillen im Harn angewendet werden müssen, s. S. 17.

Gewebs- und Neubildungsbestandteile: Bei akuter septischer Cystitis gelangen ab und zu kleinere und größere Schleimhautfetzen mit in den Harn; häufiger fällt das abgestorbene Gewebe rascher Zersetzung anheim.

Teile von Neubildungen gehen im allgemeinen nur selten ab; am ehesten treten solche von *Zottengeschwülsten der Harnblase* auf, nachdem man den Katheter einige Male in der Blase hin- und herbewegt hat. Dann gelingt es, nicht nur mehrschichtiges Epithel in größeren Mengen nachzuweisen, sondern man sieht auch deutliche Zotten von dicken Epithellagen überzogen.

Spontan abgestoßene Geschwulstteile gehen nicht selten erst in den Urin über, nachdem sie mehr oder minder stark inkrustiert sind. Dadurch verwischt sich das Bild sehr.

Nicht genug muß vor der Diagnose einzelner *Krebszellen* gewarnt werden; alle einsichtigen Beobachter, die durch Autopsien ihre Krebsdiagnose zu kontrollieren gewohnt sind, stimmen darin überein, daß man aus dem Auftreten sog. *polymorpher Epithelien* niemals die Diagnose auf *Krebs* stellen darf. *Wertvoll bleibt das gehäufte Auftreten epithelialer Gebilde bei öfter wiederkehrender Blutung* — *ohne* daß ernstere Erscheinungen von Cystitis (Eiter usw.) bestehen; auch kann gelegentlich das reichliche Auftreten von *Fettkörnchenkugeln* diagnostisch bedeutsam sein, vorausgesetzt, daß keine Nephritis besteht.

Lenhartz sah zwei derartige Fälle; in dem einen, der ein Carcinom der linken Niere betraf, waren einige Male kleine wurmartige Blutgerinnsel abgegangen, die den Verdacht auf eine Neubildung der Niere lenkten. Als dann mehrfach Fettkörnchenkugeln erschienen — ohne alle sonstigen nephritischen Zeichen —, war die Krebsdiagnose nicht mehr zweifelhaft; sie wurde durch Autopsie bestätigt. Es war nichts von einem Tumor zu fühlen.

Auf die Wichtigkeit und meist ausschlaggebende Bedeutung der *Cystoskopie* und die Auffangung des Harns aus den beiden Ureteren (Ureterenkatheterismus) sei hier nur kurz hingedeutet.

Parasiten.

a) Pflanzliche. Außer mannigfachen Kokken und Stäbchen, die besonders zahlreich in dem ammoniakalischen Harn auftreten und als *Mikrococcus* und *Bacterium ureae* bezeichnet werden, kommen hin und wieder *Sarcine, Leptothrix* und *Hefezellen,* letztere besonders im diabetischen Harn vor, ohne daß ihr Auftreten besonderes Interesse beansprucht. Viel seltener ist *Soor* zu finden, von dem Fäden und Sporen bei seiner überaus seltenen Ansiedelung in der Scheide in den Harn fortgespült werden können.

Von *pathogenen* Spaltpilzen sind der Staphylococcus (bei Nierenabscessen), der Streptococcus und Gonococcus, ferner Tuberkel- und Typhusbacillen, endlich Recurrensspirillen und Actinomyces im Harn beobachtet.

Diagnostisches Interesse kommt bisher namentlich dem Nachweis von **Bacterium coli, Gonokokken, Tuberkelbacillen, Actinomyceselementen** zu.

Namentlich bei der Untersuchung auf Colibacillen und Tuberkelbacillen benutze man nicht den spontan gelassenen Harn, da dieser verunreinigt sein kann, sondern den sorgfältig mit dem Katheter entnommenen und steril aufgefangenen.

Das **Bacterium coli** wird am häufigsten angetroffen, besonders als Erreger der Cystitis und Pyelitis; es wird am besten auf Agar oder Drigalski- oder auf Zuckeragar (s. Pyelitis, S. 22 und 324) gezüchtet. Über die **Gonokokken** haben wir schon oben das Hauptsächliche berichtet und werden weiter unten bei der Besprechung des Trippers die weiteren Ergänzungen geben.

Mit dem Nachweis der **Tuberkelbacillen** ist die Entscheidung über eine vorhandene Urogenitaltuberkulose erbracht. Man hat besonders auf kleine, krümelige und zopfartige Beimengungen in dem eitrigen Satz des blutig oder eitrig getrübten Harns zu achten. Ab und zu findet man Gonokokken und Tuberkelbacillen gemeinschaftlich vor. In solchen Fällen scheint die Tripperinfektion einen günstigen Nährboden für die Tuberkulose vorbereitet zu haben.

Bei der Diagnose der im Harn gefundenen Tuberkelbacillen ist aber die größte Vorsicht am Platz; wiederholt ist durch die Verwechslung mit „*Smegmabacillen*" gerade hier schon ein folgenschwerer Irrtum (Exstirpation gesunder Nieren) begangen worden (S. 18).

Wenn es möglich ist, so suche man den Harn, besonders bei Frauen, nach gründlicher Reinigung der Harnröhrenmündung stets mit sterilem Katheter zu gewinnen. Ist dies nicht angängig, so ist sorgfältige, mindestens *einstündige* Entfärbung des Präparates mit *Alkohol* geboten. Nach Möglichkeit ist der Tierversuch heranzuziehen (s. auch S. 18).

Actinomycesdrusen kommen im allgemeinen im Harn viel seltener als im Sputum und Stuhl zur Beobachtung; auch hier erscheinen sie in kleinen grießlichen Körnchen.

Hingewiesen sei hier auf die Ausscheidung von *Streptokokken* bei *Erysipel* ohne wesentliche Erkrankung der Nieren, sowie auf die Ausscheidung von virulenten *Typhusbacillen* im Harn von Typhuskranken und sog. *Bacillenträgern* (vgl. S. 19). Daher Vorsicht mit Typhusharn! Die Ausscheidung von Bakterien ohne wesentliche erkennbare Nieren- oder Nierenbeckenerkrankung bezeichnet man als *Bakteriurie*.

b) Tierische Parasiten: *Echinococcus* kommt nur selten im Gebiet des Harnapparates vor. Die Diagnose kann nur auf Grund des mikroskopischen Nachweises von Häkchen oder Membranteilchen gestellt werden (Abb. 67, S. 71 und Abb. 131, S. 218).

Die Eier von *Distomum haematobium,* des in den venösen Gefäßen von Blase und Mastdarm (besonders in Ägypten) vorkommenden Wurms, gelangen oft in den trüben und blutigen Harn. Sie zeichnen sich durch eine kahnähnliche Gestalt und stachelähnlichen Vorsprung an dem einen Pol aus und finden sich am reichlichsten in den Blutgerinnseln.

Ferner werden ebenfalls häufig bei den Tropenbewohnern Embryonen der *Filaria sanguinis* im chylurischen Harn angetroffen. Auch hier ist die Zahl der Embryonen um so größer, je bluthaltiger der Harn (s. S. 67).

Oxyuris vermicularis kann gelegentlich bei kleinen Mädchen im Harn gefunden werden, in den die fadenförmigen Gebilde von Vulva und Anus aus gelangen.

Auch Trichomonas- und Zerkomonasformen werden hin und wieder im Harne gefunden, ohne daß ihnen eine weitere Bedeutung zukommt.

II. Nichtorganisierter Harnsatz.

Auch dieser ist oft ohne besondere Untersuchung leicht zu erkennen; so scheidet sich das aus saurem harnsaurem Natrium bestehende *Ziegelmehlsediment* als krümeliger rötlicher Bodensatz aus konz. Harnen, die *freie Harnsäure* aus klarem Urin in spezifisch

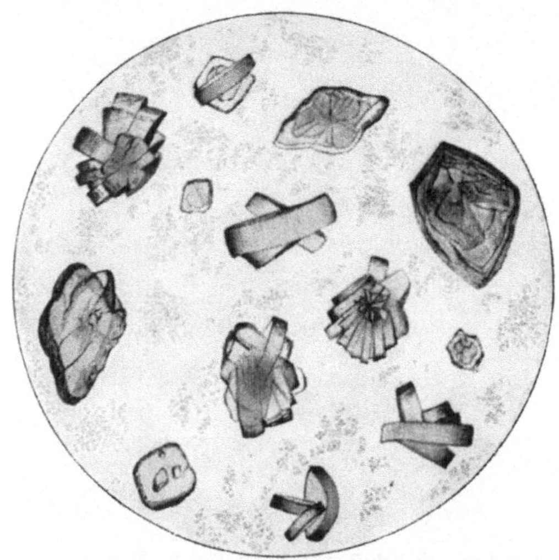

Abb. 148. Harnsäurekrystalle und saures harnsaures Natron (in amorphen Kugeln).
(Nach einem Präparat von ERICH MEYER.)

schweren, am Boden des Glases leicht hin- und herzurollenden oder dem Glas anhaftenden, braunen, sandigen Körnchen ab; Phosphate und Cystin sind durch ihre weißlich helle Farbe, phosphorsaure Magnesia als schillerndes Harnhäutchen zu erkennen.

Auf die chemischen Eigenschaften ist zum Teil bereits bei Bewertung der normalen Harnbestandteile eingegangen worden.

Saures harnsaures Natron (Abb. 148) bildet das in hochgestellten Harnen sich regelmäßig absetzende, durch Uroerythrin ziegelrot gefärbte Sediment. Es ist mikroskopisch aus dicht zusammengelagerten feinen Körnchen zusammengesetzt, die einzeln nicht gefärbt erscheinen. Es haftet den etwa vorhandenen morphotischen Elementen, Zylindern usw. oft dicht an. Durch Erwärmen oder bei Zusatz verdünnter Kalilauge verschwindet es sofort, während konz. Salzsäure nach einiger Zeit, 10—20 Min., Harnsäurekrystalle entstehen läßt.

Harnsäure (Abb. 148, 150 und 157) findet man am sichersten in kleinsten bis stecknadelkopfgroßen, lebhaft roten Körnchen, die bald in hellem, häufiger in dem mit Ziegelmehlsatz behafteten Harn zu finden sind. Sie sind aus dicht zusammengelagerten, gelblichen oder durch anhaftenden Urinfarbstoff (Uroerythrin) braun bis bräunlich-rot gefärbten Krystallen gebildet, die in Wetzstein-, Tafel-, Tonnen-, Hantel- *(Dumbbells-)* und Drusenform auftreten, und finden sich am häufigsten bei der harnsauren Diathese, in konz. Harnen bei Fieber usw. Im völlig normalen Harn ist die Harnsäure an Basen gebunden und als neutrales harnsaures Natron in Lösung.

Zusatz von Natronlauge oder Piperazinlösung (am Deckglasrand) löst die Krystalle sofort, während sie bei weiterem Zusatz von einigen Tropfen

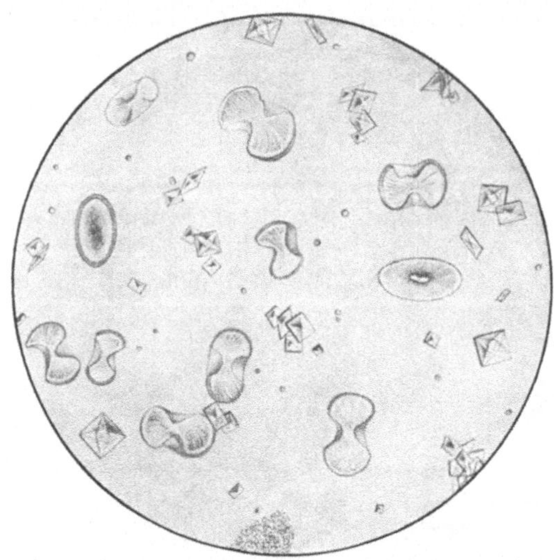

Abb. 149. Oxalsaurer Kalk in Briefkuvert- und Dumbbellsform aus stark saurem Harn. (Nach einem Präparat von ERICH MEYER.)

Salzsäure in Tafel- und Wetzsteinform wiederkehren. Die Murexidprobe (s. S. 241) ist bei den Uraten sowie bei den Harnsäurekrystallen positiv.

Oxalsäure (Abb. 149 und S. 323, Abb. 158), im normalen Harn durch das saure phosphorsaure Natron gelöst, tritt bei manchen Kranken, *hin und wieder auch ohne jede nachweisbare Störung* (Oxalurie) in der sehr charakteristischen Form oxalsaurer Kalkkrystalle auf. Sie finden sich sowohl in saurem wie alkalischem Urin. Diese zeigen die bekannte „Briefumschlagform", bald mehr in der Art spitzer Oktaeder, bald in kubischer Form. Außer bei Diabetes mellitus, Icterus catarrhalis und manchen anderen Krankheiten finden sie sich nicht selten bei Azoospermatorrhöe und im chylösen Harn bei Filaria. Reichliche Aufnahme oxalsäurehaltiger Nahrungsmittel (Sauerampfer, Spinat, Feigen, Weintrauben, Äpfel, Apfelsinen, Rhabarber [auch als Rheum!] u. a.) können den Gehalt des Harns an Oxalsäure steigern.

Die Krystalle werden durch Zusatz von Salzsäure sofort gelöst, widerstehen aber der Essigsäure. Ihr Auftreten kann auf Nierenbeckenkonkremente hindeuten, hat aber oft kein besonderes diagnostisches Interesse.

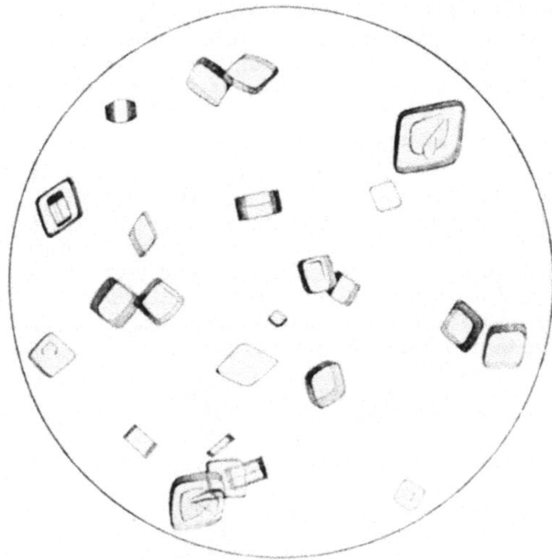

Abb. 150. Harnsäure in Tafeln (bei bestehender Nephrolithiasis). (Nach einem
Präparat von ERICH MEYER.)

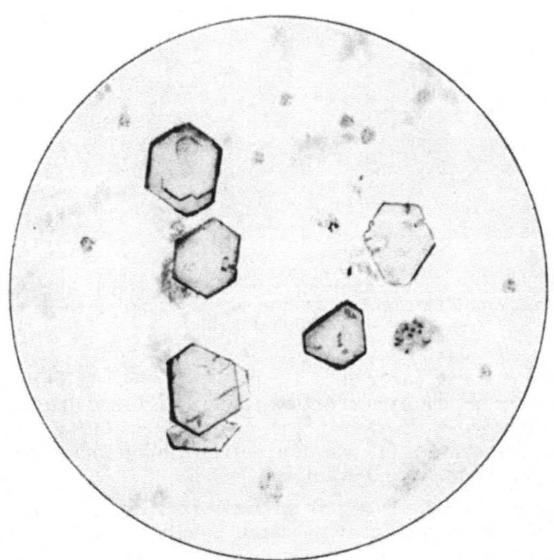

Abb. 151. Cystin. (Nach einem Präparat von POSNER.)

Insbesondere berechtigt es nicht etwa zur Annahme einer pathologisch
gesteigerten Oxalsäureausscheidung, die sich nur auf eine quantitative
Analyse stützen darf.

20*

Hippursäure kommt im normalen Harn nur selten, nach Anwendung von Salicylsäure, sowie benzoesäurehaltigen Medikamenten (vgl. S. 250) bzw. Genußmitteln (Heidelbeeren, Preiselbeeren) häufiger vor; sonst ist ihr Auftreten ebenfalls bei Zuckerharnruhr und manchen Leberstörungen beobachtet. Sie erscheint in Form von Nadeln und rhombischen Prismen, die im Gegensatz zu den ihnen ähnelnden Tripelphosphatkrystallen in *Essigsäure unlöslich* sind.

Cystin (Abb. 151, vgl. Chemie S. 285) kommt hauptsächlich bei der Stoffwechselanomalie *Cystinurie* vor; gelegentlich weist das reichliche Vorkommen auf die Anwesenheit von Cystinsteinen hin, selten ist es bei anderen Krankheiten z. B. bei Gelenkrheumatismus als Sediment beobachtet worden. Wiederholt wurde ein familiäres Auftreten der Cystinkrystalle beobachtet. Es tritt in Form *blasser* sechsseitiger Tafeln auf, die sich von den Harnsäuretafeln (Abb. 150) durch ihre Farblosigkeit unterscheiden und sich im Gegensatz zu diesen in einigen *Tropfen Ammoniak lösen*.

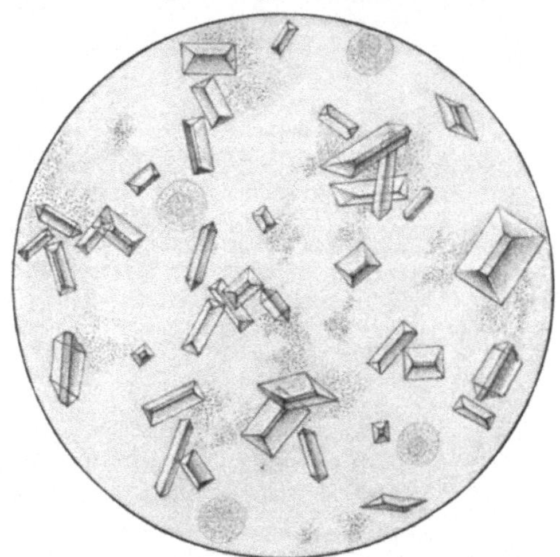

Abb. 152. Zersetzter, ammoniakalisch reagierender Harn mit Krystallen von phosphorsaurer Ammoniakmagnesia (Sargdeckelkrystalle). [(Nach einem Präparat von ERICH MEYER.)

Leucin und Tyrosin (über ihre Chemie s. S. 285, Abbildung dort) sind seltene Sedimente bei Phosphorvergiftung und akuter gelber Leberatrophie, noch seltener bei Leberabscessen. Die *Leucinkugeln dürfen nicht mit harnsaurem Ammoniak* verwechselt werden; letztere bilden nach Salzsäurezusatz freie Harnsäure. Genauere Darstellung S. 285.

Cholesterin erscheint nur selten im Harn (bei Filaria sanguinis, Echinokokken, fettiger Degeneration der Nieren usw.).

Fettnadeln und kleine Fettkrystalldrusen sieht man gelegentlich bei „großer, weißer Niere", sowie bei P-Vergiftung im Harn. Die schon oft besprochenen Reaktionen (s. S. 167) stellen die Diagnose sicher.

In schwach saurem und alkalischem Harn findet man am häufigsten die Krystalle des **Tripelphosphats** (Abb. 152), das ist phosphorsaure Ammoniakmagnesia, NH_4MgPO_4. Sie treten vorzugsweise in 3—4—6seitigen Prismen mit abgeschrägten Endflächen auf und werden dann als *„Sargdeckelkrystalle"* bezeichnet. Nächst dieser Form beobachtet man weniger oft die ziemlich ausgebildete „Schlittenform". Vor Verwechslung mit Oxal- und Hippursäure schützt ihre leichte Löslichkeit in Essigsäure. Bei der ammoniakalischen Gärung (chronische Cystitis) vermißt man sie nie. In ihrer Gesellschaft begegnet man dann auch den gelb oder bräunlich gefärbten Kugeln des **harnsauren Ammoniaks.** Meist liegen diese in kleinen Häufchen zusammen und bieten, nicht selten mit vielfachen spitzigen Fortsätzen versehen, eine gewisse *Stechapfelform* dar.

Vor Verwechslungen mit Leucin schützt die bei diesem Krystall angegebene Reaktion mit Salzsäure (Verschwinden der Krystalle unter gleichzeitiger Neubildung von kleinen rhombischen Harnsäurekrystallen) und ihre Löslichkeit in Kalilauge.

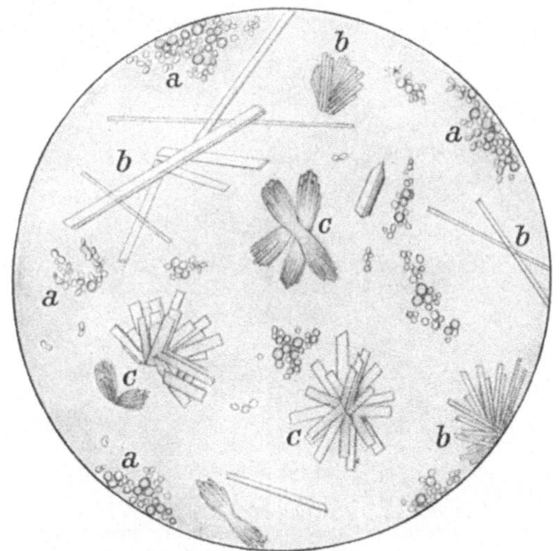

Abb. 153. *a* Kohlensaurer Kalk. *b* Schwefelsaurer Kalk. *c* Neutraler phosphorsaurer Kalk. (Nach einem Präparat von Erich Meyer.)

Kohlensaurer Kalk (Abb. 153*a*) tritt im alkalischen und ammoniakalischen Harn in ähnlichen, aber *viel kleineren Kugeln* wie das harnsaure Ammon auf. Bald liegen dieselben paarweise in Biskuit- oder Hantelform, bald in größeren Haufen zu 4, 6 und mehr zusammen, meist mit amorphem Phosphatsediment vergesellschaftet. Bei Zusatz von Salzsäure (am Deckglasrand) beginnt rasche Lösung der Krystalle unter lebhafter CO_2-Entwicklung.

Schwefelsaurer Kalk, Gips (Abb. 153*b*) wird in Form langer, farbloser Nadeln oder Stäbchen, die in Säuren und Ammoniak unlöslich sind, nur selten beobachtet. Die Krystalle sind unlöslich in Essigsäure, Ammoniak und Alkohol, schwer löslich in viel Salzsäure.

Neutraler phosphorsaurer Kalk (Abb. 153 und 154), bald in schwach saurem, bald in deutlich alkalischem Harn, zeigt sich unter dem Bilde keilförmig zugespitzter Prismen, die einzeln oder drusenartig zusammengelagert erscheinen und bei Essigsäurezusatz verschwinden.

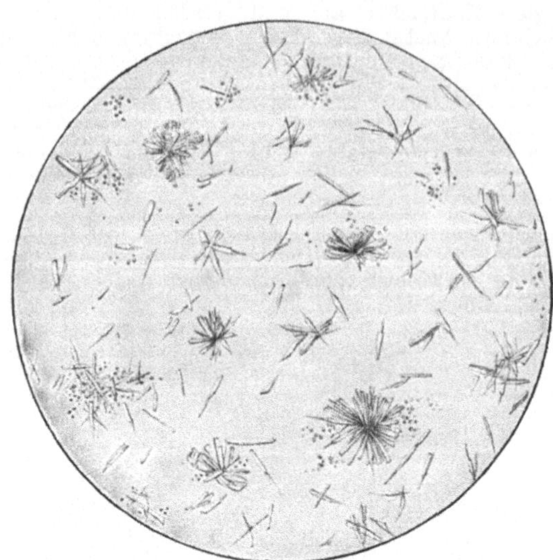

Abb. 154. Neutraler phosphorsaurer Kalk aus schwach saurem Harn. (Nach einem
Präparat von ERICH MEYER.)

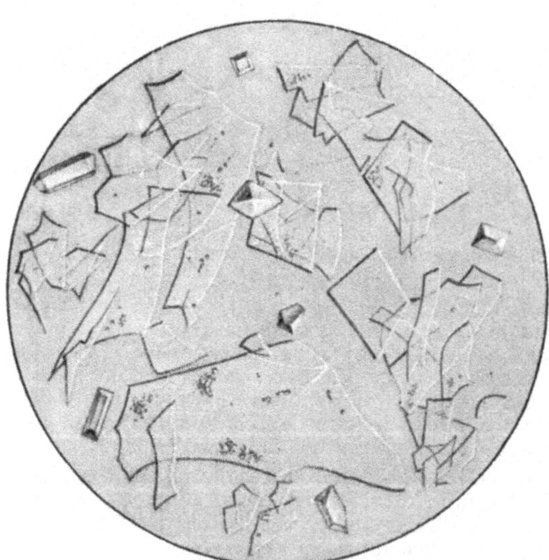

Abb. 155. Irisierendes Häutchen von der Oberfläche eines alkalischen Harnes mit
Platten von phosphorsaurer Magnesia; dazwischen einzelne Krystalle von phosphorsaurer Ammoniakmagnesia, die erst nachträglich, beim Stehen des Harnes,
ausgefallen sind. (Nach einem Präparat von ERICH MEYER.)

Phosphorsaure Magnesia (Abb. 155) bildet ziemlich große rhombische Tafeln, die wie der Kalk in Essigsäure leicht löslich sind.

Man findet sie zum Teil in dem weißlichen oder mehr weißgelblichen Bodensatz, der nicht selten bei Neurasthenikern reichlich ausfällt. *In auffällig großen, dünnen Platten kann man sie von der Oberfläche mancher Harne gewinnen, die ein zartes Glitzern — Irisieren — am Flüssigkeitsspiegel zeigen.* Man verschafft sich die Platten in der Weise, daß man ein mit Pinzetten gehaltenes Deckglas mit seiner ganzen Fläche mit der Harnoberfläche in Berührung bringt und dann auf den Objektträger legt. Die dünnen Tafeln erinnern mit ihren vielen scharfen Bruchstellen an zerbrochene Fensterscheiben.

Die Bildung des „schillernden Häutchens", die bisweilen bei *Phosphaturie* an der Oberfläche des Harns beobachtet wird, scheint, wie LICHTWITZ nachgewiesen hat, an die Anwesenheit eines Harnkolloids von lipoidartiger Beschaffenheit gebunden zu sein. Schüttelt man die Harne, die ein Häutchen bilden, mit Äther aus, so tritt die Häutchenbildung nicht ein. Die Häutchen solcher Harne können massenhaft Kalksalze aufnehmen, so daß die Oberfläche wie eine „frisch gefrorene Wasserfläche" aussieht.

Über die Bewertung des Ausfalls freier Harnsäure und krystallisierter Phosphate siehe die Kapitel *harnsaure Diathese* und *Phosphaturie* (S. 322. Vgl. auch das über die *Harnreaktion* Gesagte S. 232).

Häufiger als in krystallinischer Form treten die *phosphorsauren Salze* im amorphen Zustande als kleine, ungefärbte Körnchen auf, die in Essigsäure gelöst werden, während diese mit dem zum Verwechseln ähnlichen Uratsediment Harnsäurekrystalle bildet.

Im schwach sauren oder alkalischen Harn kommen die amorphen und krystallinischen Phosphate oft zusammen vor; dagegen findet man die Krystallformen *nie* bei der ammoniakalischen Gärung.

Verhalten des Harns bei einzelnen Krankheiten.

1. Die Krankheiten des Nierenparenchyms.

Die Abgrenzung der einzelnen Formen der Krankheiten des Nierenparenchyms nach ihrem pathologisch-anatomischen Verhalten ist klinisch nicht immer möglich; zur Stellung der *Prognose* ist aber eine möglichst detaillierte klinische Diagnosenstellung notwendig, da das Vorkommen von Hydropsien, von Urämie und von sekundärer Herz- und Gefäßveränderung bei den einzelnen Formen eine sehr verschiedene ist.

Es ist deshalb von der größten praktischen Bedeutung, eine Prüfung der Leistungsfähigkeit der Nieren vornehmen zu können. Eine solche *Funktionsprüfung* wird namentlich für die Beurteilung der Prognose und als Richtschnur der Therapie oft wichtiger sein, als die Feststellung der Eiweißmenge und der Formelemente.

Sie wird vorgenommen entweder durch Zufuhr *körperfremder* Stoffe, die beim Nierengesunden rasch im Urin erscheinen, bei ausgedehnteren Nierenerkrankungen dagegen verzögert ausgeschieden werden oder andererseits durch Mehrzufuhr von Stoffen, die normalerweise in der Nahrung enthalten sind, bzw. im Stoffwechsel entstehen, d. h. durch *physiologische* Stoffe, deren Gesamtheit oder deren einzelne Komponenten von Nierenkranken verzögert, ungenügend oder gar nicht eliminiert werden.

Die letztere Methode hat den Vorteil, Stoffe zur Prüfung heranzuziehen, aus deren Verhalten direkte Schlüsse auf die dem Kranken bekömmliche Ernährungsform gezogen werden können; sie ist jedoch im allgemeinen nur anwendbar, wenn es möglich ist, den Kranken längere Zeit bei einer konstanten Kost zu halten. Die erstere Methode läßt zwar keine direkten Schlüsse auf die Lokalisation und Art der Nierenstörung zu, orientiert auch nicht direkt über das Verhalten der physiologischen (in der Nahrung enthaltenen) Stoffe, gibt jedoch, da sie auf eine beliebige Ernährungsform aufgesetzt werden kann, bequem, wenn hintereinander mehrere Substanzen geprüft werden, einen ungefähren Anhaltspunkt über den Funktionsausfall im allgemeinen. Da sich Störungen der Ausscheidungsfähigkeit der Nieren an den Geweben des Körpers bzw. im Blut bemerkbar machen, sobald sie höhere Grade erreichen, so gehört zu einer vollständigen Nierenfunktionsprüfung die Berücksichtigung *des Körpergewichtes, des Wasserhaushaltes* und *der chemischen Zusammensetzung des Blutes.*

Ob eine vollständige Prüfung unter Berücksichtigung aller erwähnten Methoden notwendig ist, oder ob es genügt, nur einzelne Tastversuche vorzunehmen, muß im Einzelfall entschieden werden. Eine genaue Prüfung unter Anwendung aller zur Zeit verfügbaren Methoden ist z. B. notwendig, wenn es sich darum handelt, zu entscheiden, ob eine Albuminurie als gutartige, harmlose lokale Zirkulationsstörung (z. B. orthostatische Form) anzusehen oder ob sie der Ausdruck einer Parenchymerkrankung der Niere ist. Mit nur einigen wenigen Versuchen jedoch kann man sich begnügen, wenn es darauf ankommt, festzustellen, ob *eine* oder *beide* Nieren erkrankt sind.

Danach gestaltet sich die Funktionsprüfung der Nieren im speziellen folgendermaßen:

I. Zufuhr körperfremder Stoffe.

Farbstoffproben.

1. Indigocarminmethode.

Sie wird besonders verwendet bei gleichzeitigem Ureterenkatheterismus zur Prüfung, ob nur eine oder beide Nieren krank sind: Intramuskuläre Injektion von 20 ccm einer Lösung von 0,4 g Indigocarmin in 100 ccm physiologischer Kochsalzlösung. Normalerweise erscheint der Farbstoff nach 3—5 Min. im Harn.

Gleichzeitig wird der Harn der beiden Seiten auf Eiweiß, Formelemente, eventuell Bakterien, auf seine Konzentration, Δ und spezifisches Gewicht untersucht und die Menge des Urins bestimmt, die in der Zeiteinheit aus beiden Seiten abfließt.

2. Phenolsulfophthaleinprobe nach ROWNTREE und GERAGHTY.

Injektion des von HELLIGE (Freiburg) gelieferten Präparates, 1 ccm der Farbstofflösung, intramuskulär oder besser intravenös. Vorher ist bereits ein Katheter in die Blase eingeführt, an den man einen kurzen Gummischlauch mit Klemme angebracht hat; diese Maßnahme ist notwendig, da bereits normalerweise nach 5—7 Min. die Ausscheidung beginnt. Die einzelnen Harnportionen werden in Kölbchen aufgefangen, die 10 ccm 25%iger Natronlauge enthalten. Die Harnportionen der ersten beiden und der nächsten beiden Stunden werden getrennt gesammelt und in ihnen die Menge des ausgeschiedenen Farbstoffes colorimetrisch bestimmt. Hierzu wird das AUTENRIETHsche Colorimeter (s. Hämoglobinbestimmung S. 118), dem ein besonderer Farbkeil (HELLIGE, Freiburg) eingesetzt wird, verwendet.

Normalerweise ist in 4 Stunden 90% des Farbstoffs ausgeschieden. (Berechnung und Einzelheiten enthält der dem Keil mitgegebene Text.) Die Methode kann sowohl für die einseitigen Nierenerkrankungen (nach Katheterismus) als auch für die doppelseitigen diffusen Parenchymerkrankungen angewendet werden.

3. Prüfung mit Jodkalium.

0,5 g Jodkalium werden per os eingenommen. Nach 1—2 Stunden erscheint bereits Jod normalerweise im Harn; beendet ist die Ausscheidung erst nach 36—60 Stunden. Jodnachweis s. S. 288.

Aus dem Verhalten der Kranken gegenüber der Jodprobe kann übrigens *kein* sicherer Rückschluß auf die Art der Nierenstörung gezogen werden.

II. Funktionsprüfungen mit Mehrbelastung der Nieren durch körpereigene Stoffe.

A. Die Kreatininprobe nach O. NEUBAUER.

Sie hat mit den bisher angegebenen Methoden gemeinsam, daß besondere Einhaltung einer bestimmten Diät während des Versuches nicht notwendig ist, da die Kreatininausscheidung in weitem Maße unabhängig von der Nahrung bleibt. Dagegen muß bei ihr, wie bei den folgenden Methoden, die Urinmenge und die ausgeschiedene Gesamtmenge des zur Prüfung zugeführten Stoffes (hier des Kreatinin) im 24stündigen Urin bestimmt werden.

Die Probe ist besonders empfindlich und eignet sich nach unseren Erfahrungen besonders zur Entscheidung der Frage, ob überhaupt eine Funktionsbeeinträchtigung der Niere vorliegt; sie sagt jedoch nichts aus über die Art der Störung.

Zum Versuch gehört ein Vortag, ein Versuchstag und ein Nachtag. Am Vortag wird ohne besondere diätetische Maßnahme der 24stündige Urin gesammelt und auf seinen Kreatiningehalt untersucht. Es genügt, die Durchschnittswerte 6stündiger Perioden festzustellen.

Am Beginn des folgenden Versuchstages werden 1,5 g Kreatinin (Firma Merck-Darmstadt) in 100—150 g Zuckerwasser gelöst verabfolgt. Der Urin wird in 6stündigen Perioden gesammelt und darin der Kreatiningehalt bestimmt. Am dritten Tag wird wie am Vortag verfahren. Bei Nierengesunden werden 60—90% des Kreatinins in der ersten 6stündigen Periode ausgeschieden, in den ersten beiden Perioden 70—100%. Beim Nierenkranken findet sich eine sehr starke Verzögerung bis in die 4. Periode oder bis in den Nachtag hinein.

Die Bestimmung des Kreatinins geschieht mittels des AUTENRIETH-KÖNIGSBERGERschen Apparates (s. S. 118) unter Benützung eines besonderen „Kreatininkeiles". (Näheres enthält der Prospekt von HELLIGE, Freiburg.)

B. Untersuchung der Wasser-, Kochsalz- und Stickstoffausscheidung.

Hierbei ist es notwendig, wie in einem Stoffwechselversuch, den Kranken längere Zeit bei genau bekannter und zugemessener Diät zu halten und die 24stündige Urinmenge unter Berücksichtigung der Wasserzufuhr und unter Beobachtung der Körpergewichtsschwankungen festzustellen.

1. Untersuchung der Kochsalz- und Wasserausscheidung.

a) Der zu Untersuchende wird bis zu eintretender gleichmäßiger NaCl-Ausscheidung auf einer Kost gehalten, die ungefähr 7 g Kochsalz und inklusive der Nahrungsmittel $2^1/_2$ Liter Wasser enthält. Es wird zunächst untersucht, ob Körpergleichgewicht und Kochsalzgleichgewicht eintritt. Ist dies der Fall, so werden an einem Tage 15 g NaCl zugelegt. Der Normale scheidet diese Zulage meist in 48 Stunden fast vollkommen aus, indem meist die Konzentration des Urins mehr ansteigt als die Urinmenge. Beim Nierenkranken, dessen Salzausscheidungsvermögen gestört ist, kommt entweder die Zulage überhaupt nicht, oder sehr verzögert erst in den nächsten Tagen zur Ausscheidung. Bei manchen Formen (Schrumpfnieren) nimmt die Konzentration an Salz nicht zu und die Mehrzulage kommt mit starker Polyurie zum Vorschein.

Bei diesem Versuch ist die Berücksichtigung des Körpergewichtes und unter Umständen das Verhalten des Blutes (s. unten) von großer Bedeutung. Es kann nämlich das zugeführte Salz mit und ohne Wasserretention zurückgehalten werden; im ersteren Falle steigt das Körpergewicht an (eventuell Zunahme der Ödeme), im letzteren bleibt es unverändert, d. h. die Gewebe werden salzreicher (prognostisch ungünstiger!).

Bei der Bewertung des Kochsalzversuches ist zu berücksichtigen, daß *normalerweise* Kochsalzzulage zu kochsalzfreier oder kochsalzarmer Kost zu einer Anreicherung des Körpers an Salz und Wasser führt, die meist erst nach 3 Tagen wieder beseitigt wird.

b) *Wassertrinkversuch:* Hinsichtlich der Wasserausscheidung ist eine gesonderte Untersuchung vorzunehmen, die zeigt, ob und in welcher Weise der zu Untersuchende auf einmalige Mehrzufuhr von Wasser reagiert. Auch hierbei ist das Körpergewicht genau zu kontrollieren (Ausscheidung durch Haut und Lungen!). Die Untersuchung ist am liegenden Kranken vorzunehmen, da aufrechte Körperhaltung die Wasserausscheidung hemmt.

Unter normalen Verhältnissen werden $1^1/_2$ Liter peroral zugeführten Wassers nicht nur restlos in 4 Stunden ausgeschieden, sondern es beträgt der unter Berücksichtigung des Körpergewichtes bestimmte Gesamtwasserverlust in dieser Zeit meist 1700—2000 g, wovon allein 1400—1800 im Urin erscheinen. Der Nierenkranke, der sich hierbei wie ein Normaler verhält, retiniert entweder überhaupt nicht, oder er vermag die retinierten Stoffe mit viel Wasser relativ leicht aus dem Körper auszuschwemmen. Dies kann im allgemeinen als gutes Zeichen für die Nierenfunktion angesehen werden.

Die Prüfung wird in der Regel im Rahmen des sogen. Verdünnungs- und Konzentrationsversuches vorgenommen.

2. Verdünnungs- und Konzentrationsversuch nach VOLHARD.

Unter Verzicht auf Einzelbestimmungen erlaubt bei Einhaltung gewisser Kautelen allein das Verhalten der Harnmenge und des spezifischen Gewichtes einen Einblick in die Nierenfunktion. Man pflegt vielfach einen *Verdünnungs-* und *Konzentrationsversuch* an *einem* Tage vorzunehmen und aus der Art der Ausscheidung auf die Funktion zu schließen. Dieses abgekürzte Verfahren erlaubt einen gewissen Überblick über die Leistungsfähigkeit.

Man läßt den zu Untersuchenden morgens nüchtern nach Entleerung der Blase 1500 ccm Wasser oder ganz dünnen Tee trinken, hält ihn im Bett und veranlaßt ihn, *jede halbe Stunde* zu urinieren. Jede Urinprobe wird einzeln gemessen und das spezifische Gewicht bestimmt (bei einem Eiweißgehalt über 2—$3^0/_{00}$ ist der Harn vorher durch Kochen zu enteiweißen und das Filtrat mit Aqua destillata auf das ursprüngliche Volum aufzufüllen).

Normalerweise ist die zugeführte Wassermenge in großen Einzelportionen, d. h. etwas über 1400 in 3—4 Stunden entleert. Dabei sinkt das spezifische Gewicht auf 1001 und 1002.

Besonders wichtig ist dabei die Tatsache, daß normal die größte Halbstundenportion 400 ccm oder mehr beträgt. Verminderung der einzelnen Portion unter diese Grenze trotz normaler Gesamtausscheidungsmenge kann zusammen mit dem Ausbleiben der Verminderung des spezifischen Gewichtes auf etwa 1002 eine leichte Störung aufdecken. Höhere Grade von Niereninsuffizienz bestehen, wenn auch die Gesamtmenge des ausgeschiedenen Wassers unter 1500 ccm bleibt.

Hierauf erhält der Kranke zur Untersuchung der *Konzentrationsfähigkeit* Trockenkost. Urinmengen und spezifisches Gewicht werden weiter einzeln in jeder Probe bestimmt (etwa je nach 1—2 Stunden läßt der Patient Harn). Dabei steigt das spezifische Gewicht bis annähernd 1030, so daß im Gesamtversuch Schwankungen von 1001 bzw. 1002 bis zu 1030 an einem Tag beobachtet werden. Es ist jedoch bei dem Konzentrationsversuch zu beachten, daß spezifische Gewichte von 1030 nicht immer schon nach $^1/_2$ Tag beobachtet werden; bisweilen muß man den Versuch sogar auf 48 Stunden ausdehnen.

Das Resultat des Verdünnungs- und des Konzentrationsversuches wird teilweise verwischt bei Bestehen von *Ödemen* und Ödembereitschaft, bei manchen *Leberaffektionen* sowie bei *endokrinen* Störungen (Hypothyreoidismus). Hier fällt zwar der Verdünnungsversuch bezüglich der ausgeschiedenen Gesamtwassermenge mangelhaft aus. Andererseits entspricht aber trotzdem bei normalen Nieren das obengenannte Ansteigen der Halbstundenportionen, ebenso das starke Absinken des spezifischen Gewichtes der Norm. Latente Ödeme lassen sich übrigens auch daraus erkennen, daß die Harnmenge beim Wasserversuch schlechter ausfällt außerhalb des Bettes als im Liegen (besonders nach Hochlagerung der Beine, sog. KAUFFMANN-sche Probe). Die Konzentrationsprobe ist bei Vorhandensein von Ödemen nicht anwendbar; hier bleibt infolge Ausschwemmung derselben die Harnmenge trotz Trockendiät hoch.

Kontraindiziert ist der Wasserversuch bei Herzschwäche, bei akuter Nephritis, bei Neigung zu Asthma cardiale (Hypertonie) und zu Pseudourämie, der Konzentrationsversuch bei drohender Urämie.

Der Ausfall der Verdünnungs- und Konzentrationsprobe unter *pathologischen* Verhältnissen kann sich von dem Obengesagten abweichend folgendermaßen gestalten:

Erreicht bei normal ausfallender Verdünnungsprobe das spezifische Gewicht bei der Konzentration nur etwa 1020—1022, so kann eine beginnende Insuffizienz vorliegen; doch kann andererseits dieses Resultat auch bedeutungslos sein.

Fehlt bei der Verdünnungsprobe der Unterschied zwischen den verschiedenen Halbstundenportionen (s. oben) und bewegt sich das spezifische Gewicht derselben, anstatt bis etwa auf 1002 zu fallen, zwischen 1005 und 1012, so besteht ein ernstes Nierenleiden.

Das gleiche gilt, wenn beim Konzentrationsversuch das spezifische Gewicht unverändert etwa zwischen 1008 und 1012 bleibt (fixiertes spezifisches Gewicht oder Isosthenurie). Diese sog. Sekretionsstarre ist charakteristisch für die Schrumpfniere. Hierbei kann in frühen Stadien des Leidens die Wasserausscheidung beim Verdünnungsversuch quantitativ noch normal ausfallen, in vorgerückten Stadien der Krankheit sinkt auch sie unter die Norm.

Fälle mit fixiertem spezifischem Gewicht zeigen übrigens auch dann die charakteristische helle *Harnfarbe,* wenn dieselbe sonst, z. B. bei Fieber oder Stauungen (Herzschwäche), dunkler zu werden pflegt.

3. Untersuchung der Harnstoff- bzw. Stickstoffausscheidung.

Der Kranke wird längere Zeit auf gleichmäßiger Kost von bekanntem
N-Gehalt gehalten. Es wird untersucht, ob überhaupt N-Gleichgewicht
eintritt oder ob die Ausscheidungen vollkommen ungleichmäßig bleiben.
(Kost = 10—15 g N.)

Tritt N-Gleichgewicht ein, so wird eine Zulage eines Eiweißkörpers
von bekanntem N-Gehalt verabfolgt. Wir benützen hierzu 50—100 g Soma-
tose (= 5—10 g Stickstoff), die in 24—36 Stunden zu einer Mehrausscheidung
von 5—8 g N im Harn führen. Die Untersuchung des Harns auf den Stickstoffgehalt geschieht nach der Methode von KJELDAHL (s. S. 237).

Die vielfach angewendete Zulage von 20 g Harnstoff (9,34 g N) erscheint
meist in 48 Stunden, führt aber häufig zu Polyurie und gibt dadurch die
Verhältnisse nicht klar wieder.

Bei Nierenkranken, deren N-Ausscheidungsvermögen gestört ist, tritt
entweder keine Steigerung der N-Ausscheidung im Urin ein oder sie verzögert sich über mehrere Tage.

C. Prüfung des Alkaliausscheidungsvermögens.

Die normale Niere hat in hohem Maße die Fähigkeit, per os zugeführtes
Alkali in kurzer Zeit auszuscheiden, während die insuffiziente Niere diese
Fähigkeit ganz oder teilweise verliert. Hiermit hängt übrigens die Tatsache
zusammen, daß der Harn Nierenkranker meist ziemlich sauer ist.

Nach Entleerung der Blase läßt man den Patienten 15 g Natrium
bicarb. in 400 ccm Wasser nehmen. Die nach 1 bzw. 2 Stunden gelassenen
Harnproben reagieren normalerweise alkalisch (gegen Lackmuspapier; besser
ist der Zusatz einiger Tropfen Phenophthalein zur Harnprobe). Oder man
verabreicht alle 2 Stunden je 5 g Natrium bicarb. bis zum Alkalisch-
werden des Harns. Bei hochgradiger Niereninsuffizienz sind 50 und mehr
Gramm bis zu dem Umschlag notwendig.

III. Verwendung der Blutuntersuchung für die funktionelle Nierendiagnostik.

Wie bereits mehrfach erwähnt, kommen die Störungen der Wasser-,
Salz- und Stickstoffausscheidung in der Zusammensetzung des Blutes zum
Ausdruck: Stickstoffretention führt zu Erhöhung des *Reststickstoffes* im
Blut (Bestimmungen s. S. 86). An dieser Erhöhung beteiligt sich in erster
Linie der *Harnstoff*; auch ist schon frühzeitig der *Harnsäuregehalt* des Serums
bei Niereninsuffizienz gesteigert. In allen Fällen von Verdacht auf Nieren-
insuffizienz ist daher der Rest-N (eventuell auch der Harnstoff- sowie der
Harnsäuregehalt des Blutes) zu bestimmen.

Salzretentionen erhöhen den osmotischen Druck des Blutes und erniedrigen
damit den Gefrierpunkt (s. S. 107).

Schwankungen im *Wasserhaushalt* können den *refraktometrisch* bestimmbaren Serumeiweißwert (s. S. 83) des Blutes beeinflussen. Diese Bestimmungen sind daher bei Kranken mit Neigung zu Bluteindickungen
und andererseits mit Neigung zu Ödemen von größtem diagnostischem
und prognostischem Wert. So finden sich Werte für den Serumeiweißgehalt
über 8% meist bei Kranken mit arteriosklerotischen Veränderungen der
feinsten Gefäße (arteriolosklerotische Niere); im Gegensatz dazu sprechen
Werte unter 6,5% für Hydrämie des Blutes, wie sie sich bei ödematösen
Nierenkranken und bei solchen mit Neigung zu Ödemen finden.

Es ist von größtem Wert, die Serumeiweißschwankungen und damit den Wassergehalt des Blutes gleichzeitig mit den Funktionsprüfungen der Niere nach Kapitel II zu beobachten, weil sich hieraus im Zusammenhalt mit den übrigen Beobachtungen wichtige Anhaltspunkte für den Verbleib der retinierten Stoffe ergeben; so zeigt beispielsweise eine längere Zeit anhaltende Verwässerung des Blutes nach Kochsalzbelastung (s. oben) die Retention des Kochsalzes im Blute an.

Wichtig für die Nierendiagnostik ist ferner auch das besonders von der VOLHARDschen Schule systematisch bearbeitete Verhalten gewisser mit der Darmfäulnis zusammenhängenden und normalerweise durch die Nieren ausgeschiedenen *aromatischen* Körper (Phenol, Kresol, Indol, sowie aromatische Oxysäuren). Bei Niereninsuffizienz häufen sie sich im Serum an,

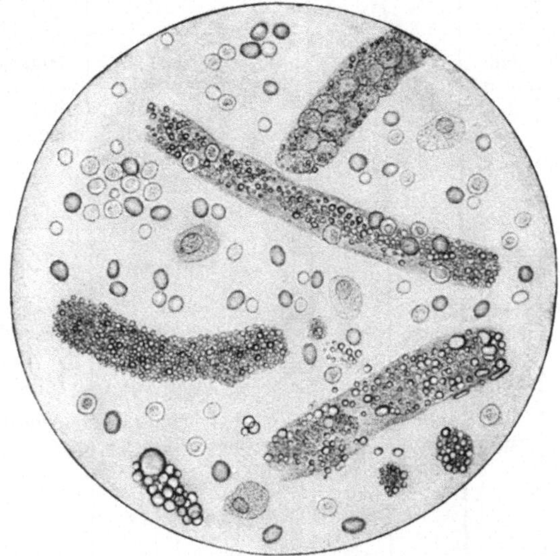

Abb. 156. Sediment bei chronischer Nephritis (Mischform von Glomerulonephritis und Nephrose). (Nach einem Präparat von ERICH MEYER.)

so daß auch hieraus wichtige Schlüsse auf die Nierenfunktion gezogen werden können. Die aromatischen Substanzen stellt man nach BECHER am besten in ihrer Gesamtheit mittels der *Xanthoproteinreaktion* fest (vgl. S. 92). Indicanprobe s. S. 93.

Einen sicheren Beweis für das Bestehen einer Niereninsuffizienz liefert die Kombination von Rest-N-Erhöhung mit dem positiven Ausfall der Xanthoprotein- und Indicanreaktion.

Was nun die *diagnostische Wertigkeit* der Vermehrung der verschiedenen hier genannten Serumbestandteile anlangt, so lassen sich folgende *Grundsätze* aufstellen:

Einer der empfindlichsten und am frühesten nachweisbaren Indicatoren für eine Niereninsuffizienz ist der Anstieg der *Blutharnsäure*. Doch ist dieses Symptom keineswegs eindeutig, da man

Schema der wichtigsten

	Harnmenge	Spez. Gewicht	Albuminurie	Sedimente		Nierenfunktion	Ödeme
				Blut	Andere Sedimente		
1. **Nephrose** [1] (tubuläre Nephropathie)	vermindert	hoch	$+$ in chronischen Fällen $+++$	—	Epithelien, Epithelialzylinder. Verfettete Epithelien	Retention von Wasser und Salzen, Harnstoff gut ausgeschieden	können fehlen in chronischen Fällen, in der Regel $+++$
2. Glomerulonephritis [1]	vermindert	hoch	$++$	$++$	Erythrocytenzylinder, granulierte Zylinder, Leukocyten	Retention von Wasser, Salzen und von Stickstoff	meist vorhanden bis $+++$
3. Herdnephritis	normal	normal	$+$	$+$	Erythrocytenzylinder	erhalten	—
4. Sekundäre Schrumpfniere	vermehrt	niedrig	$+$ bis $++$	$+$	wie bei 2., aber oft spärlicher	wie bei 2., besonders Stickstoffretention	—
5. Arteriosklerotische (Schrumpf)Niere (benigne Sklerose)	normal	normal	— bis Spur	— bis Spur	wenig Zylinder	erhalten	—
6. Genuine Schrumpfniere (maligne Sklerose)	vermehrt (Nykturie)	niedrig (fixiert)	— bis $+$	— bis Spur	wenig Zylinder	hochgradig gestört, besonders Stickstoffretention	—
7. Stauungsniere	vermindert	normal oder erhöht	$+$ bis $++$	—	spärlich Zylinder	nur wenig gestört	$+$
8. Pyelogene Schrumpfniere	vermehrt	niedrig	wenig	wechselnd	viel Leukocyten	normal bis eingeengt	—

[1] Öfter als die reinen Formen 1 und 2 beobachtet man in praxi

Nierenkrankheiten.

Urämie-gefahr	Blutkonzen-tration	Kardiovascu-läre Symptome: Herzvergrößerung. Blutdruck-steigerung	Ausgang	Ätiologie
vorhanden (eklampti-sche Form, sog. Pseudo-urämie)	vermindert (Hydrämie oft hoch-gradig)	—	meist Heilung, in chronischen Fällen Kachexie, selten Schrumpfung	Gifte: Sublimat, Chrom. Tuberkulose, Lues. Gravidität. Viele leichte Albuminurien bei Infektionen, sog. febrile Albuminurie
groß	anfangs vermindert, später oft normal	vorhanden	meist Heilung, bei chronischem Verlauf Übergang in 3.	Infektionskrankheiten, besonders Strepto-kokken-Infektionen, Angina, Scharlach
—	normal	—	Heilung, bisweilen chronisch	Infektionen, oft Angina. Sepsis (septische Herd-nephritis, embolisch)
sehr groß	anfangs vermindert, später oft normal	vorhanden stärker als bei 2.	Retentions-urämie, Exitus	Ätiologie wie bei 2.
—	normal bis erhöht	vorhanden	abhängig von Herz und Gefäßen	Arteriosklerose (bei älteren Menschen häufig), (Gicht)
sehr groß	normal, selten erhöht	frühzeitig sehr erheblich	Retentions-urämie, Herzschwäche, Gefäß-störungen	Unbekannt (besonders bei jüngeren Menschen)
—	normal oder vermindert	Herz-insuffizienz	wechselnd	Herzschwäche mit venöser Stauung
selten	normal bis erhöht	langsam entstehend, meist später und geringer als bei 4., 5. und 6.	selten Urämie, sonst abhängig von Herz und Gefäßen	Pyelitis, Sackniere bei infizierten Nieren-beckensteinen

Kombinationen von beiden.

es nicht nur bei Gicht, sondern auch bei malignen Neoplasmen, bei fieberhaften Erkrankungen und manchen anderen, mit starkem Kernzerfall einhergehenden Zuständen beobachtet. Auch die Erhöhung des *Harnstoffs* kommt außer bei Niereninsuffizienz bei anderen Erkrankungen in ähnlicher Weise wie der Harnsäureanstieg vor.

Vermehrung der Harnsäure und des Harnstoffs *ohne* Steigerung der aromatischen Substanzen im Serum bedeutet bei einer Nierenaffektion eine relativ harmlose Schädigung. Es ist z. B. der Befund der Stauungsniere. Auch bei der akuten Nephritis pflegt gegenüber dem beträchtlichen Anstieg von Harnstoff und Harnsäure, wenn es sich nicht um ganz schwere Formen bzw. solche mit Anurie handelt, die Vermehrung der aromatischen Substanzen vollkommen zu fehlen oder doch nur relativ geringfügig zu sein.

Prinzipiell anders verhält sich die Niereninsuffizienz bei Schrumpfniere. Hier findet man frühzeitig neben den anderen Symptomen einen Anstieg der aromatischen Substanzen im Serum, die die höchsten Werte bei der echten Urämie erreichen.

Das auf Seite 318 und 319 gegebene Nierenschema soll ohne Anspruch auf nur annähernde Vollständigkeit lediglich das Verständnis der für den Lernenden schwierigen Verhältnisse erleichtern.

Bei der *Amyloidose* der Niere braucht der Harn keine charakteristischen Eigenschaften aufzuweisen; nur bei hochgradiger *allgemeiner Amyloiderkrankung* fällt die erhebliche Eiweißmenge, die unter Umständen in einem dünnen Harn sehr hoch sein kann, sowie die reichliche Zylinderausscheidung auf. Herzhypertrophie und Blutdrucksteigerung fehlen bei reinen Formen. Die Amyloiderkrankung der Nieren ist nur mit einiger Sicherheit klinisch diagnostizierbar, wenn Amyloidose anderer Organe (vgl. Darm, Fettstühle, Milzvergrößerung) vorhanden ist, und wenn eine Ätiologie für die Amyloidose angenommen werden kann, wie Tuberkulose, chronische Eiterungen, Bronchiektasen, Syphilis.

Bei kongenitaler *Cystenniere* kann der Harn dem der Schrumpfniere gleichen, doch sind hierbei Herzvergrößerung und Blutdrucksteigerung gering.

Kontusionen der Niere veranlassen oft mehrtägige, oder 3—4 Wochen andauernde Hämaturie, die ab und zu erst 1—2 Tage nach der Verletzung einsetzen und nach unregelmäßigen Pausen wiederkehren kann.

Niereninfarkte sind meist mit stechenden Schmerzen in der Nierengegend und Hämaturie verbunden.

Thrombose der Nierengefäße kann sich in seltenen Fällen als Fortsetzung einer Thrombose der Cava inferior entwickeln. Der Harn wird hierbei stark eiweiß- und bluthaltig.

Bei zahlreichen *Intoxikationen* zeigt der Harn ein charakteristisches Verhalten, das oft nicht in das Schema der eigentlichen Nephritiden hineinpaßt. So verhält sich die *Bleischrumpfniere* oft wie eine reine arteriolosklerotische Schrumpfniere, oft aber ist die Eiweißausscheidung zeitenweise beträchtlich vermehrt und die Zahl der Formelemente groß. Diagnostizieren wird man diese Veränderung nur können, wenn andere Symptome auf chronische Bleiintoxikation hinweisen. Dabei besteht regelmäßig Herzvergrößerung und Blutdrucksteigerung.

Bei der chronischen *Gicht* bestehen oft die Symptome der Schrumpfniere, doch tritt diese Veränderung erst in späteren Stadien bei schweren Fällen ein; ein *Charakteristikum des Gichtharns* gibt es nicht. Die *harnsaure Diathese* (Ausscheidung freier Harnsäure) hat mit Gicht nichts zu tun, doch können Gicht und harnsaure Diathese zusammen vorkommen. Beim *Diabetes mellitus* besteht oft, namentlich wenn er auf Arteriosklerose beruht, Albuminurie geringen Grades; diese kommt aber auch bei schweren Fällen ohne Arteriosklerose vor. Auch bei *Leukämie* und *perniziöser Anämie* sowie bei *hämorrhagischen Diathesen* findet man oft eine geringgradige Albuminurie.

2. Die Krankheiten des Nierenbeckens und der Harnwege.

Konkrementbildungen: Diese kommen im Nierenbecken und in der Blase vor; gelegentlich bleibt auch ein größeres Konkrement im Ureter längere Zeit stecken.

Durch *Konkremente im Nierenbecken* wird nicht selten eine akute Reizung (mit Kolik) hervorgerufen, die bald *ohne*, bald *mit Veränderung des Harns* einhergeht; diese besteht vor allem in *blutigen* Beimengungen. Handelt es sich um reichlicheren Blutgehalt, so ist die Diagnose schon für das bloße Auge klar; anders, wenn der Harn makroskopisch unverändert erscheint und die chemischen Blutproben negativ ausfallen.

Man darf nie versäumen, in allen Fällen, in denen die Diagnose der Nierensteinkolik in Frage kommt, auch den scheinbar normalen Harn sorgfältig mikroskopisch zu untersuchen. Findet man im Bodensatz nach dem Zentrifugieren rote Blutzellen, bisweilen in kleinen Häufchen, so kann dies von großem Wert sein. Häufig trifft man außer den Blutzellen verschiedene Krystalle: Harn- und Oxalsäure oder phosphorsauren Kalk an.

Bisweilen werden im Anfall Steine, die bis erbsengroß sein können, entleert.

Die Konkrementbildung ist verschieden zu bewerten, je nachdem, ob es sich um Steinbildung auf Grund konstitutioneller Anomalie (Diathesen), oder ob es sich um sekundäre Steinbildung in den infizierten Harnwegen handelt. Als Konstitutionsanomalie ist die Steinbildung *bei der harnsauren Diathese* und bei der Bildung von *Oxalatsteinen* sowie bei den seltenen *Cystinsteinen* zu betrachten; die *Phosphat*steine bilden sich häufiger sekundär bei alkalischer Reaktion und Zersetzung des Urins in den Harnwegen.

Bei der *harnsauren Diathese* mit Konkrementbildung handelt es sich gewöhnlich nicht um einen größeren Stein in einem Nierenbecken, sondern um Nierensand und Steinchen, die in beiden Nierenbecken zur Ausscheidung gelangen. Der Zustand ist meist leicht zu erkennen. In einzelnen Intervallen treten Blutungen auf, und es zeigt der frisch entleerte Harn eine außerordentlich stark saure Reaktion (Methode s. S. 233); auch in der anfallsfreien Zeit ist meist etwas Eiweiß vorhanden. Im Sediment sieht man regelmäßig außer Blutkörperchen und Blutkörperchenschatten sehr zahlreiche Krystalle freier Harnsäure (vgl. Abb. 157). Harnsäurekonkremente sind meist gelblich gefärbt, sie sind durch die *Murexidprobe* (S. 241) erkennbar.

Die *Oxalatsteine* des Nierenbeckens kommen oft einseitig vor; sie bilden sich ebenfalls bei stark saurem Harn. Im Sediment finden sich lange Zeit hindurch neben den charakteristischen

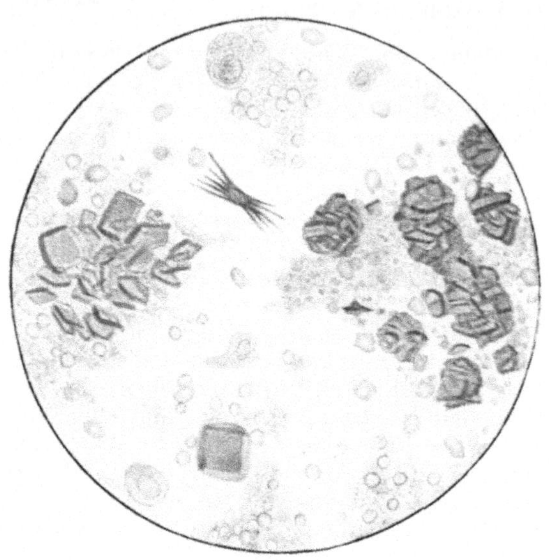

Abb. 157. Sediment bei Harnsäuresteinen. (Nach einem Präparat von ERICH MEYER.)

Briefkuvertformen von oxalsaurem Kalk massenhaft rote Blutkörperchen und oft Blutkörperchenzylinder (vgl. Abb. 144).

Oxalatsteine zeigen oft eine maulbeerartige Oberfläche, sie sind sehr hart und infolge der Auflagerung von Blutfarbstoff dunkelbraun verfärbt.

Phosphatsteine entstehen nur in seltenen Fällen infolge einer Stoffwechselanomalie. Bei *Phosphaturie,* bei der der Urin stark alkalisch reagiert, fallen die Phosphate in den Harnwegen leicht aus, und es kann gelegentlich zur Konkrementbildung kommen. In den meisten Fällen aber ist die Gelegenheit dadurch gegeben, daß der Harn infolge der Anwesenheit harnstoffspaltender Mikroorganismen *ammoniakalische Zersetzung* zeigt. Die Phosphatsteine kommen daher häufiger in der *Blase* als im Nierenbecken vor. Sie sind weißlich, graugelblich und leicht zerdrückbar.

Gelangen Harnsäure und Oxalatsteine in die Blase und wird hier durch Infektion und Reizung eine Cystitis erzeugt, so kann die Oberfläche dieser Steine mit einer Kruste von Erdphosphaten überzogen sein.

Zur Sicherung der Diagnose Nieren- bzw. Blasenstein gehört die Untersuchung mittels des *Cystoskops* bzw. die Explorierung der beiden Ureteren

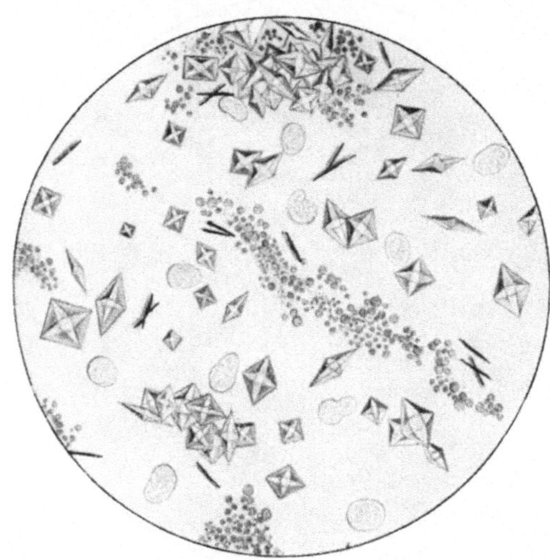

Abb. 158. Sediment bei Oxalatsteinen mit Krystallen von oxalsaurem Kalk, roten Blutkörperchen und Hämatoidinnadeln. (Nach einem Präparat von ERICH MEYER.)

und Nierenbecken durch Ureterenkatheterismus. Der Urin der erkrankten Seite ist oft blutig, eiweißhaltig und läßt ein Konkrement ausfallen.

Selbstverständlich ist ferner die *Röntgenuntersuchung,* eventuell nach Einführung eines Kontrastmittels, anzuwenden. Es kommt nicht ganz selten vor, daß ein Steinleiden, wenn es lediglich zu Blutungen, nicht zu Kolikanfällen führt, als hämorrhagische Nephritis angesehen wird. Man erkennt aber die hier in Betracht kommenden Fälle (Harnsäure, Oxalsäure) meist sofort an dem relativ geringen Eiweißgehalt, der stark sauren Harnreaktion und dem Sediment von freier Harnsäure und Oxalaten.

Harnsaure Diathese und Phosphaturie kommen als Konstitutionsanomalie infolge einer Störung im Regulationsmechanismus des Säuren- und Basenhaushaltes besonders bei nervösen Menschen vor. Sie können sich auch abwechselnd bei ein und demselben Individuum finden. Bei der *harnsauren Diathese* ist der Harn abnorm sauer und es fällt beim Erkalten freie Harnsäure aus. Bei

Phosphaturie wird der Harn alkalisch entleert (*nicht* ammoniakalisch!), er ist meist sofort trüb, und es finden sich im Sediment massenhaft *krystallisierte* Phosphate. Mitunter beobachtet man hier das auf S. 311 erwähnte irisierende Häutchen.

Bei der **Pyelitis** ist der Harn deutlich trübe, blaßgelb oder im Beginn jeder schweren Erkrankung sowie bei Rückfällen mehr oder weniger stark mit Blut oder Eiter gemischt. Beim Stehen wird

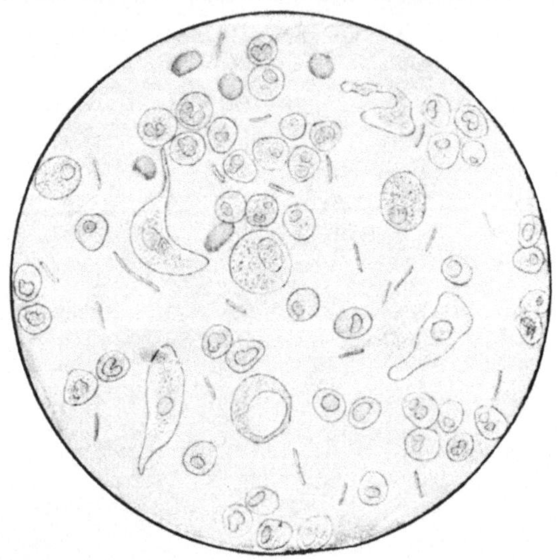

Abb. 159. Sediment bei Colicystitis und Pyelitis. Epithelien der Harnwege, Leukocyten, rote Blutkörperchen und Colibacillen. (Nach einem Präparat von Erich Meyer.)

deutlich eitriger, oben mit einer Blutschicht überzogener Bodensatz abgesondert. Sowohl in diesem wie in dem spärlichen Bodensatz des mäßig getrübten Harns findet man mikroskopisch Eiterkörperchen und Blutkörperchen oder „Schatten“, selten croupöse Gerinnsel, aber so gut wie immer Bakterien, meist in Häufchen (wie agglutiniert) oder in streifenförmigen Zügen. In der überwiegenden Mehrheit handelt es sich um kurze plumpe Stäbchen, das nichthämolytische *Bacterium coli.*

Bei rund 150 in 8 Jahren von Lenhartz genau untersuchten Fällen von Pyelitis wurde in etwa 90% das Bacterium coli durch Kultur als alleiniger Erreger im steril entnommenen Harn nachgewiesen; in den übrigen Fällen wurden Paratyphusbacillen, Proteus, Friedländers Pneumobacillus u. a. gefunden.

In einer großen Anzahl der Fälle findet man außer Eiter- und Blutkörperchen auch zahlreiche geschwänzte Epithelien; es muß aber ausdrücklich betont werden, daß diese bei der reinen Pyelitis ganz fehlen können, daß andererseits Plattenepithelien auf die Beteiligung der Blase, Nierenkanälchenepithel und Zylinder auf eine solche der Nieren hinweisen (vgl. Abb. 159 und 160).

Die Reaktion des frischen Harns ist bei Colipyelitis durchweg sauer. *Die Eiweißprobe* wohl stets positiv, oft nur als Trübung angedeutet.

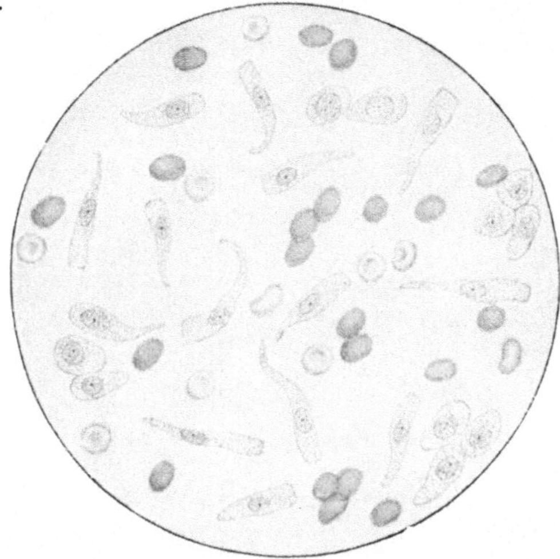

Abb. 160. Sediment bei Pyelitis mit massenhafter Epitheldesquamation und Blutung nach einem Anfall von Nephrolithiasis. (Nach einem Präparat von ERICH MEYER.)

Hydropyonephrosen bewirken nicht selten eine auffällig *intermittierende* Harnmenge, insofern bei Verlegung des Harnleiters die Harnabfuhr stocken, dagegen bei Freilegung der Passage rasch eine gewaltige Vermehrung beobachtet werden kann. Indes gestattet die Beschaffenheit des Harns allein nie die Diagnose.

Nierenabscesse führen bei Durchbruch zu mehr oder weniger beträchtlicher Eiterbeimengung zum Harn.

Neubildungen der Nieren führen oft, die der *Blase* so gut wie immer zu Blutungen, seltener zum Abgang charakteristischer Krebs- oder Sarkomelemente. Bei *Geschwülsten der Nieren kommt es gelegentlich zum Abgang zylindrischer, regenwurmartiger Blutgerinnsel*, die nicht etwa Abgüsse der Harnleiter darstellen, sondern bei ihrem Durchgang durch das enge Rohr so geformt werden. Ihre dunkle Färbung spricht dafür, daß sie nicht von einer Blasenblutung stammen.

LENHARTZ sah in einem sehr charakteristischen durch Autopsie bestätigten Fall von maligner Nierengeschwulst, wie der Kranke zahlreiche solche wurmartige Gebilde durch eine Blasenspülung entleerte.

Über die Deutung von „Krebszellen" und den diagnostischen Wert der *Fettkörnchenkugeln* verweisen wir auf früher (unter anderem S. 187) gegebene Äußerungen.

Bei GRAWITZschen Tumoren kann es gelegentlich zum Abgang großer glykogenhaltiger Zellen sowie zu (bisweilen vorübergehender) Zuckerausscheidung kommen.

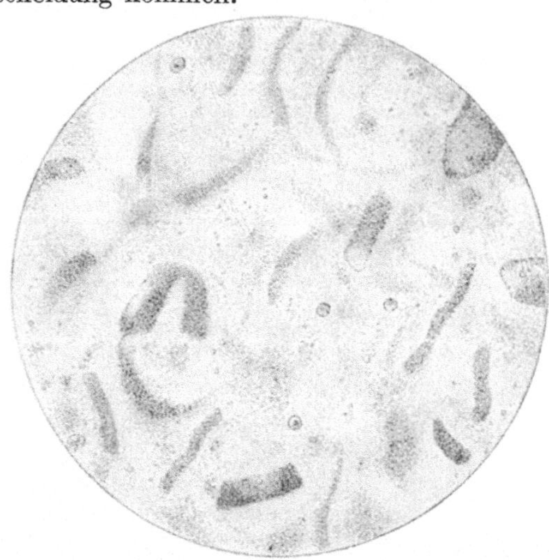

Abb. 161. Sediment bei Hämoglobinurie. Aus dem Harn eines Falles von paroxysmaler Hämoglobinurie. (Nach einem Präparat von ERICH MEYER.)

Hämoglobinurie: Hierbei enthält der Harn, wie bereits oben erwähnt, keine roten Blutkörperchen, sondern gelöstes Hämoglobin, das meist als *Methämoglobin* spektroskopisch (Spektraltafel S. 115) nachgewiesen werden kann. Außer dem gelösten Blutfarbstoff finden sich im Sediment regelmäßig krümelige Erythrocytenreste und ein eigenartiges braunes Sediment aus zerfallenen Zellen; dieses kann auch, wie in Abb. 181, kurzen zylindrischen Gebilden aufgelagert sein.

Bei **Urogenitaltuberkulose** reagiert der Harn sauer und enthält oft Leukocyten und Blutkörperchen sowie die S. 302 erwähnten Bröckel und gelegentlich Fäden. Die genauere Diagnose des Sitzes der Erkrankung kann nur durch Cystoskopie und Ureterenkatheterismus geliefert werden. Über die Färbung der Tuberkelbacillen s. S. 17 und 18, vgl. auch Abb. 162 und 163. Bisweilen liegen die Bacillen in langen Zöpfen und Schwärmen kulturartig beieinander (Abb. 163). (Man beachte die in diesem Fall deutliche granuläre Struktur der Bacillen bei ZIEHL-Färbung.)

Cystitis. Bei leichter Blasenreizung bzw. bei schleimigem Katarrh ist der Harn meist schwach sauer, eiweißfrei, blaßgelb, mit spärlicher, wolkiger Trübung, die mikroskopisch nur etwas vermehrte Blasenepithelien und Leukocyten enthält. Auch bei eitrigem Katarrh findet man oft einen ähnlichen Befund. Das Sediment ist feinflockig im sauren, grünlich-schleimig im alkalischen Urin. Die Formelemente sind vermehrt, auch ist eine geringe *albuminöse* Trübung nachweisbar.

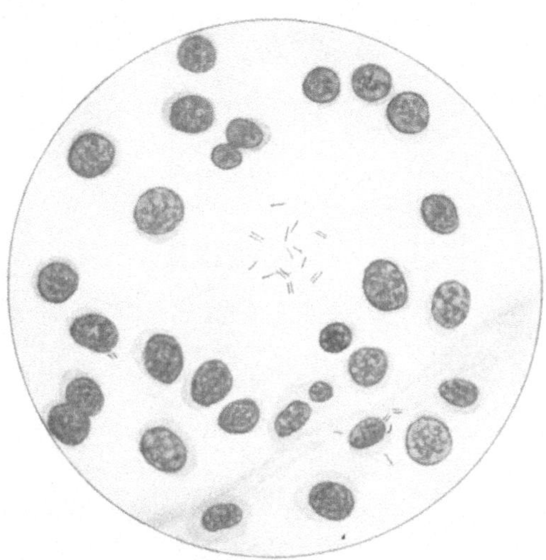

Abb. 162. Gefärbtes Harnsediment bei Urogenitaltuberkulose mit Tuberkelbacillen. (Man erkennt, daß fast nur Lymphocyten vorhanden sind.) (Nach einem Präparat von ERICH MEYER.)

Ammoniakalisch entleerter Harn zeigt widerlichen Geruch, schmutzig bräunliche Färbung und dichtes, gummiähnliches Sediment, das durch die unter dem Einfluß des kohlensauren Ammoniaks bewirkte Zersetzung der Eiterkörperchen gebildet ist und vorwiegend massenhaft Bakterien und Tripelphosphatkrystalle enthält.

Die Zersetzung des Harnstoffs in kohlensaures Ammoniak findet entweder schon in der Blase oder kurz nach der Entleerung statt, stets unter dem Einfluß bestimmter Mikroben, unter denen der *Proteus vulgaris* HAUSER am häufigsten gefunden wird; er kann den Harnstoff zerlegen und ammoniakalische Gärung erzeugen. Er kommt nicht nur in der Blase, sondern auch im Nierenbecken in Reinkultur vor.

Bei *tuberkulöser* Cystitis zeigt der eitrige Harn deutlich saure Reaktion.

Urethritis: Einfache akute Entzündungen der Harnröhre
kommen fast ausschließlich nach direkten Reizungen vor und laufen
rasch ab; schleimiger oder eitriger Ausfluß mischt sich dem Harn
bei, und zwar in der Regel in Form schleimig-eitriger Fäden, die
meist wohl beim Durchspülen des Harns leicht gebildet werden.
Die genauere Untersuchung des Eiters, den man in solchen Fällen
am besten durch Ausdrücken der Harnröhre sich rein zu verschaffen
suchen muß, hat die Abwesenheit von Gonokokken zu beweisen.

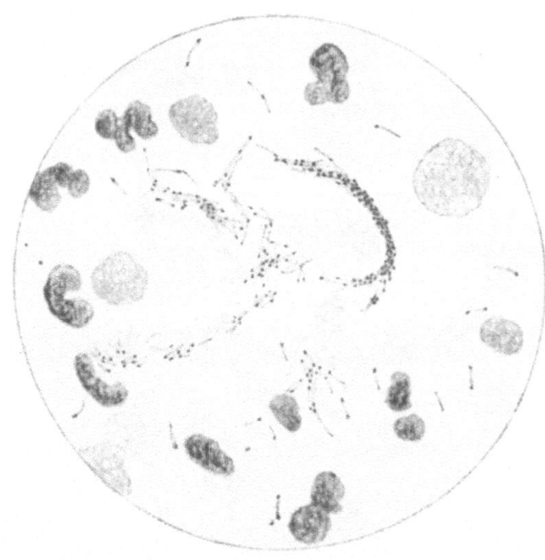

Abb. 163. Tuberkelbacillen aus katheterisiertem Harn bei Nierentuberkulose. Man
achte auf die Kulturstellung der Bacillen sowie auf ihre granuläre Form. (Nach
einem Präparat von ERICH MEYER.)

Viel häufiger begegnet man, besonders bei Männern, schleimigen
oder schwach eitrig-schleimigen Fäden, die aus ätiologischen
Gründen als „Tripperfäden" bezeichnet werden. (Über die Zweigläserprobe s. S. 252.)

Tripper: Bei der akuten Infektion wird der Ausfluß, nachdem
er etwa 2—3 Tage einfach schleimig gewesen ist, deutlich gelbgrünlich eitrig oder schmutzig braunrötlich, wenn die Entzündungserscheinungen sehr heftig sind und zu Blutbeimengungen in das
Sekret führen. Bei Nachlaß der Entzündung nimmt der Ausfluß
wieder eine mehr schleimige Beschaffenheit an. Zur Untersuchung
des Sekrets eignet sich am besten ein frisch herausgedrückter
Tropfen Eiter, doch kann man diesen auch mit der Pipette aus

dem Harn entnehmen. Bei Frauen erkrankt außer der Harnröhre hauptsächlich die Cervix.

Mikroskopisch findet man in dem schleimigen Sekret neben Leukocyten verschiedenartige Epithelien, bald einfach plattenförmig, bald mehr polygonaler oder ovaler Art mit geschwänzten Fortsätzen. In dem Stadium blennorrhoicum begegnet man fast ausschließlich Eiterkörperchen, die fast durchweg als *polymorphkernige* und bei Färbung des Trockenpräparates als *neutrophile*

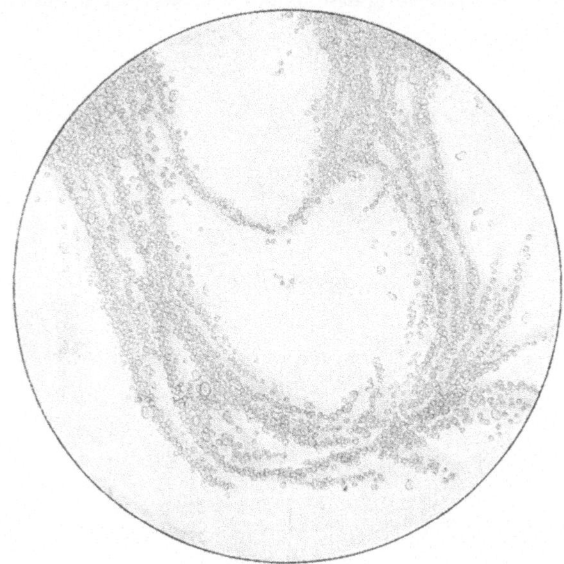

Abb. 164. Urethralfaden (bei schwacher Vergrößerung). (Nach einem Präparat von ERICH MEYER.)

Leukocyten zu erkennen sind. Fast *regelmäßig* findet man darin aber auch große *eosinophile Zellen* und vereinzelte Mastzellen.

Zu jeder Zeit der Virulenz gelingt es, in dem Sekret die charakteristischen Diplokokken nachzuweisen; am reichlichsten findet man sie in dem rahmigen Eiter.

Fehlt jede Spur von Ausfluß, besonders *jede* Beimengung im Morgenharn, läßt sich auch bei sorgfältigstem Ausstreichen aus der Harnröhre keine Spur von Sekret mehr herausbefördern, so darf man den Tripper als völlig geheilt betrachten.

In einer freilich nicht kleinen Reihe von Fällen wird der Tripper *chronisch*; es besteht ein trüb-schleimiger, nach jedem Exzesse in Baccho aut Venere eitrig werdender Ausfluß fort, der für gewöhnlich nur als „Morgentropfen“ deutlich vorhanden ist. Bei solchen Kranken, die bei einiger Unaufmerksamkeit gar nichts mehr von ihrem Ausfluß zu wissen brauchen, beobachtet man regelmäßig die „*Tripperfäden*“ (Abb. 165), deren hohe Bedeutung besonders Fürbringer hervorgehoben hat. Es sind verschieden lange (bis zu 6 cm Länge), äußerst feine bis stricknadeldicke, durchscheinend schleimige oder mehr undurchsichtig gelbe, innig zusammenhängende Gebilde, die meist zu Beginn, seltener zum Schluß der Harnentleerung erscheinen und als Fäden sofort erkannt

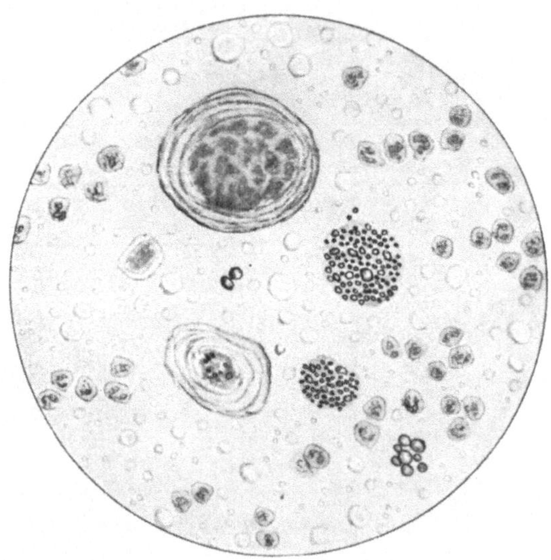

Abb. 165. Sekret bei chronischer Prostatitis. Prostatakörnchen, Lipoide in freier Lagerung und in Körnchenkugeln, Corpora amylacea. (Nach Posner.)

werden. Manche werden bei starkem Harnstrahl und beim Schütteln der Flüssigkeit rasch verkleinert und aufgelöst, andere widerstehen selbst stärkerer Strömung. Es empfiehlt sich, sie möglichst rasch mit der Pipette anzusaugen und zu untersuchen. Man findet dann *mikroskopisch* je nach der Gelbfärbung mehr oder weniger zahlreiche Eiterkörperchen (und eosinophile Zellen) neben verschieden gestalteten Epithelien der Harnwege. Manchmal sieht man nur *vereinzelte* Plattenzellen, ein andermal sind diese häufiger. Lenhartz beobachtete auch zahlreiche keulenförmige und sichelartige Epithelien mit deutlichem, verhältnismäßig kleinem Kern, nicht selten in dichten Haufen und Zügen beieinander liegend. Daneben kommen auch (niedrige und hohe) Zylinder- und Becherzellen vor, ferner ab und zu Samenfäden und vereinzelte rote Blutkörper.

Für den Arzt ist es von größter Bedeutung, diese Fäden auf Gonokokken zu untersuchen, und zwar ist es nötig, mit verschiedenen Teilchen wiederholte Untersuchungen anzustellen, *kurz in ähnlich gewissenhafter Weise diese Fäden zu untersuchen, wie im Zweifelsfalle ein Sputum auf Tuberkelbacillen.* Ergibt die wiederholte Untersuchung regelmäßiges Fehlen der Gonokokken, *so ist die Virulenz solcher Fäden fast sicher auszuschließen.*

Es sei bemerkt, daß ähnliche Fäden auch bei Urogenitaltuberkulose und bei unspezifischer, nichtgonorrhoischer Uretritis gelegentlich gefunden werden können.

Wir schließen hier die Besprechung einer Reihe von Krankheitszuständen an, die *zum Teil* im Anschluß an einen Tripper auftreten, und deren Erkennung das Mikroskop wesentlich fördert.

Spermatorrhöe: Beim Harnlassen und bei der Stuhlentleerung (Miktions- und Defäkations-Spermatorrhöe) wird ein dünner, fadenziehender Schleim

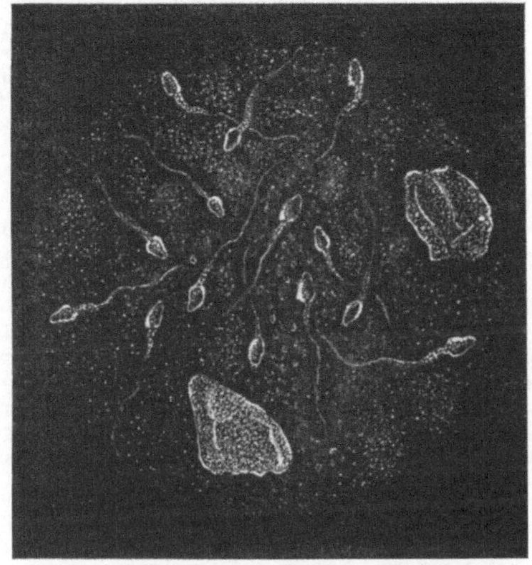

Abb. 166. Spermatozoen im Dunkelfeld nach POSNER.

mitentleert, der von den Kranken getrennt aufgefangen werden kann. Mikroskopisch findet man zweifellose Samenfäden, die oft völlig gute Beweglichkeit zeigen, nicht selten aber außer Veränderungen der Form mangelhafte Bewegungen darbieten. Die Samenfäden nehmen (wie die normalen) die Anilinfarbstoffe gut an. Färbt man mit einer dünnen Lösung von Carbolfuchsin und danach mit Methylenblau, so erscheint Schwanz und Mittelstück hellrot, der Kopf blau und nicht selten mit hellblauer Kappe (POSNER).

Hier sei auch die „FLORENCEsche *Spermareaktion*“ erwähnt:

Ein Tropfen einer Jodjodkaliumlösung (1,65 g Jodkalium, 2,54 g Jod gelöst in 30 Wasser) wird mit einem Tropfen Sperma unter dem Deckglas zusammengebracht. Es entstehen an der Grenze der Flüssigkeit länglich *rhombische braune Krystalle,* deren Bildung durch eine gewisse Stufe des Lecithinzerfalls bedingt wird. Im frisch entleerten Sperma ist dieser Zersetzungsgrad physiologisch vorhanden. Die Probe ist nicht ganz zuverlässig.

Nach Pollutionen und Kohabitationen enthält der zuerst gelassene Harn stets im Sediment einige Spermatozoen.

Bei der **Azoospermatorrhöe** findet man in diesen dünnen, gummiähnlichen Tropfen keine Spermatozoen.

Prostatorrhöe: Nach einem Tripper bleibt nicht selten eine chronische Prostatorrhöe zurück, die von Zeit zu Zeit, besonders nach öfteren Kohabitationen zu dünn- oder dickflüssigem, eitrigem Ausfluß führen kann, so daß man eine Wiederkehr des Trippers annehmen möchte. Zu dieser Annahme kann man um so eher verleitet werden, wenn es gelingt, durch starkes Drücken vom Damm her ein Tröpfchen rahmähnlichen Sekrets zu Gesicht zu bringen. In anderen Fällen beobachtet der Kranke, daß ein solches Tröpfchen bei stärkerem Drängen beim Stuhl oder Wasserlassen vortritt. Nicht selten kommt dieser Zustand mit gleichzeitiger Spermatorrhöe vor.

Entscheidend für Prostatorrhöe ist der mikroskopische Befund. Man sieht in solchen Fällen zweifelloses Zylinderepithel, farblose Blutzellen, Fetttröpfchen, häufig geschichtete „Amyloidelemente" und sehr zahlreiche BÖTTCHERsche Krystalloktaeder, *die nach* FÜRBRINGERS *Untersuchungen ausschließlich im Prostatasaft enthalten sind und auch dem Samen den charakteristischen Geruch geben.*

Auch hier hat man in gewissenhaftester Weise auf Gonokokken zu fahnden; fehlen sie ganz regelmäßig trotz der zahlreichen Eiterkörperchen, die im Sekret enthalten sind, so ist die Virulenz solchen Sekrets auszuschließen.

Nach POSNER untersucht man im Verdachtsfalle auf doppelbrechende *Lipoidkörnchen,* die man besonders gut bei Dunkelfeldbeleuchtung erkennt. Besonders wichtig ist es aber bei allen derartigen Untersuchungen, den Harn nach Auspressen von Prostata und Samenblasen zu mikroskopieren. Zu diesem Zwecke stellt man die *Zweigläserprobe* (s. S. 252) an, läßt den Patienten aber etwas Harn in der Blase zurückhalten und massiert dann vom Rectum aus Prostata und Samenblasen. Dabei erhält man normaliter einen trüben Harnrest, der nur einige Leukocyten, Lipoidkugeln und Epithelien enthalten kann; dagegen findet man bei Entzündungen reichlich Leukocyten und mehr oder weniger Erythrocyten.

Azoospermie: Um die erhaltene Zeugungskraft des Mannes in Zweifelsfällen festzustellen, ist es nötig, den beim Coitus entleerten (im Condom aufgefangenen) Samen auf Spermatozoen zu untersuchen. Besteht infolge doppelseitiger Nebenhodenentzündung dauernde Azoospermie, so enthält *das in Menge und Geruch dem normalen Samen völlig gleichende,* im übrigen aber oft dünnere und klarere Sekret keine Spur von Spermatozoen, wohl etliche Rundzellen, Epithelien und Oktaederkrystalle.

Bei der **Oligozoospermie** enthält das Produkt nur wenige Spermafäden, die matte Bewegungen ausführen. In einem solchen Falle fand LENHARTZ, obwohl der Kranke vor dem einmaligen Coitus kräftig uriniert hatte, in dem Condominhalt neben diesen spärlichen wenig beweglichen Gebilden und BÖTTCHERschen Krystallen *eine ganze Reihe gonokokkenführender Eiterkörperchen.*

Untersuchung von Konkrementen und Punktionsflüssigkeiten.

a) Konkremente.

Bei der Untersuchung von Konkrementen hat man zunächst festzustellen, ob das Konkrement vornehmlich aus *organischer* oder *anorganischer* Substanz besteht. Man verreibt den zu untersuchenden Körper in einer Porzellanschale und bringt einen kleinen Teil des erhaltenen Pulvers auf einem Platinblech zum Glühen. Organische Substanz verkohlt und verbrennt und hinterläßt nur wenig Asche. Die Asche kann auf Reaktion, Löslichkeit in Säuren und Alkalien weiter untersucht werden.

Die **Harnkonkremente** können aus Harnsäure, Xanthin, Cystin, harnsaurem Ammoniak, oxalsaurem Kalk und aus phosphorsaurer Magnesia und -Ammoniakmagnesia bestehen. Einen gewissen Anhaltspunkt gibt die *Reaktion* des Harns, mit dem die Konkremente entleert sind; Harnsäure, Cystin, Oxalsäuresteine werden bei saurem Harn, Steine aus harnsaurem Ammoniak und phosphorsaurer Ammoniakmagnesia aus alkalischem Harn ausgeschieden. Ferner ist das Aussehen und die Konsistenz verschieden: Harnsäuresteine sind gelbrötlich und hart. Die Einzelheiten der Analyse der Harnsteine ergeben sich aus der Tabelle. Meist werden mehrere Konkrementteilchen entleert. Oxalatsteine sind sehr hart, oft an der Oberfläche bräunlich durch Blutfarbstoff verfärbt. Die sehr seltenen Xanthinsteine sind hart, oft von brauner Farbe und zeigen beim Reiben Wachsglanz. Cystinsteine sind in der Regel glatt und nicht sehr hart. Steine aus phosphorsaurem Kalk und phosphorsaurer Magnesia sind weiß, sehr weich und mit den Fingern zerdrückbar.

Untersuchung von Harnsteinen nach SALKOWSKI.

Man glüht ein kleines Quantum des Konkrementpulvers auf dem Platinblech.

A. Wenn das Pulver *vollständig verbrennt* unter Hinterlassung nur von Spuren von Asche, dann handelt es sich um *organische* Substanzen, und zwar um

> *1. Harnsäure* oder
> *2. harnsaures Ammoniak* oder
> *3. Cystin* oder
> *4. Xanthin.*

Man behandelt das Pulver unter vorsichtigem Erwärmen mit verdünnter Salzsäure (1 : 2).

I. Das Pulver *löst sich nicht vollständig* (dann ist es Harnsäure bzw. harnsaures Ammon); es wird filtriert und der Rückstand mit Aqua destillata gewaschen.

   1. Rückstand wird auf **Harnsäure** mittels Murexidprobe (s. S. 241) geprüft.
   2. Filtrat auf **Chlorammonium** geprüft: Erhitzen mit Na_2CO_3 liefert NH_3-Geruch (Braunfärbung von Curcumapapier).

II. Das Pulver *löst sich vollständig:* Cystin oder Xanthin.

   Probe auf **Cystin:** 1. Etwas Pulver wird mit NH_3 behandelt, filtriert, das Filtrat zum Verdunsten in Uhrglas stehen gelassen. Mikroskopisch 6seitige Tafeln.

   2. Etwas Pulver wird mit Pb-haltiger NaOH (2 Tropfen neutraler Bleiacetatlösung zu 2 ccm NaOH) erhitzt: Schwarzfärbung durch Bildung von Schwefelblei.

   Probe auf **Xanthin:** Abrauchen von etwas Substanz mit HNO_3 wie bei der Murexidprobe: Citronengelber Rückstand, wird bei Betupfen mit NaOH rot. Nach Zusetzen einiger Tropfen Aqua destillata und Erwärmen Gelbfärbung, die nach vorsichtigem Verdunsten wieder in rot übergeht.

B. Wenn das Pulver *nicht vollkommen verbrennt* (bzw. sich nur schwärzt), kommen in Betracht:

   1. Phosphate (phosphorsaures Calcium, phosphorsaures Magnesium bzw. phosphorsaures Ammonmagnesium),

   2. oxalsaurer Kalk (löslich in HCl, aber nicht in Essigsäure),

   3. kohlensaurer Kalk

   eventuell zusammen mit $\overline{U}$ oder Uraten

Man erwärmt etwas Pulver mit verdünnter HCl (1 : 2): Gasentwicklung zeigt **Kohlensäure** an.

I. Das Pulver *löst sich vollständig in HCl,* was die Abwesenheit von Harnsäure beweist.

II. Das Pulver *löst sich unvollständig:*

   1. Rückstand ist Harnsäure (Murexidprobe) oder Eiweiß.
   2. Das Filtrat wird in zwei Teile geteilt:
      a) Untersuchung auf NH_3 (s. oben: A. I, 2),
      b) Hauptportion mit Aqua destillata verdünnt und mit NH_3 schwach alkalisiert, bei stärkerer Erhitzung abgekühlt und mit Essigsäure angesäuert. Ein sich bildender weißer unlöslicher *Niederschlag* ist **oxalsaurer Kalk** (mikroskopische Untersuchung). Filtrieren, Waschen und Glühen des Rückstandes auf Platinblech: es entsteht Gemisch von Ätzkalk und kohlensaurem Kalk, der sich in HCl unter Aufbrausen löst.

Das *Filtrat* ist zu prüfen auf *Phosphorsäure, Calcium und Magnesium.*

Phosphorsäure: Versetzen mit Uranylacetatlösung gibt gelblich-weißen Niederschlag von Uranylphosphat.

Calcium und Magnesium: Versetzen mit Ammonoxalatlösung bewirkt weißen Niederschlag von Calciumoxalat. Erwärmen und Abfiltrieren des Niederschlags; das Filtrat mit NH_3 alkalisiert: Nach längerem Stehen entsteht krystallinischer Niederschlag von phosphorsaurer Ammoniakmagnesia.

Nachweis von kleinen Oxalsäuremengen in Konkrementen: Für den Fall, daß es sich um *sehr kleine* Oxalatsteine handelt und daß diese neben wenig Oxalsäure *viel Phosphorsäure* enthalten, empfehlen neuerdings SCHMALFUSS, WERNER und KRAUL (Klin. Wschr. **1932**, 791) an Stelle des unsicheren Nachweises als Calciumoxalat folgende *Methode:* Man löst das feingepulverte Konkrement in wenig kalter 10%iger Salzsäure, filtriert, schüttelt in Äther aus und dampft diesen auf dem Wasserbade zum Trocknen ein. 0,1—1 mg des Rückstandes verschmelzt man vorsichtig auf einem Porzellantiegeldeckel mit 0,4—2 mg Resorcin über einem kleinen Flämmchen. Läßt man nach dem Abkühlen ein Tröpfchen konz. Schwefelsäure seitlich zufließen, erwärmt für 3 Sek., kühlt ab und erwärmt von neuem, so entsteht bei Gegenwart von Oxalsäure ein dunkles Blau, dann Grün, während bei Abwesenheit derselben eine schwache bläuliche, rötliche oder rote Färbung erfolgt.

Die **Gallensteine** bestehen aus *Cholesterin* und *Gallenfarbstoff.* Das Cholesterin löst sich beim Versetzen des gepulverten Steines mit heißem Alkohol. Nach der Filtration und nach dem Erkalten krystallisiert es in den typischen Krystallen (S. 168) aus und gibt mit Chloroform und Schwefelsäure die dort beschriebene Farbreaktion. Reine Cholesterinsteine sind weich; sie fühlen sich fettartig an. Das Bilirubin wird im Alkoholrückstand nachgewiesen, indem man diesen mit HCl schwach ansäuert und in der Wärme mit Chloroform extrahiert. Bilirubin gibt die GMELINsche Reaktion (s. 260) beim Versetzen mit rauchender Salpetersäure.

Darmsteine bestehen aus Gemischen von Nahrungsschlacken und eingedickten Sekreten sowie zufälligen Bestandteilen. In ihnen enthaltene Salze sind phosphorsaure Ammoniakmagnesia sowie Sulfate der Erdalkalien. Ihre Analyse wird nach gleichen Prinzipien wie die der Harnsteine vorgenommen.

Die seltenen **Speichelsteine** bestehen aus kohlensaurem Kalk, ebenso die gelegentlich beobachteten *Nasen-* und *Mandelsteine,* die zum Teil auch phosphorsauren Kalk enthalten können.

b) Punktionsflüssigkeiten.

Die am häufigsten zur Untersuchung kommenden Punktionsflüssigkeiten entstammen den serösen Höhlen des Körpers. Unter pormalen Verhältnissen finden sich in den Pleuren, im Cavum neritonei so geringe Flüssigkeitsmengen, daß sie durch Punktion nicht gewonnen werden können. Unter pathologischen Verhältnissen kann jedoch der Inhalt dieser Höhlen bedeutend zunehmen und qualitativ verändert sein. Außer aus den genannten Stellen kann Punktionsflüssigkeit aus Gelenkhöhlen, aus dem Lumbalsack, aus Cysten und von Tumoren, sowie aus pathologisch erweiterten Hohlorganen und aus Eiterherden gewonnen werden. Vor der Punktion circumscripter Eiterungen im Abdomen (Perityphlitis) muß im allgemeinen gewarnt werden.

Die aus serösen Höhlen gewonnenen Flüssigkeiten unterscheidet man gewöhnlich als *Transsudate und Exsudate.* Transsudate entstehen besonders infolge lokaler oder allgemeiner Stauung ohne wesentliche entzündliche Reaktion des die Höhle auskleidenden Gewebes, Exsudate dagegen sind die Produkte lokaler Entzündung. Hieraus erklärt sich, daß in den meisten Fällen die Zusammensetzung der Transsudate eine andere ist als die der Exsudate. Man pflegt als Unterscheidungsmerkmal die Höhe des spezifischen Gewichtes bzw. den aus ihm berechneten Eiweißgehalt anzusehen. Die Unterscheidung von Transsudat und Exsudat ist jedoch nicht streng durchzuführen, da bei langdauernder Stauung infolge sekundärer Wandveränderung ein Transsudat mehr den Charakter eines Exsudates annehmen kann.

Die *Transsudate* erscheinen meist durchsichtig, hellgelb mit leicht grünlicher Nuance; sie setzen beim Stehen ein nur spärliches Fibringerinnsel ab und reagieren alkalisch. Ihr spezifisches Gewicht (gemessen bei 15°, nicht an der körperwarmen Flüssigkeit!) schwankt nach REUSS je nach ihrer Herkunft. Es ist

bei Hydrothorax niedriger als 1015,
,,   Ascites   ,,   ,,   1012,
,,   Anasarka   ,,   ,,   1010,
,,   Hydrocephalus   ,,   ,,   1008,5.

Nach REUSS kann man den Eiweißgehalt nach folgender Formel berechnen, wobei E den Eiweißgehalt in Prozenten, S das spezifische Gewicht bedeutet:

$$E = \frac{3}{8}\,(S - 1000) - 2{,}8.$$

Bei Transsudaten der Pleura ist E stets unter 2,5%, bei solchen des Peritoneums zwischen 1,5—2%.

Mikroskopisch findet man bei den Transsudaten meist nur spärlich Zellen, Leukocyten und Endothelien der serösen Häute.

Die *Exsudate* bieten je nach ihrer Entstehung und Lokalisation größere Verschiedenheiten dar. Man unterscheidet nach der äußeren Erscheinung *seröse* (serofibrinöse), *blutige, eitrige* und *jauchige* Exsudate und die aus der Verbindung der Hauptbestandteile sich ergebenden Mischformen.

Die *serösen Exsudate* unterscheiden sich von den Transsudaten durch den höheren Eiweißgehalt und das dadurch bedingte höhere spezifische Gewicht; meist liegt dieses über 1018, ihre Reaktion ist alkalisch, und beim Stehen setzt sich Fibrin oft in langen Fäden ab. Die serösen Exsudate enthalten einen *durch Essigsäure in der Kälte fällbaren Eiweißkörper*, der globulinartiger Natur ist. Versetzt man das Exsudat mit 3%iger Essigsäure, so entsteht eine Trübung, bei stärkerem Gehalt eine deutliche Fällung; nach Verdünnen mit destilliertem Wasser auf das Doppelte ist die Ausfällung oft noch vollständiger.

Mikroskopisch findet man in dem flockigen Gerinnsel des Fibrinnetzes stets einige rote Blutkörperchen, einige Endothelien und stets Leukocyten. Diese sind bei akuten Prozessen polymorphkernig und neutrophil, bei chronischen Entzündungen, namentlich im Gefolge von *Lues* und *Tuberkulose* tragen sie den Charakter der *kleinen Lymphocyten* bzw. Plasmazellen.

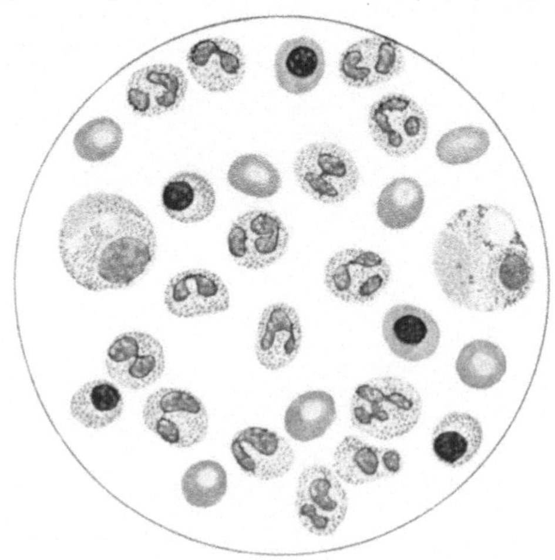

Abb. 167. Eitriges Exsudat (Pleurapunktion), an dem die Umwandlung der polymorphkernigen Leukocyten zu erkennen ist. Die den kernhaltigen roten Blutkörperchen ähnlichen Zellen sind durch Kernpyknose und Protoplasmaveränderung aus den Eiterzellen entstanden. Man beachte ferner die beiden großen Endothelien, die Leukocyten phagocytiert haben. (Nach einem Präparat von ERICH MEYER.)

Zur Differentialdiagnose der Genese eines serösen Exsudates kann dieses Verhalten der Leukocyten herangezogen werden. Bei den im Gefolge der Lungentuberkulose sich einstellenden serösen Exsudaten ist Lymphocytose die Regel, nur bei der eigentlichen Tuberkulose der serösen Häute, die von der Pleuritis bei Lungentuberkulose streng zu unterscheiden ist, und bei dem Durchbruch tuberkulöser Prozesse in die betreffende seröse Höhle finden sich neben Lymphocyten zahlreiche polymorphkernige neutrophile Zellen.

Das Vorkommen anderer Leukocytenformen in serösen Exsudaten ist selten. Bei *myeloider Leukämie* können alle Bestandteile des Blutes, Myelocyten, Mastzellen, eosinophile Zellen im Exsudat vorhanden sein. Eosinophile Zellen finden sich bisweilen auch im Exsudat bei Tumoren, seltener bei anderen Prozessen (vgl. Abb. 167 und 168). Durch *autolytische Vorgänge* in den Exsudaten können die Zellen derart verändert sein, daß ihr ursprünglicher Charakter nicht mehr erkannt werden kann. Die Kerne der neutrophilen Zellen verlieren hierbei ihre Polymorphie, und die Zellen gleichen den Lymphocyten. Die wahre Natur der Zellen wird dann durch die *Guajakreaktion* erkannt. Die bisweilen als kernhaltige rote Blutkörperchen beschriebenen Formen sind Leukocyten, deren Kerne pyknotisch verändert sind (Abb. 167) und deren Protoplasma viel Eosin aufgenommen hat.

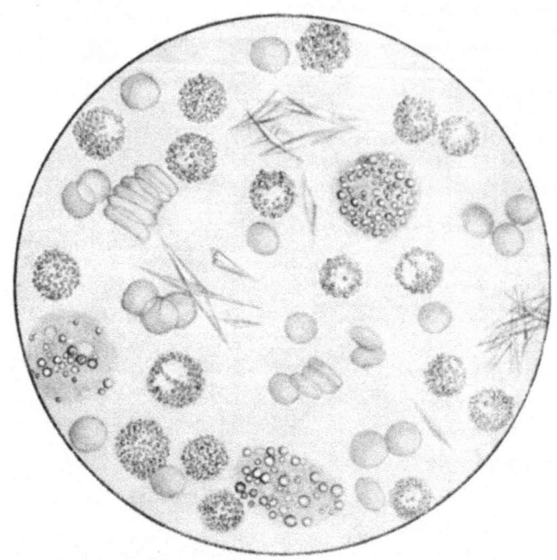

Abb. 168. Punktionssediment eines hämorrhagischen Exsudates bei Tuberkulose. Die großen Zellen mit Tropfen sind verfettete Endothelien, die kleineren (wie Abb. 169 beweist) eosinophile Zellen. Dazwischen zahlreiche CHARCOT-LEYDENsche Krystalle. (Nach einem Präparat von ERICH MEYER.)

Die Färbung der Zellen geschieht entweder nach Zentrifugieren und Antrocknenlassen nach MAY-GIEMSA (vgl. S. 130), oder durch Färbung in der Zählkammer; hierbei verwendet man eine 1%ige Essigsäurelösung, der man einige Tropfen einer alkoholischen Gentianaviolettlösung zugefügt hat. Wenn die zu untersuchende Flüssigkeit schlecht am Glase haftet, bestreicht man den Objektträger vorher mit einer sehr dünnen Schicht von *Eiweiß-Glycerin* (geschlagenes Eiweiß wird filtriert und mit gleicher Menge Glycerin versetzt), oder mit einer Spur Blutserum.

Die bei *Lebercirrhose* oft in gewaltiger Menge vorhandene Ascitesflüssigkeit trägt bisweilen einige Charaktere des Transsudates, einige des Exsudates. Oft ist hierbei die Menge der Peritonealendothelien sehr groß, so daß man versucht sein möchte, einen Tumor anzunehmen. Es sei daran erinnert, daß aus einzelnen Zellen eine derartige Diagnose nicht gestellt werden kann.

In zwei Fällen, von denen der eine durch den positiven Ausfall der WASSERMANNschen Reaktion (in Blut und Ascites), durch Anamnese und durch den prompten Erfolg einer spezifischen Therapie als sicher luisch anzusehen war, fanden sich massenhaft verfettete Peritonealendothelien und polymorphkernige Leukocyten, sowie Zellen, deren Charakter nicht sicher zu bestimmen war, die aber am meisten den Monocyten des Blutes (s. Abschnitt Blut) entsprachen. Diese sowie die Endothelien hatten zahlreiche rote Blutkörperchen phagocytiert *(Makrophagen* METSCHNIKOFFS).

Die auf Tuberkulose beruhenden Exsudate sind fast immer steril, d. h. es lassen sich keine eitererregenden Kokken oder Bacillen nachweisen. In seltenen Fällen gelingt es durch das Tierexperiment oder das *Antiformin*anreicherungsverfahren (s. S. 17) Tuberkelbacillen nachzuweisen. Der negative Ausfall der Reaktion spricht jedoch nicht gegen Tuberkulose.

Hämorrhagische Exsudate: Das serofibrinöse Exsudat ist durch die reichliche Beimengung von Blut heller oder dunkler rot gefärbt. Mikroskopisch findet man in ihm die gleichen Elemente, selbstverständlich mit starker Vermehrung der roten Blutzellen, die meist wohlerhalten, in älteren Exsudaten zum Teil „ausgelaugt" sind.

Da die blutigen Exsudate, außer bei bestehender *hämorrhagischer Diathese* und nach *Traumen,* am häufigsten bei *Tuberkulose und Neubildungen* auftreten, so beansprucht ihr Vorkommen einen wichtigen diagnostischen und prognostischen Wert. Die genaue mikroskopische Untersuchung des Sediments darf daher nicht unterlassen werden, da sie nicht so selten wertvolle Anhaltspunkte für eine bestimmte Diagnose bietet.

Am seltensten gelingt es (selbst nach dem Zentrifugieren der Punktionsflüssigkeit), *Tuberkelbacillen* nachzuweisen, eher bei bestehendem *Carcinom* eigentümliche Zellgebilde oder sogar Zotten aufzufinden; in einzelnen Fällen kann die Flüssigkeit mit *zahllosen Gallertknötchen* untermischt sein (s. unten).

Wiederholt haben wir in anderen Abschnitten schon vor der Diagnose der „Krebszellen" gewarnt. Aber wie wir das gehäufte Auftreten epithelialer, in Gruppen zusammengelagerter Gebilde beim Blasenkrebs als wertvoll betrachten, müssen wir auch hier *das zahlreiche Vorkommen großer und in ihrer Form auffällig wechselnder Zellen als wichtig hervorheben.*

Die Zellen sind bei Gegenwart von Neubildungen oft ungewöhnlich, bis zu 120 μ *groß,* in der Regel durch eine oder mehrere Vakuolen ausgezeichnet und liegen meist in Haufen zusammen. Sie enthalten einen großen, selten mehrere Kerne und fast *stets kleinere und größere Fettkügelchen,* deren dichtes Zusammenliegen mächtige „*Fettkörnchenzellen*" erzeugen kann, deren diagnostischer Wert schon S. 187 unter Hinweis auf Abb. 120 und 121 genauer besprochen worden ist (vgl. auch Abb. 168).

Neben solchen Zellen und Zellverbänden muß das reichliche Auftreten *freier,* bis zu 40 und 50 μ *großer Fetttropfen* den Verdacht auf eine Neubildung hinlenken. Mitunter sind die Fetttröpfchen so fein und reichlich in der Flüssigkeit suspendiert, daß diese ein *chylöses* Aussehen erhält. Ist dies

der Fall, so verschwindet die milchige Beschaffenheit bei Zusatz von Natron-
lauge und Schütteln mit Äther. In anderen Fällen wird die chylusartige
Flüssigkeit aber bei diesem Verfahren nicht klar, zum Beweis, daß die
Opalescenz nicht durch emulgiertes Fett, sondern durch feine albuminoide
Körnchen (QUINCKE) bedingt ist.

Bisweilen ist das reichliche Vorkommen von *drusenartig zusammengelagerten feinen Fettnädelchen* in 20—30 μ Größe beachtenswert (s. hierzu
Abb. 111, S. 167).

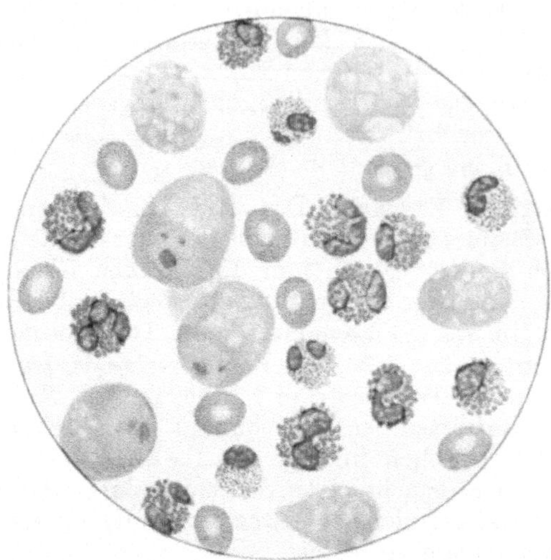

Abb. 169. Dasselbe Präparat wie in Abb. 168 nach MAY gefärbt. Man erkennt,
daß die Fetttropfen der Endothelien sich nicht färben und als helle Zellücken
erscheinen, die eosinophilen Leukocyten zeigen intensiv rotgefärbte Granula. Man
achte im Gegensatz zu diesen auf die vier im Gesichtsfeld vorhandenen neutrophilen Leukocyten mit kleineren Granulis. (Nach einem Präparat von ERICH MEYER.)

Auch bei dem *primären Endothelkrebs der Pleura* ist das reichliche
Auftreten von polymorphen Zellen und *Fettkörnchenkugeln* im hämorrhagischen Exsudat wiederholt beobachtet worden.

Zottenteile oder *Gallertknötchen* und andere Bestandteile der Neubildung
erhärten aber erst mit absoluter Sicherheit die Diagnose. In zwei von
LENHARTZ beobachteten Fällen von peritonealer Carcinose, wovon der eine
von HARRIES, der andere von RUETE veröffentlicht worden ist, fanden sich
in dem hämorrhagischen Exsudat, das mit dem gewöhnlichen BILLROTH-
schen Troikart entleert war, *zahllose, weich elastische, durchscheinende Gallertknötchen von linsen- bis erbsengroßem Durchmesser.* Man war versucht, an
kleine Echinococcusblasen zu denken, aber schon die Mikroskopie der frischen
Klatschpräparate schützte sofort vor dem Irrtum. Sie zeigten exquisit
alveoläre Struktur. Bei Färbung mit Hämatoxylin-Eosin trat ein Netzwerk
aus feinen Bindegewebszügen hervor, das unregelmäßig gestaltete Räume
umschloß. Die Alveolen waren zum Teil in der Peripherie mit zylindrischem
Epithel gefüllt, in der Mehrzahl lagen die Zellen unregelmäßig zerstreut,
bald rundlich, bald ausgezogen oder verästelt in dem Alveolus. Bei vor-

geschrittener Degeneration, die vom Zentrum nach der Peripherie erfolgte, bestand der Inhalt aus einer körnigen, roten Schleimmasse, die eine deutliche, der Wand der Alveolen parallel laufende, streifenförmige Anordnung zeigte, mit hier und da noch vorhandenen Kernen oder vereinzelten erhaltenen, mit feingekörntem Protoplasma angefüllten, rundlichen oder zylindrischen Zellen. Die Autopsie ergab eine ungewöhnlich ausgebreitete Gallertcarcinose des Bauchfells.

In einem Falle, der in Straßburg beobachtet wurde, wurde die Diagnose der peritonealen Aussaat von Carcinomknötchen durch die Anwesenheit massenhafter charakteristischer Zellen im Bauchpunktat gestellt. Die Sektion ergab das Bestehen einer miliaren Carcinose.

Nicht nur bei Exsudaten, sondern auch bei festen, z. B. die Lunge oder Leber betreffenden Geschwülsten kann die Probepunktion von wesentlichem Nutzen sein und die oben besprochenen Elemente zutage fördern.

Nach JOSEFSON empfiehlt es sich, bei Verdacht auf Carcinom den Bodensatz des Exsudates nach dem Zentrifugieren in absolutem Alkohol zu härten, in Paraffin einzubetten und zu schneiden.

*Cholesterin*krystalle trifft man hier und da in serös-hämorrhagischen Exsudaten an, die von *chronischer* Pleuritis herstammen. Man wird durch ein eigentümliches *Glitzern* an der Oberfläche der Flüssigkeit auf sie aufmerksam gemacht. Dies kommt aber recht selten vor, denn unter vielen Hunderten von Pleurapunktionen sind sie nur bei wenigen Fällen beobachtet. Durch ihre charakteristische Krystallisation und ihr chemisches Verhalten sind sie unzweifelhaft gekennzeichnet (s. Abb. 112, S. 168).

Hämosiderinschollen und -klümpchen sind bei älteren, blutigen Exsudaten ziemlich häufig.

Eitrige Exsudate erscheinen mehr oder minder dick gelb und setzen eine entsprechende Eiterschicht ab. Sie enthalten mikroskopisch meist keine Besonderheiten. Zu achten ist ganz besonders auf *Spaltpilze*, weshalb außer der Besichtigung des frischen Eiters, der in der Regel verfettete Eiterzellen zeigt, *stets die Färbung von Trockenpräparaten und die Kultur* empfehlenswert ist. Man findet in tuberkulösen Exsudaten (Pneumopyothorax u. a.) nur äußerst selten Tuberkelbacillen, wohl aber in anderen Exsudaten Staphylo- und Streptokokken und FRÄNKELsche Pneumokokken, letztere fast regelmäßig im metapneumonischen Empyem. In einem nicht putriden, pneumothorakischen Exsudat fand LITTEN wiederholt *Cerkomonas*formen. *Empyeme, die frei von Mikroorganismen befunden werden, beruhen fast stets auf tuberkulöser Grundlage.* Eitrige Exsudate zeigen gewöhnlich keine Gerinnung, weil infolge von fermentativen Prozessen das Fibrinogen autolysiert wird. Bei sehr langem Bestehen der Eiterung können die Zellen durch autolytische Vorgänge vollkommen zur Unkenntlichkeit verändert sein (vgl. S. 337,

Abb. 167); wenn dann nicht schon aus dem Aussehen des Exsudates der eitrige Charakter zu erschließen ist, so gibt die *Guajakreaktion* Klarheit.

In *jedem nicht ganz klaren Falle* ist auch an *Actinomyces* zu denken und der Eitersatz mit besonderer Sorgfalt (Porzellanteller oder Glasplatte) auf *Pilzkörner* durchzumustern. Sie stellen sich als kleine grießliche Körnchen dar, die talgartige Konsistenz darbieten und unter dem Deckglas meist gut zu zerdrücken sind

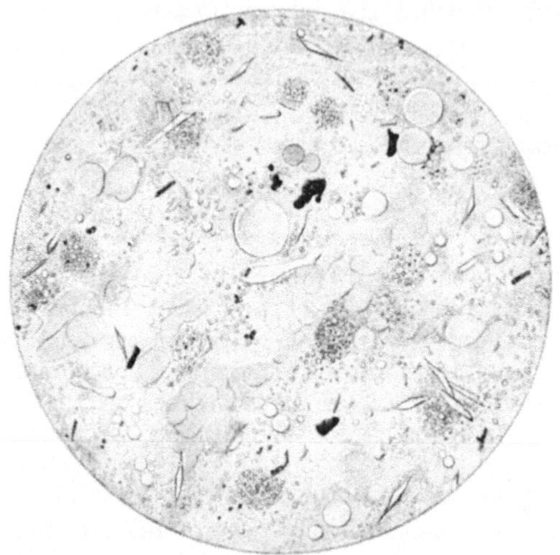

Abb. 170. Lungenabsceß (Punktion). Massenhaft freie Myelin- und Fetttropfen, CHARCOT-LEYDENsche Krystalle, viel freies anthrakotisches Pigment und Detritus. (Das Punktionsergebnis entschied für intrapulmonale Eiterung. Heilung durch Operation.) (Nach einem Präparat von ERICH MEYER.)

(s. Abb. 22 und 23 sowie Abb. 114 und 115). Daneben finden sich oft deutliche Fettkörnchenkugeln.

Jauchige Exsudate findet man sowohl in der Pleura- wie in der Peritonealhöhle bei Durchbruch von Gangränherden oder von Magen- oder Darmgeschwüren und Neubildungen, bisweilen ohne klare Ursache. Die Punktionsflüssigkeit verbreitet oft einen aashaften Geruch; der Schwefelwasserstoffgehalt ist schon aus dem dunklen Beschlag der Kanüle erkennbar.

Trifft man bei Punktionen in einem höher gelegenen Intercostalraum seröses, in einem tieferen jauchiges Exsudat an, so ist an *subphrenischen Absceß* zu denken.

Bei solchen wird man auf die Gegenwart des *Bacterium coli* achten müssen. LENHARTZ ist ein Fall von großem [in der linken (!) Oberbauchhöhle gelegenem] Exsudat begegnet, das neben Luft vor allem reichliche gallig tingierte Flüssigkeit von mäßig fäkulentem Geruch enthielt. Die bakteriologische Untersuchung ergab eine Reinkultur von Bacterium coli commune.

Bei Durchbruch eines Magengeschwürs kann die Probepunktion *Hefe-* und *Sarcinepilze* ergeben und die *Reaktion des Exsudats sauer* sein.

An dieser Stelle sei auf die große Bedeutung der Probepunktion bei *abgekapselten* Pleuraempyemen, bei *perikarditischen* Exsudaten aufmerksam gemacht, ferner bei *subphrenischen* und *intrahepatischen* Eiterungen.

Bei all diesen Eiterungen handelt es sich meist um Pneumo- oder Streptokokken bzw. Bacterium coli.

Abb. 171. Kochsalzkrystalle, durch vorsichtiges Verdampfen von Echinococcusflüssigkeit erzeugt. V. 350. (Nach einem Präparat von LENHARTZ.)

Echinococcus-Cysteninhalt ist völlig klar, eiweißfrei und enthält Bernsteinsäure und Kochsalz, das durch langsames Eindampfen eines Tropfens auf dem Objektträger in den in Abbildung 171 wiedergegebenen Bildern auskrystallisiert. Das spezifische Gewicht schwankt zwischen 1008 bis 1013.

Mikroskopisch findet man häufig keine Spur von morphotischen Elementen; bisweilen nur einige Hämosiderinkörnchen oder Cholesterinkrystalle und vereinzelte verfettete Zellen, nicht selten aber die unbedingt beweisenden Elemente: Skolizes, Häkchen oder Membranzüge (Abb. 172 und 173).

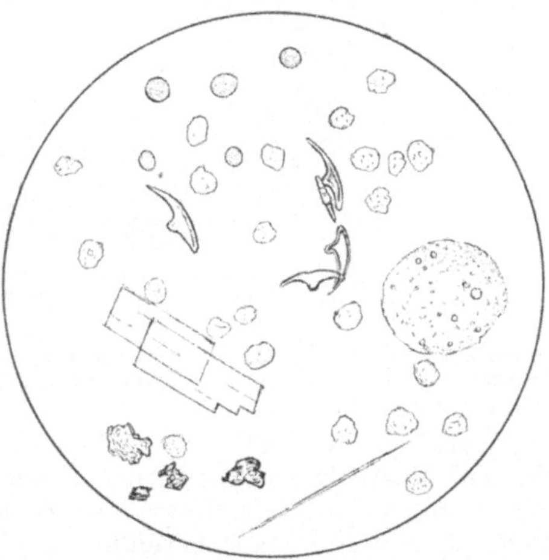

Abb. 172. Echinococcushaken, durch Probepunktion einer Cyste gewonnen. V. 350. (Nach einem Präparat von LENHARTZ.)

Das hier abgebildete Präparat (Abb. 173) entstammt einem in Straßburg beobachteten Fall, bei dem eine mächtige retroperitoneale Cyste wahrscheinlich ausgehend vom Pankreas gefunden worden war.

Ist die Flüssigkeit durch einen sehr großen Gehalt von *Cholesterin* ausgezeichnet, so bemerkt man schon mit bloßem Auge das *lebhafte Glitzern* der dicht zusammenliegenden Krystalle.

Chemische Prüfung: Außer der auf Eiweiß ist unter Umständen die auf *Bernsteinsäure* auszuführen. Man dampft die mit Salzsäure angesäuerte Probe ein und schüttelt mit Äther aus; der nach Verdunsten des Äthers

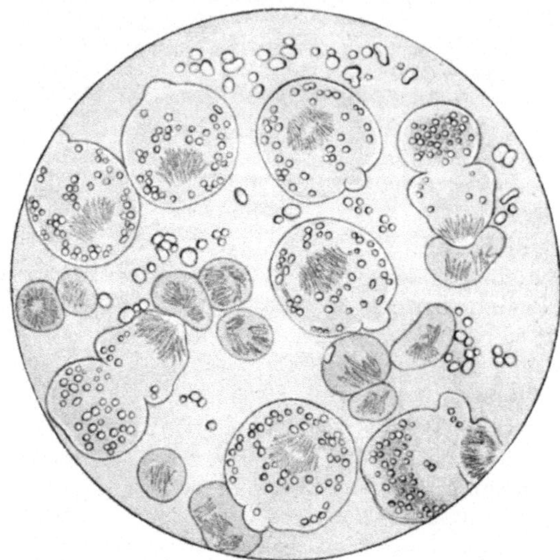

Abb. 173. Echinococcus. Inhalt einer retroperitoneal gelegenen (Pankreas? —) Cyste. (Nach einem Präparat von ERICH MEYER.)

verbleibende Krystallbrei gibt bei Gegenwart von Bernsteinsäure in wässeriger Lösung mit etwas Eisenchlorid einen rostfarbenen gallertigen Niederschlag (bernsteinsaures Eisen).

Ovarialcysten: Der meist zähflüssige, schleimige Inhalt zeigt ein sehr wechselndes spezifisches Gewicht, das zwischen 1005 bis 1050 liegen kann, in der Regel aber zwischen 1020—1024 gefunden wird; er ist meist stark eiweißhaltig und reich an Pseudomucin, das weder durch Essig- und Salpetersäure noch durch Kochen, wohl aber durch Alkohol flockig gefällt werden kann und sich dadurch wesentlich von Mucin unterscheidet. Bei der Ausführung dieser Reaktion ist zuvor das Eiweiß zu entfernen.

Die meist gelbe Farbe des Cysteninhaltes kann ab und zu dunkelrot oder schokoladeähnlich sein (Blutungen).

Mikroskopisch findet man rote und farblose Blutzellen, nicht selten Blutpigment und Cholesterin, oft Fettkörnchenzellen und große, vakuolenhaltige Zellen.

Als besonders wichtig hebt BIZZOZZERO Zylinderepithelzellen, Flimmer- und Becherzellen sowie *Kolloidkonkremente* hervor, „die einige μ bis Zehntel Millimeter groß, unregelmäßig geformt, homogen und blaßgelblich sind und gerade durch ihre Blässe sich von Fett und Kalksubstanzen unterscheiden lassen".

Punktionen der Nierengegend wird man nur vornehmen, wenn man einen subphrenischen bzw. paranephritischen Absceß erwartet.

Wenn an dieser Stelle der Punktionsinhalt bei Hydronephrose, bei Hydrops der Gallenblase, bei Ovarialcysten und Lebercysten erwähnt wird, so soll damit keineswegs der Punktion als einem durchaus ungefährlichen Eingriff das Wort geredet werden.

Hydronephrose: Der meist wasserhelle, seltener rötlich oder schmutziggelb getrübte Inhalt ist durch sein meist niedriges, stets unter 1020 (meist zwischen 1010—1015) gelegenes spezifisches Gewicht von der Ovariencystenflüssigkeit unterschieden. Man findet ferner zuweilen Harnstoff und Harnsäure (Nachweis S. 236 und 241) und nur geringe Eiweißreaktion. Es ist aber zu beachten, daß die Harnbestandteile in alten Säcken fehlen, und geringe Mengen Harnsäure in Ovarialcysten auftreten können.

Der mikroskopische Befund ist in der Regel äußerst dürftig. Nur selten begegnet man organisierten, aus Niere und Harnwegen stammenden Epithelien, die oben ausführlich beschrieben sind; meist findet man nur rote und farblose Blutzellen.

Auch bei **Nierengeschwülsten** kann die Probepunktion die Diagnose gelegentlich fördern. Bei einem Fall von mächtiger, fast mannskopfgroßer Geschwulst der linken Niere, über deren Herkunft vielfach abweichende ärztliche Gutachten abgegeben waren, gewann LENHARTZ durch die Probepunktion außer eigenartigen Geschwulstzellen zahlreiche absolut charakteristische *Harnzylinder,* deren Auftreten keinen Zweifel an der Herkunft der Geschwulst mehr zuließ. Die Exstirpation ergab ein mächtiges Adenom mit Übergang in maligne Neubildung.

Bei **paranephritischen Abscessen** ist die Probepunktion diagnostisch wichtig; meist findet man *Staphylococcus aureus* in Reinkultur. Es handelt sich hier meist um metastatische Abscesse bei Staphylomykosen (nach Panaritien oder Furunkeln).

Hydrops der Gallenblase: Die im allgemeinen *nicht* zu empfehlende Probepunktion ergibt bisweilen nur eine hellschleimige oder mehr seröse Flüssigkeit; bei entzündlichen Vorgängen meist eine mehr oder weniger große Zahl von Colibakterien. Bei Empyem ist der Eiter oft übelriechend. Auf das mehrfach beobachtete

Vorkommen von Typhusbacillen im Gallenblaseninhalt sei an dieser Stelle nur kurz hingewiesen.

Durch Punktion oder Incision von Gichtknoten kann man charakteristische Krystalle von harnsaurem Natron gewinnen, das, wie Abb. 174 zeigt, in Nadeln krystallisiert (*Murexidprobe* s. S. 241).

Die Punktion der Gelenke liefert vielfach diagnostisch wertvolle Resultate. Bei einzelnen Fällen von metastatischen Eiterungen besonders des Kniegelenks findet man Staphylo- oder Streptokokken sowie Pneumokokken im Eiter (bei Puerperalsepsis und

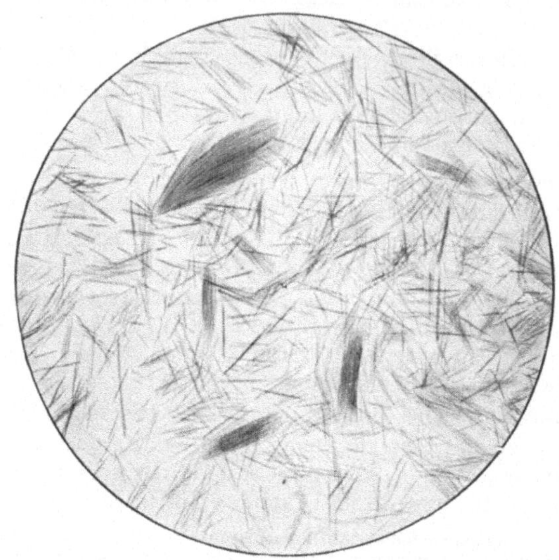

Abb. 174. Harnsäurenadeln aus einem Gichttophus. (Nach einem Präparat von LENHARTZ.)

anderen septischen Erkrankungen). Auch Meningokokken konnten gefunden werden. Eine besondere Bedeutung gewinnt die Probepunktion der Gelenke bei *gonorrhoischer* Arthritis. Das Exsudat ist meist serös, leicht getrübt, gelblich, bisweilen auch ausgesprochen grünlich, jedoch nur sehr selten rein eitrig. Mikroskopisch findet man darin spärliche polymorphkernige Leukocyten, nur vereinzelt auch Gonokokken. Dagegen gelingt der *kulturelle* Nachweis derselben häufiger, wenn die auf S. 17 genannten Kautelen beobachtet werden.

Punktion des Wirbelkanals, Lumbalpunktion (Spinalpunktion): Diese zuerst von QUINCKE angegebene Methode muß von jedem Arzt ihrer großen diagnostischen und therapeutischen Bedeutung wegen ausgeführt werden können.

Man markiert zunächst die höchsten Punkte der beiden Darmbeinkämme, deren Verbindungslinie den 4. Lendenwirbeldorn trifft. Man punktiert in dem Zwischenbogenraum über oder unter demselben, indem man bei dem in Seitenlage mit stark nach außen durchgebogener Lendenwirbelsäule liegenden Kranken mit einer feinen, 4—10 cm langen Hohlnadel genau in der Mittellinie in den Kanal einsticht und läßt durch den Binnendruck die Flüssigkeit austreten. Diese spritzt bei krankhaft gesteigertem Druck (500—700 mm Wasser) anfangs im Bogen heraus; andere Male tritt sie schon zu Beginn nur tropfenweise hervor. Man kann in einer Sitzung zwischen 20—30 ccm gewinnen, wird aber bei Hirndruck zu starke Schwankungen zu vermeiden haben.

Suboccipitalstich: An Stelle der Lumbalpunktion nimmt man neuerdings oft mit Vorteil die Zisternenpunktion in folgender Weise vor (KAFKA[1]): In liegender Stellung wird der Patient in rechte Seitenlage gebracht, wobei der Kopf leicht gebeugt sein soll und gestützt wird. Man palpiert die Hinterhauptsgegend und gleitet dabei von der Protuberantia occipitalis externa in der Medianlinie nach abwärts, bis man in die Suboccipitalgrube dringt und deutlich den Processus spinosus des Epistropheus fühlt. Die Punktion soll genau in der Mittellinie erfolgen. Oberhalb des unteren knöchernen Randes der Suboccipitalgrube, der vom Epistropheusdorn gebildet wird, sticht man ein, wobei man sich auf letzteren stützt. Man hält die Nadel schräg nach oben gegen die untere Fläche des Hinterhauptsbeines. Hat man den Knochen erreicht, dann wird der Griff der Nadel gehoben und man stößt in der Richtung auf das Foramen magnum gegen den Knochen, bis man den elastischen Widerstand der Membrana atlanto-occipitalis fühlt, die durchbohrt werden muß. Es kommt dann Liquor. Führt man die Punktion im Sitzen aus, so muß wegen des negativen Druckes Liquor aspiriert werden. Als Nadel wendet man dünne Lumbalpunktionsnadeln an. Der Vorteil der Methode liegt unter anderem darin, daß sie niemals von Meningismus begleitet ist.

Die durch Lumbal- bzw. Zisternenpunktion gewonnene Cerebrospinalflüssigkeit ist ein Sekret; hieraus ist es verständlich, daß die Zusammensetzung wesentlich von der des Blutserums abweicht.

Das Aussehen ist normalerweise wasserklar; beim Stehen setzen sich meist einige feinste Flöckchen ab. Der Druck, mit dem die Flüssigkeit ausströmt, beträgt normaliter 100—150 mm.

Die *Zusammensetzung* ist folgende:
Das spezifische Gewicht beträgt 1007—1008.

Die Menge der festen Bestandteile beträgt nicht mehr als 1%. Der Eiweißgehalt bewegt sich zwischen 0,009 und 0,02%, der Kochsalzgehalt um 720—750 mg-%, der Zuckergehalt liegt zwischen 45 und 75 mg-%.

Immer finden sich im Zentrifugat einige lymphocytenartige Zellen, im allgemeinen nicht mehr als 6 in 1 cmm (s. unten). Spielen sich an den Meningen krankhafte Prozesse ab, so ändert sich die Zusammensetzung der Flüssigkeit meist in dem Sinne,

---

[1] KAFKA, V.: Taschenbuch der praktischen Untersuchungsmethoden der Körperflüssigkeiten bei Nerven- und Geisteskrankheiten, 3. Aufl. Berlin: Julius Springer 1927.

daß Produkte der Entzündung übertreten. Als solche sind gesteigerter Eiweißgehalt und vermehrtes Auftreten von Blutzellen anzusehen. Aus dem Druck, unter dem die Flüssigkeit austritt, kann auf die Höhe des intraspinalen und unter Umständen auch des intrakraniellen Druckes geschlossen werden. Wichtig ist, daß der „*intralumbale*" *Druck in weiten Grenzen von dem Blutdruck unabhängig ist.* Erhöhung des Druckes findet man im allgemeinen bei allen Meningitiden, bei Hirnödem, bei Hirntumoren, Hydrocephalus internus und bei den mit Hirnödem einhergehenden Formen der Urämie. Vorübergehende Steigerungen kommen bei Chlorose vor. Bei zahlreichen Infektionskrankheiten kann der Druck gesteigert sein, ohne daß es zu manifesten Entzündungen der Meningen gekommen ist (*Meningismus* bei Pneumonie, Typhus, Trichinose u. a. m.). Hier wirkt die Entlastung durch Punktion wie bei echter Meningitis oft sehr heilsam, indem sie das Sensorium freier werden läßt.

Mit dem Einsetzen entzündlicher Veränderungen an den Meningen treten, wie erwähnt, Blutleukocyten über, und der Eiweißgehalt nimmt zu. Die Art der Zellen ist nach der Ätiologie des Krankheitsprozesses verschieden und wird diagnostisch verwertet (Cytodiagnose). Im allgemeinen finden sich bei akuten Entzündungen hauptsächlich oder nur polymorphkernige neutrophile Leukocyten, bei chronischen Erkrankungen Lymphocyten und Plasmazellen. So bestehen bei der akuten Meningitis nach *Ohreiterung*, bei *Pneumokokken-* und *Meningokokken*infektion die Zellen fast ausschließlich aus polymorphkernigen neutrophilen Leukocyten. Der Liquor cerebrospinalis nimmt bei reichlichem Gehalt an diesen Zellen *eitrige* Beschaffenheit an.

Bei *Tuberkulose* und *Lues* überwiegen die Lymphocyten und Plasmazellen.

Mit dem Übertritt von Serum in die Lumbalflüssigkeit, wie das bei Entzündungen der Fall ist, können auch *Immunstoffe* übergehen, die in dem nichtentzündlich veränderten Sekret nicht vorhanden sind. So treten z. B. bei durch Typhusbacillen hervorgerufener Meningitis Typhusagglutinine über, während sie in der Lumbalflüssigkeit bei Typhuskranken mit Meningismus fehlen (STÄUBLI). Von größter Bedeutung ist, daß in manchen Fällen von Lues die WASSERMANNsche Reaktion im Liquor positiv ausfällt, wogegen sie im Blut negativ sein kann.

Für die Diagnose der Ätiologie der Meningitis ist häufig der *Nachweis von Mikroorganismen,* die oft ohne Anwendung des Kulturverfahrens gefunden werden können, von ausschlaggebender Bedeutung (Pneumokokken, Meningokokken, Tuberkelbacillen).

Zur vollständigen Untersuchung der Spinalflüssigkeit gehört nach dem Gesagten:

1. Die Bestimmung des Ausströmungsdruckes.

2. Die Untersuchung des Eiweißgehaltes.

3. Die Untersuchung und Zählung der Zellen.

4. Die Untersuchung auf Bakterien (eventuell Kulturverfahren) und in manchen Fällen die Untersuchung der WASSERMANNschen Reaktion.

5. Eventuell die Bestimmung des Zucker- und Chlorgehaltes.

6. Eventuell die Anstellung von Kolloidreaktionen (s. unten).

1. Die Untersuchung des „*Lumbaldruckes*" geschieht durch Einströmenlassen der Flüssigkeit aus der Punktionsnadel in ein Steigrohr, das durch einen kurzen Gummischlauch mit der Nadel verbunden ist. Die Höhe des Druckes wird direkt in Millimetern angegeben. Sie beträgt normal 100—150 mm Wasser und kann unter pathologischen Verhältnissen 800 mm und mehr erreichen.

2. Die Untersuchung des *Eiweißgehaltes* kann man in Fällen, in denen viel Eiweiß vorhanden ist, mit jeder Eiweißprobe vornehmen. Diagnostisch wichtig ist die Probe besonders zur Aufdeckung chronischer, geringfügiger Entzündungen, wie sie ganz besonders bei cerebrospinaler Lues vorkommen.

Hier handelt es sich hauptsächlich um das Vorkommen von *Globulinen*, die nach NONNE, APELT und SCHUMM durch Ammonsulfat ausgesalzen werden.

Zur Anstellung dieser Probe versetzt man 1 ccm Lumbalflüssigkeit mit 1 ccm in der Hitze gesättigter und erkalteter Ammonsulfatlösung (Ammon. sulf. puriss. neutr. Merck) und beobachtet, ob an der Berührungsfläche der beiden Flüssigkeiten innerhalb von 3 Min. eine Trübung (Ring) auftritt. Ist dies der Fall, so bezeichnet man die Reaktion (sog. *Phase I nach* NONNE) als positiv. Das spätere Auftreten einer Trübung ist ohne Bedeutung. (Als Phase II bezeichnet NONNE eine Trübung, die nach Filtrieren der ersten Fällung auftritt. Ihr Vorkommen ist normal.)

PANDYsche *Reaktion*[1]*:* Man schüttelt kräftig 80—100 g Acid. carbol. liquefact. mit 1 Liter Aqua destillata, läßt dann mehrere Stunden im Brutschrank und mehrere Tage bei Zimmertemperatur stehen. Als Reagens benutzt man die von der öligen Lösung abgegossene, gesättigte wässerige Carbolsäurelösung. Zur Anstellung der Probe gibt man etwas davon in ein Uhrschälchen und läßt einen Tropfen Liquor zufließen. Nach 3 Min. prüft man gegen einen dunkeln Hintergrund, ob eine deutliche milchige Trübung auftritt, die einen positiven Ausfall der Reaktion bedeutet, wogegen ganz zarte hauchartige Trübungen nicht zu verwerten sind. Eine Kontrolle mit normalem Liquor ist empfehlenswert.

Die Reaktion von BOLTZ ist eine Tryptophanreaktion, die bei einer Reihe *organischer* Hirn- und Rückenmarksleiden (Lues, Metalues, multiple Sklerose, Schizophrenie usw.) positiv ausfällt: Man fügt tropfenweise eine Mischung

---

[1] Nach KAFKA l. c.

von 0,3 ccm Essigsäureanhydrid und 0,8 konz. Schwefelsäure zu 1 ccm Liquor. Positiv ist die Probe beim Auftreten einer Blau- oder Lilafärbung.

Reaktion von WEICHBRODT: Man mischt 0,7 ccm Liquor mit 0,3 ccm einer 1%igen Sublimatlösung, schüttelt und liest sofort ab. Der Ausfall der Probe wird in der gleichen Weise wie die Phase-I-Reaktion beurteilt.

3. Die Untersuchung der *Zellen* der Lumbalflüssigkeit kann, wenn es nur darauf ankommt, ihre Form und Art zu erkennen, im Trockenpräparat des Zentrifugats nach Fixierung und Färbung am besten nach MAY-GIEMSA (s. Blutfärbung S. 130) vorgenommen werden. Oft ist es dabei infolge des geringen Eiweißgehaltes des Liquors notwendig, auf dem Objektträger eine Spur Eiweiß-glycerin oder Blutserum zu verreiben, damit das Sediment nicht abschwimmt.

Besonders empfehlenswert ist die Methode von FORSTER (Münch. med. Wschr. **1928**, Nr 34): Man zentrifugiert etwa 5 ccm Liquor, gießt die Flüssigkeit ab und fügt zu den im Glase hängen bleibenden Rest einen Tropfen Blutserum als Klebemittel hinzu. Dann wird mittels Capillarpipette aufgesogen, gemischt und auf dem Objektträger zur Färbung verteilt.

Für viele Zwecke (vgl. Lues cerebrospinalis) ist es notwendig, die *Zahl* der Zellen zu bestimmen. Da die Zählung mit verhältnismäßig geringem Ausgangsmaterial vorgenommen werden muß, ist genaues Arbeiten und Auszählen in einer nicht zu kleinen Zählkammer erforderlich.

Man benützt die für die Zählung der Blutleukocyten (s. S. 126) verwendete Zählpipette, *füllt sie jedoch umgekehrt, wie bei der Leukocytenzählung bis zur Marke 1 mit Zusatzflüssigkeit und bis zur Marke 11 mit Lumbalflüssigkeit,* so daß die Verdünnung $^1/_{10}$ beträgt.

Als Zusatzflüssigkeit verwendet man folgende Mischung:

Methylviolett	0,1
Acid. acet. glacial.	2,0
Aqu. dest.	50,0

Die Füllung der Pipette muß *sofort* nach Entnahme des Liquor vorgenommen werden, da sonst durch Sedimentieren der Zellen Fehler entstehen.

Sind Erythrocyten dem Liquor beigemischt, die bei der Zählung der Zellen hinderlich sind, so kann man diese durch Zusatz von Saponin unsichtbar machen; man bedient sich folgender Verdünnungsflüssigkeit:

Methylviolett	0,2
Acid. acet. glac. gtt. V.	
Solut. Saponin. Merck 0,2 : 200,0	

Als Zählkammer benützt man meist eine von FUCHS und ROSENTHAL angegebene Kammer, die in 16 große Quadrate und von denen jedes wiederum in 16 kleine Quadrate geteilt ist.

Die Kammer hat eine Tiefe von $^2/_{10}$ mm und eine quadratische Basis von 4×4 mm. Sie hat also einen Rauminhalt von 3,2 cmm. Will man wissen, wieviel Zellen in 1 cmm enthalten sind, so kann man ohne zu großen Fehler die Gesamtzahl der in der Kammer enthaltenen Zellen durch 3 dividieren. Man kann jedoch mit ebenso gutem Resultat eine der S. 126 angegebenen

Leukocytenzählkammern bzw. die Zählkammer von NEUBAUER benützen, und daraus die in 1 cmm enthaltenen Zahlen berechnen.

Bei Benützung der FUCHS-ROSENTHALschen Kammer findet man normalerweise bis zu 6—7 Zellen im Kubikmillimeter; Zahlen über 9 und 10 pflegt man als pathologisch anzusehen. (Es sei jedoch davor gewarnt, geringe Schwankungen der Zellenzahl etwa bei der Beurteilung der Wirksamkeit therapeutischer Maßnahmen zu hoch zu bewerten!)

4. Die *Untersuchung auf Mikroorganismen* hat zu berücksichtigen, daß sich pathogene Keime auch bei wenig verändertem Liquor und normalem Druck finden können, sowie daß manche Mikroorganismen nur bei Körpertemperatur (zum Teil auch gegen Licht geschützt) längere Zeit entwicklungsfähig und daher kultivierbar gehalten werden können (vgl. Meningokokken S. 15).

Die Kolloidreaktionen *(Goldsol- und Mastixreaktion):* Die Goldsolreaktion nach C. LANGE beruht auf folgendem Prinzip: Normaler Liquor mit 0,4%iger NaCl-Lösung verdünnt, bewirkt bei Zusatz einer kolloidalen Goldsollösung keine Farbänderung (Ausfällung) des Goldsols. Pathologische Liquorarten dagegen bewirken bei bestimmten Verdünnungen eine zum Teil für die einzelnen Krankheiten charakteristische Farbänderung, die sich diagnostisch verwerten läßt.

Sehr wichtig ist die peinlich exakte Herstellung der kolloidalen Goldlösung. Sämtliche Gläser usw. sind vorher mit rauchender Salpetersäure, mit Leitungswasser und schließlich mit destilliertem Wasser zu säubern. Die Lumbalpunktionsnadel darf nicht mit Sodalösung ausgekocht werden. Das für die Reaktion verwendete Wasser muß doppelt destilliert sein.

Man fügt zu 1000 ccm Aqua bidestillata 10 ccm einer 1%igen Goldchloridlösung und 10 ccm 2%ige Pottasche (bicarbonatfrei!). Dann wird schnell aufgekocht und nach Löschen der Flamme portionsweise 10 ccm 1%iges Formol zugesetzt. Die Flüssigkeit färbt sich allmählich schwach rosa, wird dann dunkler und nimmt schließlich bei richtiger Herstellung einen sattpurpurroten Ton an. Färbt sich die Flüssigkeit bläulich oder wird sie trübe, so ist sie nicht verwendbar, während ein rauchiger Oberflächenschimmer die Verwendung nicht ausschließt. Die Lösung hält sich 1—2 Monate, wenn sie in sterilen Gefäßen aufbewahrt wird. Es gibt jetzt übrigens eine fertige Goldlösung (Aurolumbal).

Die Reaktion wird in der Weise vorgenommen, daß man 16 Reagensgläser aus Jenenser Glas in einem Gestell bereitstellt. In das 1. bringt man 0,2 ccm Liquor und 1,8 der 0,4%igen NaCl-Lösung, in die anderen Gläser je 1 ccm der NaCl-Lösung. Man mischt und überträgt vom 1. ins 2. Glas 1 ccm, aus dem 2. ins 3. Glas wiederum 1 ccm usw. Aus dem vorletzten Glas wird 1 ccm wegpipettiert. Die so erhaltenen Liquorverdünnungen sind $^1/_{10}$, $^1/_{20}$, $^1/_{40}$ usw. bis $^1/_{160\,000}$. In das letzte Gläschen kommt zur Kontrolle nur 1,0 ccm NaCl-Lösung. Schließlich bringt man in jedes Röhrchen je 5 ccm Goldsollösung, schüttelt um und läßt 24 Stunden bei Zimmertemperatur stehen, worauf abgelesen wird. Das Resultat wird nach C. LANGE in Kurvenform registriert, indem man auf der Abszisse die Verdünnungen, auf der Ordinate die verschiedenen Farbtöne aufträgt. Während bei normalem

Liquor keine Farbänderung eintritt, erfolgt unter pathologischen Verhältnissen eine Ausfällung mit entsprechender Änderung der Farbe, die bei extremen Fällen infolge stärkster Ausfällung des Goldes in Weiß übergeht.

Das Nähere geht aus den Kurvenbeispielen hervor.

Auf einem ähnlichen Prinzip beruhen die heute vielfach angewendeten *Mastixreaktionen*.

Verhalten der Lumbalflüssigkeit bei einzelnen Krankheiten.

Meningitis cerebrospinalis meningococcica (sog. *epidemische Genickstarre*): Die Flüssigkeit kann vollkommen eitrig sein; in diesen Fällen sind die Erreger meist unschwer als intracellulär gelegene *gramnegative* Diplokokken zu erkennen. (Erste orientierende Untersuchung des Sediments nach MAY-GIEMSA oder mit

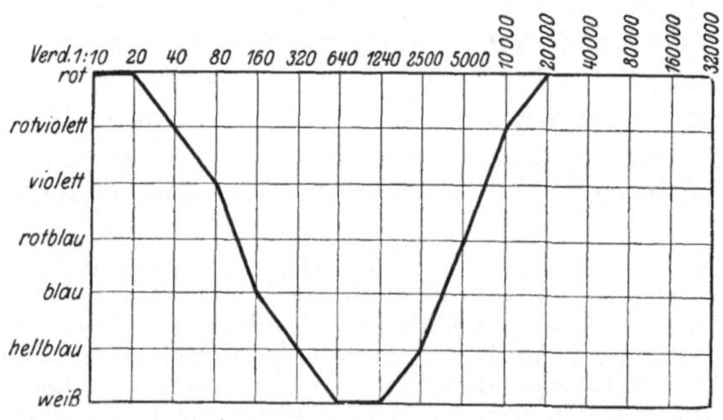

Abb. 175.   Goldsolreaktion.   Meningitiskurve.   (Aus KAFKA, Taschenb.)

Methylenblau gefärbt.) Züchtung der Meningokokken s. S. 16. Zur Kultur muß die noch warme Lumbalflüssigkeit (Thermosflasche!) verwendet werden; sie ist vor starker Belichtung zu schützen.

In selteneren Fällen ist die Flüssigkeit fast klar und man findet erst nach scharfem Zentrifugieren Zellen und Meningokokken (Kulturverfahren zur Entscheidung heranziehen!). Es ist ferner zu beachten, daß während der Erkrankung, besonders bei protrahiertem Verlauf, die Art der Zellen sich ändern kann, indem an Stelle der polymorphkernigen Zellen Lymphocyten treten. In ganz akut verlaufenden Fällen finden manchmal Blutungen in die Meningen statt, wodurch dann bei der Punktion blutige Flüssigkeit gewonnen wird. (Letztere beide Beobachtungen stammen aus der Straßburger Klinik.)

Pneumokokkenmeningitis: Das Exsudat ist ebenfalls meist eitrig, die Zahl der Pneumokokken wie in dem von LENHARTZ beobachteten Fall (Abb. 177) sehr reichlich.

In zwei Fällen leichterer, aber kulturell sichergestellter Pneumokokkenmeningitis, die während des Krieges an der Straßburger Klinik beobachtet wurden, war die Flüssigkeit makroskopisch betrachtet nicht verändert, der Eiweiß- und Zellengehalt sehr gering.

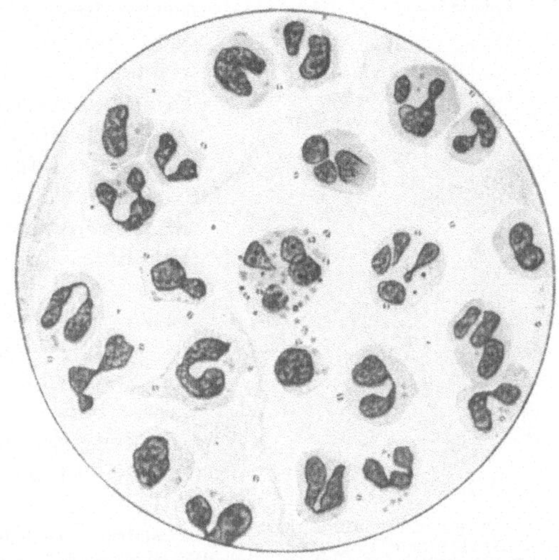

Abb. 176. Zellen und Meningokokken aus dem Lumbalpunktat bei epidemischer Meningitis. (Nach einem Präparat von ERICH MEYER.)

Bei **otitischer Meningitis** ist das Exsudat mehr oder weniger eitrig; anfangs sind oft keine Bakterien zu finden.

Bei **Typhus abdominalis** ist bisweilen (LENHARTZ, STÄUBLI) eine nur durch Typhusbacillen hervorgerufene Meningitis beobachtet worden (bei Meningismus keine Zellvermehrung, *keine* Bacillen!)

Gelegentlich sind auch *Influenzabacillen* und anaerobe Bakterien als Erreger eitriger Meningitis gefunden worden.

Bei **tuberkulöser Meningitis** ist das Punktat meist nur wenig getrübt; häufig schwimmen in der Flüssigkeit feinste Häutchen, die man mittels einer Platinöse herausfischt, um in ihnen Tuberkelbacillen zu suchen. Der Eiweißgehalt ist vermehrt, meist jedoch nicht sehr erheblich. Die Zellen bestehen in weitaus der Mehrzahl der Fälle überwiegend aus *Lymphocyten*. Zur Unterscheidung der tuberkulösen von der Meningokokkenmeningitis ist dieses Kriterium von größter Wichtigkeit; das Exsudat kann jedoch auch *gemischtzellig* sein, auch dann meist mit numerischem Überwiegen der

Lymphocyten. Nach eigener Beobachtung findet sich dieses atypische Verhalten besonders bei akut verlaufenden Fällen und besonders auch dann, wenn ein erweichter Konglomerattuberkel an der Oberfläche des Zentralnervensystems in die Meningen durchgebrochen ist. Auch findet man bei jungen Kindern mitunter ein Vorwiegen von neutrophilen Leukocyten. Läßt man den Liquor über Nacht im Brutschrank stehen, so scheidet sich oft ein charakteristisches sog. Spinngewebsgerinnsel ab, in welchem sich nicht selten Tuberkelbacillen finden. Diagnostisch sehr wichtig ist ferner, daß zum mindesten im weiteren Verlauf des Leidens eine erhebliche Abnahme des *Chlor-* und vor allem des *Zuckergehaltes* des Liquor auftritt.

Bei **Lues des zentralen Nervensystems** und bei Tabes, bzw. bei Verdacht auf das Bestehen einer derartigen Erkrankung, ist die Untersuchung der Cerebrospinalflüssigkeit von immer größerer Bedeutung geworden, so daß heute die Untersuchung nach dieser Methode in vielen Fällen geradezu zur Vervollständigung des Nervenstatus gehört. Je häufiger bei unbestimmten oft lange Zeit als rheumatisch gedeuteten, in Wahrheit als Reizung der sensiblen Rückenmarkswurzeln hervorgerufenen Schmerzen die Lumbalpunktion als Diagnostikum herangezogen wird, um so häufiger wird frühzeitig die durch energische Quecksilber-Salvarsantherapie beeinflußbare Krankheit erkannt und geheilt, oder wenigstens in ihrem Verlauf aufgehalten. Gerade hierbei ist es notwendig, systematisch die Zählung der Liquorzellen, die Eiweißprobe (Phase I) und die Untersuchung auf den Ausfall der WASSERMANNschen Reaktion vorzunehmen; und zwar gibt die Zahl der Zellen und der Eiweißgehalt einen direkten Anhaltspunkt für den Grad der Mitbeteiligung der Meningen. In unbehandelten Fällen ist die Zahl der Lymphocyten im Liquor oft sehr groß, 200 und mehr, der Eiweißgehalt ebenfalls hoch. Nach Einsetzen der Behandlung nehmen diese Erscheinungen, oft gleichzeitig mit der einsetzenden Besserung ab.

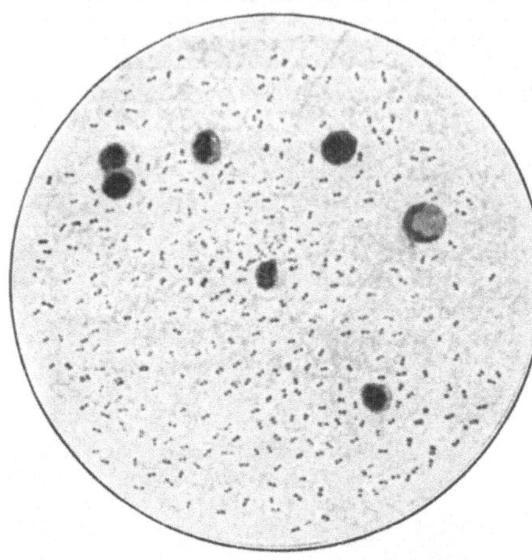

Abb. 177. Exsudat bei einer Pneumokokkenmeningitis. V. 500. (Nach einem Präparat von LENHARTZ.)

So wenig auf geringe Schwankungen der Lymphocytenzahl als Richtschnur für das therapeutische Handeln Wert gelegt werden darf, so wichtig ist es, wenn nach erfolgter Behandlung die Zahl der Zellen normal wird und der vermehrte Eiweißgehalt verschwindet.

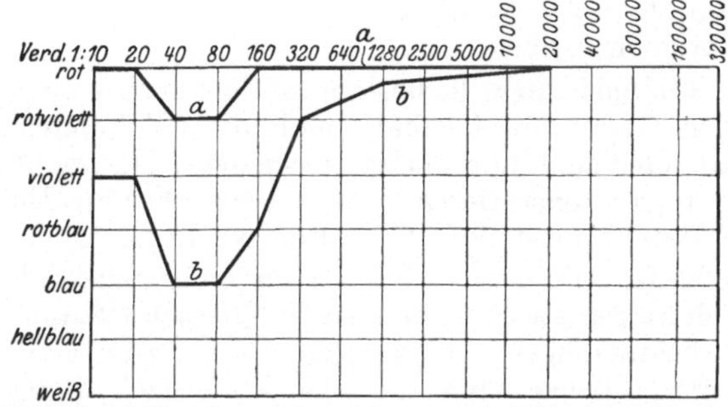

Abb. 178. Goldsolreaktion: Lues (a) und Lues cerebri (b). (Aus KAFKA, Taschenb.)

Die Untersuchung auf die WASSERMANNsche Reaktion ist besonders dann von Wichtigkeit, wenn ihr Ausfall nach der Blutuntersuchung negativ war, die klinischen Symptome aber für luische Nervenerkrankung sprechen. Es ist ein verhängnisvoller Irrtum, wenn heute noch vielfach nur die Untersuchung des Blutes,

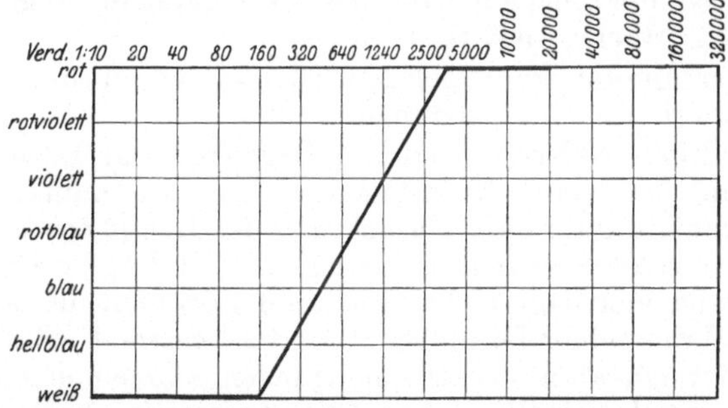

Abb. 179. Goldsolreaktion: Paralyse. (Aus KAFKA, Taschenb.)

nicht aber die des Liquor cerebrospinalis herangezogen wird. Der negative Ausfall der WASSERMANNschen Reaktion im Liquor bei bestehender Zellvermehrung und vermehrtem Eiweißgehalt (Phase I positiv) spricht dagegen *nicht* gegen Lues cerebrospinalis, auch nicht unbedingt gegen Tabes; bei Paralyse jedoch ist der Ausfall der Reaktion so gut wie immer positiv.

Das Verhalten der WASSERMANNschen Reaktion in Blut und Liquor, die Zählung der Liquorzellen und der Ausfall der Globulinreaktion (die sog. Phase I nach NONNE) werden oft als die *vier Reaktionen* bezeichnet, die man für die Diagnosenstellung als in erster Linie maßgebend ansieht. So findet man z. B. bei Paralyse alle vier Reaktionen positiv. Zu diesen vier Reaktionen sind neuerdings eine Reihe weiterer kolloidchemischer gekommen, von denen die SACHS-GEORGISche (s. S. 46) neben der WASSERMANN-schen schon geschildert worden ist. Über die Bedeutung der Kolloidreaktionen s. oben.

Encephalitis epidemica: Es besteht oft Zellvermehrung (Lymphocytose); der Gesamteiweißgehalt und die Globuline verhalten sich normal oder sind nur mäßig vermehrt. Am wichtigsten ist die sehr häufig zu konstatierende Zuckervermehrung. Die Kolloidreaktionen ähneln meist dem Verhalten bei Lues.

Poliomyelitis: Oft ist der Befund im Lähmungsstadium nicht besonders charakteristisch. Im *präparalytischen* Stadium dagegen findet sich (bei meningealer Reizung) meist eine zum Teil erhebliche Vermehrung der Leukocyten, die aber schon nach wenigen Tagen wieder schwindet bzw. in eine Lymphocytose übergeht (vgl. PETTE: Dtsch. med. Wschr. **1933**, Nr 23). Im übrigen besteht eine Vermehrung des Albumins, nicht des Globulins und eine negative Phase-I-Reaktion. Bei geringer Zellzahl spricht ein relativ hoher Eiweißgehalt von 50 mg-% für Poliomyelitis, was auch schon für die Frühstadien der Krankheit gilt. Im Gegensatz zur tuberkulösen Meningitis ist der Zuckergehalt niemals vermindert (vgl. PLAUT: Münch. med. Wschr. **1932 II**, 1548).

Bei **Hirntumoren** kann gelegentlich Zellvermehrung und vermehrter Eiweißgehalt vorkommen.

Bei **multipler Sklerose** sind (im Gegensatz zur Lues cerebrospinalis) die genannten Reaktionen so gut wie immer negativ; doch kommt mitunter eine Vermehrung der Lymphocyten vor.

Stärkere *Blutbeimengungen* finden sich im Liquor bei Pachymeningitis haemorrhagica, bei Subarachnoidalblutung sowie bei dem Durchbruch einer Hirnblutung in die Ventrikel. Geringe und namentlich auch ältere Blutbeimengungen können eine *gelbliche Verfärbung* der Lumbalflüssigkeit *(Xanthochromie)* herbeiführen [1].

Wichtig ist oft die Entscheidung, ob Blut im Liquor diesem künstlich bei der Punktion beigemischt ist oder ob es von einer Blutung stammt. Durch scharfes Zentrifugieren kann man den Liquor vollkommen von artefiziellem Blut befreien, was bei pathologischem Blutgehalt nicht gelingt. Auch enthält der Liquor bei echter Blutung ausgelaugte Erythrocyten, bei artefizeller nicht.

Bei **Rückenmarkstumoren** beobachtet man mitunter das sog. FROINschen *Kompressionssyndrom,* d. h. gelbgefärbten Liquor mit starker Gerinnungstendenz, hohem Eiweißgehalt, dagegen nur geringer Zellgehalt.

---

[1] Doch ist zu beachten, daß Gelbfärbung des Liquor gelegentlich auch bei *Ikterus* vorkommt.

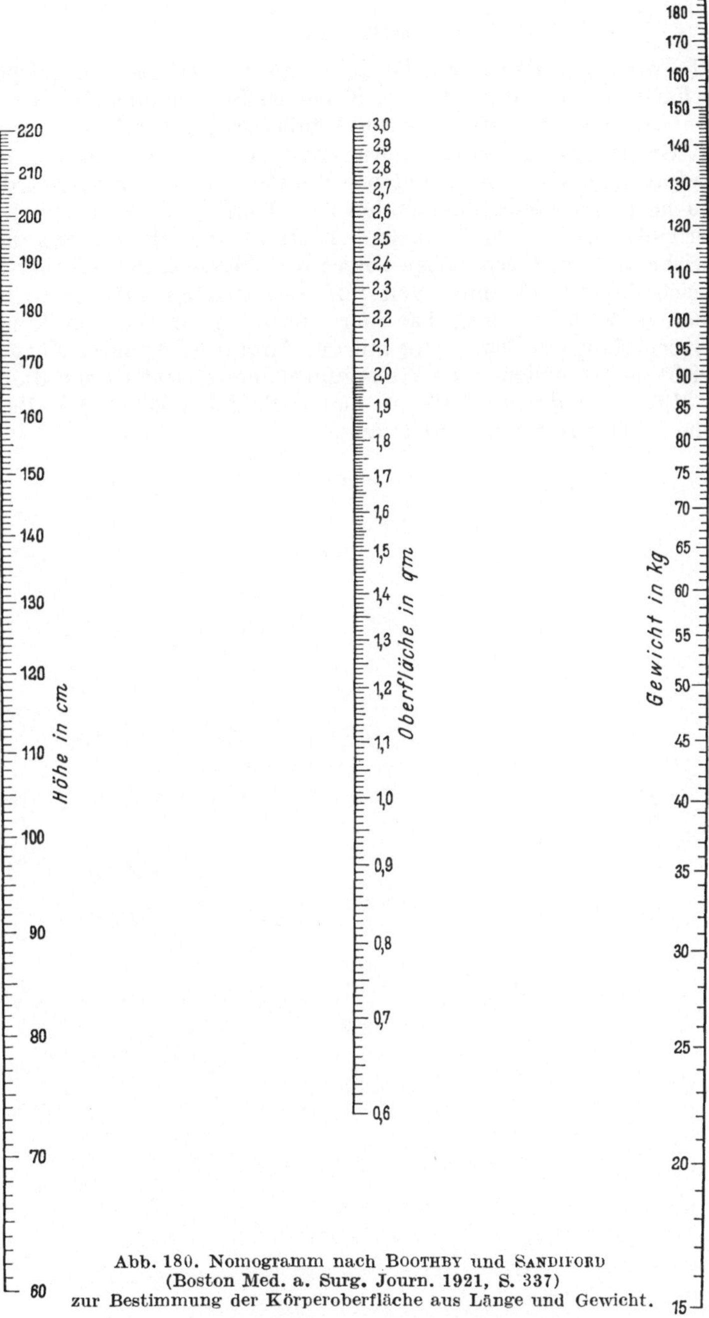

Abb. 180. Nomogramm nach Boothby und Sandiford
(Boston Med. a. Surg. Journ. 1921, S. 337)
zur Bestimmung der Körperoberfläche aus Länge und Gewicht.

Anhang.

In manchen Fällen ist die Kenntnis der Größe der **Körper-oberfläche** von Wichtigkeit, so z. B. bei der Bestimmung des Grundumsatzes, bei der Bewertung der Vitalkapazität der Lungen usw. Der Grundumsatz beispielsweise beträgt 38—40 Calorien pro Quadratmeter Oberfläche und pro Stunde, die Vitalkapazität das 2,5fache (beim Weibe das 2fache) der Oberfläche. Man kann die Oberfläche mittels der Formeln von MEEH oder DUBOIS aus dem Gewicht und der Körperlänge berechnen. Wesentlich einfacher ist es, sich des Nomogramms von BOOTHBY und SANDIFORD zu bedienen (s. S. 357). Man hat hier nur nötig, mit einem Lineal die Körperlänge in Zentimeter mit der Anzahl Kilogramm Körpergewicht zu verbinden. Die Verbindungslinie schneidet dann die in der Mitte befindliche Skala an einem Punkt, welcher die Oberfläche in Quadratmeter direkt angibt.

Sachverzeichnis.